离散数学

主　编　曹迎槐　尹　健　韩加坤
副主编　路士兵　唐丽晴　龙全贞

国防工業出版社
·北京·

内容简介

“离散数学”不仅是现代数学的一个重要分支，更是计算机类专业课程体系中极其重要的专业基础课。它以研究离散量的结构及其相互关系为目标，充分描述了计算机科学的离散性特点。该课程是“数据结构”“操作系统”“计算机网络”“算法设计与分析”“软件工程”“人工智能”等计算机本科阶段核心课程的基础，也是“组合数学”“遗传算法”“数据挖掘”等相关专业硕士研究生阶段课程的基础，意义不言而喻。

本书共分12章，涉及离散数学基础、数理逻辑、集合论、关系和函数、图论、代数系统及其群、环、域、布尔代数等内容，最后就书中涉及的人和事件等相关知识及其历史背景做了简要介绍，不仅可读性强，也使读者对离散数学的发展思想及其衍化脉落有了更进一步的了解。

本书可作为普通高等院校计算机等相关专业的本科生教材，也可作为信息类相关专业本科生、研究生的参考资料。

图书在版编目(CIP)数据

离散数学/曹迎槐，尹健，韩加坤主编. —北京：国防工业出版社，2015.4

ISBN 978-7-118-10028-0

Ⅰ. ①离... Ⅱ. ①曹...②尹...③韩... Ⅲ. ①离散数学 Ⅳ. ①0158

中国版本图书馆 CIP 数据核字(2015)第 058274 号

※

国防工业出版社出版发行

(北京市海淀区紫竹院南路 23 号 邮政编码 100048)

北京奥鑫印刷厂印刷

新华书店经售

*

开本 787 × 1092 1/16 **印张** 21½ **字数** 536 千字

2015 年 4 月第 1 版第 1 次印刷 **印数** 1—2500 册 **定价** 48.00 元

国防书店：(010)88540777 发行邮购：(010)88540776

发行传真：(010)88540755 发行业务：(010)88540717

前　言

因为计算机本就发源于数学,所以计算机与数学的关系是无须多言的。而离散数学又是现代数学的一个重要分支,因此,在计算机科学中,“离散数学”一直都是其最核心的专业基础课程。

在计算机科学的发展过程中,涉及许多有关离散量的理论问题,需要利用数学工具做出进一步的描述和研究。而离散数学正是把计算机科学中所涉及的研究离散量的数学知识综合在一起,进行系统且全面论述的理论工具。

基于计算机来解决一个具体的实际问题,必须运用数据结构的相关知识。而对于问题中所要处理的数据,必须首先从实际问题中抽象出一个适当的数学模型,然后再设计一个求解该数学模型的算法,最后才是编制程序,当然,还要调试、试运行,直至得到问题的最终解答。其中,寻求数学模型就是数据结构所研究的内容。其实,抽象数学模型即分析问题,并从中提取操作对象,找出这些操作对象之间所蕴涵的复杂关系,进而用数学语言加以描述的过程。

一般情况下,在数据结构中将操作对象之间的关系大致分为四类,即集合、线性结构、树形结构、图(网)状结构。我们知道,数据结构研究的主要内容是数据之间的逻辑结构、物理存储结构及其基本操作等。其中,逻辑结构和基本操作则统统来源于离散数学中的离散结构和算法思想。

而离散数学中的集合论、关系、图论、树等几部分就反映了数据结构中的四大结构知识。例如:集合由元素组成,元素可理解为世上的客观事物;而关系是集合中各元素之间都存在的某种联系;图论则是研究了有诸多现代应用的古老课题。不论是欧拉巧妙地引入图论思想解决著名的哥尼斯堡七桥问题,还是通过赋值边来解决交通网络中各城市间的最短通路寻优问题等都是图论的精华之所在;而树则反映了对象之间的相互关系,如组织结构、家族谱系、数制编码等都是树型理论的典型应用。

随着计算机技术的发展,通信和密码理论日渐渗入我们的日常生活,而代数系统以及其中的群、环和域等理论,均在密码理论中精彩应用。

实质上,计算机科学就是有关算法的科学,而计算机所(能)处理的对象只能是离散数据,所以,离散对象的处理自然就成了计算机科学的核心,因而以离散量为研究对象的离散数学在计算机科学(或专业)中所承担的角色便不言而喻了。其实,在计算机中即使处理连续量,也是通过将连续量离散化之后再行处理的。而且,在离散数学课程中介绍的基本概念、理论、方法以及研究工具等,大量地应用在“数字电路”“编译原理”“数据结构”“操作系统”“数据库系统”“算法的分析与设计”“软件工程”“人工智能”“计算机网络”“信息管理”“信号处理”等专业课程当中。它着力于培养和训练学生的抽象思维能力、逻辑推理能力和归纳构造能力,离散数学为学生提高专业理论水平打下了扎实的数学基础,并为其后续专业课程的学习做好准备。

正是因为离散数学的发展,才改变了传统数学中分析和代数占统治地位的格局,于是,才有了如今的现代数学可分为两大类(一类研究连续对象,如分析和方程等;另一类就是研究离散对象的离散数学)的现状。我们不难理解,正是因为微积分和近代数学的发展,才为近代工业革命奠定了理论基础,同时,也正是离散数学的发展,为本世纪的计算机革命奠定了的坚实的理论基础。

众所周知,人工智能是计算机学科中一个非常重要的发展方向,而离散数学在其中发挥了重要作用,特别是数理逻辑部分,不论是在人工智能中的知识表示,还是推理演算等,数学逻辑都占有一席之地。一般认为,人工智能有两大流派,即连接主义流派和符号主义流派。其中,符号主义流派认为现实世界中的各种事物可以用符号的形式表示出来,当然包括人类自然语言,而这正是数理逻辑研究的基本内容,这已经成为智能研究的基本前提,之后才能实施推理。可见,数理逻辑中重要的思想、方法及内容贯穿人工智能的整个学科。

全书共分 6 大部分,12 章。第一部分仅包括一章,即“第 1 章 离散数学基础”,该章介绍了离散数学的相关基础,涉及算法、可计算性问题、模和同余、递归、密码学初步等诸多内容。

第二部分共 2 章,相对系统地论述了数理逻辑的基本内容,包括第 2 章和第 3 章。

第三部分共 3 章,除了第 4 章之外,还在第 5 章和第 6 章中,就集合中元素之间的各种复杂关系做了论述。正因为关系和函数是以集合为基础的,所以,将三者划在同一部分。

第四部分有 2 章,论述了图论的相关知识和应用,鉴于图论中树的特殊地位和作用,故将树单独列成一章,即第 8 章,这也符合大多数离散数学教程的处理思路。

第五部分共有 3 章,主要介绍了代数系统的相关知识,第 9 章对代数系统的基本知识做了相对全面的概述;第 10 章介绍了两种特殊的代数系统;第 11 章不仅介绍了格与布尔代数这两种特殊的代数系统,同时还就格的偏序性质和定义做了介绍,进而将代数系统的相关知识和关系理论联系在一起,使离散数学的知识体系得到进一步的严密和统一,对进一步理解离散数学知识的系统性和复杂性是有帮助的。

第六部分只有 1 章,即第 12 章。该章把前面几部分中涉及的人和事件之知识和背景、历史、事迹等诸多内容,做了相对系统的整理,不仅增强了本书的可读性,同时也可使读者对离散数学的发展思想及其衍化脉落有更进一步的了解。

本书在规划设计时,根据国家教委颁布的计算机专业教学的基本要求,包含了数理逻辑、集合论、代数结构和图论等基本基础,同时,还针对密码学的知识需求,在相关章节做了适当的扩充。

全书体系严谨,叙述深入浅出,通俗易懂。每章开篇均通过一定的篇幅论述该章的相关知识背景,以及它与前后章节之间的逻辑关系,同时,每章的末尾均有精彩的小结。这些措施不仅增强了阅读的趣味性,同时也使读者对该章的历史发展、前言动态、将来的趋势等有进一步的了解,对于更好地掌握该章的相关知识极为有利。另外,各章的实例应用也经过精心设计和处理,不仅贴近现实,且信息准确,交代到位。各章还设置了相当数量的习题,并根据其内容和难度做了适当的标示,以适应不同读者的需要。

根据教学经验,全书可在 72 ~ 90 学时内完成。当然,如果课时紧张,亦可将标有(*)的章节做适当删减,不会影响内容和知识体系的完整性。

全书由曹迎槐教授策划,并由曹迎槐教授、尹健老师和韩加坤老师共同主编。其中,曹迎槐教授编写了第 1 章、第 4 章、第 7 章的 7.4 ~ 7.9 节、第 11 章的 11.4 ~ 11.5 节等内容;尹健老师编写了第 2 章和第 12 章的 12.3 节; 龙全贞副教授编写了第 3 章和第 7 章的 7.1 ~ 7.3 节; 唐丽晴讲师编写了第 5 章和第 12 章的 12.2 节; 路士兵讲师编写了第 6 章、第 8 章; 韩加坤讲师编写了第 9 章、第 10 章和第 11 章的 11.1 ~ 11.3 节;另外,赵久利副教授负责整理编写了第12章中的12.1节;最后,曹迎槐教授对全书进行了统稿和校对。

另外,编者对在本书编辑过程中付出辛勤劳动并提出许多有益建议的国防工业出版社丁福志编辑、在本书的筹划和编写过程中默默付出并倾心支持的凌莉女士、在最后出版过程中给予了无私帮助的韩宝礼高工等表示衷心地感谢。

虽然编者曾多次主讲过本书的主要内容,但基于离散数学知识的迅速发展和自身学术理论水平所限,因此书中错误和疏漏之处在所难免,恳请使用本书的教师和读者不吝赐教。

编 者

2015年3月(于甬城)

目　录

绪　论

人类对许多事物的认识几乎都遵循了从简单的形象直观到复杂的抽象思维,进而再升华到对简单概念的本质性认识上,如此循环往复以至永远,我们对离散量的理解其实也不例外。

古代人们从结绳计数,到后来创立数学学科,主要讨论整数及整数比(有理数)等概念,都是基于离散概念的考虑,德莫克利特甚至还把几何图形也看作是由很多孤立的"原子"组成的。显然,当时的数学完全被离散量及其数量关系的研究所充斥着。

随着数学理论的不断发展,同时由于处理离散量关系的数学工具在刻画物体运动方面无能为力,近代才出现了连续的数量概念——实数,随之出现了处理连续数量关系的数学工具,即微积分,进而掀起了近代数学主要研究连续数量关系及其数学结构、数学模型的辉煌时代。近代数学的这一特征一直延续至今,并在现代数学中占据着支配地位。

然而,近几十年来,计算机的飞速发展与广泛应用,已深入人心,渗透到人类生活的每一个角落,它极大地冲击了现代数学连续量研究的主流地位。

由于计算机是一个离散结构,它只能处理离散的(或离散化了的)数量关系,因此,无论计算机科学本身,还是与计算机科学及其应用密切相关的现代科学研究的相关领域,都面临着这样一些问题:如何高速、有效地处理离散的对象和离散的数量关系?如何对离散结构建立离散数学模型?如何将已用连续数量关系建立起来的数学模型离散化?从而使之可通过计算机来处理。因此,人们开始重新认识离散量及其关系的研究意义,重新重视讨论离散量及其关系这个数学分支,并取得了许多全新的发展。离散数学学科的出现、成熟和发展正是上述事实的必然结果,它被看作是研究离散量的(或离散化了的)一门科学。

正因离散数学的重要作用,不仅中科院成立了专门的离散数学研究中心,并给予国家重点资助,而且,美国还将离散数学作为21世纪的三大重点发展数学领域之一。在美国甚至还有一些公司应用离散数学的方法来提高企业的管理效益,且非常成功。德国科学家还利用离散数学方法研究药物的分子结构,因而为公司节省了大量的开发费用,引起了制药界关注。随着计算机网络的普及和发展,离散数学以其独特的方式影响着人们的生活、学习、工作、商业活动以及社会的诸多领域。

我国之所以在软件业上相对落后,其重要原因之一或许就是信息技术的数学基础十分薄弱。当然,信息技术的发展已涉及很深奥的数学知识,如今数学本身发展程度之深、范围之广,不仅需要集体的力量与合作,更需要极其广泛的群众基础。美国的软件业之所以能遥遥领先,始终处于发展的前沿,关键就在于他们在数学基础研究方面有很强的实力,且人才辈出。这一切无不说明离散数学的推广、应用和发展前景远大,意义深远。

常人多认为数学是一门纯粹的基础性科学,"1 + 1 = 2"的解决或许也难产生有实际意义的应用,故而觉得一门纯理论性学科的发展落后几年或几十年无关紧要。殊不知,正是这种思想才使得我国软件产业的发展(在网络算法分析、信息压缩、网络安全、编码技术、系统软件、并行算法、数学机械化和计算机推理等现实领域)因数学基础的困境而捉襟见肘、潜力不继、后劲不足。

此外，与实际应用紧密有关的还有很多，如运筹规划、作战指挥、金融工程、企业管理、计算机辅助设计等，它们均与数学基础（算法、模型）密不可分。如果我们的软件产业始终将眼光放在应用软件和二次开发上，其后果是不言而喻的。如果我们能在信息技术的数学基础上大力投入，或许亡羊补牢，犹未晚矣。可喜的是，吴文俊院士开创和领导的数学机械化研究为中国在信息技术领域占领了一个重要的阵地。吴文俊院士的获奖，也意味着国家层面对基础数学研究的重视，有了雄厚的数学基础，自然就有了软件开发的竞争力。这样的阵地多几个，我们的软件产业就会产生新的局面。

离散数学中的证明题很讲究方法，针对某具体问题，能选择相对合适的证明方法往往会事半功倍，反之便会困难许多。因此，在平时的学习和课后复习中，要善于总结规律，归纳经典的证题思路和角度，勤于思考，探索一题多解的基本技巧，如此便可在即使遇到相对陌生的题目时做到游刃有余。为此，本书也注重总结和归纳解题方法，为读者掌握离散数学的基本原理和知识奠定基础。

另外，离散数学是离散量分析和研究理论的高度抽象之结果，故课后习题也往往相对抽象。而其现实运用需要在现实中反复酝酿和思考，相对不太容易出现在一般的习题或考试题当中。于是，这便在一定程度上限制了离散数学的题量，看起来常常有题目陈旧、相似度高、变化量少等特点。也正因如此，才使得广大读者不论是在应对考试，还是在理解相关的知识和概念等方面，都可以在一定程度上通过多做题目来达到目的。

正是基于离散数学的高度抽象性、基于它建立在大量定义（或概念、术语）基础上之的假设性、基于它所涉及理论的宽范性等诸多特点，才使其不仅表现出极其严格的逻辑性，也反映在它特别注意概念之间的相互联系，并为了更精确地描述这些联系而引出的大量定理和性质上面。于是，一般多会将对概念或术语的理解和掌握作为本课程的重点和核心。这也充分反映在大部分考试中，或常规大纲对诸多定义和定理的识记、理解和运用等方面的要求中。不论是集合论、关系和函数部分，还是代数系统中的群、环、域、格、布尔代数等，更或是图和树等章节，都分布着海量的定义和术语。因此，建议读者对重要知识的记忆务必以“准确、全面、完整”为标准，似是而非地掌握这些内容，不仅与事无补，而且还会为将来的运用造成障碍。不过，这些概念和术语在其所属范围中，都是相通的，都是密切联系的，它们之间的逻辑性非常强，所以，不建议大家死背硬记，而要注重理解，强调辩证和思维。

离散数学的证题方法大致上可以归纳为以下几种。首先是直接证明法，它也是最常见的一种证明方法，常用来证明某给定的个体（或结构、概念、集合等）具备某种性质，或者证明符合某性质的必属另一范畴等。一般地，直接证明法可考虑两种思路，或是从已知条件来推结论，或是从结论反推条件。当然，这两种思路亦可同时进行，本质上并没有区别和限制。其次是反证法，它常被运用在证明“存在某性质”“至少存在一个什么样的元素”“不可能具有某种性质”等情况。一般地，该方法总是先假设所求命题的否命题，然后再将该否命题和已知条件放在一起实施推演，直至推出一个与已知某条件或定理相矛盾的结论，从而认为假设不成立，于是命题得证。第三种是构造法，就是直接构造出一个待证明“存在某个例子或性质”的特殊实例，从而说明命题成立，该方法在图论和代数系统等部分中很常见。不过，有时这种构造相对隐晦，看起来并不直观。例如，欲证明两个集合等势，常见的方法就是在两个集合之间构造一个双射，从而间接地说明了这两个集合具有相同的基数。最后当属数学归纳法，该方法不仅在初等数学中经常使用，其实它在离散数学中亦是证题利器，常用在具有递推关系的题目当中，需读者引起重视。

第1章 离散数学基础

离散量是数学领域中最基础的概念描述，因此，离散数学作为计算机科学的数学基础已取得了极其广泛的共识。但为了叙述上的方便，在阐述和介绍离散性数学的基本原理和诸多方法之前，依然有许多概念需要做适当的交代，这便是本章的职责所在。

本章首先从算法出发，详细描述了算法的定义、特征、表示方法和复杂度分析等内容。算法是计算机科学的最基本的概念之一，几乎遍布计算机应用的每一个角落，不论是连续量描述，还是离散量描述，都离不开它的支持；接着对可计算性问题做了简要探讨，这也是求解问题时首先要面对的，因为只有该问题确实是可计算性问题，才有进一步研究的必要。

模和同余是离散量描述中极为常见的两种基本运算，但模和同余不好强行纳入后面将要介绍的任何一章内容，所以，放在本章提前做介绍。递归思想非常巧妙，许多问题利用递归思路来求解往往精巧而简捷。密码学是与最后一章的代数系统相呼应的，它不仅在网络时代的今天拥有非常广泛的安全应用需求，而且也是离散数学理论中非常经典的应用。计数在有些资料中被纳入组合数学范畴，但它同样是离散量描述的基础，因此，本章也对其做简单介绍。

1.1 算　法

算法(Algorithm)，据称来自于9世纪波斯数学家花拉子米（比阿勒·霍瓦里松），不过，“算法”一词在中文中却出自《周髀算经》。当初“算法”意思是阿拉伯数字的运算法则，到18世纪才演变为“Algorithm”。而欧几里得算法则被普遍认为是人类史上的第一个算法。

有据可查的第一次程序编写应该是Ada Byron在1842年为查尔斯·巴贝奇(Charles Babbage)设计并制造的分析机编写求解伯努利方程的程序，因此，Ada Byron也被大多数人认为是世界上第一位程序员。遗憾的是，因当时的工艺制造水平所限，巴贝奇未能完成他的分析机，所以，这个程序（或说是算法）自然未能真正被执行。

直到20世纪，才由英国数学家图灵提出了著名的被极度抽象化了的计算机模型，俗称“图灵机”。从哲学和数学理论上解决了算法定义的难题，因此，图灵的思想对算法的发展至关重要（今天计算机领域的最高科学奖为“图灵奖”）。

对于算法，什么样的详细程度是合适的？当然这要看描述问题的需要而定，但一般地还是可以分成三个层次。其一是形式描述，即详细地写出算法的状态、转换函数等，这是最低、最彻底、最详细的程度描述；其二是实现描述，这种描述的程度稍微高一些，一般使用日常语言描述算法的运行，如怎么定义变量之间的存取机制、怎么在存储设备上存储数据等，这种程度的描述没有给出状态和函数转换的诸多细节；其三则是高层描述，它也用日常生活语言描述算法，但忽略了实现的模型，这种程度的描述不再需要提及数据的存储等细节。

1.1.1 算法的定义

综上所述，一般认为算法是一组严谨的定义运算顺序的规则，并且每一个规则都是有效的、明确的,此顺序将在有限的步骤之内终止。当然也认为算法是为求解某类问题而规定的一个可被机械化执行的确定步骤的有限序列。

显然,算法具有极强的动态特征,算法强调的是对问题的动态求解过程,是求解过程中的每一步动作细节,以及其相应的操作结果。而传统的数学演绎和推导,则是以公理为基础,以定理和推论为工具,不考虑时间、空间等客观环境约束的思想行为,所以,那不是算法,是一种理论上的极致。

所以,常规的观点认为,算法≠程序。而且,算法与传统的数学推导演绎等行为之间,也有本质上的区别。程序是算法基于某具体环境的语言描述、程序总是算法的弱化解决。而算法则抛弃了具体的计算机硬件环境,它旨在对解题方案进行准确而完整的描述。某个问题如果可通过一个计算机程序,在有限的存储空间内运行有限长的时间而得到正确的结果,则该问题才是算法可解的。

1.1.2 算法的基本特征

透过算法的发展和定义,不难理解,算法一般具有以下几大特征。

1. 可行性

可行性(Effectiveness)应该是首当其冲的,也是算法最根本的要求之一。可行性有时也称为**能行性**。该特性涉及算法中的每一步必须确实能够实现、算法的执行结果要能够达到预期目标等诸多含义。

人们就具体问题设计出来的算法总是希望它能得到令我们满意的结果,但算法又总是在某个特定的计算工具上执行的,因此,受执行平台的限制是不言而喻的。

例如,求取水仙花数时,会涉及三位数中每一位的立方,假设这个三位数为 x,每一位用 a、b、c 表示,则实施判断时往往会涉及下面两个表达式之间的选择问题。

“a ^ 3 + b ^ 3 + c ^ 3”与“a * a * a + b * b * b + c * c * c”

从数学理论上讲,二者之间没有区别,但实质上,几乎在任意一台计算机上,因为精确程度不同,以及对有效位数等相关细节在处理中的细微差异,二者之间的区别便凸显出来。如果 a、b、c 不是整数,而是实型数,可能问题更为严重,这就是可行性要重点考虑的地方。因为,算法≠计算公式。

2. 有限法

有限性(Finiteness)指算法必须在有限的资源条件下完成。资源一般涉及两方面,即时间和空间。但通常指时间,即要求必须在有限的时间内做完,或算法必须能在有限的步骤内停下来。

应该说,算法的这一特性最能反映数学公式与算法之间的差异,数学里的无穷级数求和用的是数学意义上的一种极限、一种无穷的概念,但设计出来的算法只能取若干项,不论是在巨型机上运行还是台式机上运行,这是没选择的,唯一的区别就在于所需要的精确程度。

反映在时间有限方面,如果需要千万年,则它或许已经失去了研究的价值和必要性。经典案例就是汉诺塔(Hanoi)问题。汉诺塔问题在许多程序设计教材上都有叙述,相传是古印度布拉玛圣庙僧侣间流传的一种游戏,据说游戏一旦结束则世界末日就来临。条件是甲、乙、丙三根柱子,在甲柱子上放有 64 只尺寸大小不等的金片。结果是将金片从甲柱子上搬到丙柱子上,中间可借助乙柱子。要求每一次仅可搬一只金片,而且,在任何时候必须保证尺寸小的金片在尺寸大的金片的上面,即上小下大。

假设搬动 1 片金片用时 1s，则 64 层汉诺塔全部完成总耗时记为 T，则有

$$
\begin{aligned}
T &= 2^{64} - 1(\mathrm{s}) \approx 2^{64}\mathrm{s} = 2^{10} \times 2^{10} \times 2^{10} \times 2^{10} \times 2^{10} \times 2^{10} \times 24\mathrm{s} \\
&= 1024 \times 1024 \times 1024 \times 1024 \times 1024 \times 1024 \times 16\mathrm{s} \\
&\approx 10^3 \times 10^3 \times 10^3 \times 10^3 \times 10^3 \times 10^3 \times 16\mathrm{s} \\
&= 16 \times 10^{18}\mathrm{s} \approx 4 \times 10^{15}\mathrm{h} \approx 1 \times 10^{14}\text{天} \approx 2.5 \times 10^{11}\text{年} \\
&= 2500\text{亿年}
\end{aligned}
$$

不难理解，僧侣们当年的说法（世界末日就来临）还是很有道理的。哪怕是在今天，我们用 1ns 搬一片，也得几千年才能搬完，这就是典型的不具有时间意义上的有限性算法实例。

3. 确定性

确定性（Definiteness）即算法的每一步必须有明确的定义，不允许有模棱两可的解释，更不允许有二义性。应该说，算法的确定性是与算法的可行性基于不同角度对同一问题的理解，这充分反映了算法与数学公理之间的明显差异。也正因如此，在设计算法时必须考虑数学公理上的一贯性造成的对特殊情况的特殊处理。

4. 算法的信息完整法

算法不仅是解决问题的思想描述，算法还必须与相应的问题组成一个完整的体系，抛开具体的问题，算法也就失去了它存在的根本意义，所以，算法及其相应问题的全部信息共同组成了一个完整的系统。

1.1.3 算法设计方法

通常情况下，算法由两大要素组成，一是对数据的运算和操作，二是对算法的结构控制。运算和操作大致上可归纳为算数、关系、逻辑、数据传输四大类，这与计算机程序设计语言中的算数运算符、关系运算符、逻辑运算符和数据传输命令等相对应，再下来就是相应的表达式等。而算法的结构控制则是指算法不仅取决于上述这些操作，同时更取决于用这些操作组成的指令序列的顺序，不同的序列显然将得到不同的算法结果，因此，一组严谨的定义运算顺序的规则是必不可少的。并且，每一个规则都是有效的、明确的，它能确保此指令顺序在有限的步骤内终止。

因算法是针对实际问题的，所以在实用中，不同的问题往往各有其特点，针对这些特点，人们几十年来已经积累了丰富的算法设计经验，也归纳出了一系列的算法设计方法。

1. 列举法

列举法是将所有可能的解逐一地列举出来，再一一验证其是否可行，可行的留下，不可行的舍去。因可以借助计算机的快速处理能力，所以，这种在生活中根本不可想象的方法，在计算机上却屡屡见效。使用列举法设计算法的经典实例很多，例如，在我国历史上颇富盛名的“百鸡问题”就是其中杰出的代表。

“百鸡问题”最早载于我国 5 ~ 6 世纪的《张邱建算经》，它是原书的第 38 题（也是最后一题）。原书未给出解法。清代，研究百鸡术的人渐多，终于在 1815 年由骆腾风彻底解决，从此百鸡问题和百鸡术才广为人知。“百鸡问题”还有多种表达形式，如“百僧吃百馒”“百钱买百禽”等。我国宋代的杨辉在其《算书内经》中就曾对这类问题作过描述。“百鸡问题”一般可描述如下：

已知母鸡每只的价格是 3 元，公鸡每只价格是 2 元，小鸡每只仅值 0.5 元。问：如果用 100 块钱，要求买 100 只鸡，如何购买？也就是说，钱不能剩也不能超，鸡数必须是 100 只，至于每

种各买多少只就不要求了。

在数学上,该问题可导致三元不定方程组,其重要之处在于开创数学上的"一问多答"之先河,这是在过去中国的古算书中所没有的。

常见的方法是假设购买公鸡、母鸡和小鸡分别 x,y,z 只,则由题意得

$$x + y + z = 100 \tag{1-1}$$

$$3x + 2y + 0.5z = 100 \tag{1-2}$$

虽然有两个方程,但却有3个未知量,所以,这是典型的不定方程,解不唯一。

式(1-2)×2 -式(1-1),得

$$5x + 3y = 100$$

整理,得

$$x = (100 - 3y)/5 = 20 - 3y/5 \tag{1-3}$$

因为每一种鸡的数目总是自然数,所以,x 也是,而3与5互质,因此,y 必然是5的倍数。

不妨设 $y=5k$,当然,其中的 k 是自然数。将其代入式(1-3),得

$$x = 20 - 3k$$

再将上式代入原方程组,得

$$z = 80 - 2k$$

汇总,有

$$x = 20 - 3k, y = 5k, z = 80 - 2k$$

一般情况下,当 k 取不同的数值时,即可得到 x,y,z 的许多组不同的解。但针对本题的具体情况,由于 x,y,z 都必须是100以内的数,故 k 的取值有较大的限制,只能是0~6,所以,本方程组只能有7组解。

其实,这也就是一种列举求解的思路,不过与在计算机中的列举算法相比还是要简单许多。在计算机中,因为每种鸡数最多是100只,最少不过不买,即0只,所以,将三种鸡各从0~100只取值,进行相互组合,算下来就是约100万种组合。充分利用循环控制结构,设 i、j、k 分别表示母鸡、公鸡和小鸡的数目,其相应的TC程序可描述如下:

```
main()
{  float Money;
   int Count, i, j, k;
   for (i =0; i< =100; i+ +)
      for(j =0; j< =100; j+ +)
     for(k =0; k< =100; k+ +)
         { Count = i + j + k;
        Money = i * 3 + j * 2 + k * 0.5;
        if ((Count = =100) && (Money = =100.0))
           printf("I =% 2d, J =% 2d, K =% 2d\n",i,j,k);
      }

  printf("Press any key to continue...\n");
   scanf(&i);
```

}

运行结果如图 1 - 1 所示。

```
E:\TC_30\100.EXE
I= 2,  J=30,   K=68
I= 5,  J=25,   K=70
I= 8,  J=20,   K=72
I=11,  J=15,   K=74
I=14,  J=10,   K=76
I=17,  J= 5,   K=78
I=20,  J= 0,   K=80
Press any key to continue...
```

图 1 - 1　百鸡问题运行结果

进一步分析该算法不难发现,其中 i,j,k 的有些值根本不可能或不应该出现的。例如,母鸡 3 元一只,所以,最多不过买 33 只;公鸡 2 元一只,最多不过买 50 只;小鸡虽然每只 0.5 元,但是最多也只能买 100 只。因此,上述算法可修改如下:

```
main()
{  float Money;
   int Count, i, j, k;
   for (i =0; i < =33; i + +)
      for(j =0; j < =50; j + +)
    for(k =0; k < =100; k + +)
      { Count  = i  + j  + k;
     Money  = i * 3  + j * 2  + k * 0.5;
        if ((Count = =100) && (Money = =100.0))
          printf("I =% 2d, J =% 2d, K =% 2d\n",i,j,k);
      }
    printf("Press any key to continue...\n");
    scanf(&i);
}
```

如此即可大幅减少计算机的循环次数,工作量可减少 83% 左右。其实,还可继续挖掘潜力,读者如果有兴趣,不妨一试。

同样,可用列举法来设计算法的问题还有许多,如求 1000 以内的素数、求所有的水仙花数、求 1000 以内所有的完数等。

2. 递推法

递推关系表示了一个序列中的第 n 个元素与其前面某些元素之间的关系。而递推法就是一种从已知条件(序列之最初的若干个元素)出发,利用给定的规则或操作(递推关系)逐步推出后续结果(序列后面的某些元素)的求解思路。常用递推关系描述一个算法所需要的时间,尤其是递归算法,因此,递推关系出现在算法设计和分析中便顺理成章了。

最典型的递推求解实例当属菲波纳契序列,该序列的发现者是 13 世纪意大利数学家里昂纳多·斐波纳契(Leonado. Fibnacci),该序列的最初两个元素均为 1,从第 3 个元素开始,每个元素都是其前两个元素之和,即

$$1,1,2,3,5,8,13,21,34,55,89,144,\cdots$$

用数学形式来描述，即

$$f(1)=f(2)=1, f(n)=f(n-1)+f(n-2), n \geqslant 3$$

序列的任意一个元素 $f(n)$ 之通项公式，可表示为

$$\frac{1}{\sqrt{5}} \cdot \left[\left(\frac{1+\sqrt{5}}{2}\right)^n-\left(\frac{1-\sqrt{5}}{2}\right)^n\right]$$

其实，该序列还有许多有趣的性质，例如：

$$f(1)+f(2)+\cdots+f(n)=f(n+2)-1$$

$$f(1)+f(3)+f(5)+\cdots+f(2n-1)=f(2n)-1$$

$$f(2)+f(4)+\cdots+f(2n)=f(2n+1)-1$$

$$f(1)^{\wedge 2}+f(1)^2+\cdots+f(n)^2=f(n) \cdot f(n+1)$$

$$f(1)-f(2)+\cdots+(-1)^n \cdot f(n)=(-1)^n \cdot[f(n+1)-f(n)]+1$$

$$f(m+n)=f(m-1) \cdot f(n-1)+f(m) \cdot f(n)$$

据说菲波纳契序列最早的出现与一个兔子游戏有关，故又称“兔子序列”：一般兔子在出生两个月后就有了繁殖能力，假设一对兔子每个月都能生出一对小兔子来。如果所有的兔子都不死，那么一年以后可以繁殖多少对兔子？如果拿新出生的一对小兔子来分析，在不同的月份兔子的总数其实就是一个菲波纳契序列。

其相应的 TC 程序（前 20 个元素）可描述如下：

```
main()
{ int i,a,b;
  a=1;
  b=1;
  for(i=1; i<=10; i++)
    {  printf("% 6d, % 6d \n",a,b);
       a=a+b;
       b=a+b;
    }
  printf("Press any key to continue...");
  scanf(&a);
}
```

运行结果如图 1-2 所示。

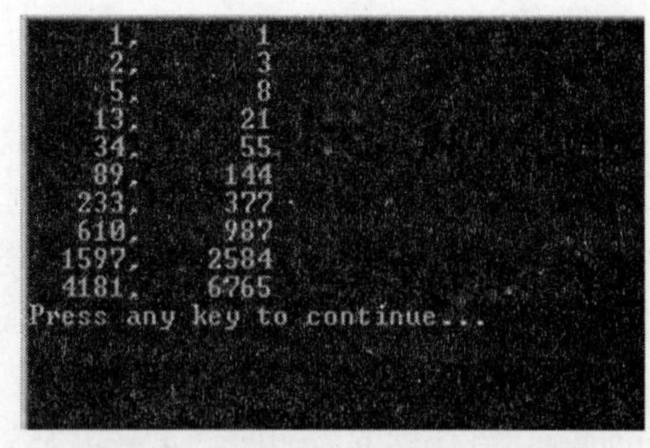

图 1-2　菲波纳契序列前 20 个元素

该数列的应用非常广泛,不仅涉及股票分析(诸如常见的时间周期预测、预期价格的目标位置、设定技术指标的期间数等场合都有它的影子)而且,就连曾风靡全球的小说《达芬奇·密码》中也是利用该序列为破解密码提供了思路。当然,递推法利用的绝不仅仅是一个菲波纳契序列,其实,大凡涉及迭代、递推思想的公式都可用来设计其相应的递推算法。

3. 分而治之

分而治之的思想可用来解决诸如最小最大问题、矩阵乘法、残缺棋盘、排序、选择等一系列问题。该思想与模块化方法如出一辙,为了解决一个大问题,将该问题分解两个或多个小问题,分别解决每个小问题,最后将各个小问题的解组合起来,即可得到原问题的解。通常情况下,小问题与原问题很相似,既可用递归方法分而治之。下面用矩阵乘法说明分而治之的算法设计思想。

假设两个 $n \times n$ 阶的矩阵 $\boldsymbol{A}$ 与 $\boldsymbol{B}$ 的乘积等于另一个 $n \times n$ 阶矩阵 $\boldsymbol{C}$。如果每一个 $\boldsymbol{C}(i,j)$ 都用矩阵乘法公式来计算,则计算 $\boldsymbol{C}$ 所需要的操作次数为

$$n^3 \cdot m + n^2(n-1) \cdot a$$

式中:m 表示一次乘法;a 表示一次加法或减法。

为了得到两个矩阵相乘的分而治之算法,需要作如下处理:

(1) 定义一个小问题,并明确该小问题的乘法运算细节。

(2) 确定将该大问题划分成小问题的方法,并明确对这些小问题进行乘法运算的细节。

(3) 指出如何根据小问题的结果得到大问题的结果。

为使讨论简便,假设 n 是 2 的幂(即 $n = 1,2,4,8,16,\cdots$)。

首先,假设 $n = 1$ 时是一个小问题,$n>1$ 时为一个大问题。后面将根据需要随时修改这个假设。对于 1×1 阶的小矩阵,可以通过将两矩阵中的两个元素直接相乘而得到结果。

考察一个 $n > 1$ 的大问题。可以将这样的矩阵分成4个 $(n/2) \times (n/2)$ 阶的小矩阵,不妨记为 $\boldsymbol{A}_1,\boldsymbol{A}_2,\boldsymbol{A}_3,\boldsymbol{A}_4$。当 $n>1$ 且 n 是2 的幂时,$n/2$ 也是2 的幂。因此,较小矩阵也满足前面对矩阵大小的假设。当然,矩阵 $\boldsymbol{B}_i$ 和 $\boldsymbol{C}_i$ 也必须作类似的定义和说明。

根据上述公式,经过 8 次 $(n/2) \times (n/2)$ 阶矩阵乘法和 4 次 $(n/2) \times (n/2)$ 阶矩阵的加法,就可计算出 $\boldsymbol{A}$ 与 $\boldsymbol{B}$ 的乘积。因此,这些公式能帮助我们实现分而治之的算法。在算法的第二步,使用分而治之算法把 8 个小矩阵再细分。事实上,由于矩阵分割和再组合所花费的额外开销,使用分而治之算法得出结果的时间将比直接使用矩阵乘积公式还要长。

为了得到更快的算法,需要简化矩阵分割和再组合这两个步骤。一种方案是使用 Strassen 方法。可以证明,n 越大,Strassen 方法与直接用矩阵乘积公式计算所用的操作次数的差异就越大,对于足够大的 n,Strassen 方法将更快,也就是说,分而治之矩阵乘法算法有较大的改进。

4. 回溯法

回溯算法就是试探法,通俗地讲,便是摸着石头过河。

回溯的基本思想是从一条路往前走,能进则进,不能进则退回来,换一条路再试。回溯算法有一个非常重要的特性,就是利用回溯算法求解问题时,问题的解空间总是在搜索解的过程中动态产生。回溯算法是一个既带有系统性又带有跳跃性的搜索算法。它在包含问题的所有解的解空间树中,按照一定的策略,从根节点出发搜索解空间树。算法搜索至解空间树的任一节点时,总是先判断该节点是否肯定不包含问题的解。如果能肯定其不包含,则跳过对以该节点为根的子树的系统搜索,逐层向其祖先节点回溯。否则,进入该子树,继续按给定的策略进行搜索。回溯法在用来求问题的所有解时,要回溯到根,且根节点的所有子树都已被搜索遍才

结束。而回溯法在求问题的任一解时,只要搜索到问题的一个解就可以结束。这种以给定方式系统地搜索问题解的算法称为回溯法,它经常被用于求解一些较大规模的组合性问题。用回溯算法求解问题一般分4步:

(1) 定义一个解空间,它包含问题的解。

(2) 利用适于搜索的方法组织解空间。

(3) 利用给定搜索解空间。

(4) 利用限界函数避免移动到不可能产生解的子空间。

回溯算法一般可用递归函数来实现,其基本结构可简单描述如下:

```
try(i:integer);
   { if(i >n) then 输出结果;
   else
       for(j =下界;j≤上界;j + +)
           {x: =h[j];
               if 解可行 then   {   置值; Try(i +1); }
           }
}
```

其中:i是递归深度;n是深度控制,对应解空间树的的高度。

在判断可行性时,如果解不满足约束条件则直接剪去相应的子树,若限界函数越界,也要剪去相应的子树,唯有两者均满足时才进入下一层搜索。而搜索则是全面访问所有可能的解的过程,如果不考虑给定问题的特有性质,按事先定义好的顺序,依次运用规则,就是所谓的盲目搜索算法;如果考虑问题的特有性质,选用合适的规则,即可提高搜索效率,这就是启发式搜索。这些内容基本上属于人工智能技术范畴。

严格讲,回溯算法应该算是一种相对复杂的递归算法,因其用途和特殊性,它比一般的递归结构复杂得多,因此才单独介绍。它在递归的同时,即递归调用它本身的同时,还要查看以前的结果,并实施一定的计算。回溯固然可以用来求解八皇后问题,但用它来求解多元一次不定方程亦相当有效。

例1-1 设有n件工作要分给n个人。将工作i分给第j个人的收益为C_{ij}。试为每个人分配1项不同的工作,使总收益最大。

解:假设在执行时首先输入整数$n(1\leq n\leq 20)$,接着就是n行数据,每行n个数,表示C_{ij}。最后,输出最大的总收益。思路是,假设需要分配工作的人已经按照$1\sim n$排好序不动,用一个数组d存放分配给他们工作的编号,即第i个人被分配到$w[i]$号工作,初始时设$d[i]=i$,然后不断地重新排列d数组,每得到一次排列,就要计算在此排列下的总收益,若发现比之前的总收益大,则更新最优解。其相应的算法如下:

```
#include <stdio.h>
#define NUM 100
int best[NUM], d[NUM], c[NUM][NUM];
int answer = 0;
void swap(int &a,int &b)
   {int t = a;    a = b;    b = t;   }
void update(int n)
   {int sum = 0;
```

```
        for(int i = 1; i < = n;i + +)  sum + = c[i][d[i]];
        if(sum > answer)
          { answer = sum;
            for(int i = 1;i < = n;i + +)  best[i] = d[i];
          }
      }
    void backtrack(int level,int n)
      {if (level > n)  update(n);
        else
          for (int i = level;i < = n;i + +)
            {  swap(d[level],d[i]);    backtrack(level +1,n);   swap(d[level],d
[i]);    }
      }
    int main( )
      {int n;
          scanf("% d",&n);
          for(int i = 1;i < = n;i + +)
            for (int j = 1;j < = n;j + +)   scanf("% d",&c[i][j]);
          for(int i = 1;i < = n;i + +)   d[i] = i;
          backtrack(1,n);
          for(int i = 1;i < = n;i + +)   printf("将第  % d  项工作分配给第 % d 个人 \n",
best[i],i);
          printf("该分配方案的最小费用为: % d \n",answer);
    }
```

5. 归纳法

归纳法是一种从特殊推理出一般的一种证明方法。归纳法可分为不完全归纳法、完全归纳法和数学归纳法等几种。不完全归纳法是根据部分特殊情况作出推理的一种方法,该方法多用于无穷对象的论证,然而,论证的结果不一定正确。因此,不完全归纳法不能作为严格的证明方法。

完全归纳法即穷举法,也就是前面介绍过的列举法,它是对命题中存在的所有特殊情况进行考虑的一种方法,用该方法论证的结果是正确的,然而,它只能用于“有限”对象的论证。

而数学归纳法则可以弥补完全归纳法之不足,数学归纳法的基本原理可以形式化地定义为

$$P(1) \land (\forall n)(P(n) \to P(n+1)) \to P(n)$$

例 1-2 求证命题 $P(n)$:“从 1 开始,连续 n 个奇数之和是 n 的平方”,即

$$1 + 3 + 5 + \cdots + (2n - 1) = n^2$$

归纳基础:当 $n=1$ 时,等式成立,即 $1=1^2$。

归纳步骤:设对任意 $k \geqslant 1$,$P(k)$ 成立,即

$$1 + 3 + 5 + \cdots + (2k - 1) = k^2$$

而

$$1 + 3 + 5 + \cdots + (2k - 1) + (2(k + 1) - 1) = k^2 + 2k + 1 = (k + 1)^2$$

则当 $P(k)$ 成立时,$P(k+1)$ 也成立,根据数学归纳法,该命题得证。

6. 递归

在计算机程序设计语言中,将调用一个函数的过程中直接或间接地调用该函数本身的调用形式,称为递归调用。因其相对特殊,本章将专列一节来讨论,见 1.4 节。

1.1.4 算法表示

表示方法是算法在概念、特性以及算法的设计方法之后的另一个重要话题。几十年来,人们在研究算法的诸多内容的同时,也逐渐形成了若干种成体系的算法表示方法,常见的可大致分为以下几类。

1. 自然语言表示法

顾名思义,自然语言表示法就是利用生活语言表示算法。人们不仅在日常生活中离不开算法,而且还都在自觉不自觉地使用算法。例如,有些政府机关就明确规定了办理某些证件的流程和资料需求;银行里也规定了存(取、贷)款等业务的相关规定和操作手续等;就连人们到超市购物,也是首先确定要买的物品,再准备好钱款,最后到指定收银台交费或刷卡等;有些商场为了促销不时推出选购货物的种类、数量和相应的优惠政策等。这一切实质上都属于算法的范畴。而且,这些算法也都是利用自然语言来描述的。

下面是一个在学术论文中经常遇到的基于自然语言的算法表示实例。

N(T):T 中所有节点组成的集合。

Have. Node:W 中始节点编号已确定的工作的集合,简记为 HN,初值 $HN = \Phi$。

Have. Not. Node:W 中始节点编号未确定的工作的集合,简记为 HNN,初值 $HNN = W$。

Buffer:中间临时集合,简记为 B,初值 $B = \Phi$。

I:处理过程中节点编号当前值;初值 $I = 0$。

节点编号确定算法:

(1) 先置 $I = I + 1$,分析 HNN 中任一工作 X 的 $S(X)$,若 $S(X) = \Phi$,则将 X 的开始节点编号编为 I;同时将 X 从 HNN 中“移”到 HN 中。

(2) 分析 HNN 中任一工作 X 的 $S(X)$。

① 若 $S(X) \in HN$,则将 X 的开始节点编号编为 $I + 1$;$S(X)$ 中每一项工作的结束节点的编号也编为 $I + 1$;I 自增 1 (即 $I = I + 1$);将 X 从 HNN 中移到 B 中。

② 重复步骤①,直到 HNN 中所有工作的 $S(X)$ 被分析完为止。

③ 将 B 中的工作移到 HN 中。

(3) 重复步骤(2),直到 HNN 为空。

(4) 将 W 中未确定结束节点编号的所有工作的结束节点编为 $I + 1$。

(5) 算法结束。

2. 图形表示法

基于图形表示法思想的主要有传统流程图、N－S 图、PAD 等。

1) 传统流程图

在传统流程图表示法中主要用到以下几种符号,如图 1－3 所示。

(1) 起止框。亦称开始框、结束框,一般用椭圆形表示,中间标以文字说明。

(2) 处理框。负责公式、计算、赋值等,一般用矩形表示,中间也用文字加以说明。

(3) 判断框。表示条件判断,用菱形框表示,中间一般用判断类逻辑表达式来表示。

(4) 流程控制线。即带箭头的线,可直可折,根据需要而定,标志着算法的处理流向。

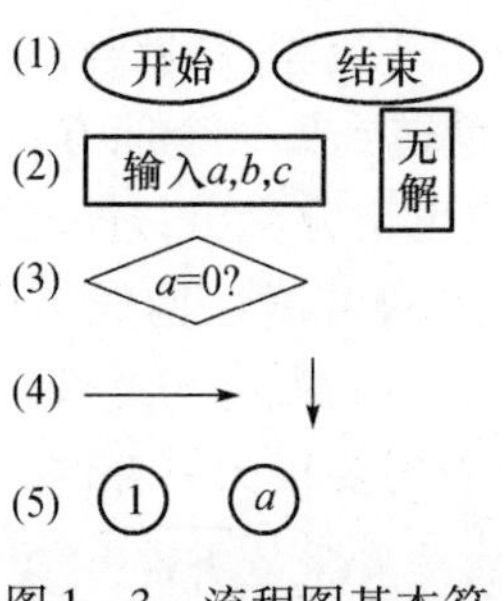

图 1-3　流程图基本符

(5) 连接点。当算法规模较大时,小篇幅的区域或纸张放不下,可分成几个不同的小区域,通过该连接点即可将这些区域联系起来。一般用小圆圈表示,中间注以编号。编号可用自然数,亦可用字母等。

任何复杂的算法,实质上都可以归纳成三种基本结构,即顺序结构、选择(分支)结构和循环结构。其中,顺序结构是一种简单的线性结构,各部分之间按顺序执行。执行顺序为 A→B→C。如图 1-4(a)所示。分支(选择)结构是对某个给定条件进行判断,条件为真或假时分别执行不同框的内容。选择结构总是有一个入口、两个出口,其基本形状如图 1-4(b)所示。

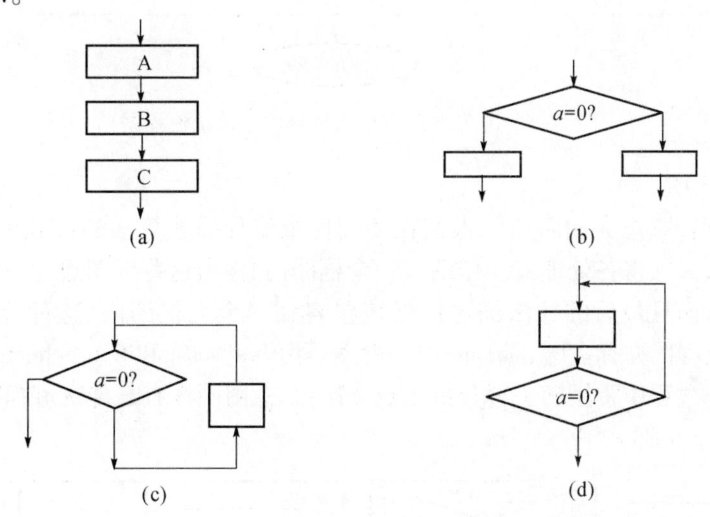

图 1-4　流程图的三种基本结构

(a) 顺序结构;(b) 选择结构;(c) 当型循环;(d) 直到型循环。

循环结构一般有两种基本形态,即当型循环(亦称 while 型循环)和直到型循环(也称 do-while 型循环),如图 1-4(c)所示即当型循环,图 1-4(d)所示则是直到型循环。

在设计算法时,以这三种基本结构为"建筑单元",按照三种基本结构的规范要求进行组合。可以证明,使用这三种基本结构可以绘制出任意一个算法的流程图。而且,这种传统的流程图结构清晰,易于验证,易于纠错。这种方法就是结构化方法,遵循这种方法的程序设计思想,就是结构化程序设计思想。这三种基本结构之间或并列、或串联、或包含,但不得交叉、不得从一个结构直接转到另一个结构的内部。

例 1-3　试用传统流程图描述一元二次方程 $ax^2+bx+c=0$ 的求解算法。

解:该算法的传统流程图如图 1-5 所示。

传统流程图出现的时间相对较早，其流程控制线经常被对应于早期的非结构化语言的 goto 句，goto 允许程序从一个地方直接跳转到另一个地方。这种规则设计起来确实十分灵活，减少了人工设计的复杂程度。但其缺点也十分突出，过分随意的跳转使程序的流程复杂且紊乱，这种俗称“意大利面条”的做法对算法的可读性构成了极大的威胁，也为程序验证造成了困扰。其实，这种转来转去的流程图所表达的混乱与复杂，正是软件危机中程序人员处境的一个生动写照，但它也是结构化程序设计思想要极力摒弃的。

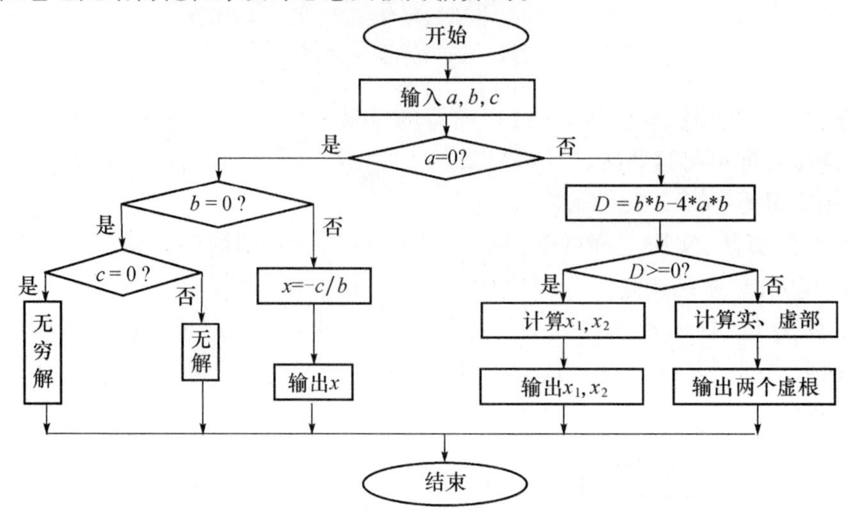

图 1－5　一元二次方程求解算法之传统流程图

2）N－S 盒式图

为了避免所谓的“意大利面条”，人们在使用传统流程描述算法的过程中，发现流程控制线并不是必需的，只须将各处理或操作纳入一个框图内，再由这些框图通过一定的组合规则即可构成整个算法，而且最后的算法描述仍然被包容在一个大框图内，这种流程图就是 N－S 图。N－S 盒式流程图亦称盒图、Chapin 图。盒图是由 Ike Nassi 和 Ben Schneiderman 合作完成的，目前已是编程过程中常用的一种分析工具。N－S 盒图同样有与传统流程图相对应的三种基本结构，如图 1－6 所示。

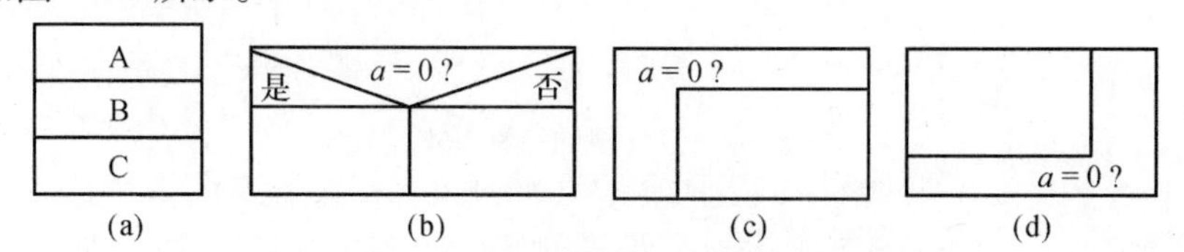

图 1－6　N－S 流程图之三种基本结构

(a) 顺序流程；(b) 选择结构；(c) 当型循环；(d) 直到型循环。

对应的一元二次方程求解算法的 N－S 流程图如图 1－7 所示。

3）PAD

PAD(Problem Analysis Diagram)，即问题分析图，是日本日立公司于 1973 年发明的，它由程序流程图演化而来，目前已得到比较广泛的应用，并被 ISO 认可。

PAD 采用基于二维树形的图形结构来表示程序的流程控制，并允许递归。用 PAD 图描述的算法，转换为程序代码时相对容易。PAD 也设置了 6 种基本符号(或称控制结构)，如图 1－8所示。

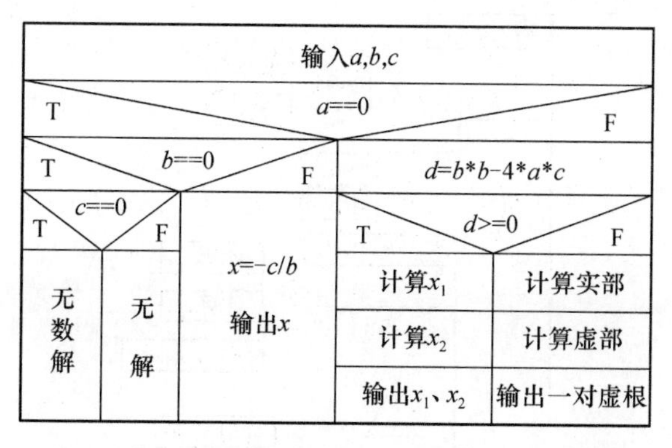

图1-7　一元二次方程求解算法的N-S流程图

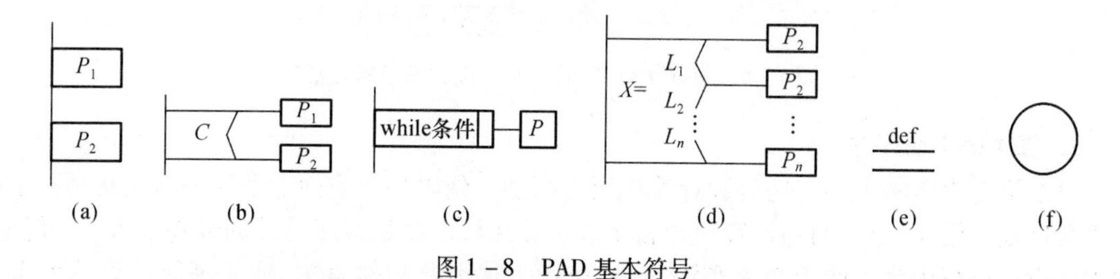

图1-8　PAD基本符号

(a) 顺序;(b) 分支选择;(c) 循环结构;(d) 多分支选择;(e) 定义;(f) 语句标号。

基于PAD图的一元二次方程求解算法描述如图1-9所示。

因其使用具有明显的结构优化控制结构的PAD符号设计算法,故设计出来的程序必然是结构化程序。PAD图结构清晰,图中最左边的竖线就是程序的主线,亦称第一层控制结构。随着算法层次的逐步增加,PAD图逐渐向右延伸,每增加一个层次,图形便向右扩展一条竖线,因此,PAD图中竖线的总条数也就是算法之总层次数。这种基于二维树形结构的图形,算法从图中最左边上端的节点开始执行,自上而下、从左到右顺序执行,条理性极强。用PAD图表现程序逻辑,直观易懂,可读性强,容易记忆。

PAD图的符号支持自顶向下、逐步求精的结构化程序设计思想。开始时,设计者可以定义一个抽象程序,随着设计工作的深入而使用定义符号(def)逐步增加其细节,直至完成全部算法的详细设计。PAD图面向高级程序设计语言,并为Fortran、Cobol和Pascal等常用的高级程序设计语言分别提供了一整套相应的图形符号。由于每种控制语句都有一个图形符号与之对应,显然将PAD图转换成与之对应的高级语言程序比较容易。又因PAD图不仅能描述算法的逻辑关系,也可用来描述算法的数据结构。所以,很容易即可将PDA图转换成高级程序语言源程序。

用PAD图设计的程序,结构可见性好,而且结构唯一,易于编制和修改,也可消除软件开发过程中设计与制作的分离趋势,将软件开发过程中的人属特性降到最低程度。

虽然目前仍需要由人来编制程序,一旦开发的PAD编程自动化系统实现,计算机就能从PAD自动编程,到那时程序逻辑就是软件开发过程中人工制作的最终产品。显然,这大大节省了开发时间,提高了开发质量,也有利于提高软件可靠性和软件生产效率。

其实,除了传统流程图、N-S盒式图、PAD之外,还有判断树、HIPO等表示工具,不过它们多属于不同的场合和领域,缺乏普适特征,故这里不再详述。

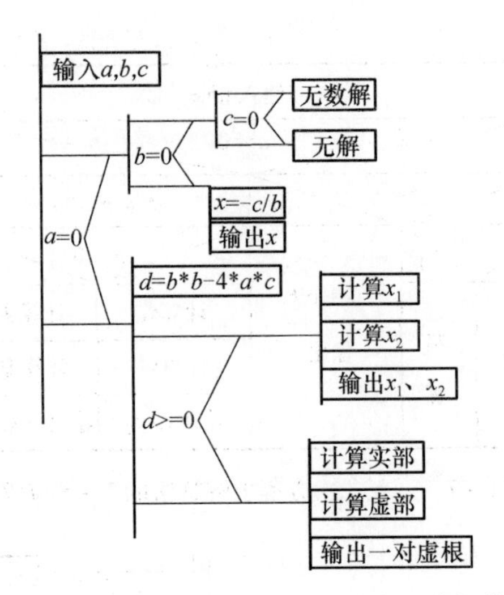

图1-9 基于PAD图的一元二次方程求解算法

3. 算法语言表示法

算法语言表示法主要有伪码和计算机语言两种。伪码是比前面的图形表示法又靠近了计算机程序设计语言一步,而用计算机语言来表示算法可以说是程序设计的最终目的。一般地,在程序设计过程中为了便于交流和沟通,才使用上述那些相对直观、便于理解的算法表示方法,一旦审查通过后,即可通过编码将其转化成计算机语言程序。

1)伪码

伪码(Pseudocode)亦称类语言、设计程序用语言(Program Design Language,PDL)等,是一种用于描述功能模块的算法设计和加工细节的语言,即算法描述语言。其结构清晰,代码简单,可读性好,而且还应类似于自然语言。使用伪码的目的是为了使被描述的算法可以比较容易地以任何一种编程语言(如C、Java等)实现。根据伪码采用的基本行文规则,可将伪码分成许多类,常见的有类C伪码(即其语法规则与C语言类似)等。

有些资料上也将伪码的语法规则分成"外语法"和"内语法"。外语法符合一般程序设计语言常用语句的语法规则,而内语法则常用英语中的一些简单句子、短语、数学符号等描述程序应执行的功能。因内语法使用自然语言来描述处理特性,故语法比较灵活,只要写清楚就可以,不必考虑语法错误,以利于人们把主要精力放在描述算法的逻辑上。使用PDL语言,可以做到逐步求精:从比较概括和抽象的PDL程序起,逐步写出更详细、更精确的描述。

伪码的一般语法规则不外乎以下几方面:

(1)在伪码中,一般每条指令均占一行,指令后面不再跟其他符号,在类C中以分号结尾。

(2)书写上一般采用"缩进"格式,以强调算法中的层次结构关系,可大大提高代码的可读性。同一模块的语句应用相同的缩进量。

(3)一般在伪码中,变量名和保留字等标示符不区分大小写,这一点和Pascal相同,但与C或C++不同。

(4)在伪代码中,变量可不作声明,如果其类型相对特殊,也可适当解释,但变量局部于特定过程,不能不加显示地说明就使用全局变量。

(5)循环结构一般可使用下面三种中的任意一种:while循环、repeat-until循环和for循环。

(6) 数组元素一般用“[下标]”表示。如 $A[j]$ 指示数组 A 的第 j 个元素。

(7) 有子程序定义与调用机制,用以表达各种方式的接口说明。函数值可用 return(函数返回值)返回,参数用按值传递方式。

(8) 有数据说明机制,包括简单的(如标量、数组)与复杂的(如链表、层次结构)的数据结构等。

2) 计算机语言

这也是算法设计的最终结果,调试通过之后即可上机运行。根据任务和场合之不同,亦可使用不同的计算机程序设计语言,在此从略。

4. 形式语言表示法

形式语言表示法指数学方法,可以精确避免自然语言的二义性。

之所以将这种方法放在最后介绍,是因为它是数学方法,并非实施程序设计的必然基础。一般地,当某些问题有了数学理论上的解,就是说,用数学方法给出了相应的设计思路,但离用计算机执行之尚有较大的距离,就需要将这种利用数学思想描述出来的算法进一步变换成前面介绍的某种算法的表示方法,如自然语言表示、传统流程图、N-S 图等,之后再将其转换成计算机程序设计语言的原程序,这时才可以经过编译、连接等过程,在计算机上执行。但形式语言表示法毕竟是一种表示算法的方法,所以将其放在最后。

其实,利用各种算法表示方法所描述的同一算法,其功能效用是等价的,也允许在算法的表示方法、实现方法上有所不同。

1.1.5 算法的复杂度分析

对于任意一个给定的算法,首先要做的是从数学上证明该算法的正确性,在此基础上尚需分析算法的效率,即复杂度分析。复杂度分析一般要考虑时间和空间两方面。时间复杂度反映了程序的执行时间随着数据规模的变化而变化的快慢量级,在很大程度上能很好地反映出算法的优劣。因此,程序员掌握基本的算法之时间复杂度分析方法是必要的。

人们偶尔也会关心所设计算法的最优性。一般地,就某个具体问题而言,在规定了算法所允许的运算或操作类型的情况下,所有可能的算法构成了解决该问题的算法集合。判断该算法集合中的某个算法是否最优,依据是该算法的平均性态。如果,在选择的算法集合中,该算法比所有的其他算法执行的基本运算次数都要少,则此算法应该是最优的。

实质上,判断某算法是否最优,并不需要将该算法与算法集合中的每一个算法做比较,只需根据该算法集合之特性,确定解决该问题所需基本运算次数的下界 L,于是,在该算法集合中所有那些基本运算次数等于 L 的算法均是最优的。因此,最优算法一般不唯一。为此,常通过以下两步来求得解决该问题至少需要的基本运算次数和最优判定。

先分析算法 A 并求取函数 F,使得 $F(n)$ 等于对规模为 n 的数据输入,A 最多须做的基本运算次数;然后再求取函数 G,使得该算法集合中的任何一个算法,对数据规模 n 来说,所有的算法至少要做 $G(n)$ 次基本运算。

于是,如果总有 $F(n) = G(n)$ 成立,则算法 A 是最优的;否则,就可能存在更好的算法或是更好的下界。

不过,在多数情况下,我们并不特别在意某算法是否最优,倒是更在意它能否满足时间或空间等方面的效率需求。就是说,分析的重要性不在于总能找到最优的算法,而在于总能找到使我们满意的算法,虽然它未必是最优的。

如前所述,算法的复杂度分析一般涉及时间复杂度和空间复杂度两方面,它对应计算复杂性理论中的两个重要问题。计算复杂性理论研究的是计算中资源的消耗情况,当然,计算过程中涉及的资源很多,但最重要的不外乎两种,即时间和空间。但在特殊情况下其他资源亦可适当考虑,如并行计算过程中需要的并行处理器个数等。

1. 时间复杂度

时间复杂度是指实际完成一个算法所需要的时间消耗情况,它是衡量一个算法优劣的最重要参数之一。显然,时间复杂度越小,说明该算法效率越高,则该算法越有价值。不过,虽然时间复杂度衡量的是执行算法所需要的时间消耗情况,但却并不用时间单位(秒、毫秒)描述,因为算法的执行情况与具体的计算机平台以及相关数据等因素关系密切,因此,仅通过单纯的时间单位无法客观地衡量两个算法之间的优劣。于是,时间复杂度的表示一般都脱离具体的计算机环境,而用一个被称为算法的时间多项式表示。

算法的**时间多项式**是通过算法效率分析得到的一个式子,为了更好地比较算法的优劣,用三个符号表示算法的渐进时间,分别是 O(读"o"),Ω(读"omega")和 θ(读"theta"),但最常用的还是 O,它反映了算法在时间消耗上的数量级别。

基于数学意义上的形式化描述,时间复杂度经常定义为:对于给定的算法 a,如果存在函数 $f(n)$,当 $n=k$ 时,$f(k)$ 表示算法 a 在输入数据规模为 k 的情况下的运行时间,则称 $f(n)$ 为算法 a 的时间复杂度。

这里的输入数据规模相对比较含糊,它仅仅是一个笼统的定义,一种测度指算法 a 所接受输入的自然独立体的大小。例如,对于排序算法来说,输入规模一般就是待排序元素的个数,而对于求两个同型方阵乘积的算法,输入规模则可看作是单个方阵的维数。在研究图论中的诸多算法时,往往考虑的是图的边数等。为讨论问题方便,人们常用大于零的整数表示输入规模,如 $n=1,2,\cdots,k$ 等。下面举例说明空间复杂度的分析方法。

首先,输入一个有 n(正整数)个元素的序列。假设序列元素取值为 $1\sim n$ 之间的任意整数,但其间的顺序是完全随机的,而输出则是元素 n 的位置,假设首元素位置为 1。

问题非常简单,其算法伪码描述如下:

```
int find_No(x)
    { int i;
    for (i =1; i < =n; i + +)  ························ (1)
        if ( x[i] = = n ) ······························ (2)
            return i;  ································· (3)
}
```

在该算法中,不论 n 等于多少,语句(1)仅被执行一次,以后的循环不过是将控制变量 i 自加 1(设其时间消耗为 t_1),再与终值 n 做比较(设其时间消耗为 t_2)而已。当然,随着 n 的不同,t_1 和 t_2 自然会成正比增长。语句(2)仅仅是两个数值之间的比较,其时间消耗亦为 t_2,它同样随着 n 的增加而正比增长。不过,语句(3)则与 n 无关,它仅在定位成功时执行一次,其时间消耗不妨设为 t_3。

显然,在最好的情况下,即 n 排在序列的首位置,此时的时间总消耗设为 T,则有

$$T = t_1 + 2 \cdot t_2 + t_3$$

但是,在最坏情况下,即 n 排在序列的最后一位,则有

$$T = n \cdot t_1 + n \cdot t_2 + n \cdot t_2 + t_3 = n \cdot (t_1 + 2 \cdot t_2) + t_3$$

也就是说，最好情况下该算法的时间消耗是一个常数，但最坏情况下的时间消耗则与实际输入的数据情况关系密切，是输入规模 n 的线性函数。

假设该问题的输入序列完全随机，就是说 n 出现在 $1 \sim n$ 位置上的概率是完全相等的，不妨设为 $1/n$，那么，平均情况下的执行次数的数学期望即可表示为

$$\begin{aligned} E &= p(n = 1) * 1 + p(n = 2) * 2 + \cdots + p(n = n) * n \\ &= (1/n) * (1 + 2 + \cdots + n) \\ &= (n + 1)/2 \end{aligned}$$

于是，在平均情况下的时间消耗的数学期望为

$$E(T) = (n + 1) \cdot (t_1 + 2 \cdot t_2) / 2 + t_3 = (n + 1) \cdot t_1/2 + (n + 1) \cdot t_2 + t_3$$

由此，该算法的时间复杂度 $f(n)$ 有如下关系成立：

$$t_1 + 2 \cdot t_2 + t_3 \leqslant f(n) \leqslant n \cdot (t_1 + 2 \cdot t_2) + t_3$$

在平均情况下，有

$$f(n) = (n + 1) \cdot t_1/2 + (n + 1) \cdot t_2 + t_3$$

通过上述分析不难理解，在相对复杂的算法中，作上述分析是非常困难的。因为，分析算法时首先要确定它使用了哪些操作或运算，以及执行这些操作或运算所消耗的时间，这对于大多数人来说作起来并不容易。运算大致上分两类，一类运算是基本运算，如加、减、乘、除四种基本的整数算术运算，以及浮点算术、比较、对变量赋值和过程调用等。这些运算所用的时间不尽相同，但花费的都是一个固定的时间量。另一类运算则是由一些基本运算的任意长序列组成。如两个字符串的比较，就可以看作是一系列字符比较指令运算，而字符比较指令可以使用移位和位比较指令。比较两个字符的运算时间是固定的，是某个常数，而比较两个字符串的运算时间值则与字符串的长度相关。但如此分析下去，可能最后的时间复杂度关系式将十分复杂。

其实，大多数的实际运用中并不关心 $f(n)$ 的精确度量或表达式，只须了解其基本量级就可以了。因此，在大多数的算法分析中，并不精确细化单个语句的操作和时间消耗，而仅仅考虑该算法中的基本运算情况。所谓的基本运算就要看实际问题的具体情况了。如果是排序算法，则一般考虑序列元素之间的比较、移动或交换；如果是矩阵的乘积运算，则往往考虑运算中两个矩阵元素之间的乘积，而乘积后的求和相对来说可以忽略不计。通过如此取舍，算法的复杂性分析相对来说就容易多了。

假定某一算法的时间消耗为 $f(n)$，而 $g(n)$ 是在事前分析中确定的某个形式简单的、独立于机器和语言的函数，如 n^m、$\log N$、2^n、$n!$ 等。

若存在正常数 c, n_0，对于所有的 $n \geqslant n_0$，有 $|f(n)| \leqslant c \cdot |g(n)|$ 成立，则该算法的时间复杂度记为

$$f(n) = O(g(n))$$

因此，说一个算法具有 $O(g(n))$ 的时间复杂度，指的是若该算法用 n 值不变的同一类数据在某台机器上运行时，所用的时间是小于 $|g(n)|$ 的一个常数倍，所以，$g(n)$ 为计算时间 $f(n)$ 的一个上界函数，$f(n)$ 的数量级就是 $g(n)$。

在确定 $f(n)$ 的数量级时，总是试图求出最小的 $g(n)$，使得 $f(n) = O(g(n))$。

一些专业性的计算复杂性分析专著中往往会提出渐近时间复杂度的概念。首先定义以下三个函数集合。

$\theta(g(n)) = \{ f(n) \mid$ 如果存在正常数 c_1、c_2 和正整数 n_0，使得当 $n \geqslant n_0$ 时，

$0 \leqslant c_1 \cdot g(n) \leqslant f(n) \leqslant c_2 \cdot g(n)$ 恒成立 $\}$

$O(g(n)) = \{ f(n) \mid$ 如果存在正常数 c 和正整数 n_0，使得当 $n \geqslant n_0$ 时，

$0 \leqslant f(n) \leqslant c \cdot g(n)$ 恒成立$\}$

$\Omega(g(n)) = \{ f(n) \mid$ 如果存在正常数 c 和正整数 n_0，使得当 $n \geqslant n_0$ 时，

$0 \leqslant c \cdot g(n) \leqslant f(n)$ 恒成立$\}$

值得一提的是，因为 $f(n)$ 不确定，它是在一个范围内变动的，因此，分析算法时一般总是使用最坏情况下的 $f(n)$ 评价算法效率。原因也很简单，知道了最坏情况就可保证算法在任何时候都不会比这种情况更糟。

另外，一般算法运行中发生最坏情况的概率还是很大的，如查找待查元素不存在的情况时有发生，而相对找到某个元素时的概率而言，这均属最坏情况。还有，一般地平均情况的时间复杂度和最坏情况的时间复杂度往往是一个级别的。

类似地，还可以给出算法时间复杂度的上确界和下确界。

设 $f(n)$ 为算法 a 在最坏情况下 $f(n)$，则如果 $f(n)$ 属于 $O(g(n))$，则说算法 a 的渐近时间复杂度上限为 $g(n)$，且 $g(n)$ 为 $f(n)$ 的渐近上确界。

设 $f(n)$ 为算法 a 在最坏情况下 $f(n)$，则如果 $f(n)$ 属于 $\Omega(g(n))$，则说算法 a 的渐近时间复杂度下限为 $g(n)$，且 $g(n)$ 为 $f(n)$ 的渐近下确界。

算法时间复杂度分析是一个很重要的问题，任何一个程序员都应该熟练掌握其概念和基本分析方法，而且要善于从数学层面上探寻其本质，才能准确理解其内涵。在有些分析中，还会涉及“紧确界”和“非紧确界”等概念，有兴趣的读者可查阅相关资料。

一般认为，一个渐近复杂度为 n 的算法要优于渐近复杂度为 n^2 的算法。这并非渐近复杂度为 n 的算法在任何情况下都一定更高效，而是说，在输入规模足够大后（大于临界条件 n_0），则前一个算法的最坏情况总是好于后一个算法的最坏情况。

2. 空间复杂度

空间复杂度是指计算机科学领域完成一个算法所需要占用的存储空间，一般也是输入参数的函数，它同样是算法优劣的重要度量指标。一般来说，空间复杂度越小，算法越好。

早期，因硬件技术条件所限，计算机的存储容量一般很小，所以，算法的空间复杂度与时间复杂度曾一度同等重要。甚至有些算法中的某些变量在算法运行的不同时段可能存储不同的内容，这不仅为算法分析带来困难，使算法的可读性受到影响，而且对算法的维护和修改也形成障碍。后来，随着硬件技术水平的提高，一般计算机的存储容量均大幅度增加，而价格却急速降低，于是，人们才对算法的空间复杂度之关注程度逐日降低。

同时间复杂度相比，空间复杂度的分析要相对简单得多。因算法的空间复杂度指的是算法需要消耗的空间资源，不用对不同指令作进一步地细化分析，多数情况下也与输入数据的具体情况关系不大，所以，虽然其计算和表示方法与时间复杂度类似，同样是用复杂度的渐近性来表示，但分析起来却容易多了。

1.2 可计算性问题*

可计算性（Clculability）是指一个实际问题是否可以使用计算机来解决。

事实上，很多非数值问题（如文字识别，图像处理等）都可以通过转化成为数值问题交给

计算机处理。一个可以使用计算机解决的问题应该被定义为“可以在有限步骤内被解决的问题”，显然，“哥德巴赫猜想”这样的问题不属于“可计算问题”之列（或以目前的技术水平还不属于），因为目前的计算机尚没有办法自主设计并给出数学意义上的证明（思路），因此，我们没有任何理由期待计算机能解决世界上所有的问题。

分析某个问题的可计算性意义重大，它使得人们不必将时间浪费在不可能解决的问题上，可以尽早使用除计算机以外更加有效的手段来解决该问题，将计算机资源集中在可以解决的问题集合当中。

在可计算性和计算的复杂度等理论中，一般将可基于图灵机以多项式量级（或称多项式时间）求解的定规类问题称为 P 问题，简称为 P。

通常，那些可以“有效解决”的可计算型问题就是 P 问题，P 问题中包含了许多自然数问题，如素数的判定问题、最大因子问题等，哪怕其时间复杂度（即其指数级别）非常高。当然，这是理论上的观点，因为 P 类问题中存在着许多限制在严格意义上不称为算法的问题。有些算法至少需要 n^m 条指令（$m \geqslant 10^8$）来解决的问题，如 64 级汉诺塔问题等。虽然有些十分极端的 P 问题以目前的计算能力似乎没有太大的现实意义，但基于量子计算机和并行计算等来考虑，从理论上研究明白它们的归属还是非常有意义的。

与 P 类问题密切相关的是 NP 类问题。一般认为，NP 是 P 的扩大集合，NP 这种比 P 类还复杂且广泛的度量类别，是可在多项式时间以非确定型图灵机决定答案的问题的集合，如图1－10所示。有意思的是，虽然未经证明，但绝大部分专家相信 P 是 NP 的严格子集，即 NP 一定大于且包含 P 集合。

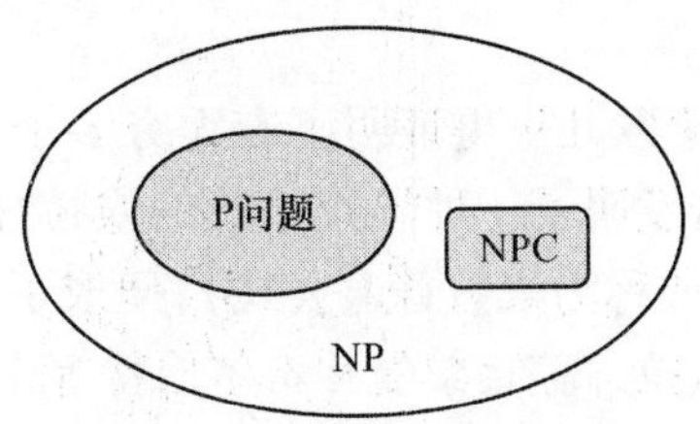

图 1－10　P 与 NP 示意图

因为多项式级别的时间算法拥有组装封闭性，即一个多项式时间的函数（设函数调用为固定时间），且其他被本函数调用的函数也属多项式时间，则整个集成起来的算法也将是多项式级别的，因此 P 被认为是无关机器类型的。

就是说，如果任何机器特征可用多项式时间算法模仿，则可在一些更简单的机器中以其他多项式时间算法组合并化约而成，且时间复杂度依然是 P。

一个决定性问题 C 若是 NPC，则代表它对 NP 是完备的，就是说 NPC 是完备的 NP 类问题。虽然 NPC 这个词并没有出现在论文上，但 John Hopcroft 认为，由于没有人能对某一命题提出驳倒对方的证明，此问题不会在现在解决。这也就是著名的“P 与 NP 问题”。

简而言之，P 问题即指问题是可解的，而 NP 问题则指该问题是不可解的。当然，数学家或哲学家会感兴趣于证明一个问题是可解容易些还是不可解容易些。

遗憾的是，目前尚未有人能给出证明，说明 NPC 问题是否能在多项式时间中解决，于是，该问题便成了著名的数学中未解决的问题。甚至，剑桥大学的 CMI（即 Clay Mathematics Institute，克雷数学研究所）竟然悬赏 100 万美元给任何能证明 P＝NP 或 P≠NP 的人。

其实，围棋的必胜下法，就是经典的 NP－hard 问题，这个问题甚至比那些 NPC 问题还难。

另外,在图的同构问题(见第7章)中,两图同构的直觉条件是如果其中一个图可经由移动顶点与另一个图完全重合即为同构。一般认为图同构问题不是P问题也不是NPC问题,虽然它明显是一个NP问题,而子图同构问题则是NPC。这是一个典型的被认为很难却还不是NPC问题的例子。

一般地,想要证明一个问题是NPC,则最简单的方法是先证明它属于NP,然后将它变换成某个已知是NPC的问题。因此,熟悉各种不同类型的NPC问题显然是有意义的。

1.3 模和同余

数论是一门研究整数性质的理论。而整数的基本元素就是素数,所以数论的本质就是对素数性质的研究。数论与平面几何一样,具有悠久的发展历史。如果按照研究方法的不同来划分,则一般可将数论分为初等数论和高等数论两个部分。同余正是基于初等方法的初等数论整除理论的主要内容,其次,还有整除理论和连分数等理论。而高等数论则主要涉及代数数论和计算数论等。

虽然人们对数论的研究直到19世纪都尚未形成较为完整的理论体系,但许多经典的数学论著中都或多或少地谈到了数论内容,如最大公因数、勾股定理、不定方程整数解,甚至质数、合数等概念。加、减、乘、除四则运算使传统意义上的数学理论化,但整数之间的除法在整数范围内不能够无阻碍地进行。几千年来,数论的重要任务之一就是寻找质数的性质及分布规律,人们正是利用该性质才发明了大数密码体系,至今,它依然在国家安全领域拥有广泛的运用。

公元前300年,古希腊数学家欧几里得证明了有无穷多个素数,后来,古希腊数学家埃拉托塞尼在大约公元前250年左右发明了一种寻找素数的埃拉托斯特尼筛法。于是,寻找一个表示所有素数的素数通项公式(或称为素数普遍公式),便成了古典数论最主要的研究问题之一。在数论的研究史上,费马、欧拉、高斯、黎曼和希尔伯特等人均有重要贡献。

一般地,将借助计算机的算法帮助研究数论问题的方法称为计算数论,如素数测试和因数分解等,它们均和密码学息息相关。而利用组合和机率技巧,非构造性地证明某些无法用初等方式处理的复杂结论研究一般称为组合数论,组合数论最早是由保罗·艾狄胥开创的,例如,“兰伯特猜想”的简化证明就得益于此。

在我国近代,出现了华罗庚、闵嗣鹤、柯召、潘承洞等大批一流的数论专家,他们分别在解析数论、丢番图方程、一致分布等方面做出过相当杰出的贡献。华罗庚的堆砌素数理论颇富盛名,建国后,陈景润的“哥德巴赫猜想”问题研究,以及王元的“筛法”理论贡献等,均冲到了当时世界数论研究领域的巅峰。

给定一个正整数m,如果两个整数a和b满足$a-b$能被m整除,即$m\mid(a-b)$,那么就称整数a与b对模m同余,记为$a\equiv b(\mathrm{mod}\ m)$。读作“$a$同余于$b$模$m$”,或读作“$a$与$b$对模$m$同余”。

在数学上,两个整数除以同一个整数,若得相同余数,则这两个整数同余,其英文即Modular arithmetic。利用同余来论证某些整除性问题往往事半功倍,异常简捷,而且,同余还常常是是各种数学竞赛的重要组成部分。

实质上,对模m同余是整数集合上的一个等价关系(详见第5章),如$17\equiv 4(\mathrm{mod}\ 13)$。

显然,基于同余而言,存在以下事实:

(1) 如果 $a \equiv 0 (\bmod m)$,那么,$m | a$。

(2) $a \equiv b (\bmod m)$等价于 a 与 b 分别用 m 去除,则余数相同。

道理亦非常直观,假设

$$a = mp_1 + u_1, b = mp_2 + u_2$$

其中

$$0 \leqslant u_1, u_2 < m$$

因为

$$m | (a - b), a - b = m(p_1 - p_2) + ((u_1 - u_2)$$

则容易得

$$m | (u_1 - u_2)$$

又因为

$$0 \leqslant u_1,\ u_2 < m$$

所以

$$0 \leqslant |u_1 - u_2| < m$$

也即

$$u_1 - u_2 = 0$$

所以

$$u_1 = u_2$$

反过来,假设 a,b 用 m 去除余数为 u,即

$$a = mp_1 + u, b = mp_2 + u$$

则可知

$$a - b = m\ (p_1 - p_2)$$

即

$$m | (a - b)$$

于是

$$a \equiv b (\bmod m)$$

其实,余数定理亦可通俗描述,即:两数的和除以 m 的余数等于这两个数分别除以 m 的余数和;两数的差除以 m 的余数等于这两个数分别除以 m 的余数差;两数的积除以 m 的余数等于这两个数分别除以 m 的余数积。

例如,$7 \div 3$ 余 1,$5 \div 3$ 余 2,因此,$(7 + 5) \div 3$ 的余数就等于 $1 + 2 = 3$,即余 0。

又如,$8 \div 3$ 余 2,$4 \div 3$ 余 1,于是,$(8 - 4) \div 3$ 的余数便等于 $2 - 1 = 1$,即余 1。

思考:$(7 - 5) \div 3$ 时如何处理?

再如,$7 \div 3$ 余 1,$5 \div 3$ 余 2,所以,$(7 \times 5) \div 3$ 的余数便等于 $1 \times 2 = 2$,所以,余数为 2。

同余意味着 $a - b = mk$,其中 k 是整数,即$m | (a - b)$,即 m 可以整除 $a - b$ 的差。换言之,若两个数 a,b 除以同一个数 c 得到的余数相同,则 a,b 的差一定能被 c 整除。这条性质很有用,例如,下面这些和同余有关的题目,经常出现在各中比赛或考试当中。

例如,一个大于 10 的自然数去除 90、164 后所得的两个余数的和等于这个自然数去除 220

后所得的余数,则这个自然数是多少?

又如,甲、乙、丙三数分别为603,939,393,某数 a 除甲数所得余数是 a 除乙数所得余的2倍,a 除乙数所得余数是 a 除丙数所得余数的2倍。试求 a 等于多少?

同余还有以下性质:

① 反身性。即 $a \equiv a \pmod{m}$。

② 对称性。即若 $a \equiv b \pmod{m}$,则 $b \equiv a \pmod{m}$。

③ 传递性。即若 $a \equiv b \pmod{m}$,$b \equiv c \pmod{m}$,则 $a \equiv c \pmod{m}$。

④ 同余式相加。即若 $a \equiv b \pmod{m}$,$c \equiv d \pmod{m}$,则 $a + -c \equiv b + -d \pmod{m}$。

⑤ 同余式相乘。即若 $a \equiv b \pmod{m}$,$c \equiv d \pmod{m}$,则 $ac \equiv bd \pmod{m}$。

定理1-1 如果 $a \equiv b \pmod{m}$,$c \equiv d \pmod{m}$,则有:

(1) $a \pm c \equiv b \pm d \pmod{m}$。

(2) $a * c \equiv b * d \pmod{m}$。

该定理亦称同余的线性运算,或线性模运算。

证明:

(1) 因为

$$a \equiv b \pmod{m}$$

所以,有

$$m \mid (a - b)$$

同理

$$m \mid (c - d)$$

所以,有

$$m \mid [(a - b) \pm (c - d)]$$

于是有

$$m \mid [(a \pm c) - (b \pm d)]$$

所以

$$a \pm c \equiv b \pm d \pmod{m}$$

(2) 因为

$$ac - bd = ac - bc + bc - bd = c(a - b) + b(c - d)$$

又因

$$m \mid (a - b),\ m \mid (c - d)$$

所以,有

$$m \mid (ac - bd)$$

即

$$a * c \equiv b * d \pmod{m}$$

另外,也不难证明如下定理。

定理1-2 如果 $a \equiv b \pmod{m}$,那么 $a^n \equiv b^n \pmod{m}$。

定理1-3 如果 $a \equiv b \pmod{m}$,$n \mid m$,则有 $a \equiv b \pmod{n}$。

证明从略。

当考虑一个数除以多个数，得不同余数的问题时，一般的解题步骤总是分情况来处理的。一是凑“多”相同，即把余数处理成相同。但条件是余数与除数的和相同。二是凑“缺”相同，即把余数处理成缺的数字相同。条件是除数与余数的差相同。当上面两种情况均不成立时，则需考虑“余数定理”。

1.4 递 归

递归（Recursion）即程序调用自身，是一种程序设计技巧。递归作为一种巧妙的算法设计思想在众多的程序设计语言中被广泛应用。一个过程（或函数）在其定义或说明中可以直接或间接地调用其自身，它通常可把一个大型、复杂的问题，通过层层分解进而转化为一个与原问题相似但规模却相对较小的问题来求解。递归设计往往只需少量的程序就可描述出问题求解过程所需要的多次重复计算，可极大地减少程序的代码量。递归的能力在于用有限的语句定义对象的无限集合。一般来说，递归设计需要有边界条件、递归前进段和递归返回段等内容。当边界条件不满足时，递归前进；当边界条件满足时，则递归返回。在程序设计语言中，经常通过堆栈实现递归设计。

在数学上，递归定义则要相对抽象得多。一般将函数表达式中还须出现函数的先前值的情况称为嵌套递归式，甚至还细化出了单重递归式、多重递归式、参数传递递归式等。

其实，递归的实质不过是将大规模问题分解成小规模问题来实现，最小的问题往往非常简单，此即递归调用的中止条件。虽然一般情况下，递归问题均可以用非递归思路来求解，但因递归算法之思路非常清晰，且逻辑性强，所以，虽然在执行时间上往往消耗甚多，但从可读性等方面来看十分诱人。这在计算机硬件技术发展愈发迅速的几天，显得格外重要。

当然，也并非所有的计算机程序设计语言均允许递归，但目前应用最为广泛的 C 语言则是允许的。一般认同，最经典的递归运用案例就算汉诺塔问题了。我们在介绍算法的有限性时提到过该问题，下面是该问题基于标准 C 的递归算法示例程序。

```
…
void bar_rise(n, pos)
  {… }
void bar_down(n, pos)
  {… }
void bar_move(n, source, target)
  {… }
void move(n, source, target)
  { bar_rise(n, source);
   bar_move(n, source, target);
   bar_down(n, target);
  }
void hanoi(n,source, briage, target)
{ if (n = =1)
    { move(n, source, target); }
  else { hanoi(n -1, source, target, briage);
```

```
        move(n,  source, target);
hanoi(n -1,  briage,  source,  target);
}
    }
void main()
{ .....
hanoi(num,  one.postname,  two.postname,  three.postname);
  .....
}
```

该算法仅仅是一个递归实现的基本框架结构，相关的细节并未补全，对基于 C 的全部程序代码感兴趣的读者，可与作者联系。

例 1－4 试用递归方法计算 $n!$。

解：计算 $n!$ 固然可以利用循环，而且也是非常经典的实现方法之一，但基于 $n!$ 的数学定义，利用递归思路来求解，确属阐述递归思想的上上之选。

因为，$n! = n \cdot (n-1)!$，而 $1! = 1$，所以，递归方法计算 $n!$ 的程序代码即可编写如下：

```
float fac(n)
int n;
  { float f;
  if  (n<0)   printf("n<0",data error!);
  else if (n= =0 ||n= =1 ) f=1;
  else f = fac(n-1) * n;
  return(f);
  }
```

德国著名数学家威尔海姆·阿克曼是希尔伯特的学生，他于 1928 年发现的阿克曼函数也是一个非常典型的递归函数，虽不原始，但却可用图灵机计算。

阿克曼函数即

$$A(m,n) = \begin{cases} n+1, & m = 0 \\ A((m-1),1), & n = 0 \\ A(m-1,A(m,n-1)), & m,n > 0 \end{cases}$$

例 1－5 试计算 $A(1,2)$的值。

解：$A(1,2) = A(0,A(1,1)) = A(0,A(0,A(1,0)))$
$= A(0,A(0,A(0,1)) = A(0,A(0,2))$
$= A(0,3) = 4$

阿克曼函数的递归算法类 C 伪码描述如下。

```
{if (m= =0) then        n+1;
  else if (n= =0) then A(m-1,1);
 else    A(m-1,A(m,n-1));
}
```

数学中的迭代与递归也有着非常密切的联系，甚至一些形如 $x(1) = a, x(n+1) = f(n)$ 的递归关系也可以看作数列的一个迭代关系。可以证明，迭代程序都可以转换为与它等价的递归程序,反之则不然。

就程序的执行效率而言,递归程序的实现要比迭代程序的实现耗费更多的时间和空间。因此,在解决具体问题时,人们总是希望尽可能地将递归程序转化为等价的迭代程序。不过,对斐波那契序列(又称黄金分割数列)的求解算法而言,不仅可以使用迭代方法,也可以使用递归方法。但有些递归算法,如"汉诺塔问题"的求解算法就无法使用迭代方法,而只能用递归方法处理。

用关系理论来讲,递归关系就是实体自己和自己建立关系。所以,递归既是在过程(或函数)里调用自身,也是在运行的过程中调用自己。

在数学和计算机科学中,递归指由一种(或多种)简单的基本情况定义的一类对象或方法,并规定其他所有情况都能被还原为其基本情况。

斐波纳契数列是典型的递归案例。

基本情况:Fib(1) =1,Fib(2) =1。

递归定义:对所有 $n>2$ 的整数,有 $\mathrm{Fib}(n)=\mathrm{Fib}(n-1)+\mathrm{Fib}(n-2)$。

尽管有许多数学函数均可以递归表示,但在实际应用中,递归定义的高开销往往会让人望而却步。例如:

基本情况:阶乘(1) = 1。

递归定义:对所有 $n>1$ 的整数,阶乘(n) =($n*$ 阶乘($n-1$))。

用心理学模型理解,递归就是对对象的定义是按照"先前定义的"同类对象来定义的。这种形式在数学中十分常见。例如,集合论对自然数的正式定义为:

1 是一个自然数,每个自然数都有一个后继,这个后继也是自然数。

另外,在现实生活中,"德罗斯特效应"也是一种递归的视觉形式。照片中女性手持的物体中有一幅她本人手持同一物体的小图片,进而小图片中还有更小的一幅她手持同一物体的图片,依此类推。其实,如果在两面相对的镜子之间放一根正在燃烧的蜡烛,就会从其中一面镜子里看到一根蜡烛,蜡烛后面又有一面镜子,镜子里里又有一根蜡烛……这也是递归思想在现实中的具体的表现。

一般地,归纳起来看递归算法一般可用来解决三大类问题:

(1) 基于数学定义的递归思想,如斐波纳契函数。

(2) 基于问题解法思路的递归实现,如回溯机制。

(3) 基于数据结构形式的定义之递归设计,如对树的遍历和对图的搜索等。

虽然递归算法设计巧妙,但递归的缺点也是不言而喻的。相对常用循环算法设计而言,递归算法解题的运行效率一般较低,因此,除非没有更好的算法或是在某种特定情况下,一般不建议使用递归。另外,在递归调用过程中系统为每一层的返回点、局部量等均开辟有存储单元,这常常是用栈来实现的,所以,当规模较大时容易造成栈溢出。

例 1-6 楼梯有 n 阶台阶,上楼可以一步上 1 阶,也可以一步上 2 阶。试设计实现计算共有多少种不同的走法的算法。

解:设 n 阶台阶的走法数为 $f(n)$,显然,有如下关系成立:

当 $n=1$ 时,$f(n)=1$;

当 $n=2$ 时,$f(n)=2$;

当 $n>2$ 时,$f(n)=f(n-1)+f(n-2)$。

不难看出,这不过是斐波纳契序列的一个变种,区别只是边界条件不同而已。

1.5 密码学初步*

通俗地讲,密码学源于希腊语,在西欧有“隐藏的”“书写”等意,是研究如何隐密地传递信息的学科。但在学术界,一般定义密码学是一门研究编制密码和破译密码的技术的科学。它涉及两方面的内容,其一是研究密码变化的客观规律,应用于编制密码以保证通信之秘密性,称为编码学;其二是应用于破译密码以企获取通信情报信息,称为破译学。编码学和破译学统称为密码学。现代密码学愈发走向信息及其传输的数学性研究,属于纯理论范畴,常被认为是数学和计算机科学的分支和融合,它与信息论密切相关。

不过,密码学者 Ron Rivest 认为,密码学是关于如何在敌人存在的环境中通信的科学,因此,从工程学的角度来看,这也标志着密码学与纯数学的区别。密码学是信息安全等相关议题(如认证、访问控制)的核心。密码学的首要目的是隐藏信息的涵义,并不是隐藏信息的存在。密码学也促进了计算机科学,特别是在于计算机与网络安全所使用的技术,如访问控制与信息的机密性等。密码学已被应用在日常生活中,如自动柜员机芯片设计、计算机存取密码、电子商务等。

在编码与破译的对抗斗争中逐步发展起来的密码学,如今已成为一门综合性的尖端技术科学。它与语言学、数学、电子学、声学、信息论、计算机科学等有着广泛而密切的联系。它的现实研究成果,特别是各国政府现用的密码编制及破译手段等,往往都属于高度机密。密码是通信双方按约定的法则进行信息特殊变换的一种保密手段。按该法则可变明文为密文,称加密变换;可变密文为明文,即脱密变换。早期的密码仅对文字或数码有效,但随着通信技术的发展,密码适用范围日益广泛,如话音、图像、数据等都可灵活处理。

在加解密的变换中会根据实际需要灵活地采用不同的参数,指示这种变换的参数即密钥。密钥是实用中核心的核心,属于密码编制中最重要的组成部分。一般地,密码体制的基本类型可分以下四种。当然,这几种密码体制,既可单独使用,亦可混合使用。

(1) 错乱。按照规定的图形和线路,改变明文字母或数码等的位置成为密文。

(2) 代替。用一个或多个代替表将明文字母或数码等代替为密文。

(3) 密本。用预先编定的字母或数字密码组,代替一定的词组单词等变明文为密文。

(4) 加乱。用有限元素组成的一串序列作为乱数,按规定算法,同明文序列相结合变成密文。

有些学者曾提出并开展了公开密钥体制的研究,即运用单向函数的数学原理,以实现加、脱密密钥的分离。虽然加密的密钥是公开的,但脱密的密钥却是保密的。这种新的密码体制,引起了密码学界的广泛注意和探讨。

利用文字和密码的规律,在一定条件下,采取各种技术手段,通过对截取密文的分析,以求得明文,还原密码编制,即破译密码。破译不同强度的密码,对条件的要求也不相同,甚至很不相同。

传统意义上的加密技巧不外乎移位(Transposition cipher,指将字母顺序重新排列)和替代(Substitution cipher,指系统地将一组字母换成另外一组字母或符号)。但这两种原始的加密技巧都无法提供足够的机密性。甚至,在后来的基于新约基督经启示录密码、古印度经书中的爱侣密码、希伯来文密码、隐写术、缩影术、数字水印等技巧,均无法提供充足的保证。计算机技术的诞生,以及 20 世纪 60 年代后期电子密码机的广泛应用,使密码学的发展进入了一个全新的阶段。

密码学是一门跨学科科目,从很多领域衍生而来:它可以被看作信息理论,却使用了大量的数学领域的工具,如数论、离散数学和有限数学等。

在近代以前,密码学只考虑到信息的机密性(Confidentiality):如何将可理解的信息转换成难以理解的信息,并且使得有秘密信息的人能够逆向回复,但缺乏秘密信息的拦截者或窃听者则无法解读。近几十年来,这个领域已经扩展到涵盖身份认证(或称鉴权)、信息完整性检查、数字签名、互动证明、安全多方计算等各类技术。

但现代意义上的密码学技术,其基础依赖于特定基算问题的难度,如因子分解或离散对数等问题。许多密码技术可被证明为只要特定的计算问题无法被有效解出,那就是安全的。密码学算法与系统设计者不但要留意密码学历史,而且必须考虑到未来发展。例如,持续增加计算机处理速度会增进暴力攻击法(Brute - Force Attacks)的速度、量子计算的潜在效应等,已经是部分密码学家关注的焦点。21 世纪的密码学,在本质上已不仅仅局限于考虑语言学上的模式,而是将其重心转移逐步转移到数论范畴,这也使得离散数学理论成为密码学的重要基础。

如今,属于密码学范畴的现代学科专业,主要有以下几方面:

(1) 加密散列函数 (消息摘要算法,MD 算法)。涉及加密散列函数、消息认证码、Tiger (by Ross Anderson et al)等。

(2) 公/私钥加密算法(也称非对称性密钥算法)。涉及 ACE - KEM、El Gamal (属离散对数范畴)、椭圆曲线密码算法(离散对数变种)、RSA (因数分解)、Rabin CryptoCystem (因数分解)等,均属于典型的离散数学应用。

(3) 公/私钥签名算法。涉及 RSA 签名、MQV protocol、ESIGN 等。

(4) 秘密钥算法(也称对称性密钥算法)。涉及流密码、分组密码、操作模式等。

(5) 有密级的密码 (美国)。涉及电子密钥管理、加密标准等。

(6) 流密码。相对于区块加密,制造一段任意长的钥匙原料,与明文依位元或字符结合,类似于一次性密码本(one - time pad)。输出的串流根据加密时的内部状态而定。在一些流密码上由钥匙控制状态的变化。

(7) 密码杂凑函数(有时称为消息摘要函数,又称散列函数或哈希函数)。不一定使用到钥匙,但和许多重要的密码算法相关。它将输入资料(通常是一整份文件)输出成较短的固定长度杂凑值,这个过程是单向的,逆向操作难以完成,而且碰撞(两个不同的输入产生相同的杂凑值)发生的概率非常小。

1.6 计　数

据考证,计数的历史可谓悠久,甚至可以追溯到几万年前,显然,计数也是现代数学甚至科学的基础,并由此发展导致出数学符号及记数系统的发展。计数是一个重复加(或减)固定数值(一般是 1)的数学行为,通常用于算出对象的数目(或是放置想要数目的个体,一般都是将第 1 个对象从 1 算起,并将剩下的对象与从 2 开始的自然数一一对应。其实,这也是现代数学理论的基础)。

计数(Count) 亦称数数,逐个计算事物的方法称为**逐一计数**,若按几个一群的方法计数,则称为**分群计数**。**内含计数**通常会使用在计算日历的天数上。当然,计数也常会包括 1 以外的数字。例如,当计数金钱或变化的时候,即可“加二计数”(2、4、6、8、10、…)或“加五计数”

(5、10、15、20、…)等。

据称,典型的中国式计数法中,常常用笔画“正”字,“正”字有五画,代表5,两个“正”字就是10,以此类推。该计数法简便易懂,很受国人欢迎。相传这种方法最初是清末戏院司事(记账先生)们记“水牌账”用的。戏园(俗称茶园)是人们日常生活中重要的娱乐场所,戏园里每天都要迎来很多观众,当时尚无门票的概念,戏园就安排“案目”(即服务员)在戏院门口招揽看客,每领满5位客人入座,司事便在大水牌(类似黑板)上写出一个“正”字,并标明某案目的名字。座席前设有八仙桌,看客可边品茶边看戏,稍后由案目计数、收费,散场时结账准确无误。

虽然该方法随门票制的出现而渐被废弃,但这种简明、易懂、方便的记数法,却流行至今,现在很多国人在统计选票、清点财物时,都还保持着用“正”字计数的习惯。在投票选举中,计票画“正”字,不仅颇富哲学味道,而且还具有浓厚的人文特色,当然,正字的5笔划使用起来也格外流畅,这也充分反映了国人的智慧。

一般地,在计数过程中,常用的基本原理有以下两种:

(1) 分类加法计数原理。指完成某件工作共 n 类办法,在第1类办法中有 m_1 种不同的方法,在第2类办法中有 m_2 种不同的方法,……,在第 n 类办法中有 m_n 种不同的方法,那么,完成这件事共有 $N = m_1 + m_2 + \cdots + m_n$(种) 不同的方法。

(2) 分步乘法计数原理。完成某件事共需分为 n 个步骤,设做第1步有 m_1 种不同的方法,做第2步有 m_2 种不同的方法,……,做第 n 步有 m_n 种不同的方法,那么,完成这件事共有 $N = m_1 \times m_2 \times \cdots \times m_n$(种)不同的方法。

分类加法计数和分步乘法计数是处理计数问题时两种最基本的思想(或方法),在组合数学中也称为加法原理、乘法原理。一般来说,面对一个复杂的计数问题时,人们往往通过分类或分步将它分解为若干个简单的计数问题,在解决这些简单问题的基础上,再将它们整合起来而得到原问题的答案。

通过对复杂问题的分解,便可将综合问题化解成单一问题的组合,再对各单一问题逐个击破,即可达到以简驭繁、化难为易的效果。其实,它们不过是加法与乘法的推广。显然,从这种意义上讲,上述两个计数原理的地位还需做进一步的加强。

另外,排列和组合是两类特殊而重要的计数问题,而解决它们的基本思想和工具也是上述两个计数原理。从简化运算的角度提出排列与组合,通过具体实例的概括而得出排列、组合的概念,应用分步乘法计数原理得出排列数公式,应用分步计数原理和排列数公式推出组合数公式。对于排列与组合理论来说,有两个基本思想始终贯穿全程,一是根据一类问题的特点和规律寻找简便的计数方法,类似于乘法作为加法的简便运算;二是应用两个计数原理思考和解决实际问题。

小结

通过本章的学习,我们不仅掌握了算法的定义、特征、表示方法和复杂度分析等内容,还对模、同余、递归思想、密码学基础和计数等技术有了进一步的系统性了解。算法在计算机科学与技术范畴中拥有非常广泛而基础性的地位,几乎渗透到计算机类的每一门课程当中,这也是我们将算法安排在全书最开始的根本原因所在。因模和同余作为离散量描述中两种最常见的基本运算,自然应该做适当说明。其实,它与后面的计数及密码学基础等都属于数论范畴,是最基本的离散量数学理论。我们相信,通过以上内容的学习,可为广大读者顺利阅读后续章节的相关内容奠定基础。

习 题

一、选择题。

1. 某工作可用2种方法完成,3人会用第1种方法,另外5人会用第2种方法,试从中选出1个人来完成该工作,则不同选法共有(　　)种。

A. 8　　B. 15　　C. 16　　D. 30

2. 从甲地去乙地有3班火车,从乙地去丙地有2班轮船,则从甲地去丙地可选择的旅行方式有(　　)。

A. 5种　　B. 6种　　C. 7种　　D. 8种

3. 由数字0,1,2,3,4可组成无重复数字的两位数的个数是(　　)。

A. 25　　B. 20　　C. 16　　D. 12

4. 某大楼共有5层,每层均有2个楼梯,由1层到5层的走法有(　　)。

A. 10种　　B. 52种　　C. 25种　　D. 42种

5. 三边长均为正整数,且最大边长为11的三角形的个数为(　　)。

A. 25　　B. 26　　C. 36　　D. 37

6. 运动会上四项比赛的冠军在甲、乙、丙三人中产生,不同的夺冠情况共有(　　)种。

A. 24　　B. 34　　C. 43　　D. 4

7. 一只青蛙在三角形ABC的三个顶点之间跳动,若此青蛙从A点起跳,跳4次后仍回到A点,则此青蛙不同的跳法的种数是(　　)。

A. 4　　B. 5　　C. 6　　D. 7

8. 现有1角、2角、5角、1元、2元、5元、10元、50元人民币各一张,100元人民币2张,从中至少取一张,共可组成不同的币值种数是(　　)。

A. 1024种　　B. 1023种　　C. 1536种　　D. 1535种

9. 下面叙述正确的是(　　)。

A. 算法的执行效率与数据的存储结构无关

B. 算法的空间复杂度是指算法程序中指令(或语句)的条数

C. 算法的有穷性是指算法必须能在执行有限个步骤之后终止

D. 算法的时间复杂度是指执行算法程序所需要的时间

10. 算法的时间复杂度是指(　　)。

A. 执行算法程序所需要的时间　　B. 算法程序的长度

C. 算法执行过程中所需要的基本运算次数　　D. 算法程序中的指令条数

11. 算法的空间复杂度是指(　　)。

A. 算法程序的长度　　B. 算法程序中的指令条数

C. 算法过程所占的存储空间　　D. 算法执行过程中所需要的存储空间

12. 算法一般都可以用(　　)控制结构组合而成。

A. 循环、分支、递归　　B. 顺序、循环、嵌套

C. 循环、递归、选择　　D. 顺序、选择、循环

13. 在下列选项中(　　)不是一个算法一般应具有的基本特征。

A. 确定性　　B. 可行性　　C. 无穷性　　D. 拥有足够的情报

14. 下列描述中正确的是(　　)。

A. 一个算法的空间复杂度大,则其时间复杂度也必定大

B. 一个算法的空间复杂度大,则其时间复杂度必定小

C. 一个算法的时间复杂度大,则其空间复杂度必定小

D. 以上三种说法均不对

15. 在计算机中,算法是指(　　)。

A. 查找方法　　B. 加工方法

C. 解题方案的准确而完整的描述　　D. 排序方法

16. 算法分析的目的是(　　)。

A. 找出数据的合理性　　B. 找出算法中输入和输出之间的关系

C. 分析算法的易懂性和可靠性　　D. 分析算法的效率以求改进

17. 算法能正确实现预定功能的特性称为算法的(　　)。

A. 确定性　　B. 易读性　　C. 健壮性　　D. 高效性

18. 算法具有多个特征,以下选项中不属于算法特征的是(　　)。

A. 有穷性　　B. 简洁性　　C. 可行性　　D. 确定性

19. 算法的有穷性是指(　　)。

A. 算法程序的运行时间是有限的　　B. 算法程序所处理的数据量是有限的

C. 算法程序的长度是有限的　　D. 算法只能被有限的用户使用

(注:2008 年 4 月全国计算机等级二级考试,C 语言,2 分)

二、填空题。

1. 算法的复杂度主要包括时间复杂度和________复杂度两部分。

2. 最坏情况下,冒泡排序的时间复杂度为________。

3. 实现算法所需要的存储单元多少和算法的工作量大小分别称为算法的________。

4. 算法的基本特征包括可行性、确定性、________和拥有足够的情报。

5. 问题处理方案的正确而完整的描述称为________。

6. 1973 年,美国学者 I. Nassi 和 B. Shneiderman 提出了一种新的流程图形式。在这种新的流程图中,完全去掉了带箭头的流程线,全部算法写在一个矩形框内。这种流程图称为________流程图。

三、综合题。

1. 试用传统流程图与 N-S 流程图分别描述计算 $N!$ 的算法。

2. 对任意给定的三个自然数 a、b、c,按从小到大的顺序排序。要求用 N-S 流程图描述该算法。

3. 判断任意给定的正整数 x 是否为素数。要求用自然语言描述该算法。

4. 一段楼梯共有 10 级台阶,规定每一步只能跨一级或两级,要登上第 10 级台阶总共有几种不同的走法?(提示,这也是一个斐波纳契数列)

5. 求下列阿克曼函数值:$A(0,1)$;$A(1,0)$;$A(1,1)$;$A(2,1)$;$A(2,2)$。

6. 求下列阿克曼函数值:$A(5,4)$、$A(4,5)$。

7. 试用递归思想设计求解完成下列问题的算法：

（1）求数组中的最大数。

（2）$1+2+3+\cdots+n$。

（3）求 n 个整数的积。

（4）求 n 个整数的平均值。

（5）求 n 个自然数的最大公约数与最小公倍数。

（6）现有雌雄两只兔子，假设每两个月就再繁殖雌雄兔子各一只。试问：n 个月后共有多少对兔子？

（7）已知：数列 1,1,2,4,7,13,24,44,81,…试求该数列的第 n 项的值。

（8）已知：数列 0,1,1,2,4,8,15,29,56,…试求该数列的第 n 项的值。

8. 1309 被一个质数相除，余数是 21，试求这个质数。

9. 1796 被一个质数相除，余数是 24，试求这个质数。

10. 试求 2001×2000 除以 7 的余数。

11. 有一个大于 1 的整数，它除 1000、1975、2001 都得到相同的余数，那么这个整数是多少？

12. 三个数 1989、901 和 306 被同一个自然数除，得到相同的余数，试求这个自然数。

13. 两个自然数相除，商 15，余 3，被除数、除数、商、余数的和是 853，求被除数。

14. 某数除以 3 余 1，除以 4 余 2。试问这个数除以 12，余数是几？

15. 一个数除以 5 余 1，除以 6 余 3，除以 7 余 4，这个数最小是几？

16. 写出除以 8 所得的商和余数（不为 0）相同的所有的数。

17. 一个数除以 17 的余数是 5，被除数扩大 2 倍，余数是多少？

18. 一个两位数被它的各位数字之和去除，问余数最大是多少？

19. 有一个自然数，用它分别去除 63,90,130 都有余数，这三个余数的和是 25。这三个余数中最大的一个是多少？

20. 甲、乙两个代表团乘车去参观，每辆车可乘 36 人，两代表团坐满若干辆车后，甲代表团余下的 11 人与乙代表团余下的成员正好又坐满一辆车。参观完，甲代表团的每个成员与乙代表团的每个成员两两合拍一张照片留念，那么拍完最后一张照片后，照相机里的胶卷还可拍____张照片（假设每个胶卷可拍 36 张照片）。

21. 电子计算机的输入纸带每排有 8 个穿孔位置，每个穿孔位置可穿孔或不穿孔，则每排可产生多少种不同的信息？

22. 某校学生会由高一年级 5 人、高二年级 6 人、高三年级 4 人组成。试问：

（1）选其中 1 人为学生会主席，有多少种不同的选法？

（2）若每年级选 1 人为校学生会常委，有多少种不同的选法？

（3）若要选出不同年级的两人参加市里组织的活动，有多少种不同的选法？

第2章　命题逻辑

数理逻辑拥有几百年的历史，在现代数学、计算机、智能探究、社会、经济和军事等诸多领域它都有广泛的应用。它既是逻辑化了的数学，也是数学化了的逻辑，是一门逻辑和数学相互交织的边缘性学科。

数理逻辑就是用数学方法研究思维形式的逻辑结构及其规律的科学。数学方法是指采用符号、公式以及已有的其他数学成果和方法，甚至是形式化的公理等。因此，数理逻辑就是精确化、数学化的形式逻辑。它是现代计算机技术的基础，反过来，计算机技术等其他学科的发展也推动了数理逻辑的发展。因此，数理逻辑的重要性不言而喻。

数理逻辑发展到今天，已非常成熟且系统，并具有强大的生命力和广泛的影响力。数理逻辑是用特制符号和数学方法来研究、处理演绎方法的逻辑学，包括各种逻辑演算，涉及模型论、集合论、递归论和证明论等范畴(统称“四论”)。它研究诸如推理的有效性、证明的真实性、数学的真理性和计算的可行性等逻辑思维类问题。

虽然逻辑学的历史由来可以追述到古希腊学者亚里士多德那里，但基于数学方法研究关于推理、证明等问题的系统思想还要归功于莱布尼茨，是他开启了数理逻辑的先河。

在数理逻辑的发展历史中，莱布尼兹强化并系统了思维可计算的思想，提出了建立思维演算的设想。他认为演算就是用符号做运算，他使推理的正确性化归为计算，他要求演算推理不依赖于对推理过程中命题含义和内容的思考。他关于建立数理逻辑的两点设想抓住了数理逻辑的本质和特点。但在数理逻辑发展史上第一个全面、系统地建立量词理论的却是弗雷格，他于1879年出版的《概念语言》标志着数理逻辑的发展由创建时期进入奠基时期。虽然在后续的发展中，许多逻辑学家又建立了若干不同的系统，但弗雷格和罗素的逻辑演算系统现在已成为一阶逻辑的普遍基础。

数理逻辑在发展过程中产生了三大学派，即逻辑主义学派、形式主义学派和直觉主义学派。以罗素为代表的逻辑主义学派认为全部数学可以从逻辑推出。为了解决从纯逻辑推导出全部数学时遇到的极大困难，罗素增加了两条非逻辑的公理，进而推导出一般算术和集合论，还得出了代数和分析等经典概念。罗素的实践表明，逻辑和数学有紧密的联系。形式主义学派以希尔伯特为代表，希尔伯特于1899年出版了《几何基础》一书，奠定了形式公理学的基础，给出了欧几里得几何的一个形式公理系统，并且具体地解决了公理方法的一些逻辑理论问题。直觉主义者认为逻辑是数学的一部分，是从数学推出来的，因此，直觉主义学派也常被称为“数学主义学派”。

作为数理逻辑研究领域的近现代发展部分，甚至还应包括模态逻辑、多值逻辑、非单调逻辑、归纳逻辑、似然逻辑、不协调逻辑、信念修正、开放逻辑、中介逻辑和中介公理集合论等众多非经典的逻辑分支。

学习数理逻辑可直接提高人的智能，如有利于增强思维能力、提高思维效率和提升创新能力。数理逻辑在数学、计算机科学、语言研究、哲学等领域都有大量应用，数理逻辑学的任务在于探讨如何为整个数学建立严格的逻辑基础，其特点在于使用形式化的方法(包括公理化)，因而相对抽象。一般认为,数理逻辑包括两大部分,即命题逻辑和谓词逻辑,本章将详细介绍前者,后者详见第3章。

2.1 命题与联结词

数理逻辑的基本问题是推理,而推理的基础是判断,是确定具有真假值的判断,即陈述句。也就是说,表示判断的陈述句构成了推理的最基本单元。

2.1.1 命题及其表示

命题是能判定真假的陈述句。

命题所表达的判断只有两个结果,即正确、错误,称为**命题的真值**。如果命题的判断是正确的,称此命题为**真命题**,其真值为真;如果命题的判断是错误的,则称此命题为**假命题**,即其真值为假。一般地,真值为真的任意命题均称为真命题;而真值为假的任意命题也均称为假命题。

例如:"10是整数。""天是蓝色的。""北京是中国的首都。"都是经典的真命题;而"雪是黑色的。""煤是白色的。""$1+1=4$。"等就是假命题。

命题必须是陈述句,其他类型的句子,如疑问句、祈使句、感叹句等,不存在真假意义,故均不算命题。

例如:"向右看齐!""请勿吸烟!""你吃饭了吗?""你上网了吗?""唉! 郁闷啊!""你喜欢《二泉映月》吗?""请你关上门!"等都不是陈述句,所以,它们都不是命题。

在数理逻辑中,命题真值的真和假,有时分别用1和0来表达,但在更多情况下(或在很多资料里),真值用T表示,而假值用F表示。

另外,有些陈述句虽然属于明显的判断语句,也有相应的真假值,但其真假值却需要在一定的条件下才能给出。例如:

"今天是7号。"——如果今天确实是7号,则该命题为真,否则为假。

"$X+1=6$。"——则要看X的值,如果$X=5$,则命题为真,否则命题为假。

"$1+11=100$。"——在二进制体系中是真命题,而在其他进制中则是假命题。

当然,有时命题的内涵和结构比较复杂,还可以进一步拆分成更简洁的命题。我们将不能分解成更简单命题的命题称为**原子命题**,或**简单命题**。而将那些由若干个原子命题用命题联结词等符号联结起来的命题称为**复合命题**。

例如:"我或是学英语,或是学法文。""如果天气好,我就去游泳,否则就在家里看书。"等都是典型的复合命题。

又如:复合命题"林永飞既不喜欢踢足球,也不喜欢打篮球。"包含了"林永飞不喜欢踢足球"和"林永飞不喜欢打篮球"两个更为简单的命题,反映的是这两个简单命题之间的并列关系;而复合命题"只有心胸宽广,才能做出一番大事业。"反映的则是简单命题"心胸宽广"和"做出一番大事业"之间的前后因果关系;同理,复合命题"如果学习认真且方法得当,那么一定能取得好成绩。"反映的是三个简单命题"学习认真""方法得当"以及"取得好成绩"之间的更为复杂的前后因果承接关系。

不难看出,复合命题是用一定的联结词语将简单命题联结而成。那些联结词语既体现了简单命题相互之间的关系,又表现了各简单命题与复合命题之间的内外组合关系,它也决定了复合命题的基本类型。一般地，根据联结词的不同，可以将复合命题分为联言命题、选言命题、假言命题等类型。

如果一个复合命题断言两种事物情况都成立，那么就称这样的命题为联言命题。在日常语言中，常用来“既……也……”、“……并且……”“虽然……但是……”“尽管……还是……”“不但……而且……”“不仅……还……”等连词表示。

若复合命题是在两种事物或情况中做出选择性的断言，虽不确定两种事物情况中哪一个会成立，但肯定其中至少有一个（或者有且仅有一个）会成立，则称这样的复合命题为**选言命题**。日常语言中常用“要么……，要么……”、“或者……，或者……”、“……，否则……”、“……和……，二者必取其一。”等连词表示。

倘若复合命题是断言事物情况之间的条件联系，则称它是假言命题，又称条件命题。在日常语言中，常用来“如果……，那么……”等连词表示。

其实，有些描述虽然是陈述句，也是判断，但却始终无法给出其真假值，在逻辑中称为“悖论”，例如：“我正在说谎。”“我不给所有自己给自己理发的人理发，但是却会给所有自己不给自己理发的人理发。”等就是一些非常知名的悖论（详见第4章）。实质上，悖论是因传统数理逻辑理论中的缺陷所至，在现代的公理化条件下已经得到弥补，所以，在一般的数理逻辑中，一般认为悖论不算命题。

在数理逻辑中，用大写的英文字母P、Q、R、P_1、P_2、…表示命题，这些大写字母称为命题标识符。用命题标识符表示的确定的命题称为**命题常量**，一般它均有确定的真值。表示任何一个命题的标识符，则称为**命题变量**，或**命题变元**，一般它并无确定的真值，类似数学中的变量x、y等。命题变元也是后面实施命题推理和运算的基础。

2.1.2 联结词

联结词是将原子命题组合成符合复合命题的基本工具，常见的联结词主要有以下几种。

1. 否定

否定就是取命题的相反真值，即命题真值为真时，经否定后结果为假。当命题为假时，经否定后结果为真。可见，否定是**单目运算符**，亦称**一元联结词**（即联结词的作用对象只能是一个命题）。否定联结词记为$\neg$。设P是命题，则其否定便记为$\neg P$，一般读作“非P”。否定的运算规律如图2-1所示。

P	$\neg P$
0	1
1	0

图2-1　否定运算规律示意图

否定最经典的性质是双重否定，即否定的否定，其真值等于其自身，用联结词表示就是$\neg(\neg P) \Leftrightarrow P$。

其中，符号“$\Leftrightarrow$”读作“等值”，表示该符号两边的两个命题，在任何情况下其真值都是相同的。

值得注意的是，相较后面将要介绍的几个联结词，否定的优先级别是最高的。

例2-1　试将命题“5不是偶数”符号化，并确定其真值。

解:假设 P 表示命题,5 是偶数。则题设命题可被符号化为 $\neg P$,其真值为 1。

2. 合取

合取相当于生活中的“并且”,要求该联结词作用的两个命题之真值必须同时为真才能使合取的结果为真。合取联结词记为 $\wedge$ 。

合取是**双目运算符**,亦称**二元联结词**,即联结词的作用对象必须是两个命题变元。

假设 P、Q 是命题,则 $P\wedge Q$ 读作“P 且 Q”“P 合取 Q”“P 与 Q 的合取”等。观察图 2-2 不难理解联结词合取的运算规律。容易看出,欲使合取结果为真,则要求合取双方命题必须同时为真。

P	Q	$P\wedge Q$
0	0	0
0	1	0
1	0	0
1	1	1

图 2-2　合取运算规律示意图

例如,设命题 P 为今天下雨,命题 Q 为今天刮风。则“今天又下雨又刮风。”即可被符号化为 $P\wedge Q$。

在日常生活中,合取对应前面所述的联言命题,所以,常见的描述不外乎“既……又……”“不仅……而且……”“虽然……但是……”等形式。

假设,用 P 表示命题“小李聪明”,用 Q 表示命题“小李用功”,那么,复合命题“小李既聪明又用功”即可形式化(或符号化,下面将不加区别地使用这两个术语)为 $P\wedge Q$;“小李虽然聪明,但并不用功”,则应形式化为 $P\wedge\neg Q$;“小李不是不聪明,而是不用功”,则可形式化为 $\neg(\neg P)\wedge\neg Q$。

相对否定是针对一元联结词而言,因合取是二元联结词,而且,它涉及两个命题,所以,合取所表现出来的特性也比否定要复杂。合取一般满足以下定律:

幂等律:$P\wedge P\Leftrightarrow P$

零一律:$P\wedge 0\Leftrightarrow 0$

同一律:$P\wedge 1\Leftrightarrow P$

否定律:$P\wedge\neg P\Leftrightarrow 0$

交换律:$P\wedge Q\Leftrightarrow Q\wedge P$

结合律:$(P\wedge Q)\wedge R\Leftrightarrow P\wedge(Q\wedge R)$

例 2-2　试将命题“天气炎热,但湿度很低”符号化。

解:假设 P 表示命题“天气炎热”,Q 表示命题“湿度较低”,则该命题可被符号化为 $P\wedge Q$。

3. 析取

析取相当于生活中的“或”“或者”,它要求该联结词作用的两个命题只要有一个是真命题,则析取的最后结果便为真。析取联结词记为 $\vee$。

析取是也**双目运算符**,即**二元联结词**,显然,它要求联结词的作用对象必须是两个命题变元。

如果 P、Q 是命题,则 $P\vee Q$ 读作“P 或 Q”“P 析取 Q”“P 与 Q 的析取”等。析取联结词的

运算规律如图 2－3 所示。不难看出，唯有析取的双方均为假命题时，析取的结果才是假，否则全是真。

P	Q	$P \vee Q$
0	0	0
0	1	1
1	0	1
1	1	1

图 2－3　析取运算规律示意图

同样，基于前述的下雨和刮风的例子，则 $P \vee Q$ 即表示命题“今天要么下雨，要么刮风”。

看得出，析取所描述的是一种相容性的或，就是说，下雨和刮风是可以同时为真的，但在日常生活中，有些情况下则是不相容的(即相排斥的)。

例如，推举小李或小王为优秀教师。如果名额较多，则属相容性的或；如果名额仅有一个，则就是相排斥性的或。

在数理逻辑中，析取 $\vee$ 仅指相容性的或，如果需要描述排斥性的或时，可借助否定 $\neg$ 与 $\wedge$ 共同作用来实现。即形式化为 $(P \wedge \neg Q) \vee (\neg P \wedge Q)$ 、$(P \vee Q) \wedge \neg (P \wedge Q)$。

其实，在有些数理逻辑著作中，也有定义专门表示排斥性或的联结词，一般称为不可兼或、异或等。不可兼或就是两个命题不可能同时为真，当且仅当一个为真、另一个为假时，其运算结果才为真。

因析取联结词涉及到两个命题，是二元联结词，所以，它所表现出来的特性也较否定要复杂。析取一般满足以下定律：

幂等律：$P \vee P \Leftrightarrow P$

同一律：$P \vee 0 \Leftrightarrow P$

零一律：$P \vee 1 \Leftrightarrow 1$

否定律：$P \vee \neg P \Leftrightarrow 1$

交换律：$P \vee Q \Leftrightarrow Q \vee P$

结合律：$(P \vee Q) \vee R \Leftrightarrow P \vee (Q \vee R)$

另外，结合前面的合取联结词，还表现出一些更复杂的特性来，而且应用十分频繁。

例如：

吸收律：$P \vee (P \wedge Q) \Leftrightarrow P$；$P \wedge (P \vee Q) \Leftrightarrow P$

分配律：$P \vee (Q \wedge R) \Leftrightarrow (P \vee Q) \wedge (P \vee R)$； $P \wedge (Q \vee R) \Leftrightarrow (P \wedge Q) \vee (P \wedge R)$

德・摩根律：$\neg (P \vee Q) \Leftrightarrow \neg P \wedge \neg Q$；$\neg (P \wedge Q) \Leftrightarrow \neg P \vee \neg Q$

值得注意的是，析取 $\vee$ 与合取 $\wedge$ 的混合运算只满足分配律，不满足结合律。

例如，$P \vee (P \wedge Q)$ 与 $P \wedge (Q \vee C)$ 就是不等值的。

析取与合取两个联结词，在运算的优先次序上也有差别，一般规定合取优先于析取，就是说，$P \vee Q \wedge R \Leftrightarrow P \vee (Q \wedge R)$；$P \wedge Q \vee R \Leftrightarrow (P \wedge Q) \vee R$。

不过，在有些资料上，也不加区分地对待这两个联结词的运算优先次序，此刻，为了使运算不至于发生歧义，一般要求适当添加括号来加以明确或限制。

例 2－3　试将命题“2＋3＝5，或者他游泳”符号化。

解：假设 P 表示命题"2 +3 =5"，Q 表示命题"他游泳"，则该命题可被符号化为 $P\vee Q$，其真值为1。

4. 蕴含

蕴含也称**条件**或**单条件**等。蕴含对应的是日常生活中具有内在逻辑（因果）关系的命题之间的联系，对应前述的假言命题。所以，常见的日常语言描述多为"只要……就……""如果……那么……"等。蕴含联结词用符号→表示。

同样，蕴含（条件）联结词也涉及两个命题，所以，它也是二元联结词。

如果 P、Q 均为命题，则蕴含即可记为 $P\to Q$；读作"P 蕴含 Q""只要 P 就 Q""如果 P 成立，那么 Q""当 P 为真时，则 Q 为真""P 是 Q 的充分条件"等。

其中，P 也称为条件的前件（或前件），Q 称为条件的后件（或后件）。

例如，假设用 P 表示命题"我去北京"，用 Q 表示命题"我给你买礼物"，则 $P\to Q$ 即表示复合命题"如果我去北京，那么我就给你买礼物"。

仔细分析复合命题 $P\to Q$ 不难看出：如果我没去北京，也没给你买礼物。当然不能说命题"如果我去北京，那么我就给你买礼物"是假命题，本着没有证据就从无罪的思想，我们只能认为 $P\to Q$ 为真。这也是善意推理的基本思想或理念。

如果我没去北京，但给你买了礼物，那更能说明："如果我去北京，那么我就给你买礼物"是真的了，因为我没去都给你买了，去了还能不买？所以，此刻复合命题 $P\to Q$ 的真值当然为真。

如果我确实去了北京，但没给你买礼物。这才是最典型的拆穿命题"如果我去北京，那我就给你买礼物"为假命题的唯一证据，所以，此刻才有复合命题 $P\to Q$ 的真值为假。

如果我去了北京，也给你买回了礼物。这当然是皆大欢喜的结局，当初那豪言壮语"如果我去北京，那么我就给你买礼物"便得到了验证，所以，此刻复合命题 $P\to Q$ 为真值自然为真。

汇总以上分析不难理解，在条件联结运算中，唯有 P 为真而 Q 为假时，$P\to Q$ 才为假，于是，蕴含（条件）联结词对应的运算规律便可归纳如图2－4所示。

P	Q	$P\to Q$
0	0	1
0	1	1
1	0	0
1	1	1

图2－4　蕴含（条件）联结词运算规律示意图

显然，由其运算规律可知，当前件为假时，$P\to Q$ 总为真；而当后件为真时，则 $P\to Q$ 也总为真。

因为蕴含所具有的特殊前后件关系，所以，蕴含联结词不满足合取和析取所满足的交换律、结合律，同时也没有那些幂等律、同一律、零一律、否定律等。实质上，它所表现出来的特性较合取和析取还要特殊。最常用到的就是联词化归，即：

1）联词化归：$P\to Q\Leftrightarrow\neg P\vee Q$

所谓**联词化归**，就是用联结词∨、∧、¬ 表示蕴含联结词的方法，或是将条件联结词转化为否定、析取及合取的组合形式的过程。其实,这也意味着,条件联结词并非必需,如果将条件联结词从命题的联结词集合中摈弃掉,也不会影响命题逻辑的表示能力和完备性。另外,联结词化归在后面范式求取、推理归结、演绎证明等过程中拥有极其广泛的应用,甚至是必不可少的技术或手段。

2) 逆否命题:$P \to Q \Leftrightarrow \neg Q \to \neg P$

该命题对应的就是日常生活中的逆否命题。例如,接着刚才的例子对复合命题 $P \to Q$ 这个去北京买礼物的定义,则其逆否命题"$\neg Q \to \neg P$"即表示"如果我没给你买礼物,那么我就是没去北京"。

可将 P、Q 两个命题变元所能取的真假的所有组合全部排列出来,不外乎四种,如表 2-1 所列。再分别计算这几种情况下 $P \to Q$ 与 $\neg Q \to \neg P$ 的真值对应情况。不难看出,不论 P 和 Q 的命题真值如何组合,$P \to Q$ 与 $\neg Q \to \neg P$ 的真值总是相同的,所以,该逆否命题得证。

表 2-1 就称为性质"$P \to Q \Leftrightarrow \neg Q \to \neg P$"所对应的**真值表**。

表 2-1 "$P \to Q \Leftrightarrow \neg Q \to \neg P$"的真值表

P	Q	$\neg P$	$\neg Q \to \neg P$	$P \to Q$
0	0	1	1	1
0	1	1	1	1
1	0	0	0	0
1	1	0	1	1

虽然蕴含试图反映的是生活中的条件关系,但在数理逻辑中,形式化之后的命题间可能在生活中是风马牛不相干的事情,但通过蕴含等联结词联系在一起,仍然符合数理逻辑的运算规律。这一点也正反映了数理逻辑的局限性。

例如,如果 P 表示命题"2+3=5",Q 表示命题"太阳从东边升起",则下列复合命题可分别被形式化如下:

如果 2+3=5,则太阳从东边升起——$P \to Q$;

如果 2+3≠5,则太阳从东边升起——$\neg P \to Q$;

如果 2+3=5,则并非太阳从东边升起——$P \to \neg Q$;

如果 2+3≠5,则并非太阳从东边升起——$\neg P \to \neg Q$。

2+3 是否等于 5 与太阳是否升起是毫无关系的,但在上面的复合命题中,强行将它们联系在一起,而且遵照数理逻辑的联结词运算规律还是有效的,并能得出相应的真假值。当然,也正因数理逻辑的这种特殊性所在,才使我们能从现有的知识推导出所不熟悉的知识来,显然,事情总是有其两面性的。

例 2-4 试将命题"如果 a 和 b 是偶数,则 $a+b$ 也是偶数"符号化。

解:假设 P 表示命题"a 是偶数",Q 表示命题"b 是偶数",R 表示命题"$a+b$ 是偶数",则该命题可被符号化为 $(P \wedge Q) \to R$。

显然,真值为 1。

5. 等价

等价又称**双条件**,记为 $\leftrightarrow$。等价对应日常生活中充分必要条件,常用"……当且仅当……""……的充分必要条件是……"等形式描述。

如果 P、Q 均为命题，则 P 与 Q 等价可记为 $P \leftrightarrow Q$；读作"P 等价 Q""P 当且仅当 Q""P 的充分必要条件是 Q""Q 的充分必要条件是 P"等。

同样，等价联结词也涉及到两个命题，所以，它也是二元联结词。

例如，假设 P 表示"两个圆的面积相等"，Q 表示"两个圆的半径相等"，则 $P \leftrightarrow Q$ 表示"两个圆的面积相等当且仅当两个圆的半径相等"。

等价联结词要求联结双方的命题同时为真或同时为假时，等价联结运算的结果才为真，否则便为假。所以，等价联结词对应的真值表如图 2-5 所示。

P	Q	$P \leftrightarrow Q$
0	0	1
0	1	0
1	0	0
1	1	1

图 2-5　等价联结词运算规律示意图

实质上，等价不过是单条件及其反命题的合取罢了，即

$$P \leftrightarrow Q \Leftrightarrow (P \to Q) \land (Q \to P)$$

通过列出上式 $\Leftrightarrow$ 两边的真值表，不难理解其间的等价关系，如表 2-2 所列。

表 2-2　"$P \leftrightarrow Q \Leftrightarrow (P \to Q) \land (Q \to P)$"的真值表

P	Q	$P \leftrightarrow Q$	$P \to Q$	$Q \to P$	$(P \to Q) \land (Q \to P)$
0	0	1	1	1	1
0	1	0	1	0	0
1	0	0	0	1	0
1	1	1	1	1	1

一般地，该性质也可看作是等价联结词转化为否定、合取与析取的组合表示的手段，这也是联词化归的所在。所以，它在后面范式求取、推理归结、演绎证明等过程中同样拥有极其广泛的应用，是必不可少的技术或手段。

一般地，等价满足如下性质：

$P \leftrightarrow Q \Leftrightarrow (\neg P \lor Q) \land (P \lor \neg Q)$

$(\neg P \lor Q) \land (P \lor \neg Q) \Leftrightarrow (P \land Q) \lor (\neg P \land \neg Q)$

交换律：$P \leftrightarrow Q \Leftrightarrow Q \leftrightarrow P$

结合律：$(P \leftrightarrow Q) \leftrightarrow R \Leftrightarrow P \leftrightarrow (Q \leftrightarrow R)$

注意：$\leftrightarrow$ 是逻辑联结词，而 $\Leftrightarrow$ 则是公式（即命题公式，见 2.2 节）关系符二者间含义有别。设 A、B 是命题，则 $A \leftrightarrow B$ 仍然是命题，$\leftrightarrow$ 与 $\Leftrightarrow$ 之间有深厚的渊源，一般地如果 $A \leftrightarrow B$ 是永真式（见后面的推理部分），才有 $A \Leftrightarrow B$ 成立）。

例 2-5　试将下面复合命题符号化。

（1）如果明天是晴天，那么我们去踢足球，否则去图书馆。

（2）要么缴纳罚款 2000 元，要么扣 5 分，否则吊销驾驶执照。

(3) 就算克林顿没有去牛津大学学习法律，他也一样能成为美国总统。

(4) 只有抗战到底，才能团结到底；也只有团结到底，才能抗战到底。

解：

(1) 设 P 表示命题“明天是晴天”，Q 表示命题“我们去踢足球”，R 表示命题“我们去图书馆”，则该复合命题即可被符号化为 $(P\to Q)\vee(\neg P\to R)$。

(2) 设 P 表示命题“缴罚款 2000 元”，Q 表示命题“扣 5 分”，R 表示命题“吊销驾驶执照”，则该复合命题即可被符号化为 $\neg(P\vee Q)\to R$。

(3) 设 P 表示命题“克林顿去牛津大学学习法律”，Q 表示命题“克林顿当美国总统”，则该复合命题即可被符号化为 $\neg P\to Q$。

(4) 设 P 表示命题“抗战到底”，Q 表示命题“团结到底”，则该复合命题即可被符号化为 $(P\to Q)\wedge(Q\to P)$。

2.1.3 最小功能完备集*

由前述联词化归的概念可知，在刚才定义的 5 个联结词中，某些联结词（如→、↔等）的功能完全可以用其他联结词（如¬、∧、∨等）表示。就是说，蕴含（→）、等价（↔）完全可以用否定（¬）、合取（∧）、析取（∨）替换，即

$$P\to Q\Leftrightarrow\neg P\vee Q$$

$$P\leftrightarrow Q\Leftrightarrow(P\wedge Q)\vee(\neg P\wedge\neg Q)$$

换言之，蕴含（→）、等价（↔）不是必不可少、不可或缺的。

一个由联结词组成的集合，若对于任何一个命题公式均可以用该集合中的联结词等值描述，就称该联结词集合为**全功能联结词组**，或**联结功能完备集**。

如果从该联结词集合中，任意去掉一个联结词，则该联结词集合就不再具备这种完备特性，就称该联结词集合为**最小全功能联结词组**，或**最小功能完备集**。

实质上，{¬、∧、∨}就是一个全功能联结词组。

又因为 $P\vee Q\Leftrightarrow\neg(\neg P\wedge\neg Q)$，也就是说，析取联结词（∨）与合取联结词（∧）两者之间也是可以相互替换的，所以，{¬、∧}、{¬、∨}才是最小全功能联结词组。但集合{∨、∧}并不是最小全功能联结词组或最小功能完备集。道理很简单，因为该集合无法表示否定运算。

一般地，针对一元运算而言，无论如何设计运算规律，最多也只有 4 种模式，如表 2-3 所列。不难理解，永假 f_1、永真 f_2 及恒等 f_3 并无实际意义，所以，实用中无需定义。这也是一元联结词仅有唯一的一个否定的本质原因所在。

表 2-3　基于一元运算的运算规律模式设计示意

P	（永假）f_1	（永真）f_2	（恒等）f_3	（否定）f_4
0	0	1	0	1
1	0	1	1	0

倘若针对二元运算，则运算规律相对复杂。基于二进制的编码机制，无论如何设计二元运算的运算规律，最多也不出乎 16 种模式，如表 2-4 所列。

表2-4　基于二元运算的运算规律模式设计示意

P	Q	永假	或非	蕴含否定	蕴含否定	合取	P非	Q非	同门等值	异或	恒等Q	恒等P	与非	蕴含	析取	蕴含	永真
		f_1	f_2	f_3	f_4	f_5	f_6	f_7	f_8	f_9	f_{10}	f_{11}	F_{12}	f_{13}	f_{14}	f_{15}	f_{16}
0	0	0	1	0	0	0	1	1	1	0	0	0	1	1	0	1	1
0	1	0	0	1	0	0	1	0	0	1	1	0	1	1	1	0	1
1	0	0	0	0	1	0	0	1	0	1	0	1	1	0	1	1	1
1	1	0	0	0	0	1	0	0	1	0	1	1	0	1	1	1	1
定义标志		◎	☆	☆	☆	★	★	★	★	☆	◎	◎	☆	★	★	★	◎

同样也可理解，那些标志★的运算，如合取、P非、Q非、同门等值、蕴含、析取等，均已定义，而标志◎的运算，如永假、永真及恒等Q和恒等P等，因其实际意义不大，也无需定义，所以，剩下那些打标志☆倒是可以做进一步的运算定义。其实，有些资料或教材里面，确实对其中的异或f_9等做了专门的定义。

如果再做进一步的推广或引伸，针对三元运算考虑，则其运算规律将更加复杂。无论如何设计三元运算的运算规律，最多256种模式，如表2-5所列。

表2-5　基于三元运算的运算规律模式示意

P	Q	R	f_1	f_2	f_3	f_4	f_5	f_6	f_7	f_8	f_9	f_{10}	f_{11}	f_{12}	f_{13}	f_{14}	…	…	…	f_{256}
0	0	0	0	0	0	0	0	0	0	0	0	0	0	0	0	0	…	…	…	1
0	0	1	0	0	0	0	0	0	0	0	0	0	0	0	0	0	…	…	…	1
0	1	0	0	0	0	0	0	0	0	0	0	0	0	0	0	0	…	…	…	1
0	1	1	0	0	0	0	0	0	0	0	0	0	0	0	0	0	…	…	…	1
1	0	0	0	0	0	0	0	0	0	0	1	1	1	1	1	1	…	…	…	1
1	0	1	0	0	0	0	1	1	1	1	0	0	0	0	1	1	…	…	…	1
1	1	0	0	0	1	1	0	0	1	1	0	0	1	1	0	0	…	…	…	1
1	1	1	0	1	0	1	0	1	0	1	0	1	0	1	0	1	…	…	…	1

而且，在目前的数理逻辑理论体系中，并未对这些运算做专门的定义，也没有相关的资料论述到相关内容，例如，基于三元的运算是否完全可以被目前已经定义的这些二元及一元运算来表示；如果确实存在若干无法表示的三元运算需要单独定义，具体是哪个运算，这样的运算有多少个等。

可以继续设想，如果将三元进一步推广到四元、五元、……，甚至n元，则这样的不能被相对低元数的运算所表示的运算有没有、有多少个、是否个数都相同、若不相同则有何规律等，都值得做进一步研究。有兴趣的读者不妨对上述问题做进一步思考，限于篇幅，本书不再赘述。

仅就一元和二元联结词而言，倘若确实明确定义了与非、或非、异或及蕴含否定等运算，也容易证明，除了{¬、∧}、{¬、∨}是全功能联结词组之外，其实，{与非}、{或非}也均是全功能联结词组。另外，{→,¬}、{蕴含否定,¬}、{→,假值F}、{→,真值T}也都是全功能联结词组。

2.2 命题公式与重言式

2.2.1 命题公式

命题公式就是由命题变元、逻辑联结词、圆括号等元素，按照一定的规则连结起来形成的命题符号串。一般常用大写的英文字母 A、B、C、D 等表示。所以，单个的命题变元应该是最简单的命题公式。

因为并非由命题变元和联结词等符号随意组合就可构成命题公式，因此构造过程中严格把握的规则就显得尤其重要，这套规则可描述如下。

(1) 单个的命题变元是最简单的命题公式。

(2) 如果 A 是命题公式，则 $\neg A$ 是命题公式。

(3) 如果 A、B 是命题公式，则 $A \vee B$、$A \wedge B$、$A \rightarrow B$、$A \leftrightarrow B$ 是命题公式。

(4) 当且仅当有限次地运用前面三条规则得到的命题符号串才是合法的命题公式。

容易理解，下面列出的几个命题符号串均是合法的命题公式。

例如，$\neg S$，$(P \vee Q \wedge R)$，$P \wedge Q \rightarrow (Q \wedge R)$，$\neg P \leftrightarrow (Q \wedge R)$，$R \wedge S \leftrightarrow \neg P$ 等均是合法的命题公式。但是，$(P \vee Q$，$P \rightarrow \neg$，$P \neg Q$，$\Leftrightarrow QP$ 等，都不是合法的命题公式。

命题公式中的有些括号是可以省略的，就如同算术运算中省略括号的道理一样。

例如，命题公式 $P \rightarrow (Q \wedge R)$ 中的括号可以省略，就是说 $P \rightarrow (Q \wedge R)$ 与 $P \rightarrow Q \wedge R$ 是等价的。这是因为合取联结词 $\wedge$ 比蕴含联结词 $\rightarrow$ 优先，即不省略括号是先运算合取，省略了括号也是先运算合取。显然，命题公式 $(P \rightarrow Q) \wedge R$ 中的括号是绝对不能省略的。

在数理逻辑中，5 个**联结词的优先次序**从高到低依次为 $\neg$、$\wedge$、$\vee$、$\rightarrow$、$\leftrightarrow$。

2.2.2 指派与真值表

对于任意给定的命题公式 A 而言，因为，在 A 中所包含的命题变元尚无具体的命题含义，所以，也没有具体的逻辑真值，必须等到给这些命题变元赋予了确定的逻辑真值之后，才能确定整个命题公式 A 的逻辑真假值。

例如，对于命题公式 $A = P \rightarrow (Q \wedge R)$ 而言，其值的真假必须在 P、Q 和 R 的真假值确定之后，才能进一步演算出该命题公式的真假值。命题公式实质上给出的仅仅是公式中包含的那些个命题变元之间的一种相互联结关系，所以，对于不同命题变元的取值，通过演算当然会有不同的结果。

如果一个命题公式仅包含 1 个命题变元，设为 P_1，则该命题公式命题变元的取值组合便仅有 2 种，即"假、真"，即 2^1 种；如果一个命题公式包含有 2 个命题变元，设为 P_1、P_2，则该命题公式所有的命题变元的取值组合便有 4 种，即"假假、假真、真假、真真"，即 2^2 种；依此类推不难理解，如果一个命题公式包含有 n 个命题变元，即 P_1、P_2、…、P_n，则该命题公式所有的命题变元的取值组合便有 2^n 种。不管是含有 1 个变元的命题公式，还是含有 n 个变元的命题公式，其所有的命题变元取值组合中的某一种都称为该命题公式的一个**指派**，亦称**真值指派**、**赋值**、**解释**。

如果将某命题公式所有的真值指派全部排列出来，组成一个表，那就是前面已经提到过的**真值表**。所以，不同的命题公式真值表大小，取决于该命题公式所包含的命题变元的个数。包含1个命题变元的命题公式,其真值表只有2行;包含2个命题变元的命题公式,其真值表则有4行;包含3个命题变元的命题公式,其真值表有8行等。

构造真值表时一般应先找出给定命题公式A中所有的原子,再列出它们所有可能的解释(2^n个),按照从低到高的顺序列出A的各层次,再则是A本身,最后根据各逻辑联结词的真值运算规律,计算出各层次的真值,直至最后计算出命题公式A的真值为止。可以看出,构造公式A的真值表也是判断公式命题A的类型的一种方法当然,当然真值表还有其他用途。同时,这种方法也不是判断命题公式类型的唯一方法。

例2-6 试构造下列各命题公式的真值表。

(1) $\neg P \vee Q$。

(2) $(P \wedge Q) \wedge \neg P$。

(3) $(P \wedge \neg Q) \rightarrow R$。

(4) $\neg (P \wedge Q) \wedge Q \wedge R$。

(5) $(P \rightarrow (P \vee Q)) \vee R$。

解:以上命题公式的真值表分别如表2-6~表2-10所列。

表2-6 $\neg P \vee Q$的真值表

P	Q	$\neg P \vee Q$
0	0	1
0	1	1
1	0	0
1	1	1

表2-7 $(P \wedge Q) \wedge \neg P$的真值表

P	Q	$P \wedge Q$	$(P \wedge Q) \wedge \neg P$
0	0	0	0
0	1	0	0
1	0	0	0
1	1	1	0

表2-8 $(P \wedge \neg Q) \rightarrow R$的真值表

P	Q	R	$\neg Q$	$P \wedge \neg Q$	$(P \wedge \neg Q) \rightarrow R$
0	0	0	1	0	1
0	0	1	1	0	1
0	1	0	0	0	1
0	1	1	0	0	1
1	0	0	1	1	0
1	0	1	1	1	1
1	1	0	0	0	1
1	1	1	0	0	1

表 2-9　$\neg(P \to Q) \land Q \land R$ 的真值表

P	Q	R	$P \to Q$	$\neg(P \to Q)$	$\neg(P \to Q) \land Q \land R$
0	0	0	1	0	0
0	0	1	1	0	0
0	1	0	1	0	0
0	1	1	1	0	0
1	0	0	0	1	0
1	0	1	0	1	0
1	1	0	1	0	0
1	1	1	1	0	0

表 2-10　$(P \to (P \lor Q)) \lor R$ 的真值表

P	Q	R	$P \lor Q$	$P \to (P \lor Q)$	$(P \to (P \lor Q)) \lor R$
0	0	0	0	1	1
0	0	1	0	1	1
0	1	0	1	1	1
0	1	1	1	1	1
1	0	0	1	1	1
1	0	1	1	1	1
1	1	0	1	1	1
1	1	1	1	1	1

从理论上讲,任意两个命题公式都可以通过求取真值表来证明它们之间的等价(或条件蕴含)等关系,其实,这也提供了一种证明两个命题公式等价(或蕴含)的思路。但是,如果命题公式所包含的命题变元比较多时,构造其真值表的过程将十分繁琐,所以,更规范化的证明思路还是要借助那些联结词所满足的定律来推导实现。

2.2.3 重言式

如果某命题公式在其所有的真值指派下,其真值均为真,则称该命题公式为**永真式**,亦称**重言式**。如 $P \lor \neg P$、$(P \to Q) \lor P$ 等,不难验证它们对于所有的指派均为真。

如果某命题公式在其所有的真值指派下,其真值均为假,则称该命题公式为**永假式**,亦称**矛盾式**。如 $P \land \neg P$ 等,根据析取的归一律即可知它确实永假。

应该说,永真式和永假式是命题公式在取值上的两个极端情况,虽然用途很大,很多证明思路就是在此基础上提出来的,但毕竟属于少数情况,更多的情况则是既不永真也不永假。

如果某命题公式不是矛盾式,则称为**可满足的**。显然,可满足的命题公式至少存在一个赋值(或指派)使该命题公式为真,也就是说它包含了永真的可能。而**仅可满足式**则指既不是矛盾式,又不是重言式的命题公式。就是说,它至少存在一个指派使该命题公式为真,也至少存在一个指派使该命题公式为假。这些概念之间的相互关系如图 2-6 所示。

有几点必须注意:

(1) 命题公式不永真,则未必永假,永真和永假属命题公式的两个极端情况。

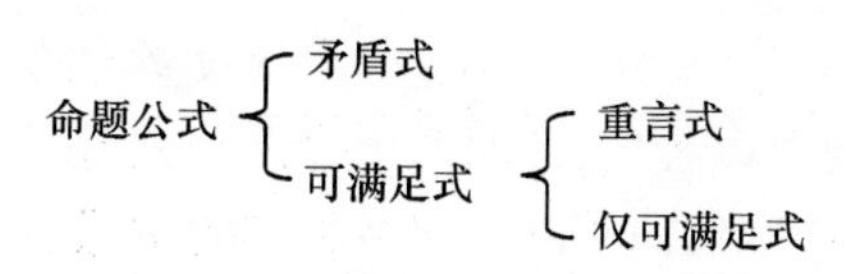

图2－6　命题公式分类示意图

（2）如果命题公式 A 是永真式，则命题公式 $\neg A$ 必定是永假式；反之亦然。

（3）证明命题公式是永真式或永假式的思路一般有两种，其一是使用真值表，其二是利用否定律（用 $\neg P \vee P \Leftrightarrow 1$ 证明永真、用 $\neg P \wedge P \Leftrightarrow 0$ 证明永假）或利用零一律（用 $P \wedge 0 \Leftrightarrow 0$ 证明永假、用 $P \vee 1 \Leftrightarrow 1$ 证明永真）。

命题公式永真性的判定，是数理逻辑的重要问题之一。虽然可以用构造真值表的方法判定该问题，但是这种方法对于命题变元（原子）数较多的公式还是相当繁复的。

例2－7　试证明下面的等价式成立。

（1）$(\neg P \wedge (\neg Q \wedge R)) \vee (Q \wedge R) \vee (P \wedge R) = R$。

（2）$(P \wedge (Q \wedge S)) \vee (\neg P \wedge (Q \wedge S)) = Q \wedge S$。

（3）$P \rightarrow (Q \rightarrow R) = (P \wedge Q) \rightarrow R$。

（4）$\neg (P \leftrightarrow Q) = (P \wedge \neg Q) \vee (\neg P \wedge Q)$。

证明：

（1）$(\neg P \wedge (\neg Q \wedge R)) \vee (Q \wedge R) \vee (P \wedge R)$

$\Leftrightarrow (\neg P \wedge (\neg Q \wedge R)) \vee (Q \vee P) \wedge R)$　　（反用分配律）

$\Leftrightarrow ((\neg P \wedge \neg Q) \wedge R) \vee (Q \vee P) \wedge R)$　　（结合律）

$\Leftrightarrow ((\neg P \wedge \neg Q) \vee (Q \vee P)) \wedge R)$　　（反用分配律）

$\Leftrightarrow (\neg (P \vee Q) \vee (Q \vee P)) \wedge R$　　（德·摩根律）

$\Leftrightarrow (\neg (P \vee Q) \vee (P \vee Q)) \wedge R$　　（反用交换律）

$\Leftrightarrow 1 \wedge R$　　（互补律）

$\Leftrightarrow R$　　（同一律）

（2）$(P \wedge (Q \wedge S)) \vee (\neg P \wedge (Q \wedge S))$

$\Leftrightarrow ((Q \wedge S) \wedge P) \vee ((Q \wedge S) \wedge \neg P)$　　（交换律）

$\Leftrightarrow (Q \wedge S) \wedge (P \vee \neg P)$　　（反用分配律）

$\Leftrightarrow (Q \wedge S) \wedge 1$　　（互补律）

$\Leftrightarrow Q \wedge S$　　（同一律）

（3）$P \rightarrow (Q \rightarrow R)$

$\Leftrightarrow \neg P \vee (\neg Q \vee R)$　　（蕴涵律，联词化归）

$\Leftrightarrow (\neg P \vee \neg Q) \vee R$　　（结合律）

$\Leftrightarrow \neg (P \wedge Q) \vee R$　　（德·摩根律）

$\Leftrightarrow (P \wedge Q) \rightarrow R$　　（蕴涵律，反用联词化归）

（4）$\neg (P \leftrightarrow Q)$

$\Leftrightarrow \neg ((P \rightarrow Q) \wedge (Q \rightarrow P)$　　（等价律）

$\Leftrightarrow \neg ((\neg P \vee Q) \wedge (\neg Q \vee P))$　　（蕴涵律，联词化归）

$\Leftrightarrow \neg (\neg P \vee Q) \vee \neg (\neg Q \vee P)$　　（德·摩根律）

$\Leftrightarrow (\neg (\neg P) \wedge \neg Q) \vee (\neg (\neg Q) \wedge \neg P)$　　（德·摩根律）

$\Leftrightarrow (P \wedge \neg Q) \vee (\neg P \wedge Q)$　　　　（双重否定）

通过上述实例的推导过程可以看出，证明两个命题公式等价不仅需要熟练掌握各个逻辑定律，甚至还需要在定律的正向和反向等问题保持相当的敏感，这需要一定的技巧做支撑。另外，推导过程也相对灵活，因推导过程不具唯一性，所以，便无法保证推导证明过程的尽快成功。换言之，从等式的一边推导至等式的另一边的思路和途径一般都很多，以上述知识来看，无法保证总是最佳途径，这便使逻辑证明过程失去了规范性。正基于此，才提出了范式的概念。

2.3 范　式

2.3.1 对偶原理

汇总分析前两节的内容不难发现一个特点，那就是许多定律或公式都是成对出现的，如德·摩根律、分配律、归一、归零等，一般将这种成对出现的特性称为数理逻辑中的对偶性。

对偶式：在仅含有联结词$\neg$，$\vee$和$\wedge$的命题公式A中，将$\vee$换成$\wedge$，同时也将$\wedge$换成$\vee$，且将逻辑真值T和F(即0和1)相互替代，所得到的命题公式A^*称为原命题公式A的对偶式。

显然，A也是A的对偶式A^*的对偶式，这有否定之否定的味道。

例2-8　试写出下列命题公式的对偶式。

(1) $A=(P \wedge Q) \vee R$。

(2) $A=(P \wedge Q) \vee (P \wedge \neg (Q \vee \neg S))$。

(3) $A=((P \vee Q) \wedge 0) \wedge (1 \wedge \neg (R \vee \neg P))$。

解：(1) $A^* = (P \vee Q) \wedge R$。

(2) $A^* = (P \vee Q) \wedge (P \vee \neg (Q \wedge \neg S))$。

(3) $A^* = ((P \wedge Q) \vee 1) \vee (0 \vee \neg (R \wedge \neg P))$。

对偶定理：假设A和A^*互为对偶式，而$P_1, P_2, \cdots, P_n$是出现在A和A^*中的全部原子命题变元，则下面两式成立：

$$\neg A(P_1, P_2, \cdots, P_n) \Leftrightarrow A^*(\neg P_1, \neg P_2, \cdots, \neg P_n)$$

$$A^*(\neg P_1, \neg P_2, \cdots, \neg P_n) \Leftrightarrow \neg A^*(P_1, P_2, \cdots, P_n)$$

即命题公式A的否定，等价于A所包含命题变元被替换成其否定之后的对偶式，反之亦然。

例如，设命题公式$A=P \vee Q$，则A所包含的所有命题变元被替换成否定之后，即$B=\neg P \vee \neg Q$，而B的对偶式为$B^* = \neg P \wedge \neg Q$。

由对偶定理可知$\neg A \Leftrightarrow B$，即$\neg (P \vee Q) \Leftrightarrow \neg P \wedge \neg Q$。

很明显，其实这就是德·摩根律的推广。

请读者可自行分析$A=(P \wedge \neg R) \vee Q$，$A^* = (P \vee \neg R) \wedge Q$，进而可得$\neg ((P \wedge \neg R) \vee Q) \Leftrightarrow (\neg P \vee R) \wedge \neg Q$。

推论2-1　设A^*，B^*分别是命题公式A和B的对偶式，如果$A \Leftrightarrow B$，则$A^* \Leftrightarrow B^*$成立。

也就是说，如果两个命题公式等价，则他们的对偶式也等价。

在推理当中，基于该推论往往可以起到事半功倍之效果。

例如，假设$A=(P \wedge Q) \vee (\neg P \vee (\neg P \vee Q))$，$B=\neg P \wedge Q$，容易证明$A \Leftrightarrow B$。

又有，A的对偶式$A^* = (P \vee Q) \wedge (\neg P \wedge (\neg P \wedge Q))$，$B$的对偶式$B^* = \neg P \vee Q$。

据上述推论，则有 $A^* \Leftrightarrow B^*$ 成立。

当然，如果某命题公式中包含有蕴含联结词（$\rightarrow$）或等价联结词（$\leftrightarrow$），则首先必须对其实施联词化归，转换成完全用否定、合取和析取这三种联结词表示的命题公式，然后才能再将其转化为对偶式。

值得注意的是，对偶原理不能理解成命题公式 A 与其对偶式 A^* 等价。其实，一般的命题公式与其对偶式也确实不等价。

思考：符合什么条件的命题公式 A 与其对偶式 A^* 等价？

2.3.2 范式

对于任意给定的命题公式，判断其是永真式还是永假式，还是可满足的，此类问题称为**判定问题**。判定问题也是数理逻辑中最为常见、最为基本的问题之一。前面已经涉及这类问题，使用的方法无非两种，一是构造其真值表，二是利用等价关系及逻辑定律实施逻辑推演。但是，当命题公式所包含的命题变元个数较多时，这两种方法都有较大的局限性，所以，必须考虑其他的可行思路。

最容易想到的便是就任意给定的命题公式，为其规定一个标准形式，然后将它们转化为标准形式，如果两个命题公式拥有相同的标准形式，无疑就能判定两个命题公式等价。当然，如果该命题公式永真（或永假）也自然会在其对应的标准形式中体现出来，因此，这种思路就成了判定两个命题公式等价的最规范、最经典的方法。这个标准形式就是**范式**。

为进一步说明范式，先给出如下定义。

（1）**简单析取式**：仅由有限个命题变元或其否定的析取构成的析取式，称为简单析取式。

例如，$\neg P \vee Q \vee R$，$\neg P \vee \neg Q \vee P$ 就是简单析取式，而 $(P \wedge Q) \vee \neg R$ 则不算简单析取式。

（2）**简单合取式**：仅由有限个命题变元或其否定的合取构成的合取式，称为简单合取式。

例如，$\neg P \wedge R$，$Q \wedge R \wedge \neg Q$ 就是简单合取式，而 $\neg P \wedge (Q \vee R)$ 则不是简单合取式。

当然，P、$\neg Q$ 这些单个的命题变元本身，既可看作简单析取式，也可看作简单合取式，这要根据具体情况的需要来定。

有了简单析取式和简单合取式的概念，就可以定义范式了。

（3）**析取范式**：由有限个简单合取式的析取构成的析取式，称为析取范式。

例如，下面的命题公式都是析取范式：

$$P \wedge \neg R;P \vee (P \wedge Q) \vee (\neg P \wedge \neg Q \wedge \neg R);(\neg P \wedge Q) \vee (Q \wedge \neg R);\neg S$$

（4）**合取范式**：由有限个简单析取式的合取构成的合取式，称为合取范式。

例如，下面的命题公式便都是合取范式：

$$(Q \vee \neg R);\neg Q;(P \vee Q) \wedge \neg Q \wedge (Q \vee \neg R \vee S);(Q \vee \neg R \vee S) \wedge \neg S \wedge Q$$

当然，就 $P \vee Q \vee R$ 而言，确实是析取范式，是由三个极其简单的简单合取式的析取构成的；同时，它也是一个合取范式，不过是仅由一个简单析取式的合取构成的。

但是，$(\neg P \wedge (Q \vee R)) \vee (P \wedge Q)$ 不是析取范式，因为 $\neg P \wedge (Q \vee R)$ 不是简单合取式，它是含有双重括号的命题公式，当然就不是范式了，需要做进一步的变化才可变成范式。

同样，$(P \rightarrow Q) \wedge (Q \rightarrow R)$ 也不算合取范式，因为它含有蕴含联结词 $\rightarrow$，而范式的定义中只能包含合取（$\wedge$）、析取（$\vee$）与否定（$\neg$）这三种联结词。

不用担心对于任意给定的命题公式是否存在范式，因为，如下所示的构造性证明过程不仅说明任意给定的命题公式的范式的存在性，而且还在事实上给出了范式的求取步骤。

范式的求取方法（或步骤）：

① 将给定命题公式中的蕴含联结词（$\rightarrow$）和等价联结词（$\leftrightarrow$），通过联词化归全部转化为用否定（$\neg$）、析取（$\vee$）与合取（$\wedge$）表示的等价公式。

（联词化归：$P \rightarrow Q \Leftrightarrow \neg P \vee Q$；$P \leftrightarrow Q \Leftrightarrow (P \rightarrow Q) \wedge (Q \rightarrow P)$）

② 用双重否定、德·摩根律将否定联结词（$\neg$）深入到每一个命题变元。

（双重否定：$\neg\neg P \Leftrightarrow P$）

（德·摩根律：$\neg(P \vee Q) \Leftrightarrow \neg P \wedge \neg Q$；$\neg(P \wedge Q) \Leftrightarrow \neg P \vee \neg Q$）

③ 用分配律、结合律化去所有两重（含）以上的括号，使之成为析取范式或合取范式。

④ 适当整理，如化简、合并等。

例 2-9 试求命题公式$((P \vee Q) \rightarrow R) \rightarrow P$的析取范式与合取范式。

解：$((P \vee Q) \rightarrow R) \rightarrow P$

$\Leftrightarrow \neg(\neg(P \vee Q) \vee R) \vee P$

$\Leftrightarrow ((P \vee Q) \wedge \neg R) \vee P$

$\Leftrightarrow (P \wedge \neg R) \vee (Q \wedge \neg R) \vee P$ （析取范式）

$\Leftrightarrow (P \vee (P \wedge \neg R)) \vee (Q \wedge \neg R)$

$\Leftrightarrow P \vee (Q \wedge \neg R)$ （析取范式）

原式$\Leftrightarrow ((P \vee Q) \wedge \neg R) \vee P$

$\Leftrightarrow (P \vee Q \vee P) \wedge (\neg R \vee P)$

$\Leftrightarrow (P \vee Q) \wedge (P \vee \neg R)$ （合取范式）

例 2-10 试求命题公式$(P \vee Q) \rightarrow (Q \leftrightarrow R)$的析取范式与合取范式。

解：$(P \vee Q) \rightarrow (Q \leftrightarrow R)$

$\Leftrightarrow \neg(P \vee Q) \vee ((Q \wedge R) \vee (\neg Q \wedge \neg R))$

$\Leftrightarrow (\neg P \wedge \neg Q) \vee (Q \wedge R) \vee (\neg Q \wedge \neg R)$ （析取范式）

原式$\Leftrightarrow \neg(P \vee Q) \vee ((Q \rightarrow R) \wedge (R \rightarrow Q))$

$\Leftrightarrow \neg(P \vee Q) \vee ((\neg Q \vee R) \wedge (\neg R \vee Q))$

$\Leftrightarrow (\neg P \wedge \neg Q) \vee ((\neg Q \vee R) \wedge (\neg R \vee Q))$

$\Leftrightarrow (\neg P \vee ((\neg Q \vee R) \wedge (\neg R \vee Q))) \wedge (\neg Q \vee ((\neg Q \vee R) \wedge (\neg R \vee Q)))$

$\Leftrightarrow (\neg P \vee (\neg Q \vee R)) \wedge (\neg P \vee (\neg R \vee Q)) \wedge (\neg Q \vee (\neg Q \vee R)) \wedge (\neg Q \vee (\neg R \vee Q))$

$\Leftrightarrow (\neg P \vee \neg Q \vee R) \wedge (\neg P \vee \neg R \vee Q) \wedge (\neg Q \vee \neg Q \vee R) \wedge (\neg Q \vee \neg R \vee Q)$

显然，这已经是个非常典型的合取范式了。

不难看出，任意一个给定的命题公式，它的析取范式与合取范式总是存在的，而且还不唯一。

例 2-11 试将下列各命题公式转化析取范式、合取范式。

(1) $P \wedge (P \rightarrow Q)$。

(2) $\neg(P \vee Q) \leftrightarrow (P \wedge Q)$。

(3) $(P \rightarrow Q) \leftrightarrow (\neg Q \rightarrow \neg P)$。

解：

(1) $P \wedge (P \rightarrow Q)$

$\Leftrightarrow P \wedge (\neg P \vee Q)$ （合取范式）

$\Leftrightarrow (P\wedge\neg P)\vee(P\wedge Q)$ （析取范式）

(2) $\neg(P\vee Q)\leftrightarrow(P\wedge Q)$

$\Leftrightarrow(\neg(P\vee Q)\rightarrow(P\wedge Q))\wedge((P\wedge Q)\rightarrow\neg(P\vee Q))$

$\Leftrightarrow((P\vee Q)\vee(P\wedge Q))\wedge(\neg(P\wedge Q)\vee\neg(P\vee Q))$

$\Leftrightarrow((P\vee Q\vee P)\wedge(P\vee Q\vee Q))\wedge((\neg P\vee\neg Q)\vee(\neg P\wedge\neg Q))$

$\Leftrightarrow((P\vee Q)\wedge(P\vee Q))\wedge((\neg P\vee\neg Q)\vee(\neg P\wedge\neg Q))$

$\Leftrightarrow(P\vee Q)\wedge((\neg P\vee\neg Q\vee\neg P)\wedge(\neg P\vee\neg Q\vee\neg Q))$

$\Leftrightarrow(P\vee Q)\wedge((\neg P\vee\neg Q)\wedge(\neg P\vee\neg Q))$

$\Leftrightarrow(P\vee Q)\wedge(\neg P\vee\neg Q)$ （合取范式）

$\Leftrightarrow(P\wedge\neg P)\vee(P\wedge\neg Q)\vee(Q\wedge\neg P)\vee(Q\wedge\neg Q)$ （析取范式）

(3) $(P\rightarrow Q)\leftrightarrow(\neg Q\rightarrow\neg P)$

$\Leftrightarrow(\neg P\vee Q)\leftrightarrow(\neg\neg Q\vee\neg P)$

$\Leftrightarrow(\neg P\vee Q)\leftrightarrow(Q\vee\neg P)$

$\Leftrightarrow((\neg P\vee Q)\rightarrow(Q\vee\neg P))\wedge((Q\vee\neg P)\rightarrow(\neg P\vee Q))$

$\Leftrightarrow(\neg(\neg P\vee Q)\vee(Q\vee\neg P))\wedge(\neg(Q\vee\neg P)\vee(\neg P\vee Q))$

$\Leftrightarrow((\neg\neg P\wedge\neg Q)\vee(Q\vee\neg P))\wedge((\neg Q\wedge\neg\neg P)\vee(\neg P\vee Q))$

$\Leftrightarrow((P\wedge\neg Q)\vee(Q\vee\neg P))\wedge((\neg Q\wedge P)\vee(\neg P\vee Q))$

$\Leftrightarrow(P\vee Q\vee\neg P)\wedge(\neg Q\vee Q\vee\neg P)\wedge(\neg Q\vee\neg P\vee Q)\wedge(P\vee\neg P\vee Q)$

$\Leftrightarrow(P\vee\neg P\vee Q)\wedge(\neg Q\vee Q\vee\neg P)\wedge(\neg Q\vee Q\vee\neg P)\wedge(P\vee\neg P\vee Q)$

$\Leftrightarrow(1\vee Q)\wedge(1\vee\neg P)\wedge(1\vee\neg P)\wedge(1\vee Q)$

$\Leftrightarrow(1)\wedge(1)\wedge(1)\wedge(1)$

$\Leftrightarrow 1$（逻辑真） （合取范式）

$\Leftrightarrow(P\wedge Q)\vee(P\wedge\neg Q)\vee(\neg P\wedge Q)\vee(\neg P\vee\neg Q)$ （析取范式）

要使任意给定的命题公式能转化为唯一的析取范式或是合取范式，并与之等价的标准形式，还必须用主析取范式与主合取范式的概念。

2.3.3 主析取范式

在说明主析取范式之前，需要先定义几个辅助性概念。

1. 极小项

如果在某命题公式 A 中，共有 n 个命题变元 P_1、P_2、…、P_n，这 n 个命题变元的简单合取式中，每个变元要么是它自身(P_i)，要么是其否定($\neg P_i$)总要出现一个，两者只能出现一个，并且按命题变元的下标排列(如果是字母则按字典序)，这样的简单合取式就称为**极小项**，又称**布尔合取**。

例如，如果命题公式中仅出现 P,Q,R 3 个命题变元，则 $P\wedge\neg Q\wedge R$、$\neg P\wedge Q\wedge\neg R$、$\neg P\wedge\neg Q\wedge R$、$\neg P\wedge Q\wedge R$ 等均是极小项；但是，$P\wedge\neg Q$、$Q\wedge R$ 等不是极小项，因为前者缺了变元 R(或其否定$\neg R$)，而后者缺少了变元 P(或其否定$\neg P$)；显然，$P\wedge\neg Q\wedge\neg P$ 也不是极小项，因为 P 和$\neg P$ 同时出现，与二者只能出现其一之要求不相符。仔细观察这些极小项即可发现，对每一个极小项而言，仅有一个赋值(或指派)能使其逻辑结果为真，而其余的 2^n-1 个赋值(或指派)均使其为假。

又如，如果某命题公式中仅出现 P,Q,R 3 个不同的命题变元，则对于极小项$\neg P\wedge Q\wedge\neg R$

来说,仅有赋值(或指派)“010”(即当 $P=0$、$Q=1$、$R=0$ 时)能使其为真,而其余的 $2^3-1=7$ 个赋值(或指派)均使其逻辑结果为假。于是,极小项与赋值(或真值指派)就依此建立起了一种一一对应的关系。

推广之,不难理解对于任意的拥有 n 个命题变元的命题公式来说,它共有 2^n 个赋值(或指派),而每个赋值(或指派)均对应一个极小项。不妨将某个极小项所对应的那个赋值(或指派)记为 $a_1 a_2 a_3 \cdots a_n$,若将其看成是一个 n 位的二进制数,并将其转化为十进制数,设其为 k,有 $0 \leqslant k \leqslant 2^n-1$,则该极小项可记作:$m_{a_1 a_2 a_3 \cdots a_n}$,亦可直接记为 m_k。

当 $n=3$,并设命题公式中出现的这 3 个命题变元分别为 P、Q 和 R,则对应的 8 个极小项如表 2-11 所列。

表 2-11 3 个命题变元所对应的极小项标记情况

极小项	对应的赋值或指派	十进制数	极小项标记法
$\neg P \wedge \neg Q \wedge \neg R$	000	0	m_{000} 或 m_0
$\neg P \wedge \neg Q \wedge R$	001	1	m_{001} 或 m_1
$\neg P \wedge Q \wedge \neg R$	010	2	m_{010} 或 m_2
$\neg P \wedge Q \wedge R$	011	3	m_{011} 或 m_3
$P \wedge \neg Q \wedge \neg R$	100	4	m_{100} 或 m_4
$P \wedge \neg Q \wedge R$	101	5	m_{101} 或 m_5
$P \wedge Q \wedge \neg R$	110	6	m_{110} 或 m_6
$P \wedge Q \wedge R$	111	7	m_{111} 或 m_7

2. 主析取范式

由若干个不同的极小项的析取构成的析取范式,称为**主析取范式**。

可以证明,对于任何的命题公式而言,均存在唯一的、与之等价的主析取范式。因为,任意给定的命题公式,它总与其真值表一一对应,而极小项则对应真值表中使该命题公式之逻辑值为真的指派(或赋值),显然,也是唯一对应的。

例如,$P \vee (\neg P \wedge Q)$ 虽然是析取范式,但它并不是主析取范式。因为,该命题公式中共出现了两个命题变元(即 P、Q),但其两个简单合取式中的其中之一仅有“P”,而无 Q(或其否定),它缺了 Q 的信息,显然不是极小项。

同理,$(P \wedge Q) \vee (\neg P \wedge R)$ 也是析取范式,但它不是主析取范式。该公式中共出现了 3 个命题变元(即 P、Q、R),但其每个简单合取式中,都缺了一个命题变元的相关信息。

而 $(P \wedge Q \wedge \neg R) \vee (\neg P \wedge Q \wedge R)$ 则不仅是析取范式,还是主析取范式。

既然主析取范式与真值表唯一对应,所以,求取主析取范式的方法之一就是利用真值表。只需构造出该命题公式的真值表,并依各命题变元的先后顺序,如按类似表 2-11 的排列方式,将那些使该命题公式的真值为真的赋值(或真值指派)对应之极小项一一列出来,再通过析取联结词直接将它们联结起来即可。

例如,设某包含 3 个命题变元,且由 3 个极小项组成的主析取范式如下:

$$(P \wedge Q \wedge R) \vee (\neg P \wedge Q \wedge R) \vee (\neg P \wedge Q \wedge \neg R)$$

不难看出,这 3 个极小项对应的赋值(或真值指派)分别是 111,011,010,也即这 3 个赋值(或指派)均可使该命题公式的逻辑值为真,而其他的 5 个赋值(或指派)自然将使该命题公式的逻辑值为假。就是说,该命题公式$\Leftrightarrow m_{111} \vee m_{011} \vee m_{010}$。

反过来就是,若这3个赋值(或指派)使命题公式为真,而其他赋值(或指派)使命题公式为假,则该命题公式的主析取范式就是由这3个赋值(或指派)所对应的极小项的析取而构成的。

当然,如果某命题公式中拥有的命题变元数量较多,则利用真值表求取其主析取范式的思路也就显得不太合算了。

例2-12 试利用真值表求取命题公式$\neg(P \wedge Q)$的主析取范式。

解:先构造命题公式$\neg(P \wedge Q)$的真值表,如表2-12所列。

表2-12 构造真值表

P	Q	$P \wedge Q$	$\neg(P \wedge Q)$
0	0	0	1
0	1	0	1
1	0	0	1
1	1	1	0

可使该命题公式的逻辑值为真的赋值(或指派)共有3个,即:

指派"00"对应极小项$\neg P \wedge \neg Q$,记为m_0;

指派"01"对应极小项$\neg P \wedge Q$,记为m_1;

指派"10"对应极小项$P \wedge \neg Q$,记为m_2。

所以,该命题公式的主析取范式为$m_0 \vee m_1 \vee m_2$,即

$$\neg(P \wedge Q) \Leftrightarrow (\neg P \wedge \neg Q) \vee (\neg P \wedge Q) \vee (P \wedge \neg Q) \Leftrightarrow m_0 \vee m_1 \vee m_2$$

例2-13 试用真值表求取命题公式$A = (P \vee Q) \to (Q \leftrightarrow R)$的主析取范式。

解:首先构造命题公式$A = (P \vee Q) \to (Q \leftrightarrow R)$的真值表,如表2-13所列。

表2-13 构造真值表

P	Q	R	$P \vee Q$	$Q \leftrightarrow R$	A	对应极小项
0	0	0	0	1	1	$\neg P \wedge \neg Q \wedge \neg R$
0	0	1	0	0	1	$\neg P \wedge \neg Q \wedge R$
0	1	0	1	0	0	
0	1	1	1	1	1	$\neg P \wedge Q \wedge R$
1	0	0	1	1	1	$P \wedge \neg Q \wedge \neg R$
1	0	1	1	0	0	
1	1	0	1	0	0	
1	1	1	1	1	1	$P \wedge Q \wedge R$

能使命题公式A的逻辑真值为真(1)的赋值(或指派)共有5项,所以,对应的主析取范式可表示为

$$\begin{aligned} A &= (P \vee Q) \to (Q \leftrightarrow R) \\ &\Leftrightarrow (\neg P \wedge \neg Q \wedge \neg R) \vee (\neg P \wedge \neg Q \wedge R) \vee (\neg P \wedge Q \wedge R) \vee (P \wedge \neg Q \wedge \neg R) \vee (P \wedge Q \wedge R) \\ &\Leftrightarrow m_0 \vee m_1 \vee m_3 \vee m_4 \vee m_7 \end{aligned}$$

另一种求取主析取范式的方法就是等值演算法，即逻辑推导。利用前面所介绍的那些定律、常见的命题公式等，利用等值演算的方法，一步步将给定的命题公式演化为主析取范式。其具体步骤与前面介绍过的求取析取范式的思路基本一致，但要在求得析取范式的基础上，继续演化，直到得出主析取范式为止。

利用等值演算（逻辑推导）来求取命题公式的主析取范式的步骤如下：

① 将命题公式转化为析取范式。（同前）

（要“消去”含有矛盾式的简单合取式，因为 $P \wedge \neg P \Leftrightarrow 0$）

② 若析取范式中的简单合取式项不是极小项，假设其缺命题变元 P_i，则将该简单合取式再合取（$\wedge$）上“$P_i \vee \neg P_i$”，再利用分配律展开。

③ 适当整理，如化简、合并等处理。

例如，假设命题公式中含有 P、Q、R，而某简单合取式仅为“$P \wedge \neg R$”，显然缺命题变元 Q。则可做如下转换处理：

$$P \wedge \neg R \Leftrightarrow P \wedge \neg R \wedge (Q \vee \neg Q) \Leftrightarrow (P \wedge Q \wedge \neg R) \vee (P \wedge \neg Q \wedge \neg R)$$

最后整理所得到的结果，并用幂等律将重复的极小项删去，再按照命题变元的适当顺序调整各极小项的先后顺序，便可得最后的主析取范式。

例 2-14 试利用推演法求取命题公式 $A = ((P \vee Q) \rightarrow R) \rightarrow P$ 的主析取范式。

解：$A = ((P \vee Q) \rightarrow R) \rightarrow P$

$\Leftrightarrow \neg(\neg(P \vee Q) \vee R) \vee P$

$\Leftrightarrow ((P \vee Q) \wedge \neg R) \vee P$

$\Leftrightarrow (P \wedge \neg R) \vee (Q \wedge \neg R) \vee P$

$\Leftrightarrow P \vee (P \wedge \neg R) \vee (Q \wedge \neg R)$

$\Leftrightarrow P \vee (Q \wedge \neg R)$

$\Leftrightarrow (P \wedge (Q \vee \neg Q) \wedge (R \vee \neg R)) \vee ((Q \wedge \neg R) \wedge (P \vee \neg P))$

$\Leftrightarrow (P \wedge Q \wedge R) \vee (P \wedge Q \wedge \neg R) \vee (P \wedge \neg Q \wedge R) \vee (P \wedge \neg Q \wedge \neg R)$
$\quad \vee (P \wedge Q \wedge \neg R) \vee (\neg P \wedge Q \wedge \neg R)$

$\Leftrightarrow (P \wedge Q \wedge R) \vee (P \wedge Q \wedge \neg R) \vee (P \wedge \neg Q \wedge R) \vee (P \wedge \neg Q \wedge \neg R)$
$\quad \vee (\neg P \wedge Q \wedge \neg R)$

$\Leftrightarrow m_2 \vee m_4 \vee m_5 \vee m_6 \vee m_7$

$\Leftrightarrow \Sigma(2,4,5,6,7)$

利用等值演算来求取一个命题公式的主析取范式是个颇见功夫的推导过程，不仅需要对极小项、真值表、赋值（或指派）、主析取范式等概念的本质和内含有较深入的理解，还要对它们之间的关系非常清楚，更要求对前面所介绍的为数众多的逻辑等价关系式、定律等烂熟于心，确实需要一定数量的练习方可做到手到擒来、得心应手。

2.3.4 主合取范式

相对于析取范式里有主析取范式，同样，合取范式里当然也有主合取范式。不过，主合取范式里用到的不是极小项，而是极大项。

1. 极大项

如果在某命题公式 A 中，共有 n 个命题变元 P_1、P_2、…、P_n，这 n 个命题变元的简单析取式中，每个变元要么是它自身(P_i)，要么就是其否定($\neg P_i$)，二者总会出现一个，且两者只能出现一个，按命题变元的下标排列(如果是字母则按字典序)，这样的简单析取式称为**极大项**，又称**布尔析取**。

例如，设命题公式中仅出现P,Q,R3个命题变元，则$P\vee\neg Q\vee R$、$\neg P\vee Q\vee\neg R$、$\neg P\vee\neg Q\vee R$、$\neg P\vee Q\vee R$等均是极大项；但是，$P\vee\neg Q$、$Q\vee R$等就不是极大项，因为它们都缺了一个变元的相关信息；当然，$P\vee\neg Q\vee\neg P$也不是极大项，这是因为P和$\neg P$同时出现，不符合极大项定义。与极小项类似，对于任意的拥有n个命题变元的命题公式来说，它同样有2^n个极大项，而且每一个极大项也对应一个赋值(或指派)。不过，对于极大项而言，各命题变元排列的顺序当然还是其字典序，但却是从变元本身开始到其对应的取否定结束。对于$n=3$，并设这3个命题变元分别为P、Q和R，则对应的8个极大项如表2-14所列。

表2-14　3个命题变元所对应的极大项标记情况

极小项	对应的赋值或指派	十进制数	极小项标记法
$P\vee Q\vee R$	000	0	M_{000}或M_0
$P\vee Q\vee\neg R$	001	1	M_{001}或M_1
$P\vee\neg Q\vee R$	010	2	M_{010}或M_2
$P\vee\neg Q\vee\neg R$	011	3	M_{011}或M_3
$\neg P\vee Q\vee R$	100	4	M_{100}或M_4
$\neg P\vee Q\vee\neg R$	101	5	M_{101}或M_5
$\neg P\vee\neg Q\vee R$	110	6	M_{110}或M_6
$\neg P\vee\neg Q\vee\neg R$	111	7	M_{111}或M_7

必须要说明的是，在极大项的标记中，二进制数是极大项的成假赋值。例如，对于表2-14中的极大项$P\vee Q\vee R$来说，所谓的成假赋值，就是使该极大项的逻辑真值为假值，对应这3个命题变元的指派，当然就是$P=0$、$Q=0$、$R=0$了，即“000”，十进制数即“0”，极大项的标记为M_{000}、M_0。其他类同，这里不再敖赘述。

同样，由若干个不同的极大项的合取构成的合取范式，称为**主合取范式**。

对于任何给定的命题公式来说，也同样都存在着唯一的、与之等价的主合取范式。

其实，只要求得命题公式的主析取范式，其对应的主合取范式也就自然得到了(反之亦然)。因为，极小项与极大项之间存在如下关系：

$$\neg m_i\Leftrightarrow M_i,\neg M_i\Leftrightarrow m_i$$

所以，对于任意的命题公式A而言，设A共有n个命题变元，如果A的主析取范式中共有k个极小项：m_{i1}、m_{i2}、…、m_{ik}，则$\neg A$的主析取范式中必含有2^n-k个极小项，可设为m_{j1}、m_{j2}、…、$m_{j2\hat{}n-k}$，即$\neg A\Leftrightarrow m_{j1}\vee m_{j2}\vee\cdots\vee m_{j2\hat{}n-k}$。

所以，有

$$A\Leftrightarrow\neg\neg A\Leftrightarrow\neg m_{j1}\vee m_{j2}\vee\cdots\vee m_{j2\hat{}n-k}$$
$$\Leftrightarrow\neg m_{j1}\wedge\neg m_{j2}\wedge\cdots\wedge\neg m_{j2\hat{}n-k}$$
$$\Leftrightarrow M_{j1}\wedge M_{j2}\wedge\cdots\wedge M_{j2\hat{}n-k}$$

由此可得出，通过命题公式A的主析取范式，求取其对应的主合取范式的一般步骤为：

① 求出A的主析取范式中没有包含的极小项，设为m_{j1}、m_{j2}、…、$m_{j2\hat{}n-k}$。

② 求出与 A 中极小项编码相同的极大项,设为 M_{j1}、M_{j2}、…、M_{j2^n-k}。

③由以上极大项构成的合取式,就是 A 的主合取范式。

例如,设某命题公式 A 中包含有 3 个命题变元,其主析取范式为

$$A \Leftrightarrow m_2 \vee m_4 \vee m_5 \vee m_6 \vee m_7$$
$$\Leftrightarrow \Sigma(2,4,5,6,7)$$

则其主合取范式为

$$A \Leftrightarrow M_0 \wedge M_1 \wedge M_3 \Leftrightarrow \Pi(0,1,3)$$

例 2-15 试求取命题公式 $A = Q \wedge (P \vee \neg Q)$ 的主合取范式。

解法一:(推导法)

$$A = Q \wedge (P \vee \neg Q)$$
$$\Leftrightarrow (Q \vee (P \wedge \neg P)) \wedge (P \vee \neg Q)$$
$$\Leftrightarrow (Q \vee P) \wedge (Q \vee \neg P) \wedge (P \vee \neg Q)$$
$$\Leftrightarrow (P \vee Q) \wedge (\neg P \vee Q) \wedge (P \vee \neg Q)$$

解法二:(真值表法)

可通过两步来完成。先求 $\neg A = \neg(Q \wedge (P \vee \neg Q))$ 的主析取范式;再否定即可。

构造 $\neg A = \neg(Q \wedge (P \vee \neg Q))$ 的真值表,如表 2-15 所列。

表 2-15 构造真值表

P	Q	$\neg Q$	$P \vee \neg Q$	$Q \wedge (P \vee \neg Q)$	$\neg(Q \wedge (P \vee \neg Q))$
0	0	1	1	0	1
0	1	0	0	0	1
1	0	1	1	0	1
1	1	0	1	1	0

显然,$\neg(Q \wedge (P \vee \neg Q))$ 的主析取范式为

$$(\neg P \wedge \neg Q) \vee (\neg P \wedge Q) \vee (P \wedge \neg Q)$$

因而,$Q \wedge (P \vee \neg Q)$ 的主合取范式为

$$\neg((\neg P \wedge \neg Q) \vee (\neg P \wedge Q) \vee (P \wedge \neg Q))$$
$$\Leftrightarrow \neg(\neg P \wedge \neg Q) \wedge \neg(\neg P \wedge Q) \wedge \neg(P \wedge \neg Q))$$
$$\Leftrightarrow (P \vee Q) \wedge (P \vee \neg Q) \wedge (\neg P \vee Q))$$
$$\Leftrightarrow (P \vee Q) \wedge (\neg P \vee Q) \wedge (P \vee \neg Q)$$

容易看出,两种求解的结果是一致的。

例 2-16 试求命题公式 $G = (\neg P \rightarrow R) \wedge (Q \leftrightarrow P)$ 的主合取范式,进而利用主合取范式,求其主析取范式。要求不使用真值表。

解:$G = (\neg P \rightarrow R) \wedge (Q \leftrightarrow P)$

$\Leftrightarrow (\neg P \rightarrow R) \wedge (Q \rightarrow P) \wedge (P \rightarrow Q)$

$\Leftrightarrow (P \vee R) \wedge (\neg Q \vee P) \wedge (\neg P \vee Q)$

$\Leftrightarrow (P \vee R \vee (Q \wedge \neg Q)) \wedge (\neg Q \vee P \vee (R \wedge \neg R)) \wedge (\neg P \vee Q \vee (R \wedge \neg R))$

$\Leftrightarrow (P \vee R \vee Q) \wedge (P \vee R \vee \neg Q) \wedge (\neg Q \vee P \vee R) \wedge (\neg P \vee Q \vee \neg R) \wedge (\neg P \vee Q \vee R)$

$\wedge(\neg P\vee Q\vee\neg R)$

$\Leftrightarrow(P\vee Q\vee R)\wedge(P\vee\neg Q\vee R)\wedge(P\vee\neg Q\vee R)\wedge(\neg P\vee Q\vee\neg R)\wedge(\neg P\vee Q\vee R)$
$\wedge(\neg P\vee Q\vee\neg R)$

$\Leftrightarrow(P\vee Q\vee R)\wedge(P\vee\neg Q\vee R)\wedge(\neg P\vee Q\vee R)\wedge(\neg P\vee Q\vee\neg R)$

$\Leftrightarrow M_0\wedge M_2\wedge M_4\wedge M_5$

$\Leftrightarrow\Pi(0,2,4,5)$

将上式中没有出现的4个极大项合取起来,得

$\neg G = M_1\wedge M_3\wedge M_6\wedge M_7$

$\Leftrightarrow(P\vee Q\vee\neg R)\wedge(P\vee\neg Q\vee\neg R)\wedge(\neg P\vee\neg Q\vee R)\wedge(\neg P\vee\neg Q\vee\neg R)$

于是,$G=\neg(\neg G)=\neg\neg((\neg P\rightarrow R)\wedge(Q\leftrightarrow P))$

$\Leftrightarrow\neg((P\vee Q\vee\neg R)\wedge(P\vee\neg Q\vee\neg R)\wedge(\neg P\vee\neg Q\vee R)\wedge(\neg P\vee\neg Q\vee\neg R))$

$\Leftrightarrow(\neg P\wedge\neg Q\wedge R)\vee(\neg P\wedge Q\wedge R)\vee(P\wedge Q\wedge\neg R)\vee(P\wedge Q\wedge R)$

$\Leftrightarrow m_1\vee m_3\vee m_6\vee m_7$

$\Leftrightarrow\Sigma(1,3,6,7)$

事实上,只要掌握了求命题公式的主析(合)取范式的方法,那么求主合(析)取范式也就迎刃而解了。设命题公式为 G,如果 G 的主析(合)取范式已知,则将一些在 G 的主析(合)取范式中没有出现的极小项(极大项),析取(合取)起来,便可心得到$\neg G$ 的主析(合)取范式。再根据$\neg(\neg G)$,并对$\neg G$ 的主析(合)取范式反复使用德·摩根律,即可得到 G 的主合(析)取范式。

2.4 基于命题的推理

应该说,推理才是当初人们将命题形式化的目的所在。数理逻辑的主要任务就是给出一套推理规则,或者说论证原理,集这一系列规则的大成的就是推理理论。它所研究的是这样一种过程:从某些给定的前提出发,按照严格定义的形式化规则,推导出有效的结论。该过程也称为**演绎**、**形式证明**等。

2.4.1 推理理论

在数学上一般认为,如果前提是正确的,并且推导的规则也是正确的,则推导出来的结论也是正确的,这种论证称为**语义学论证**。不过在数理逻辑中稍有不同,人们一般并不太关心前提的真伪,而更关心的则是所用的推导过程是否符合预先定义好的规则。某一结论如果在推导过程中是严格遵守这些规则进行的,就认为是有效的结论,这种论证称为**语法学论证**。基于这种观点来处理某一结论时,要求实现规定假设成立的若干前提(称为前提集合),从该前提集合出发,按照规定的推理规则,就可以完全形式化地、一步一步地把能够成立的有效结论推导出来。而在推导过程中,完全不用关心这些前提和结论的现实意义和真值如何。

为描述问题方便,人们一般将语义学论证称为**推论**,而将语法学论证称为**推理**。前者着眼于内涵的正确性;而后者着眼于形式的合法性,即合乎规范,合乎程序。当然,这也是下面所依据的思路,即主要讨论后者。

但必须强调的是,我们无意将形式上的合法与内涵上的正确对立起来。实质上,不论语法上的推理,还是语义上的论证,反映的都是客观事物本质规律的不同侧面,因此,在实际应用中

必须将二者切实有效地结合起来才行。这一点在人工智能的机械化推理过程中已经得到了广泛运用。

所谓的推理规则,就是确定论证有效性的判据,通常是用命题形式来表达这些规则的,而不涉及实际命题和它们的真值,即以命题公式的形式给出这些规则,而不是以特定命题的形式给出它们。因为这里所涉及的前提和结论等均以命题公式的形式给出,而且前提还可以是多个,于是便有如下定义。

如果$(A_1 \wedge A_2 \wedge \cdots \wedge A_n) \to B$是永真式,则称$A_1$、$A_2$、$\cdots$、$A_n$推出结论$B$的推理是正确的,同时称$B$是$A_1$、$A_2$、$\cdots$、$A_n$的**有效结论**或**逻辑结论**,称$A_1 \wedge A_2 \wedge \cdots \wedge A_n \to B$为由前提$A_1$、$A_2$、$\cdots$、$A_n$推出结论$B$的推理的**形式化结构**。

就如同我们在前面用"$A \Leftrightarrow B$"表示"$A \leftrightarrow B$"是永真式一样,这里同样用"$A \Rightarrow B$"表示"$A \to B$"是永真式。于是,上述定义中的"$(A_1 \wedge A_2 \wedge \cdots \wedge A_n) \to B$是永真式"就可以表示成"$(A_1 \wedge A_2 \wedge \cdots \wedge A_n) \Rightarrow B$"。

也就是说,如果由若干前提A_1、A_2、$\cdots$、A_n推结论B正确,就可记为$(A_1 \wedge A_2 \wedge \cdots \wedge A_n) \Rightarrow B$。

换言之,欲判断由若干前提A_1、A_2、$\cdots$、A_n,推导出结论B是否正确,则只要证明$(A_1 \wedge A_2 \wedge \cdots \wedge A_n) \Rightarrow B$成立,即证明"$(A_1 \wedge A_2 \wedge \cdots \wedge A_n) \to B$永真"即可。

类似于前面介绍的等价演算,为了推理的方便,同样应该运用一些经常在给定规则下进行推理的定律,如下所示:

$A \Rightarrow (A \vee B)$ (附加规则)

$(A \wedge B) \Rightarrow A$ (化简规则)

$(A \to B) \wedge A \Rightarrow B$ (假言推理)

$(A \to B) \wedge \neg B \Rightarrow \neg A$ (拒取式)

$(A \vee B) \wedge \neg A \Rightarrow B$ (析取三段论)

$(A \to B) \wedge (B \to C) \Rightarrow (A \to C)$ (假言三段论)

$(A \leftrightarrow B) \wedge (B \leftrightarrow C) \Rightarrow (A \leftrightarrow C)$ (等价三段论)

$(A \to B) \wedge (C \to D) \wedge (A \vee C) \Rightarrow (B \vee D)$ (构造性二难)

例 2-17 试证明$P \to (Q \to R) \Rightarrow (P \to Q) \to (P \to R)$。

证:方法一(真值表法)

构造题设"$\Rightarrow$"两边命题公式的真值表,如表 2-16 所列。

表 2-16 构造真值表

P	Q	R	$Q \to R$	$P \to (Q \to R)$	$P \to Q$	$P \to R$	$(P \to Q) \to (P \to R)$
0	0	0	1	1	1	1	1
0	0	1	1	1	1	1	1
0	1	0	0	1	1	1	1
0	1	1	1	1	1	1	1
1	0	0	1	1	0	0	1
1	0	1	1	1	0	1	1
1	1	0	0	0	1	0	0
1	1	1	1	1	1	1	1

观察该表不难看出，对于任意的指派（或解释），均有$(P\to(Q\to R))\to((P\to Q)\to(P\to R))$为真，故题设的命题成立。

方法二（推导法）

$$
\begin{aligned}
&(\neg P\vee(\neg Q\vee R))\to((\neg P\vee Q)\to(\neg P\vee R))\\
&\Leftrightarrow\neg(\neg P\vee\neg Q\vee R)\vee(\neg(\neg P\vee Q)\vee(\neg P\vee R))\\
&\Leftrightarrow(P\wedge Q\wedge\neg R)\vee((P\wedge\neg Q)\vee(\neg P\vee R))\\
&\Leftrightarrow(P\wedge Q\wedge\neg R)\vee((P\vee\neg P\vee R)\wedge(\neg Q\vee\neg P\vee R))\\
&\Leftrightarrow(P\wedge Q\wedge\neg R)\vee(\quad 1\quad\wedge(\neg Q\vee\neg P\vee R))\\
&\Leftrightarrow(P\wedge Q\wedge\neg R)\vee(\neg Q\vee\neg P\vee R)\\
&\Leftrightarrow(P\wedge Q\wedge\neg R)\vee\neg(P\wedge Q\wedge\neg R)\\
&\Leftrightarrow 1
\end{aligned}
$$

显然，题设命题成立，即$P\to(Q\to R)\Rightarrow(P\to Q)\to(P\to R)$为真。

有了上述的知识储备，接下来的证明不过是一个描述推理过程的命题公式序列而已。其中，每个命题公式或者是问题给定的已知前提，或者是由某些前提应用推理规则得到的临时性中间结论。下面给出证明中常用的推理规则：

（1）**前提引入**：在证明的任何步骤上，都可以直接引入某前提，也称“**P 规则**”。

（2）**结论引入**：在证明的任何步骤上，前面已经证明的临时性中间结论，都可作为后续证明的前提，称为“T 规则”。

（3）**置换规则**：在证明的任何步骤上，命题公式中的任何子命题公式，都可以用与之等价的命题公式置换。例如：可用“$\neg P\vee Q$”置换“$P\to Q$”等。

例 2－18 试证明：由前提“$\neg(P\wedge\neg Q),\neg Q\vee R,\neg R$”可推出有效结论“$\neg P$”。

证：（1）$\neg Q\vee R$ P 规则

（2）$\neg R$ P 规则

（3）$\neg Q$ T(1)，(2)

（4）$\neg(P\wedge\neg Q)$ P 规则

（5）$\neg P\vee Q$ T(3)

（6）$\neg P$ T(3)，(5)

例 2－19 试证明：从前提“$P\vee Q,P\to R,Q\to S$”可推出有效结论“$R\vee S$”。

证：（1）$P\vee Q$ P 规则

（2）$\neg P\to Q$ T(1)

（3）$Q\to S$ P 规则

（4）$\neg P\to S$ T(2)，(3)

（5）$P\to R$ P 规则

（6）$\neg R\to\neg P$ T(5)

（7）$\neg R\to S$ T(6)，(4)

（8）$R\vee S$ T(7)

例 2－20 试证明：从前提“$P\to Q,\neg Q\vee R,\neg R,\neg(\neg P\wedge S)$”可推出“$\neg S$”。

证：（1）$P\to Q$ P 规则

（2）$\neg Q\vee R$ P 规则

（3）$Q\to R$ T(2)

(4) $P \to R$　　T(1),(3)

(5) $\neg R$　　P 规则

(6) $\neg P$　　T (4),(5)

(7) $\neg (\neg P \wedge S)$　　P 规则

(8) $P \vee \neg S$　　T(7)

(9) $\neg P \to \neg S$　　T(8)

(10) $\neg S$　　T(6),(9)

例 2-21　试证明:从前提“$(A \vee B) \to (C \wedge D)$,$(D \vee\ ) \to E$”可推出有效结论“$A \to E$”。

证:(1) $(A \vee B) \to (C \wedge D)$　　P 规则

(2) $\neg (A \vee B) \vee (C \wedge D)$　　T(1)

(3) $(\neg (A \vee B) \vee C) \wedge (\neg (A \vee B) \vee D)$　　T(2)

(4) $(\neg (A \vee B) \vee D)$　　T(3)

(5) $((\neg A \wedge \neg B) \vee D)$　　T(4)

(6) $(\neg A \vee D) \wedge (\neg B \vee D)$　　T(5)

(7) $\neg A \vee D)$　　T(6)

(8) $A \to D$　　T(7)

(9) $(D \vee F) \to E$　　P 规则

(10) $\neg (D \vee F) \vee E$　　T(9)

(11) $(\neg D \wedge \neg F) \vee E$　　T(10)

(12) $(\neg D \vee E) \wedge (\neg F \vee E)$　　T(11)

(13) $\neg D \vee E$　　T(12)

(14) $D \to E$　　T(13)

(15) $A \to E$　　T(8),(14)

例 2-22　试证明:$\{C \vee D, (C \vee D) \to \neg H, \neg H \to (A \wedge \neg B), (A \wedge \neg B) \to (R \vee S)\} \Rightarrow R \vee S$。

证:(1) $C \vee D$　　P 规则

(2) $(C \vee D) \to \neg H$　　P 规则

(3) $\neg H$　　T(1),(2)

(4) $\neg H \to (A \wedge \neg B)$　　P 规则

(5) $(A \wedge \neg B)$　　T(3),(4)

(6) $(A \wedge \neg B) \to (R \vee S)$　　P 规则

(7) $R \vee S$　　T(5),(6)

例 2-23　试证明:$\{P \vee Q, P \to \neg R, S \to t, \neg S \to R, \neg t\} \Rightarrow Q$。

证:(1) $S \to t$　　P 规则

(2) $\neg t$　　P 规则

(3) $\neg S$　　T(1),(2)

(4) $\neg S \to R$　　P 规则

(5) R　　T(3),(4)

(6) $P \to \neg R$　　P 规则

(7) $\neg P$　　T(5),(6)

(8) $P \vee Q$　　P 规则

(9) Q　　T(7),(8)

例 2-24　试证明:$\{P \to Q, R \to S, P \vee R\} \Rightarrow Q \vee S$。

证:(1) $P \vee R$　　P 规则

(2) $\neg R \to P$　　T(1)

(3) $P \to Q$　　P 规则

(4) $\neg R \to Q$　　T(2),(3)

(5) $\neg Q \to R$　　T(4)

(6) $R \to S$　　P 规则

(7) $\neg Q \to S$　　T(5),(6)

(8) $Q \vee S$　　T(7),(8)

2.4.2 CP 规则

当需要证明的结论以蕴含的形式出现时,例如,要证明 $A_1 \wedge A_2 \wedge \cdots \wedge A_m \Rightarrow B \to C$,如果将这种呈现蕴含形式的结论的前件 B 也作为附加条件,加入到前提集合当中,即将上述问题转变为证明 $A_1 \wedge A_2 \wedge \cdots \wedge A_m \wedge B \Rightarrow C$,若该问题能被证明有效,则原来要证的结论亦成立。这种证明方法称为**附加前提证明法**,简称 **CP 规则**。

为证明 CP 规则 $A_1 \wedge A_2 \wedge \cdots \wedge A_m \Rightarrow B \to C \Leftrightarrow A_1 \wedge A_2 \wedge \cdots \wedge A_m \wedge B \Rightarrow C$ 成立,可做如下推导:

$$
\begin{aligned}
& A_1 \wedge A_2 \wedge \cdots \wedge A_m \to (B \to C) \\
& \Leftrightarrow \neg(A_1 \wedge A_2 \wedge \cdots \wedge A_m) \vee (\neg B \vee C) \\
& \Leftrightarrow (\neg(A_1 \wedge A_2 \wedge \cdots \wedge A_m) \vee \neg B) \vee C \\
& \Leftrightarrow \neg(A_1 \wedge A_2 \wedge \cdots \wedge A_m \wedge B) \vee C \\
& \Leftrightarrow (A_1 \wedge A_2 \wedge \cdots \wedge A_m \wedge B) \to C
\end{aligned}
$$

所以,$A_1 \wedge A_2 \wedge \cdots \wedge A_m \Rightarrow B \to C$ 成立,所以 CP 规则成立。

例 2-25　试证$(P \to (Q \to S)) \wedge (\neg R \vee P) \wedge Q \Rightarrow R \to S$。

证:该问题的前提集合为"$P \to (Q \to S)$, $\neg R \vee P$, Q",有效结论为"$R \to S$"。利用 CP 规则,将有效结论 $R \to S$ 的前件 R 加入前提集合中,进而证明 S 即可。

(1) $\neg R \vee P$　　P 规则

(2) R　　CP 规则

(3) P　　T(1),(2)

(4) $P \to (Q \to S)$　　P 规则

(5) $Q \to S$　　T(3),(4)

(6) Q　　P 规则

(7) S　　T(5),(6)

(8) $R \to S$　　CP 规则

例 2-26　试证明:从前提"$P \to Q, \neg Q \vee R, \neg R, \neg(\neg P \wedge S)$"可推出"$\neg S$"。

证:(1) S　　CP 规则(附加前提)

(2) $\neg(\neg P \wedge S)$　　P 规则

(3) $P \vee \neg S$　　T(2)

(4) $S \to P$ T(3)

(5) P T(1),(4)

(6) $P \to Q$ P 规则

(7) Q T (5),(6)

(8) $\neg Q \vee R$ P 规则

(9) $Q \to R$ T(8)

(10) R T(7),(9)

(11) $\neg R$ P 规则

(12) $\neg R \wedge R$ T(10),(11)

(13) 永假 T(12)

例 2-27 试证明前提集合“$\{\neg A \vee B, \neg B \vee C, C \to D\}$”可逻辑推出有效结论“$A \to D$”。

证:(1) $\neg A \vee B$ P 规则

(2) A CP 规则(附加前提)

(3) B T(1),(2)

(4) $\neg B \vee C$ P 规则

(5) C T(3),(4)

(6) $C \to D$ P 规则

(7) D T(5),(6)

(8) $A \to D$ CP 规则

当然,该问题亦可不用 CP 规则来证明,如下所示:

证:(1) $\neg A \vee B$ P 规则

(2) $A \to B$ T(1)

(3) $\neg B \vee C$ P 规则

(4) $B \to C$ T(3)

(5) $A \to C$ T(2),(4)

(6) $C \to D$ P 规则

(7) $A \to D$ T(5),(6)

2.4.3 归谬法

因为证明从前提集合 $A_1, A_2, \cdots, A_m$ 可推出有效结论 C,就要证明 $A_1 \wedge A_2 \wedge \cdots \wedge A_m \to C$ 是永真式。又因为,$A_1 \wedge A_2 \wedge \cdots \wedge A_m \to C \Leftrightarrow \neg(A_1 \wedge A_2 \wedge \cdots \wedge A_m) \vee C \Leftrightarrow \neg(A_1 \wedge A_2 \wedge \cdots \wedge A_m \wedge \neg C)$,所以,只要证明$\neg(A_1 \wedge A_2 \wedge \cdots \wedge A_m \wedge \neg C)$永真即可。换言之,就是只要证明$(A_1 \wedge A_2 \wedge \cdots \wedge A_m \wedge \neg C)$永假,或是证明 $A_1, A_2, \cdots, A_m, \neg C$ 相互矛盾即可。

其实,这正是数学里的反证法。要从若干前提推出有效结论,可将有效结论的否定加入有效前提集合,若能从这个加入了有效结论的否定的新前提集合中导出矛盾,则说明原来的前提 $A_1, A_2, \cdots, A_m$,与结论的否定($\neg C$)不相容,从而证明原命题成立。

一般把$\neg C$ 作为附加前提,再从新的前提集合推出矛盾的证明方法称**归谬法**。

例 2-28 试证明$(R \to \neg Q) \wedge (R \vee S) \wedge (S \to \neg Q) \wedge (P \to Q) \Rightarrow \neg P$。

证:(1) $P \to Q$ P 规则

(2) P P 规则(附加前提)

(3) Q　　T(1),(2)

(4) $R \to \neg Q$　　P 规则

(5) $\neg R$　　T(3),(4)

(6) $S \to \neg Q$　　P 规则

(7) $\neg S$　　T(3),(6)

(8) $\neg R \wedge \neg S$　　T(4),(7)

(9) $\neg(R \vee S)$　　T(8)

(10) $R \vee S$　　P 规则

(11) $\neg(R \vee S) \wedge (R \vee S)$　　T(9),(10)

(12) 0　　T(11)

显然,$\neg(R \vee S) \wedge (R \vee S)$ 是矛盾式,所以,推出逻辑假值 0,于是,$\neg P$ 为前集合的有效结论。

例 2-29　试证明:$\{C \vee D, (C \vee D) \to \neg H, \neg H \to (A \wedge \neg B), (A \wedge \neg B) \to (R \vee S)\} \Rightarrow R \vee S$。

证:(1) $\neg(R \vee S)$　　P 规则(附加前提)

(2) $(A \wedge \neg B) \to (R \vee S)$　　P 规则

(3) $\neg(R \vee S) \to \neg(A \wedge \neg B)$　　T(3)

(4) $\neg(A \wedge \neg B)$　　T(1),(3)

(5) $\neg H \to (A \wedge \neg B)$　　P 规则

(6) $\neg(A \wedge \neg B) \to H$　　T(5)

(7) H　　T(4),(6)

(8) $(C \vee D) \to \neg H$　　P 规则

(9) $H \to \neg(C \vee D)$　　T(8)

(10) $\neg(C \vee D)$　　T(7),(9)

(11) $C \vee D$　　P 规则

(12) 0　　T(10),(12)

例 2-30　试分析下列推理是否正确。

只有甲曾到过受害者的房间,并且他在 11 点以前还没有离开,他才能犯谋杀罪。甲确实曾经到过受害者的房间。如果甲在 11 点以前离开,看门人会看见他。现在已知看门人并未看见他,所以,甲犯了谋杀罪。

解:先假设命题如下:

P:甲曾到过受害者的房间。

Q:甲在 11 点以前离开。

R:甲犯谋杀罪。

S:看门人看见他。

再将上述问题的前提分别符号化,则可得以下事实:

$$(R \to (P \wedge \neg Q));P;(Q \to S);\neg S$$

于是,此问题的结论即求证是 R 还是 $\neg R$,即求证甲确实犯了谋杀罪,或是甲确实没有犯谋杀罪。证明过程如下。

证明:(1) $\neg S$　　P 规则

(2) $Q \to S$　　　　　　　　　　P 规则

(3) $\neg Q$　　　　　　　　　　T(1),(2)

(4) P　　　　　　　　　　P 规则

(5) $P \wedge \neg Q$　　　　　　　　　　T(3),(4)

(6) $R \to (P \wedge \neg Q)$　　　　　　　　　　P 规则

由证明可知,R 可真也可假,故以据上述事实无法确定甲是否犯了谋杀罪。

当然,这里要特别注意的是,将前提"只有甲曾到过受害者的房间,并且 11 点以前没有离开,甲才能犯谋杀罪。"准确地翻译为 $R \to (P \wedge \neg Q)$,而不是 $(P \wedge \neg Q) \to R$。

在蕴含式 $P \to Q$ 中的逻辑关系是后件 Q 是前件 P 的必要条件而非充分条件,而这种逻辑关系在普通的语言中又会表现为不同的形式,例如,"只要 P,就 Q""因为 P,所以 Q""P 仅当 Q""只有 Q,才 P""除非 Q,才 P""除非 Q,否则非 P""非 Q,则非 P"等。上述推理中的第一个前提就是"只有 Q,才 P"的形式,所以,要将其翻译为 $R \to (P \wedge \neg Q)$,而不是 $(P \wedge \neg Q) \to R$。而这也正是本题得出正确结论的关键。

一般地,对命题实施符号化处理,也就是把一个语句从普通语言翻译成数理逻辑体系下的数学语言,就需要判断它是一个不需要分解的简单命题还是一个需要分解的复合命题。而命题是否需要分解与它所处的语境又是密切相关的。

例如,"有人认识所有名人"这一简单命题在下列两种不同的复合命题(或称为语境)中显然对应着两种截然不同的翻译。不妨看下面的两种语境描述。

① 如果有人认识所有名人,那么小李将打赢这场官司。但小李并未打赢这场官司,所以并非有人认识所有名人。

② 有人认识所有名人,所以所有名人都有人认识。

"有人认识所有名人"这一简单命题在复合命题①中,是无需继续的简单命题,因为"如果""那么""并非"才是在这个语境中进行有效推理的核心因素,并不是以"所有"为侧重点的。

于是,如果设 P 表示命题"有人认识所有名人",Q 表示命题"小李打赢这场官司",则复合命题①即可被符号化为 $P \to Q \wedge Q \Rightarrow \neg P$。

但是,"有人认识所有名人"这一简单命题在复合命题(语境)②中,因侧重点针对的是所有的名人,因此,仍然以"有人认识所有名人"作为一个独立的简单命题来处理,则会使符号化之后的命题公式无法理解,这便暴露出命题逻辑的局限性。此刻,便需要分解成由个体词、量词和谓词等来构成的一个复合命题,这便是谓词逻辑所讨论的内容,详见第 3 章。

小　结

逻辑学主要涉及辩证逻辑和形式逻辑两大类,辩证逻辑是以辩证法认识论的世界观为基础的逻辑学,属哲学范畴,而形式逻辑则是以思维的形式化结构和规律为研究对象的,类似于语法类知识的一门工具性学科。本章重点阐述了形式逻辑中的命题逻辑部分,结合第 3 章,将完整地呈现出形式逻辑的全部内容。

命题的概念无疑是本章的基础,而命题联结词则是逻辑思维得以能形式化的保证,当然还有命题公式及真值表等概念。后面的范式将命题公式的规范性统一起来,形成了一个完整的体系,本章最后的命题推理部分则是逻辑向应用转换的必然结果。

数理逻辑的发展虽然只有短短300多年的历史,但通过本章完全可以理解它之所以能成为今天这样一门系统完整、门类众多的现代化学科的原因之所在。随着现代科学技术的飞速发展,数理逻辑同其他学科越发衍生出密不可分的联系。作为计算机运算理论基础的数理逻辑的可计算性问题,它不仅揭示了推理的逻辑关系,而且还在计算机的线路设计中得到应用。其实,自20世纪40年代,数理逻辑在开关线路、电子计算机、自动控制论、信息处理等诸多方面都获得了非常显著的研究成果。

而且,数理逻辑的发展和应用,也进一步促进了哲学、语言学、法学和心理学等学科的发展,同时,这些学科的知识水平不断提高,回头也促进了数理逻辑理论及其应用的发展,并形成了良性循环机制。

当然,尽管数理逻辑学常作为离散数学的组成部分出现,但并不意味着它只是单单在离散数学中或普通命题演算中显示其作用,其实它在数学理论研究中也有很多的应用。一般认为,数理逻辑有四大分支,除了其自身的形式化趋势之外,它的递归思想等,都是现在数学理论研究的重要工具。例如,递归论常应用于数学中不少判定问题的解决,如著名的群论字问题的否定解决,Hilbert第十问题的否定解决等;而模型论则常应用于代数及分析数学等问题的证明上面;公理集合论在数学问题独立性的证明方面得天独厚,效果非凡。

数理逻辑学的任务在于探讨如何为整个数学建立严格的逻辑基础,其特点在于使用形式化和公理化的方法,因而相对抽象和艰深,这种抽象化的方法除了在建立数学的基础方面成绩卓著之外,它在计算机科学上同样意义深远。机器智能便是其典型案例,它也预示着人类的未来。

习　题

一、试将下列复合命题符号化,并判定其所属复合命题的真值和类型。

1. 如果玛丽毕业成绩优秀,那么她不但能找到一份好工作,而且能赚很多钱。
2. 只有杨勇的确犯错,而又被人发现,他才会承认自己的错误。
3. 鱼与熊掌不可兼得。
4. 学生们不会既在听讲座又在做实验。
5. 不是只要刮风就下雨,也不是只要打雷就下雨,但是如果既刮风又打雷,那么就会下雨。
6. 不入虎穴,焉得虎子。
7. 老布什并没有既迅速地结束海湾战争,又最终推翻萨达姆政权。
8. 假使联合国制裁伊朗,那么即使欧佩克增加石油产量,世界石油价格也一样会暴涨。
9. 东欧国家纷纷加入北大西洋公约组织意味着俄罗斯本土在战略上受到西方的进一步包围。
10. 水比油轻并非事实。
11. 对待前进道路上的困难,或者是战而胜之,或者是被它吓倒。
12. 贝多芬和巴赫都是伟大的作曲家。
13. 不是鱼死就是网破,既然连渔网都已经破掉,所以鱼一定逃生。
14. 若要人不知,除非己莫为。
15. 今天要么刮风,要么下雨。

16. 若非一番寒彻骨，哪得梅花扑鼻香？

17. 虽然霍金身体残疾，但是他凭借着惊人的毅力在物理学研究中做出重要的工作。

18. 知无不言，言无不尽。

19. 钱不是万能的，但没有钱是万万不能的。

20. 如果没有事物是完美的，那么我们没有必要为过去的一些过失而终日耿耿于怀。

21. 不做调查就没有发言权，他拥有发言权，可见他一定做过调查。

22. 陈教授不是人大代表，就是政协委员。

23. 没有共产党，就没有新中国。

24. 除非下大雨，否则学校不会取消这次运动会。

25. 只有目击证人出庭作证，才能转变陪审团对被告的看法。

26. 只要老师没有说错，那就是你听错了，而老师的确没有说错，所以肯定是你听错了。

27. 或者中国人最先发明火药，或者中国人最先使用印刷术，既然是中国人最先使用印刷术，所以中国人没有最先发明火药。

28. 只有头脑清醒，才能看到自己的不足，马小虎头脑清醒，所以他一定看到了自己的不足。

29. 一种理论是真理，意味着它经历过长期的实践检验，地心说不是真理，所以它并没有禁得起实践的长期检验。

30. 如果周某是罪犯的话，那么他应当有作案动机，既然周某确实有着作案动机，所以他一定是罪犯。

二、填空题。

1. 命题是能确实判定真假的______。作为命题所表达的判断只有两个结果，即正确、错误。这个结果就被称为______。

2. 命题的真值如果为真，则常用______表示，如果为假则用______表示。

3. ______是将元子命题组合成符合命题的基本工具，常见的联结词主要______种。

4. 不管是含有 1 个变元的命题公式，还是含有 n 个变元的命题，其所有的命题变元之取值组合中的某一种，就称为该命题公式的一个______，亦称______。

5. 在命题逻辑中，______和______就是两个最小全功能联结词组。

6. 在求取命题公式的主范式时，标记极小项时考虑的是______赋值，而标记极大项时考虑的是______赋值。

7. 在命题逻辑之推理过程中，______法事实上就是数学里的反证法。

三、选择题。

1. 下面的描述(　　)是命题。

A. 海水是红的。　　B. 你吃饭了吗？　　C. 立正！　　D. $x<>0$?

2. 下面几个命题公式中，逻辑真值为真的是(　　)。

A. $F\leftrightarrow(Q\leftrightarrow R)$　　B. $F\rightarrow T$　　C. $\neg P\wedge P$　　D. $\neg P\vee P$

3. 命题逻辑中的蕴含联结词运算时，仅在下面的(　　)情况下结果为真。

A. 前件假后件真　　B. 前件假后件假

C. 前件真后件假　　D. 前件真后件真

4. 命题逻辑中的等价联结词运算时，仅在下面的(　　)情况下结果为真。

A. 前件假后件真　　B. 前件假后件假

C. 前件真后件假　　　　　　　D. 前件真后件真

四、计算题。

1. 如果给 P、Q 均指派 T,而给 R、S 均指派 F,试求下列命题公式的真值。

(1) $P \vee Q \wedge R$。

(2) $P \wedge Q \wedge R \vee \neg -(Q \wedge S \wedge R)$。

(3) $Q \leftrightarrow (P \leftrightarrow \neg R)$。

(4) $F \rightarrow P \wedge Q$。

(5) $P \wedge (\neg Q \vee P) \wedge \neg S$。

2. 构造下列命题公式的真值表。

(1) $Q \vee (P \rightarrow Q) \rightarrow R$。

(2) $Q \rightarrow P \wedge R \vee \neg (S \wedge R)$。

(3) $\neg Q \rightarrow (P \vee R)$。

3. 化简下列命题公式。

(1) $((P \rightarrow Q) \leftrightarrow (\neg P \rightarrow \neg Q)) \wedge R$。

(2) $P \vee \neg P \vee (\neg Q \wedge Q)$。

(3) $(P \wedge (Q \wedge S)) \vee (\neg P \wedge (Q \wedge S))$。

4. 写出上面第 3 小题中各命题公式的对偶式。

五、证明题。

1. 试证明下列等价式。

(1) $P \rightarrow (Q \rightarrow P) \Leftrightarrow \neg P \rightarrow (P \rightarrow \neg Q)$。

(2) $(P \rightarrow Q) \wedge (P \rightarrow Q) \Leftrightarrow (P \vee R \rightarrow Q)$。

(3) $\neg (P \leftrightarrow Q) \Leftrightarrow (P \vee Q) \wedge \neg (P \wedge Q) \Leftrightarrow (P \wedge \neg Q) \vee (\neg P \wedge Q)$。

2. 试证明下列蕴含式。

(1) $P \wedge Q \Rightarrow P \rightarrow Q$。

(2) $P \Rightarrow Q \rightarrow P$。

(3) $(P \rightarrow (Q \rightarrow R)) \Rightarrow (P \rightarrow Q) \rightarrow (P \rightarrow R)$。

3. 试求取下列各式的主析取范式与主合取范式。

(1) $(P \rightarrow Q) \wedge (Q \rightarrow S)$。

(2) $P \leftrightarrow \neg Q \vee S$。

(3) $P \wedge Q \wedge R \vee \neg P \wedge Q \wedge R \vee \neg P \wedge \neg Q$。

4. 试证明下列推理的有效性。

(1) 前提:$A \rightarrow B, A \rightarrow C, \neg (B \wedge C), D \vee A$; 结论:$D$。

(2) 前提:$P \rightarrow Q, (\neg Q \vee R) \wedge \neg R, \neg (\neg P \wedge S)$; 结论:$\neg S$。

(3) 前提:$\neg P \vee Q, \neg Q \vee R), R \rightarrow S$; 结论:$R \rightarrow S$。

(4) 前提:$P \rightarrow (Q \rightarrow R), Q \rightarrow (R \rightarrow S)$; 结论:$P \rightarrow (Q \rightarrow S)$。

(5) 前提:$S \rightarrow \neg Q, S \vee R, \neg R, \neg R \leftrightarrow Q$; 结论:$\neg P$。

六、试符号化下列复合命题及其推理和证明过程。

1. 如果飞行员严格遵守操作规程,并且飞机在起飞前经过严格的例行技术检验,那么飞机就不会失事,除非出现如劫机这样的特殊意外。现实情况是,这架 MH730 客机已失事南印度洋,所以,如果飞机失事时没有特殊意外发生,那么,只要飞机失事的原因不是飞机在起飞前没有经过严格的例行技术检查,则一定是飞行员没有严格遵守操作规程。

2. 对某盗窃案三位犯罪嫌疑人来说,下列事实成立:

(1) 甲、乙、丙三人中至少一人有罪。

(2) 甲有罪时,乙、丙与之同案。

(3) 丙有罪时,甲、乙与之同案。

(4) 乙有罪时,没有同案者。

(5) 甲、丙中至少一人无罪。

试推证,甲、乙、丙三个人中谁是罪犯。

3. 如果继续下雨,那么河水会上涨。如果继续下雨且河水上涨,那么桥将被冲垮。如果继续下雨导致桥被冲垮,那么仅有一条道路通往镇上是不够的。或者一条道路通往镇上就足够了,或者交通工程师犯了错误。因此,交通工程师犯了错误。

4. 只要天上有太阳并且气温在零度以下,街上总有很多人穿皮夹克。只要天下着雨并且气温在零度以上,街上总有人穿雨衣。有时候,天上有太阳但却同时下着雨。所以,如果街上有很多人穿着皮夹克但天没有下雨,那么天上一定有太阳。

5. 甲(男)、乙(男)、丙(女)、丁(女)、戊(女)五个人有亲戚关系,其中凡有一个以上兄弟姐妹并且有一个以上儿女的人总说真话;凡只有一个以上兄弟姐妹或只有一个以上儿女的人,所说的话真假交替;凡没有兄弟姐妹,也没有儿女的人总说假话。他们各说了以下的话:

甲:丙是我的妻子,乙是我的儿子,戊是我的姑姑。

乙:丁是我的姐妹,戊是我的母亲,戊是甲的姐妹。

丙:我没有兄弟姐妹,甲是我的儿子,甲有一个儿子。

丁:我没有儿女,丙是我的姐妹,甲是我的兄弟。

戊:甲是我的侄子,丁是我的侄女,丙是我的女儿。

根据题干给定的条件,能够推出下面的描述中哪一个是真实的?

(1) 甲说的都是真话,丙是他的妻子。

(2) 乙说的真假交替,他的母亲是戊。

(3) 丁说的都是假话,她是甲的姐妹。

(4) 戊说的都是真话,丙是她的姐妹。

(5) 丙说的假真交替,她是甲的母亲。

6. 试证明:若春暖花开,则燕子就会飞回北方。若燕子飞回北方,则冰雪融化。现知冰雪没有融化,则没有春暖花开。

七、试简要说明下列问题。

1. 试简单说明什么是最小全功能联结词组。

2. 对同一指派,为何 m_i,m_j不能同时为真?

3. 对同一指派,为何 M_i,M_j不能同时为假(注:$i \neq j$)?

第3章 谓词逻辑

在数理逻辑中的语法学论证思路，对推理中命题的实际内涵，以及命题之间的非形式化逻辑关系并没有事实上的交代或考虑，所以，有些现实中基于内涵意义上的命题之间的紧密逻辑关系，在命题逻辑中往往是无法表示出来的。

例如，非常著名的苏格拉底三段论“人都是要死的，苏格拉底是人，苏格拉底是要死的。”就属于这种情况。

如果设定如下命题变元：P 为“人都是要死的”；Q 为“苏格拉底是人”；R 为“苏格拉底是要死的”。则苏格拉底三段论在内涵意义上的逻辑关系应该表示为 $(P \wedge Q) \to R$。

我们知道，苏格拉底三段论无疑是正确的，但 $(P \wedge Q) \to R$ 却不是重言式，这就是命题逻辑的局限性所在。

为什么命题逻辑无法解决这类问题呢？原因就在于命题逻辑中的基本演算单位是命题，并没有对命题作进一步的深层分析，未考虑命题的内部结构，而谓词逻辑则正是基于此才提出来的。

3.1 谓 词

将命题逻辑中的命题继续细分，分解成主语和谓语动词两部分。主语一般是名词，称为个体，是独立存在的客体，可以是具体事物也可以是抽象概念。而在谓语动词中有时会包含宾语，它同样是名词、个体。定义客体（个体）的取值范围为**个体域**。而命题的谓语动词即为**谓词**。

例如，若用 P 表示“余华是大学生”，而用 Q 表示“姚明是大学生”，则在命题逻辑中便无法表示 P 与 Q 这两句话之间的语义联系，诸如“都是大学生”等。

如果将 P 和 Q 细化分解，用 $A(\,)$ 表示“……是大学生”，则 $A(x)$ 就表示“x 是大学生”，进而用 a 表示“余华”，$A(a)$ 表示“余华是大学生”；若用 b 表示“姚明”，$A(b)$ 表示“姚明是大学生”。就是说，用 $A(\cdot)$ 来表示“……是大学生”，这就是谓词。

又如，对于命题“姚明比潘长江高”，可用 $H(x,y)$ 表示“x 比 y 高”。

设 b 仍然表示“姚明”，而用 c 表示“潘长江”，则“姚明比潘长江高”即可表示为 $H(b,c)$。

很明显，谓词中的个体位置相当重要，因为 $H(b,c) \neq H(c,b)$。

另外，对同一个谓词，用不同的个体填进去，则反映的就是截然不同的命题。

例如，设 $e=$“长江”，$f=$“悖论”，则 $H(e,f)$ 即表示“长江比悖论高”，显然这是没有现实意义的命题。

不难理解，虽然谓词相对命题而言，细化了命题的内部结构，其表达能力有了进一步的增强，但仍然有待进一步加强，其实这也是谓词逻辑的局限性。

在上面的谓词中，$A(x)$ 包含 1 个个体，而 $H(x,y)$ 则包含 2 个个体。一般在谓词逻辑中，将这种包含有 1 个个体的谓词称为**一元谓词**，将包含有 2 个个体的谓词称为**二元谓词**，同样道理，将涉及 n 个客体的谓词称为 **n 元谓词**。为了统一，一般将不含个体变元的谓词称**零元谓词**。其实，零元谓词本身就是命题。

如果用 A 表示谓词符号，用 x_i 表示第 i 个个体变元，则 n 元谓词即可表示为 $A(x_1,x_2,\cdots,x_n)$。

所以，如果 $a_1,a_2,\cdots,a_n$ 是个体域中的具体个体，则 $A(a_1,a_2,\cdots,a_n)$ 就是一个命题。

同样，在 n 元谓词中，个体变元的先后顺序非常重要。讨论一个问题时，首先必须确定个体域 D，如果不作限定，表示宇宙中一切事物组成的个体域，则成为**全总个体域**。

还有，对于同一个 n 元谓词，选取不同的个体，该 n 元谓词对应命题的真假自然会有所不同。因为，$A(a_1)$ 可能为真，而 $A(a_2)$ 则完全可能为假。当然，就是对于同一个谓词而言，所讨论的个体域 D 不同，其真值也完全可能相异。

因为，谓词 $B(x)$，$C(x,y)$，$H(x,y,z)$ 等本身并不是命题，它仅仅是一种判定模式，基于不同的个体当然会有不同的结果。所以，这些模式，也就是谓词并没有相应的真假值，需要从相应的个体域中取定不同的个体后，它们才成为具体的命题，才会有真值。正因如此，谓词也常被称为**命题函数**或**简单命题函数**。

对于这些命题函数来说，当然可以通过前面介绍的那些命题联结词进行联结，如 $\neg$，$\wedge$，$\vee$，$\rightarrow$，$\leftrightarrow$ 等，从而形成更为复杂的**复合命题函数**。

3.2 量　词

仅仅通过命题联结词有时还无法表示更复杂的命题内涵，如在个体论域中的“所有”个体均具有某性质，或是“任意一个”“存在”“一切”“至少有一个”个体的某性质等限制性的描述中，使用命题联结词是无能为力的。为此，在谓词逻辑中专门定义了两个量词，以进一步限定上述对个体范围的细微描述。

3.2.1 全称量词

全称量词用符号“$\forall$”表示。

例 3-1 形式化下列命题。

(1) 所有人都要呼吸。

(2) 每个人都是要死的。

解：首先作如下谓词定义：$M(x)$ 表示“x 是人”；$H(x)$ 表示“x 要呼吸”；$D(x)$ 表示“x 是要死的”，则命题(1)可形式化为 $(\forall x)(M(x)\rightarrow H(x))$；命题(2)可形式化为 $(\forall x)(M(x)\rightarrow D(x))$。

在 $(\forall x)(M(x)\rightarrow H(x))$ 中，全称量词 $(\forall x)$ 所限定的是其后面的 $(M(x)\rightarrow H(x))$ 中的 x，一般地，将 $(M(x)\rightarrow H(x))$ 称为全称量词 $(\forall x)$ 中变元 x 的**辖域**，或**作用域**。

同理，在上面的 $(\forall x)(M(x)\rightarrow D(x))$ 中，全称量词 $(\forall x)$ 中变元 x 的辖域即其后面的 $(M(x)\rightarrow D(x))$。

不难看出，括号( )将直接影响量词的辖域范围。因此，在形式化实际命题时，必须仔细推敲语意内涵，并做灵活设置，以使其切实反映真实情况。

3.2.2 存在量词

存在量词用符号“$\exists$”表示。描述的是个体域 D 中某些个体的特殊性质，如“有些”“存在”

“至少有一个”等含义。

例 3-2 将下列命题形式化。

(1) 有些人是聪明而且美丽的。

(2) 有人早饭吃面包。

解:首先定义谓词如下:$M(x)$表示“x 是人”;$Q(x)$表示“x 是聪明的”;$R(x)$表示“x 是美丽的”;$E(x)$表示“x 在早饭时吃面包”;则命题(1)可形式化为$(\exists x)(M(x)\wedge Q(x)\wedge R(x))$;命题(2)可形式化为$(\exists x)(M(x)\wedge E(x))$。

在形式化命题之前,实质上已明确了个体域的具体范围,在以上两个例子中均指全总个体域。如果将个体域限定为“人类”,那么,谓词 $M(x)$就不再需要了。其最后的形式化结果当然也须作相应的变化。

同样道理,就存在量词而言,也存在所谓的辖域。例如,在例 3-1(1)中,存在量词$(\exists x)$的辖域即为$(M(x)\wedge Q(x)\wedge R(x))$。

就存在量词而言,形式化过程中所用的括号( ),同样将直接影响存在量词的辖域。

因此,限定了个体域,限定了量词,则命题函数便成了真正的命题,也便有了相应的真假值。例如,如果个体域 D 表示某班的全体学生,而谓词 $G(x)$表示“x 是男生”。则对于男生刘刚来说,G(李刚)确实为真,而对于女生杨芳来说,则 G(王芳)显然为假。

但是,$G(x)$本身无法确定其真假,因为它是命题函数,要根据 x 的取值决定 $G(x)$的最后逻辑值。不过,$(\forall x)G(x)$和$(\exists x)G(x)$已经是命题了。

当然,并非只要含有量词的命题函数就一定是命题,还必须是对该谓词的每个变元均限定在量词的管辖之下方可。实质上,$(\forall x)G(x)$表示的是“班里的每一个人都是男生”,对于给定的 D 而言,答案是明显的,所以它已经是命题。而$(\exists x)G(x)$则表示“班里至少有一个人是男生”,其逻辑值同样可确定。

在有量词限定的命题函数里,个体变元用 x 还是 y 已经没有本质上的区别,其意义是完全相同的,即$(\forall x)G(x)$与$(\forall y)G(y)$是一回事。就是说,含有量词的谓词命题公式的真值已经不再依赖于 x 还是 y 了。

例 3-3 试将命题“没有最大的自然数” 形式化。

解:题设命题的含义也可表述为:“对于所有的 x 来说,如果 x 是个自然数,那么,总存在自然数 y,使得 $y>x$。”

于是,定义谓词如下:$N(x)$表示“x 是自然数”;$G(x,y)$表示“$x>y$”,则命题可形式化为$(\forall x)(N(x)\rightarrow(\exists y)(N(y)\ \wedge G(y,x)))$。

在该例中,全称量词$(\forall x)$所辖变元 x 的辖域即为$(N(x)\rightarrow(\exists y)(N(y)\ \wedge G(y,x)))$,而存在量词$(\exists y)$所辖变元 y 的辖域即为$(N(y)\ \wedge G(y,x))$。

当然,该例亦可形式化为$\neg(\exists x)(N(x)\wedge(\forall y)(N(y)\rightarrow G(x,y))$。即表示“至少存在一个自然数 x,对任意的自然数 y,总有 x 大于 y”。

两者之间的实际效果是一致的。

例 3-4 试形式化命题“所有的正数均可开方”。

解:假设个体域 D 指全体正实数组成的集合,谓词 $S(x)$表示“x 可以开方”,则给定命题可形式化为$(\forall x)S(x)$。

如果将个体域 D 限定为全体实数组成的集合,可增设谓词 $G(x,y)$表示“$x>y$”,则给定命题可形式化为$(\forall x)(G(x,0)\rightarrow S(x))$。

倘若将个体域D限定在全总个体域上，则应该定义谓词$R(x)$表示"x是实数"，于是，题设之命题就应该被形式化为$(\forall x)(R(x) \land G(x,0) \rightarrow S(x))$。

也就是说，每扩大一下个体域之范围，则必须通过增加一个谓词的形式来限定一下命题的有效性，当然，形式化之后的命题函数便越发复杂。

也容易理解，全称量词和存在量词描述的是个体域中的两个极端情况，前者关注的是全部个体具备的属性，而后者则考虑的是至少存在某个体所具备的属性。其实，在一般情况下，个体域中的个体所具备的属性并非总这么极端。

例3-5 试将下列命题形式化。

(1) 人人都有母亲。

(2) 所有人都是会死的。

(3) 任意质数均可表示成两个自然数的乘积。

(4) 一个整数，它不是奇数就是偶数。

解：(1) 设person(x)表示"x是人"；Mother(x,y)表示"x是y的母亲"，则该命题即可形式化为

$$(\forall x)(\exists y)(\text{person}(x) \land \text{person}(y) \rightarrow \text{Mother}(y,x))$$

(2) 设person(x)表示"x是人"；Willdie(x)表示"x是会死的"，则该命题即可形式化为

$$(\forall x)(\text{person}(x) \rightarrow \text{Willdie}(x))$$

(3) 设$Z(x)$表示"x是质数"；$N(x)$表示"x是自然数"；Equal(x,y)表示"x与y相等"；$M(x,y)$表示"x与y的乘积"，则该命题即可形式化为

$$(\forall x)(\exists y)(\exists z)(Z(x) \land N(y) \land N(z) \rightarrow \text{Equal}(x,M(y,z)))$$

(4) 设$I(x)$表示"x是整数"；$E(x)$表示"x是偶数"；$Q(x)$表示"x是奇数"，则该命题即可形式化为

$$(\forall x)(I(x) \rightarrow E(x) \lor Q(x))$$

例3-6 设Pair_Of(x,y)表示命题"x和y是一对"；Shoes(x)表示命题"x是鞋子"。试分析思考下列各命题函数表达式的现实意义，并判断其真值。

(1) $(\forall x)(\forall y)(\text{Shoes}(x) \land \text{Shoes}(y) \rightarrow \text{Pair\_Of}(x,y))$。

(2) $(\forall x)(\exists y)(\text{Shoes}(x) \land \text{Shoes}(y) \rightarrow \text{Pair\_Of}(x,y))$。

(3) $(\exists x)(\forall y)(\text{Shoes}(x) \land \text{Shoes}(y) \rightarrow \text{Pair\_Of}(x,y))$。

(4) $(\exists x)(\exists y)(\text{Shoes}(x) \land \text{Shoes}(y) \rightarrow \text{Pair\_Of}(x,y))$。

解：假设个体域是已知的随意捡拾凑到一起的一堆数量确定的鞋子，则容易理解：

(1) 意思为：从这堆鞋子中随便拿一只鞋子x，都可以和这堆鞋子中的任意一只y配成一对。当然，这里的y可以是x自身，显然，这是不可能的，起码它(x)和它自己(x)就不能配成一对。所以，这是假命题。

(2) 意思为：从这堆鞋子中随便拿一只鞋子x，则在这堆鞋子中至少存在一只y能x配成一对。如果，这堆鞋子都是成对出现的，不存在单只，这该命题确实是真命题。即随便从其中拿一只出来，都可以找到与其正好是一双的另外一只。不过，既然已经明确，这堆鞋子是随意捡拾在一起的一堆，这便无法保证，这堆鞋子都是一双一双的，或许这堆鞋子的总数都是奇数，因此，该命题成真的可能性并不很大。

(3) 意思为：在这堆鞋子中至少有这么一只鞋子，不妨设其为x，它能和这堆鞋子中的任

意一只 y 配成一对。当然,y 也可以正好是 x(从概念上讲是允许的),前面已经分析过,x 无法与它自己成对,所以,这便使得该命题无法成立。另外,如果,确实存在这么一只 x,而 $y \neq x$,则意味着 x 能与这堆鞋子中随意拿起来的一只都可配对成双。显然是不可能的,这是假命题。

(4) 意思为:在这堆鞋子中至少有这么一只鞋子,不妨设其为 x,同时,在这堆鞋子中还能至少再找到一只 y,x 与 y 能配成一对。如果如前所述,这堆鞋子确实是一双一双地凑在一起的,则该命题成立。如果这堆鞋子是单数,则该命题不成立。

总之,(1)最绝对,而(4)则相对最有可能。通过上述实例分析可知,包含量词(∀、∃)的命题函数也未必就一定是真值明确的命题,还要根据给定的个体域的实际情况来判断。

3.2.3 量词分析

假设,谓词 $P(x)$ 表示"x 是生物",下面仔细分析各谓词公式的本质内涵。

1. $(\forall x)P(x)$

显然,该谓词公式即表示"所有的个体都是生物",容易理解,它当然是假命题,因为个体域中总存在某些个体不是生物。

2. $\neg(\forall x)P(x)$

该公式即表示"并非所有的个体均是生物",也即"总存在某些个体不是生物"。设那些不是生物的个体为 y,既然 $(\forall x)P(x)$ 为假命题,也就是因为 y 的存在使其为假,所以,必定 $(\exists y)\neg P(y)$ 成立,也就是说,$\neg(\forall x)P(x) \Leftrightarrow (\exists x)\neg P(x)$ 。

这里尤其要注意的是,"所有的个体均是生物"的否定,不等价"所有的个体均不是生物"。其实,$\neg(\exists x)P(x) \Leftrightarrow (\forall x)\neg P(x)$ 。

一般地,如果有限个体域 $D = \{a_1, a_2, a_3, \cdots, a_n\}$,则下式成立:

$$
\begin{aligned}
&\neg(\forall x)P(x) \\
\Leftrightarrow &\neg(P(a_1) \wedge P(a_2) \wedge P(a_3) \wedge \cdots \wedge P(a_n)) \\
\Leftrightarrow &\neg P(a_1) \vee \neg P(a_2) \vee \neg P(a_3) \vee \cdots \vee \neg P(a_n) \\
\Leftrightarrow &(\exists x)\neg P(x)
\end{aligned}
$$

3. 量词的分配

$$(\forall x)(P(x) \wedge Q(x)) \Leftrightarrow (\forall x)P(x) \wedge (\forall x)Q(x)$$
$$(\exists x)(P(x) \vee Q(x)) \Leftrightarrow (\exists x)P(x) \vee (\exists x)Q(x)$$

另外,还有

$$(\forall x)P(x) \vee (\forall x)Q(x) \Rightarrow (\forall x)(P(x) \vee Q(x))$$
$$(\exists x)(P(x) \vee Q(x)) \Rightarrow (\exists x)P(x) \vee (\exists x)Q(x))$$

4. 多元谓词中量词之间的顺序关系问题

对多元谓词而言,一般还有如下等价关系成立:

$$(\forall x)(\forall y)P(x,y) \Leftrightarrow (\forall y)(\forall x)P(x,y)$$
$$(\exists x)(\exists y)P(x,y) \Leftrightarrow (\exists y)(\exists x)P(x,y)$$

此外,还存在以下蕴涵关系:

$$(\forall x)(\forall y)P(x,y) \Rightarrow (\exists y)(\forall x)P(x,y)$$
$$(\forall y)(\forall x)P(x,y) \Rightarrow (\exists x)(\forall y)P(x,y)$$

$$(\exists y)(\forall x)P(x,y) \Rightarrow (\forall x)(\exists y)P(x,y)$$
$$(\forall x)(\exists y)P(x,y) \Rightarrow (\exists y)(\exists x)P(x,y)$$
$$(\exists x)(\forall y)P(x,y) \Rightarrow (\forall y)(\exists x)P(x,y)$$
$$(\forall y)(\exists x)P(x,y) \Rightarrow (\exists x)(\exists y)P(x,y)$$

有兴趣的读者,不妨自行证明它们的成立。

很明显,量词的先后顺序非常重要,绝不可随意变换。对于$(\forall x)$和$(\exists x)$这两个量词交换位置,其意义往往会截然相反,真值自然不同。

3.3 谓词公式

在谓词逻辑中,命题不再是演算或分析的基本单元,而项才是最普遍、最常用到的概念。项在谓词逻辑中相当于名词,虽然它还不是句子。谓词逻辑中对项的定义如下:

(1) 任意的个体常量、个体变元是项。

(2) 若$f(x_1,x_2,\cdots,x_n)$是任意的n元函数,而$t_1,t_2,\cdots,t_n$是项,则函数$f(t_1,t_2,\cdots,t_n)$也是项。

(3) 有限次地使用(1)、(2)生成的符号串是项。

如果$P(x_1,x_2,\cdots,x_n)$是n元谓词,而$t_1,t_2,\cdots,t_n$是项,则$P(t_1,t_2,\cdots,t_n)$就被称为**原子公式**。其实,它就是简单命题,可以确定真值。

原子公式是公式中的最小单位,即最小的句子单位。但是,项不是公式。

项也可以出现在谓词的变量位置,它相当于名词或个体,可以做句子的主语或宾语。但函数$f(t_1,t_2,\cdots,t_n)$不是句子,仅是个名词,因而它不是公式,而是项。

项的结果仍是个体名称集(个体域)中的名词(个体),而公式的结果(真值)是成立或不成立,是个逻辑真值,即0或1。

有了项,就可以给出谓词逻辑中合式公式的定义。合式公式的递归定义如下:

(1) 原子公式是合式公式。

(2) 如果A,B是合式公式,则$\neg A,A\wedge B,A\vee B,A\rightarrow B,A\leftrightarrow B$也是合式公式。

(3) 如果A是合式公式,x是A中出现的任意变元,则$(\forall x)A,(\exists x)A$也是合式公式。

(4) 有限次地使用(1)、(2)和(3)生成的符号串是合式公式。

合式公式也称**谓词公式**,即规范化的谓词公式。

例如,$H(a,b)$,$C(x)\wedge B(x)$等都是合式公式,即规范化的谓词公式。另外,$(\forall x)(M(x)\rightarrow H(x))$,$(\exists x)(M(x)\wedge C(x)\wedge B(x))$也是合式公式;$(\forall x)(\exists y)(M(x)\wedge H(x,y)\rightarrow L(x,y))$也是合式公式。

其实,在3.2节中介绍的那些命题形式化结果,也都是规范化的谓词公式,即合式公式。

一般将辖域中x的出现称为x在公式A中的**约束出现**;约束出现的变元就称为**约束变元**。A中不是约束出现的其他变元称为该变元的**自由出现**,自由出现的变元称为**自由变元**。

例如,在合式公式$(\forall x)(p(x)\rightarrow(\exists y)Q(x,y))$中,量词$(\forall x)$限制的是变元$x$,而变元$x$的作用域是$(p(x)\rightarrow(\exists y)Q(x,y))$,所以,变元$x$在其作用域中的两次出现$p(x)$和$Q(x,y)$均为约束出现,$x$也就是约束变元。但是,变元$y$的辖域仅为$Q(x,y)$,即存在量词$(\exists y)$的势力范围,因此,$Q(x,y)$中的$y$也约束出现,故$x,y$在这里均是约束变元,而不是自由变元。

不难理解,谓词公式中一个变元可能既是约束出现,指辖域内的出现,同时又有自由出现,辖域外的出现。就是说,该变元既是自由变元又是约束变元。虽然这两种出现用的是同一个符号,但实质上却有不同的含义。为避免混淆,需要做改名处理。

为使谓词公式的含义不变,改名处理必须遵循以下规则:

(1) **换名规则**:对约束变元进行换名。

将量词辖域内出现的某个约束变元及其相应量词中的指导变元,改成一个其他变元。当然,改变之后的新变元不能与本辖域内的其他变元同名。但是,公式中的其他部分不改变。

(2) **代入规则**:对自由变元进行代入。

整个谓词公式中同一个字母的自由变元是指同一个个体名词,因此,可把整个公式中该自由变元的所有变元用另一符号来代替,而且,要求整个公式中该变元同时用同一个符号代替。当然,新变元符号也不得与公式中已有符号相重。例如:

$$(\forall x)(F(x,y) \to P(x)) \wedge (\exists y)(Q(x,y) \to R(x))$$

显然,x 的前半部分的两次出现是约束的,但其在后半部分的两次出现则是自由的。虽然 y 的第一次出现是自由的,但其第二次出现则是约束的,故可将自由变元 x 改为 u,自由变元 y 改为 v,得

$$(\forall x)(F(x,v) \to P(x)) \wedge (\exists y)(Q(u,y) \to R(u))$$

又如,对于合式公式 $(\forall x)F(x,y) \wedge (\exists x)G(x,y)$,因为 x 是约束变元,而 y 的两次出现均是自由变元。因此,尽管 x 的两次出现均是约束的,但分别属不同的辖域限制,所以,其含义并无关系,故可将其中的一处作换名处理,只要不与 y 同名即可。不妨改为

$$(\forall x)F(x,y) \wedge (\exists u)G(u,y)$$

另外,合式公式中量词的先后顺序非常重要,绝对不能随意变换顺序。对于 $(\forall x)$ 和 $(\exists x)$ 这两个量词交换位置,其意义往往会截然不同,相应真值自然也会发生改变。例如,在 3.2 节鞋子配对问题的命题形式化实例中,因量词位置之不同,其含义往往有天壤之别。

又如,基于自然数域而言,设 $G(x,y)$ 表示"x 小于 y",则 $(\forall x)(\exists y)G(x,y)$ 表示"对于任意的自然数 x,总存在一个自然数 y,使得 x 小于 y",该命题显然是个真命题。

而 $(\forall y)(\exists x)G(x,y)$ 却表示"总存在那么一个自然数 y,对任意的自然数 x,使 x 小于 y",也就是说,y 是最大的自然数。该命题当然是假命题。

3.4 谓词演算

在命题逻辑中,对每个命题变元逐个作真值指派便可得到整个命题公式的指派(又称赋值、解释)。于是,如果命题公式中共出现有 n 个不同的命题变元,则可得 2^n 个解释或指派,因而将这些指派或解释一一列出成表,即得真值表。在谓词公式中当然也可做类似的处理。

不过,当 D 为无限集时,公式可有无穷多个解释,所以,一般均无法将其一一列出来,所以,谓词公式并不是总能构造其真值表的。何况,对合式公式的赋值解释或指派则是针对合式公式中的相关符号进行的。

假设谓词公式 A 的个体域为 D 已经预先指定,则对谓词公式中的诸多变元实施指派的过程为:

(1) 每一个个体常项指定 D 中的一个元素。

(2) 每一个 n 元函数指定一个从 D^n 到 D 的映射。

(3) 每一个 n 元谓词指定一个从 D^n 到 $\{0,1\}$ 的一个映射。

以上的一组指定,就称之为谓词公式 A 的一个解释,亦称赋值或指派。

例如,已知某解释如下:个体域 $D=\{2,3\}$,又设 D 中的个体 $a=2$,有 $a \in D$。

对于函数 $f(x):D \to D$,有 $f(2)=3, f(3)=2$;

对于谓词 $P(x):D \to \{0,1\}$,有, $P(2)=0, P(3)=1$;

对于谓词 $Q(x,y):D^2 \to \{0,1\}$,有 $Q(i,j)=1$,其中,i、$j = 2,3$。

基于以上解释,可知

$(\forall x)(P(x) \wedge Q(x,y))$

$\Leftrightarrow (P(2) \wedge Q(2,2)) \wedge (P(2) \wedge Q(2,3))$

$\wedge (P(3) \wedge Q(3,2)) \wedge (P(3) \wedge Q(3,3))$

$\Leftrightarrow (0 \wedge 1) \wedge (0 \wedge 1) \wedge (1 \wedge 1) \wedge (1 \wedge 1)$

$\Leftrightarrow \quad 0 \quad \wedge \quad 0 \quad \wedge \quad 1 \quad \wedge 1$

$\Leftrightarrow \quad 0$ （显然,这是假命题）

$(\exists x)(P(f(x)) \wedge Q(x,f(a))$

$\Leftrightarrow (P(f(2)) \wedge Q(2,f(2)) \vee (P(f(3)) \wedge Q(3,f(2))$

$\Leftrightarrow (P(3) \wedge Q(2,3)) \vee (P(2) \wedge Q(3,3)$

$\Leftrightarrow (1 \wedge 1) \vee \ (0 \wedge 1)$

$\Leftrightarrow \quad 1 \quad \vee \quad 0$

$\Leftrightarrow 1$ （看得出,这是真命题）

通过以上示例容易看出,对于存在量词的谓词公式而言,在求取谓词公式的真值时,必须考虑到其个体域中的每一个元素。甚至当某约束变元指定一个个体时,还要考虑其他所有的自由变元的所有可能的取值,组合数相当可观。如果个体域基数较大时,这种指派的规模将非常大,显然,求取谓词公式的真值并非易事。所以,谓词公式也就没有所谓的真值表。

如果是全称量词,则一般还要考虑所有可能组合的合取。因为,全称量词的要求是对每一个指派都成立方可。如果是存在量词,则一般须考虑所有可能组合的析取,因为,存在量词只要求至少存在一种可能使该谓词公式的真值为真。这种区别在运算时要格外注意。

还有,如果一个谓词公式不含自由变元,则在一个解释下可以得到确定的结果,而不同的解释下可能得到不同的真值。另外,公式的解释并不对变元进行指定,如果公式中含有自由变元,即使对公式作出了指派,也无法得到确定的逻辑真值。其实,它仅仅只是个命题函数而已,但约束变元是确定了的,因此不受此限制。

如果 A 是谓词公式,当 A 在任何给定的解释下均为真,则称 A 为逻辑有效式、永真式。如果 A 在任何给定的解释下均为假,称 A 为矛盾式、永假式。如果存在一个解释使 A 为真,就称 A 是可满足的。所以,从概念上讲,这些定义与命题逻辑是相一致的。

将命题细化分解成谓词后,再配合量词以及约束和换名等规则,则命题逻辑中涉及到的那些等价演算和推理等应用,在谓词中亦可同样使用。

3.5 谓词演算中的推理规则

3.5.1 推理规则

谓词演算主要有以下四条规则。

1. 全称指定规则(Universal Specification,US)

既然有$(\forall x)A(x)$,则对个体域中的某一个具体个体 y 而言,必有 $A(y)$为真。因此,凡是$(\forall x)A(x)$成立的地方,也必然存在 $A(y)$成立。

于是,US 规则即可表示为

$$(\forall x)A(x) \Rightarrow A(y)$$

当然,亦可简记为

$$(\forall x)A(x) \Rightarrow A(x)$$

简言之,就是在此刻的全称量词是可以去掉的。

但必须注意的是,这里的 y 也不是随意可用的任意变元,它要求 $A(x)$对 y 自由。也就是说,y 在 $A(x)$中是没有约束的,唯如此,才可以指定 y 就是那个任意的 x 的代表。这一点非常重要。

2. 存在指定规则(Existential Specification,ES)

该规则的意思是说,如果确实已经证明了$(\exists x)A(x)$为真,那么,完全可以假定正是这个具体的个体 y,使 $A(y)$为真。当然,这里的 y 只是一个表面上的自由变元,其实同样要求 y 必须是以前从未出现过的。

ES 规则即可表示为

$$(\exists x)A(x) \Rightarrow A(y)$$

应用该规则的条件是:在任意给定的前提中和前面的推导步骤上,y 都不是自由的。为满足该条件,通常使用 ES 规则时就必须选用前面未曾用到过的新变元作为公式中的 y。另外,$A(x)$对于 y 必须是自由的。

注意:该规则的结论意味着,$A(y)$只是新引入的一个假设而已,$A(y)$也只是一个暂时性的前提,当然不能作为结论。

3. 存在推广规则(Existential Generalization,EG)

该规则即

$$A(y) \Rightarrow (\exists x)A(x)$$

使用该规则的条件是:$A(y)$对于 x 必须是自由的。

意思是说,既然 $A(y)$为真,那么,在个体域中必然存在某个具体的个体,使得 $A(x)$为真,此即$(\exists x)A(x)$为真。所以,要求在 $A(y)$中,不约束 x 的出现,即 x 必须是自由的。

4. 全称推广规则(Universal Generalization,UG)

如果能从题设给定的前提或公理中推出 $A(x)$为真,那么,也可得出$(\forall x)A(x)$为真。就是说,如果有 $\Gamma \Rightarrow A(x)$,则有 $\Gamma \Rightarrow (\forall x)A(x)$

其中,Γ 即指公理,是诸多题设之前提的合取等,是一种泛指,当然,Γ 中没有出现过 x,换言之,x 是 Γ 中的自由出现。

该规则是说,如果 $A(x)$是可以证明的,那么,也可推出$(\forall x)A(x)$是可以证明的。所以,从形式上看,好像是 $A(x) \Rightarrow (\forall x)A(x)$。也正因如此,有些教材上用虚线来描述这种推导过程。

引用全称指代规则的条件可以归纳为以下两方面。

(1) 在推出 $A(x)$的前提中,x 都必须是自由的;而且,$A(x)$中的 x 不能是使用 ES 引进来的。这一点要尤其注意。该条件是说,Γ 中必须没有 x 的自由出现,如此,才能够保证 $A(x)$对于任意的 x 均为真,即保证$(\forall x)A(x)$成立。

(2) 在居先的推导步骤中,如果使用 US 而求得的 x 是自由的,那么在后续步骤中,不能让使用 ES 而引入的任何新变元自由出现在 $A(x)$ 中,如果有这种情况发生,则不能引用 UG 规则。因为,ES 引入的新变元是表面上的自由变元,$A(x)$ 不是对新变元的一切可能的值都可证明为真的。所以,$A(x)$ 不能被全称量化处理,否则,就会与"量词序列 $(\forall x)$ 与 $(\exists x)$ 不可交换"的事实发生矛盾。

例如,试观察如下推理过程:

(1) $(\forall x)(\exists y)P(x,y)$	P,前提
(2) $(\exists y)P(c,y)$	T(1),US
(3) $P(c,d)$	T(2), ES
(4) $(\forall x)P(x,d)$	T(3),UG
(5) $(\exists y)(\forall x)P(x,y)$	T(4), EG

在该推理中,前三步均没有问题,但步骤(4)是不合适的,因为 $P(c,d)$ 不符合 UG 的条件(2),所以,它不能使用 UG 推广处理。就是说,$P(c,d)$ 中的个体 c 是有特指的,是通过前面推导过程中,通过 US 规则引入的泛指变元。但在后面的 d 则是通过 ES 规则再次引入的新变元,这便违反了 UG 条件(2)的限制,所以,步骤(4)不合法。

其实,如果没有上述条件(2)的限制,则在本例中便有

$$(\forall x)(\exists y)P(x,y) \Rightarrow (\exists y)(\forall x)P(x,y)$$

谓词公式 $(\forall x)(\exists y)P(x,y)$ 和 $(\exists y)(\forall x)P(x,y)$,在一般情况是不等价的,它们的物理含义之间有相当大的区别。这也是"量词序列 $(\forall x)$ 与 $(\exists x)$ 不可交换"的本质原因所在。

一般地,US 和 ES 主要用于推导过程中删除量词,一旦删除量词,就可像命题演算一样完成推导任务,从而获得相应的结论。而 UG 和 EG 则主要用于使结论呈量词化形式。所以,它们之间的区别还是比较明显的。

特别要注意的是,使用 ES 而产生的自由变元不能保留在结论当中,因它是暂时性的结论,在推导结束之前一般必须使用 EG 使之成为约束变元。

例 3-7 试从 $(\forall x)(\forall y)(P(x,y)\rightarrow W(x,y))$ 和 $\neg W(a,b)$ 推出 $\neg P(a,b)$。

解:

(1) $(\forall x)(\forall y)(P(x,y)\rightarrow W(x,y))$	P,前提
(2) $(\forall y)(P(a,y)\rightarrow W(a,y))$	T(1), US
(3) $P(a,b)\rightarrow W(a,b))$	T(2), US
(4) $\neg W(a,b)$	P,前提
(5) $\neg P(a,b)$	T(3,4)

例 3-8 试证明 $(\forall x)(P(x)\rightarrow Q(x))\wedge(\forall x)(R(x)\rightarrow\neg Q(x))$ 永真蕴含 $(\forall x)(R(x)\rightarrow \neg P(x))$。

解:本题即要求证明

$$(\forall x)(P(x)\rightarrow Q(x))\wedge(\forall x)(R(x)\rightarrow\neg Q(x))$$
$$\Rightarrow(\forall x)(R(x)\rightarrow\neg P(x))$$

(1) $(\forall x)(P(x)\rightarrow Q(x))$	P,前提
(2) $P(y)\rightarrow Q(y)$	T(1), US
(3) $\neg Q(y)\rightarrow\neg P(y)$	T(2)
(4) $(\forall x)(R(x)\rightarrow\neg Q(x))$	P,前提

(5) $R(y) \to \neg Q(y)$　　T(4), US

(6) $R(y) \to \neg P(y)$　　T(3,5)

(7) $(\forall x)(R(x) \to \neg P(x))$　　T(6), UG

例 3-9　试证明$(\forall x)(P(x) \vee Q(x))$永真蕴含$(\forall x)P(x) \vee (\exists x)Q(x))$。

解:本题即证明

$$(\forall x)(P(x) \vee Q(x)) \Rightarrow (\forall x)P(x) \vee (\exists x)Q(x))$$

(1) $\neg (\forall x)P(x) \vee (\exists x)Q(x))$　　CP;将后件否定加入前提

(2) $\neg (\forall x)P(x) \wedge \neg (\exists x)Q(x))$　　T(1)

(3) $\neg (\forall x)P(x)$　　T(2)

(4) $(\exists x) \neg P(x)$　　T(3)

(5) $\neg (\exists x)Q(x))$　　T(2)

(6) $(\forall x) \neg Q(x))$　　T(5)

(7) $\neg P(y))$　　T(4), ES

(8) $\neg Q(y))$　　T(6), US

(9) $\neg P(y) \wedge \neg Q(y)$　　T(7,8)

(10) $\neg (P(y)) \vee Q(y))$　　T(9)

(11) $(\forall x)(P(y) \vee Q(y))$　　P

(12) $P(y) \vee Q(y)$　　T(11), US

(13) $\neg (P(y) \vee Q(y)) \wedge (P(y)) \vee Q(y))$　　T(10,12)

(14) 0　　T(13);矛盾式

3.5.2 含有量词的永真式

现将含有量词的谓词演算永真公式归纳为表 3-1。

表 3-1　含有量词的谓词演算永真公式

序号	谓词演算永真公式
1	$(\forall x)A(x) \Rightarrow A(x)$
2	$A(y) \Rightarrow (\exists x)A(x)$
3	$(\forall x) \neg A(x) \Leftrightarrow \neg (\exists x)A(x)$
4	$(\exists x) \neg A(x) \Leftrightarrow \neg (\forall x)A(x)$
5	$(\forall x)A(x) \Rightarrow (\exists x)A(x)$
6	$(\forall x)A(x) \vee P \Leftrightarrow (\forall x)A(x) \vee P$
7	$(\forall x)A(x) \wedge P \Leftrightarrow (\forall x)A(x) \wedge P$
8	$(\exists x)A(x) \vee P \Leftrightarrow (\exists x)A(x) \vee P$
9	$(\exists x)A(x) \wedge P \Leftrightarrow (\exists x)A(x) \wedge P$
10	$(\forall x)(A(x) \wedge B(x)) \Leftrightarrow (\forall x)A(x) \wedge (\forall x)B(x)$
11	$(\exists x)(A(x) \vee B(x)) \Leftrightarrow (\exists x)A(x) \vee (\exists x)B(x)$
12	$(\exists x)(A(x) \wedge B(x)) \Rightarrow (\exists x)A(x) \wedge (\exists x)B(x)$
13	$(\forall x)A(x) \vee (\forall x)B(x) \Rightarrow (\forall x)(A(x) \vee B(x))$
14	$(\forall x)A(x) \to B \Leftrightarrow (\exists x)(A(x) \to B)$

(续)

序号	谓词演算永真公式
15	$(\exists x)A(x)\to B \Leftrightarrow (\forall x)(A(x)\to B)$
16	$A\to(\forall x)B(x) \Leftrightarrow (\forall x)(A\to B(x))$
17	$A\to(\exists x)B(x) \Leftrightarrow (\exists x)(A\to B(x))$
18	$(\exists x)(A(x)\to B(x)) \Leftrightarrow (\forall x)A(x)\to(\exists x)B(x)$
19	$(\exists x)(A(x)\to(\forall x)B(x)) \Rightarrow (\forall x)(A(x)\to B(x))$

例 3-10 试证明下面的论述是否正确:

"所有的哺乳动物都是脊椎动物,并非所有的哺乳动物都是胎生动物,故有些脊椎动物不是胎生的。"

解:根据题意首先做以下谓词定义:$P(x)$表示"x 是哺乳动物";$Q(x)$表示"x 是脊椎动物";$R(x)$表示"x 是胎生动物"。

显然,题设的论述即

$$(\forall x)(P(x)\to Q(x)),\neg(\forall x)(P(x)\to R(x)),$$
$$\Rightarrow(\exists x)(Q(x)\wedge\neg R(x))$$

证明:

(1) $\neg(\forall x)(P(x)\to R(x))$	P
(2) $(\exists x)\neg(\neg P(x)\vee R(x))$	T(1)
(3) $\neg(\neg P(c)\vee R(c))$	T(2),ES
(4) $P(c)\wedge\neg R(c)$	T(3)
(5) $P(c)$	T(4)
(6) $\neg R(c)$	T(4)
(7) $(\forall x)(P(x)\to Q(x))$	P
(8) $P(c)\to Q(c)$	T(7),US
(9) $Q(c)$	T(5,8)
(10) $Q(c)\wedge\neg R(c)$	T(6,9)
(11) $(\exists x)(Q(x)\wedge\neg R(x))$	T(10),UG [#]

3.6 三元谓词向二元谓词的转换*

实用中,多元谓词的使用很多,特别是三元谓词,例如,"绍兴在杭州和宁波之间""Mark 给了 Mary 一枝 Rose""杭州是浙江省的省会"等,都是十分常见的三元谓词。而"诸葛亮给刘备出主意,向孙权借荆州"则是一个五元谓词。如何将多元谓转化为二元谓词,是使用谓词逻辑实施推理的第一步。下面以一个具体的三元谓词实例"Mark 给了 Mary 一枝 Rose"来说明如何将三元谓词转化为二元谓此,常用的转化技巧是使用斯柯林函数。

设谓词:*GIVE*(*Mark*,*Mary*,*Rose*)表示涉及三个个体的命题"*Mark* 给了 *Mary* 一枝 *Rose*"。则具体的转化过程可描述如下。

(1) 首先,定义如下辅助性二元谓词。

① 谓词 $EQ(x,y)$表示"x 和 y 相等"。

② 谓词 $SS(x,y)$ 表示"x 是 y 的子集"。

③ 谓词 $EL(x,y)$ 表示"x 是 y 的元素"。

(2) 假设存在一个"给东西"的事件集合:*GIVING_EVENTS*。其中,每个事件均包括以下几部分:

① 给事件的主体,即"给者",用 *Giver* 表示。

② 给事件的客体,即"接受者"用 *Recipient* 表示。

③ 给事件的物体,即"东西",用 *Object* 表示。

(3) 在该事件集合上,定义如下几个二元谓词来描述对应的给事件的三个组成部分。

① $GIVER(x,y)$,表示"给事件"x 的"给者"是 y。

② $RECIP(x,y)$,表示"给事件"x 的"接受者"是 y。

③ $OBJEC(x,y)$,表示"给事件"x 的"东西"是 y。

于是,题设的三元谓词,也即事件 $GIVE(Mark,Mary,Rose)$,即可描述如下:

$(\exists x)(EL(x,GIVING\_EVENTS)\wedge GIVER(x,Mark)\wedge RECIP(x,Mary)\wedge OBJEC(x,Rose))$

(4) 使用斯柯林函数旨在用具体的个体变元 G 代替 x,以去掉上述谓词公式中的存在量词,则得

$EL(G,GIVING\_EVENTS)\wedge GIVER(G,Mark)\wedge RECIP(G,Mary)\wedge OBJEC(G,Rose))$

如果在"给事件"集合上,再定义如下斯柯林函数:

① $giver(x)$,表示"给事件"x 的给者。

② $recip(x)$,表示"给事件"x 的接受者。

③ $objec(x)$,表示"给事件"x 的东西。

则上面的谓词公式又可变为

$EL(G,GIVING\_EVENTS)\wedge GIVER(giver(G),Mark)\wedge RECIP(recip(G),Mary)\wedge OBJEC(objec(G),Rose))$

3.7 基于谓词的知识表示*

在人工智能的研究中,知识表示不仅非常基础,而且十分重要。因为智能活动过程的主要任务就是获得并应用知识的过程。而知识必须通过适当的表示才便于组织并存在于计算机中,进而被检索、使用和修改等。在人工智能中,所谓知识的机器表示就是研究在计算机中如何用最合适的形式对问题求解过程所需要的各种知识进行组织,显然,它与问题求解本身密切相关。许多知识表示方法最初都是与机械推理方法一起在研究某些特殊问题的求解过程中被提出来的,进而又被运用在其他领域,对人工智能科学的发展发挥了重要的推动作用。其中,基于谓词逻辑演算思想的知识表示方法就具有广泛的应用基础。

在基于谓词逻辑的知识表示法中,问题的状态就对应一批事实,而每一个事实均可用若干谓词的合取来描述,就是说,问题之状态对应若干谓词的合取形式,因此,谓词逻辑便可在其中发挥重要作用。

例 3-11 猴子和香蕉问题。假设某房间里有一只猴子(不妨设想其为机器人),位于 c 点;另有一只箱子,位于 a 点;而在 b 点的顶棚上吊着一把香蕉,如图 3-1 所示。猴子自然希望能得到这把香蕉,但它因身材矮小够不到,当然,如果它站在箱子上便可如愿。但猴子的智慧尚不能像人那样,对将箱子推到香蕉下,踩在箱子上就可摘到香蕉的解决方案一目了然。试

为猴子规划制定一个能摘到香蕉的行动计划。

图 3-1　猴子与香蕉问题示意图

解:基于谓词逻辑原理来表示知识并求解问题,首先要做的工作就是定义若干谓词。基于本例之实际需要,不妨定义以下几个谓词:$AT(x,y)$,表示“x 在 y 处”;*On_Box* 表示“猴子在箱子上面”;*Hold_B*,表示“猴子已经摘到香蕉”。

注意:x 的个体论域为 {猴子、箱子、香蕉};y 的个体论域为 {a、b、c}。

基于上述谓词的定义不难理解,猴子与香蕉问题的诸多状态可描述如下。

(1) 初始状态:

AT(猴子,a):猴子在 a 处;

AT(箱子,c):箱子在 c 处;

¬ *On_Box*:猴子没有在箱子上面;

¬ *Hold_B*:猴子尚未摘到香蕉。

(2) 目标状态:

AT(猴子,b):猴子在 b 处;

AT(箱子,b):箱子在 b 处;

On_Box:猴子在箱子上面;

Hold_B:猴子已经摘到香蕉。

上述谓词只能描述事实性知识,要描述过程性知识,仅靠上述几个谓词是远远不够的。因此,还须再定义若干操作性谓词。

(1) *Goto*(u,v):猴子从 u 处走到 v 处。

条件:*AT*(猴子,u)为真——猴子必须在 u 处;

¬ *On_Box* 为真——猴子不能在箱子上。

动作:删除 *AT*(猴子,u);

增添 *AT*(猴子,v)。

(2) *PushBox*(v,w):猴子将箱子从 v 处推到 w 处。

条件:*AT*(猴子,v)为真——猴子必须在 v 处;

AT(箱子,v)为真——箱子也必须在 v 处;

¬ *On_Box* 为真——猴子在箱子下才能推箱子。

动作:删除 *AT*(猴子,v)、*AT*(箱子,v);

增添 *AT*(猴子,w)、*AT*(箱子,w);

(3) *ClimBox*:猴子爬上箱子。

条件:*AT*(猴子,u)为真——猴子必须在 u 处;

AT(箱子,u)为真——箱子也必须在 u 处;

¬ *On_Box* 为真——猴子不能在箱子上。

动作:删除 ¬ *On_Box*;

增添 *On_Box*。

(4) *Grasp*:猴子已经摘到香蕉。

条件:*AT*(箱子,b)为真——箱子必须在 b 处;

AT(猴子,b)为真——猴子也必须在 b 处;

On_Box 为真——猴子必须在箱子上;

¬ *Hold_B*——猴子没有摘到香蕉。

动作:删除¬ *Hold_B*;

增添 *Hold_B*。

如果将该问题的状态描述成有序四元组(W,x,y,z),其中,W 表示"猴子的水平位置";x 表示"猴子是否在箱顶(在则取1,否则为0)";y 表示"箱子的水平位置";z 表示"猴子是否摘到香蕉(摘到取1,否则为0)"。显然,W 和 y 只能取 a,b,c 三个值,则基于上述操作性的谓词描述,该问题的求解过程即可描述为图 3-2。

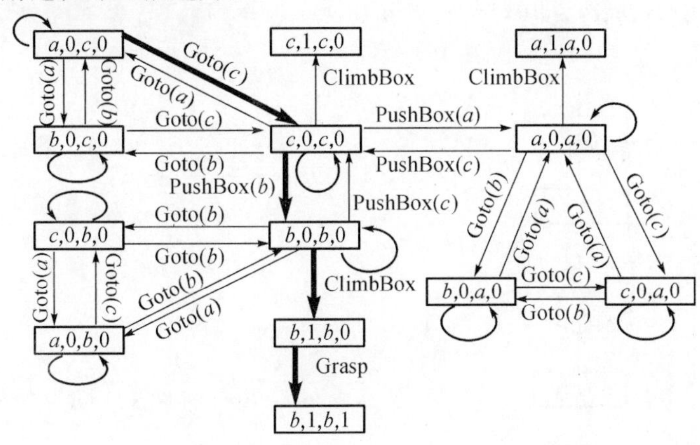

图 3-2 猴子与香蕉问题求解过程示意图

其实,在基于谓词逻辑思想的人工智能知识表示法中,还有产生式表示法,该表示法在信息识别和判断等诸多领域都有十分广泛的运用。限于篇幅,此处不再赘述。

3.8 基于谓词演算的程序正确性证明*

除了上述智能研究领域之外,谓词逻辑还被广泛地运用在程序的正确性证明方面。

现代计算机中的程序规模越来越大,复杂程度也越来越高,所以,如何保证程序的正确性问题便显得愈发突出且紧迫。一般认为,程序的正确性可通过调试来获得保证,其实不然,调试可以发现错误,但调试通过也无法保证一定是正确的。因为,任何调试只能选取一定规模的数据,做有限次的运行尝试,根本无法保证程序执行时所有可能的数据都是正确的。因此,要解决程序的正确性问题,还必须依靠数学方法。

任何程序都有一些变元,在程序执行的不同阶段中,它们都应满足一定的特殊关系,此时,即可用谓词描述这些特殊关系。在基于谓词逻辑来证明程序的正确性等相关研究领域中,称这种谓词为断言或程序断言。该理论由弗洛特(Floyd)首次提出,是程序正确性证明领域相当流行的理论体系。下面以验证除法程序的正确性为例来说明该方法的基本思想和相关细节。

就除法 x/y 而言,不妨设 $x = y \times q + r$,对应的程序伪码描述如下:

```
q = 0;
r = x;
while(y < = r)  do
{ r = r-y;  q = q+1; }
```

用传统流程表示即如图 3-3 所示。

首先,在其入口处(A)对输入之初始数据设置一个断言,这也是初始数据所要满足的条件,可将其描述成一个谓词,设为 $P(x,y)$,表示$(x = y \times q + r) \wedge (x \geqslant 0) \wedge (y \geqslant 0)$。

其次,在出口处(C)对输出数据设置一个断言,它刻划了程序结束时,输入变元与输出变元之间所应满足的数量关系,它当然也要被描述成一个谓词,不妨设为 $F(x,y,q,r)$,表示$(x = y \times q + r) \wedge (r < y)$。

最后,还必须在程序的其他地方适当增加一些断言设置点,如循环的接口处等,它刻划了该点处程序变元之间的相互关系,自然也是谓词公式。不妨设置在程序的 B 处,其相应的谓词公式可描述为 $Q(x,y,q,r)$,即$(x = y \times q + r) \wedge (r \geqslant y)$。

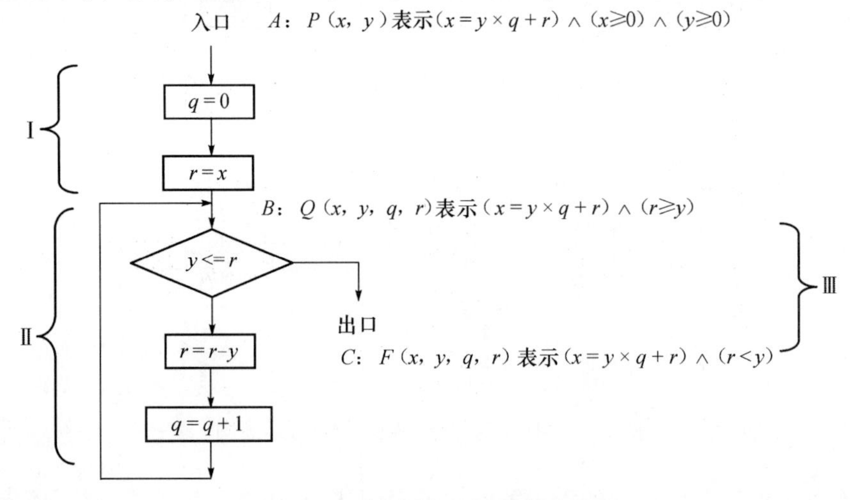

图 3-3　程序正确性证明示例流程图

于是,在该程序中一共设置了三个断言,此程序的正确性问题便可转化并归结为如下的三个具体问题:

(1) 由 A 处断言经程序段 I 之后,能否推出 B 处的断言为真。

(2) 由 B 处断言经程序段 II(即,经过循环)之后,能否推出 B 处的断言为真。

(3) 由 B 处断言经程序段 III 之后,能否推出 C 处的断言为真。

这三个问题即可以用谓词演算公式来表示,分别为

$$(\forall x)(\forall y)(P(x,y) \to Q(x,y,0,x)$$

$$(\forall x)(\forall y)(\forall q)(\forall r)(Q(x,y,q,r) \wedge (r \geqslant y) \to Q(x,y,q+1,r-y))$$

$$(\forall x)(\forall y)(\forall q)(\forall r)(Q(x,y,q,r) \wedge (r < y) \to F(x,y,q,r))$$

此刻，该程序的正确性问题便被归结为证明上述三个谓词公式是否能够成立的问题，因此，便可以利用谓词演算推导中的相关理论去解决这三个问题的永真性。

当然，以上仅仅是程序正确性证明的大致思路，从这里不难看出，证明一个程序的正确性便可归结为证明一些谓词演算公式的永真性问题。

小　结

本章通过对命题的进一步解构，探究命题内部的结构组成，进而研究命题之间内在深层关系，使数理逻辑的使用性和完备性得到进一步的深化和提高。在谓词运算中，量词发挥着重要作用，它强调了谓词公式在其论域的极端情况下的判定结果。同时，多元谓词向二元谓词的转化技术的描述，也为谓词的应用奠定基础。本章的最后两节就基于谓词的知识表示、基于谓词验算的程序正确性证明问题做了探讨。

习　题

一、自定义谓词，并形式化下列命题。

1. 若 m 是奇数，则 $m+1$ 也是奇数。
2. 小李是我班里年龄最小的学生。
3. 每一个有理数都是分数。
4. 并非所有的连续函数都是可微的。
5. 我们班至少有三名男同学。
6. 我们班至多有三名男同学。
7. 如果万物都是变化的，那么小王便也是变化的。
8. 存在一个最小的自然数。
9. 小张和小李的父亲是好朋友。
10. 对于每一个自然数都存在一个比它大的自然数。
11. 不存在一个最大的自然数。
12. 有人不爱自己的母亲。
13. 总有一些自然数是不被 2 整除的。
14. 我班恰好只有三名男同学。
15. 如果全世界人民都是爱和平的，则世界将不会再有战争。
16. 两个数之积为零，则两个数中必有一个为零。
17. 有一个人，比所有的人都不矮。
18. 每一个人都比某一个人高。
19. 会叫的狗未必会咬人。
20. 每个人的外祖母，都是他母亲的母亲。
21. 有些液体能溶解任何金属。
22. 没有不犯错误的人。

二、假设有如下谓词定义：$E(x)$ 表示“x 是偶数”；$O(x)$ 表示“x 是奇数”；$P(x)$ 表示“x 是质数”；$N(x)$ 表示“x 是负数”；$I(x)$ 表示“x 是整数”。试形式化下面各描述。

1. 一个整数是奇数,如果它的平方是奇数。

2. 两个偶数之和是偶数。

3. 一个偶数与一个奇数之和是一个奇数。

4. 有两个奇数,它们的和是奇数。

5. 任意整数的平方都是负数。

6. 存在两个质数,其和是质数。

三、自定义谓词,并形式化如下各描述。不得定义零元谓词。

1. 没有一个奇数是偶数。

2. 每一个火车都比某些卡车快。

3. 如果明天下雨,那么某些人将淋湿。

4. 所有步行的、骑马的或乘车的人,凡是口渴的,都喝泉水。

5. 没有哪个国家的人口比我国多。

四、填空题。

1. 在谓词逻辑中,仅有两个量词,即__________和__________。

2. 与$(\forall x)(\forall y)P(x,y)$等价的谓词公式是__________。

3. 与$(\exists x)(\exists y)P(x,y)$等价的谓词公式是__________。

4. 谓词公式$(\exists y)(\forall x)P(x,y)\Rightarrow$__________。

5. 谓词演算中的推理规则常用的有______、______、______和______等。

五、简答题。

1. 试简单说明命题逻辑与谓词逻辑之间的关系。

2. 下面哪些是命题? 为什么?

(1) $(\forall x)(P(x)\wedge Q(x))\vee R$。

(2) $(\forall x)(P(x)\wedge Q(x))\vee(\exists x)S(x,y)$。

(3) $(\forall x)(P(x)\wedge Q(x))\vee(\exists x)S(x)$。

3. 指出下列各式中的自由变元和约束变元,以及量词的辖域。

(1) $(\forall x)(P(x)\rightarrow Q(x))\vee R(x)$。

(2) $((\forall x)P(x)\rightarrow(\forall x)(Q(x)\rightarrow R(x)))\vee S(x)$。

(3) $(\forall x)(\exists y)(P(x,y)\rightarrow R(z,x))$。

(4) $(\exists y)((\forall x)(P(x,y)\rightarrow R(z,x)))\wedge Q(x)$。

六、为下列推理构造形式化证明。

1. 李伟是班上成绩最好的同学,李伟是一名女同学。所以,总有一个人比班上的男同学成绩好。

2. 所有的动物都是会死的,人是动物。所以,人是会死的。

3. 该来的都没来。所以,来了的都是不该来的。

4. 不该走的都走了。所以,留下来的都是该走的。

5. 所有老师都喜欢他表扬的每一个学生,每个老师都不喜欢任何一个懒惰的学生。所以每个被有些老师表扬的学生都不是懒惰的。

6. 所有哺乳动物都是脊椎动物。人是哺乳动物。他是人。所以,他是有脊椎的。

7. 有一个人,所有的人都憎恨他。所以,有人憎恨他自己。

8. 中华人民共和国首都是中国的政治和文化中心,北京是中华人民共和国首都,北京是北方城市。所以,有北方城市是中国的政治和文化中心。

9. 每个科学家都是很勤奋的,如果一个人勤奋并且聪明,那么他就会取得成就。小张是一个科学家并且他很聪明。所以,小张一定会取得成就。

10. 所有鱼都是用鳃呼吸的,鲸鱼不是用鳃呼吸的。所以,鲸鱼不是鱼。

七、证明题。

任何喜欢步行的人都不喜欢乘机动车。

任何人或者喜欢乘机动车,或者喜欢骑自行车。

有的人不喜欢骑自行车。

所以,有些人喜欢步行。

八、指出如下证明过程中的错误,并尝试改正之。

1. $(\forall x)(P(x) \vee Q(x))$	P
2. $P(x) \vee Q(x)$	T(1), US
3. $(\exists x) \neg P(x))$	P
4. $\neg P(y))$	ES
5. $Q(y)$	T(2,4)
6. $(\exists x) Q(x)$	EG

九、试使用 CP 规则,证明下列蕴涵式。

1. $(\forall x)(P(x) \rightarrow Q(x)) \Rightarrow (\forall x) P(x) \rightarrow (\forall x) Q(x)$。

2. $(\forall x)(P(x) \vee Q(x)) \Rightarrow (\forall x) P(x) \vee (\exists x) Q(x)$。

十、试利用谓词演算之推理规则证明下列各蕴涵式。

1. $(\forall x)(C(x) \rightarrow (W(x) \wedge R(x))), (\exists x)(C(x) \wedge Q(x)) \Rightarrow (\exists x)(Q(x) \wedge R(x))$。

2. $(\forall x)(H(x) \rightarrow M(x)), (\exists x) H(x) \Rightarrow (\exists x) M(x)$。

3. $P(x), (\forall x) Q(x) \Rightarrow (\exists x)(P(x) \wedge Q(x))$。

4. $(\forall x)(P(x) \vee Q(x)), (\forall x)(Q(x) \rightarrow \neg R(x)), (\forall x) R(x) \Rightarrow (\forall x) P(x)$

十一、试求以下公式在给定解释下的真值。

1. $(\forall x)(P(x) \vee Q(x))$,其中,个体域为 $D = \{1,2\}$,且已知 $P(1) = 1, P(2) = 0, Q(1) = 0, Q(2) = 1$。

2. $(\exists x)(P(f(x)) \wedge Q(x, f(a)))$,其中,个体域为 $D = \{2,3\}$,且已知 $a = 2, f(2) = 3, f(3) = 2, P(2) = 0, P(3) = 1$, $Q(2,2) = 1, Q(2,3) = 1, Q(3,2) = 0, Q(3,3) = 1$。

3. $(\forall x)(P(x) \vee Q(f(1), x))$,其中,个体域为 $D = \{0,1\}$,且,已知 $f(0) = 0, f(1) = 1, P(0) = 1, P(1) = 0, Q(0,0) = 0, Q(0,1) = 1, Q(1,1) = 1, Q(1,0) = 0$。

十二、假设有如下谓词定义,试形式化下面各描述。

$P(x)$ 表示"x 是质数";$E(x)$ 表示"x 是偶数";$O(x)$ 表示"x 是奇数";$D(x,y)$ 表示"x 可以整除 y",且个体域为整数集。试翻译说明下列各式所表达的具体含义。

1. $(\forall x)(D(2,x) \rightarrow E(x))$。

2. $(\exists x)(E(x) \wedge D(x,6))$。

3. $(\forall x)(\neg E(x) \rightarrow \neg D(2,x))$。

4. $(\forall x) E(x) \rightarrow (\exists y)(E(y) \wedge D(y,x))$。

5. $(\forall x)(P(x) \rightarrow (\forall y)(E(y) \rightarrow \neg D(x,y)))$。

6. $(\forall x)(O(x) \rightarrow (\exists y)(E(y) \rightarrow \neg N(y,x)))$。

十三、试证苏格拉底三段论的有效性。

十四、通过谓词定义形式化下列各语句。对于论证推理性问题试确定论证是否有效。对有效论证试给出其证明，对无效论证试给出其反例，以证明其错误。

1. 不是这样的情况：某些三角函数不是周期函数。有些周期函数是连续的。所以，所有三角函数都不连续，这是不真的。

2. 某些三角函数是周期函数。某些周期函数是连续的。所以，某些三角函数是连续的。

3. 对汽车工业的好事就是对国家的好事，对国家的好事就是对你的好事。你去买一辆高价卡车是对汽车工业的好事。

4. 所有哺乳动物都是脊椎动物，狗是哺乳动物，所以，狗是脊椎动物。

5. 每一个买到门票的人，都能得到座位。因此，如果这里已经没有座位，那么就没有任何人去买门票。

6. 每个大学生不是文科学生就是理科学生，有的大学生是优等生，小张不是理工科学生，但他是优等生，因而，如果小张是大学生，他就是文科学生。

7. 有些病人相信所有的医生。所有的病人都不相信骗子。因此，所有的医生都不是骗子。

8. 每个旅客或者坐头等舱，或者坐二等舱。每个旅客当且仅当他富裕时才坐头等舱。有些旅客虽然富裕但并非所有的旅客都富裕。因此，有些旅客坐二等舱。

9. 有红、黄、蓝、白四只球队。如果红队第三，则当黄队第二时，蓝队第四。或者白队不是第一。或者红队第三。事实上，黄队第二。因此，如果白队第一，那么蓝队第四。

10. 如果6是偶数，则2不能整除7；或者5不是素数，或者2整输7；5是素数。因此，6是奇数。

11. 如果A地发生了交通事故，则小李的通行会发生困难；如果小李按指定的时间到达了，则他的通行没有发生困难。小李确实按指定的时间到达了，所以，A地没有发生交通事故。

12. 伟大的物理学家都具有广博的知识，新闻记者具有广博的知识，所以，新闻记者是伟大的物理学家。

13. 所有的玫瑰和蔷薇都是芳香和带刺的。因此，所有的玫瑰都是带刺的。

14. 不存在白色的乌鸦。北京鸭是白色的。因此，北京鸭不是乌鸦。

15. 不是所有的男人都至少比一个女人高，但至少有一个男人比所有的女人高。

十五、就一元二次方程的求解算法，试基于谓词演算理论，构造其其算法的正确性证明问题之谓词合式公式。

第4章　集合论

集合论是现代数学的基础,这已取得了广泛的共识。集合论几乎与现代数学的每个分支均休戚相关,联系紧密。因为离散量是数学领域中最基础的概念,而集合论就是研究离散元素群体及其之间关系的重要工具,所以,集合论一般都是离散数学的重要组成内容之一。

集合论拥有悠久的历史,且内容丰富,还有为数众多的专著和论述。本章将概括性地介绍集合论的基本概念、子集、全集、幂集、补集,以及集合的基本运算和集合代数的基本公式等内容。

4.1　集合的基本概念

集合用于将对象组织在一起,通常一个集合中的对象都有某种相似的性质。一个班里的学生可看成是一个集合,所有选修"离散数学"课的学生也是一个集合,显然,班里选修这门课的学生就是上述两个集合中的公共部分。如果将学校里开设的所有课程组成一个集合,则学生选课情况就是两个集合之间更为复杂的映射关系。集合论就是以构造的方式研究集合及其之间关系的基础理论工具。

4.1.1　集合及其表示

一般地,将一个确定的、可以区分和辨别的事物的全体称为**集合**。集合用大写字母 $A,B,X,Y,\cdots$ 表示,而组成集合的对象称为集合的**元素**或**成员**,常用小写字母 $a,b,x,y,\cdots$ 表示。a 是 A 里面的元素称为 ***a* 属于 *A***,记为 $a\in A$;a 不是 A 里面的元素称为 ***a* 不属于 *A***,记为 $a\notin A$,有时也可表示为 $\neg(a\in A)$。

实质上,集合的元素一旦给定,则该集合便完全确立。这一事实被形式地描述为外延定理。

外延公理:两集合 A 和 B 相等,当且仅当它们有相同的元素。

外延公理还意味着,集合中各元素之间的前后顺关系并不重要,也就是说由"x,y"组成的集合与"y,x"组成的集合实质上是同一个集合。因此,外延公理亦可形式化为

$$A=B\Leftrightarrow(\forall x)(x\in A\leftrightarrow x\in B)\text{ 或 }A=B\Leftrightarrow(\forall x)(x\in A\to x\in B)\wedge(\forall x)(x\in B\to x\in A)$$

如果 A 与 B 相等,一般记为 $A=B$;否则,可记为 $A\neq B$。

顺便指出,在应用外延公理证明集合 A 与 B 相等时,只需考察:对于任意元素 x,均有 $x\in B\to x\in A$ 成立即可。一般地,证明两个集合相等均可按此思路来处理。

如果集合里包含有限个元素,则称为**有限集合**,否则称为**无限集合**。

表示一个集合大致上有以下三种方法。

1. 列举法

其中,最简单的就是**列举法**,也称**枚举法**。该方法将集合中的所有元素一一列出来,元素

之间用逗号分开,最后用花括号括起来即可。

例如,$A = \{ b, a, e, i, u \}$,它表示集合 A 是由元素 b、a、e、i、u 这 5 个元素构成的。

又如,$B = \{\text{sun}, \text{mon}, \text{tue}, \text{wed}, \text{thu}, , \text{fri}, \text{sat}\}$ 它表示集合 B 是由元素 sun、mon、tue、wed、thu、fri、sat 共 6 个元素构成。也就是说,集合 B 描述的是从星期一到星期日的英文名称简写。

不难看出,这种描述方法要求,元素必须是可列的,甚至要求元素的个数最好是有限的(即有限集合),否则便无法准确地一一列出。当然,有时元素之间的规律非常明显,即使有无限多个,亦可通过该方法表示。

例如,自然数集合 $I = \{1, 2, 3, 4, \cdots\}$。

但是,一般不提倡这么做,因为这种表示方法有失规范。

2. 描述法

相对规范而严格的表示方法是**描述法**,也称**谓词法**、**公式法**等。即用谓词公式或数学符号确定集合。也就是说,个体域中能使谓词公式为真的那些元素,确定了一个集合,因为这些元素都具有该谓词所指定的特殊性质。这是一种基于集合中各元素的公共特征来描述集合的思路。

若 $P(x)$ 是含有一个自由变元的谓词公式,则 $\{ x \mid P(x) \}$ 便定义了一个集合,记为 $S = \{x \mid P(x)\}$

可见,$P(c)$ 为真当且仅当 $c \in S$,从而有 $x \in S \Leftrightarrow P(x)$。

例如,$A = \{ x \mid x \in I \wedge 0 < x \wedge x < = 1000 \}$,表示由 1000(含)以内的正整数组成的集合;$B = \{x \mid \exists y\ (y \in I \wedge x = 2y)\}$,表示由所有的偶数组成的集合。

集合的表示当然不可能是唯一的,除了直观意义上的,分别由列举法、公式法等不同表示方法来描述同一集合的思路之外,其实,即使对于同一个集合,亦可用同一种方法的不同形式来表示之。比如使用描述法(即公式法)表示的集合,完全可以采用不同的公式。

例如,以列举法表示的集合$\{1、2、3\}$,也可将其表示为

$$\{ x \mid x^3 - 6x^2 + 11x - 6 = 0\} \quad 或 \quad \{ x \mid x \in I \wedge 0 < x \wedge x < 4 \}$$

3. 文氏图

文氏(Venn) 图是一种利用图形形象、直观地描述集合的方法。在文氏图中,总是用一个矩形的内部表示全集 U,而其他集合则用矩形内的一个封闭曲线圈成的面积(常用椭圆形)表示。如图 4-1 所示。

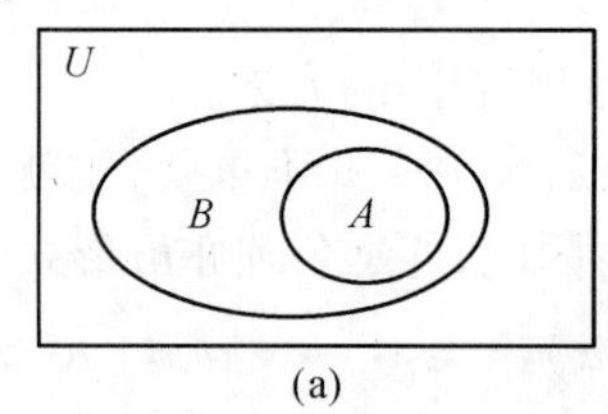

(a)

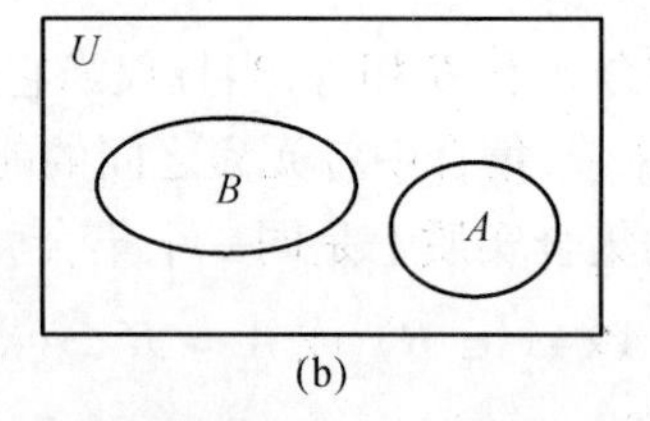

(b)

图 4-1　集合的文氏图表示

如果集合 A 是集合 B 的一部分,则表示 A 的圆形将完全落在表示 B 的圆形范围内,如图4-1(a)所示。如果 A 与 B 没有公共元素,那么,表示 A 的圆形与表示 B 的圆形是分开,如图4-1(b)所示。其实,与其说文氏图表示的是某个集合,还不如说文氏图表示的是几个集合之间的运算关系。所以,将文氏图与后面的集合运算结合起来理解,也是一般教材里经常采用的描述方法。

基于集合运算思路的集合表示，除了文氏图之外，就是用集合运算符描述集合的表示方法，详见4.2节。看得出，集合的这种表示方法是建立在前面两种表示方法的基础上的。所以，从严格意义上讲，这种方式已经不算是集合的定义了。

汇总分析以上三种表示方法可以理解，列举法的好处是可以具体而直观地看清楚集合的各个组成元素，而描述法的好处则是刻划出了集合元素的公共特征，这种方法在集合元素相对较多时使用方便，受限较少。

分析上述集合的诸多表示方法，可以看出，集合具有如下特点：

(1) 集合中各元素之间的先后顺序不重要，即$\{1,2\}=\{2,1\}$。

(2) 集合中出现重复元素，不影响集合的本质，即$\{1,2\}=\{1,1,2\}$。

当然，一般情况，这种基于列举法描述的集合，也不应该使同一元素重复出现，因为，这样做没有意义。

既然集合中元素的重复或元素之间顺序的变化并不影响集合本身，则说明，集合并不决定于它的元素展示方法。不过，在有些特殊情况下，集合也强调其元素的重复出现问题，即认为重复的元素都属集合的不同元素，一般称这种集合为**多重集合**。在基本集合理论的经典论述中，如果不特别指明时，均指非多重集合。本书在不加特别说时，也均指非多重集合，下同。

(1) 集合的表示(或描述)不唯一。

(2) 集合的元素还可以是集合。

例如，$A=\{a,b,c,D\}$，且$D=\{1,0\}$。该特点也是递归思想的理论基础，不过，这也为集合悖论埋下伏笔(见4.1.5小节)。

这便意味着，集合中的元素非常灵活，既可能某些具体的事物，亦可能是抽象概念。大到全宇宙，复杂到整个社会，小到一个分子，简单到一个符号。集合的元素不仅可以是个体，还可以是集体，甚至集合也可以是另外一个集合的元素等。

又如，$B=\{$张三，地球，哲学，$\{1,2,3\}\}$等。

还有，某集合中各元素之间可以有某种关联，也可以彼此毫无关系。实质上，这种毫无关系也不过是我们不便于直接观察到其间的联系罢了，从哲学意义上讲，既然它们出现在一个集合中，就说明它们之间存在着联系。

4.1.2 子集

研究集合的描述或表示是为了分析元素与集合之间的关系，而集合与集合之间的关系则是通过子集及其运算等概念来研究的。

假设有任意两个集合A和B，如果集合A中的每个元素，都是集合B中的元素，则称A是B的子集，或A包含于B中，亦称B包含A，记为$A\subseteq B$，如图4-1(a)所示。

子集定义亦可描述为

$$A \subseteq B \Leftrightarrow (\forall x)(x \in A \rightarrow x \in B)$$

例如，$A=\{1,2,3\}$，$B=\{2,5,1,3,6\}$，显然有$A\subseteq B$。

这种描述实质上也给出了证明$A\subseteq B$的基本思路。即：只需对集合A中的任意元素x，存在$x\in B$，即有$(\forall x)(x\in A\rightarrow x\in B)$即可。也正因如此，所以才有$A\subseteq A$成立，称为集合间包含关系的自反特征。

其实，对于任意的两个集合A和B，如果有$A\subseteq B$和$B\subseteq A$同时成立，则必有$A=B$成立，这也是集合间基于包含关系的反对称特征，常作为证明两个集合相等的方法之一。

另外,亦不难证明,如果有 $A \subseteq B$ 和 $B \subseteq C$ 成立,则有 $A \subseteq C$ 成立。这也是集合间基于包含关系的传递特征。

设有任意两个集合 A 和 B,若 $A \subseteq B$ 并且 $A \neq B$,则称 A 是 B 的**真子集**,也称 B **真包含 A**,或 A **真包含于 B**,记为 $A \subset B$。

同样道理,该定义也可表示为

$$A \subset B \Leftrightarrow A \subseteq B \wedge A \neq B$$

实质上,在上面例子中,有 $\{1,2,3\} \subset \{2,5,1,3,6\}$。

如果一个集合包含了所要讨论的每一个集合所有可能的元素,则称该集合为**全集**,记为 U 或 E。全集也可形式化地表示为

$$U = \{x \mid P(x) \vee \neg P(x)\}$$

其中,$P(x)$ 为任何合法的谓词。

其实,全集 U 也就是全总论域。故每个元素 x 都属于全集 U,即命题 $(\forall x)(x \in U)$ 总为真。

由全集的定义可知,对任意给定的集合 A,均有 $A \subseteq U$ 成立。

但在现实应用中,经常把某个相当大的集合看成全集 U,这主要是为了应用上的方便。

与全集相对应,我们总是将没有包含任何元素的集合称为**空集**,记为 $\varnothing$。空集可形式化地表示为 $\varnothing = \{x \mid P(x) \wedge \neg P(x)\}$, 其中,$P(x)$ 为任何合法的谓词公式。

由定义容易理解,对任何集合 A,均有 $\varnothing \subseteq A$。

因为,对于任意元素 x,均有 $x \in \varnothing \rightarrow x \in A$ 为真,所以,$\varnothing \subseteq A$ 成立。

注意,$\varnothing$ 与 $\{\varnothing\}$ 不同,甚至是两个不同的概念。$\varnothing$ 是没有任何元素的集合,而 $\{\varnothing\}$ 则是以 $\varnothing$ 为元素的集合,显然,集合 $\{\varnothing\}$ 中元素的个数是 1,而集合 $\varnothing$ 中的元素个数是 0。

在数论中,常用 $\varnothing$ 构成集合的无限序列,即

$$\varnothing, \{\varnothing\}, \{\{\varnothing\}\}, \cdots$$

该序列除第一项外,每项均是以前一项为元素的集合。如果将该序列适当变化,即除第一项外,后面的每项均是以前面各项为元素的集合。这就是冯 · 诺依曼给出的基于空集 $\varnothing$ 的自然数对应集合,常用来研究可数性问题。该序列即

$\varnothing, \{\varnothing\}, \{\varnothing, \{\varnothing\}\}, \{\varnothing, \{\varnothing\}, \{\varnothing, \{\varnothing\}\}\}, \{\varnothing, \{\varnothing\}, \{\varnothing, \{\varnothing\}\}, \{\varnothing, \{\varnothing\}, \{\varnothing, \{\varnothing\}\}\}\}, \cdots$

在所有可能的集合中,因 $\varnothing$ 是不包含任意元素的集合,所以,造就了空集的唯一性。

定理 4 -1　空集 $\varnothing$ 是唯一的。

证明:假设空集 $\varnothing$ 不唯一,即存在另外一个空集 $\varnothing'$,则由 $\varnothing \subseteq A$ 可知,必有 $\varnothing' \subseteq \varnothing$,且 $\varnothing \subseteq \varnothing'$ 成立。

于是,根据两个集合相互包含的反对称特征可知 $\varnothing' = \varnothing$。

于是,该定理得证。

例 4 -1　已知集合 $A = \{a, b\}$,试求出集合 A 的所有子集。

解：显然，空集$\varnothing \subseteq A$，即$\varnothing$是A的子集。

其次，因$\{a\} \subseteq A$，且$\{b\} \subseteq A$，所以，$\{a\}$和$\{b\}$均是集合A的子集。

又因$\{a,b\} \subseteq A$成立，所以，$\{a,b\}$也是其自身A的子集。

于是，集合A的子集分别为$\varnothing$、$\{a\}$、$\{b\}$、$\{a,b\}$。

4.1.3 基数

集合A的基数就是集合中彼此不同的元素的个数。基数也是度量集合大小的数量指标，也称作集合的势，记为$|A|$。如果集合A有m个彼此不同的元素，则有$|A| = m$。

一般地，如果m是个非负整数，则该集合A就是前面所说的**有限集合**，也称**有穷集合**，也称集合**A是有穷的**。否则，集合A就是**无限集合或无穷的**。

一般地，常用$N_m = \{0,1,2,\cdots,m-1\}$表示有穷集。而常见的无穷集合则有以下几个：

$\mathbf{Z}+ = \{1,2,3,\cdots\}$，表示由所有的正整数组成的集合。

$\mathbf{N} = \{0,1,2,3,\cdots\}$，指由所有的自然数组成的集合。

$\mathbf{Z} = \{\cdots,-2,-1,0,1,2,3,\cdots\}$，表示由所有的整数组成的集合。

另外，还常用$\mathbf{Q}$表示有理数集合、$\mathbf{R}$表示实数集合、$\mathbf{C}$表示复数集合等。

4.1.4 幂集

我们知道，集合的元素相对灵活，既可以是个体，也可以是集合，甚至集合的集合都可以作为另外一个集合的元素。一般地，将由集合A的所有子集组成的集合，称为集合A的**幂集**，记为$P(A)$。显然，集合A的幂集是一个集合族。

按照描述法的思想，幂集亦可描述为$P(A) = \{B \mid B \subseteq A\}$。

据定义，显然对于任意的集合A，均有$\varnothing \in P(A)$，$A \in P(A)$。

其实，$\varnothing$和A是$P(A)$中两个极端情况，是两个特殊的元素，亦称$P(A)$的平凡子集。

容易理解，$P(\varnothing) = \{\varnothing\}$。

假设$A = \{0\}$，$B = \{1,2\}$，$C = \{a,b,c\}$，则有

$$P(A) = \{\varnothing, \{0\}\}$$

$$P(B) = \{\varnothing, \{1\}, \{2\}, \{1,2\}\}$$

$$P(C) = \{\varnothing, \{a\}, \{b\}, \{c\}, \{a,b\}, \{a,c\}, \{b,c\}, \{a,b,c\}\}$$

从上述举例不难理解，如果$|A| = n$，则$|P(A)| = 2^n$。

因为空集$\varnothing$总是A的子集，也是唯一的，对应从n个元素里取任意0个元素的所有可能的取法，即只有1种，即C_n^0；而A的所有由任意1个元素组成的子集共有n个，也即C_n^1个；而A的所有由A中的任意2个元素组成的子集共有C_n^2个；……；A的所有由A中的任意$n-1$个元素组成的子集共有C_n^{n-1}个；最后一种情况就是由A的所有元素组成的集合，也就是A自身同样是A的子集，当然是唯一的，也即C_n^n个。

于是，A的子集总个数就应该是

$$C_n^0 + C_n^1 + C_n^2 + \cdots + C_n^{n-1} + C_n^n = 2^n$$

显然，当$n=0$，即$A = \varnothing$时，有$|P(A)| = |P(\varnothing)| = |\{\varnothing\}| = 1$。

例 4-2 设 $A=\{a,\{b\}\}$，试求解 $P(A)$。

解：$P(A)=\{\varnothing,\{a\},\{\{b\}\},\{a,\{b\}\}\}$

例 4-3 假设 $A=\{a,\varnothing\}$，试判断下列结论是否正确。

(1) $\varnothing\in A$；　(2) $\varnothing\subseteq A$；　(3) $\{\varnothing\}\subseteq A$；　(4) $\{\varnothing\}\in A$；

(5) $a\in A$；　(6) $a\subseteq A$；　(7) $\{a\}\in A$；　(8) $\{a\}\subseteq A$。

解：(1)，(2)，(3)，(5)(8)是正确的。

容易理解，如果集合 A 是无限集合，则其幂集自然也是无限集合，道理是相类似的。

思考：将上述 8 个小题中的 A 全部换成 $P(A)$，结果又会如何？

4.1.5 悖论*

悖论(Paradox)一词最初来自希腊语，意思是“多想一想”。这个词的意义比较丰富，它包括一切与人的直觉和日常经验相矛盾的数学结论，那些结论会使我们惊异无比。**悖论**是自相矛盾的命题。即如果承认这个命题成立，就可推出它的否定命题成立；反之，如果承认这个命题的否定命题成立，又可推出这个命题成立。如果承认它是真的，经过一系列正确的推理，却又得出它是假的；如果承认它是假的，经过一系列正确的推理，却又得出它是真的。看得出，悖论确实很诡异，故也称**吊诡**或**佯谬**等，是指一种导致矛盾的命题。在逻辑学上指可以同时推导或证明出两个互相矛盾的命题的理论体系或命题。

如前所述，传统的集合理论中对集合的定义并未做足够的限制，于是，便导致了概念上的悖论产生。一般情况下，集合本身并不能成为它自己的元素，例如，$\{0\}\in\{0\}$ 是不成立的，但现实情况并非总是如此，极端情况同样允许集合本身成为它自己的元素。

例如，设 A 表示所有概念组成的集合。问题便来了，A 本身其实也是个概念，于是，A 这个概念就应该属于集合 A 中的一个元素。因此，$A\in A$ 和 $A\notin A$ 便都是谓词，均可以用来定义集合。

在 1901 年，著名的数学家罗素(Bertrand Russell)就给出了一个非常经典的悖论。

假设论域是所有集合的集合，并定义 $S=\{A|A\notin A\}$，也就是说，定义 S 为不以自身为元素的集合。现在的问题是：“S 是不是它自己的元素呢？”

假设 S 不是它自己的元素，那么 S 便满足条件 $A\notin A$，就是说，它符合 S 的定义，既然符合定义，当然应该是它自己的元素，换言之，有 $S\in S$ 成立。也就是说，$S\notin S\rightarrow S\in S$ 永真。

反过来，如果 S 是它自己的元素，即 $S\in S$，那就说明它符合 S 的定义，所以亦有 $S\notin S$。也就是说，$S\in S\rightarrow S\notin S$ 永真。

这样一来，便形成了一个始终无法自圆其说的矛盾。也就是说，S 自身属于 S 和不属于 S 都不成立，都会走向自己的否定。

悖论是由一个被承认是真的命题为前提，设为 B，进行正确的逻辑推理后，得出一个与前提互为矛盾命题的结论非 B；反之，以非 B 为前提，亦可推得 B。那么命题 B 就是一个悖论。当然非 B 也是一个悖论。

一般地，一个集合，如果它的定义导致了无法调和的矛盾产生，则称该集合为非良定的。其实，罗素悖论源于它不受限制地定义集合的方法，特别是，集合可以是它自己的元素这种类程序设计中的递归意识，在集合定义中是值得推敲和怀疑的。后来，康托尔创立的许多公理化集合理论，都直接或间接地限制集合成为它自己的元素，这便从根本上杜绝了罗素悖论的产生。

使用若干公理化手段，确实能杜绝类似罗素悖论的产生，但并不能杜绝其他悖论的潜伏，而且业已证明，以目前的数学知识和理论，尚无法证明通过这些公理化的手段便能彻底杜绝一切可能的悖论产生，所以，现代数学的基础依然充满了不确定性。因为自然界在整体上是包含多样性的，但是，人们却总是置这些情况于不顾，而专注于自己感兴趣的特殊情况，当特殊情况与其他相反的情况或普遍性存在的一般情况相遇时必然产生某种相悖的结论。其实，悖论的产生不是它对数学基础产生了危机和影响，而是它对逻辑和认识产生了影响。

另外，无限集合本身就是一个模糊不清的概念规定，有限是可以称为集合，无限是不能称为集合的——起码以目前的知识水平和认识能力，是否应该把所有的无限笼统地概括在一起，值得人们思考。集合表示在某一个范围内的事，无限则是指范围为无限大的，否则就不应该称为无限而称有限。无限不应该成为一个任意性选择或适用的范围，一个数量当超过人类所能达到或认识的程度便进入无限的范围之中。直到21世纪，人类还没有完全清楚地知道所能认识到的半径有多大，所以无法准确地规定无限与有限之间的界限究竟在哪里。人类在对无限尚有太多不清楚的前提下，就以自己掌握的那一点有限的知识来推演无限的规律，遭遇悖论危机应该是很正常的事。

另外，集合本身的概念就是一个没有限制性的概念，总的集合可任意分成若干集合，都是集合，确切地说，人们不知道究竟是在哪种意义前提限制下的集合。子集合中存在悖论，或与别的集合之间存在悖论，子母集合之间也还存在悖论，因为在每种具体的子集合中都有属于它自身的规定和规则，只在自身范围有效，超越范围则失效，这是永远不可避免或取消的。除非取消类的集合层次之间的区别，那么又不符合对待具体事物的态度，无法满足实际应用要求。另外集合的本义与引申义常混合使用，有时与元素意义混同，集合在低层次相当于元素，当上升时为集合，当再次上升时又相当于元素，是累积式的。

罗素悖论在当它们还没有进行相互联系时是有效的，当它们进行相互联系时，即它们已经成为一个类（或一个整体），那么一个类（或一个整体）中是不允许或无法执行两种衡量标准或规定的。抑或是人们目前的智慧尚不能描述这种不同量级之间的均衡关系。

最生活化的悖论当属“先有鸡，还是先有蛋”的问题。因为，“鸡是由蛋孵化出来的，而蛋又是由鸡生出来的。”就是说，它里面隐含着一个不相容的前提假设，单独来看都符合日常观察，但合在一起却是一对无法调和的矛盾，这个互为因果的循环推理本身永远无法自我解脱，它需要实际的考证，如用考古学和生物学的研究成果等来证实，但以目前的知识和技术而言，尚无法证明。

据传最早的悖论则被认为是古希腊的“说谎者悖论”。公元前6世纪的哲学家克利特人艾皮米尼地斯曾说：“所有克利特人都说谎，他们中间的一个诗人这么说。”人们不尽会问：艾皮米尼地斯究竟有没有说谎？如果把这个悖论简化到极致，那便是“我在说谎”，因为如果他在说谎，那么“我在说谎”就是一个谎言，因此他说的是实话；不过，如果这是实话，他又在说谎。于是，矛盾不可避免了。该悖论的又一个表示便是“这句话是错的”，以及“那个说谎的人说：‘不论我说什么都是假的’。”事实上，这就是他所说的一句话，但是这句话是指他所说的话的总体。只是把这句话包括在那个总体之中的时候才产生一个悖论。

下面介绍几类经典悖论。

1. 理发师悖论

与罗素悖论有异曲同工之妙的是“理发师悖论”。某村唯一的理发师声明说：“我只给村里所有那些不给自己理发的人理发。”于是，有人问他：“你给不给自己理发？”理发师哑口无言。

这同样是个典型的矛盾推理问题。如果理发师不给自己理发，他就属于声明中提到的那个范畴，所以他必须为自己理发。但如果他为自己理发了，则他便违背了自己的声明。就是说，无论理发师怎么回答，他都无法排除内在的矛盾。

2. 万能悖论

圣经里说，上帝是万能的。于是，有人请上帝造一个重到他自己都举不起来的东西。上帝能造出来吗？如果他能，那么他不能举起这个东西，就证明他力量方面不是万能的。反过来，如果他不能造出这个东西，则证明他在创造方面不是万能的。

我国古代“自相矛盾”的典故，其实与上帝万能悖论是相通的。当一个无法阻挡的力量，碰到了一个无法移动的物体时，如果这个力量移动了物体，那么这个物体就不是无法移动的。如果这个力量没能移动物体，则证明它并非无法阻挡之力量。

“纸牌悖论”是说，在纸牌的一面写着：“纸牌反面的句子是对的。”而另一面却写着：“纸牌反面的句子是错的。”于是，人们无法猜出究竟哪一面说的是对的。而“乔丹悖论”则涉及两句话，即“后面这句话是对的，前面这句话是错的。”显然，该悖论与“纸牌悖论”“矛盾悖论”隶属同一结构。

3. 鳄鱼的困境

相传，有一条鳄鱼偷了一个父亲的孩子，鳄鱼向这个父亲保证说，如果这个父亲能猜出它要做什么，它就会把孩子还给这个父亲。这个聪明的父亲说：“我猜你不会将儿子还给我。”

鳄鱼陷入了两难的困境。因为鳄鱼如果不还儿子，则聪明的父亲就猜对了，既然猜对了，鳄鱼遵守自己的诺言，他就得将孩子还给父亲。可是，如果鳄鱼将孩子还给了这个父亲，那么这个聪明的父亲就猜错了，既然他猜错了，则鳄鱼就不能将孩子还给他。看得出，这是一个无解的问题。

其实，这个故事有好几个版本。也有说一伙强盗抓住了一个商人，强盗头对商人说：“你说我会不会杀掉你，如果说对了，我就把你放了；如果说错了，我就杀掉你。”这个聪明的商人说：“你会杀掉我。”于是，强盗不知所措，只好把他放了。

4. 沙堆悖论

有一堆沙子。如果拿走 1 粒，它还是一堆；如果再拿走 1 粒，它仍是一堆；如果就这样一次拿走 1 粒，那么，到最后当它只剩下 1 粒时，它还是一堆吗？另外，有没有一个固定的阈值，如 1 万粒，少于 1 万粒时便不能称为堆。如果存在这个固定的阈值，则比该阈值少 1 粒就不能称为堆，是不是不合理？

紧贴生活的还有所谓的“秃头悖论”，也是连锁悖论中的经典范例。绝对光头与有 1 根头发并无本质上的区别，那么只有 1 根头发与有 2 根头发就有本质区别吗？类似地，从 2 根到 3 根，从 3 根到 4 根等。但是，你肯定不会把有几十万根头发的人叫秃头吧？

5. 祖父悖论

该悖论是最著名的“时间悖论”之一，最早出现在科幻小说中。该悖论的必要前提是人类可以随心所欲地穿梭于四维空间，回到过去或将来。话说某人回到过去，在自己父亲出生前杀害了自己的祖父。既然祖父已死，就不会有其父亲，当然便不会有他；问题是既然他不存在，那又怎么能回到过去并杀死自己的祖父呢？与此同时，既然有回到过去的悖论，也会有到达将来的“先知悖论”。说某人到达未来，得知将发生的不幸结果 A，他在现时做出了避免导致结果 A

的行动，到达结果 B。那么结果 A 在未来根本没有发生，他又是如何得知结果 A 的呢？

悖论虽然表现出各种各样的形式，但实质上都属于人类的某些智慧尚不具备解决所有问题的可能，所以，尽管在类似于集合中，通过各种所谓的公理化手段加以归避，但仍然无法彻底消除悖论的产生，或是无法证明悖论将永远不会产生。

限于篇幅，关于悖论问题暂且讨论到这里，有兴趣的读者可参考相关资料。不过有一点是肯定的，虽然悖论属于严肃意义上的数学、哲学等学科的重要组成部分，但却常以“趣味数学”的面貌出现，并带有浓重的游戏色彩。然而，为数众多的新兴数学分支，正是那些数学大家们在探究这些趣味性问题时才衍生出来的。例如，欧拉因研究七桥问题而诞生了图论和拓扑学，莱布尼茨在玩插棍游戏时发现了数学分析理论，希尔伯特证明了切割几何图形中的许多重要定理，而冯·诺依曼则开创了博弈论，爱因斯坦更是对数学游戏之类的知识情有独钟。

4.2 集合的运算

集合运算的基础是假设所有集合都是全集 U 的子集，换言之，集合运算所用到的集合都是用论域 U 中的若干元素构成的。其实，集合上的运算就是用给定的某些集合（即运算对象）去描述（或指定）一些新的集合（即运算结果）。常用的集合运算主要有以下几种。

4.2.1 集合的并与交

1. 并集

假设有任意两个集合 A 和 B，则由属于 A 或属于 B 的所有元素组成的集合，称为集合 A 和集合 B 的**并集**，记为 $A\cup B$，即

$$A \cup B = \{x \mid x \in A \vee x \in B\}$$

并运算的文氏图表示如图 4-2(a) 所示。

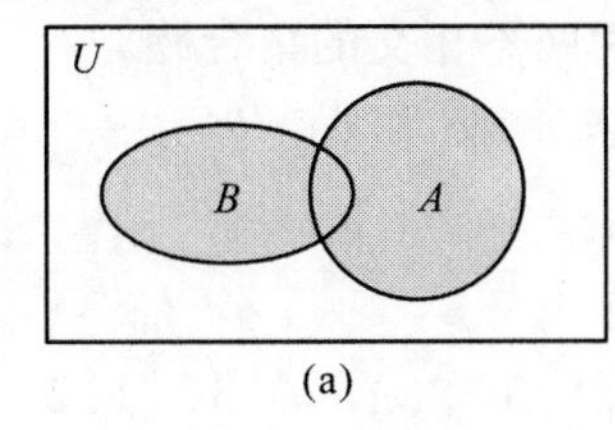

(a)

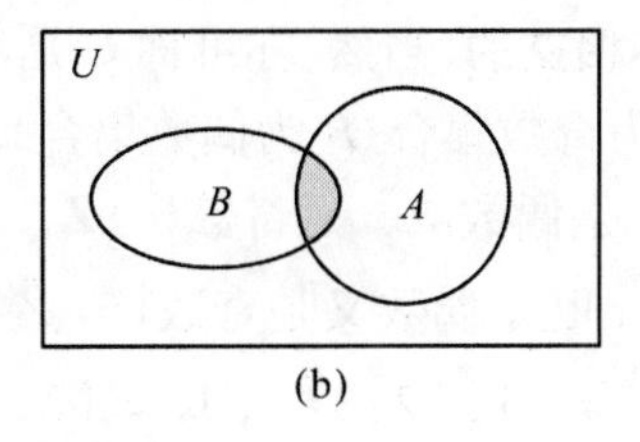

(b)

图 4-2 集合的并与交

例如，假设集合 $A=\{1,2,3\}$，$B=\{4,5,6,7\}$，则

$$A \cup B = \{1,2,3,4,5,6,7\}$$

又如，设 $A = \{x \mid x\geqslant 7\}$，$B=\{x \mid x\leqslant 1\}$，则

$$A \cup B = \{x \mid x \leqslant 1 \vee x \geqslant 7\}$$

定理：对于任意的有限集合 A 和 B，总有 $P(A)\cup P(B)\subseteq P(A\cup B)$ 成立。

例：设 $A=\{1,2\}$，$B=\{3,4\}$，则

$$P(A) = \{\varnothing,\{1\},\{2\},\{1,2\}\}$$

$$P(B) = \{\varnothing,\{3\},\{4\},\{3,4\}\}$$

而

$$A \cup B = \{1,2,3,4\}$$

所以

$$P(A \cup B) = \{ \varnothing, \{1\}, \{2\}, \{3\}, \{4\}, \{1,2\}, \{1,3\}, \{1,4\}, \{2,3\}, \{2,4\}, \{3,4\}, \{1,2,3\}, \{1,2,4\}, \{2,3,4\}, \{1,2,3,4\} \}$$

显然,$P(A) \cup P(B) \subseteq P(A \cup B)$成立。

反过来时,$P(A \cup B) \subseteq P(A) \cup P(B)$未必成立,这一点要特别注意。

有时,为了书写方便,常将 n 个集合的并集,简记为如下形式:

$$\cup A_i = A_1 \cup A_2 \cup A_3 \cup \cdots \cup A_n$$

其中,$i = 1,2,3,\cdots,n$。

2. 交集

假设有任意两个有限集合 A 和 B,则由属于 A 并且属于 B 的所有元素组成的集合,称为集合 A 和集合 B 的交集,记为 $A \cap B$,即

$$A \cap B = \{x \mid x \in A \land x \in B\}$$

集合的交运算用文氏图表示如图 4-2(b)所示。

例如,$A = \{1,2,3\}$,$B = \{2,3,4,5\}$,则

$$A \cap B = \{2,3\}$$

如果 $A = \{x \mid x \geqslant 7\}$,$B = \{x \mid x \leqslant 1\}$,则

$$A \cap B = \{x \mid x \leqslant 1 \land x \geqslant 7\} = \varnothing$$

一般地,如果 A 和 B 是任意两个集合,并且有 $A \cap B = \varnothing$,则称 A 和 B 是不相交的。进而,如果 C 是个集合族(即由集合组成的集合),并且 C 中任意两个不同元素都是不相交的,则称 C 中的集合是**两两不相交的**,当然,亦可称 C 是两两不相交的集合族。

例 4-4 设 A 为奇数集合,B 为偶数集合,求 $A \cup B$ 和 $A \cap B$。

解:$A \cup B = \{x \mid x$ 是偶数或 x 是奇数$\} = \mathbf{Z}$

$A \cap B = \{x \mid x$ 既是偶数又是奇数$\} = \varnothing$

例 4-5 设 $A_1 = \{1, \{2,3\}\}$,$A_2 = \{2, \{1,3\}\}$,$A_3 = \{3, \{1,2\}\}$,求 $A_1 \cap A_2$,$A_1 \cap A_3$,$A_2 \cap A_3$。

解:因为这三个集合均有两个元素,其中一个元素是个单独的数,而另一个元素则是两个数组成的集合,但这三个集合并没有共同元素,所以有

$$A_1 \cap A_2 = A_2 \cap A_3 = A_3 \cap A_1 = \varnothing$$

也就是说,A_1、A_2 和 A_3 是两两不相交的。

同样的,为了书写方便,也常将 n 个集合的交集表示为

$$\cap A_i = A_1 \cap A_2 \cap A_3 \cap \cdots \cap A_n$$

其中,$i = 1,2,3,\cdots,n$。

4.2.2 集合的差与补

假设有任意的两个有限集合 A 和 B,将由属于 A 但不属于 B 的所有元素组成的集合,称为

集合 A 与集合 B 的差集，也称为 **B 关于 A 的相对补**，记为 $A-B$，即

$$A - B = \{x \mid x \in A \wedge x \notin B\}$$

其对应的文氏图如图 4-3(a)所示。

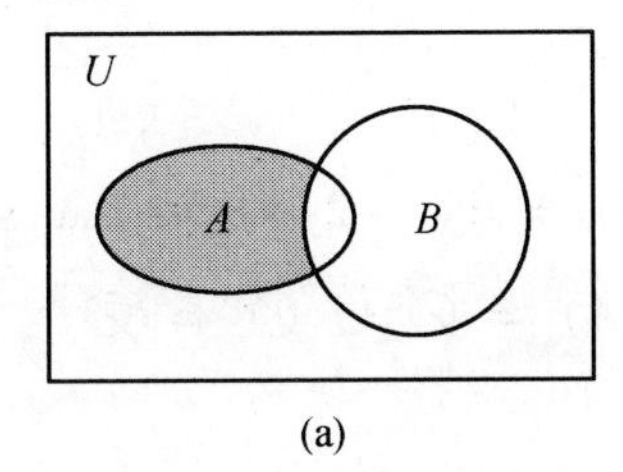

(a)

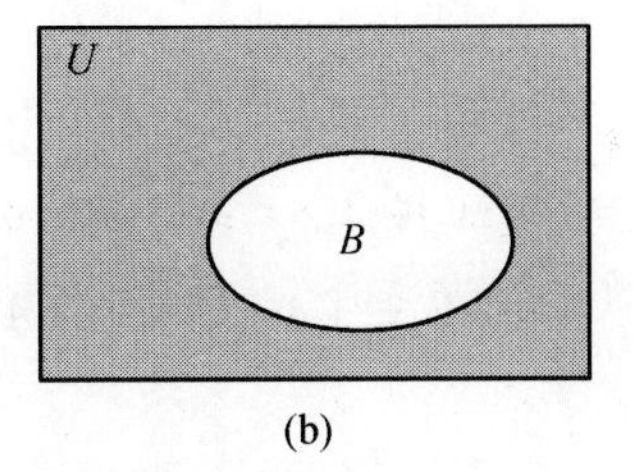

(b)

图 4-3　集合的差与补示意图

如果 A 是全集，即当 $A=U$ 时，则将 A 与 B 的差 $A-B$ 称为 B 的补集，记为 $\neg B$。对应的文氏图如图 4-3(b)所示。

为了将差与补的定义统一起来，一般称差集为**相对补**，随之也就将补集称为**绝对补**。当然，无论是差运算还是补运算，其结果仍然是集合。

4.2.3　环和与环积*

1. 环和

设 A,B 是任意两个有限集合，则集合 $(A-B)\cup(B-A)$ 称为集合 A,B 的**对称差**，也称**环和**(Symmetric difference)，记为 $A\oplus B$，显然

$$A \oplus B = (A \cup B) - (A \cap B) = (A \cup B) \cap (\neg A \cup \neg B)$$

其对应的文氏图表示如图 4-4(a)所示。就是将 $A\cup B$ 中同时属于 A 和 B 的那一公共区域之元素挖掉之后，剩下的部分便是环和。不难看出，对称差$\oplus$与逻辑中的“异或”运算很类似。

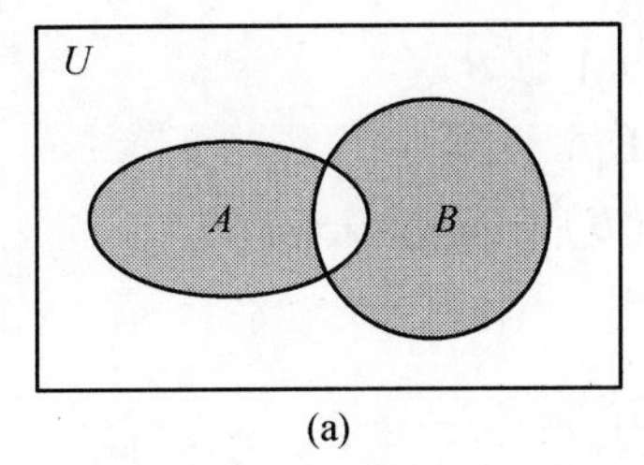

(a)

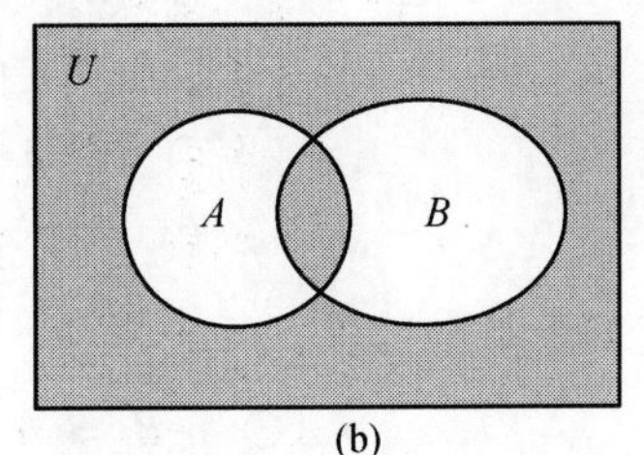

(b)

图 4-4　集合的环和、环积示意图

例 4-6　$A=\{a,b,e\}$，$B=\{a,c,d\}$，试求 $A\oplus B$。

解：根据对称差的定义，因为

$$B - A = \{c,d\},A - B = \{b,e\}$$

所以，由环和的定义可知

$$A \oplus B = (A - B) \cup (B - A) = \{b,e\} \cup \{c,d\} = \{b,e,c,d\}$$

又由 $A\oplus B=(A\cup B)-(A\cap B)$ 可知，因

$$(A \cup B) = \{a,b,c,d,e\}$$

$$(A \cap B) = \{a\}$$

所以,$A \oplus B = (A \cup B) - (A \cap B) = \{b, e, c, d\}$

例 4-7 设 $A = \{x \mid (x < -2) \wedge (x \in \mathbf{R})\}$,而全集 $U = \{x \mid (x \leqslant 2) \wedge (x \in \mathbf{R})\}$。试求:$\neg A, A \oplus A$。

解:根据补的定义可知

$$\neg A = \{x \mid x \leqslant 2 \wedge x \geqslant -2, x \in \mathbf{R}\} = \{x \mid -2 \leqslant x \leqslant 2, x \in \mathbf{R}\}$$

$$A \oplus A = (A - A) \cup (A - A) = \varnothing \cup \varnothing = \varnothing$$

同样地,有

$$A \oplus A = (A \cup A) - (A \cap A) = A - A = \varnothing$$

显然,结果是一样的。

环和一般有如下基本性质:

$$\neg A \oplus \neg B = A \oplus B$$
$$A \oplus B = B \oplus A$$
$$A \oplus A = \varnothing$$
$$(A \oplus B) \oplus C = A \oplus (B \oplus C)$$
$$C \cap (A \oplus B) = (C \cap A) \oplus (C \cap B)$$

有兴趣的读者可自行证明上述基本性质。

2. 环积

设 A, B 是任意两个有限的集合,则 A, B **对称差的补称为**集合 A, B 的环积,记为 $A \odot B$。

其对应的文氏图表示如图 4-4(b)所示,很明显,在区域分布上与环和是正好相反的,显然

$$\begin{aligned} A \odot B &= \neg (A \oplus B) \\ &= (A \cup \neg B) \cap (\neg A \cup B) \\ &= (A \cap B) \cup (\neg A \cap \neg B) \\ &= \{x \mid (x \in A \wedge x \in B) \vee (x \notin A \wedge x \notin B)\} \end{aligned}$$

环积一般有如下基本性质:

$$\neg A \odot \neg B = A \odot B$$
$$A \odot B = B \odot A$$
$$A \odot A = U$$
$$(A \odot B) \odot C = A \odot (B \odot C)$$
$$A \cup (B \oplus C) = (A \cup B) \oplus (A \cup C)$$

4.2.4 集合的笛卡儿积

笛卡儿积不仅在图论中有广泛的应用,它还是关系数据库理论的数学基础,所以,讨论集合的笛卡儿积意义非凡。为讨论笛卡儿积,须首先引入序偶概念。

两个元素 a, b 组成一个二元组,若它们有次序之别,即它们的先后位置不能随意交换,则称这个二元组为**有序二元组**,亦称**有序**对或**序偶**,记为 $<a, b>$。其中,a 被称为第一分量,而 b

则被称为第二分量。

若 a,b 之间没有次序上的区分，即可随意交换其先后位置，则称该二元组为**无序二元组**，或**无序对**，常被记为 (a,b)。

根据上述定义，显然有 $(a,b)=(b,a)$ 成立，但是，$<a,b> \neq <b,a>$。

当然，如果 $a=b$，则 $<a,b> = <b,a>$ 成立。

对于任意给定的两个有序对 $<x,y>$ 和 $<u,v>$。当且仅当 $x=u$ 和 $y=v$ 时，有序对 $<x,y>$ 和 $<u,v>$ 才相等。

于是，$<a,<b,c>>$ 与 $<a,b,c>$ 便不可同日而语。前者是由一个单元素个体和一个序偶组成的有序二元组，即序偶。而后者却是由三个单元素个体组成的有序三元组。显然，二者在概念上是有本质区别的，属于不同层次。

不难将有序二元组（即序偶）推广到有序 **n 元组**。它的第一分量是有序 $(n-1)$ 元组，并记为：$<<x_1,x_2,\cdots,x_{n-1}>,x_n>$，或直接记为 $<x_1,x_2,\cdots,x_{n-1},x_n>$

类似地，可定义两个有序 n 元组相等如下：

$$<x_1,x_2,\cdots,x_{n-1},x_n> = <y_1,y_2,\cdots,y_{n-1},y_n>$$

当且仅当

$$(x_1=y_1)\wedge(x_2=y_2)\wedge\cdots\wedge(x_{n-1}=y_{n-1})\wedge(x_n=y_n)$$

集合之间的笛卡儿积运算就是以序偶为基础来定义的。

给定集合 A 和 B，若有序对的第一分量是 A 的元素，第二分量是 B 的元素，则由所有这些有序对组成的集合，称为集合 A 和集合 B 的**笛卡儿积**，记为 $A\times B$，也即 $A\times B=\{<x,y> \mid x\in A \wedge y\in B\}$。

例 4-8 设集合 $A=\{a,b,c\}$，$B=\{1,2\}$；试求 $A\times B, B\times A, A\times A, (A\times B)\cap(B\times A)$。

解：$A\times B=\{<a,1>,<a,2>,<b,1>,<b,2>,<c,1>,<c,2>\}$

$B\times A=\{<1,a>,<1,b>,<1,c>,<2,a>,<2,b>,<2,c>\}$

$$(A\times B)\cap(B\times A)=\varnothing$$

$$A\times A=\{<a,a>,<a,b>,<a,c>,<b,a>,<b,b>,<b,c>,<c,a>,<c,b>,<c,c>\};$$

值得说明的是，如果 A,B 均是有限集，且 $|A|=m$，$|B|=n$，则必有 $|A\times B|=m\times n$。

一般地，$A\times B$ 与 $B\times A$ 不相等，也就是说，集合的笛卡儿积运算不符合交换律。

例 4-9 设 $A=\{x|(1\leqslant x\leqslant 2)\wedge(x\in\mathbf{R})\}$，$B=\{y|(y\geqslant 0)\wedge(y\in\mathbf{R})\}$；试求 $A\times B, B\times A$。

解：$A\times B=\{<x,y>|(1\leqslant x\leqslant 2)\wedge(y\geqslant 0)\wedge(x\in\mathbf{R})\wedge(y\in\mathbf{R})\}$

$B\times A=\{<x,y>|(x\geqslant 0)\wedge(1\leqslant y\leqslant 2)\wedge(x\in\mathbf{R})\wedge(y\in\mathbf{R})\}$

很容易将两个集合之间的笛卡儿积的概念推广到 n 个集合之间。

一般地，$A_1,A_2,\cdots,A_n$ 之间的笛卡儿积定义为

$$A_1\times A_2\times\cdots\times A_{n-1}\times A_n=\{<x_1,\cdots,x_n>|x_i\in A_i, i=1,2,\cdots,n\}$$

当 $A_1=A_2=\cdots=A_n$ 时，也简记 $A\times A\times\cdots\times A$ 为 A^n。

其实，用数学归纳法不难证明，如果 $A_i(1\leqslant i\leqslant n)$ 是有穷集合，则有

$$|A_1\times A_2\times\cdots\times A_n|=|A_1|\cdot|A_2|\cdot\cdots\cdot|A_n|$$

至于笛卡儿积对并或笛卡儿积对交的分配问题，将一并放在 4.3 节详加介绍，此处从略。

实质上,集合之间也有商运算,那就是等价类划分问题(见5.5.2小节)。

4.3 集合运算定律

假设在下面的阐述中,A、B、C 和 D 均是任意给定的有限集合。

1. 交换律

集合的并运算和集合的交运算均满足交换律,即有

$$A \cup B = B \cup A$$
$$A \cap B = B \cap A$$

另外,笛卡儿积运算不满足交换律,即当集合 A、B 均非空,且 $A \neq B$ 时,$A \times B \neq B \times A$。注意:$A \times \varnothing = \varnothing, \varnothing \times A = \varnothing$。

2. 结合律

集合的并运算和集合的交运算均满足结合律,即有

$$(A \cup B) \cup C = A \cup (B \cup C)$$
$$(A \cap B) \cap C = A \cap (B \cap C)$$

值得注意的是,集合的笛卡儿积不满足结合律,即当 A,B,C 均非空时,有

$$(A \times B) \times C \neq A \times (B \times C)$$

因为

$$(A \times B) \times C = \{ < < a,b >,c > | a \in A, b \in B, c \in C\}$$

而

$$A \times (B \times C) = \{ < a, < b,c > > | a \in A, b \in B, c \in C\}$$

3. 分配律

集合运算中的并对交、交对并都是可分配的,即有

$$A \cup (B \cap C) = (A \cup B) \cap (A \cup C)$$
$$A \cap (B \cup C) = (A \cap B) \cup (A \cap C)$$

集合运算中的笛卡儿积对并、笛卡儿积对交也都是可分配的,即有

$$A \times (B \cup C) = (A \times B) \cup (A \times C)$$
$$A \times (B \cap C) = (A \times B) \cap (A \times C)$$
$$(A \cup B) \times C = (A \times C) \cup (B \times C)$$
$$(A \cap B) \times C = (A \times C) \cap (B \times C)$$

4. 幂等律

$$A \cup A = A$$
$$A \cap A = A$$

5. 归一律

同一律:$A \cup \varnothing = A, A \cap U = A$

零一律:$A \cap \varnothing = \varnothing, A \cup U = U$

6. 补余与吸收律

$$补余律: A \cap \neg A = \varnothing, A \cup \neg A = U$$

$$吸收律: A \cup (A \cap B) = A, A \cap (A \cup B) = A$$

7. 德·摩根律

$$\neg (A \cup B) = \neg A \cap \neg B$$

$$\neg (A \cap B) = \neg A \cup \neg B$$

8. 双重否定

$$\neg (\neg A) = A$$

9. 其他定律

$$A - B = A \cap \neg B$$

$$若 A \subseteq B, 则 A \cup B = B, A \cap B = A$$

$$若 A \subseteq B 且 C \subseteq D, 则 A \cup C \subseteq B \cup D, A \cap C \subseteq B \cap D$$

$$A \cup U = U$$

$$A \cap U = A$$

$$A - (B \cup C) = (A - B) \cap (A - C)$$

$$A - (B \cap C) = (A - B) \cup (A - C)$$

$$\neg U = \varnothing$$

$$\neg \varnothing = U$$

$$A \oplus B = (A - B) \cup (B - A) = (A \cup B) \cap (\neg A \cup \neg B) = (A \cup B) - (A \cap B)$$

$$\neg A \oplus \neg B = A \oplus B$$

$$A \oplus B = B \oplus A$$

$$A \oplus A = \varnothing$$

值得注意的是,集合运算中的交、并和补,甚至笛卡儿积等,在优先顺序上一般并未明确规定,故在运算过程中若有特殊需要,可通过括号来实施灵活调整,否则一律按从左到右的顺序处理之即可。

例 4-10 假设 A,B,C 是任意 3 个有限集合,试证明下列集合运算等式或结论。

(1) $A \cap (B - C) = (A \cap B) - (A \cap C)$。

(2) $(A - B) \cap (A - C) = \Phi \Leftrightarrow A \subseteq B \cup C$。

(3) $A = (A - B) \cup (A - C) \Leftrightarrow A \cap B \cap C = \Phi$。

(4) 如果有 $A \cap B = A \cap C, A \cup B = A \cup C$,则 $C = B$。

证明:

(1) 该式右侧即,$(A \cap B) - (A \cap C)$

$$
\begin{aligned}
&= (A \cap B) \cap \neg (A \cap C) \\
&= (A \cap B) \cap (\neg A \cup \neg C) \\
&= (A \cap B \cap \neg A) \cup (A \cap B \cap \neg C) \\
&= A \cap B \cap \neg C \\
&= A \cap (B \cap \neg C) \\
&= A \cap (B - C) = 左侧
\end{aligned}
$$

故等式成立。

(2) 因为$(A-B)\cap(A-C)=(A\cap\neg B)\cap(A\cap\neg C)$

$=A\cap(\neg B\cap\neg C)$

$=A\cap\neg(C\cup B)$

$=A-(B\cup C)$

又有$(A-B)\cap(A-C)=\Phi$

所以$A-(B\cup C)=\Phi$

故$A\subseteq B\cup C$

因为$A\subseteq B\cup C$

所以$A-(B\cup C)=\Phi$

而$A-(B\cup C)=(A-B)\cap(A-C)$

所以$\Phi=(A-B)\cap(A-C)$

于是,等式成立。

(3) 因为$(A-B)\cup(A-C)=(A\cap\neg B)\cup(A\cap\neg C)$

$=A\cap(\neg B\cup\neg C)$

$=A\cap\neg(C\cap B)=A-(B\cap C)$

又有$A=(A-B)\cup(A-C)$

所以$A=A-(B\cap C)$

故$A\cap B\cap C=\Phi$

因为$A\cap B\cap C=\Phi$

所以$A-(B\cap C)=A$

而$A-(B\cap C)=(A-B)\cup(A-C)$

所以$A=(A-B)\cup(A-C)$

于是,等式成立。

(4) 因为

$$\begin{aligned}B&=B\cap(A\cup B)\\&=B\cap(A\cup C)\\&=(B\cap A)\cup(B\cap C)\\&=(A\cap C)\cup(B\cap C)\\&=C\cap(A\cup B)\\&=C\cap(A\cup C)\\&=C\end{aligned}$$

于是,等式成立。

4.4 集合计数

假设在下面的阐述中,A、B、C和D均是任意给定的有限集合。

如果有限集合A,B不相交,则有

$$|A\cup B|=|A|+|B|$$

例如，$A = \{1,3,5,7,9\}$，$B = \{2,4,6,8,10\}$；显然

$$A \cup B = \{1,3,5,7,9,2,4,6,8,10\}$$

所以，$|A \cup B| = 10$；又知 $|A| = 5$；$|B| = 5$，所以，$|A \cup B| = |A| + |B|$ 成立。

但在一般情况下，则以下关系成立。

$$|A \cap B| \leqslant \mathrm{Min}(|A|,|B|) \leqslant \mathrm{Max}(|A|,|B|) \leqslant |A \cup B| \leqslant |A| + |B|$$

$$|A| - |B| \leqslant |A - B| \leqslant |A|$$

$$|A \oplus B| = |A| + |B| - 2|A \cap B|$$

定理 4－2 $|A \cup B| = |A| + |B| - |A \cap B|$

该定理亦称**包含排斥定理**，它在实用中使用相对最多，最为经典。

证明：$A = A \cap U = A \cap (B \cup \neg B) = (A \cap B) \cup (A \cap \neg B)$

观察上式最后得出的两个要进行并运算的交集，即 $(A \cap B)$ 和 $(A \cap \neg B)$。

显然，其交运算结果是空集，即

$$(A \cap B) \cap (A \cap \neg B) = \varnothing$$

也就是说，因为 $(A \cap B)$ 与 $(A \cap \neg B)$ 不相交，所以，可利用前面介绍过的关系式，有

$$|A| = |A \cap B| + |A \cap \neg B|$$

将上式移项，得

$$|A \cap \neg B| = |A| - |A \cap B| \tag{4-1}$$

又知

$$(A \cap \neg B) \cup B = (A \cup B) \cap (B \cup \neg B) = (A \cup B) \cap U = A \cup B$$

所以，有

$$|A \cup B| = |(A \cap \neg B) \cup B| \tag{4-2}$$

又因

$$(A \cap \neg B) \cap B = \varnothing$$

就是说，式(4－2)右侧中取并运算的两部分之间是不相交的，所以，其基数可用这两个不相交的集合基数之和来表示，即

$$|(A \cap \neg B) \cup B| = |(A \cap \neg B)| + |B|$$

代入式(4－2)，有

$$|A \cup B| = |A \cap \neg B| + |B|$$

再将式(4－1)代入上式，即

$$|A \cup B| = |A| - |A \cap B| + |B| = |A| + |B| - |A \cap B|$$ ［证毕］

其实，包含排斥定理亦可从文氏图中得到理解，如图 4－5 所示。其中 A 与 B 的交集部分显然被 $|A| + |B|$ 计算了两次，所以最后要取掉，即减去 $|A \cap B|$ 部分。

例 4－11 某学员队共有学员 100 名，其中 50 名选修了 C 语言，36 名选了 VB 语言，而两门语言均选的有 12 人。问：这两门课中一门也没选的有多少人？

解：假设集合 A 表示选 C 语言的学员；集合 B 表示选 VB 语言的学员。

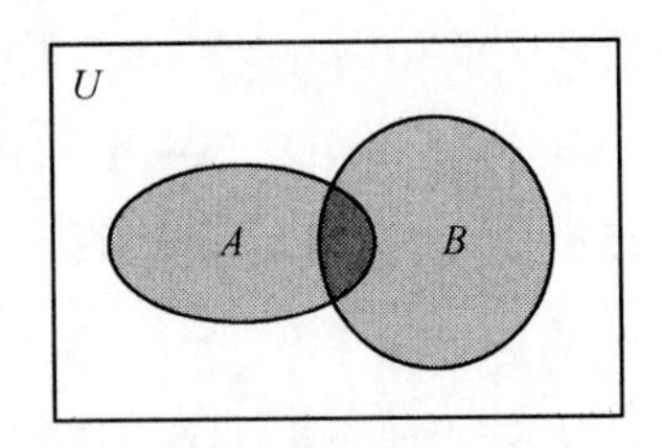

图 4-5　包含排斥定理示意

从题目给定的已知条件可知

$$|A| = 50, |B| = 36, |A \cap B| = 12$$

根据包含排斥定理可知

$$|A \cup B| = |A| + |B| - |A \cap B| = 50 + 36 - 12 = 74(\text{人})$$

因共有学员 100 名,即因为 $|U| = 100$,所以

$$|\neg (A \cup B)| = |U| - |A \cup B| = 100 - 74 = 26(\text{人})$$

共有 26 名学员,既没有选修 C 语言,也没有选修 VB 语言。

从两个集合之间的包含与排斥很容易就可推广到多个,如 3 个集合的包含排斥定理即

$$|A \cup B \cup C| = |A| + |B| + |C| - |A \cap B| - |A \cap C| - |B \cap C| + |A \cap B \cap C|$$

其对应的文氏图表示如图 4-6 所示。其中 A、B 和 C 的两两交集部分,被 $|A| + |B| + |C|$ 各计算了 3 次,所以最后要取掉,即减去 $|A \cap B|$、$|B \cap C|$、$|A \cap C|$ 三部分。

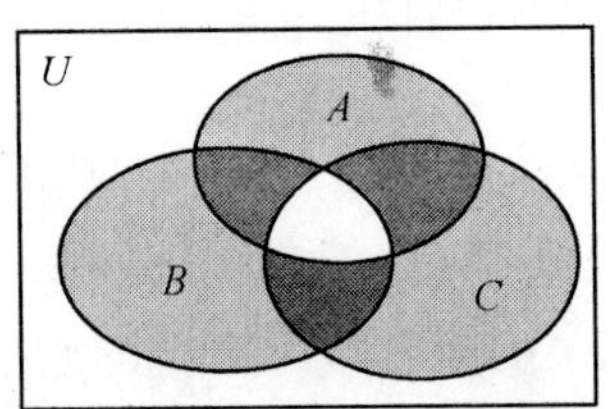

图 4-6　三个集合包含排斥

但是,最中间的 $|A \cap B \cap C|$ 则在这种去掉两两重复交集的过程中被多次减掉了,所以,还要再加回来,因此,才有最后加 $|A \cap B \cap C|$ 的计算。

例 4-12　求 1 ~ 500 之间能被 2,3,7 任一数整除的整数个数。

解:设 1 ~ 500 间分别能被 2,3,7 整除的整数集合为 A,B,C。

所以,有

$$|A| = [500/2] = 250(\text{个})$$

$$|B| = [500/3] = 166(\text{个})$$

$$|C| = [500/7] = 71(\text{个})$$

同理,有

$$|A \cap B| = [500/(2*3)] = 83(\text{个})$$

$$|A \cap C| = [500/(2*7)] = 35(\text{个})$$

$$|B \cap C| = [500/(3*7]] = 23(\text{个})$$

还有

$$|A\cap B\cap C| = [500/(2*3*7)] = 11(个)$$

所以

$$|A\cup B\cup C| = |A|+|B|+|C|-|A\cap B|-|B\cap C|-|B\cap C|+|A\cap B\cap C|$$
$$= 250+166+71-83-35-23+11 = 357(个)$$

容易理解,集合数从 3 个推广到 4 个时,定理如下:

$$\begin{aligned}&|A_1\cup A_2\cup A_3\cup A_4| = |A_1|+|A_2|+|A_3|+|A_4|\\&-|A_1\cap A_2|-|A_1\cap A_3|-|A_1\cap A_4|-|A_2\cap A_3|-|A_2\cap A_4|-|A_3\cap A_4|\\&+|A_1\cap A_2\cap A_3|+|A_1\cap A_2\cap A_4|+|A_1\cap A_3\cap A_4|+|A_2\cap A_3\cap A_4|\\&-|A_1\cap A_2\cap A_3\cap A_4|\end{aligned}$$

该定理推广到 n 个集合之间的的包含排斥定理,则有

$$|A_1\cup A_2\cup\cdots\cup A_n| = \sum|A_i| - \sum|A_i\cap A_j| + \sum|A_i\cap A_j\cap A_k|+\cdots+(-1)^{n-1}\cdot|A_1\cap A_2\cap\cdots\cap A_n|$$

其中,$i = 1,2,3,\cdots,n;j = 1,2,3,\cdots,n;k = 1,2,3,\cdots,n$。

4.5 可列集与无限集*

当集合的元素个数超出有限范畴时,则上述的许多结论和定理都不再成立,因此,适当研究无限集合是必要的。正如大数学家希尔伯特(D. Hilbert)所说的那样:“没有任何问题可以像无穷那样深深地触动人的情感,很少有别的观念能像无穷那样激励理智、产生富有成果的思想,然而也没有任何其他的概念能像无穷那样需要加以阐明。”

康托尔被誉为对 20 世纪数学发展的影响最深的学者之一,他的研究就是从查点集合之元素数开始的,而其独创性在于对无限集合(如自然数集、整数集等)的研究。康托尔发现人们在计数时应用了一一对应的方法,并由此把“无穷的各种关系弄得完全明朗。”

日常生活中,当集合元素不多时,人们通过手指即可清点出结果。如果元素稍多,如教室里有 100 个座位,教员一进教室见坐满了人,他无须一一点名就知道听课人数是 100。这是因为每个人都占一个座位,而每个座位都坐着一个人。

一一对应一直是计数有限集合的根据。因为,如果集合 A 与集合 B 能够建立一种一一对应,就称这两个集合基数相等。其实,描述“班级点名”问题时,已知其基数的“座位“集合,因与未知基数的“听课人数”集合之间的这种一一对应,很自然地就可获得“听课人数”集合的基数。

康托尔提出的这种一一对应机制不仅适应有限集合,同样也适应无限集合。因为,自然数集 **N**、正整数集合 $\mathbf{Z}_+$ 和整数集合 **Z** 三者之间确实存在着一一对应的关系,如图 4-7 所示。

N:	0	1	2	3	4	5	6	7	8	9	10	……
	↕	↕	↕	↕	↕	↕	↕	↕	↕	↕	↕	……
Z:	0	1	−1	2	−2	3	−3	4	−4	5	−5	……

图 4-7　一一对应示意图

康托尔正是利用一一对应,给出了可列集的概念。如果一个无限集中的元素可按某种规

律排成一个序列,则称其为可列集。每个无限集必定包含可列子集,但无限集并非一定是可列集。容易理解,自然数集、有理数集、整数集都是可列集。而实数集、复数集、直线点集、平面点集都是不可列集(或不可数集)。

其实,可列集是最小的无限集合。而它的幂集已经是不可数集,因为它和实数集存在一一对应(也称同势,即基数相同)。

基于上述概念和理解,我们不难理解如下特性:

(1) 有限个可列集的并集是可列集。

(2) 可列个可列集的并集是可列集。

(3) 任何可列集的无穷子集是可列集。

(4) 任何无穷集都包含一个可列的真子集。

(5) 一个无穷集并上一个可列集还与其自身等势。

(6) 可列集的幂集与实数集等势。

初看,当"基数相等"概念向无限集合推广时,出现的自然数集合与其部分(即偶数集合)基数相等问题,似乎是不能的,因为无限集合好像违背了我们根深蒂固的经验:"整体大于部分"。但这种经验是局限于有限世界的,显然无法超越无穷大。这有些类似物理学中,当速度超过光速时,牛顿定理便不在适应,转而需要相对论的支持,而在微观世界里用的是量子力学,只有在日常生活中适用的才是牛顿定律一样。

康托尔当年也是基于无限集合不能与有限集合遵循相同的规则来思考,他认为,能够与其自身的真子集进行一一对应的集合称为无限集合。这便构成了无限集合最基本的特性。

正基于此,才有偶数集、奇数集、平方数集、整数集,它们的元素个数(基数)均相同,它们都是与自然数集同一类的集合,又称为"可数的无限集合"。

长期以来,人们一直认为任意两个无穷集都一样大。但直到1891年,康托尔证明了"任何一个集合的幂集(即由它的所有子集组成的集合)的基数都大于这个集合的基数"时,人们才认识到无穷集合居然也可以比较大小。

康托尔发现,这种可数的无穷集合元素数是所有无穷大等级中最低级(即规模最小)的无穷数。而实数集(即数轴上点的集合)则是第二级无穷大的数,它等于自然数集的幂集的基数。当然,第三级无穷大数比这要多得多。

康托尔发现了无穷大的这种不同等级,他把这种新型的奇异等级称为$\aleph_0$(阿列夫零)、$\aleph_1$(阿列夫1)、$\aleph_2$(阿列夫2)等。其中,$\aleph$是希伯来文的第一个字母。

问题是:是否存在一个无穷集合,它的基数比自然数集的基数$\aleph_0$大,而比数轴上的点所组成之集合的基数$\aleph_1$要小呢?这个问题被称为连续统问题,也称为康托尔猜想。

后来有人证明说,康托尔猜想这个问题的解答是否定的,即,在$\aleph_0 \sim \aleph_1$之间不再存在其他的无穷集基数。也就是说,在无限集合范畴中,$\aleph_0$、$\aleph_1$、$\aleph_2$、$\aleph_3$、… 是连续的,其间不存在其他的规模,这就是连续统假设问题。

1938年,哥德尔证明了连续统假设问题在ZFC公理系统中是协调的,到1963年,科恩证明连续统问题对ZFC公理系统是独立的,是不可能判定真假的。这样,在ZFC公理系统中,连续统问题是不可能判定真假的。

另外,如果考虑所有的集合组成的最大的集合族,那么,这个集合族的幂集当然也是集合,所以,本身也应该是该集族的一部分,从而它的势(基数)应该不超过原集合的势(基数);但从另一方面来看,幂集的势(基数)严格大于原集合的势(基数),于是,矛盾便产生了。这就是著名的“康托尔悖论”。

罗素最先意识到了在集合的概念中存在的问题。经过分析,他提出了“类型理论”,他认为有一类“集合”并不是真正的集合,而是所谓的“类”,集合本身不能包含其自身,但“类”则可以。就是说,他把集合元素的取值范围做了个限定,从而消除了集合中隐含的那个矛盾点。从该角度出发,不仅可以很简单地解释上述悖论,实质上,从该角度出发上述悖论根本不存在。

4.6 集合的计算机表示*

集合不同于数组,集合元素之间没有先后顺序关系,更没有类似树结构(见第8章)那样的承接关系,因此,在计算机内存中对于集合的表示和存储,便需要与数组和链表等相区别。

不过,在计算机中表示集合的方法相对较多,最容易想到的就是把集合的元素无序地存储起来。但此刻,在做集合的交、并或差运算时会浪费大量的时间,因为,这种结构在运算时需要做大量的元素检索和移动,故效率很低。

另一种方法是利用全集元素的一个任意排序存放元素,以表示集合的方法。该方法使得对集合的各种运算十分容易,效率很高。但缺点是,需要提前确定集合基于之全集元素,这在实用中是有一定要求的。

假定全集 U 有限,而且大小也相对合适(能保证在计算机的存储设备中全部存得下)。首先为 U 的所有元素任意规定一个顺序,设为 $a_1, a_2, a_3, \cdots, a_n$。

于是,可以用长度为 n 的位串表示全集 U 的某一子集 A。就是说,如果全集 U 的某一个元素属于 A,即 $a_i \in A$,则在该位串的第 i 个位置上取1;如果全集 U 的某一个元素不属于 A,即有 $a_i \notin A$,则在该位串的第 i 个位置上取0。下面举例说明该方法的实用原理。

例如,令 $U = \{1,2,3,4,5,6,7,8,9,10\}$,而且假设 U 的元素已经从小到大做好排序,即 $a_i = i$。则表示由 U 中某些元素组成的集合,可描述为:

由 U 中所有奇数组成的集合,即$\{1,3,5,7,9\}$,其位串即为“10101 01010”;

由 U 中所有偶数组成的集合,即$\{2,4,6,8,10\}$,其位串即为“01010 10101”。

(注意:在上述的位串表示中,为便于读者阅读方便,特将位串每5位分为一段。实用中并非如此。)

同理,U 的子集 $\{1,2,3,6,8,9\}$,其位串即为“11100 10110”;

U 的子集 $\{3,4,9,6,1\}$,其位串即为“10110 10010”。

基于位串的集合表示,在集合的差、补和交与并等运算中十分方便。例如,如果要求集合 A 的补,则只要将 A 所对应的位串中,将所有的1变成0,并将所有的0变成1即可。

要得到两个集合的并集和交集,可对表示这两个集合之位串,按位做布尔运算(见第11章)即可。只要两个位串第 i 位有一个是1,则并集所对应之位串的相应位置便为1,当两个字位都是0时才为0,它表示该位置所对应之元素不属于两个集合的并集。

容易理解,只要两个位串第 i 位都是1,则其交集所对应之位串的相应位置才应该是1,这表示,该位置所对应之元素属于两个集合的交集。都是0或一个1一个0,都不能将该位置所对应的元素列入它们的交运算结果集合中。

4.7 自然数集合与数学归纳法*

之所以称集合是一切数学的基础,就在于数学中最基本的自然数也是通过集合来定义的。

为了更方便地理解基于集合论来定义自然数的基本原理，首先定义如下集合。

设 A 是任意集合，它的后继集合记为 A^+，即有 $A^+ = A \cup \{A\}$。

例如：

$\{1,0\}^+ = \{1,0\} \cup \{\{1,0\}\} = \{1,0,\{1,0\}\}$；

$\{a,b\}^+ = \{a,b\} \cup \{\{a,b\}\} = \{a,b,\{a,b\}\}$；

$\varnothing^+ = \varnothing \cup \{\varnothing\} = \{\varnothing\}$；

$(\varnothing^+)^+ = \{\varnothing\}^+ = \{\varnothing\} \cup \{\{\varnothing\}\} = \{\varnothing,\{\varnothing\}\}$；

$((\varnothing^+)^+)^+ = \{\varnothing,\{\varnothing\}\}^+ = \{\varnothing,\{\varnothing\}\} \cup \{\{\varnothing,\{\varnothing\}\}\} = \{\{\varnothing,\{\varnothing\}\},\{\varnothing,\{\varnothing\}\}\}$；

…

基于以上运算的特征，常将自然数集合 **N** 做如下归纳性定义：

(1) $\varnothing \in \mathbf{N}$。

(2) 如果 $n \in \mathbf{N}$，那么，$n^+ = n \cup \{n\} \in \mathbf{N}$。

(3) 如果 $S \in \mathbf{N}$，且满足(1)和(2)，则有 $S = \mathbf{N}$。

据该定义，再结合上述运算的特征，则可认为自然数集合 **N** 的元素，实质上就是：

$\varnothing$；

$\{\varnothing\}$；

$\{\varnothing,\{\varnothing\}\}$；

$\{\varnothing,\{\varnothing\},\{\varnothing,\{\varnothing\}\}\}$；

$\{\varnothing,\{\varnothing\},\{\varnothing,\{\varnothing\}\},\{\varnothing,\{\varnothing\},\{\varnothing,\{\varnothing\}\}\}\}$；

$\{\varnothing,\{\varnothing\},\{\varnothing,\{\varnothing\}\},\{\varnothing,\{\varnothing\},\{\varnothing,\{\varnothing\}\}\},\{\varnothing,\{\varnothing\},\{\varnothing,\{\varnothing\}\},$
$\{\varnothing,\{\varnothing\},\{\varnothing,\{\varnothing\}\}\}\}\}$；

…

为了方便起见，可分别用数字 0,1,2,3,4,…等来表示，其对应的结构示意图如图 4-8 所示。

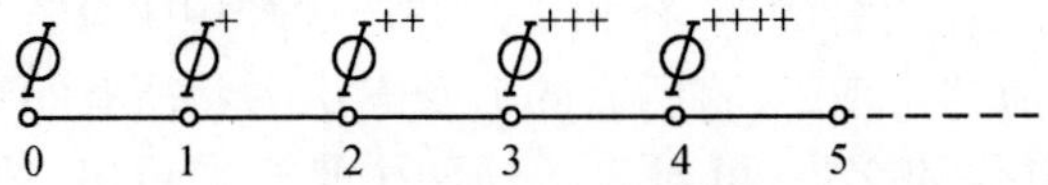

图 4-8　自然数集合结构示意图

看得出，上述的定义实质上就是数学归纳法的基础，换言之，数学归纳法就是以自然数集合为个体域的一种推理规则，其实，同样可以给出另外一个与其等价的数学归纳原理。

设 $P(n)$ 是遍及自然数集合 **N** 的任何性质（或谓词），如果能够证明 $P(0)$ 为真，且对于任意的 $n \in \mathbf{N}$ 时，$P(n) \to P(n+1)$ 为真，则有 $(\forall x)P(x)$ 为真。

如果使用谓词的形式来表达之，即

$$P(0) \wedge (\forall n)(P(n) \to P(n+1)) \Rightarrow (\forall x)P(x)$$

如果希望证明对于某一整数 k，谓词 P 对所有的 $x \geqslant k$ 均成立，则其推理步骤就应形式化

地描述为

$$P(k) \land (\forall n)(P(n) \to P(n+1)) \Rightarrow (\forall x)(x \geqslant k \to P(x))$$

一般地,称该归纳推理方法为第一数学归纳法原理。

例 4-13 试证明 $B \cup (A_1 \cap A_2 \cap \cdots \cap A_n) = (B \cup A_1) \cap (B \cup A_2) \cap \cdots \cap (B \cup A_n)$。

证明:假设该命题表示为 $P(n)$,则当 $n=1$ 时,该命题即 $P(1)$,即 $B \cup A_1 = (B \cup A_1)$,显然成立。

如果对于任意的 $n \in \mathbf{N}$ 时,该命题 $P(n)$ 成立,即

$$B \cup (A_1 \cap A_2 \cap \cdots \cap A_n) = (B \cup A_1) \cap (B \cup A_2) \cap \cdots \cap (B \cup A_n)$$

则

$$\begin{aligned}
& B \cup (A_1 \cap A_2 \cap \cdots \cap A_n \cap A_{n+1}) \\
&= B \cup ((A_1 \cap A_2 \cap \cdots \cap A_n) \cap A_{n+1}) \\
&= B \cup (A_1 \cap A_2 \cap \cdots \cap A_n) \cap (B \cup A_{n+1}) \\
&= ((B \cup A_1) \cap (B \cup A_2) \cap \cdots \cap (B \cup A_n)) \cap (B \cup A_{n+1}) \\
&= (B \cup A_1) \cap (B \cup A_2) \cap \cdots \cap (B \cup A_{n+1})
\end{aligned}$$

此即 $P(n+1)$ 成立,于是,该命题得证。

小　结

本章不仅详细介绍了集合、子集、基数、幂集等基本概念,也对集合的表示方法和集合运算做了细致探讨,甚至还就悖论等集合的延伸性知识做了探讨。之后,又就常见的集合运算定理和法则做了交代或证明。最后还就基于集合原理的计数原则、集合元素的可列问题、集合的计算机表示方法,以及集合与自然数等数论范畴的集合论外延知识也做了简要介绍。通过对本章内容的学习和相关知识的了解,有利于进一步理清数学的本质基础,也可为以后从事计算机等相关专业工作之离散量描述知识需求打下基础。另外,集合还是后面的关系、函数、图论、代数系统等诸多章节的理论基础和出发点。

习　题

一、填空题。

1. 集合的描述方法主要有______、______等几种。

2. 设 $A \cap B = A \cap C, A \cup B = A \cup C$,则有 B ________________ C。

3. 在集合运算中,并和交运算均满足______律,但相对差则不满足。

4. 在集合论中,______是唯一的,它可以是任意集合的子集。

5. 对于任意的非空有限集合 A 和 B,如果 $|A| + |B| = |A \cup B|$ 成立,则必有________________。

6. 在下列各集合中,哪几个是相等的________________。

(1) $A_1 = \{a, b\}$。

(2) $A_2 = \{b, a\}$。

(3) $A_3 = \{a, b, a\}$。

(4) $A_4 = \{a,b,c\}$。

(5) $A_5 = \{x \mid (x-a)(x-b)(x-c)=0\}$。

(6) $A_6 = \{x \mid x^2-(a+b)x+ab=0\}$。

7. 设A,B,C是三个有限集合,则下列推理过程中,__________是正确的。

(1) $A \subseteq B, B \subseteq C => A \subseteq C$。

(2) $A \subseteq B, B \subseteq C => A \in B$。

(3) $A \in B, B \in C => A \in C$。

二、选择题。

1. 下列命题中,直值为真的是(　　)。

A. $\{0\} \in \{\{0\}\}$　　B. $0 \in \{\{0\}\}$　　C. $\{0\} \in \{\{0,\{0\}\}\}$　　D. $\varnothing \in \{\{0\}\}$

2. 下列命题中,直值为真的是(　　)。

A. $\{0\} \subseteq \{\{0\}\}$　　B. $0 \subseteq \{\{0\}\}$　　C. $\{0\} \subseteq \{\{0,\{0\}\}\}$　　D. $\varnothing \subseteq \{\{0\}\}$

3. 已知集合$A=\{\{0,0\}\}$,则$|P(A)|$的值等于(　　)。

A. 1　　B. 2　　C. 4　　D. 8

4. 已知集合$A=\{0,\{0,0\}\}$,则$|P(A)|$的值等于(　　)。

A. 1　　B. 2　　C. 4　　D. 8

5. 已知集合$A=\{a,b,c,d,e\}$;$B=\{d,e,f,g,h\}$;则$A \oplus B=$(　　)。

A. $\{a,b,c,f,g,h\}$　　B. $\{a,b,c\}$

C. $\{f,g,h\}$　　D. $\{d,e\}$

三、计算题。

1. 用列举法表示如下集合:

(1) 100以内的质数。

(2) $\{x \mid x^2-5x+6\}$。

(3) $\{x \mid x$ 是108的因子$\}$。

(4) $\{x \mid x=a \vee x=b \vee x=c\}$。

2. 用描述法表示如下集合:

(1) $\{1,2,3,4,5,\cdots,99\}$。

(2) $\{5,3,7\}$。

(3) 能被5或13整除的100以内的正整数。

3. 试求下列集合的幂集。

(1) $A=\{\varnothing\}$。

(2) $B=\{\varnothing,\{\varnothing\}\}$。

(3) $C=\{\{\varnothing,a\},\{a\}\}$。

(4) $D=\{\{a,b\},\{a,a,b\},\{b,a,b\}\}$。

4. 已知自然数集合$\mathbf{N}$的下列子集:

$$A = \{1,2,7,8\}$$

$$B = \{x \mid x^2 < 50\}$$

$$C = \{i \mid i \text{ 可被30整除}\}$$

$$D = \{y \mid y = 2^k \wedge k \in i \wedge -1 < k < 7\}$$

试求下列集合:

(1) $A \cup (B \cup (C \cup D))$。

(2) $A \cap (B \cap (C \cap D))$。

(3) $B - (A \cup C)$。

(4) $(\neg A \cap B) \cup D$。

5. 试就下列集合关系式构造其对应的文氏图。

(1) $(A \oplus B) \oplus C$。

(2) $A - (B \cap C)$。

(3) $A - \neg (B \cup C)$。

(4) $\neg A \cap \neg B$。

6. 试就下列文氏图写出其对应的集合运算表达式。

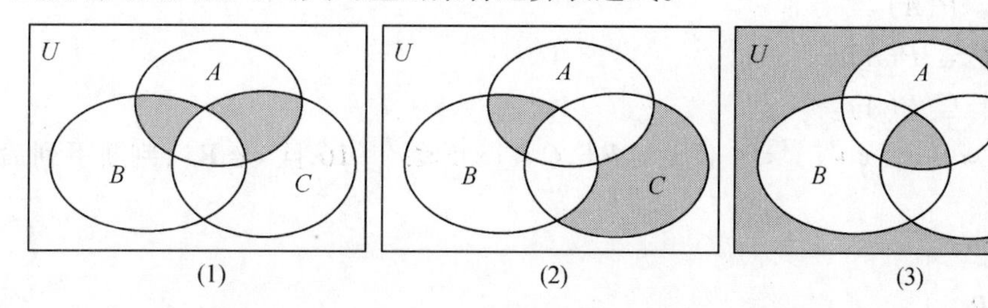

7. 设 $A = \{a\}$,试求 $P(A)$、$P(P(A))$、$P(P(P(A)))$。

8. 试求下列集合的幂集。

(1) $A = \{\varnothing\}$。

(2) $A = \{\{\varnothing\}\}$。

(3) $B = \{\varnothing, \{\varnothing\}\}$。

(4) $C = \{\{\varnothing, a\}, \{a\}\}$。

9. 某公司共有职员 70 人,其中有 20 人购买了平安保险,30 人购买了太平洋保险,40 人购买了宏泰保险,而购买这三种保险中的任意两种的人数分别是 12、15、8,三种保险均已购买的有 5 人。公司准备为三种保险均未购买的职员统一购买太平洋保险,每人份 1000 元,其中,由个人出资 50 %。问:公司总共需要准备多少资金?

10. 设 $A = \{0,1\}$,$B = \{1,2\}$,试求出下列集合。

(1) $A \times \{1\} \times B$。

(2) $A^2 \times B$。

(3) $(B \times A)^2$。

(4) $\neg ((A \cup B) \times (A \cap B))$。

(5) A^+。

(6) B^+。

(7) $(A \cup B)^+$。

(8) $(A \cap B)^+$。

四、判断说明题。

1. 试判断下列各式的正确性。

(1) $\varnothing \subseteq \varnothing$。

(2) $\varnothing \in \varnothing$。

(3) $\varnothing \subseteq \{\varnothing\}$。

(4) $\varnothing \in \{\varnothing\}$。

(5) $|P(\{\varnothing\})| = 1$。

(6) $|P(\{\{\varnothing\}\})| = 2$。

(7) 集合中的元素只能是个体,不能是集合。

2. 假设有 $A = \{a, \{a\}\}$,试判断下列命题是否正确。

(1) $\{a\} \in P(A)$。

(2) $\{a\} \subseteq P(A)$。

(3) $\{\{a\}\} \in P(A)$。

(4) $\{\{a\}\} \subseteq P(A)$。

3. 假设 $P = \{x | (x+1)^2 \leqslant 4$ 且 $x \in \mathbf{R}\}$, $Q = \{x | 5 \leqslant x^2 + 16$ 且 $x \in \mathbf{R}\}$,判断下列命题是否正确。

(1) $Q \subset P$。

(2) $Q \subseteq P$。

(3) $P \subset Q$。

(4) $P = Q$。

4. 试判断下列命题是否正确。

(1) $\{\Phi\} \in \{\Phi, \{\{\Phi\}\}\}$。

(2) $\{\Phi\} \subseteq \{\Phi, \{\{\Phi\}\}\}$。

(3) $\Phi \in \{\{\Phi\}\}$。

(4) $\Phi \subseteq \{\Phi\}$。

(5) $\{a, b\} \in \{a, b, \{a\}, \{b\}\}$。

5. 试判断下列命题是否正确。

(1) $A - B = B - A => A = B$。

(2) 空集是任何集合的真子集。

(3) 空集只是非空集合的子集。

(4) 若 A 的一个元素属于 B,则 $A = B$。

6. 试判断下列命题是否正确。

(1) 若 $A \cup B = A \cup C$,则 $B = C$。

(2) $\{a, b\} = \{b, a\}$。

(3) $P(A \cap B) \neq P(A) \cap P(B)$(注意:$P(S)$指集合 S 的幂集)。

(4) 若 A 为非空集,则 $A \neq A \cup A$ 成立。

(5) 所有空集都不相等。

(6) $\{\Phi\} \neq \Phi$。

(7) 若 A 为非空集,则 $A \subset A$ 成立。

7. 如果已知 $A-B=\Phi$,试判断下列结论是否正确。

(1) $A=\Phi$。

(2) $B=\Phi$。

(3) $A\subset B$。

(4) $B\subset A$。

五、设 A,B,C 是3个有限集合,试证明下列集合运算等式或结论。

1. $(A-B)-C\subseteq A-(B-C)$。
2. $A\cup B=A\cup C, A\cup B=A\cup C$,则 $C=B$。
3. $A\cup B=A\cup(B-A)$。
4. $A\cup(B-A)=A\cup(B\cap A)=(A\cup B)\cap(A\cup A)=(A\cup B)\cap U=A\cup B$。
5. $A\cap B=A\cap C, A\cap B=A\cap C$,则 $C=B$。
6. $A-(B\cup C)=(A-B)-C$。
7. $(A-B)\cap(A-C)=A-(B\cup C)$。
8. $A-B=B$,则 $A=B=\Phi$。
9. $(A-B)\cup(B-A)=A\Leftrightarrow B=\Phi$。
10. $(A-B)\cup B=(A\cup B)-B$,当且仅当 $B=\Phi$。
11. $P(A)\cup P(B)\subseteq P(A\cup B)$(注意:$P(S)$指集合 S 的幂集)。
12. $P(A)\cap P(B)=P(A\cap B)$(注意:$P(S)$指集合 S 的幂集)。

六、论证说明题。

1. 如果 a,b,c,d 是任意个体,且$\{\{a\},\{a,b\}\}=\{\{c\},\{c,d\}\}$成立,试证 $a=c,b=d$。
2. 试指出$\{\varnothing\}$与$\{\{\varnothing\}\}$的异同点。
3. 试指出$\{a,b,c\}$与$\{a,\{b,c\}\}$及$\{\{a,\{b,c\}\}\}$的异同点。
4. 设 A、B 是任意两个非空集合,问 $A\subseteq B$ 与 $A\in B$ 能同时成立吗?为什么?
5. 试证明下列恒等式:

(1) $A\cup(A\cap B)=A$。

(2) $A\cap(A\cup B)=A$。

(3) $A-B=A\cap\neg B$。

(4) $A\cap(\neg A\cup B)=A\cap B$。

(5) $A-(B\cup C)=(A-B)\cap(A-C)$。

(6) $(A\cup B)\cap(\neg A\cup C)=(A\cap C)\cup(\neg A\cap B)$。

6. 试简要解释连续统假设的含义。
7. 试简要归纳证明两个集合相等的方法有哪几种?
8. 假设 $A_1,A_2,\cdots,A_n$ 是全集 E 的子集。试问:由它们最多能生成多少个不同的集合?

第5章 关　系

关系(Relation)在日程生活中是一个极其重要而常见的概念,如兄弟关系、上下级关系、时间关系、位置关系、血缘关系、姻亲关系、社会关系、同学关系等。因为关系反映出了人与人之间错综复杂的相互联系,故演化出了许许多多的不同含义。很多时候,一个人社交关系的宽泛程度,也似乎标志着他某种能力的大小、威望的高低等。其实,这也是社会学相对其他所有科学都要复杂的原因所在。本章研究基于数学观点和方向,从各种关系中抽象出来的共同特征及其相关内容。

数学上的关系理论一般可追溯到1914年Haudorff的名著*Grundzüge ger Mengenlehre*中的序型理论。经过100多年的发展,现在的关系已经与集合、数理逻辑、组合数学、图论、布尔代数等理论产生了千丝万缕的联系,到20世纪70年代,关系甚至与拓扑学和线性代数等都有了交集,这也充分说明了关系的深远影响和现实意义。

数学上的关系则是以集合为基础的,它描述的是集合上诸元素之间的某些联系。在某种意义下,这些关系所考虑的是各个体,在取一定次序时,其间存在或不存在某种联系,以及存在联系的一些对象之间的比较行为。计算机能够根据比较的结果执行不同任务的能力,是它的最重要的属性之一。在执行一个典型的程序时,要多次用到这种性质。

因此,关系的概念不仅在各个数学领域(如离散数学领域或其他数学领域等)有很大的作用,而且,关系理论还广泛地应用于计算机科学技术。如计算机程序的输入、输出关系;数据库的数据特性关系;计算机语言的字符关系等。显然,关系理论也是数据结构、情报检索、数据库、算法分析、计算机理论等计算机学科的极其重要的数学基础工具之一。例如,在数据结构中,数据结构本身就可定义为一个关系,即 $D\_S=(D,S)$,其中,D 是数据元素的集合,S 是 D 上的关系的集合。另外,划分等价类的思想也可用与求网络的最小生成树等图的算法中去。甚至在软件工程中,系统功能模块的划分也在一定程度上用的是等价类的划分,测试理论中也有这种划分思想的影子。

5.1 关系的基本概念

关系即可用抽象(却又相对精确)的数学形式来表示,也可用通俗的实例来直观表示。例如,在自然数集合 $\mathbf{N}=\{0,1,2,3,4,\cdots\}$ 中,任意两个元素之间均至少存在着两种最普通的比较关系,即小于等于(≤)和大于等于(≥)关系,如 $1\leq2$、$5\leq9$、$0\leq3$、$32\leq210$ 等。事实上,关系理论最初研究的对象就是这种关系。

又如,某班学生组成的集合 A 与该班所有学生之籍贯所组成的集合 B 之间,便存在着一定的对应关系。就是说,对于任意给定的一名学生而言,总有一个 B 中的元素(即某具体的籍贯)与之对应。这便反映的是两个集合之间的对应关系。

再如,实数集合 R 中的任意两个元素之间的关系,便对应与二维的直角坐标系中的某一具体点。其实,亦存在3个集合之间的关系,甚至4个集合之间的关系等。诸如三维空间中的任意一点，其实都反映的是这个三维空间所对应的3个数轴上的具体位置值之间的关系，例如，(3,6,2)便对应该三维空间中的某一具体点。如果再加上时间轴，这便是四维空间的概念。不难理解，维数越高的空间相对越抽象，理解起来也相对越困难。所以，在关系理论中，最常用也是最基本的关系还是二元关系，即描述两个集合中元素之间的对应关系。

为了精确描述二元关系，前面已给出了若干辅助性的概念。一般将由两个元素 x 和 y 组成的有序二元组 (x,y)，称为有序偶对，或序偶(Ordered)，记为 $<x,y>$。其中，x 称为序偶的首元素，即第一元素，而 y 则称为序偶的次元素，即第二元素。为了突出序偶的顺序特征，有时也将不强调顺序的二元组称为无序二元则，记为 (x,y)。

例如，平面直角坐标系中任一点的坐标 $<x,y>$ 就是个最典型的序偶，另外，中国处于与亚洲即可被描述为<中国，亚洲>，当然<上，下><左，右>等也都是常见的序偶应用实例。

根据序偶的定义容易理解，相对集合相等只需集合的元素相同(无须关心集合元素的先后顺序)即可，而序偶相等则必须是序偶的两个元素分别相等(就是说，序偶的相等包含了序偶元素之间的位置限制)。于是，就序偶而言，如下性质成立。

$$<x,y> \neq <y,x> \qquad (x \neq y)$$

$$<x,y> = <u,v> \qquad (x = u, y = v)$$

由 N 个元素 $a_1,a_2,a_3,\cdots,a_n$ 按照一定的次序组成的 N 元组，称为有序 N 元组，即 $<a_1,a_2,a_3,\cdots,a_n>$。显然有

$$\begin{aligned} <a_1,a_2,a_3,\cdots,a_n> &= << a_1,a_2,a_3,\cdots,a_{n-1}>,a_n> \\ &= << \quad <a_1,a_2,a_3,\cdots,a_{n-2}>,a_{n-1}>,a_n> \\ &= << \quad << a_1,a_2,a_3,\cdots,a_{n-3}>,a_{n-2}>,a_{n-1}>,a_n> \\ &\cdots \end{aligned}$$

例如，如果用 a,b,c,d,e,f 表示"年，月，日，时，分，秒"，则即可用一个有序六元组来处理，<2014,6,13,4,0,0>即表示"2014年6月13日04:00:00"。

与二元序偶类似，N 元有序元组当然也强调元素之间的顺序，不可交换和调整。其实，在数学上经常用到的 N 维空间坐标、N 维向量等，都是典型的 N 元有序元组的应用案例。

类比二元序偶的相关性质，容易理解 N 元有序元组所具有的性质，即

$$<a_1,a_2,a_3,\cdots,a_n> = <b_1,b_2,b_3,\cdots,b_n>, a_i = b_i$$

一般地，假设 A,B 是两个任意给定的集合，则称 $A \times B = \{<x,y> \mid (x \in A) \wedge (y \in B)\}$ 为由 A,B 构成的笛卡儿积。

由笛卡儿积的定义可知，笛卡儿积本身还是集合，不过集合相对特殊，是以序偶为元素的集合。相对于普通集合而言，仅仅是它的元素比较特殊而已。

例5-1 设 $A=\{1,3,5\}$，$B=\{2,4,6\}$，试求 $A \times B$。

解：由笛卡儿积的定义可知

$$\begin{aligned} A \times B = \{ & <1,2>, <1,4>, <1,6>, <3,2>, \\ & <3,4>, <3,6>, <5,2>, <5,4>, <5,6> \} \end{aligned}$$

显然，对于任意给定的两个有限集合 A,B 来说，$|A \times B| = |A| \times |B|$ 成立。

可将笛卡儿积直观地看成是以集合 A 和集合 B 的元素为坐标轴的直角平面上的点组成的集合。例如，如图5-1所示点集，即可对应如下笛卡儿积。

设 $C=\{a,b,c,d,e\}$，$D=\{1,2,3,4,5\}$。则有

$$
\begin{aligned}
C \times D = \{ & <a,1>,\ <a,2>,\ <a,3>,\ <a,5>, \\
& <b,2>,\ <b,3>,\ <b,4>, \\
& <c,1>,\ <c,2>,\ <c,4>,\ <c,5>, \\
& <d,2>,\ <d,3>,\ <d,4>, \\
& <e,1>,\ <e,3>,\ <e,5> \}
\end{aligned}
$$

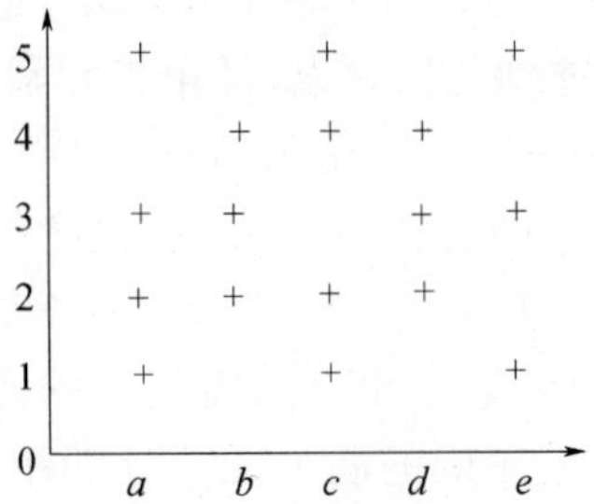

图 5-1　平面上的点集

一般情况下,如果 $A \neq B$,则 $A \times B \neq B \times A$,仅当 $A = B$ 时,才有 $A \times B = B \times A$,进而可表示为 A^2,即,$A^2 = A \times B = B \times A$。将其推广到 N 个集合之间的笛卡儿积,则有如下概念成立。

设 $A_1, A_2, A_3, \cdots, A_n$ 是 N 个任意给定的集合,则下述集合:

$A_1 \times A_2 \times A_3 \times \cdots \times A_n = \{ <x_1, x_2, x_3, \cdots, x_n> \mid (x_i \in A_i) \wedge (i = 1, 2, 3, \cdots, n) \}$ 为由 $A_1, A_2, A_3, \cdots, A_n$ 构成的笛卡儿积。特别是当 $A_1 = A_2 = A_3 = \cdots = A_n$ 时,记为 $A_1 \times A_2 \times A_3 \times \cdots \times A_n = A^n$。

有了笛卡儿积的概念之后,不难理解,对于任意给定的两个集合 A,B 而言,A 与 B 的笛卡儿积 $A \times B$,是将由 A 中的元素与 B 中的元素组成的所有可能的序偶的集合。所以,从集合 A 到集合 B 上的任意可能的关系实质上都包含在笛卡儿积 $A \times B$ 之中,也即 $A \times B$ 的一个子集,于是,关系的概念从此便被纳入集合理论。

设 $A_1, A_2, A_3, \cdots, A_n$ 是 N 个任意给定的集合,有 $R \subseteq A_1 \times A_2 \times A_3 \times \cdots \times A_n$ 是 $A_1 \times A_2 \times A_3 \times \cdots \times A_n$ 上的任意一个子集,则 R 称为以 $A_1 \times A_2 \times A_3 \times \cdots \times A_n$ 为基的 ***n* 元关系**(N-Relation)。特别是当 $A_1 = A_2 = A_3 = \cdots\cdots = A_n$ 时,R 称为 $A_1 \times A_2 \times A_3 \times \cdots \times A_n = A^n$ 上的全关系。

例如,假设就某班学生而言,可做如下集合定义:

$A_1 = \{201406001, 201406002, 201406003, 201406004\}$

$A_2 =$ {杜斌,姜荭,王慧艳,苓辉}

$A_3 =$ {男,女}

$A_4 = \{19, 20, 21\}$

$A_5 =$ {四川,浙江,河北}

于是,$A_1 \times A_2 \times A_3 \times A_4 \times A_5$ 就是 $|A_1| \times |A_2| \times |A_3| \times |A_4| \times |A_5| = 4 \times 4 \times 2 \times 3 \times 3 = 288$ 个有序 5 元组组成的集合,就该班学生的实际情况而言,其中属于事实的假设如表 5-1 所列。

表 5-1　数据关系模型示意表

学号	姓名	性别	年龄	籍贯
201406001	苓辉	女	21	四川
201406002	姜荭	女	19	河北
201406003	杜斌	男	20	河北
201406004	王慧艳	女	19	浙江

显然,表5-1所列的关系 $R=\{$ <201406001,苓辉,女,21,四川>, <201406002,姜荭,女,19,河北>, <201406003,杜斌,男,20,河北>, <201406004,王慧艳,女,19,浙江> $\}$,它显然是 $A_1\times A_2\times A_3\times A_4\times A_5$ 的一个子集。

其实,$A_1,A_2,A_3,\cdots,A_n$ 上的任意关系 R,均是 $A_1\times A_2\times A_3\times\cdots\times A_n$ 的一个子集,即总存在 $R\subseteq A_1\times A_2\times A_3\times\cdots\times A_n$。这是研究关系理论的重要原因之一;也是数据库理论以集合论为基础,并拥有非常完善的数学基础的原因所在。

例5-2 对任意集合 A,B,试证明:若 $A\times A=B\times B$,则 $B=A$。

证明:若 $B=\Phi$,则 $B\times B=\Phi$。从而 $A\times A=\Phi$,故 $A=\Phi$,从而 $B=A$。

若 $B\neq\Phi$,则 $B\times B\neq\Phi$。从而 $A\times A\neq\Phi$。

对 $\forall x\in B$,即集合 B 中的任意元素 x, $<x,x>\in B\times B$。

因为 $A\times A=B\times B$,则 $<x,x>\in A\times A$。从而 $x\in A$,故 $B\subseteq A$。

反过来,同理可证,$A\subseteq B$。

故 $B=A$。

例5-3 对任意集合 A,B,试证明:若 $A\neq\Phi$,$A\times B=A\times C$,则 $B=C$。

证明:若 $B=\Phi$,则 $A\times B=\Phi$,从而 $A\times C=\Phi$。

因为 $A\neq\Phi$,所以 $C=\Phi$,即 $B=C$。

若 $B\neq\Phi$,则 $A\times B\neq\Phi$,从而 $A\times C\neq\Phi$。

对 $\forall x\in B$,因为 $A\neq\Phi$,所以,存在 $y\in A$,使 $<y,x>\in A\times B$。

因为 $A\times B=A\times C$,则 $<y,x>\in A\times C$,从而 $x\in C$,$B\subseteq C$。

同理可证,$C\subseteq B$。

故 $B=C$。

5.2 二元关系

设 A,B 是两个任意给定的集合,则 $A\times B$ 的任意一个子集 R 所定义的二元关系,称为**从 A 到 B 的二元关系**。如果有 $A=B$ 成立,也称 **R 是 A 上的二元关系**。其中,A 称为关系 R 的**前域**,而 B 则称为关系 R 的**后域**。

由 $A\times B$ 的定义可知,R 实质上是以序偶为元素的集合,因此,容易理解任意以序偶为元素的集合,实质上都对应(或刻划了)一个二元关系。

此刻,若设 R 中的任意给定之序偶为 $<x,y>$,则必有 $<x,y>\in R$,记为 xRy,读作"x 与 y 之间有关系 R 存在"或"x 对 y 有关系 R"。

相应地,如果 $<x,y>\notin R$,则可记为 xRy,并读作"x 与 y 之间没有关系 R 存在"或"x 对 y 没有关系 R"。

关系 R 有时也可用图5-2来表示。

又设

$$D\subseteq A,\text{且 } D=\{x\mid(\exists y)(<x,y>\in R)\}$$
$$C\subseteq B,C=\{y\mid(\exists x)(<x,y>\in R)\}$$

则称 D 为关系 R 的**定义域**(Domain),记为 $\mathrm{dom}R$;

则称 C 为关系 R 的**值域**(Range),记为 $\mathrm{ran}R$。

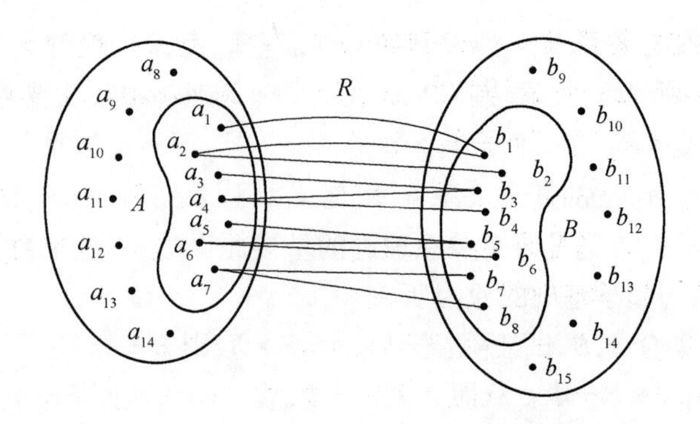

图5-2　关系及其前域、后域示意图

在图5-2所示之关系R中,其定义域$\mathrm{dom}R=\{a_1,a_2,a_3,a_4,a_5,a_6,a_7\}$,而其值域$\mathrm{ran}R=\{b_1,b_2,b_3,b_4,b_5,b_6,b_7,b_8\}$。

因为任意给定的集合A到集合B上的关系,对应$A\times B$的子集,所以,A到B的关系数即$A\times B$的子集数,也即$A\times B$的幂集的基数(势),所以,从A到B的不同关系总共有$2^{|A|\times|B|}$个。

一般地,常将$A\times B$的两个平凡子集,即空集$\varnothing$称为集合A到B的空关系,而将$A\times B$自己称之为集合A到B的全域关系。

例如,设集合$A=\{1,3,5,7\}$,A上的关系R为"和为偶数"。

不难看出

$$R=\{<x,y>\mid(x\in A)\wedge(y\in A)\wedge(x+y\text{为偶数})\}$$

用列举法表示关系R,则有

$$\begin{aligned}R=\{\ &<1,1>,<1,3>,<1,5>,<1,7>,\\&<3,1>,<3,3>,<3,5>,<3,7>,\\&<5,1>,<5,3>,<5,5>,<5,7>,\\&<7,1>,<7,3>,<7,5>,<7,7>\}\end{aligned}$$

显然,关系R是A上的全域关系。

如果定义关系$R'=\{<x,y>\mid(x\in A)\wedge(y\in A)\wedge(x+y\text{为奇数})\}$,则同样容易理解,关系$R'$是$A$上的空关系。

例5-4　设集合$A=\{1,2,3,4,5,6,7\}$,R是A上的二元关系,定义其为"模3同余",试求R的列举表示。

解:根据R的"模3同余"定义可知

$$\begin{aligned}R=\{&<1,1>,<2,2>,<3,3>,<4,4>,<5,5>,<6,6>,<7,7>,<1,4>,\\&<4,1>,<1,7>,<7,1>,<2,5>,<5,2>,<3,6>,<6,3>,<4,7>,\\&<7,4>\}\end{aligned}$$

例5-5　设A为表5-1所列的4名同学组成的集合,R_1和R_2均是该集合上的二元关系,且知R_1定义为该集合上的"同龄关系",R_2定义为该集合上的"异性关系",试分别求出R_1和R_2的列举表示。

解:根据R_1的"同龄关系"的定义可知

R_1 = {<岑辉,岑辉>,<姜莛,姜莛>,<杜斌,杜斌>,<王慧艳,王慧艳>,<姜莛,王慧艳>,<王慧艳,姜莛>}

根据 R_2 的"异性关系"的定义可知

R_2 = {<苓辉,杜斌>,<姜茳,杜斌>,<王慧艳,杜斌>,<杜斌,苓辉>,<杜斌,姜茳>,<杜斌,王慧艳>}

例 5-6 试求上例中的 dom R_1、dom R_2 和 ran R_1、ran R_2。

解:由定义域 dom$R$ 的定义可知

dom R_1 = {苓辉,姜茳,杜斌,王慧艳}

dom R_2 = {苓辉,姜茳,杜斌,王慧艳}

由值域 ran$R$ 的定义可知

ran R_1 = {苓辉,姜茳,杜斌,王慧艳}

ran R_2 = {杜斌,苓辉,姜茳,王慧艳}

5.3 二元关系的表示

因为本质上关系是集合,所以,一般集合的表示方法均可用在关系上。但鉴于关系的特殊性,许多教材上还是会就关系的表示做进一步的阐述。一般地,关系表示主要有以下几种。

5.3.1 集合表示法

因为关系是特殊的集合,所以,一般表示集合的列举法、描述法等都适合用来表示关系。其实,这些表示方法也是最简单、最直观的方法。不过,在关系之元素个数较多时相对不便。其实,上面的举例基本上就是列举法和描述法表示关系的。

例如,设有集合 $A=\{1,2,3,4,5,6\}$,且集合 A 上的关系如下所示:

$R=\{<1,2>,<1,3>,<1,4>,<1,5>,<1,6>,<2,3>,<2,4>,<2,5>,<2,6>,<3,4>,<3,5>,<3,6>,<4,5>,<4,6>,<5,6>\}$

其实,这就是用列举法表示的关系。

仔细分析关系 R 容易看出,其本质含义即 A 上的"小于"关系,所以,关系 R 也可用描述法表示,即

$$R=\{<x,y>\mid(x\in A)\wedge(y\in A)\wedge(x<y)\}$$

5.3.2 关系图

关系图不同于表示集合运算的文氏图,文氏图反映的是集合间的关系,并以此描述若干集合经过相关运算之后的元素总体结构情况,但关系图则描述的是这种特殊集合中诸元素的相关细节,描述的是这些序偶各不同分量之间的相关性。因此,两者之间是有本质区别的。

正因为关系具有非常严格的有序性,所以,才可以借助图的特征来描述,称为关系图。

设集合 $A=\{a_1,a_2,a_3,\cdots,a_n\}$,$B=\{b_1,b_2,b_3,\cdots,b_m\}$,$R$ 是从集合 A 到 B 的二元关系。于是,对应于关系 R 的关系图必须符合如下规定:

(1) 在该关系图中,$a_1,a_2,a_3,\cdots,a_n$ 和 $b_1,b_2,b_3,\cdots,b_m$ 是节点,一般可用小圆点(或小圆圈)表示。

(2) 如果 $<a_i,b_j>\in R$,则在该关系图中存在一条从节点 a_i 到节点 b_j 的有向边;换言之,关系图是有向图,该有向图中的每一边均对应关系 R 中的每一个序偶元素。

如果关系 R 仅仅是集合 $A=\{a_1,a_2,a_3,\cdots,a_n\}$ 上的关系，则关系图必须符合如下规定：

(1) 关系图必须以 $a_1,a_2,a_3,\cdots,a_n$ 为节点，亦用小圆点(或小圆圈)表示。

(2) 如果 $<a_i,a_j>\in R$，则在该关系图中存在一条从节点 a_i 到节点 a_j 的有向边；此刻，关系图同样是有向图，该有向中的每一边同样必须对应关系 R 中的每一个序偶元素。

(3) 如果存在 $<a_i,a_i>\in R$，则在该关系图中也同样必须存在一条从节点 a_i 到节点 a_i 的有向边；此刻的关系图中的 a_i 节点上便存在一个环。

例 5-7 假设，由 6 个进程 P_1,P_2,P_3,P_4,P_5,P_6 组成的进程集合中，各进程之间存在如下调用关系：

$R=\{<P_1,P_2>,<P_1,P_3>,<P_2,P_3>,<P_2,P_6>,<P_3,P_4>,<P_3,P_5>,<P_5,P_1>,<P_5,P_5>,<P_5,P_6>,<P_6,P_4>\}$

试用关系图描述该关系。

解：根据上述关系图的相关规定，容易绘制其对应的关系图如图 5-3 所示。

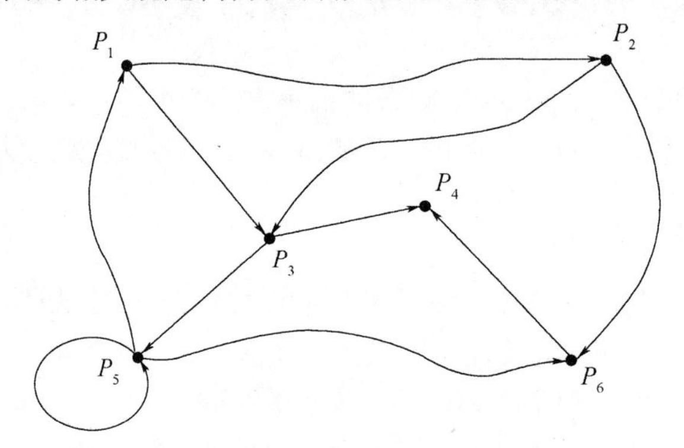

图 5-3 基于进程调度的关系示意图

例 5-8 设集合 $A=\{a_1,a_2,a_3,a_4,a_5\}$，$B=\{b_1,b_2,b_3,b_4,b_5,b_6,b_7\}$，且从 A 到 B 的关系为

$R=\{<a_1,b_2>,<a_1,b_3>,<a_2,b_6>,<a_3,b_4>,<a_3,b_5>,<a_5,b_1>,<a_5,b_5>,<a_4,b_7>,<a_3,b_3>\}$

试用关系图描述该关系。

解：根据上述关系图的相关规定，可绘制出其关系，如图 5-4 所示。

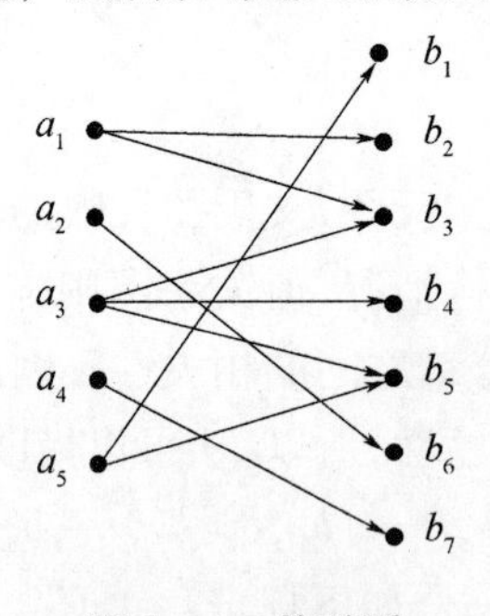

图 5-4 关系图

5.3.3 关系矩阵

设集合 $A=\{a_1,a_2,a_3,\cdots,a_n\}$，$B=\{b_1,b_2,b_3,\cdots,b_m\}$，$R$ 是从集合 A 到 B 的二元关系。

则关系 R 的关系矩阵 $\boldsymbol{M}_R=(r_{ij})_{n\times m}$。其中，当 $<a_i,b_j>\in R$ 时，$r_{ij}=1$；当 $<a_i,b_j>\notin R$ 时，$r_{ij}=0$；且 $i=1,2,3,\cdots,n$；$j=1,2,3,\cdots,m$。关系矩阵又称**邻接矩阵**。

关系矩阵和邻接矩阵在后面图和树等相关章节中，均有极其广泛的应用。

例如，图5-4和图5-3所示的关系图，其所对应的关系矩阵（即邻接矩阵）分别如图5-5(a)、5-5(b)所示。

容易看出，一个集合 A 上的关系，其关系矩阵总是方阵，因其行、列数相同，均等于集合 A 的基数。而从集合 A 到集合 B 的关系，则其关系矩阵的行数等于 $|A|$，而列数等于 $|B|$。

另外，既然是用图来表示，则该关系的前域和后域之元素个数都不宜太多，否则绘制关系图相对困难。但用关系矩阵来表示则要好许多，也比较适合用计算机来处理。但对于无限集合上的关系而言，矩阵自然受到了限制。

$$\boldsymbol{M}_R=\begin{pmatrix}0&1&1&0&0&0\\0&0&1&0&0&1\\0&0&0&1&1&0\\0&0&0&0&0&0\\1&0&0&0&1&1\\0&0&0&1&0&0\end{pmatrix}$$

(a)

$$\boldsymbol{M}_R=\begin{pmatrix}0&1&1&0&0&0&0\\0&0&0&0&0&1&0\\0&0&1&1&1&0&0\\0&0&0&0&0&0&1\\1&0&0&0&1&0&0\end{pmatrix}$$

(b)

图5-5 关系矩阵示例

例5-9 试求集合 $A=\{1,2,3,4,5,6,7\}$ 上的整除关系 R 的关系矩阵。

解：整除关系 R 可用公式描述为

$$R=\{<x,y>\mid(x\in A)\wedge(y\in A)\wedge(x\text{可整除}y)\}$$

据此定义，容易理解

$$\begin{aligned}R=\{&<1,1>,<1,2>,<1,3>,<1,4>,<1,5>,<1,6>,<1,7>,\\&<2,2>,<2,4>,<2,6>,<3,3>,<3,6>,\\&<4,4>,<5,5>,<6,6>,<7,7>\}\end{aligned}$$

其对应的关系矩阵为

$$\boldsymbol{M}_R=\begin{pmatrix}1&1&1&1&1&1&1\\0&1&0&1&0&1&0\\0&0&1&0&0&1&0\\0&0&0&1&0&0&0\\0&0&0&0&1&0&0\\0&0&0&0&0&1&0\\0&0&0&0&0&0&1\end{pmatrix}$$

例5-10 试求集合 $A=\{3,4,6,8,9\}$ 上的小于等于关系 R 的关系矩阵。

解：小于等于关系 R，亦可用公式描述为

$$R=\{<x,y>\mid(x\in A)\wedge(y\in A)\wedge(x\leqslant y)\}$$

据此定义,容易理解

$$R = \{<3,3>, <4,4>, <6,6>, <8,8>, <9,9>, <3,4>, <3,6>, <3,8>, <3,9>, <4,6>, <4,8>, <4,9>, <6,8>, <6,9>, <8,9>\}$$

其对应的关系矩阵为

$$\boldsymbol{M}_R = \begin{pmatrix} 1 & 1 & 1 & 1 & 1 \\ 0 & 1 & 1 & 1 & 1 \\ 0 & 0 & 1 & 1 & 1 \\ 0 & 0 & 0 & 1 & 1 \\ 0 & 0 & 0 & 0 & 1 \end{pmatrix}$$

5.3.4 表格法

表格法实质上就是关系矩阵的表格表示,其原理和优缺点也类似,区别仅在表格法比较直观,一目了然,但基于计算机来处理关系时,表格法还是要转换为矩阵才相对方便。正基于此,这里不再详述。

设 $A = \{1,2,3,4,5,6\}$,R 是 A 上的二元关系,且知

$R = \{<1,2>, <1,3>, <1,4>, <1,5>, <2,1>, <2,2>, <2,5>, <2,6>, <3,2>, <3,4>, <4,1>, <4,3>, <4,5>, <5,2>, <5,4>, <5,5>, <6,1>, <6,2>, <6,6>\}$

则关系 R 对应的表格表示如表 5-2 所列。

表 5-2 关系 R 对应的表格表示

	1	2	3	4	5	6
1		√	√	√	√	
2	√	√			√	√
3		√		√		
4	√		√		√	
5		√		√	√	
6	√	√				√

5.4 关系的基本性质

关系的性质是关系理论的重要内容,也是进一步深入研究关系的基础和出发点,如等价关系和集合的划分,相容关系以及哈斯图等,都以关系的若干性质的相互组合来区分。

一般地,关系理论中的关系性质主要有以下几方面。

5.4.1 自反性

设 A 是任意给定的集合,R 是 A 上的二元关系,如果,对于任意给定的个体 $x \in A$,均有 $<x,x> \in R$ 成立,则称 A 上的关系 R 具有**自反性**,亦称关系 R 是**自反关系**。

不难看出,自反关系的关系矩阵之主对角线上的元素均为 1。相应地,自反关系的关系图

中所有节点上均存在环(也称**自回路**)。

当然,自反关系针对的是一个集合 A 上的关系,所以,对于从集合 A 到集合 B 上的二元关系来说,一般不研究其自反性。

根据自反性的定义可知,如何其对应的关系图中每一个节点上都有环,或是其对应的关系矩阵的主对角线上的元素均为 1,则说明该关系是自反关系,这也是自反性证明的基本思路。

值得注意的是,自反性要求其关系图中的每一个节点均有环,要求其关系矩阵主对角线上的每一个元素均为 1,一个都不能少。图 5-6 便是自反关系所对应的关系图示例。

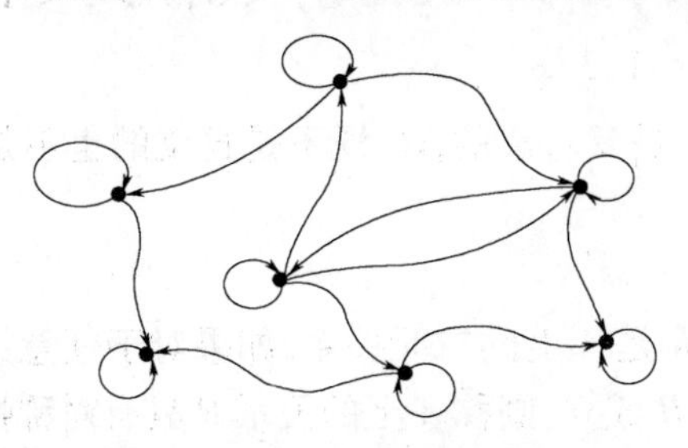

图 5-6　自反关系图示例

其实,常见的自然数集合上的整除关系、小于等于关系、大于等于关系等均是自反关系。

5.4.2　反自反性

顾名思义,反自反性与自反性正好是同一方面的两个极端。

设 A 是任意给定的集合,R 是 A 上的二元关系,若对于任意给定的个体 $x \in A$,均有 $<x,x> \notin R$ 成立,则称 A 上的关系 R 具有**反自反性**,亦称关系 R 是**反自反关系**。

很明显,反自反关系的关系矩阵主对角线上的元素均为 0。相应地,自反关系的关系图之所有节点上均不存在环(也就是说均没有自回路)。

当然,反自反关系也针对的是一个集合 A 上的关系,所以,对于从集合 A 到集合 B 上的二元关系来说,一般也不研究其反自反性。

由反自反性的定义可知,如果其对应的关系图中每一个节点上都没有环,或是其对应的关系矩阵的主对角线上的所有元素均为 0,即说明该关系是反自反关系,这同样是反自反性证明的思路。

同样要说明的是,反自反性要求其关系图中的每一个节点均没有环,要求其关系矩阵主对角线上的每一个元素均为 0,一个都不能差。图 5-7 便是几个反自反关系所对应的关系图示例。

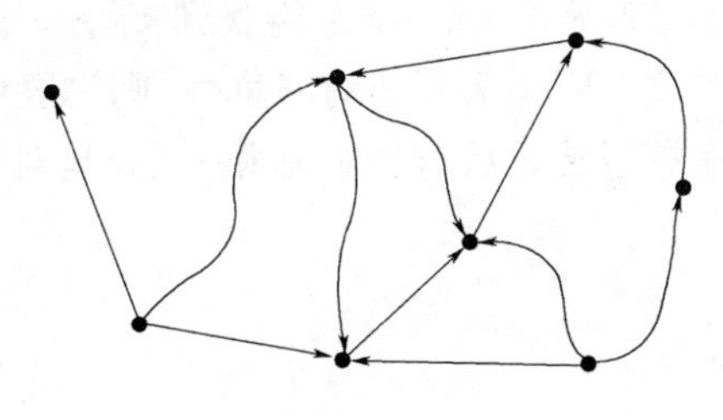

图 5-7　反自反关系

看得出，自反和反自反针对的是 A 中的每一个元素是否与其自己有关系 R 的问题，是两个极端的情况。自反性要求 A 中的每一个元素均必须与其自己有关系 R，而反自反性则要求 A 中的每一个元素都必须与其自己没有关系 R。不过，一般情况下，这两种极端情况总是少数，但正因其相对少见，所以，具备该性质的关系才尤其重要。

常见的自然数集合上的小于关系、大于关系等便都是反自反关系。

例如，设 $A=\{1,2,3\}$，R_1，R_2 和 R_3 是 A 上的关系，其中：

$$R_1=\{<1,1>,<2,2>\}$$

$$R_2=\{<1,1>,<2,2>,<3,3>,<1,2>\}$$

$$R_3=\{<1,3>\}$$

显然，则 R_2 是自反的，R_3 是反自反的，R_1 既不是自反的也不是反自反的。

5.4.3 对称性

设 A 是任意给定的集合，R 是 A 上的二元关系，如果对于任意给定的个体 $x\in A$ 和 $y\in A$，均有 $<x,y>\in R\Rightarrow <y,x>\in R$ 成立，则称 A 上的关系 R 具有**对称性**，也称关系 R 是**对称关系**。

对称关系的关系矩阵也具有对称性，就是说对称关系的关系矩阵转置之后与原矩阵是相等的。另外，在对称关系的关系图中，任意两点之间的边总是成对出现的，只要有一条从 x 节点到 y 节点的边，则必然存在一条从 y 节点到 x 节点的边。当然，如果找不到这样一条从 x 节点到 y 节点的边，则不能要求那条从 y 节点到 x 节点的边。就是说，空关系也是对称的。或者说，仅仅在关系图的某些节点上存在环，而没有其他边的关系图，具有对称性。

图 5-8 便是对称关系所对应的关系图示例。

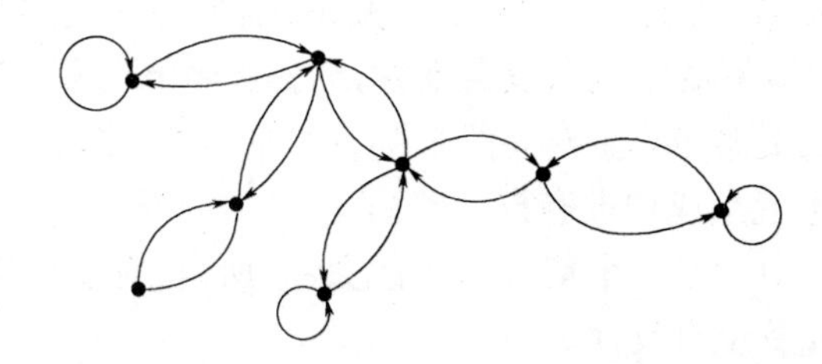

图 5-8 对称关系的关系图

常见的自然数集合上的相等关系、同余关系，以及生活中的同学关系、血缘关系、同事关系、同性关系、老乡关系等，都具有对称性，显然，实际应用还是非常广泛的。

但是，对于集合 $A=\{1,2,3\}$ 上的关系 $R=\{<1,1>,<1,2>,<2,1>,<1,3>,<3,1>,<2,2>\}$ 来说，虽然 $<1,2>$ 和 $<2,1>$ 同时存在，$<1,3>$ 与 $<3,1>$ 同时存在，但因 $<2,3>$ 存在，却并未发现 $<3,2>$，所以，不是每一个 $<x,y>$ 总能找到 $<y,x>$，所以，这不是对称关系。

根据对称性的定义可知，如欲证明某关系具有对称性，则一般可考察其关系图中的边是否成对出现，或是考察其关系矩阵是否转置后与原矩阵相等，或是对于任意给定的 $<x,y>\in R$，看能否总有 $<y,x>\in R$ 存在。

5.4.4 反对称性

设 A 是任意给定的集合，R 是 A 上的二元关系，如果，对于任意给定的个体 $x\in A$ 和 $y\in A$，均有 $<x,y>\in R\Rightarrow <y,x>\notin R$ 成立，则称 A 上的关系 R 具有**反对称性**，也称关系 R 是**反对**

称关系。

反对称关系亦可换一种描述方法，即如果 $<x,y>\in R$ 且 $<y,x>\in R$，则必有 $x=y$ 成立。也就是说，在关系图中，除了环之外，没有成对出现的边，这便是反对称关系。

与对称关系不同，反对称关系并不仅仅是针对一个集合 A 上的关系。反对称关系既可是一个集合上的关系，也可以是针对两个集合上的关系。

就两个集合之间的反对称关系而言，要求从集合 A 中某一点 a 出发到集合 B 中的某一点 b，如果有联系，即当 $<a,b>\in R$ 时，则必有 $<b,a>\notin R$ 成立。因关系 R 是从 A 到 B 的，所以 $<b,a>\in\notin R$ 是自然的，无可厚非。但当 $<b,a>\notin R$ 时，则反对称性并不要求必有 $<a,b>\in R$成立。也就是说，反对称性要求从集合 A 中任一点 a 出发到集合 B 中的任一点 b 之间，可以没有边，但有一条边时，则只能有一条边存在，不能成对。

当然，更常见的也是更常用到的还是一个集合之间的反对称关系。反对称关系要求，a 与 b 之间有边存在时，则只能是一条边，不能成对。但反对称关系并不要求当 a 到 b 没有边存在时，一定要 b 到 a 有边存在。这便意味着，集合 A 中的任意两点之间未必一定要有边存在，但是，如果有边存在则只能是单独的。

反对称关系的关系矩阵并不是仅仅要求无对称性就可以了，反对称性关系的关系矩阵还必须是当 $<a_i,a_j>\in R$，即 $r_{ij}=1$ 时，必须 $<a_j,a_i>\notin R$，即 $r_{ji}=0$。

对称性要求有边就成对，而反对称性则要求有边就是单的（但可以没边），所以，当一个关系中有的成对、有的单一时，它既不对称，也不反对称。其实，这种情况往往更普遍。

值得注意的是，反对称关系要求当 $<a_i,a_j>\in R$，即 $r_{ij}=1$ 时，必须 $<a_j,a_i>\notin R$，即 $r_{ji}=0$。但反对称关系并不要求当 $<a_i,a_j>\notin R$，即 $r_{ij}=0$ 时，必须 $<a_j,a_i>\in R$，即 $r_{ji}=1$。也就是说，$r_{ij}\neq r_{ji}$ 并不总是成立的。因此，在反对称关系中可能会出现 $r_{ij}=r_{ji}=0$，但绝对不会出现 $r_{ij}=r_{ji}=1$。

看得出，反对称关系的关系矩阵相对对称关系的关系矩阵而言，在矩阵的对称性问题上也是两个极端，对称关系要求关系矩阵必须是对称的，而反对称关系则要求关系矩阵必须是每一个关于主对角线上对称的元素之间除非都等于 0，否则不能相等，显然，这要比不对称的要求苛刻多了。其实，除了图 5-7 之外，图 5-9 也是一个典型的反对称关系所对应的关系图。

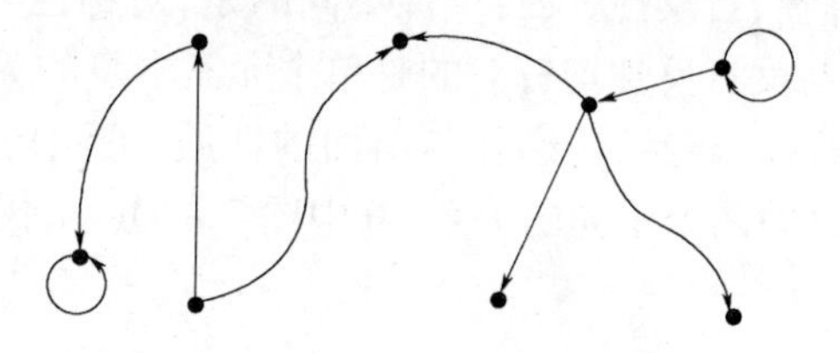

图 5-9　反对称关系的关系图示例

通过上述分析可知，对称性与反对称性确实是两个极端，但多数关系则游离在对称性与反对称性之间。就是说，除了对称性关系与反对称性关系之外，还存在着大量的既不对称也不反对称的关系。不能说一个关系不是对称关系，那它就一定是反对称关系。反过来，也不能说，一个关系它不是反对称关系，那它就一定是对称关系。其实，不仅存在着大量既不对称又不反对称的关系，而且还存在着许多既是对称又是反对称的关系。

例如，就集合 $A=\{a,b,c\}$ 上的关系 $R=\{<a,b>,<b,a>,<a,c>\}$ 而言，因 $<a,c>\in R$，但 $<c,a>\notin R$，所以，关系 R 不是对称关系。但是，又因 $<a,b>\in R$，$<b,a>\in R$，所以，关系 R 也不是反对称关系。

很明显，该关系既没对称到对称性要求的程度，也没反对称到反对称性要求的地步，所以，它两边都不达标，这是极其常见的情况。

又如，就集合 $A=\{a,b,c\}$ 上的关系 $R=\{<a,a>\}$ 而言，则是另外一种极端。它的关系矩阵显然是对称的，所以，他符合对称性要求，属对称关系。但它有是反对称关系，因为无法找到一条不是环的普通边（在关系图中）$<a_i,a_j>\in R$，所以也不用一定要求 $<a_j,a_i>\notin R$，因此，它符合反对称性的条件，它是反对称关系。其实，这正是善意推理的本质所在（见前面的命题逻辑之条件连接词）。

关系 $R=\{<a,a>\}$ 既对称又反对称，这一点容易误解，需特别注意。

例如，设 $A=\{1,2,3\}$，R_1，R_2，R_3 和 R_4 是 A 上的关系，其中：

$$R_1=\{<1,1>,<2,2>\}$$
$$R_2=\{<1,1>,<1,2>,<2,1>\}$$
$$R_3=\{<1,2>,<1,3>\}$$
$$R_4=\{<1,2>,<2,1>,<1,3>\}$$

显然，R_1 既是对称的也是反对称的；R_2 是对称的但不是反对称的；R_3 是反对称的但不是对称的；R_4 既不是对称的也不是反对称的。

5.4.5 传递性

设 A 是任意给定的集合，R 是 A 上的二元关系，如果，对于任意给定的个体 $x\in A$、$y\in A$、$z\in A$，当 $<x,y>\in R$ 且 $<y,z>\in R$ 时，必有 $<x,z>\in R$ 成立，则称 A 上的关系 R 具有**传递性**，亦称关系 R 是传递关系。简言之，传递关系即对于任意的 $x,y,z\in A$，必有 $<x,y>\in R\wedge<y,z>\in R\Rightarrow<x,z>\in R$ 的关系。

显然，传递性针对的也是一个集合 A 上的关系。至于通过从集合 A 到 B 上的关系，以及从集合 B 到集合 C 上的关系所表达出来的 A 到 C 之间的关系传递性，则是通过后面将要介绍的关系运算来处理的。

不过，与对称性、反对称性、自反性、反自反性不同的是，对称性与反对称性描述的是两个元素之间的联系特征，自反与反自反性均针对的是单个元素本身的关系属性，而传递性则描述的是三个元素之间的联系特征，显然，传递性与前面的性质，关注角度均不同，且区别相当明显。图5-10便是 $|A|=4$ 时的两个不同的关系，其中图5-10(a)不具传递性，而图5-10(b)却是传递关系。

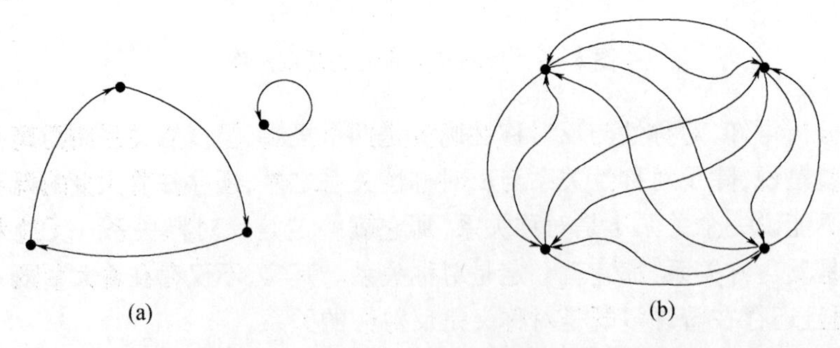

图5-10 $A(|A|=4)$ 上两个不同的传递关系示例

例如，设 $A=\{1,2,3\}$，R_1，R_2 和 R_3 是 A 上的关系，其中：

$$R_1 = \{<1,1>,\ <2,2>\}$$
$$R_2 = \{<1,2>,\ <2,3>\}$$
$$R_3 = \{<1,3>\}$$

不难判定，R_1 和 R_3 是 A 上的传递关系，R_2 不是 A 上的传递关系。

常见的整除关系、小于关系、大于关系等均是传递关系。

不过，因传递关系关注的是三个元素之间的关系，所以，直接从关系图和关系矩阵都不太好直接观察它的特征，就是说传递性的证明相对麻烦。最基本的传递性判定方法还是基于关系矩阵展开的。

假设，集合 $A=\{a_1,a_2,a_3,\cdots,a_n\}$ 上的二元关系 R 的关系矩阵 $\boldsymbol{A}_R=(a_{ij})_{n\times n}$ 为

$$\boldsymbol{A}_R=\begin{pmatrix} a_{11} & a_{12} & a_{13} & \cdots & a_{1n} \\ a_{21} & a_{22} & a_{23} & \cdots & a_{2n} \\ a_{31} & a_{32} & a_{33} & \cdots & a_{3n} \\ \vdots & \vdots & \vdots & \ddots & \vdots \\ a_{n1} & a_{n2} & a_{n3} & \cdots & a_{nn} \end{pmatrix}$$

其中，当 $<a_i,a_j>\in R$ 时，$a_{ij}=1$；当 $<a_i,a_j>\notin R$ 时，$a_{ij}=0$；且 $i=1,2,3,\cdots,n$，$j=1,2,3,\cdots,n$。

令 $\boldsymbol{B}=\boldsymbol{A}_R{}^2$，即

$$\boldsymbol{B}=\boldsymbol{A}_R{}^2=\begin{pmatrix} a_{11} & a_{12} & a_{13} & \cdots & a_{1n} \\ a_{21} & a_{22} & a_{23} & \cdots & a_{2n} \\ a_{31} & a_{32} & a_{33} & \cdots & a_{3n} \\ \vdots & \vdots & \vdots & \ddots & \vdots \\ a_{n1} & a_{n2} & a_{n3} & \cdots & a_{nn} \end{pmatrix}\times\begin{pmatrix} a_{11} & a_{12} & a_{13} & \cdots & a_{1n} \\ a_{21} & a_{22} & a_{23} & \cdots & a_{2n} \\ a_{31} & a_{32} & a_{33} & \cdots & a_{3n} \\ \vdots & \vdots & \vdots & \ddots & \vdots \\ a_{n1} & a_{n2} & a_{n3} & \cdots & a_{nn} \end{pmatrix}$$

$$=\begin{pmatrix} b_{11} & b_{12} & b_{13} & \cdots & b_{1n} \\ b_{21} & b_{22} & b_{23} & \cdots & b_{2n} \\ b_{31} & b_{32} & b_{33} & \cdots & b_{3n} \\ \vdots & \vdots & \vdots & \ddots & \vdots \\ b_{n1} & b_{n2} & b_{n3} & \cdots & b_{nn} \end{pmatrix}$$

由矩阵的乘法运算规则可知

$$b_{ij}=\sum(a_{ik}\times a_{kj})=a_{i1}\times a_{1j}+a_{i2}\times a_{2j}+a_{i3}\times a_{3j}+\cdots+a_{in}\times a_{nj}$$

因为关系矩阵 $\boldsymbol{A}_R$ 中的所有元素 a_{ij} 取值仅有 0 和 1，所以，上式 b_{ij} 的表达式中各项，即 $a_{i1}\times a_{1j},a_{i2}\times a_{2j},a_{i3}\times a_{3j},\cdots,a_{in}\times a_{nj}$ 的取值自然也只能是 0 和 1。如果其中的某一项其值为 1，即 $a_{ik}\times a_{kj}=1$，则意味着有两点是必然的。其一是 b_{ij} 的值将会大于等于 1，其二是 $a_{ik}=1$ 且 $a_{kj}=1$。而 $a_{ik}=1$ 和 $a_{kj}=1$，便意味着 $<a_i,a_k>\in R$ 且 $<a_k,a_j>\in R$。由传递性定义可知，如果关系 R 传递关系（即具有传递性），则必有 $<a_{ki},a_j>\in R$，即 $a_{ij}=1$。

总之，当关系 R 是 A 上的传递关系时，如果矩阵 $\boldsymbol{B}=\boldsymbol{A}_R{}^2$ 中的元素 $b_{ij}\geqslant 1$ 时，对应地就必须有 $a_{ij}=1$。反之亦然。

为了更清晰地理解上述分析过程，下面通过实例验证或说明。

例如,设集合 $A=\{a_1,a_2,a_3,a_4,a_5\}$,$R$ 是集合 A 上的二元关系,已知

$R=\{<a_1,a_2>,<a_1,a_4>,<a_2,a_1>,<a_2,a_3>,<a_2,a_5>,<a_3,a_2>,<a_3,a_3>,<a_4,a_2>,<a_4,a_5>,<a_5,a_1>,<a_5,a_2>,<a_5,a_5>\}$

其对应的关系图如图 5-11 所示。

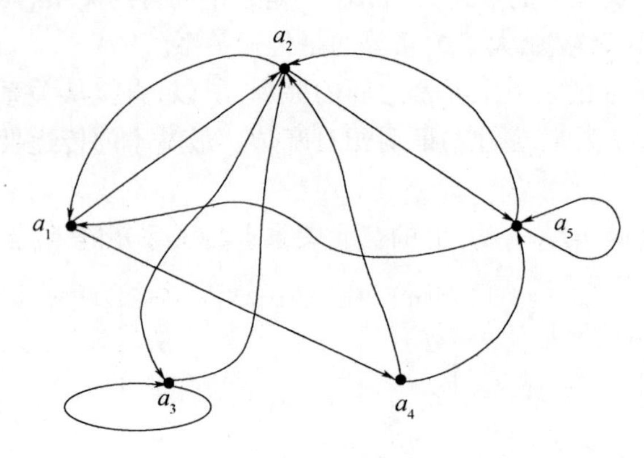

图 5-11 R 的关系图

关系矩阵 $\boldsymbol{A}_R=(a_{ij})_{n\times n}$ 如下:

$$\boldsymbol{A}_R=\begin{pmatrix}0&1&0&1&0\\1&0&1&0&1\\0&1&1&0&0\\0&1&0&0&1\\1&1&0&0&1\end{pmatrix}$$

$$\boldsymbol{B}=\boldsymbol{A}_R{}^2=\begin{pmatrix}0&1&0&1&0\\1&0&1&0&1\\0&1&1&0&0\\\boxed{0\quad 1\quad 0\quad 0\quad 1}\\1&1&0&0&1\end{pmatrix}\times\begin{pmatrix}0&1&0&1&\boxed{0}\\1&0&1&0&\boxed{1}\\0&1&1&0&\boxed{0}\\0&1&0&0&\boxed{1}\\1&1&0&0&\boxed{1}\end{pmatrix}$$

$$=\begin{pmatrix}1&1&1&0&2\\1&3&1&1&1\\1&1&2&0&1\\2&1&1&0&\boxed{2}\\2&2&1&1&2\end{pmatrix}$$

仔细分析 $\boldsymbol{B}=\boldsymbol{A}_R{}^2$ 中,那些非零元素的取值过程,不妨观察非零元素 b_{45},即

$$\begin{aligned}b_{45}&=a_{41}\times a_{15}+a_{42}\times a_{25}+a_{43}\times a_{35}+a_{44}\times a_{45}+a_{45}\times a_{55}\\&=0\times 0+1\times 1+0\times 0+0\times 1+1\times 1\\&=0+1+0+0+1\\&=2\end{aligned}$$

可见,b_{45} 之所以取 2,是因为 $a_{42}\times a_{25}=1$,$a_{45}\times a_{55}=1$,即 $a_{42}=1$,$a_{25}=1$,$a_{45}=1$,$a_{55}=1$。

这就意味着当 $b_{45}=2$ 时,对应着必有 $<a_4,a_2>\in R$, $<a_2,a_5>\in R$,因此,如果 R 是传递关

系,那么,这两对序偶的存在必然要求 $< a_4, a_5 > \in R$ 也同时要存在,即要求 $a_45 = 1$。

也就是说,当 R 具有传递性时,如果 $\boldsymbol{A}_R^2$ 中的元素 $b_{45} \geqslant 1$,则必然有 $\boldsymbol{A}_R$ 中的元素 $a_{45} = 1$。

同样,对于 $\boldsymbol{B} = \boldsymbol{A}_R^2$ 中其他的非零元素,即 b_{11}、b_{12}、b_{13}、b_{15}、b_{21}、b_{22}、b_{23}、b_{24}、b_{25}、b_{31}、b_{32}、b_{33}、b_{35}、b_{41}、b_{42}、b_{42}、b_{45}、b_{51}、b_{52}、b_{53}、b_{54}、b_{55}的存在,就要求 $\boldsymbol{A}_R$ 中的相应元素的值也必须等于 1,只有这样,才说明关系 R 是传递关系。

很容易即可检查到,$b_{11} = 1$、$b_{13} = 1$、$b_{15} = 2$,但是 $a_{11} = 0$、$a_{13} = 0$、$a_{15} = 0$。其实,类似的情况还有很多,所以,关系 R 不具有传递性,即 R 不是传递关系。

注意:读者可自行观察这样的元素还有哪些。

实用中,考虑关系矩阵中各元素的取值均为 0 或 1,为了计算上的方便,常将 $\boldsymbol{A}_R^2$ 的矩阵乘法按布尔乘(见第 11 章)处理,即把矩阵中各元素进行乘法和加法运算时,都改为布尔乘和布尔加运算。如此,即可使运算的最后结果 $\boldsymbol{A}_R^2$ 中的所有元素也只能取值 0 或 1。经过这样的修改约定之后,传递性的判定定理即可描述如下。

定理:设集合 $A = \{a_1, a_2, \cdots, a_n\}$,$R$ 是 A 上的二元关系,R 的关系矩阵 $\boldsymbol{A}_R = (a_{ij})_{n \times n}$,令 $\boldsymbol{B} = \boldsymbol{A}_R \circ \boldsymbol{A}_R = (b_{ij})_{n \times n}$,则 R 是传递关系的充分必要条件是:当 $b_{ij} = 1$ 时,必须 $a_{ij} = 1$。

其中,o 表示矩阵的布尔积。

例 5-11 设集合 $A = \{a_1, a_2, a_3, a_4\}$,$R$ 是 A 上的二元关系,且

$$R = \{ < a_1, a_3 >, < a_2, a_1 >, < a_3, a_2 >, < a_4, a_4 > \}$$

其对应的关系图可参考图 5-10(a)。使判定其是否具有传递性。

解:由题意可知

$$\boldsymbol{A}_R = \begin{pmatrix} 0 & 0 & 1 & 0 \\ 1 & 0 & 0 & 0 \\ 0 & 1 & 0 & 0 \\ 0 & 0 & 0 & 1 \end{pmatrix}$$

$$\boldsymbol{B} = \boldsymbol{A}_R^2 = \begin{pmatrix} 0 & 0 & 1 & 0 \\ 1 & 0 & 0 & 0 \\ 0 & 1 & 0 & 0 \\ 0 & 0 & 0 & 1 \end{pmatrix} \circ \begin{pmatrix} 0 & 0 & 1 & 0 \\ 1 & 0 & 0 & 0 \\ 0 & 1 & 0 & 0 \\ 0 & 0 & 0 & 1 \end{pmatrix}$$

$$= \begin{pmatrix} 0 & 1 & 0 & 0 \\ 0 & 0 & 1 & 0 \\ 1 & 0 & 0 & 0 \\ 0 & 0 & 0 & 1 \end{pmatrix}$$

很容易看出,$b_{12} = 1$,但 $a_{12} = 0$;$b_{13} = 1$,但 $a_{13} = 0$;$b_{31} = 1$,但 $a_{31} = 0$;所以,该关系不具传递性。

因判断中将普通的矩阵乘法调整为布尔乘,于是,$a_{i1} \times a_{1j} + a_{i2} \times a_{2j} + a_{i3} \times a_{3j} + \cdots + a_{in} \times a_{nj}$的计算过程,实质上变成了 a_{i1} 与 a_{1j} 比较,a_{i2} 与 a_{2j} 比较,a_{i3} 与 a_{3j} 比较,……,a_{in} 与 a_{nj} 比较的过程,只要其中存在某一对比较时均为 1,则 b_{ij}的最后结果便是 1。只有当每一对比较不都为 1 时,b_{ij}才为 0。如此,便将 $\boldsymbol{B} = \boldsymbol{A}_R^2$ 的计算过程大幅简化了。

其实,在判定二元关系 R 是否具有传递性的时候,没必要求出 $\boldsymbol{A}_R^2$ 中的每一个元素,只需求出 $\boldsymbol{A}_R$ 中的零元素($a_{ij} = 0$)所对应的 $\boldsymbol{A}_R^2$ 中的 b_{ij} 即可。因为,当 $a_{ij} = 0$ 时,如果 $b_{ij} = 1$,则说

明关系 R 不具传递性;若对于所有的 $a_{ij}=0$,都有 $b_{ij}=0$,则说明关系 R 是传递关系。如此,便进一步减少了计算工作量。

上述传递性判定相对传统,其实,亦可直接利用传递性的定义,基于关系矩阵来,用穷举思想来一一比较而判断。也就是说,把二元关系中所有满足 $<a_i,a_k>\in R$,且 $<a_k,a_j>\in R$ 的序偶对一一找出来,然后再考察是否存在 $<a_i,a_j>\in R$,从而判断二元关系 R 的传递性。对了方便比较,可将这种列举法转换为矩阵的"变换",使是否可传递的判定变方便而又直观。

假设集合 $A=\{a_1,a_2,a_3,\cdots,a_n\}$,$R$ 是 A 上的二元关系,且知

$$\boldsymbol{A}_R=\begin{pmatrix} a_{11} & a_{12} & a_{13} & \cdots & a_{1n} \\ a_{21} & a_{22} & a_{23} & \cdots & a_{2n} \\ a_{31} & a_{32} & a_{33} & \cdots & a_{3n} \\ \vdots & \vdots & \vdots & \ddots & \vdots \\ a_{n1} & a_{n2} & a_{n3} & \cdots & a_{nn} \end{pmatrix}$$

现在考察 $\boldsymbol{A}_R$ 中的非零元素。不失一般性,不妨假设 $\boldsymbol{A}_R$ 的第 i 行第 j 列上的元素 $a_{ij}=1$,就是说有 $<a_i,a_j>\in R$;于是,可再去考察 $\boldsymbol{A}_R$ 中第 j 行上的所有元素:a_{j1}、a_{j2}、a_{j3}、$\cdots$、a_{jn}。如果其中有某个元素等于1,设 $a_{jk}=1$,则说明二元关系 R 中存在着 $<a_i,a_j>\in R$ 和 $<a_j,a_k>\in R$,所以,如果 $a_{ik}=0$,即 $<a_i,a_k>\notin R$,则说明 R 不是传递关系。如果 $a_{ik}=1$,即 $<a_i,a_k>\in R$,则应继续考察第 j 行中其他非零元素,以同样方法分析即可。

所以,当 $a_{ij}=1$ 时,可以将第 i 行和第 j 行对应元素逐个进行比较,如果存在着第 j 行的某个元素为1,而第 i 行的对应(同列)元素为0,则 R 便不是传递关系。否则,应继续观察第 j 行中其他非零元素,以同样的方法分析之,知道考察完第 j 行中所有非零元素为止。

对于 $\boldsymbol{A}_R$ 中的其他非零元素,以同样方法分析之,知道考察完 $\boldsymbol{A}_R$ 中的所有非零元素为止。

这种方法比较适合用计算机编程处理关系的传递性判定,但就关系理论而言,不如前一种判定方法有研究价值。

关系的基本特性与关系图、关系矩阵之间的联系,可汇总如表5-3所列。

表5-3 关系的基本特性与关系图、关系矩阵之间的相互联系汇总表

关系特性	关系图特征	关系矩阵特性
自反	每一个节点处均有环	对角线元素均为1
反自反	每一个节点处均无环	对角线元素均为0
对称	两节点间的边成对出现,且方向相反	矩阵为对称矩阵
反对称	没有方向相反的边成对出现;	当分量 $c_{ij}=1(i\neq j)$ 时 $c_{ji}=0$
传递	如果在节点 $v_1,\cdots,v_n$ 之间存在边 v_1v_2、$\cdots$、$v_{n-1}v_n$,则必有边 v_1v_n 存在	无直观而鲜明的判定特征,但存在间接的判定方法

5.5 等价关系与集合划分

关系的基本性质所关注的角度相对单一。从关系所对应的关系图即可看出,要么是针对一个点是否有环存在(自反性和反自反性);要么是针对两个节点之间的关系(对称性和反对称性);要么是针对三个节点之间的关系(传递性)。但在实际应用中,多数情况下需要考虑的

因素很多,这便需要在上述几个基本性质的基础上再做某些组合。从本节开始将要介绍的等价关系和相容关系就是上述几种不同性质相互组合的结果。

5.5.1 等价关系

设 R 是非空集合 A 上的二元关系,如果关系 R 同时具有自反性、对称性和传递性,则关系 R 为 A 上的等价关系。显然,等价关系将 1 ~ 3 个不同节点之间的基本性质全部考虑在内了。也正因如此,等价关系才拥有了非常广泛的在实用基础。

例如,中国四大名著之一《三国演义》中的人物可谓家喻户晓,不妨设 A = {关羽,张飞,赵云,马超,黄忠,马谡,庞统,张郃,张辽,庞德,黄盖,周瑜},R 是 A 上的“同姓”关系。

容易理解,A 中的每一个元素都与其自己同姓,所以,R 具有自反性。

凭直观即可看出,不仅有 < 马谡,马超 > $\in R$,而且还有 < 马超,马谡 > $\in R$,所以,R 显然具有对称性。

另外,从 < 张飞,张郃 > $\in R$ 及 < 张合,张辽 > $\in R$ 当然可以推得 < 张飞,张辽 > $\in R$,因此,同姓关系 R 具备传递性。

综上所述,“同姓”关系 R 是等价关系。

其实,“同性”关系也是等价关系。另外,生活中的同乡关系、同龄关系、同城关系、同民族关系等都是等价关系。但血缘关系不是等价关系,因其不具备传递性。如图 5 - 12 所示,甲和乙同母异父,尚存在血缘关系,而乙与丙同父异母,也存在血缘关系,但甲和丙之间实质上已经没有任何血缘关系了,因此,血缘关系不具备传递性是显而易见的。不过,血缘关系存在自反性和对称性。

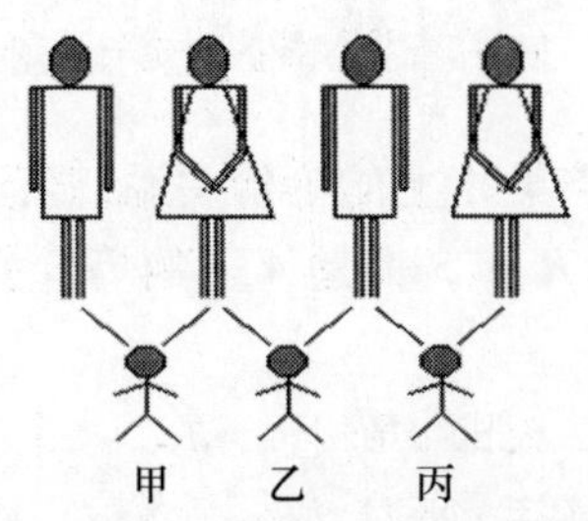

图 5 - 12　血缘关系不具备传递性

例 5 - 12　设集合 $A=\{1,2,3,4,5,6,7,8,9,10\}$,$R$ 是 A 上的二元关系,且定义为“模 3 同余”,试证明关系 R 是等价关系。

证明:根据关系 R 的定义,可用列举法表示如下:

$$
\begin{aligned}
R=\{ & <1,1>,\ <1,4>,\ <1,7>,\ <1,10>, \\
& <2,2>,\ <2,5>,\ <2,8>, \\
& <3,3>,\ <3,6>,\ <3,9>, \\
& <4,1>,\ <4,4>,\ <4,7>,\ <4,10>, \\
& <5,2>,\ <5,5>,\ <5,8>, \\
& <6,3>,\ <6,6>,\ <6,9>, \\
& <7,1>,\ <7,4>,\ <7,7>,\ <7,10>, \\
& <8,2>,\ <8,5>,\ <8,8>,
\end{aligned}
$$

$<9,3>$, $<9,6>$, $<9,9>$,

$<10,1>$, $<10,4>$, $<10,7>$, $<10,10>\}$

看得出,对于 A 中任意给定的个体 x 来说,均有 $<x,x>\in R$ 成立,所以,关系 R 具有自反性,是自反关系。

另外,从上述列举法给出的关系 R 各元素的具体情况即可看出,确实存在 $<x,y>\in R\Rightarrow <y,x>\in R$ 成立,所以,R 也具有对称性,是对称关系。

还有,由模3同余的定义可知,对于 A 上任意给定的3个元素 x、y 和 z,如果 $<x,y>\in R$,即 x 与 y 模3同余,且 $<y,z>\in R$,即 y 与 z 模3同余,则自然有 x 与 z 模3同余,即有 $<x,z>\in R$ 成立,所以,传递性也存在。汇总以上分析可得,关系 R 是等价关系。其关系图如图5-13所示。

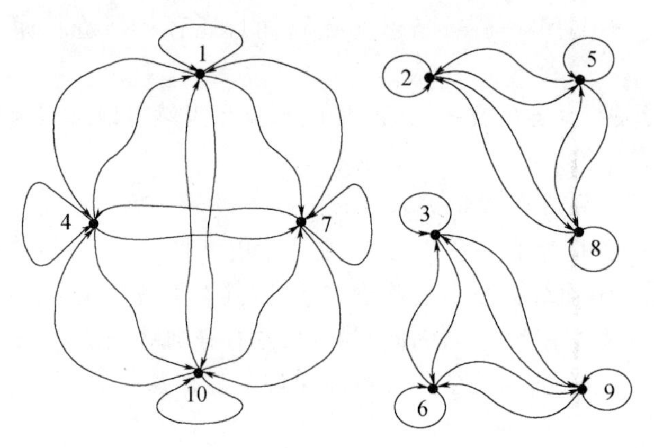

图5-13 等价关系示意图

例5-13 若 R 和 S 都是非空集 A 上的等价关系,试证明 $R\cap S$ 也是 A 上的等价关系。

证明:对于任意的 $a\in A$,因为 R 和 S 都是 A 上的等价关系,所以有 xRx 且 xSx。故,$x(R\cap S)x$,所以,$R\cap S$ 是自反的。

对于任意的 $a,b\in A$,$a(R\cap S)b$,即 aRb 且 aSb。

因为 R 和 S 都是 A 上的等价关系,所以,bRa 且 bSa。故 $b(R\cap S)a$,从而 $R\cap S$ 是对称的。

对于任意的 $a,b,c\in A$,$a(R\cap S)b$ 且 $b(R\cap S)c$,即 aRb,aSb,bRc 且 bSc。

因为 R 和 S 都是 A 上的等价关系,所以 aRc 且 aSc。故有 $a(R\cap S)c$,从而 $R\cap S$ 是传递的。

综合以上论述,可得 $R\cap S$ 是 A 上的等价关系。

5.5.2 等价类

设 R 是非空集合 A 上的等价关系,a 是集合 A 中的任意一元素,由 A 中所有与 a 有关系 R 的元素组成的集合,称为 a 关于 R 的**等价类**,记为 $[a]_R$。

显然,有 $[a]_R=\{y\mid(y\in A)\wedge(<x,y>\in R)\}$,一般地,称 a 为**生成元**,或**典型元**。

在上例中,基于模3同余的关系 R,可计算出集合 $A=\{1,2,3,4,5,6,7,8,9,10\}$ 中每一个元素的等价类如下:

$[1]_R=\{1,4,7,10\}$

$[2]_R=\{2,5,8\}$

$[3]_R = \{ 3,6,9 \}$

$[4]_R = \{ 1,4,7,10 \}$

$[5]_R = \{ 2,5,8 \}$

$[6]_R = \{ 3,6,9 \}$

$[7]_R = \{ 1,4,7,10 \}$

$[8]_R = \{2,5,8 \}$

$[9]_R = \{ 3,6,9 \}$

$[10]_R = \{ 1,4,7,10 \}$

容易看出，集合 A 中彼此之间有关系 R 的元素，它们的等价类是完全相同的，汇总归纳上述 10 个元素的等价类可知，总共只有 3 个是彼此不同的，即

$[1]_R = \{ 1,4,7,10 \}$

$[2]_R = \{ 2,5,8 \}$

$[3]_R = \{ 3,6,9 \}$

容易理解，如果变化集合 A 上关系 R 的具体定义，例如将 R =“模 3 同余”变为 R' =“模 4 同余”，则从同一个元素 a 出发，便可构造出截然不同的等价类。有兴趣的读者可自行分析，不难得

$[1]_{R'} = \{1,5,9\}$

$[2]_{R'} = \{2,6,10\}$

$[3]_{R'} = \{3,7\}$

$[4]_{R'} = \{4,8\}$

从该意义上讲，关系 R 似乎就是一个标准，按不同的标准即可把集合 A 中的所有元素分成不同的圈子。因此，等价关系和等价类的概念，在现实生活中确实有着极其广泛的应用，根据等价类还可将集合 A 分成彼此不同的几部分，这便是商集的概念。

设 R 是非空集合 A 上的等价关系，由关于 R 的所有彼此不同的等价类作为元素的集合，称为 A 关于 R 的商集，记为 A/R。显然有

$$A/R = \{[a]_R \mid (x \in A)\}$$

这种通过一个集合 A 上的等价关系，即可将集合 A 划分成几部分的运算，实质上就是集合的除法运算。至此，在基于集合的运算中，四则“加(并)、减(交和补)、乘(笛卡儿积)、除(商集)”，便都凑齐了。

仍然以上面的例子为例，因彼此不同的等价类只有 3 个，即 $[1]_R$、$[2]_R$、$[3]_R$，所以，对应的商集即

$$A/R = \{[1]_R,[2]_R,[3]_R\} = \{ \{ 1,4,7,10 \}, \{ 2,5,8 \}, \{ 3,6,9 \} \}$$

例 5-14 仍以前面《三国演义》中的人物为例，且 A = {关羽，张飞，赵云，马超，黄忠，马谡，庞统，张郃，张辽，庞德，黄盖，周瑜}，R 还是 A 上的“同姓”关系，试求商集 A/R。

解：根据题意可知

$[$关羽$]_R$ = {关羽}

$[$张飞$]_R$ = {张飞，张郃，张辽}

$[$赵云$]_R$ = {赵云}

$[$马超$]_R$ = {马超，马谡}

[黄忠]$_R$ = {黄忠,黄盖}
[马谡]$_R$ = {马超,马谡}
[庞统]$_R$ = {庞统,庞德}
[张合]$_R$ = {张飞,张郃,张辽}
[张辽]$_R$ = {张飞,张郃,张辽}
[庞德]$_R$ = {庞统,庞德}
[黄盖]$_R$ = {黄忠,黄盖}
[周喻]$_R$ = {周喻}
显然,有

A/R = {[关羽]$_R$,[张飞]$_R$,[赵云]$_R$,[马超]$_R$,[黄忠]$_R$,[庞统]$_R$,[周瑜]$_R$}
= {{关羽},{张飞,张郃,张辽},{赵云},{马超,马谡},
{黄忠,黄盖},{庞统,庞德},{周瑜}}

例 5-15 设集合 $A = \{a,b,c,d,e,f,g,h\}$,R 是 A 上的等价关系,如表 5-4 所列。试求其对应的商集 A/R。

表 5-4 A 上的等价关系 R

	a	b	c	d	e	f	g	h
a	√	√						
b	√	√						
c			√	√	√	√		
d			√	√	√	√		
e			√	√	√	√		
f			√	√	√	√		
g							√	
h								√

解:由表 5-4 可知,A 中的元素关于关系 R 的等价类共有 8 个,其中 4 个是彼此不同的,分别为$\{a,b\}$、$\{c,d,e,f\}$、$\{g\}$、$\{h\}$,所以

$$A/R = \{ \{a,b\}, \{c,d,e,f\}, \{g\}, \{h\} \}$$

商集在抽象代数的研究中发挥着重要作用,商集还是关系理论的关键内容,它还和集合的划分紧密相联。

5.5.3 集合的划分

假设 A 是集合,并且 $A_1,A_2,A_3,\cdots,A_n$ 均是 A 的子集,如果有下式成立,则以 $A_1,A_2,A_3,\cdots,A_n$ 作为元素构成的集合 $S = \{A_1,A_2,A_3,\cdots,A_n\}$,称为集合 A 的一个**划分**,而每一个子集 A_i 均称为**块**。

$$\cup A_i = A_1 \cup A_2 \cup A_3 \cup \cdots \cup A_n = A$$

且 $A_i \cap A_j = \varnothing$,其中,$i \neq j; i,j = 1,2,3,\cdots,n$。

显然,在前面《三国演义》中的人物示例中,有

$S=\{\{$关羽$\}$，$\{$张飞,张郃,张辽$\}$，$\{$赵云$\}$，$\{$马超,马谡$\}$，$\{$黄忠,黄盖$\}$，$\{$庞统,庞德$\}$，$\{$周瑜$\}\}$

S 就是人物集合 A 的一个划分。而且，$\{$关羽$\}$，$\{$张飞,张郃,张辽$\}$，$\{$赵云$\}$，$\{$马超,马谡$\}$，$\{$黄忠,黄盖$\}$，$\{$庞统,庞德$\}$，$\{$周瑜$\}$等是块。

容易理解，如果 R 是 A 上的等价关系，则 A 关于 R 的商集 A/R 就是 A 上的一个划分，对应的每一个等价类均是块。

定理 5－1 非空集合 A 的一个划分能确定 A 上的一个等价关系；反之，确定了 A 上的一个等价关系，便确定出了 A 上的一个划分。

例 5－16 设 $A=\{1,2,3,4,5,6,7,8\}$，$S=\{\{1,3\},\{2,6,7\},\{4,5,8\}\}$，试确定 S 所对应的 A 上的等价关系。

解：根据给定的划分 S，可知道其对应的等价关系之商集，其对应的等价关系如表 5－5 所列。

表 5－5 划分 S 对应的等价关系

	1	2	3	4	5	6	7	8
1	√		√					
2		√				√	√	
3	√		√					
4				√	√			√
5				√	√			√
6		√				√	√	
7		√				√	√	
8				√	√			√

又如，设 $A=\{1,2,3,4,5,6,7\}$，且 A 上的等价关系 R 如表 5－6 所列。

表 5－6 等价关系 R

	1	2	3	4	5	6	7
1	√				√	√	
2		√	√	√			
3		√	√	√			
4		√	√	√			
5	√				√	√	
6	√				√	√	
7							√

则据上述定理可知，A 上的划分 $S=\{\{1,5,6\},\{2,3,4\},\{7\}\}$。

例 5－17 设 R 是集合 A 上的一个关系，对于任意给定的个体 a、b、$c\in A$，如果 $<a,b>\in R$ 且 $<a,c>\in R$ 时，必有 $<b,c>\in R$ 成立，则称 R 是集合 A 上的**循环关系**。试证明，R 是集合 A 上的等价关系之充分必要条件，即 R 是循环关系且具有自反性。

证：⇒：若 R 是等价关系。

容易看出，R 是自反关系；对于任意的 a、b、$c \in A$，如果 $<a,b> \in R$ 且 $<a,c> \in R$ 时，则由 R 是对称关系，可知，必有，$<b,a> \in R$ 且 $<a,c> \in R$，又因 R 是传递关系，$<b,c> \in R$ 成立，显然，这便说明 R 是循环关系。

$\Leftarrow$若 R 是等价关系。

R 是自反关系非常直观，无需证明。

对于任意的 a、b、$c \in A$，如果 $<a,b> \in R$，则由 R 是自反关系可知，必有 $<a,a> \in R$ 存在，又因 R 是循环关系，所以，由 $<a,b> \in R$ 及 $<a,a> \in R$ 可知，必有 $<b,a> \in R$，即关系 R 具有对称性。

另外，对于任意的 a、b、$c \in A$，如果 $<a,b> \in R$，$<b,c> \in R$，则由 R 是对称关系可知，必有 $<b,a> \in R$，$<b,c> \in R$，又因 R 是循环关系，所以，有 $<a,c> \in R$，所以，R 是传递关系。

既然已证明 R 是自反关系、又具有对称性和传递性，所以 R 是等价关系。

5.6 相容关系与集合覆盖

5.6.1 相容关系

设 R 是非空集合 A 上的二元关系，如果关系 R 同时具有自反性、对称性，则称关系 R 为 A 上的**相容关系**。

很明显，前面介绍的等价关系仅仅是一种特殊的相容关系，因为，在相容关系的基础上，加上传递关系，则该相容关系便成了等价关系。

在实际生活中，朋友关系就是一个相容关系。在朋友关系中，自反性和对称性的存在比较容易理解，但传递性并不总存在，因为，甲与乙是朋友，而乙与丙是朋友，则甲与丙未必也是朋友。这便是某一个体基于不同目的或场合，拥有不同的圈子的结果。

另外，生活中的血缘关系也是相容关系。在血缘关系中，自反性是明显的。而对称关系也很直观，甲和乙有血缘关系，则反过来乙和甲自然也有血缘关系。但传递性不能保证，在前面介绍等价关系时已做过较详细的说明，如图 5－12 所示。

设 A 是由若干英文单词组成的集合，且 $A = \{apple, dog, man, teacher, cat, or, at, sky, as\}$，$R$ 是 A 上的二元关系，且 R 被定义为“当两个单词至少有个一字母相同时，则认为这两个元素相关。”

显然，R 是自反的，也是对称的。所以，R 是相容关系。

但是，R 不是等价关系，因为 R 不可传递，例如，$<apple, as> \in R$，且 $<as, sky> \in R$，但是，$<apple, sky> \notin R$，所以，可知关系 R 不具传递性。

关系 R 对应的关系图如图 5－14 所示。

5.6.2 相容类

容易看出，在相容关系的关系图中，每个节点上均有环，任意相关的两个节点之间均有成对的边相连。为了简化表示，常将相容关系中的所有环省取，并将所有成对的边用一条单独的无方向线相连，如此，便可将图 5－14 简化成图 5－15。

假设 R 是非空集合 A 上的相容关系，B 是 A 的子集，如果在 B 中任意两个元素都是相关的，则称 B 为由相容关系 R 产生的**相容类**。

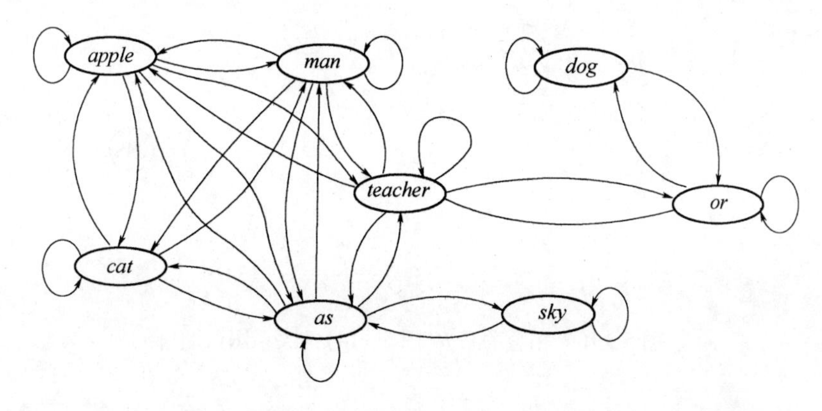

图 5-14　英文单词集合 A 上的关系 R(至少一个字母相同)的关系图

例如,设 $A=\{134,345,275,347,348,129\}$,$R$ 是 A 上的二元关系,并定义 R 为:当 $a,b\in A$,且 a 与 b 中至少有一个数码相同时,则有 $<a,b>\in R$。

容易证明 R 是相容关系,而 A 的下列子集都是相容类:$\{134,247,348\}$、$\{275,345\}$、$\{134,129\}$。

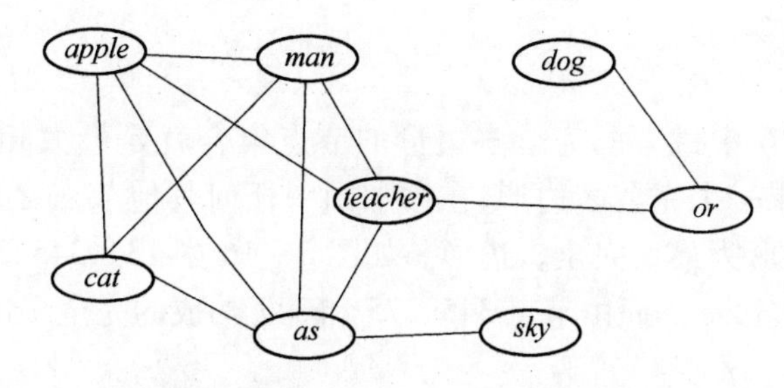

图 5-15　图 5-15 是简化图表示

当然,对第一个相容类而言,再加上 345 仍可组成一个新的相容类,即$\{134,247,348,345\}$。而在$\{275,345\}$中,再加上 347,同样可得到一个新的相容类,即$\{275,345,347\}$。但第三个相容类$\{134,129\}$,则不论添加 A 中的其他任何一个元素,都构不成新的相容类,这样的相容类通常称为**最大相容类**。

换一个角度来看,最大相容类还可以做如下理解:设 R 是 A 上的相容关系,B 是相容类,在差集 $A-B$ 中没有一个元素与 B 中的所有元素都是相关的,则称 B 是**最大相容类**。

在上例中,若令 $B=\{134,129\}$,则 $A-B=\{345,275,347,348\}$,容易看出,在 $A-B$ 中,确实没有一个元素和 134 及 129 都相关。主要是 134 和 129 除了数字 1 之外,再无任何相关性,所以,如果要和 134、129 都相关,则只能是包含数字 1 的,但 $A-B$ 中的那 4 个元素,都不包含数字 1,所以,都无法与 134、129 相关。所以,B 便是最大相容类。

该问题的相容关系 R 所对应的关系图(简化图)如图 5-16 所示。

从图 5-16 不难看出,完全多边图的节点之集合就是相容类。所谓完全多边形是指每个节点都与其他节点有边相连的多边形。例如,三角形是完全多边形,图 5-17 就是几个不同节点数的完全多边形示意图(在第 7 章中称为完全图)。

现在,回过头来再观察图 5-16,因 134、347、348 是一个三角形的顶点,所以,它们可组成一个相容类$\{134,347,348\}$;同理,$\{345,347,275\}$也是相容类。

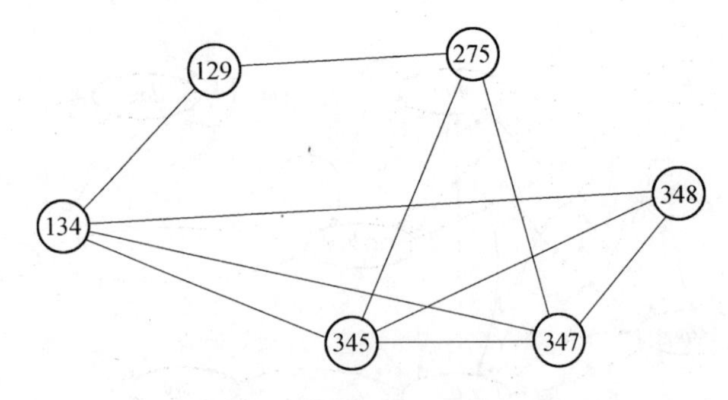

图 5 - 16　相容关系 R(图 5 - 14)的关系图(简化图)

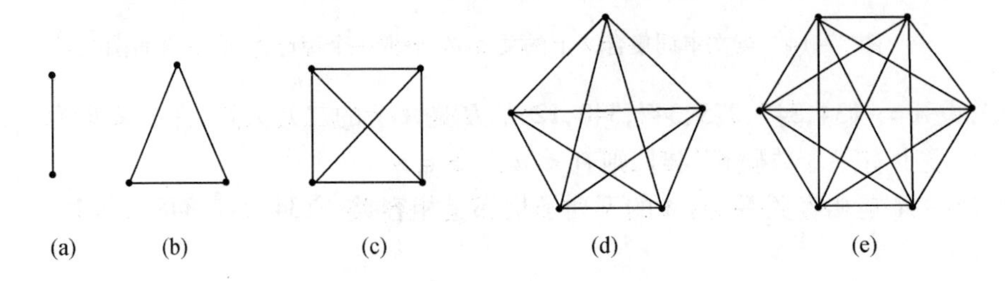

图 5 - 17　完全多边形示意图

由此可见,图 5 - 16 中最大的完全多边形的节点集合就是最大相容类。当然,这里“最大”的涵义,意味着如果一个完全多边形,在添加图中任何其他节点之后,就不再成为完全多边形,则称此完全多边形为最大完全多边形。如图 5 - 16 中 134、345、347 和 348 构成的完全多边形就是最大完全多边形。而由节点 345、275 和 347 构成的完全多边形也是最大的完全多边形。

值得注意的是,在表示相容关系的简化关系图中,一个孤立点(和其他点都没有边相联系的点),以及不是完全多边形的边的两个节点的连线,其顶点也是最大相容类。如图 5 - 17(a)所示,边是两个结组成的最大相容类。

汇总以上分析,容易得出,图 5 - 16 中有 4 个最大相容类,分别是

$$\{129,134\};\{129,275\};\{345,347,275\};\{134,348,345,347\}$$

例 5 - 18　设集合 $A=\{a,b,c,d,e,f,h\}$ 上的相容关系 R 的简化关系图如图 5 - 18 所示,试写出 A 上由 B 所产生的所有最大相容类。

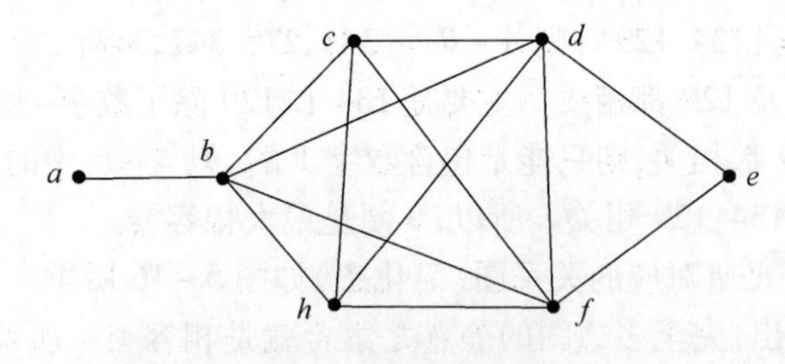

图 5 - 18　关系 R 的简化图

解:由图 5 - 18 可知,节点 b,h,f,d,c 组成的 5 个节点的完全多边形构成了一个最大相容类,即 $\{b,h,f,d,c\}$。

另外,由节点 d,f,e 组成的三角形也是完全多边形,同样构成最大相容类,即 $\{d,f,e\}$。

最后,a,b 则组成了由两个节点构成的最大相容类$\{a,b\}$。

因此,汇总上述分析可知,该相容关系 R 共可产生 3 个最大相容类,分别是

$$\{b,h,f,d,c\};\{d,f,e\};\{a,b\}$$

读者不妨思考:如果在图 5-18 中取掉一边,其结果又将如何呢?

5.6.3 覆盖

假设 A 是集合,并且 $A_1,A_2,A_3,\cdots,A_n$ 均是 A 的非空子集,令 $S=\{A_1,A_2,A_3,\cdots,A_n\}$,如果 $\cup A_i=A_1\cup A_2\cup A_3\cup\cdots\cup A_n=A$,则称 S 为集合 A 的一个覆盖。

相比划分而言,覆盖并不强调 $A_i\cap A_j=\varnothing$,其中,$i\neq j;i,j=1,2,3,\cdots,n$。就是说,必有

$$\cup\ |A_i|=|A_1|+|A_2|+\cdots+|A_n|\geqslant|A|$$

例如,设 $A=\{1,2,3,4\}$,则 $S=\{\{1,2\},\{2,3\},\{1,3,4\}\}$就是一个覆盖。

假设 $S=\{A_1,A_2,A_3,\cdots,A_n\}$为集合 A 的一个覆盖,且对于 S 中的任意一元素 A_i,不存在 A 中的其他元素 A_j,使得 A_i 是 A_j 的子集,则称 S 为 A 的完全覆盖。

显然,完全覆盖是覆盖的特殊情况。只有覆盖的那些元素彼此之间不包含时,覆盖才是完全覆盖。

其实,集合 $A=\{1,2,3,4\}$上的覆盖 $S=\{\{1,2\},\{2,3\},\{1,3,4\}\}$就是一个完全覆盖。

另外,集合 $A=\{a,b,c,d,e\}$上的覆盖 $S_1=\{\{a\},\{b,c,d\},\{d,e\}\}$也是一个完全覆盖。

但 $S_1=\{\{a,b\},\{a,b,c\},\{c,d,e\}\}$虽是 A 的覆盖,但却并不是 A 的完全覆盖。

如果 R 是集合 A 上的相容关系,则对于 A 中的任意元素 a 而言,集合$\{a\}$便是一个相容类。并且,可以对集合$\{a\}$不断实施新元素的添加,直到使其成为最大相容类。因此,A 中的每一个元素都将是某个最大相容类的元素。可见,相容关系 R 产生的所有最大相容类构成的集合是 A 的一个覆盖。又由最大相容类的定义可知,一个最大相容类决不是另外一个最大相容类的子集。所以,由最大相容类构成的集合必是 A 的一个完全覆盖。

也就是说,R 是 A 上的相容关系,R 能确定一个 A 上的完全覆盖;反之,当给定集合 A 的一个完全覆盖时,它便能确定 A 上的一个相容关系 R,并使 R 产生的最大相容类构成的集合就是这个完全覆盖。

从这个意义上讲,相容关系之于覆盖,与等价关系之于划分,有相类似的道理。

例 5-19 设 $A=\{1,2,3,4,5,6,7\}$,R 是 A 上的相容关系,其简化关系图如图 5-19 所示,试确定由 R 所对应的完全覆盖。

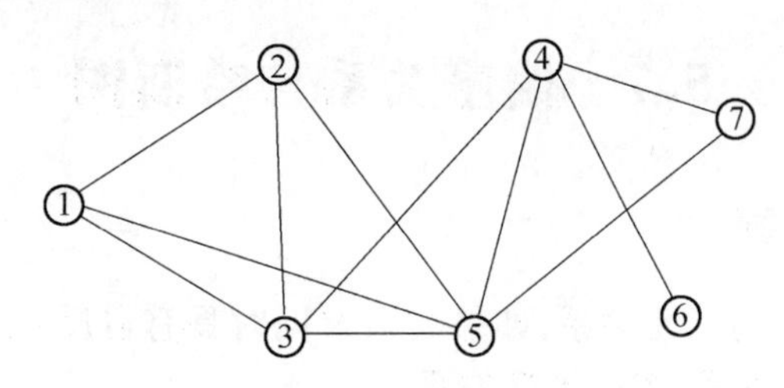

图 5-19 相容关系 R 的简化关系图

解:由图 5-19 可知,相容关系 R 产生的最大相容类为

$$\{1,2,3,5\};\quad\{3,4,5\};\quad\{4,5,7\};\quad\{4,6\};$$

所以,相容关系 R 所确定的完全覆盖,即可表示为

$$S = \{\ \{1,2,3,5\},\ \{3,4,5\},\ \ \{4,5,7\},\ \ \{4,6\}\ \}。$$

例 5-20 设 $A=\{1,2,3,4,5,6,7,8,9\}$,R 是 A 上的相容关系,其简化关系图表示如图 5-20所示,试确定由 R 所对应的完全覆盖。

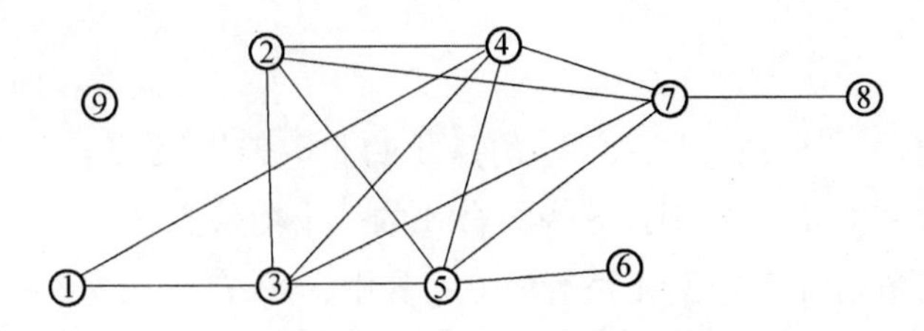

图 5-20 相容关系 R 的简化关系图

解:由图 5-20 可知,相容关系 R 产生的最大相容类为

$$\{1,3,4\};\quad \{2,3,4,5,7\};\quad \{5,6\};\quad \{7,8\};\quad \{9\};$$

所以,相容关系 R 所确定的完全覆盖,即可表示为

$$S = \{\ \{1,3,4\},\quad \{2,3,4,5,7\},\quad \{5,6\},\quad \{7,8\},\quad \{9\}\quad \}。$$

例 5-21 设 $A=\{a,b,c,d,e,f,g,h\}$,S 的完全覆盖 $S=\{\{a,b\},\{b,c,f,g\},\{c,d,e\},\{c,d,h\}\}$,试写出由 S 确定的相容关系 R。

解:由完全覆盖 S 可绘制出对应的关系图简化表示,如图 5-21 所示。

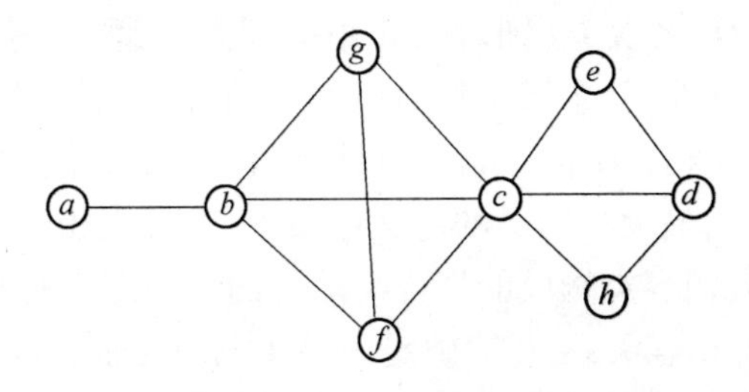

图 5-21 完全覆盖 S 所对应的简化关系图表示

所以,不难通过 S 确定是关系 R 的具体列举描述,即

$S=\{<a,b>,<b,g>,<b,c>,<b,f>,<g,f>,<g,c>,<f,c>,<c,e>,<c,d>,<c,h>,<e,d>,<d,h>\}$

5.7 偏序关系与哈斯图

5.7.1 哈斯图与偏序集

设 R 是非空集合 A 上的二元关系,如果关系 R 同时具有自反性、反对称性和传递性,则称 R 关系为集合 A 上的**偏序关系**,亦称**半序关系**。

不难证明,整数集合 I 上的小于等于关系(R)是偏序关系。因为,对于任意的 x,y 而言,如果有 $(x\in A)\wedge(y\in A)$ 成立,则必有 $<x,x>\in R$,$<y,y>\in R$,这便是关系 R 的自反性。

如果 $<x,y>\in R$,即有 $x\leqslant y$,显然,不能保证一定有 $y\leqslant x$,除非 $x=y$ 成立,所以,关系 R 的对称性不存在。

容易理解,如果有 $z \in A$,且 $< x,y > \in R$, $< y,z > \in R$,即 $x \leqslant y$, $y \leqslant z$ 成立,可得 $x \leqslant z$,即 $< x,z > \in R$,于是,传递性得证。

综上所述,不难看出,关系 R 确实是整数集合 I 上的偏序关系。

另外,容易证明,整数集合 I 上的整除关系,其实也是偏序关系。

相对于等价关系而言,偏序关系的区别仅在与将等价关系中的对称性换成了反对称性,其他属性均相同。于是,参考等价关系之关系图表示,可以想象偏序关系的关系图特征。即每个节点上均有环存在,所有的边均不成对出现,传递性与等价关系是一样的。

例如,设 $A = \{1,2,3,4,6,8,9,12\}$,R 是 A 上的整除关系,容易理解

$$
\begin{aligned}
R = \{ & <1,1>, <2,2>, <3,3>, <4,4>, <6,6>, <8,8>, <9,9>, <12,12>, \\
& <1,2>, <1,3>, <1,4>, <1,6>, <1,8>, <1,9>, <1,12>, \\
& <2,4>, <2,6>, <2,8>, <2,12>, \\
& <3,6>, <3,9>, <3,12>, \\
& <4,8>, <4,12>, \\
& <6,12> \}
\end{aligned}
$$

R 的关系图如图 5-22 所示。

仿照相容关系中对关系图的简化处理思路,考虑偏序关系中所有的节点均有环,所以,关系图中便可以将所有的环省略掉。又因偏序关系是可传递的,当 $<x,y> \in R$, $<y,z> \in R$ 时,必有 $<x,z> \in R$,所以,绘制关系图时,可将 $<x,z>$ 对应的有向边省略掉。经过如此简化处理,关系图便反映出偏序关系独到的特征。如果再将关系图中的各节点位置做适当布置,使图中各有向边的走向均尽量向上,那么还可以把图 5-22 中的所有箭头都略掉。图 5-23 便是图 5-22 经简化处理后的结果。这种简化过的偏序关系的关系图一般称为**哈斯图**(或**哈斯图表示**)。

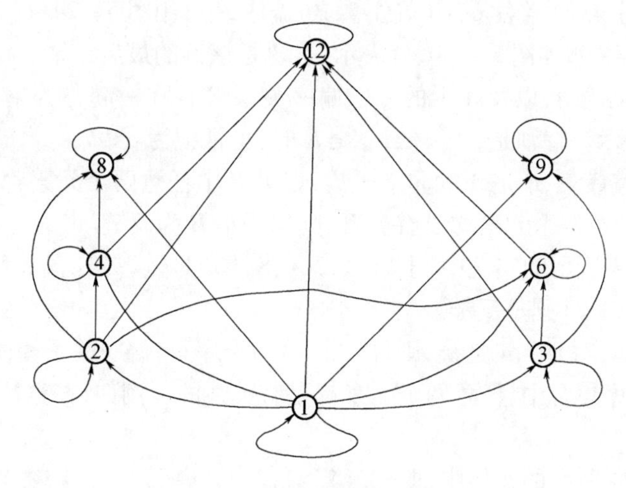

图 5-22　偏序关系 R 的关系图

设 R 是非空集合 A 上的偏序关系,a,b 是 A 中两个不同的元素,如果 $< a,b > \in R$,但在集合 A 中不存在元素 c,使得 $< a,c > \in R$ 且 $< c,b > \in R$,则称**元素 b 盖住元素 a**。

"盖住"这个概念很重要,通过盖住可以更快、更有效地描述并绘制偏序关系的哈斯图。

例如,在上例中,元素盖住了元素 2,也盖住了元素 3,但元素 8 不盖住元素 2,因为,在 2 和 8 之间还存在元素 4。元素 8 也不盖住元素 3,因为 $<3,8> \notin R$。

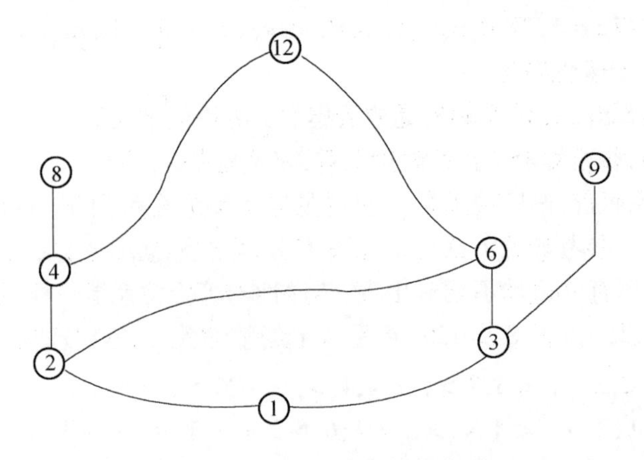

图 5－23　图 5－22 之简化表示

其实,在图 5－23 中,不难看出如下盖住关系:2 盖住 1,3 盖住 1,4 盖住 2,8 盖住 4,6 盖住 2,6 盖住 3,9 盖住 3,12 盖住 4,12 盖住 6 等。

利用盖住关系,可以快速绘制哈斯图。一般的作图原则可描述为:当 $<a,b>\in R$ 时,代表 b 的节点应画在代表 a 的节点的上面;当 b 正好盖住 a 时,则 a 点与 b 点之间用线短直接相连。按类似的思路连接 A 中的所有节点,最后适当调整全图的位置即可。

例 5－22　设 $A=\{1,2,3,4,5,6,7,8,9,10,12,16,18\}$,$R$ 是 A 上的整除关系,试绘制偏序关系 R 的哈斯图。

解:根据给定集合 A 的具体情况和关系 R 的定义,容易看出存在如下盖住关系:

2 盖住 1,3 盖住 1,5 盖住 1,7 盖住 1,可用图 5－24(a)表示;

4 盖住 2,6 盖住 2,6 盖住 3,9 盖住 3,可用图 5－24(b)表示;

8 盖住 4,12 盖住 4,12 盖住 6,10 盖住 5,10 盖住 2,可用图 5－24(c)表示;

16 盖住 8,18 盖住 9,如图 5－24(d)表示,这也是该例的最后结果。

一般地,总是将集合 A,以及 A 上的一个偏序关系 R 合在一起称为偏序集,并用 (A,R) 表示,也可用 $(A,\leqslant)$ 表示。特别是,当 $<a,b>\in R$ 时,也常记为 $a\leqslant b$。

假设 $(A,\leqslant)$ 是偏序集,B 是 A 的非空子集,如果 B 中任意两个元素都有关系,则称子集 B 为链。如果 B 中的任意两个元素均没有关系,则称子集 B 为反链。

显然,在图 5－24 所示的实例中,子集 $\{1,2,4,8,16\}$ 是链,另外,$\{1,5,10\}$ 和 $\{1,3,9,18\}$ 也都是链,但子集 $\{2,3,7\}$ 则是反链。

如果在偏序集 $(A,\leqslant)$ 中,A 是链,则称 $(A,\leqslant)$ 为全序集,偏序关系 $\leqslant$ 便被称为全序关系。

容易理解,在全序集合中,任意两个元素都是有关系的。例如,在整数集合 I 中,小于等于关系就是全序集。

另外,在图 5－24 所示的实例中,既然子集 $\{1,2,4,8,16\}$ 是链,则容易理解,集合 $\{1,2,4,8,16\}$ 上的整除关系便是全序集,因为 $1\leqslant 2\leqslant 4\leqslant 8\leqslant 16$ 成立。

5.7.2　偏序集中的特殊元素

设 $(A,\leqslant)$ 是偏序集,如果 A 中存在元素 a,使得在集合 A 中没有其他元素 x,满足 $a\leqslant x$,则称元素 a 为 A 的**极大元**。设 $(A,\leqslant)$ 是偏序集,如果 A 中存在元素 a,使得在集合 A 中没有其他元素 x,满足 $x\leqslant a$,则称元素 a 为 A 的**极小元**。极大元和极小元统称**极元**。

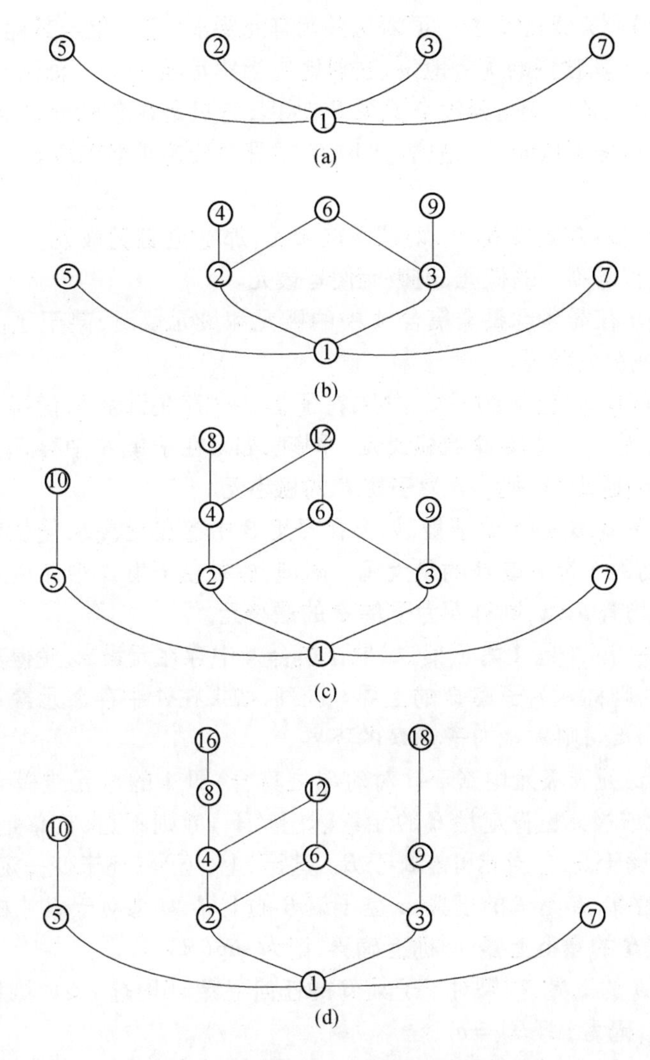

图 5-24 偏序关系之哈斯图快速绘制示意

例如,在图 5-23 所示的哈斯图对应的集合 A 中,8,9,12 是极大元,而 1 是极小元。而在图 5-24 所示的哈斯图对应的集合 A 中,7,10,12,16,18 均是极大元,1 则是极小元。

看得出,极大元未必唯一。其实,极小元也未必唯一。有兴趣的读者可自行设计一个例子来说明这一点。

思考:对全序集而言,极大元和极小元是否唯一的吗?

设$(A,\leqslant)$是偏序集,如果 A 中存在元素 a,使得对于集合 A 中的任意元素 x,均有 $x\leqslant a$,则称元素 a 为 A 的最大元。设$(A,\leqslant)$是偏序集,如果 A 中存在元素 a,使得对于集合 A 中的任意元素 x,均有 $a\leqslant x$,则称元素 a 为 A 的**最小元**。最大元和最小元统称**最元**。

显然,在图 5-23 所示的哈斯图对应的集合 A 中,最大元并不存在,但最小元则是存在的,那就是 1。同理,在图 5-24 所示的哈斯图对应的集合 A 中,也不存在最大元,最小元也是 1。

所以,极大元和极小元总是存在的,至少有 1 个。而最大元和最小元却未必一定存在,不过,如果存在,也只能是 1 个。这一点必须格外注意。

其实,最元(即最大元和最小元)必须是与集合 A 中的所有元素都有关系的元素,而极元

(即极大元和极小元)则并无此要求。正因为最元有此要求,它才能与其他所有元素一一做关系 R 的比较,进而确定其独特的优势地位,这种地位当然是唯一的。而极元无此要求,这便意味着集合 A 中的某些元素可能与其没有关系 R,所以,它只是在它所处的链上的所有元素中,处在一种优势地位,这便是极元。一般情况下,哈斯图中的链可能有多条,所以,极元当然会有多个。

由极元的定义可知:在偏序集中,如果存在最元,那它也必是极元。此时,极元唯一。当然,如果偏序集中存在着唯一的极元,则极元便是最元。

另外,许多时候不仅需考虑整个集合 A 中的极元和最元情况,甚至还需要研究集合 A 的某个子集 B 的极元或最元情况。

设$(A,\leqslant)$是偏序集,B 是 A 的子集,如果在子集 B 中存在元素 b,使得子集 B 中没有其他元素 x,满足 $b\leqslant x$,则称 b 为**子集 B 的极大元**。同理,如果在子集 B 中存在元素 b,使得子集 B 中没有其他元素 x,满足 $x\leqslant b$,则称 b 为**子集 B 的极小元**。

设$(A,\leqslant)$是偏序集,B 是 A 的子集,如果在子集 B 中存在元素 b,使得对于子集 B 中任何元素 x,均有 $x\leqslant b$,则称 b 为**子集 B 的最大元**。同理,如果在子集 B 中存在元素 b,使得对于子集 B 中任何元素 x,均有 $b\leqslant x$,则称 b 为**子集 B 的最小元**。

设$(A,\leqslant)$是偏序集,B 是 A 的子集,如果在集合 A 中存在元素 a,使得对于子集 B 中的任何元素 x,均有 $x\leqslant a$,则称 a 为**子集 B 的上界**。同理,如果在 A 中存在元素 a,使得对于子集 B 中任何元素 x,均有 $a\leqslant x$,则称 a 为**子集 B 的下界**。

值得注意的是,最元和极元均属于针对对象之集合,即 A 的最元或极元肯定是 A 中的元素,而子集 B 的最元或极元也肯定是 B 的元素,但上(下)界则不是,它总是 A 的元素,但它未必属于 B,也未必不属于 B,它当然可能属于 B。甚至,上(下)界还未变一定存在。

设$(A,\leqslant)$是偏序集,B 是 A 的子集,a 是子集 B 的上界,如果对于 B 中的任意上界 x,均有 $a\leqslant x$,则称 a 为**子集 B 的最小上界**,亦称**上确界**,记为 $\sup(B)=a$。

同理,b 是子集 B 的下界,如果对于子集 B 的任何下界 y,均有 $y\leqslant b$,则称 b 为**子集 B 的最大下界**,亦称**下确界**,记为 $\inf(B)=b$。

同样值得注意的是,上下确界均有可能不存在,但上(下)界可能是存在的,不过,这几个界之间不能按关系 R 做比较。

5.8 关系运算

关系本质上是集合,所以,对关系的运算完全可以借助集合理论。例如,可以对关系实施交、并、补和差等。

假设,R 和 S 均是集合 A 上的关系,则可以理解:

$R\cup S=\{<x,y>|(<x,y>\in R)\vee(<x,y>\in S)\}=\{<x,y>|(xRy)\vee(xSy)\}$

$R\cap S=\{<x,y>|(<x,y>\in R)\wedge(<x,y>\in S)\}=\{<x,y>|(xRy)\wedge(xSy)\}$

$R-S=\{<x,y>|(<x,y>\in R)\wedge(<x,y>\notin S)\}=\{<x,y>|(xRy)\wedge\neg(xSy)\}$

$\neg R=\{<x,y>|(<x,y>\notin R)\}=\{<x,y>|(xRy)\}$

根据笛卡儿积的定义可知,$A\times B$ 即相当于 R 的全集,所以有

$$\neg R=A\times B-R$$

$$R\cup\neg R=A\times B$$

$$R \cap \neg R = \varnothing$$

例如,设集合 $A=\{1,2,3,4\}$,$B=\{x,y,z\}$;又设从 A 到 B 的关系 R 和 S 分别为

$$R = \{<1,x>, <1,z>, <2,y>, <3,x>, <3,y>, <4,x>, <4,z>\}$$
$$S = \{<1,y>, <1,z>, <2,x>, <2,z>, <3,y>, <4,y>, <4,z>\}$$

则有

$$\begin{aligned} R \cup S = \{ & <1,x>, <1,y>, <1,z>, \quad <2,x>, <2,y>, <2,z>, \\ & <3,x>, <3,y>, \quad <4,x>, <4,y>, <4,z>\} \end{aligned}$$
$$R \cap S = \{<1,z>, <3,y>, <4,z>\}$$
$$R - S = \{<1,x>, <2,y>, <3,x>, <4,x>\}$$
$$\neg R = \{<1,y>, <2,x>, <2,z>, <3,z>, <4,y>\}$$

述的关系运算相对传统,也比较简单,它们都是从集合理论中继承过来的。其实,关系理论作为一门相对独立的数学分支,自然也有其相对独立的特殊运算。这便是下面将要介绍的复合运算、逆运算以及闭包等。

5.8.1 复合关系和逆关系

设 R 是从集合 A 到集合 B 的二元关系,S 是从集合 B 到集合 C 的二元关系,则 R 和 S 的**复合关系**(亦称**合成关系**)(Composite relation)$R \circ S$ 是从 A 到 C 的二元关系,且有

$$\begin{aligned} R \circ S &= \{<x,z> \mid (x \in A) \wedge (z \in C) \wedge (\exists y)((y \in B) \wedge (xRy) \wedge (ySz))\} \\ &= \{<x,z> \mid (x \in A) \wedge (z \in C) \wedge (\exists y)((y \in B) \wedge (<x,y> \in R) \wedge (<y,z> \in S))\} \end{aligned}$$

其中,符号“$\circ$”表示**复合运算**,即**合成运算**。

值得注意的是,在复合关系中,R 的后域必须是 S 的前域,否则 R 和 S 无法复合。复合结果 $R \circ S$ 的前域就是 R 原来的前域,而复合结果 $R \circ S$ 之后域便是 S 原来的后域。

如果对任意的 $x \in A$ 和 $z \in C$,不存在 $y \in B$,使得 xRy 与 ySz 同时成立,则 $R \circ S$ 即为空,否则便非空。并且还有 $R \circ \varnothing = \varnothing$, $\varnothing \circ R = \varnothing$。

其实,复合关系在生活中应用很多。例如,若甲与丙之间存在“外祖父”的关系,则容易理解,一定还存在一个乙,使得甲和乙之间是“父女关系”,而乙和丙之间是“母女关系”。又如,若 x 与 y 之间是“兄妹关系”,而 y 与 z 之间是“母子关系”,显然,在 x 和 z 之间就是“舅甥关系”。

例 5-23 设集合 $A=\{1,2,3,4,5\}$,A 上的二元关系 R 和 S 分别定义为

$$R = \{<1,2>, <2,4>, <3,1>, <3,5>, <4,2>, <4,3>, <5,4>\}$$
$$S = \{<1,4>, <2,3>, <3,2>, <3,4>, <4,1>, <4,5>, <5,3>\}$$

(1) 试用集合列举法求 $R \circ S$、$S \circ R$。

(2) 试分别绘制复合关系 $R \circ R$ 和 $S \circ R$ 的关系图。

(3) 试分别写出复合关系 $R \circ R$ 和 $S \circ R$ 的关系矩阵。

解:

$$\begin{aligned} (1)\ R \circ S = \{ & <1,3>, <2,1>, <2,5>, <3,3>, <3,4>, \\ & <4,2>, <4,3>, <4,4>, <5,1>, <5,5>\} \end{aligned}$$

$$S \circ R = \{ <1,2>, <1,3>, <2,1>, <2,5>, <3,2>, <3,3>, <3,4>,$$

$<4,2>$, $<4,4>$, $<5,1>$, $<5,5>\}$

(2) $R \circ S$ 和 $S \circ R$ 的关系图,如图 5-25 所示。

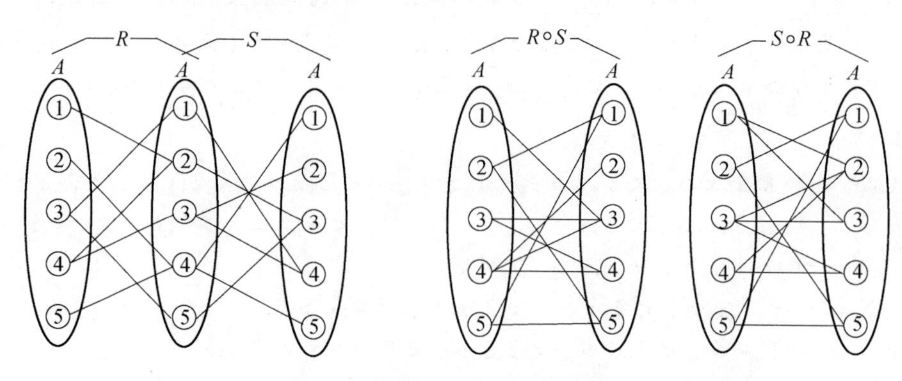

图 5-25　$R \circ S$ 和 $S \circ R$ 的关系图

(3) $R \circ S$ 和 $S \circ R$ 的关系矩阵为

$$
\boldsymbol{M}_{R \circ S}=\begin{pmatrix}0&0&1&0&0\\1&0&0&0&1\\0&0&1&1&0\\0&1&1&1&0\\1&0&0&0&1\end{pmatrix}\quad \boldsymbol{M}_{S \circ R}=\begin{pmatrix}0&1&1&0&0\\1&0&0&0&1\\0&0&1&1&0\\0&1&0&1&0\\1&0&0&0&1\end{pmatrix}
$$

一般地,如果 R 是集合 A 上的二元关系,则 $R \circ R$ 即可记为 R^2。

当然,R^1 其实就是 R 自身。

同时规定,R^0 即 A 上的恒等关系,有些资料上也记为 I_A。

于是,容易理解,$R^{n+1}=R^n \circ R=R \circ R^n$,而且,$R^{n+m}=R^n \circ R^m=R^m \circ R^n$。

其实,在有些教材上,也将该规律当定理来使用。

还有,复合运算遵循结合律,即$(R \circ Q) \circ S=R \circ (Q \circ S)$。

5.8.2　逆关系

设 R 是从集合 A 到集合 B 的二元关系,则从集合 B 到集合 A 的二元关系 R^{-1}称为 R 的逆关系(Inversible operation),且定义 $R^{-1}=\{<y,x> \mid xRy\}=\{<y,x> \mid <x,y> \in R\}$。

关系本质上是集合,所以,逆关系也是集合。只不过是将关系 R 中,各序偶(即关系 R 对应的集合元素)的两个分量位置上的元素,交换先后次序之后,形成的新序偶组成的集合。

例 5-24　设集合 $A=\{1,2,3,4\}$,A 上的二元关系 R 和 S 分别定义如下,试求 R 和 S 的逆运算 R^{-1}和 S^{-1}。

$R=\{<1,3>,<2,3,<3,2>,<3,3>,<4,1>,<4,3>,<4,4>\}$

$S=\{<1,1>,<2,1>,<2,2>,<3,2>,<4,3>,<4,1>,<4,2>\}$

解:$R^{-1}=\{<3,1>,<3,2>,<2,3>,<3,3>,<1,4>,<3,4>,<4,4>\}$

$S^{-1}=\{<1,1>,<1,2>,<2,2>,<2,3>,<3,4>,<1,4>,<2,4>\}$

注意:R^{-1}的前域和后域正好与 R 的前域和后域互换,即 $\mathrm{dom}R=\mathrm{ran}R^{-1}$,$\mathrm{dom}R^{-1}=\mathrm{ran}R$。

类似德・摩根律,在复合运算中,还有$(R \circ S)^{-1}=S^{-1} \circ R^{-1}$成立。

另外,逆关系(R^{-1})与关系的补运算$(\neg R)$不同。

(1) 逆关系中的元素个数,与原关系中的元素个数是相同的。而补运算之后的元素个数则一般与原关系中的元素个数不同。

(2) 如果原关系是从集合 A 到集合 B 的关系,则逆关系便是从 B 到 A 的关系,而补运算的结果仍然是从集合 A 到集合 B 的关系。

(3) 逆关系的关系矩阵是原矩阵的转置矩阵,而补运算结果的关系矩阵则是在原矩阵的基础上做 0 和 1 的替换,结果显然不同。

(4) 就关系图而言,逆关系仅仅是改变了有向边的方向,但补运算则是将没有的边补上,但却须将有的边删掉。

当然,如果继续分析下去,还可以归纳出更多的区别,限于篇幅,这里不再赘述。

5.8.3 限制与闭包

对于任何一个具备某种性质,特别是那些具备几种性质之组合的关系来说,不仅在理论研究上意义重大,而且实际应用中也案例众多,例如,同时具备自反性、对称性的相容关系,以及同时具备自反性、对称性和传递性的等价关系等。不过,在一般情况下,实用中的具体关系未必总能具备这么多重要性质,或几种重要性质的组合。常见的关系多须通过适当增加几个序偶或删除几个序偶,才可能具备这些重要性质,这便是关系的限制,以及关系闭包要研究的内容。

设 R 是集合 A 上的关系,B 是 A 的子集,则 R 在 B 上的**限制**(Restriction),记为 $R\uparrow B$,即 $R\uparrow B = R\cap B\times B$。显然,$R\uparrow B\subseteq R$,所以,有时也称 $R\uparrow B$ 是 R 的子关系(Subrelation)。

可以理解,原有关系 R(特别是当规模很大时)有可能并不具备良好的性质,但它的某个限制 $R\uparrow B$ 却完全有可能具备这种性质。因此,求得某个关系的限制,也是改变关系特性的一种重要手段。

从运算的角度看,这显然也应该纳入运算的行列,虽然并不是所有的离散数学教材都采用这种观点。

其实,这是从原有关系中消减一些序偶之后,使其具备某种要求的重要性质的思路。但也可能对原关系而言无论如何消减其序偶,都可能无法重新拥有某些重要性质。例如,若原关系上的许多节点(指其关系图中)都无环,则无论如何消减其他的边,都不可能增加环,所以,这时就需要采用另外一种改变关系特性的思路,即补充一些序偶进去,这就是闭包。

设 R,S 是集合 A 上的二元关系,若有 $R\subseteq S$ 成立,则称 S 为关系 R 的扩充(Extension),记为 $\mathrm{Ext}R$。

显然,$R\subseteq\mathrm{Ext}R$。不过,在一般情况下,如果 R 是集合 A 上任意一个二元关系,则 $\mathrm{Ext}R$ 总是存在的,因为 $R\subseteq A\times A$,所以,起码可取 $\mathrm{Ext}R = A\times A$。就是说,至少有 $A\times A$ 是 R 的扩充。当然,$A\times A$ 是一个极限,是否总要扩充到 $A\times A$ 的地步,才能满足某些特性要求呢?有没有一个最少的序偶增加数量,便可求得这个扩充 $ExtR$?其实,这就是闭包所研究的内容。

设 R 是定义在集合 A 上的二元关系,若存在 R 的一个扩充 Ext^*R,并且满足如下要求:

(1) Ext^*R 是自反关系(或对称关系、或传递关系)。

(2) 对任何的扩充 $\mathrm{Ext}\ R$,若 $\mathrm{Ext}\ R$ 是自反关系(或对称关系、或传递关系),则 $\mathrm{Ext}^*R\subseteq\mathrm{Ext}\ R$。

此时,称 $\subseteq\mathrm{Ext}^*R$ 为 R 的**自反闭包**(或**对称闭包**、或**传递闭包**),并分别记为 $r(R)$、$s(R)$、$t(R)$。

例 5-25 设$A=\{1,2,3\}$,A上的二元关系$R=\{<1,1>,<1,2>,<2,1>,<1,3>\}$,试求$r(R)$、$s(R)$、$t(R)$。

解:由闭包的定义可知

$$r(R)=\{<1,1>,<1,2>,<2,1>,<1,3>,<2,2>,<3,3>\}$$
$$s(R)=\{<1,1>,<1,2>,<2,1>,<1,3>,<3,1>\}$$
$$t(R)=\{<1,1>,<1,2>,<2,1>,<1,3>,<2,3>,<2,2>\}$$

另外,容易理解,定义在自然数集合 **N** 上的"<"关系R,其$r(R)$即"≤"关系;$s(R)$即$N\times N-I_N$;$t(R)$即"<"关系。而定义在自然数集合 **N** 上的"="关系R,其$r(R)$、$s(R)$和$t(R)$均为"="关系。

从关系图的角度来看,求一个关系R的自反闭包,就是将图中所有无环的节点统统加上环。其矩阵中对角线上的值全变为1即可。

而求一个关系的对称闭包,就是在图中任何一对节点之间,若仅存在一条边,则再补充一条方向相反的边;就矩阵而言,若有$r_{ij}=1(i\neq j)$,则令$r_{ji}=1$(如果$r_{ji}\neq 1$)。

而求一个关系的传递闭包,则是在其对应的关系图中,对任意节点a,b,c,若头从a到b的一条边,同时有b到c的一条边,则从a到c必须增加一条边(当这条边不存在时);在其矩阵中,就是在$r_{ij}=1,r_{jk}=1$时,必须令$r_{ik}=1$(如果$r_{ik}\neq 1$)。

归纳上述思想或规律,可知

$$r(R)=R\cup I_A$$
$$s(R)=R\cup R^{-1}$$
$$t(R)=\cup R^i,i=1,2,3,\cdots,n,|A|=n$$

其实,二元关系的数目也是一个很有意思的研究话题。反自反关系和自反关系的数目一样多。等价关系的数目其实就是集合划分的数目,常称为**贝尔数**。

各个二元关系之间可组成二元组(某关系及其补集),除了在$n=0$时,空关系的补集即其自身。那些不符合对称性的二元关系也可组成四元组(某关系、补集、逆、逆的补集)。

汇总以上分析易知,在一个有n个元素的集合上,所有可能的二元关系可归纳如表 5-7 所列。

表 5-7 基数为n的集合上,所有可能的二元关系数目归纳统计表

在n元素集上各种二元关系的数目								
n	所有	传递	自反	预序	偏序	全预序	全序	等价关系
0	1	1	1	1	1	1	1	1
1	2	2	1	1	1	1	1	1
2	16	13	4	4	3	3	2	2
3	512	171	64	29	19	13	6	5
4	65536	3994	4096	355	219	75	24	15
…	…	…	…	…	…	…	…	…

小　结

关系可以看成是集合理论的延续,将集合论对集合整体和规模的关注,转移到对集合内部

元素以及元素之间相互联系的关注上。正因如此,在一般的离散数学教材中,总是将关系安排在集合论的后面,并紧紧相联,这是有道理的。

另外,关系部分之所以在计算机科学中拥有非常重要的地位,也与它非常坚定地支持了数据库理论有很大关系。这与在计算机应用的诸领域中有广泛人气的信息管理是密不可分的。

其实,关系同样也具有类数论性质的研究角度和话题,如关系数目的分析等,其中似乎也隐含着对人工智能潜在的间接支持,这或许也是一般的离散数学研究所忽略的内容。

还有,关系其实还是后面图论的基础,因为图的表示、运算,以及许多算法都离不开关系及关系图的支持。甚至,本章的偏序关系的都是代数系统中格的基础,因此,关系在这里也与自动机、密码学、信息安全等相关。

总之,学好本章的关系理论,不仅可树立相对理想的哲学理念,也可从数学形式上拥有描述世界万物的工具,对计算机科学的进一步理解是非常有意义的。

习　题

一、填空题。

(1) 举出集合 A 上的既是等价关系又是偏序关系的一个例子。________

(2) 集合 A 上的等价关系的三个性质是什么? ________

(3) 集合 A 上的偏序关系的三个性质是什么? ________

(4) 集合 $A=\{1,2,3,4,5,6,7,8,910\}$ 上的关系 $R=\{<x,y> \mid x+y=10,且 x,y\in A\}$,则关系 R 具有________性。

二、证明题。

1. 设 R,S,T 均为 A 上的二元关系,试证明下列各等式。

(1) $R\circ(S\circ T)=(R\circ S)\circ T$。

(2) $(R\circ S)^{-1}=S^{-1}\circ R^{-1}$。

(3) $R\circ(S\cup T)=(R\circ S)\cup(R\circ T)$。

(4) $(S\cup T)\circ R=(S\circ R)\cup(T\circ R)$。

(5) $R\circ(S\cap T)\subseteq(R\circ S)\cap(R\circ T)$。

(6) $(S\cap T)\circ R\subseteq(S\circ R)\cap(T\circ R)$。

2. 设 R 为 A 上的二元关系,且 m 和 n 均为自然数,试证明下列两个等式。

(1) $R^m\circ R^n=R^{m+n}$

(2) $(R^m)^n=R^{mn}$

3. 设 A,B,C 为任意三个非空集合,试证明下列各等式。

(1) $A\times(B\cup C)=(A\times B)\cup(A\times C)$。

(2) $A\times(B\cap C)=(A\times B)\cap(A\times C)$。

(3) $(A\cup B)\times C=(A\times C)\cup(B\times C)$。

(4) $(A\cap B)\times C=(A\times C)\cap(B\times C)$。

4. 设 R_1,R_2 均为 A 上的二元关系,试证明下列各命题。

(1) 五大基本特性对交运算均封闭。即若 R_1,R_2 有五大基本特性之一,则 $R_1\cap R_2$ 仍具有该基本特性。

(2) 自反、反自反、对称性对并运算封闭。

(3) 反自反、对称、反对称性对差运算封闭。

(4) 对称性对补运算封闭。

(5) 五大特性对逆运算均封闭。

(6) 自反性对合成运算封闭,但其他四大特性对合成运算均不封闭。

5. 设 R 是集合 A 上的任意一个二元关系,试证明下列各式。

(1) R 具有自反性,当且仅当 $R = r(R)$。

(2) R 具有对称性,当且仅当 $R = s(R)$。

(3) R 具有传递性,当且仅当 $R = t(R)$。

6. 设 R 是集合 A 上的任意义一个二元关系,试证明下列各式。

(1) 如果 R 是自反关系,那么 $s(R)$ 和 $t(R)$ 都是自反关系。

(2) 如果 R 是对称关系,那么 $r(R)$ 和 $t(R)$ 都是对称关系。

(3) 如果 R 是传递关系,那么 $r(R)$ 是传递关系。

7. 设 R 为集合 A 上的任意一个二元关系,试证明下列各式。

(1) $rs(R) = sr(R)$。

(2) $rt(R) = tr(R)$。

(3) $st(R) \subseteq ts(R)$。

8. 试证明下列等价关系。

(1) 三角形的相似关系是等价关系。

(2) 三角形的全等关系是等价关系。

(3) 住校学生的“同寝室关系”是等价关系。

(4) 命题公式间的逻辑等价关系是等价关系。

(5) 整数集上的“模 k 相等关系”(k 是正整数)是等价关系。

9. 设 R 为集合 A 上二元关系,试证明下列各命题。

(1) R 具有自反性,当且仅当 $I_A \subseteq R$。

(2) R 具有反自反性,当且仅当 $I_A \cap R \subseteq \varnothing$。

(3) R 具有对称性,当且仅当 $R \subseteq R^{-1}$。

(4) R 具有反对称性,当且仅当 $R \cap R^{-1} \subseteq I_A$。

(5) R 具有传递性,当且仅当 $R^2 \subseteq R$。

10. 试证明集合 A 上的任一良序关系一定是 A 上的全序关系。

11. 设 $R \subseteq A \times A$,试证明:R 自反 $\Leftrightarrow I_A \subseteq R$。

三、解答题。

1. 设 $A, B, , C$ 为任意给定的 3 个集合,试问,下列各等式是否成立,为什么?

(1) $(A \cap B) \times (C \cap D) = (A \times C) \cap (B \times D)$。

(2) $(A \cup B) \times (C \cup D) = (A \times C) \cup (B \times D)$。

(3) $(A - B) \times (C - D) = (A \times C) - (B \times D)$。

2. 设集合 $A = \{1,2,3,4,5,6\}$,$B = \{1,2,3\}$,从 A 到 B 的关系 $R = \{\langle x,y \rangle \mid x = y^2\}$,试求:$R$ 和 R 的逆 R^{-1}。

3. 设集合 $A = \{1,2,3,4,5,6,7,8,9,10\}$,下列哪个是 A 的划分?若是划分,则由它们诱导(对应)的等价关系是什么?若不是划分,试说明原因。

(1) $B = \{ \{1,3,6\}, \{2,8,10\}, \{4,5,7\} \}$。

(2) $C = \{\ \{1,5,7\},\ \{2,4,8,9\},\ \{3,5,6,10\}\ \}$。

(3) $D = \{\ \{1,2,7\},\ \{3,5,10\},\ \{4,6,8\},\ \{9\}\ \}$。

4. 设集合 $A = \{1,2,3,4\}$，且 A 上的关系 $R = \{\langle 1,2\rangle,\langle 2,1\rangle,\langle 2,3\rangle,\langle 3,4\rangle\}$。试求 $R \circ R$ 和 R^{-1}。

5. 设集合 $A = \{1,2,3,4,5,6,8\}$，R 是 A 上的整除关系，试求 R 的列举表示。

6. 试列出下列二元关系的所有元素。

(1) $A = \{0,1,2\}, B = \{0,2,4\}, R = \{ <x,y> \mid x \neq y, x \in A, y \in B\}$

(2) $A = \{1,2,3,4,5\}, B = \{1,2\}, R = \{ <x,y> \mid 2 \leqslant x+y \leqslant 4, x \in A, y \in B\}$

(3) $A = \{1,2,3\}, B = \{-3,-2,-1,0,1\}, R = \{ <x,y> \mid |x| = |y|, x \in A, y \in B\}$

7. 设 $A = \{a,b\}, B = \{c\}$。试求下列集合：

(1) $A \times \{0,1\} \times B$。

(2) $B^2 \times A$。

(3) $(A \times B)^2$。

(4) $P(A) \times A$。

8. 设 A 是集合，$R \subseteq A \times A$，则 R 具有对称性 $\Leftrightarrow R = R^{-1}$。

9. 已知 R 是集合 $A = \{1,2,3,4,5,6\}$ 上的等价关系，$R = I_A \cup \{<1,5>, <5,1>, <2,4>, <4,2>, <3,6>, <6,3>\}$，试求由 R 诱导(对应)的划分。

10. 试求集合 $A = \{1,2,3,4,5,6,7,8,9,10,12,16,18,21\}$ 上的整除关系 R 的列举表示、关系矩阵，并绘制其关系图。

11. 试求集合 $A = \{2,3,4,6,8,9,10,12,16,18,24,36\}$ 上的整除关系 R 的列举表示、关系矩阵，并绘制其关系图。

12. 设 $A = \{2,4,5,6,7,8,9,10\}, S = \{\{2,5\},\{4,6,9\},\{7,8,10\}\}$，试确定 S 所对应的 A 上的等价关系。

13. 设 $A = \{a,b,c,d,e,f,g,h,i,j,k\}, S = \{\{a,b,c\},\{d,k\},\{e,f,g,h,i\},\{j\}\}$，试确定 S 所对应的 A 上的等价关系。

14. 设集合 $A = \{a,b,c,d,e,f,h\}$ 上的相容关系 R 的简化关系图表示如图 5-26 所示，试写出 A 上由 B 所产生的所有最大相容类。

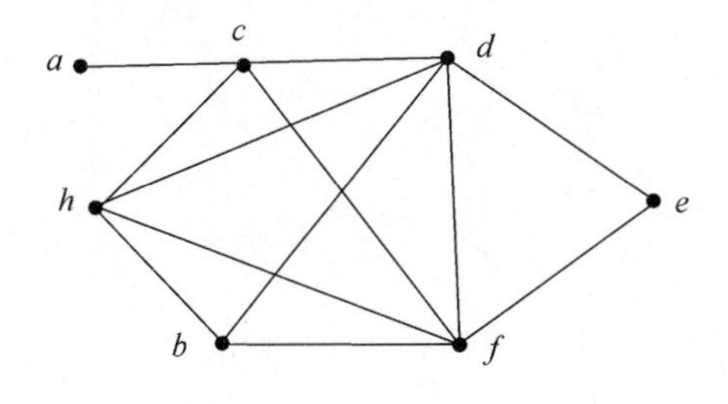

图 5-26

15. 设集合 $A = \{a,b,c,d,e,f,g,h\}$ 上的相容关系 R 的简化关系图表示如图 5-27 所示，试写出 A 上由 B 所产生的所有最大相容类。

16. 设 $A = \{a,b,c,d,e,f,g,h$, S 的完全覆盖 $S = \{\{a,c\},\{b,c,f\},\{c,d,e,g\},\{d,h\}\}$，试写出由 S 确定的相容关系 R。

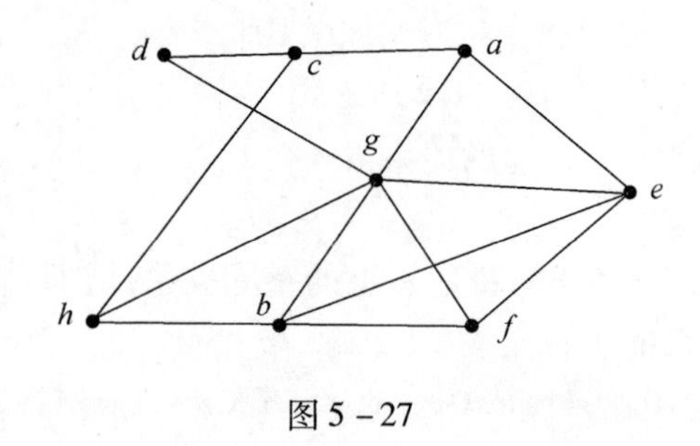

图 5-27

17. 设集合 $A=\{1,2,3,4,8,9,10,16,24,48\}$，$R$ 是 A 上的整除关系，试绘制偏序关系 R 的哈斯图。

18. 设集合 $A=\{1,2,3,4,9,12,18,32,63,64\}$，$R$ 是 A 上的整除关系，试绘制偏序关系 R 的哈斯图。

19. 简述逆关系与关系的补运算的异同。

第6章　函　数

函数(Function),最早是由中国清代数学家李善兰在其著作《代数学》(1895年)中翻译并引用的。他解释说"凡此变数中函彼变数者,则此即为彼之函数也。"看得出,他认为函数泛指一个量随另一个量的变化而变化,此刻的两个量均是连续变量,并一直沿用至今。古人虽将"函"与"含"共用,但做"函"用时不乏"蕴涵"之意。

在西方数学史上,函数(Functions)的变量关系概念常用文字和比例等术语称呼,这可追溯到17世纪意大利科学家伽俐略(G. Galileo)的《两门新科学》一书。但是,到法国数学家笛卡儿(Descartes)撰写创立解析几何时,虽意识到函数的本质或存在,却并未明确提炼出函数的概念。直到17世纪后期,在莱布尼兹等创建微积分时才首次使用"Function"(函数)。值得注意的是,同时代的牛顿在有关微积分的讨论中,依然使用"流量"表示这种变量间的函数关系。

18世纪,函数取得了广泛的共识,伯努利和欧拉等大家都在其论著中对函数提出明确的研究和探讨。19世纪,法国数学家傅里叶(Fourier)证明了函数表达式的不唯一性,从而把人们对函数的认识又推向了一个新的高度。德国数学家狄利克雷(Dirichlet)于1837年给出了现在广为接受的经典函数定义,从而避免了函数定义中对依赖关系的描述,代之以清晰的方式并被所有数学家所接受。

但是,这些传统意义上的函数都是以连续量为研究对象的,多关注其有界性、单调性、奇偶性、周期性、凹凸性、取值和变换等诸多问题,这与本章将要介绍的函数有本质的区别。20世纪,德国数学家康托尔(Cantor)通过创立集合论并延伸,借助集合概念把函数的对应关系、定义域及值域进一步具体化,从而打破了"变量是数"的极限,变量可以是数,也可以是其他对象。其实,也正由此,才将函数从连续量研究拓展到离散量范畴,开辟了近代数学研究的新篇章。接着,豪斯道夫(F. Hausdorff)、库拉托夫斯基(Kuratowski)等众多科学家,渐次给出并建立了本章将要介绍的现代数学的函数概念。

中学时期将函数定义为"对自变量每一确定值都有一确定的值与之对应"的因变量,显然,当时的函数定义隐式地泛指连续性函数。这种观念,在大学时期的微分、积分和求导等概念中得到了进一步的强化和提升。同时,中学时期的函数也总是被定义为两集合元素之间的映射,虽然函数在定义域和值域上默认是连续的。在第5章的关系理论中,常常明确某关系R是从集合A到集合B上的关系等,但从关系的定义上并未彻底区分一个集合上的关系和两个集合之间的关系,虽然在关系理论中,等价关系、相容关系以及偏序关系等概念还是界定在一个集合之内。本章所讨论的函数,则是明确限定在一个集合之内,因此,从该意义上讲,本章的函数与其说是新概念,还不如说是关系理论的一个延续或引伸,或是集合上的特殊关系。

本章函数的离散性,是与过去所学函数最本质的区别所在。本章重在阐述离散性数据结构之间的内在关系,正基于此,才可将函数作为特殊的集合处理。

6.1　函数的定义

如上所述,这里的函数反映的是两个集合中各元素之间的对应关系,实质上是关系,也是集合,因此,完全可以用集合的研究方法研究函数。

设 A,B 是集合,f 是从 A 到 B 的二元关系,如果 f 满足:对于集合 A 中的每一个元素 a,在集合 B 中均存在着一个元素(且仅存在一个)b,使得 $<a,b> \in f$,则称 f 是从集合 A 到集合 B 的**函数**,也称**映射**(Mapping)。

换言之,所谓函数就是,如果 f 为从集合 A 到集合 B 的关系,即 $f \subseteq A \times B$,且对每一个元素 $x \in A$,均有唯一的 $y \in B$,使 $<x,y> \in f$。

为了和过去的函数概念相统一,也常将 $<a,b> \in f$ 记为 $b = f(a)$ 或 $f(a) = b$,在有些资料上,也将其记为 $f:A \to B$,并称 a 为**自变量、自变元或原型**,称 b 为函数对应于自变量 a 时的**值、函数值、映象、象**。也称 a 为 b 的**像点**,称 b 为 a 的**源点**。

集合 A 称为函数的**定义域**,由所有映象组成的集合称为函数的**值域**。显然,值域未必等于 B。它一般总是集合 B 的某个子集。

一般地,集合 A 总是由独立的元素构成,如果 A 本身就是由序偶构成的集合,即 A 本身即关系,则此刻的函数 f,便称为二元函数。推广开来,当 $A = A_1 \times \cdots \times A_n$ 时,则称 f 为 n 元函数。

作为特殊关系的函数,一般满足两大条件(或两大特性):

(1) 该关系的前域与定义域相重合。就是说,函数的定义域是集合 A 而不是 A 的某个真子集。

(2) 如果有 $<a,b> \in f$, $<a,c> \in f$,则必有 $b = c$。该特性也称为函数的**单值性**。

对于函数相较于普通关系的这种特殊要求,读者须仔细体会。其实,也正是因为函数的第二个特性,人们才把 $<x,y> \in f$ 或 xfy 这两种关系的表示形式改记为 $y = f(x)$ 。

例如,假设集合 $A = \{a,b,c,d\}$,$B = \{1,2,3,4\}$,则 $f = \{ <a,2>, <b,3>, <c,4>, <d,1> \}$,就是一个典型的从集合 A 到集合 B 的函数,且 $f(a) = 2$、$f(b) = 3$、$f(c) = 4$、$f(d) = 1$。

又如,假设由 3 个球组成的集合为 $A = \{ q_1, q_2, q_3 \}$,由这些球所有可能的颜色组成的集合为 $B = \{blue, white, red, black, yellow, green \}$,如果这三个球的颜色分别为红、黄和黑,则 $f(q_1) = red$,$f(q_2) = yellow$,$f(q_3) = black$,因而对应的函数便可表示为

$$f = \{ <q_1, red>, <q_2, yellow>, <q_3, black> \}$$

就该问题而言,每只球都总有一种颜色对应,不存在没颜色的情况。这便是函数的第一个特性限定的内容。同时,每只球也只能有一种颜色,这便是函数的单值性所在。当然,不同的球,它们的颜色完全可能相同。

容易理解,对于集合 A 中的这三只球而言,它们的每一种可能的颜色取值(均考虑取 B 集合中的颜色),其实都对应一个相应的函数。

思考:共有多少个可能的函数?

例 6-1　试判断下面的二元关系是否构成了函数。

(1) 设 $A = \{2,3,5\}$,$B = \{3,6,8,12\}$,当 $a \in A$,$b \in B$,且 $a < b$ 时,有 $<a,b> \in f$。

(2) 设 f 是从自然数集合 $\boldsymbol{N}$ 到 $\boldsymbol{N}$ 的二元关系,当 $a,b \in \boldsymbol{N}$,且 $a + b = 10$ 时,有 $<a,b> \in f$。

(3) 设 $A = \{2,3,5\}$,$B = \{0,1\}$,当 $a \in A$,且 a 是素数时,有 $<a,0> \in f$。

解:(1) 由题意给定之关系定义可知,$f = \{ <2,3>, <2,6>, <2,8>, <2,12>, <3,6>, <3,8>, <3,12>, <5,6>, <5,8>, <5,12> \}$。不难看出,在该二元关系中,$A$ 中的每一个元素均与 B 中的多个元素有关系,这不符合函数的单值性要求,所以,该关系不是函数。

(2) 由题意给定的关系定义可知,$\boldsymbol{N}$ 中仅有 0 ~ 10 之间的 11 个元素与 $\boldsymbol{N}$ 中的 0 ~ 10 之间的 11 个元素相关,就是说,在自然数集合 $\boldsymbol{N}$ 中除了 0 ~ 10 之间的 11 个元素之外的其他元素均没有基于该关系的对应者,换言之,如果该关系是函数,便意味着该函数中,除了 0 ~ 10 之间的 11 个元素之外的其他元素均没有函数值,这显然不符合函数的第一个基本特性,所以,该关系也不是函数。

(3) 该关系是函数,因为由题意给定的关系定义可知,$f = \{ <2,0>, <3,0>, <5,0> \}$。虽然各源的函数值均等于 0,但毕竟符合函数的相关要求,所以,它是一个函数。

不过,如果将该小题的集合 A 修改为 $A = \{2,3,5,6\}$,其他不变,则它不再是函数。因为虽然 $6 \in A$,但 6 不是素数,所以,没有 $<6,0> \in f$,于是元素 6 便没有函数值。

但是,如果同时将该关系之定义补充"当 $a \in A$,且 a 不是素数时,有 $<a,1> \in f$",则它又属于函数范畴了。

既然函数是具有特殊要求的关系,所以,前面介绍的有关关系的表示方法均可应用在函数表示中,如关系图、关系矩阵等。

例 6-2 设集合 $A = \{a,b,c\}$,$B = \{x,y\}$,f 是从 A 到 B 的函数,f 的关系图如图 6-1 所示。试分别分析哪些关系可构成函数。

解:在图 6-1(a)中,A 的元素 b 有两个象,这不符合单值性,所以构不成函数。

图 6-1(b)中,A 的元素 c 没有象,不符合函数的第一个特性要求,故也构不成函数。

图 6-1(c)中,虽然 A 的 3 个元素的象都是 y,但符合函数的特性要求,故能构成函数。

图 6-1(d)中,集合 A 的元素 a 和 b 均没有函数值(像),所以无法构成函数。

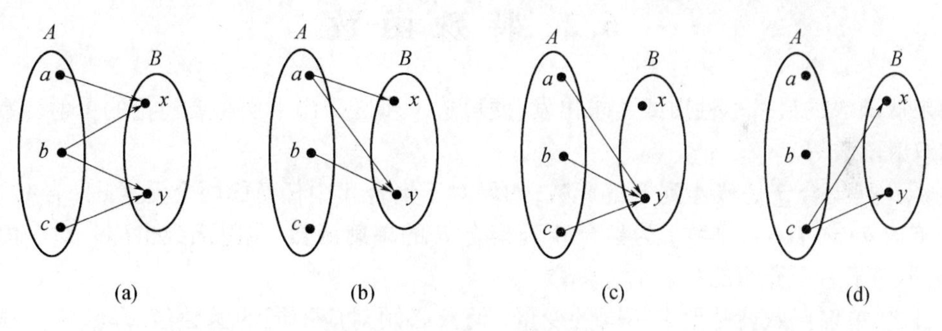

图 6-1 函数关系示意图

从该例容易联想到,每一个从集合 A 到集合 B 的函数中,仅包含 3 个序偶。另外,因 B 中有两个元素,任意一个元素均可作为这些序偶的映象,所以,最多可构成 $2 \times 2 \times 2 = 2^3$ 个函数。

进一步推广之,如果集合 A 中有 n 个元素,即 $|A| = n$,而集合 B 中有 m 个元素,即 $|B| = m$,则共可构成从集合 A 到集合 B 的函数 m^n 个。一般地,常用 $\boldsymbol{B}^A$ 表示所有从集合 A 到集合 B 的函数组成的集合。

例如,从集合 $A = \{a,b,c\}$ 到集合 $B = \{x,y\}$ 的所有函数如下所示:

$f_1 = \{ <a,x>, <b,x>, <c,x> \}$;

$f_2 = \{ <a,x>, <b,x>, <c,y> \}$;

$f_3 = \{ <a,x>, <b,y>, <c,x> \}$;

$f_4 = \{ <a,x>, <b,y>, <c,y> \}$;

$f_5 = \{ <a,y>, <b,x>, <c,x> \}$;

$f_6 = \{ <a,y>, <b,x>, <c,y> \}$;

$f_7 = \{ <a,y>, <b,y>, <c,x> \}$;

$f_8 = \{ <a,y>, <b,y>, <c,y> \}$。

有兴趣的读者,可自行绘制这 8 个函数所对应的关系图,这里从略。

另外,任意集合 A 上的相等关系 I_A 也可构成函数,常称为**恒等函数**。因为,对 A 中的任意元素 x 来说,总有 $I_A(x) = x$ 成立。

还有,自然数集合上的 m 倍关系也可构成函数,随着 m 的不同,该函数亦会不同。当 $m = 2$ 时,即 2 倍关系,如果 f 表示这该关系,则有 $y = f(x) = 2x$。

但是,在非整数集合上的整除关系无法构成函数,因为,其中的元素 0 无法整除 x。其实,即使在自然数集合 **N** 上,整除关系仍无法构成函数,因为对于 **N** 中的任意元素 x(设其等于 2)而言,它可能整除许多元素,但其结果亦会不同,无法保证其象的唯一性,即单值性不存在。

从 $A = \varnothing$ 到 B 上的空关系也可构成函数,称为**空函数**。不过,如果 $A \neq \varnothing$ 时,从 A 到 B 的空关系并不能构成函数。因为,此刻 A 中的某些元素没有映象。

通常情况下,除了基于集合或关系理论的函数表示方法之外,还可针对函数的类解析特征,用**解析法**表示。在解析法中,总是用等式 $y = f(x)$ 表示函数,此刻,可认为 $y = f(x)$ 为函数的"命名式",它有别于"y 是 f 在 x 处的值"。其实,读者完全可依据上下文的具体语境理解 $y = f(x)$ 的双重含义。

至于基于传统的集合理论的函数表示方法,诸如列表(列举)法、图标法(类似于关系图)等,则比较适合于有限集合间的情况,特别是在集合 A 有限时相对方便。

6.2 特殊函数

如果从函数的最基本性质或要求出发,便可进一步区分出下面将要讨论的单射函数、满射函数和双射函数等。

设 A,B 是集合,f 是从 A 到 B 的函数,如果对于集合 A 中任意的两个元素 $a,b \in A$,当 $a \neq b$ 时,总有 $f(a) \neq f(b)$,则称 f 为集合 A 到集合 B 的**单射函数**,单射函数也称一对一的函数。注意:它不同于后面介绍的一一对应函数。

简言之,单射函数就是要求不同的变量(元),必须对应不同的函数值,即映象。显然,满足单射的函数,总有 $|A| \leqslant |B|$ 成立。就是说,单射函所对应的集合 B 中的元素个数,不少于集合 A 中的元素个数。唯如此,才能保证集合 A 中的每个元素,在集合 B 中总有不同的映象存在,且 A 中的每一个元素都有映象存在于 B 中。容易理解,图 6-1 所示的 A 到 B 的所有函数中,因为 $|A| = 3$,而 $|B| = 2$,所以都无法满足单射函数的基本要求。

设 A,B 是集合,f 是从 A 到 B 的函数,如果函数 f 值域恰好等于集合 B,则称 f 为集合 A 到集合 B 的**满射函数**。

满射函数要求集合 B 中的每一个元素,都是集合 A 中某个元素的映象,没有落空的元素存在,于是便有 $|B| \leqslant |A|$ 成立。换言之,满射函数之集合 B 中的每一个元素都在集合 A 中有原象。容易理解,在满射函数中,并不排除 A 中的多个元素,在集合 B 中可能有相同的映象。

图 6-2 中的三个关系图所对应的函数,都是典型的满射函数。

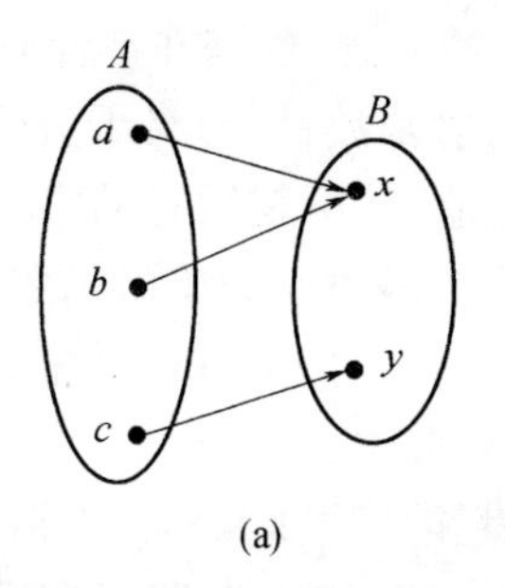

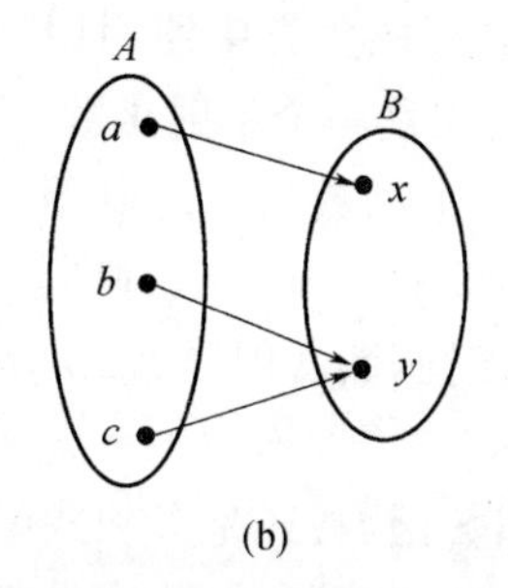

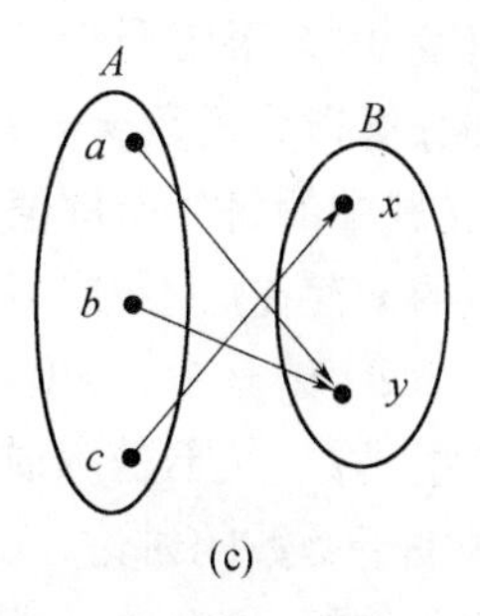

图 6-2　满射函数示意图

设 A,B 是集合，f 是从 A 到 B 的函数，如果函数 f 既是单射函数，又是满射函数，则称 f 为集合 A 到集合 B 的**双射函数**，双射函数亦称一一对应函数。

注意：一对一的函数（即单射函数）与一一对应的函数（即双射函数）容易混淆，须严加区分。

图 6-3 中的几个关系图所对应的函数，都是十分常见的双射函数示例。因其极其特殊的表现可知，双射函数是一种非常重要的函数。

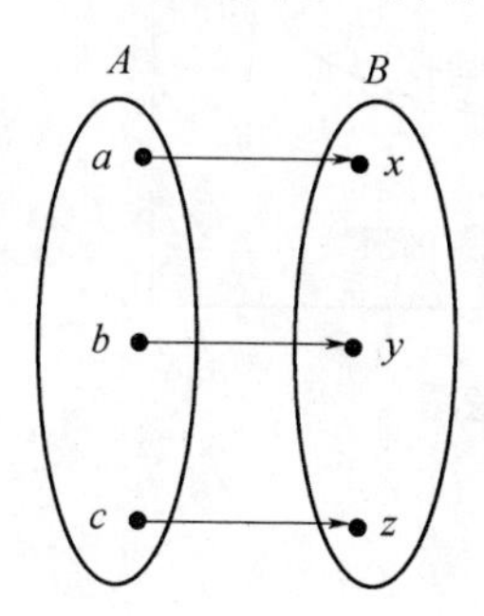

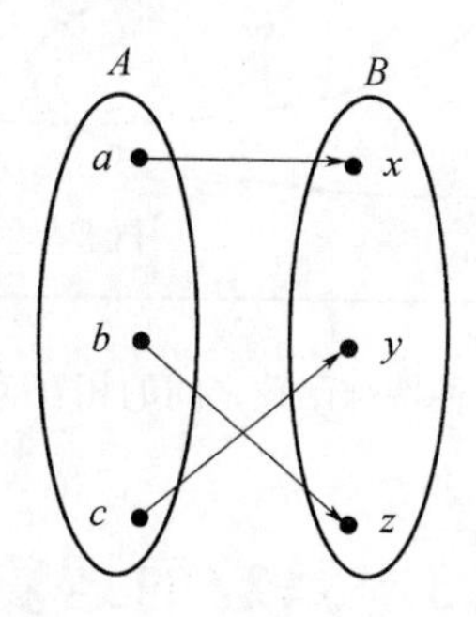

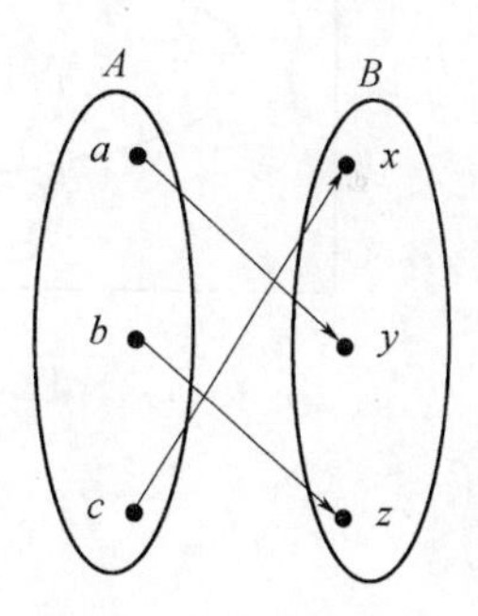

图 6-3　满射函数示意图

设 A 是有限集合，f 是 A 上的双射函数，则称 f 为 A 上的**置换**（Permutations）。特别是当 $|A|=n$ 时，称置换 f 为 n **次置换**。

置换常用一种特殊的形式来表示。设 $A=\{a_1,a_2,a_3,\cdots,a_n\}$，则置换 f 即可记为

$$f=\begin{pmatrix} a_1, & a_2, & a_3, & \cdots & a_n \\ a_{i1}, & a_{i2}, & a_{i3}, & \cdots, & a_{in} \end{pmatrix}$$

它表示一个集合 A 上的置换，满足 $f(a_j)=a_{ij}$。

显然，集合 A 上的恒等关系 I_A 是一个置换，还常被称为**幺置换**，可见其特殊性。

值得注意的是，置换也常被归到后面的函数运算部分来介绍。但置换的书写习惯常与后面的合成不同，这也是基于置换更偏重置换与前面关系理论中对序偶的次序格外关注的原因所在。

置换的应用很多，包括后面的群论和人工智能中的推理，甚至遗传算法等场合都有它的影子。

既然，单射函数要求 $|A|\leqslant|B|$，而满射函数又要求 $|B|\leqslant|A|$ 成立，所以，在双射函数中，必有 $|A|=|B|$ 成立。其实，一一对应的概念在第 4 章已经介绍过，康托尔正是基于一一对应，形象地描述了两个无限集合之间的“相等”关系。不过，基于双射函数的 $|A|=|B|$ 的讨论，总是

从直观出发、以有限集合为基础的,在无限集合中使用$|A|=|B|$的概念,也许并不合适。

仔细分析指数函数 $y=2^x$可知,它是一个单射函数,而非满射函数;因为对于自变量 x 而言,它定义域中的每一个取值,均有一个函数值 y 与其对应。但是,并不是所有的实数 y 均有一个对应的 x 存在。不过,多项式函数 $y=x^3-x$,则是一个满射函数而非单射函数;而一次函数 $y=kx+b$,其中,$k\neq0$,却是双射函数。但是,二次函数 $y=ax^2+bx+c$,其中,$a\neq0$,则既不是单射函数,又不是满射函数。

这些关于函数的讨论,无论是指数函数,还是多项式函数,甚至一次函数和二次函数,均是以实数为基础的,即这些函数所对应的集合 A 和 B 均是实数集。不难理解,基于实数集的这种函数种类的讨论,也不太适合$|A|=|B|$的说法,这一点值得注意。

其实,在实际应用中,大量存在的还是既非单射又非满射的普通函数,当然,双射函数就更少了,因为双射函数需要同时满足单射和满射条件,相对苛刻。图 6-4 就描述了这三种不同函数之间的相互关系。

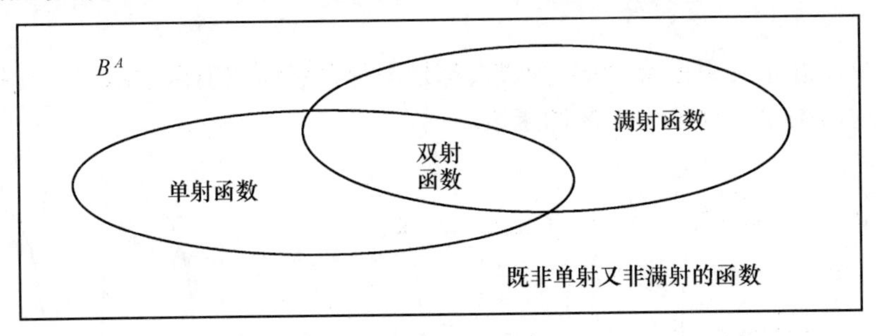

图 6-4 三种特殊函数之间的相互关系示意图

6.3 函数的运算

6.3.1 函数合成

既然关系可以合成(复合),所以,作为特殊的关系,函数当然也可以合成(复合),其基本原理和方法也应该是一致的。

当然,函数毕竟是特殊的关系,关系经过合成(复合)之后当然还是关系,但函数经过合成(复合)之后是否依然是函数呢?在研究关系(复合)合成与函数合成(复合)之间的最大区别时,值得关注。

另外,我们约定,函数合成(复合)时,只有当两个函数中一个的定义域与另一个的值域相同时,它们的合成才有意义。当不满足这一要求时,可利用函数的限制与扩充来弥补。以后不再特别说明。

假设,f 是集合 A 到集合 B 的函数,而 g 是集合 B 到集合 C 的函数,则由 f,g 所确定的函数(之对应关系)可表示为如图 6-5 所示。

从该示意图不难看出,既然 f,g 均是函数,则对于集合 A 中的每一个元素而言,基于函数 f,必然在集合 B 中有映象。同理,对于集合 B 中的每一个元素而言,基于函数 g,必然在集合 C 中有映象存在。于是,函数 f 和 g 合成之后,即得从集合 A 到集合 C 上的关系,不妨记为 R。可以理解,关系 R 中每个元素(序偶)之第一个元素必然来源于集合 A,第二个元素必然来源于集合 C,而且,必然是对于集合 A 中的每一个元素,都对应于关系 R 中的某个序偶。换言之,

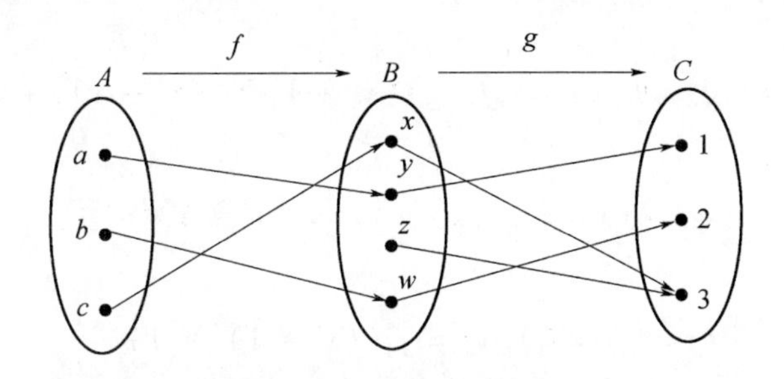

图 6－5　函数合成示

关系 R 也同样符合函数的两大基本特性，所以，R 必为函数。

基于图 6－5 而言，则有 $R=\{<a,1>,<b,2>,<c,3>\}$。

定理　函数的合成必为函数。（证明略）

经过合成（复合）的函数，称为**合成函数**，或**复合函数**。合成函数在记法上与关系的合成稍有不同。

例如，上面的函数 f 和函数 g 合成，记为 $g\circ f$，它是从集合 A 到集合 C 的函数。这意味着，当 $a\in A,b\in B,c\in C$，且 $f(a)=b,g(b)=c$ 时，$g\circ f(a)=c$。

注意：当 f,g 被看成关系时，它们的合成记为 $f\circ g$，但当 f,g 被看成函数时，则它们的合成要记为 $g\circ f$。这也是考虑过去接受传统意义上的函数概念时养成的数学习惯使然，因为 $g\circ f(a)=g(f(a))=g(b)=c$。

一般地，如果 $A=B$，则也称从集合 A 到集合 B 上的函数为集合 A 上的函数。

例 6－3　设有集合 $A=\{1,2,3,4\},B=\{a,b,c\},C=\{5,2,3,1\}$，$f$ 是集合 A 到集合 B 的函数，g 是集合 B 到集合 C 的函数，且函数 f 和 g 的取值情况如表 6－1 所列，试求复合函数 $g\circ f$。

表 6－1　函数 f 和 g 取值情况表

x	1	2	3	4	y	a	b	c
$f(x)$	b	c	a	b	$g(y)$	2	1	5

解：由题意的函数 f 和 g 取值情况可知，复合函数 $g\circ f$ 的结果是从集合 A 到集合 C 的函数，其具体列表描述为 $g\circ f=\{<1,2>,<2,5>,<3,2>,<4,1>\}$。

由第 5 章可知，关系作为一种运算，满足结合律，其实，函数复合作为特殊的关系运算，当然也满足结合律，即

$$(f\circ f)\circ f=f\circ(f\circ f)$$

例如，设 $\mathbf{R}$ 是实数集合，f,g 和 h 是实数集 $\mathbf{R}$ 上的函数，而且又知

$$f(x)=x+1$$
$$g(x)=x^2+1$$
$$h(x)=x^3+1$$

于是，容易理

$$f\circ g(x)=f(x^2+1)=(x^2+1)+1=x^2+2$$

从而,有

$$(f\circ g)\circ h(x) = (f\circ g)(x^3+1) = (x^3+1)^2+2$$

另外

$$g\circ h(x) = g(x^3+1) = (x^3+1)^2+1$$

所以

$$\begin{aligned} f\circ(g\circ h)(x) &= f((x^3+1)^2+1) \\ &= ((x^3+1)^2+1)+1 \\ &= (x^3+1)^2+2 \end{aligned}$$

显然,有

$$(f\circ g)\circ h = f\circ(g\circ h)$$

虽然,函数的复合运算满足结合律,但并不满足交换律,这便意味着$f\circ g \neq g\circ f$。其中的道理也很简单,这里不再赘述。

一般地,有关函数复合运算,还满足如下规律:

(1) f,g 都是单射函数,则 $g\circ f$ 也是单射函数。

(2) f,g 都是满射函数,则 $g\circ f$ 也是满射函数。

(3) f,g 都是双射函数,则 $g\circ f$ 也是双射函数。

(4) 如果 $g\circ f$ 是单射函数,则 f 必是单射函数。

(5) 如果 $g\circ f$ 是满射函数,则 g 必是满射函数。

(6) 如果 $g\circ f$ 是双射函数,则 f 和 g 均是双射函数。

许多教材中均将这些规律当作定理使用,因证明相对简单,故这里也从略。

6.3.2 逆函数

对于关系而言,直接倒置其所有的序偶,即可得到其对应的逆关系。但对函数来说,直接实施简单的序偶倒置,却未必一定能得到一个函数。所以,函数的逆运算较关系来说,还是要相对复杂些。容易理解,当函数 f 为双射函数时,其逆运算也必能得到函数,而且也是双射函数。

一般地,如果 f 是从集合 A 到集合 B 的双射函数,则其对应的逆关系,即称为 f 的**逆函数**,并记为 f^{-1}。显然,如果 f 是从集合 A 到集合 B 的函数,则其逆函数必然是从集合 B 到集合 A 的函数。如果函数 f 有逆函数,则也称 f **函数可逆**,或该函数**是可逆的**。

当然,就函数逆运算而言,一般有如下规律存在:

(1) 如果 f 是从集合 A 到集合 B 的可逆函数,那么,$(f^{-1})^{-1} = f$。

(2) 如果 f 是从集合 A 到集合 B 的可逆函数,那么,$f^{-1}\circ f = f, f\circ f^{-1} = f$。

(3) 如果 f 和 g 都是可逆函数,那么,$(f\circ g)^{-1} = f^{-1}\circ g^{-1}$。

值得注意的是,虽然一般非双射函数并不可逆,即它没有逆函数,但是,对于某些不可逆函数,还是可以找到对于与函数 f 的,相当于其 f^{-1} 性质的函数 g,使得 $f\circ g = I_A$。

利用函数的这些特性,还可以解释组合数学中的"**鸽巢原理**",即"某人养了 $n+1$ 只鸽子,却只修造了 n 个鸽巢,则必有某个鸽巢中住了 2 只(或 2 只以上)的鸽子。"

如果推广该规律,即:当鸽巢为 n 个,鸽子数大于 $n+m$ 只时,则必有一个鸽巢中住了 $m+1$ 只鸽子。

该原理也可用本章的函数概念描述，即：A、B 是两个有限集合，f 是从 A 到 B 的函数，如果，$|A|>|B|$ 成立，则 A 中至少有两个元素，其函数值相同。

同样也可推广该结论，即：A、B 是两个有限集合，f 是从 A 到 B 的函数，若 $|A|>n+m$，而 $|B|=n$ 成立，则在 A 中至少有 $m+1$ 个元素，其函数值相等。

例 6-4 试证明，在 1~100 的正整数中，任意选取 51 个正整数，其中，必存在两个数，一个数是另外一个数的倍数。

证明：容易理解，对于任意的偶数来说，必存在一个奇数，使得

$$偶数 = 奇数 \times 2^{k}$$

其中，k 是非负的整数。

现在构造一个包含 50 个元素的集合如下：

$A_1=\{1, 1\times2, 1\times2^2, 1\times2^3, 1\times2^4, 1\times2^5, 1\times2^6\}=\{1,2,4,8,16,32,64\}$；

$A_3=\{3, 3\times2, 3\times2^2, 3\times2^3, 3\times2^4, 3\times2^5\}=\{3,6,12,24,48,96\}$；

$A_5=\{5, 5\times2, 5\times2^2, 5\times2^3, 5\times2^4\}=\{5,10,20,40,80\}$；

$A_7=\{7, 7\times2, 7\times2^2, 7\times2^3\}=\{7,14,28,56\}$；

$A_9=\{9, 9\times2, 9\times2^2, 9\times2^3\}=\{9,18,36,72\}$；

$A_{11}=\{11, 11\times2, 11\times2^2, 11\times2^3\}=\{11,22,44,88\}$；

$A_{13}=\{13, 13\times2, 13\times2^2\}=\{13,26,52\}$；

$A_{15}=\{15, 15\times2, 15\times2^2\}=\{15,30,60\}$；

$A_{17}=\{17, 17\times2, 17\times2^2\}=\{17,34,68\}$；

$A_{19}=\{19, 19\times2, 19\times2^2\}=\{19,38,76\}$；

$A_{21}=\{21, 21\times2, 21\times2^2\}=\{21,42,84\}$；

$A_{23}=\{23, 23\times2, 23\times2^2\}=\{23,46,92\}$；

$A_{25}=\{25, 25\times2, 25\times2^2\}=\{25,50,100\}$；

$A_{27}=\{27, 27\times2\}=\{27,54\}$；

…

$A_{97}=\{97\}=\{97\}$；

$A_{99}=\{99\}=\{99\}$。

容易验证，上述总共 50 个集合中的元素总个数正好是 100，并完全覆盖 1~100 的所有正整数。而且，包含 2 个或 2 个以上元素的集合（A_1、A_2，…，A_{49}）中，同一集合中的任意两个正整数必是：一个数是另一个数的倍数。因此，在 1~100 的正整数中任意选取 51 个正整数，其中确实至少有两个数属于同一个集合，所以，这两个数中必有一个数是另外一个数的倍数。

例 6-5 平面上有 6 个点，任意两点间画一条边相连，所得图形即完全图，如图 6-6 所

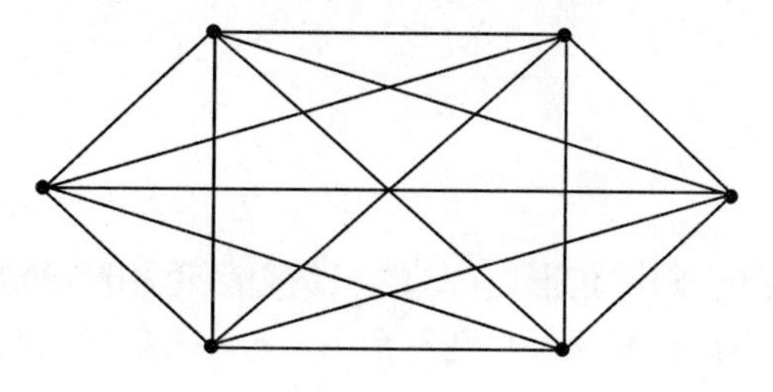

图 6-6 6 点互连的完全图

示。现在，在每条边上涂色，可随意涂红或黑两种颜色。试证明，在这个完全图中，必然存在一个三角形，其三条边的颜色相同。

解：设平面上的6个点分别是 $v_1, v_2, v_3, v_4, v_5, v_6$，为叙述上的方便，不妨先绘制出与 v_1 先相连的5条边，如图6-7所示。

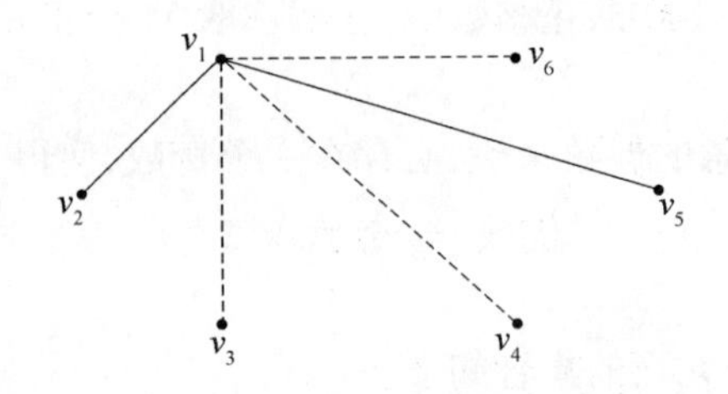

图6-7　先绘制了5条边时的完全示意图

由于，这5条边已分别涂上了红或黑两种颜色，由鸽巢原理可知，其中必有3条边有相同的颜色，不失一般性，不妨设边 v_1v_3、v_1v_4、v_1v_6 的颜色相同，假设是红色，在图6-7中用虚线表示。同时用实线表示黑色，下同。

现在考察边 v_3v_4。如果 v_3v_4 是红色边，则三角形 $v_1v_3v_4$ 的三条边颜色相同，则问题已得解。

倘若边 v_3v_4 是黑色边，如图6-8所示。

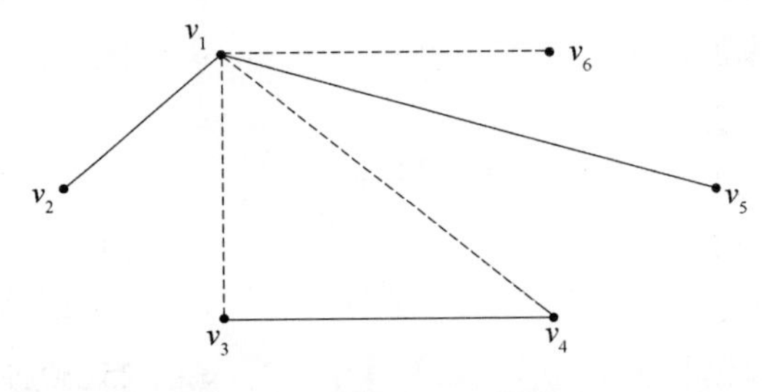

图6-8　假设 v_3v_4 边是黑色

接着可再考察 v_4v_6 边，如果 v_4v_6 边是红色，则三角形 $v_1v_4v_6$ 的三条边颜色相同（均为红色），则问题已得解。

如果 v_4v_6 边是黑色，如图6-9所示，则可再考察 v_3v_6 边。

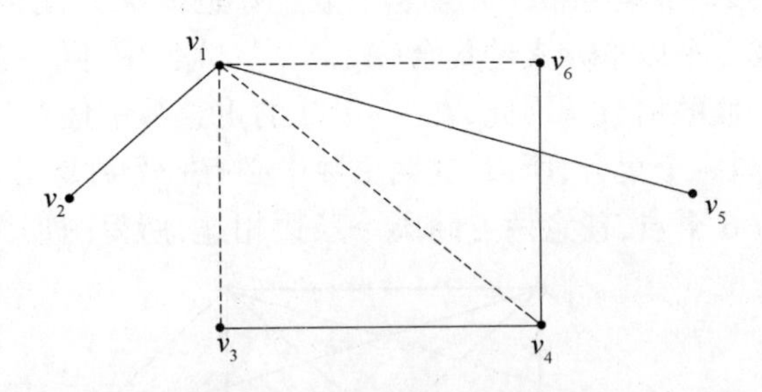

图6-9　假设 v_4v_6 边是黑色

此刻，如果 v_3v_6 边是红色，则三角形 $v_1v_3v_6$ 的三条边颜色相同，问题得解。

如果 v_3v_6 边是黑色，如图6-10所示，则三角形 $v_3v_4v_6$ 的三条边颜色相同（都是黑色），问题亦得解。

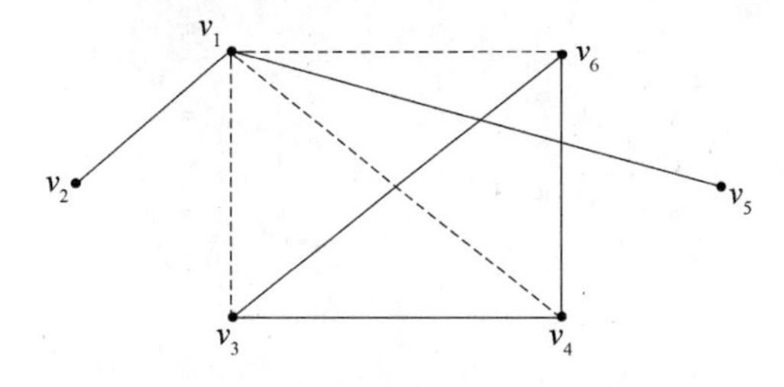

图 6－10　假设 v_3v_6 边是黑色

其实，这种证明思路和方法是典型的离散数学方法，值得广大读者特别关注。

小　结

虽然本章试图建立的是基于离散量描述的函数关系，属基于集合论的关系理论的概念延续，但容易看出，函数所涉及的内容也多来源于传统意义上的函数分类、合成、求逆等内容。当然，函数理论在实际应用中同样有极其宽泛的应用场合。

习　题

1. 设集合 $A = \{x,y,z\}$，$B = \{1,2,3\}$。试分析，当从集合 A 到集合 B 的关系 f 如下所示时，能否构成函数。

(1) $f = \{ <x,2>, <x,3>, <y,1>, <z,2> \}$。

(2) $f = \{ <x,2>, <y,1>, <z,2> \}$。

(3) $f = \{ <y,3>, <x,1>, <z,3> \}$。

(4) $f = \{ <x,1>, <x,2>, <y,3> \}$。

(5) $f = \{ <x,1>, <y,2>, <z,3> \}$。

(6) $f = \{ <z,2>, <y,3>, <x,1> \}$。

(7) $f = \{ <y,1>, <z,2> \}$。

(8) $f = \{ <x,3>, <z,1> \}$。

(9) $f = \{ <x,2>, <y,1>, <z,3>, <y,2> \}$。

2. 试分析上题中哪些能构成函数的关系，哪些是单射函数，哪些是满射函数，哪些是双射函数？

3. 设集合 $A = \{x,y,z,w\}$。试回答下列问题。

(1) 从集合 A 到 A，可以定义多少个不同的函数？

(2) 从集合 $A \times A$ 到 A，可以定义多少个不同的函数？

(3) 从集合 A 到 $A \times A$，可以定义多少个不同的函数？

4. 设集合 $A = \{a,b,c\}$，$B = \{1,0\}$。试完成下列问题。

(1) 请写出从集合 A 到 B 的所有函数。

(2) 请写出从集合 B 到 A 的所有函数。

5. 已知从集合 A 到集合 B 的关系如图 6－11 所示，试分析哪些能构成函数。

6. 下列函数中，哪些是单射函数，哪些是满射函数，哪些是双射函数？

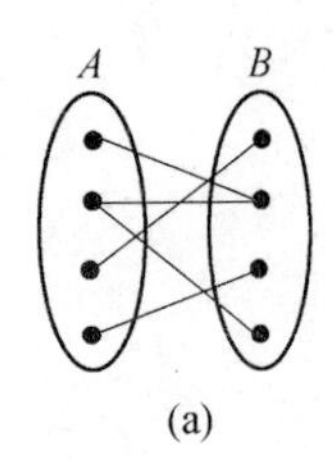

(a)

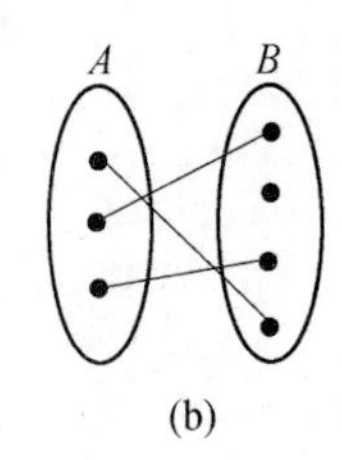

(b)

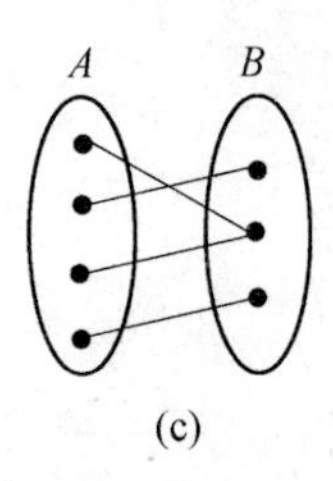

(c)

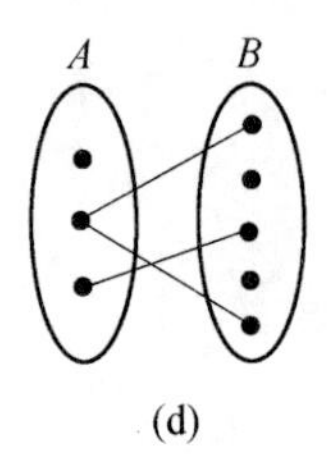

(d)

图6－11　A到B的关系示意图

(1) f是从自然数集合N到N的函数,且知$f(n)=2n$。

(2) f是从整数集合I到I的函数,且知$f(i)=|i|$。

(3) f是从集合A到集合B的函数,且知$A=\{0,1,2\}$,$B=\{0,1,2,3,4\}$,$a\in A$,$f(a)=a^2$。

(4) f是从整数集合I到集合B的函数,其中,$B=\{0,1\}$,对于集合I中的任意元素i来说,如果$i=0$,则$f(i)=0$;否则,$f(i)=1$。

(5) f是从实数集合R到R的函数,且知,当任意的$r\in R$时,$f(r)=r+1$。

7. 如果集合A共有3个元素,集合B共有4个元素,试问,从集合A到集合B可以构造多少种不同的单射函数?

8. 如果集合A共有4个元素,集合B共有3个元素,试问,从集合A到集合B可以构造多少种不同的满射函数?

9. 如果集合A和集合B均有4个元素,试问,从集合A到集合B可以构造多少种不同的双射函数?

10. 试证明下列命题。

(1) f,g都是单射函数,则$g\circ f$也是单射函数。

(2) f,g都是满射函数,则$g\circ f$也是满射函数。

(3) f,g都是双射函数,则$g\circ f$也是双射函数。

(4) 如果$g\circ f$是单射函数,则f必是单射函数。

(5) 如果$g\circ f$是满射函数,则g必是满射函数。

(6) 如果$g\circ f$是双射函数,则f和g均是双射函数。

11. 设f是从集合X到集合Y的函数,且$A\in Y$,$B\in Y$,试证明下列命题。

(1) $f^{-1}(A\cup B)=f^{-1}(A)\cup f^{-1}(B)$。

(2) $f^{-1}(A\cap B)=f^{-1}(A)\cap f^{-1}(B)$。

(3) $f^{-1}(A-B)=f^{-1}(A)-f^{-1}(B)$。

12. 某人步行10h,共走了45km,已知他第一个小时走了6km,最后一个小时只走了2km。试证明必有连续的2h,在这2h里至少走了10km。

13. 任意的$n+1$个正整数,试证明其中必有两个数之差,能被n整除。

14. 一个轮盘式赌转盘的圆周被分成36等分段,将1,2,3,…,36,任意地标注在每一段上,使得每一段仅有一个数字。试证明一定存在着连续的三段,它们的数字之和至少是56。

15. 设$a_1,a_2,a_3,\cdots,a_n$是任意的n个正整数,试证明,存在i和$k(i\geqslant 0,k\geqslant 1)$,使得$a_{i+1}$,$a_{i+2}$,$a_{i+i}$,$\cdots$,$a_{i+k}$能被被$n$整除。

16. 已知在开区间(0,1)上定义有如下函数:

$f_1(x) = x$

$f_2(x) = 1/x$

$f_3(x) = 1 - x$

$f_4(x) = 1/(1 - x)$

$f_5(x) = (x - 1)/x$

$f_6(x) = x/(x - 1)$

试证明下列各式。

(1) $f_2 \circ f_3 = f_4$。

(2) $f_3 \circ f_4 = f_6$。

(3) $f_4 \circ f_5 = f_1$。

(4) $f_5 \circ f_6 = f_2$。

17. 设 f 是从有限集合 A 到有限集合 B 的函数，试回答如下问题：

(1) 如果 $|A| < |B|$，则 f 可能是满射函数吗？为什么？

(2) 如果 $|A| > |B|$，则 f 可能是单射函数吗？为什么？

(3) 如果 $A = \varnothing$，则 f 可能是单射函数吗？可能是满射函数吗？为什么？

(4) 当 $|A|$ 和 $|B|$ 之间满足什么条件时，f 才可能是单射函数、满射函数、双射函数？

18. 已知 $f = \{ <\varnothing, \{\varnothing, \{\varnothing\}\}>, <\{\varnothing\}, \varnothing> \}$ 是个函数，试求解下列各式的值。

(1) $f(\varnothing)$。

(2) $f(\{\varnothing\})$。

(3) $f^{-1}(\varnothing)$。

(4) $f^{-1}(\{\varnothing\})$。

第7章　图　论

图论与我们的生活息息相关,许多看似与之无关的问题,往往可通过巧妙的变换,借助图论来解决。图属于非线性结构,不论是在工程领域,还是在军事领域,甚至就数学领域本身,均有极其广泛的运用。其中,网络规划就是基于图而发展起来的一个运筹学分支,内容相对繁杂且具有广阔的运用前景。

虽然图论在现代科技中运用非常广泛,但其起源可追述到18世纪的哥尼斯堡七桥问题(欧拉,1736年)。欧州小镇哥尼斯堡有一条名为普雷盖尔的河,河中有两个小岛,岛与两岸间共有七座桥相连,如图7-1所示。闲暇中人们不禁思考:一个人从某地出发,能否不重复地走完这七桥再回到出发点呢?

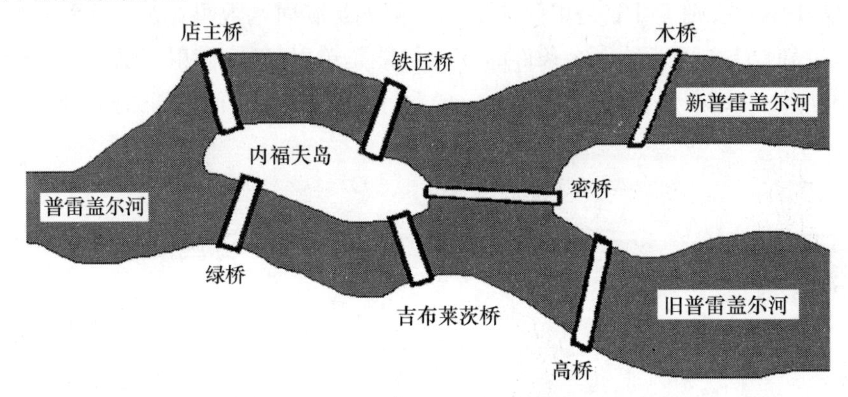

图7-1　哥尼斯堡七桥(示意图)

这个难题困扰了大家许久,最后由当时的大数学家欧拉给出了绝妙的解答:不可能。

现在,人们一般都把该问题作为图论最早的运用范例。下面首先从图论的基本概念入手,介绍有关图论的相关知识和理论。

7.1　图的基本概念

7.1.1　图的基本概念

由点和联结这些点的线组成的图形称为**图**。图中的点也称为节点、顶点、端点、节点等,常用小写英文字母 v 表示,如 v_1, v_2 等。图的全部顶点组成的集合可用大写英文字母 V 表示。点与点之间的联结线称为**边**,常用小写英文字母 e 表示,如 e_1, e_2 等。由全体边组成的集合用大写英文字母 E 表示。

其实,当年的欧拉就是将图7-1中的哥尼斯堡七桥问题抽象成图7-2之后才解决的。

在图7-2中,一般称边 e_1, e_4, e_6 **关联于**点 v_1;也称边 e_1 **关联于**点 v_1 与 v_4。反过来,称点 v_1 是边 e_1, e_4, e_6 的**端点**。如果两点之间有边直接关联,则称这**两点相邻**,否则称**两点不相邻**。不与任何边关联的点称为**孤点**(或**孤立点**)。

为了表示点与边之间的对应关系,也常用边的两个端点来表示边,如图7-2中的边e_2,即可表示为(v_2,v_4)。如果边存在方向,则称为**有向边**(或**弧**),在图中用带箭头的线表示。书写中一般用有序二元组(即**序偶**)表示,即$<v_2,v_4>$。相对有向边,没有方向的边则称为**无向边**。在不至于引起误会时,对有向边和无向边统称为**边**。

全部由无向边组成的图称为**无向图**,如图7-2和图7-3所示。全部由有向边组成的图称为**有向图**,如图7-4所示。

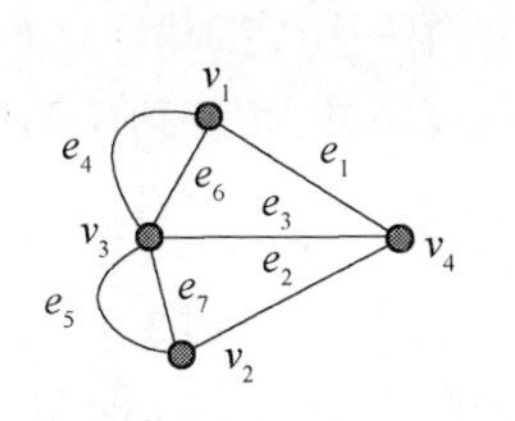

图7-2 七桥问题抽象图

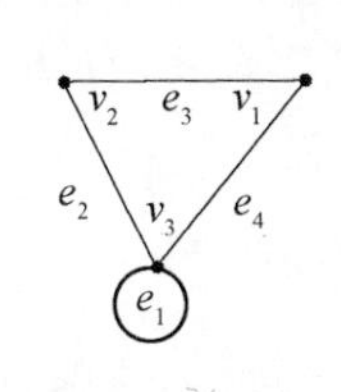

图7-3 无向图

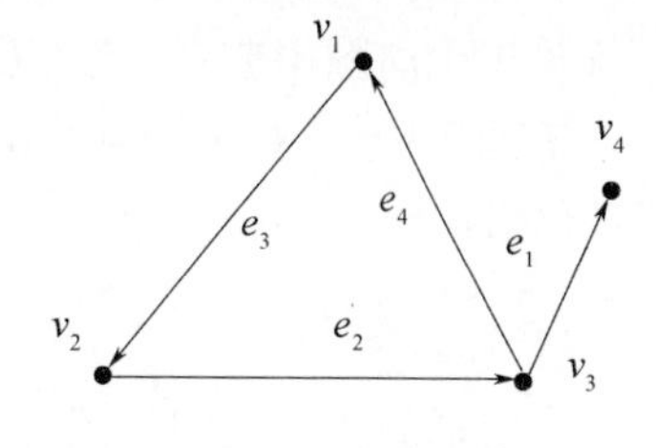

图7-4 有向图

如果图中既有有向边也有无向边,则称该图为**混合图**。一般地,将有向图的方向去掉之后得到的无向图称为原有向图的**底图**。

在有向图中,关联于某有向边的两个端点中,箭线离开的端点称为该有向边的**起始点**(或**起始端点**),箭线指向的端点称为该有向边的**终止点**(或**终止端点**)。

图一般用大写的英文字母G表示,这样,G即可表示成一个有序的二元组$<V,E>$。所以,图7-2即可表示为

$$G<V,E> = <\{v_1,v_2,v_3,v_4\},\{e_1,e_2,e_3,e_4,e_5,e_6,e_7\}>$$

为更直接地反映图中点与边之间的对应关系,图7-2又可表示为

$$G<V,E> = <\{v_1,v_2,v_3,v_4\},\{(v_1,v_3),(v_1,v_3),(v_2,v_3),(v_2,v_3),(v_1,v_4),(v_2,v_4),(v_3,v_4)\}>$$

在图论中,图强调的是点之间的关系,所以,与几何学中的图不同。在这里,点与线的位置有较大的随意性,线的长度和曲直一般并不重要,但在方向上相对严格。

如果两点之间有两条(或更多的)边相联,则称这些边为**多重边**或**平行边**。所以,在图7-2中,e_4,e_6即为平行边(或多重边)。对有向边而言,必须是关联的两个端点相同且方向也相同才称为平行边。平行边的条数称为平行边的**重数**。

如果关联于同一条边的两个顶点重合,则称这种起止点(端点)重合的边为环。环一般反映的是自反关系(见第5章)。图7-3中的边e_1就是一个环。如果在一个图中没有环和多重边,则称该图为**简单图**,否则称为**多重图**。显然,图7-2和图7-3均不是简单图。

7.1.2 度

与点关联的边的条数称为该点的**度**,记为$\deg(v)$。

例如,在图7-3中,点v_1的度为2,即可表示为$\deg(v_1)=2$。因为边e_3和e_4均与v_1关联。图论规定一个环算2度,所以有$\deg(v_3)=4$。

对有向图来说,因其边有方向问题,所以,度也需进一步细分为入度和出度。

其中,以端点v为起始点的箭线的条数称为点v的**出度**,记为$\deg^+(v)$;以v为终止点的箭线的条数称为点v的**入度**,记为$\deg^-(v)$。

此刻，端点 v 的度即为 v 的出度和入度的和，即

$$\deg(v) = \deg^{+}(v) + \deg^{-}(v)$$

就图 7－4 而言，即有

$$\deg^{-}(v_4) = 1, \deg^{+}(v_4) = 0$$
$$\deg^{-}(v_3) = 1, \deg^{+}(v_3) = 2$$
$$\deg^{-}(v_1) = 1, \deg^{+}(v_1) = 1$$

显然，对于孤点来说，其度数为零。

关于无向图中节点的度，欧拉还给出过一个定理，这也是图论中的第一个定理。

定理 7－1 对于任意给定的无向图 $G = <V,E>$，G 的所有端点度数之和等于 G 的边数的 2 倍，即

$$\sum \deg(v) = 2|E|$$

该定理的含义是明显的，因为每条边均贡献 2 度，而对有向图来说，贡献入度和出度各 1 度，故这里证明从略。在有些资料中，也将该定理称为**握手定理**。

定理 7－2 在任何给定的无向图中，度数为奇数的节点的数目必为偶数。

该定理可从定理 7－1 中直接推出，故有时亦以推论的形式出现，证明从略。

7.1.3 正则图与完全图

一般地，在无向图 $G = <V,E>$ 中，如果每个节点的度均为 k，则称图 G 为 k **度正则图**。显然，k 度正则图是不唯一的。

全由孤点组成的图称为**零图**，显然，零图的边集为空集 $\varnothing$。如果在一个图中仅包含一个孤立节点，称该图为**平凡图**。

如果无向图 $G = <V,E>$ 中的每个节点都与其余的所有节点相关联，则称该图为**无向完全图**，记为 $K_{|V|}$。若 $|V| = n$，即为 K_n。图 7－5 就是 $K_1 \rightarrow K_6$ 的示意图。

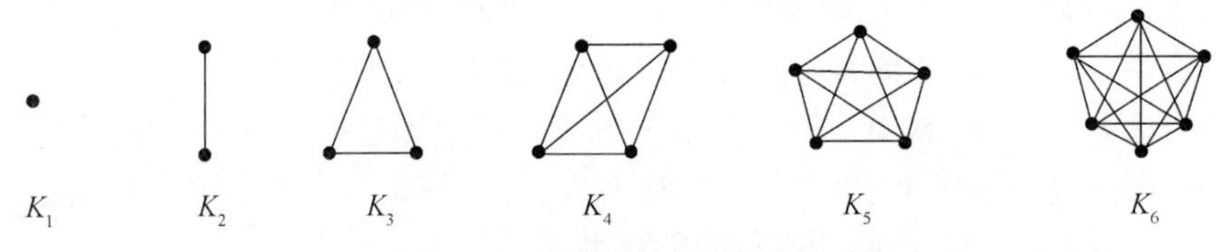

图 7－5　无向完全图示意图

不难看出，在 K_n 中，边的条数为

$$|E| = 1 + 2 + \cdots + (n-1) = n(n-1) \text{（条）}$$

有些资料中规定，无向完全图中必须包括环，就是说，每个节点与其他节点相关联，也包括与它自己相关联，此刻，边数须增加 n，即 $n(n-1)/2 + n = n(n+1)/2$ 条。

类似地，也可理解**有向完全图的概念**。不过，因为在有向完全图中必须考虑边的方向，所以，有向完全图中任意两个端点之间都有方向相反的两个箭线存在。所以，其边数必为的 K_n 的 2 倍，即 $|E| = n(n-1)$。

如果亦规定必须包含环，则此刻总边数即 n^2 条。

思考：为何有向完全图的总边数不等于 $n(n+1)$？

注意：本书规定，无向完全图和有向完全图均不包含环。

7.1.4 子图与补图

对于任意给定的无向图 $G_1 = <V_1, E_1>$ 和 $G_2 = <V_2, E_2>$，如果 V_2 是 V_1 的子集，且 E_2 是 E_1 的子集，则称 G_2 为 G_1 的子图。如果 V_2 是 V_1 的真子集，且 E_2 是 E_1 的真子集，则称 G_2 为 G_1 的真子图。当然，如果 $V_2 = V_1$，$E_2 = E_1$，则称 G_2 与 G_1 相等，可记为 $G_2 = G_1$。

假设图 $G_2 = <V_2, E_2>$ 是图 $G_1 = <V_1, E_1>$ 的子图。对任意给定的节点 u 和 v 来说，如果 $u \in E_1$ 且 $v \in E_1$ 成立，则必有 $u \in E_2$ 和 $v \in E_2$ 成立，即当 $E_1 = E_2$ 时，则称 G_2 由 V_2 唯一确定，并称 G_2 是节点集合 V_2 的生成子图(也称**诱导子图**)。当 G_2 无孤立节点，且由 E_2 所唯一确定时，也称 G_2 是边集 E_2 的**生成子图**(亦称**诱导子图**)。显然，子图反映的是两个图之间的一种相互关系，如图 7－6(a)所示。

假设图 $G_1 = <V_1, E_1>$ 是图 $G = <V, E>$ 的子图。如果 $E_2 = E - E_1$，且有 $V_2 = V - V_1$，则称由 V_2 和 E_2 组成的图 $G_2 = <V_2, E_2>$ 是**图 G_1 相对于图 G 的补图**。

无向图 G 相对无向完全图 K_n 的补图，即称为图 G 的**补图**，一般记为 G'。

图 7－6(b)是两个补图示意图。

不难理解，G 与 G' 互为补图。而且，图 G 的补图 G' 的补图，即 G 自身。

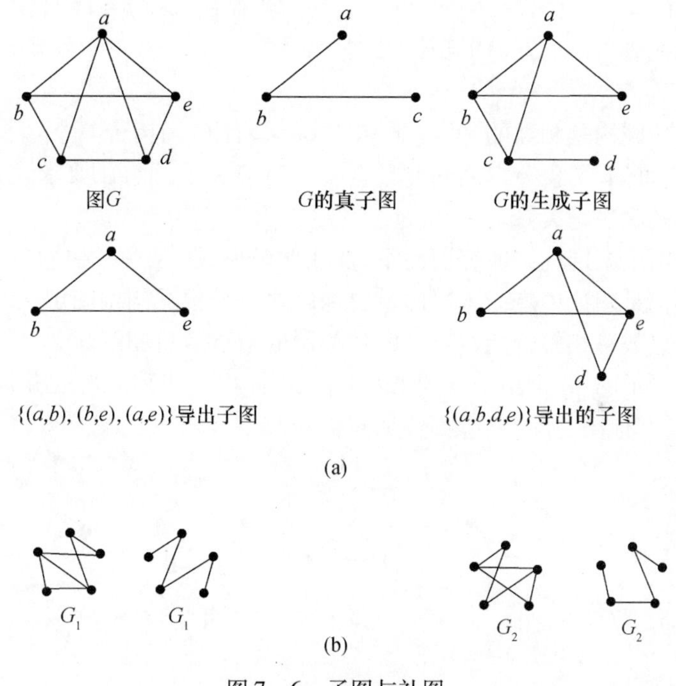

图 7－6　子图与补图

(a) 示意子图；(b) 示意补图。

另外，由定义可知，一个图与它的补图有共同的节点，但无共同的边。一个图与其补图叠加(或并)在一起，即可得到一个完全图。因此，完全图的补图是零图，而零图的补图则是完全图。

对于有 n 个节点的图 G 而言，它的边数 m 与它的补图的边数 m' 之间有如下关系成立：

$$m + m' = n(n+1)/2$$

将有向图 $G = <V, E>$ 中的所有边均掉转方向之后，生成的图 G' 称为原图的**逆图**。显然，逆图的逆图，即原图自身。

7.1.5 赋权图

给每条边(或弧)都赋予某种实际含义的数量指标(或称为权值)的图 $G = <V,E>$,称为**赋权图**。相应的有**无向赋权图**和**有向赋权图之分**。**赋权图**一般可记为 $G = <V,E,W>$,其中 W 表示各边之权值组成的集合。

赋权图在现实生活中应用非常广泛,如输油管线的铺设、交通网的规划等。特别是有向无环的简单图,经过一些特殊的限定,已发展成关键线路问题,也称为网络评审技术(PERT),本书将在后面的网络规划中适当介绍。

7.1.6 同构图

在普通图的定义中,强调的是节点集、边集以及边与点的关联关系,既没有涉及联结两个节点的边的长度、形状和位置,也没有给出节点的位置或者规定任何次序。因此,对于给定的两个图,在它们的图形表示中,即在用小黑圆点表示节点和用直线(或曲线、箭线)表示联结两个节点的边的图中,尽管看起来区别很大,但实际上却完全可能表示的是同一个图。因而,这就需要引入两个图的同构概念。

设有两个图,$G_1 = <V_1,E_1>$,$G_2 = <V_2,E_2>$。若存在双射 $f \in V_2^{V_1}$,使得对任意 $v,u \in V_1$,有 $[u,v] \in E_1$ 永真蕴含 $[f(u),f(v)] \in E_2$,或是 $<u,v> \in E_1$ $<f(u),f(v)> \in E_2$,则称 G_1 同构于 G_2,记为 $G_1 \equiv G_2$。

很明显,两图的同构是相互的,即 G_1 同构于 G_2,必有 G_2 同构于 G_1。

由同构的定义可知,不仅节点之间要具有一一对应关系,而且,要求这种对应关系保持节点间的邻接、方向及次序等关系。

一般地,证明两个图同构并非轻而易举,往往比较麻烦,寻找一种简单而有效的方法来判定图的同构,至今仍是图论中悬而未决的重要课题之一。根据同构图定义,可以给出若干图同构的必要条件:节点数目相等,边数相等,度数相同的节点数目相等。

在如图 7-7 所示的 10 个图中,(g)和(j)就是同构图,(b)和(c)也是同构图。

思考:图 7-7 其他图之间,还有哪些是同构图?

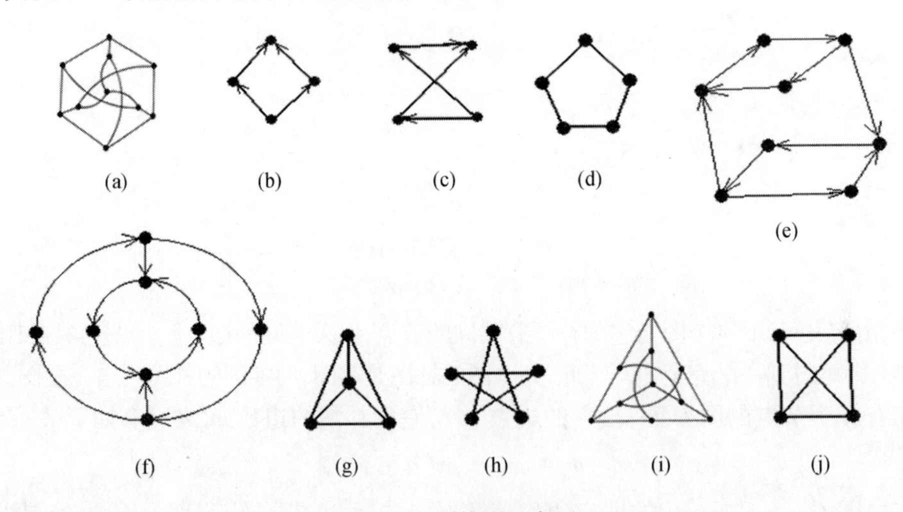

图 7-7 同构图示意图

7.2 图的存储

给定一个图 $G=<V,E>$,使用图形表示很容易把图的结构展现出来,而且这种表示清晰直观,简单明了,但图形描述仅在节点和边(或弧)的数目很小时可行。另外,为了利用计算机处理大规模的图结构,必须考虑图在计算机中的存储方法,以达到深入研究的目的。由于图的结构毕竟太过复杂而灵活,任意节点之间都有可能存在关联,所以,不便于利用节点在存储空间的物理位置来反映其间的关联关系。

7.2.1 邻接矩阵

一个简单图 $G=<V,E>$ 由 V 中任意两个节点间的邻接关系唯一地确定,这种关系可以用一个矩阵给出,而矩阵形式与图中节点的编序有密切关系,这是用矩阵表示图值得注意的一点。

给定简单图 $G=<V,E>$,已知 $V=\{v_1,v_2,\cdots,v_n\}$,且 V 中的节点按下标由小到大编序,则 n 阶方阵 $\boldsymbol{A}=(a_{ij})$ 称为图 G 的**邻接矩阵**,且

$$a_{i,j}=\begin{cases}1, v_i \text{ 到 } v_j \text{ 之间有边(或弧)} \\ 0, v_i \text{ 到 } v_j \text{ 之间没有边(或弧)}\end{cases}, i,j=1,2,3,\cdots\cdots,n$$

有时为强调邻接矩阵依赖于图 G,把图 G 的邻接矩阵也记为 $\boldsymbol{A}(G)$。

例如,图 7-8(a)对应的图,其对应的邻接矩阵表示如图 7-8(b)所示。

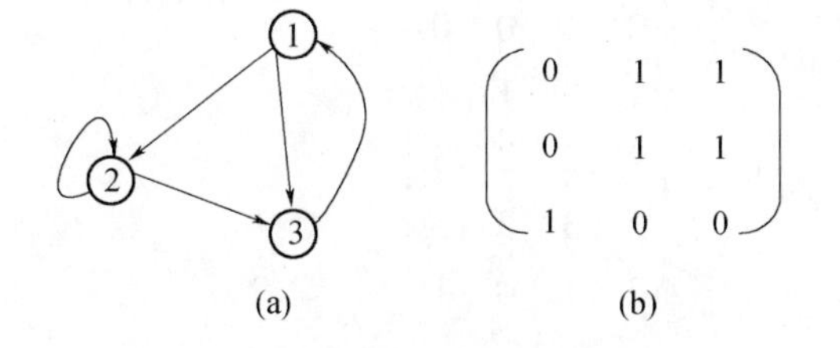

图 7-8　图的邻接矩阵表示

1	2
1	3
2	2
2	3
3	1

图 7-9　图的数组表示

不难看出,邻接矩阵具有如下**特点**:

(1) 邻接矩阵均为方阵。

(2) 无向图的邻接矩阵都是对称矩阵,而有向图则未必。

(3) 简单图的邻接矩阵的对角线上的元素均为 0。

(4) 邻接矩阵对角线上的元素如果等于 1,则表示一个环。

(5) 邻接矩阵中 1 的个数即对应图中的总边数。

(6) 设有向图 $G=<V,E>$ 的邻接矩阵为 $\boldsymbol{A}$,则图 G 的逆图的邻接矩阵即 $\boldsymbol{A}$ 的转置矩阵 $\boldsymbol{A}^{\mathrm{T}}$。

其实,如果需要,多重图也可用该方法表示,不过其对应矩阵中元素的值等于多重边(或弧)的重数。

思考:如何从邻接矩阵出发,判断两个节点之间的前后件关系?

对于赋值图而言,则可在邻接矩阵的基础上将 1 替换为两个端点之间的**权值**(或**函数**),如果两个端点之间没有直接的关联边存在,则用 -1 表示即可,称为**求值矩阵**。由此发展起来

的就是在军事领域中得到广泛应用的统筹法理论,亦即 PERT(详见 7.6 节)。

不难看出,图 7-10(a)所示的有向图的邻接矩阵 $\boldsymbol{A}$ 如图 7-10(b)所示。

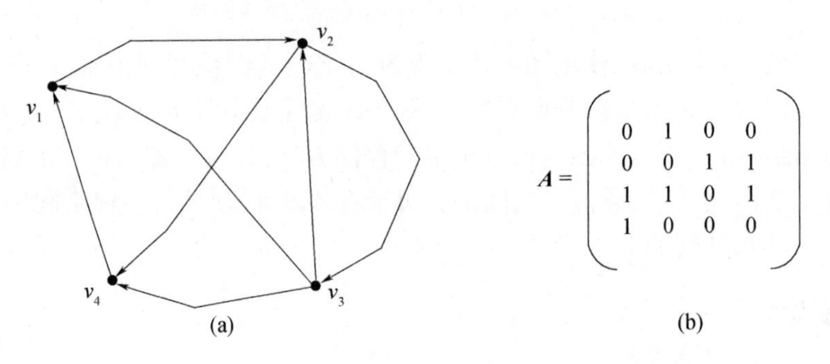

图 7-10

进而可计算出 $\boldsymbol{A}^{\mathrm{T}}$、$\boldsymbol{AA}^{\mathrm{T}}$、$\boldsymbol{A}^{\mathrm{T}}\boldsymbol{A}$、$\boldsymbol{A}^{(2)}$、$\boldsymbol{A}^{(3)}$、$\boldsymbol{A}^{(4)}$等,即

$$\boldsymbol{A}^{\mathrm{T}}=\begin{pmatrix}0&0&1&1\\1&0&1&0\\0&1&0&0\\0&1&1&0\end{pmatrix}\qquad \boldsymbol{AA}^{\mathrm{T}}=\begin{pmatrix}1&0&1&0\\0&2&1&0\\1&1&3&1\\0&0&1&1\end{pmatrix}$$

$$\boldsymbol{A}^{\mathrm{T}}\boldsymbol{A}=\begin{pmatrix}2&1&0&1\\1&2&0&1\\0&0&1&1\\1&1&1&2\end{pmatrix}\qquad \boldsymbol{A}^{(2)}=\begin{pmatrix}0&0&1&1\\2&1&0&1\\1&1&1&1\\0&1&0&0\end{pmatrix}$$

$$\boldsymbol{A}^{(3)}=\begin{pmatrix}2&1&0&1\\1&2&1&1\\2&2&1&2\\0&0&1&1\end{pmatrix}\qquad \boldsymbol{A}^{(4)}=\begin{pmatrix}1&2&1&1\\2&2&2&3\\3&3&2&3\\2&1&0&1\end{pmatrix}$$

1. $\boldsymbol{AA}^{\mathrm{T}}$元素含义分析

假设 $\boldsymbol{B}=\boldsymbol{AA}^{\mathrm{T}}=[b_{ij}]$,则 $b_{ij}=\sum(a_{ik}\cdot a_{jk})$,其中,$k=1,2,3,\cdots,n$。

当且仅当 a_{ik}和 a_{jk}的值均等于 1 时,才有 $a_{ik}\cdot a_{jk}=1$。而 $a_{ik}=1$ 和 $a_{jk}=1$ 意味着存在边 $<v_i,v_k>$和$<v_j,v_k>$,于是可得结论:从节点 v_i和 v_j引出的边,如果能同时终止于一些节点,则这些节点的数目就是 b_{ij}的值。特别需说明的是,当 $i=j$ 时,即指对角线上的元素 b_{ii}即节点 v_i的引出次数。

2. $\boldsymbol{A}^{\mathrm{T}}\boldsymbol{A}$ 元素含义分析

假设 $\boldsymbol{B}=\boldsymbol{A}^{\mathrm{T}}\boldsymbol{A}=[b_{ij}]$,则 $b_{ij}=\sum(a_{ki}\cdot a_{kj})$,其中,$k=1,2,3,\cdots,n$。

当且仅当 a_{ki}和 a_{kj}的值均等于 1 时,才有 $a_{ki}\cdot a_{kj}=1$。而 $a_{ki}=1$ 和 $a_{kj}=1$ 意味着存在边$<v_k,v_i>$和$<v_k,v_j>$,于是可得结论:从某些节点引出的边,如果能同时终止于节点 v_i和 v_j,则这样的节点的数目就是 b_{ij}的值。特别需说明的是,对角线上的元素 b_{ii}的值是各节点的引出次数。

3. $\boldsymbol{A}^{(n)}$元素含义分析

当 $n=1$ 时,$a_{ij}=1$,说明存在一条边$<v_i,v_j>$,或者说,从节点 v_i到 v_j存在一条长度为 1 的路径。

当 $n=2$ 时,$a_{ij}^{(2)}$ 即指 $\boldsymbol{A}^{(2)}$ 中的元素,有 $a_{ij}^{(2)} = \sum(a_{ik} \cdot a_{kj})$,其中,$k=1,2,3,\cdots,n$。

当且仅当 a_{ik} 和 a_{kj} 的值均等于 1 时,才有 $a_{ik} \cdot a_{kj}=1$。而 $a_{ik}=1$ 和 $a_{kj}=1$ 意味着存在边 $<v_i, v_k>$ 和 $<v_k, v_j>$,这表明,存在一条从节点 v_i 到 v_j 的长度为 2 的路径。

也就是说,$a_{ij}^{(2)}$ 的值就是从节点 v_i 到 v_j 的长度为 2 的不同路径的条数。

进一步推广,即 $a_{ij}^{(3)}$ 的值就是从节点 v_i 到 v_j 的长度为 3 的不同路径的条数。$a_{ij}^{(4)}$ 的值,就是从节点 v_i 到 v_j 的长度为 4 的不同路径的条数。进而,$a_{ij}^{(n)}$ 的值,就是从节点 v_i 到 v_j 的长度为 n 的不同路径的条数。

特别需说明的是,当 $i=j$ 时,$a_{ii}^{(n)}$ 的值就是经过节点 v_i 的长度为 n 的不同回路数。

其实,这种推广可以很容易通过数学归纳法得到证明,故在此从略。

7.2.2 边目录表示法

用矩阵表示图虽然比较常见,但对端点数较多而边数较少的图而言,则对应的矩阵一般总有较大的空间浪费,即相当大比例的元素不是 1。为此,人们又将重点关注在图中的边(弧)上面,进而提出用数组来表示(或存储)图。

在图的数组表示法中,各边(或弧)用其起、止节点组成的序偶来表示,于是,一个有 m 条边的图(或弧)即可用一个 m 行 2 列的二维数组来表示。例如图 7-8(a)的数组表示如图 7-9 所示。不难看出,图的数组表示法不仅适应于有向图,同时也适应于无向图。

另外,相对来说数组表示法比较节约存储空间,但在邻接矩阵表示法中一条边(或弧)仅对应一个元素,而这里则要对应两个,所以,这种节约还是有条件的。

还有,该表示方法不太适应多重图,因为在多重图中,存在完全相同的行,这在做进一步处理时将相对困难。同时,对于存在大量修改(如调整边的起、止节点,增加和减少边等动作或操作)的图也不太适应。

为此,常将二维数组用两个一维数组来表示,这就是**边目录表示法**。在这种表示法中,建立两个一维数组 $D_1(E)$ 、$D_2(E)$,将所有边的起始点存入 $D_1(E)$,而把终止点存入 $D_2(E)$。这种表示法在本质上与数组表示法是相同的,只不过将二维数组换成了两个一维数组罢了。对于赋权图则可再增加一个一维数组,以存储各边的权值。实用中,一般应注意起、止节点的对应性。该表示法运用相对广泛。

7.2.3 邻接编目法

邻接编目法与前面介绍的几种存储方法均不同,它使用如下两个数组:

node (N),存储各端点的度数。

near(N, Δ),存储与各端点相邻接的其他端点编号。

其中,Δ 表示图中各顶点度数最大数,在不同的应用实例中有不同的具体数值。

其具体应用实例如图 7-11 所示。

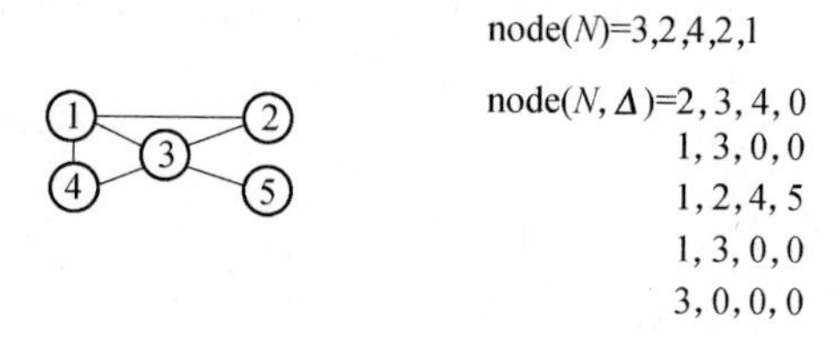

图 7-11 图的邻接编目表示法

7.2.4 多重链表

不论是矩阵还是数组,均不利于图的频繁修改和操作,所以,对于那些需将图作为工具以及做大量图结构维护的应用来说,还是使用链表结构来存储图更合算一些。虽然,链表结构在存储空间上不太合算,但使用**多重链**表来表示图还是一种很自然的选择,它也是一种最直观的映象结构。这时可以用由一个数据域和若干指针域组成的节点来表示图中的一个端点,其中的数据域存储该端点的相关信息,而指针域则存储的是指向其邻接端点的指针。图 7-12 就是图 7-8(a)所示的无向图所对应的多重链表表示。

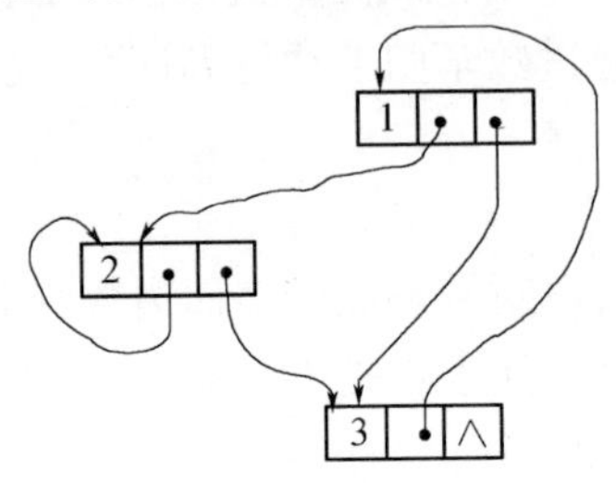

图 7-12 图 7-8(a)的多重链表

7.2.5 十字链表

一般地,图的端点对应的链表节点受该端点的度的限制,为使用上的方便和统一,总是以该图中各端点度数的最大值为限,并按与之邻接的端点编号为序从小到大依次排列。当然,如果图中各端点之度数相差悬殊,则这种存储方法将产生大量的空间浪费。但相对于灵活的图结构维护和修改而言,这些浪费也是可以理解的。

如果希望避免因多重链表中各端点之指针域的不一致性而造成的困扰,则亦可使用十字链表来表示或存储图结构,不过,十字链表比较适合于有向图,这也是链表表示法的共性特征。

在十字链表中,图的每一个端点均对应一个十字链表节点,图的每一条弧亦对应一个十字链表节点,只是这两种十字链表节点的结构特征不同而已。图 7-13 即是这两种节点的结构示意图。

图 7-13 两种节点之结构示意图

在十字链表表示法中,边(弧)的起始端点相同的边(弧)在同一条链上,而边(弧)的终止端点相同的边(弧)亦在同一条链上,它们的链头节点均为图的端点对应的链表节点。其中,边(弧)对应之节点中各域含义如下:

tail_vex:指示该边(弧)起始端点(弧尾)在图中的位置。

head_vex:指示该边(弧)终止端点(弧头)在图中的位置。

Hlink:指向终止端点(弧头)相同的下一条边(弧)。

Tlink:指向起始端点(弧尾)相同的下一条边(弧)。

Data:指向该边(弧)的相关信息。

而端点对应之节点中各域含义如下:

firs_in:指向以该端点为终止端点的第一个边(弧)节点。

first_out:指向以该端点为起始端点的第一个边(弧)节点。

data:指向该端点的相关信息。

例如,图 7-14(a)所示的有向图,其对应的十字链表存储可如图 7-14(b)所示。其中,d_1,d_2,d_3,d_4分别表示该有向图各端点对应的十字链表节点在内存中的实际地址。实质上,如果将有向图的邻接矩阵看成是稀疏矩阵,则十字链表也可以看成是邻接矩阵的链表存储结构,在图的十字链表中,边(弧)节点所在的链表并非循环链表,节点之间的相对位置自然形成,不一定按端点序号有序,链表的表头节点即端点节点,它们之间不是链接,而是顺序存储。

在十字链表中既容易找到以 v 为起始端点的边,也容易找到以 v 为终止端点的边,因而容易求得端点的入度和出度。甚至,如果需要完全可以在创建十字链时一并求得,并保存起来以备不时之需,效率相对较高。

十字链在有向图的应用中是非常有用的工具。

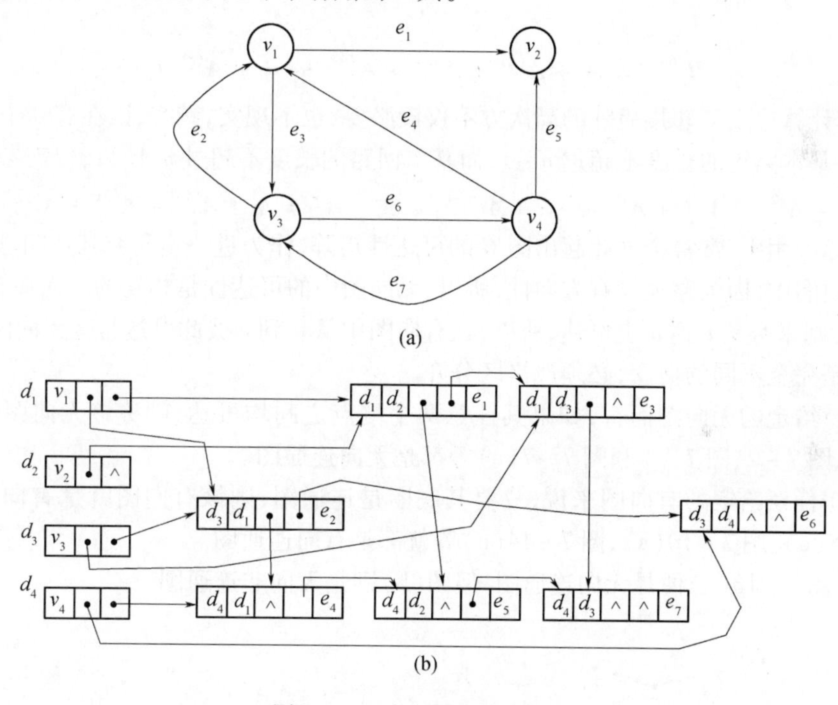

图 7-14　十字链表示意图

7.3　连通与回路

7.3.1　可达与连通

在任意给定的图 G 中,从某点出发形成的点和边的交替序列为一个路径。即称序列 $v_{i1}e_{i1}$ $v_{i2}e_{i2}\cdots v_{ik-1}e_{ik-1}v_{ik}$ 为从点 v_{i1} 至点 v_{ik} 的一条**路径**。该路径上边的数量称为**路径长度**,如

图7-15所示。其中,在无向图中 $e_{it}=(v_{it},v_{it+1})$,而在有向图中 $e_{it}=\langle v_{it},v_{it+1}\rangle$。

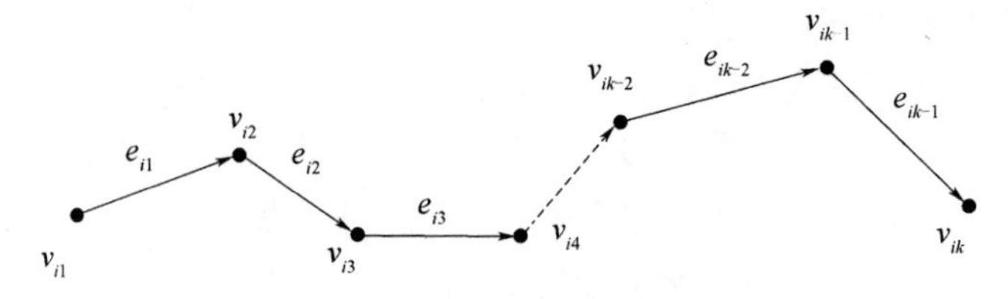

图7-15　路径示意图

如果一条路径的首末端点重合在一起,则称该路径为**回路**。

如果从端点 u 到端点 v 之间存在一条路径,则称从 u 到 v 是**可达的**。

如前所述,既然 $\boldsymbol{A}^{(n)}$ 中的元素 $a_{ij}^{(n)}$ 的值,表示从节点 v_i 到 v_j 的长度为 n 的不同路径条数。则说明从节点 v_i 到 v_j 是可达的。于是

$$\boldsymbol{B}_r=\boldsymbol{A}+\boldsymbol{A}^{(2)}+\boldsymbol{A}^{(3)}+\boldsymbol{A}^{(4)}+\cdots+\boldsymbol{A}^{(r)}$$

则 $\boldsymbol{B}$ 中的元素 b_{ij} 即表示从节点 v_i 到 v_j 的长度不超过 r 的不同路径的总条数。

因此,如果需研究图 G 中,从节点 v_i 到 v_j 是否存在路径(不考虑长度),则只须考察 $\boldsymbol{B}_r^{(+)}$ 即可。其中

$$\boldsymbol{B}_r^{(+)}=\boldsymbol{A}+\boldsymbol{A}^{(2)}+\boldsymbol{A}^{(3)}+\boldsymbol{A}^{(4)}+\cdots+\boldsymbol{A}^{(r)}+\cdots$$

当然,计算这么多邻接矩阵的高次方不仅没必要,也不现实,其实,因在有 n 个节点的简单有向图中,基本路径的长度不超过 $n-1$,而基本回路的长度不超过 n,所以,仅需考察

$$\boldsymbol{B}_{n-1}=\boldsymbol{A}+\boldsymbol{A}^{(2)}+\boldsymbol{A}^{(3)}+\boldsymbol{A}^{(4)}+\cdots+\boldsymbol{A}^{(n-1)}\quad 或\quad \boldsymbol{B}_n=\boldsymbol{A}+\boldsymbol{A}^{(2)}+\boldsymbol{A}^{(3)}+\boldsymbol{A}^{(4)}+\cdots+\boldsymbol{A}^{(n)}$$

在实际应用中,常常会据此起出图 G 的可达性矩阵,作为进一步研究其他问题的基础。

在无向图中,因为路径没有方向性,所以,无向图中的可达性是相互的。而在有向图中,从 u 到 v 可达则未必从 v 到 u 也可达,所以,在有向图中从 u 到 v 彼此可达与在无向图中从 v 到 u 彼此可达是完全不同的概念,必须严格区分开。

对任意给定的无向图而言,如果其任意两个端点之间均可达,则称该无向图是**无向连通图**。显然,图7-2、图7-3和图7-7(a)等都是无向连通图。

而对于任意给定的有向图来说,只要其底图是连通图,则该有向图就是**有向连通图**。例如,图7-8(a)、图7-10(a)、图7-14(a)等就都是有向连通图。

例如,图7-16(a)便是无向连通图,但图(b)则是无向非连通图。

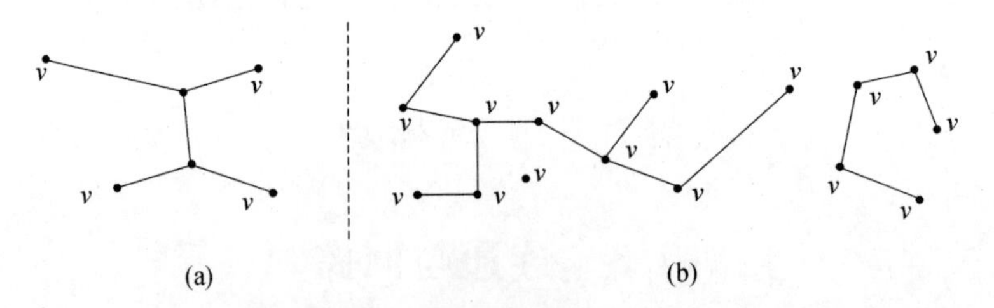

图7-16　无向连通图与无向非连通

(a) 无向连通图;(b) 无向非连通图。

为了进一步分析有向图的连通性程度,一般还会对有向图中点与点之间的连通做细化。一般地,在有向图 G 中,如果任意两点间均彼此可达,则称图 G 是**强连通图**,如图7-17所示。如果任意两点间至少从一点到另一点是可达的,则称图 G 是**单向连通图**,如图7-18所示。如

果 G 的底图是无向连通图,则称图 G 是**弱连通图**,如图 7－19 所示。

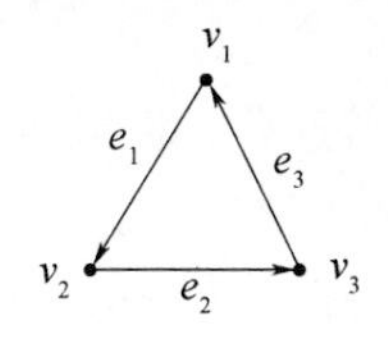

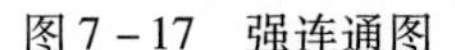
图 7－17　强连通图

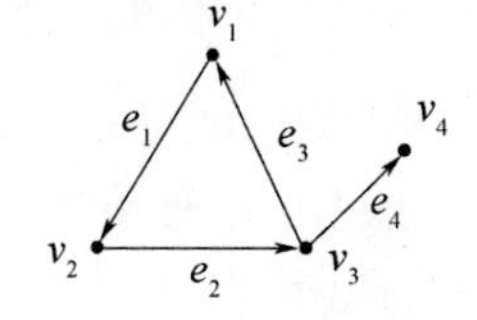

图 7－18　单向连通图

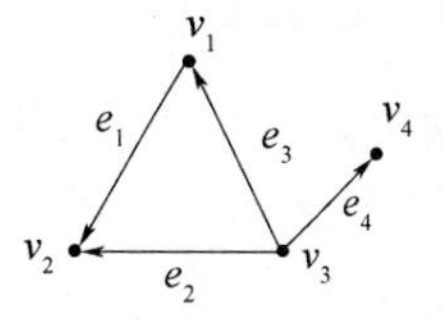

图 7－19　弱连通图

强连通图也称该图具有强连通性,类似地,单向连通图也称该图具有单向连通性,弱连通图也称该图具有弱连通性。容易理解,强连同图当然也具有单向连通性和弱连通性,而单向连通图则不具备强连通性,但却具备弱连通性。反之,弱连通图既不具备单向连通性,更不具备强连通行。

也就是说,强连通图的要求最高,条件也最苛刻,而弱连通图的要求最弱,条件也最宽松。一个强连通图当然是一个单向连通图、一个弱连通图,反之则不然。一个单向连通图也必然是一个弱连通图,反之也不然。

在有向图 G 的所有子图中,具有某种性质的极大的子图称为 G 的**分图**。

所以,具有强连通性的极大的子图就称为 G 的**强分图**,具有单向连通性的极大的子图就称为 G 的**单向分图**,具有弱连通性的极大的子图就称为 G 的**弱分图**。

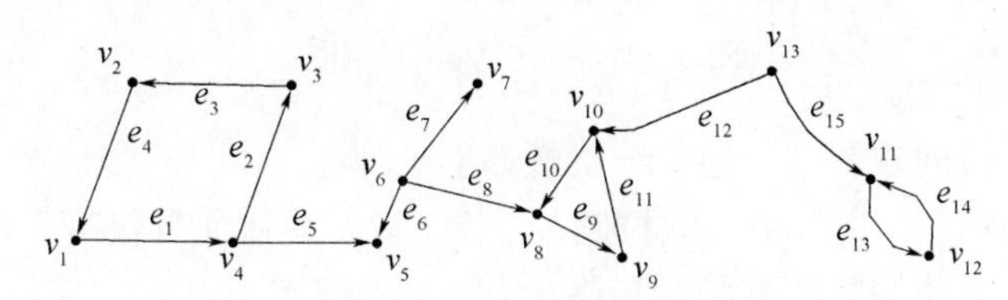

图 7－20　分图示意图(强分图、单向分图、弱分图)

以图 7－20 所示为例,其中,所有的强连通分图(按节点、边的个数多少排序)如下所示:

$<\{v_1, v_2, v_3, v_4\}, \{e_1, e_2, e_3, e_4\}>$

$<\{v_8, v_9, v_{10}\}, \{e_9, e_{10}, e_{11}\}>$

$<\{v_{11}, v_{12}\}, \{e_{13}, e_{14}\}>$

$<\{v_5\}, \{\ \}>$

$<\{v_6\}, \{\ \}>$

$<\{v_7\}, \{\ \}>$

$<\{v_{13}\}, \{\ \}>$

其中,所有的单向连通分图如下所示:

$<\{v_1, v_2, v_3, v_4, v_5\}, \{e_1, e_2, e_3, e_4, e_5\}>$

$<\{v_6, v_8, v_9, v_{10}, v_{13}\}, \{e_9, e_8, e_{10}, e_{11}, e_{12}\}>$

$<\{v_{13}, v_{11}, v_{12}\}, \{e_{15}, e_{13}, e_{14}\}>$

$<\{v_5, v_6\}, \{e_6\}>$

$<\{v_6, v_7\}, \{e_7\}>$

$<\{v_6, v_8\}, \{e_8\}>$

其中,弱连通分图也就是原图,因为该图的所有节点均未分离。

7.3.2 欧拉图

欧拉不仅彻底解决了前面提到的七桥问题,而且将问题进一步推广普通化,即研究并解决了“对于什么形式的图 G,可以找到一条通过 G 中每条边一次且仅一次的回路”问题。

设 G 是无向连通图,如果存在一条路径(回路),经过 G 中的每条边一次且仅一次,则称此路径为 G 的一条**欧拉路径**(**欧拉回路**)。具有欧拉回路的图称为**欧拉图**,简称为 E 图。有时也称具有欧拉路径的图是**半欧拉图**。

寻找一个图的欧拉路径或欧拉回路,其实就是我国传统的“一笔画问题”——笔不离开纸面,不重复地画完一个图形的所有线条。如果能再回到起始点,则该图就是欧拉图,能画完但无法回到起始点则该图就是半欧拉图,如图 7-21 所示。

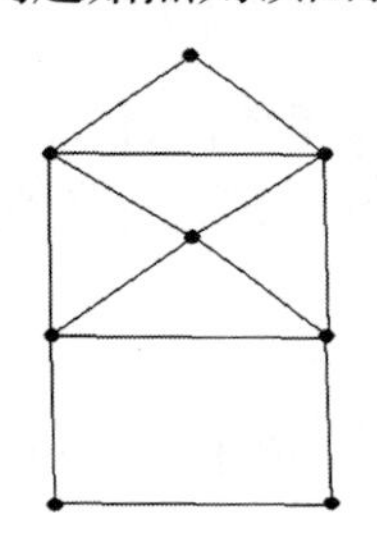
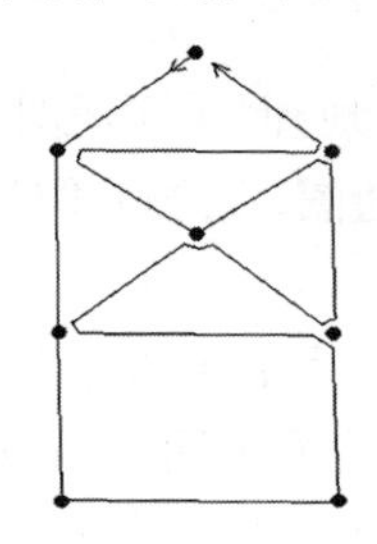
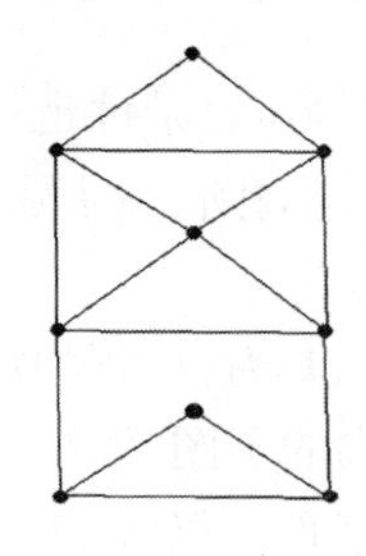
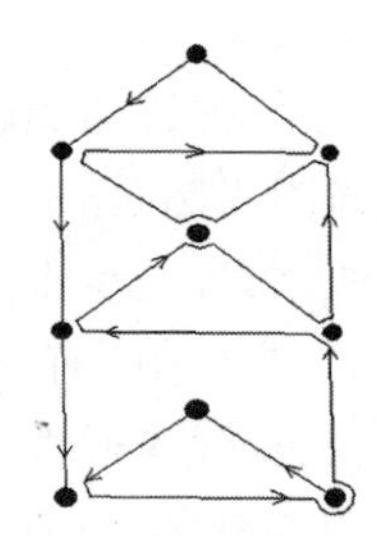

图 7-21 “一笔画”示意图

欧拉当时解决七桥问题就基于他归纳出的如下定理:

定理 7-3 无向图 G 具有一条欧拉路径,当且仅当 G 连通且仅有零个或两个度数为奇数的端点。它们就是欧拉路径的起始点和终止点。

证明:(必要性)具有欧拉路径的图显然必定是连通的。当顺着这条路径画出的时候,每次碰到一个顶点,多需通过关联于这个顶点的两条边,并且,这两条边在以前未画出过。因此,除路径两端的顶点之外,图中任何顶点的度数必是偶数。如果,欧拉路径的两端点不同,那么它们就是仅有的那两个度数为奇数的顶点。如果它们是重合的,那么,所有顶点都有偶数度数。并且,这条欧拉路径成为一条欧拉回路。必要性得证。

(充分性)可以从两个度数为奇数的顶点之一出发(当然,如果没有度数为奇数的顶点,则可从任意一点开始),构造一条欧拉路径,以每条边最多画一次的方式通过图中的边。对于度数为偶数的顶点,通过一条边进入这个顶点,总可以通过一条未画出的边离开这个顶点,因此,这样的构造过程一定以到达另一个度数为奇数的顶点而告终(如果没有度数为奇数的顶点,则以回到原出发点而告终)。如果图中所有的边已用这种方法画过,显然,这就是所求的欧拉路径。如果图中不是所有的边均被画过,则可去掉已画过的边,得到仅由剩下的边组成的一个子图,该子图的顶点度数全为偶数。因为原来的图是连通的,因此这个子图必与已画过的路径在一个点或多个点相接。由这些顶点中的一个顶点开始,再通过边构造路径,因为顶点的度数全是偶数,因此,这条路径最终必回到起点。将这条路经与已构造好的路经组合成一条路径。如果必要,这一过程可持续下去,直到得到一条通过图中所有边的路径为止,此即欧拉路径。于是,充分性得证。

定理 7-4 无向图 G 具有一条欧拉回路,当且仅当 G 连通且没有度数为奇数的端点。

根据该定理,很容易就能说明七桥问题是无解的。不过欧拉定理并没有给出如何确定欧拉路径或欧拉回路,这也是七桥问题的一个不足。

欧拉图的应用很多,相对比较经典的当属旋转鼓轮的设计。假设有一个旋转鼓轮的表面被等分为16个部分,如图7-22所示。其中每一部分分别由导体或绝缘体构成,图中深色阴影部分表示导体,而浅色部分表示绝缘体。导体部分给出信号1,而绝缘体部分给出信号0。根据鼓轮转动时所处的位置,4个触头将获得一定的信息(0或1)。因此,鼓轮的位置即可用二进制信号编码来表示。试问:如何选取鼓轮表面的16个区域部分的材料分布和设计,才能使鼓轮每转过一个部分得到一个不同的二进制信号,转动一周便能得到0000~1111的16个数?假设鼓轮按顺时针方向转动。

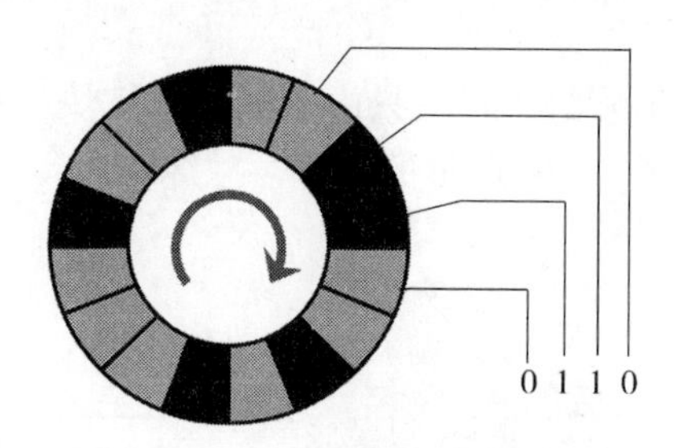

图7-22 旋转鼓轮示意图

其实,该问题也即把16个0或1排成一个圆圈,使得连续4个相邻的数字0或1,所组成的16个四位二进制数互不相同。观察该旋转鼓轮,不难看出,它的任意两个相邻位置所对应的输出编码,总有3位是相同的。例如,如图7-22所示位置,其对应的编码是“0110”,它的下一个位置,可能是“1101”,也有可能是“1100”。因此,可以针对这3个不变的编码进一步思考。

3位二进制编码共有8个,于是,可定义每一个“3位二进制编码”为一个节点,从该节点出发,可能到达下一位置所对应的输出编码为边(构成4位)。因为旋转方向是的固定,所以得出的图即为有向图,如图7-23所示。

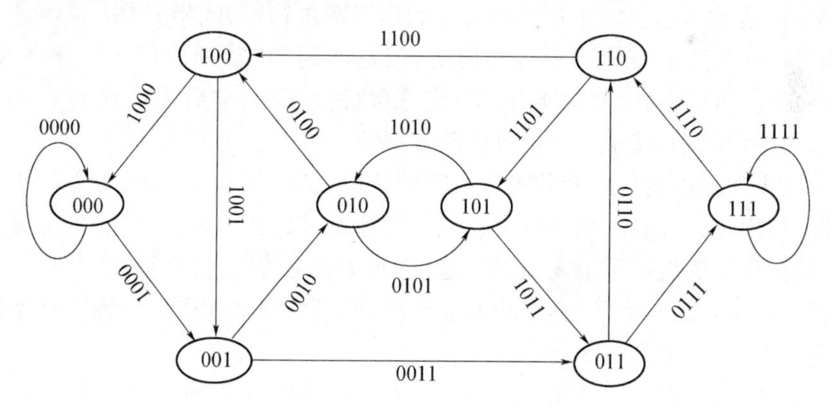

图7-23 旋转鼓轮对应之有向图

于是,旋转鼓轮的设计问题,便转化为在如图7-23所示的有向图中寻找其欧拉回路的问题。

当然,也可将该问题作进一步的引申,不妨假设鼓轮的表面不是由16个区域组成,而是由32个区域组成,触头也由4个增加到5个,输出的编码由4位变为5位。容易理解,其设计思路也完全类似，不过，结果不是在由 8 个节点组成的有向图中寻找欧拉回路，而是在由 16 个节点（是由 4 位二进制数组成）组成的有向图中寻找欧拉回路。当然，这种引深还可以持续下去。甚至在实际设计中，当不要求 2 的指数次方（而是不相干的值）个二进制编码时，也可作类似参考或近似处理。有兴趣的读者不妨一试，限于篇幅，本书不再赘述。

有些资料上，将通过图的所有边一次且仅一次的路径称为**简单路径**，对应的还有**简单回路**。而将通过图的所有点一次且仅一次的路径则称为**初等路径**，对应的则是**初等回路**。初等回路问题就是哈密尔顿路问题。

7.3.3 汉密尔顿图

1859 年，英国数学家汉密尔顿爵士将一只由正五边形皮块（共 12 块）组成的皮球，去掉一块后，再将其拉伸铺平得到如图 7-24 所示的图形。

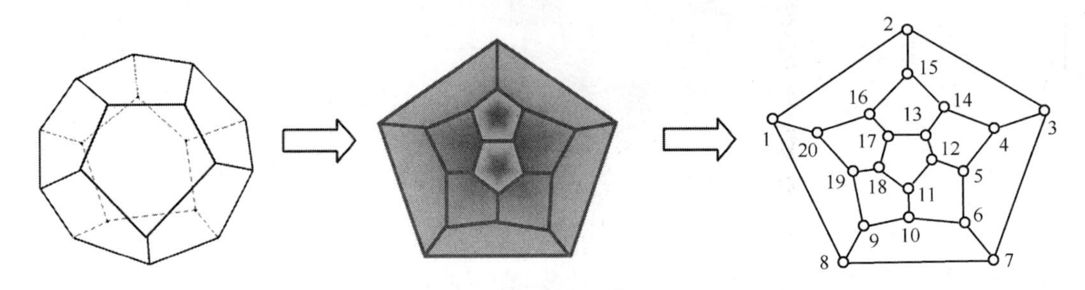

图 7-24　汉密尔顿皮球示意图

问题：是否存在一条回路，从任一顶点出发，经过每个顶点一次且仅一次，最后再回到出发顶点。

设 G 是连通无向图，如果存在一条路径（回路），经过 G 中的每个点一次且仅一次，则称此路径为 G 的一条**汉密尔顿路径**（**汉密尔顿回路**）。具有汉密尔顿回路的图称为**汉密尔顿图**，简称为 ***H* 图**。同样，也称具有汉密尔顿路径的图为**半汉密尔顿图**，或半 H 图。

其实，该问题在我国也有相当悠久的历史，就是所谓的"**货郎担问题**"：将各顶点看成村庄，一个小贩从任一村庄出发，通过所有的村庄一次且仅一次，最后再回到出发村庄。不过他要考虑的还有的路程问题，就是如何走可使路程最短。

货郎是中国古代那些走村窜巷的零售小贩的统称，他的活动范围一般仅集中在他生活居住的村庄周围，早出晚归，因此，他比较关心如何设计安排自己一天的行程，才能在有限的时间里，尽可能多地把周围的村庄不重复地都转遍，这便是本土货郎担问题的基本原型。而现代意义上的货郎担问题又称旅行商问题（Traveling Salesman Problem，TSP），是现代组合数学领域中相当著名的问题之一，如图 7-25 所示。

相对完备的描述为：有 n 个城市，用 $1,2,\cdots,n$ 表示，城 i、j 之间的距离为 d_{ij}。有一个货郎从城 1 出发到其他城市一次且仅一次，最后再回到城市 1。试问：怎样选择行走路线可使总路程最短？

TSP 的历史很久，最早的描述是 1759 年欧拉研究的骑士周游问题，即对于国际象棋棋盘，试走访 64 个方格一次且仅一次，并且最终返回到起始点。TSP 由美国 RAND 公司于 1948 年引入，该公司的声誉以及线性规划这一新方法的出现使得 TSP 成为一个知名且流行的问题。英国的研究人员认为，蜜蜂每天都要在蜂巢和花朵间飞来飞去，为采蜜而在不同花朵间上下翻飞颇费精力，因此，蜜蜂实际上每天都在解决“TSP 问题”。尽管蜜蜂的大脑很小，也没有计算机的协助，但它显然已经进化出了一套很好的解决方案，人类如果能理解蜜蜂的思维奥妙，将对生产、生活有很大的帮助。

TSP 问题是一个组合优化问题。该问题可以被证明具有 NPC 计算复杂性。因此，任何能使该问题的求解得以简化的方法，都将受到高度的评价和关注。相对比较理想的求解方法是动态规划解法，但近年来，基于遗传算法、蚁群算法等方法的研究越来越多，但这些方法已基本上不再属于经典的图论范畴，故本书从略。

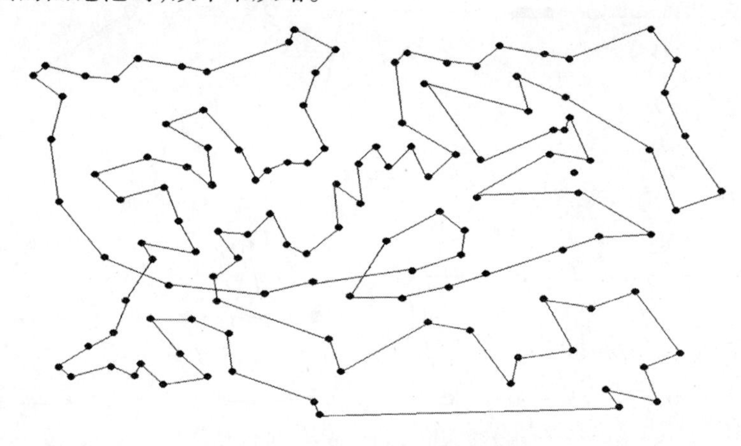

图 7－25　货郎担问题示意图

该问题看似简单，其实非常复杂。目前尚无有效的判定定理，仅有一些近似的、必要或充分条件下的判定方法。

类似的还有“中国邮路问题”（Chinese Postman Problem），由我国学者管梅谷教授于 1960 年首先提出并解决，故而得名。该问题说的是一个邮递员如何选择一条道路，使他从邮局出发，走遍他负责送信的所有街道，最后回到邮局，并且所走的路程为最短。

常见的研究都将其归结为 E 图：设给出了一个连通的无向图，它的每条边都有非负的长度，求 G 的一条经过每条边至少一次并且总度最小的闭路径（回路）。

实质上，这样处理并不准确，因为，邮递员是为了送信，并非仅仅为了走遍某条街。送信是针对某条街上的某些住户点，因每天给同一条街道上送的信也未必相同，所以，问题便相当复杂，这相当于 E 图与 H 图的一个弹性结合体。中国邮路问题可用于邮政部门、扫雪车路线、洒水车路线、警车巡逻路线、集成电路设计与加工（计算机制造工业）等领域。

7.4　平面图与对偶图

7.4.1　平面图

平面图是基于对图中的边不能交叉的要求而逐步发展起来的。平面图在电路设计、不同系统间的管线铺设、交通等方面均有非常广泛的运用。

如果能把一个无向图 G 的所有端点和边都画在平面上，使得 G 的任意两边除端点处之外均不再交叉，则称 G 是**平面图**，如图 7－2、图 7－5、图 7－11 等均是平面图；否则，称 G 是**非平面图**。

一般地，任意给定的无向图或许直观看来存在边的交叉，但经过适当调整或许就可以变成边不再交叉的形状,这个调整的过程称为**平面化**。换言之,将任意给定的无向图在平面上调整成平面图的过程称为平面化。

显然,只有平面图才能够平面化,即能够平面化的图才是平面图。一般地,平面化的过程是比较麻烦的。如图 7-26 所示就是无向图平面化的过程。

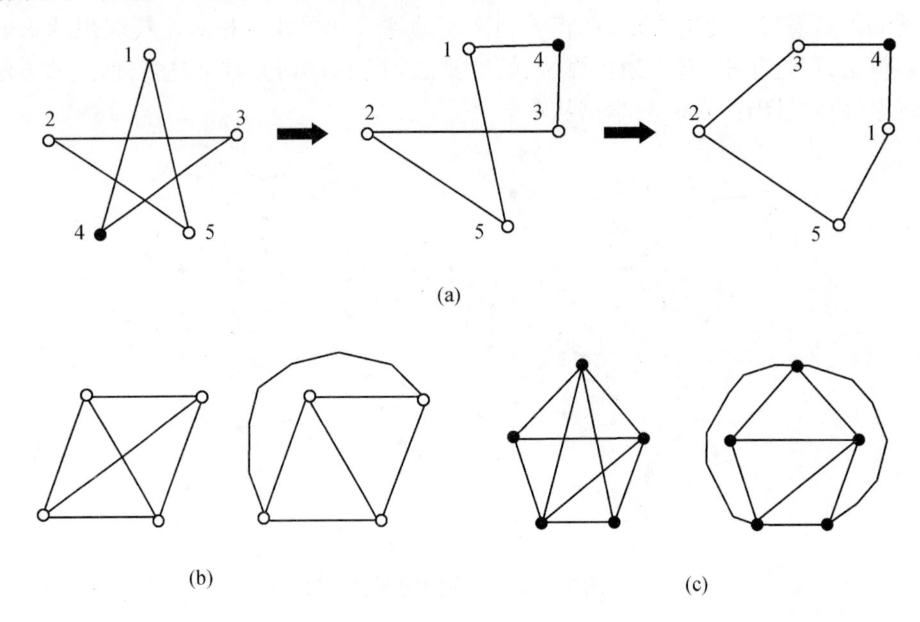

图 7-26 无向图的平面化过程

并非任意给定的无向图均是平面图,就是说,有些无向图是无法实现平面化的。例如,K_5 就是不能平面化的无向图。其实,从图 7-26(c)不难理解 K_5 之所以不可平面化的原因。除了 K_5 之外,$K_{3,3}$ 也是不可平面化的,如图 7-27 所示。

图的可平面化的判定问题比较麻烦,目前比较成熟的是库拉托夫斯基定理。

库拉托夫斯基(Kuratowski)定理:一个图是平面图的充分必要条件是该图不隐含 K_5 和 $K_{3,3}$ 子图。

因此,一般也将 K_5 和 $K_{3,3}$ 称为**库拉托夫斯基图**。其实,K_5 和 $K_{3,3}$ 都是正则图,如果取掉图中的一条边时,则它们均为平面图。另外,还需特别值得注意的是:

(1) K_5 是节点数最少的非平面简单图。

(2) $K_{3,3}$ 则是边数最少的非平面简单图。

(3) K_5 和 $K_{3,3}$ 都是最基本的非平面图。

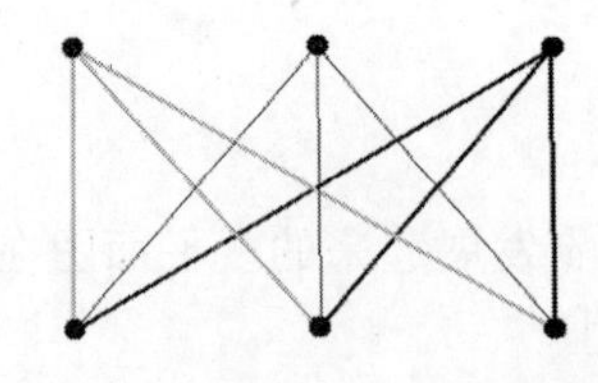
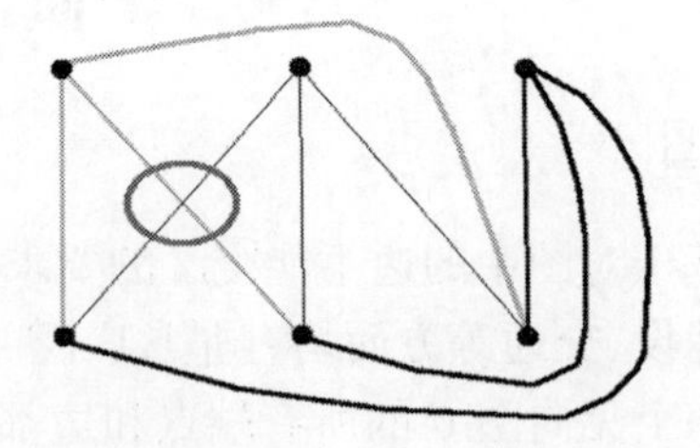

图 7-27 $K_{3,3}$ 无法实现平面化

($K_{3,3}$ 的命名规则见 7.5 节)

尽管该定理的结果非常漂亮，但在具体运用中仍然十分困难。这里的隐含是指把度为2的端点省略，而将关联于该点的边直接相连的一种处理方法。

如果两个图 G_1 和 G_2 同构，或是通过反复插入(或除去)2 度节点后能变成同构图，则称 G_1 和 G_2 在 2 度节点**内同构**(或称**同胚**)，如图 7－28 所示。

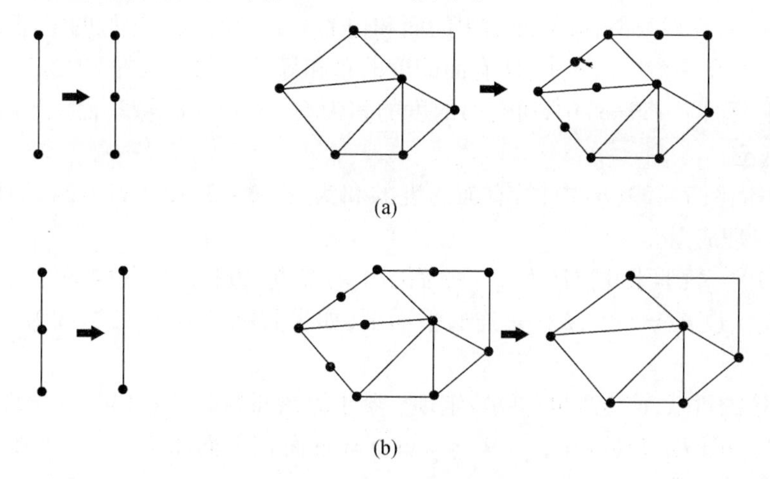

图 7－28　2 度同构(或同胚)

(a) 插入 2 度节点；(b) 删除 2 度节点。

于是，Kuratowski 定理也可表述为：一个图是平面图，当且仅当它不包含任何在 2 度节点内和 Kuratowski 图同构(或同胚)的子图。

在平面图中，因边不能相交，于是便衍生出"面"的概念，基于此进而有了若干相关内容值得关注。在一个连通的平面图中，由边所包围的，其内部不再包含该图的边和节点的区域称为面，面一般用 r 表示，如 r_1、r_2 等。

例如，在平面图 7－29(a)中，共有 4 个面。其中 r_1, r_2, r_3 是封闭的，称为**有限面**；而 r_4 则是不封闭的，称为**无限面**。显然，容易理解在任一给定的平面图中，最多只能有一个无限面。例如，在平面图 7－29(b)中，共有 5 个面。其中 r_1, r_2, r_3, r_4 是封闭的有限面；而 r_5 则是不封闭的无限面。

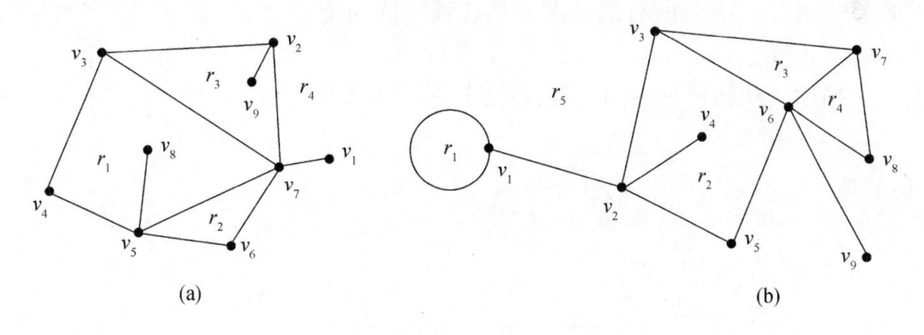

图 7－29　平面图中的面

类似节点的度的概念，平面图中的面也有度的概念。一般定义，包围该面的各个边所构成的回路称为该面的**边界**。而面的边界的长度(即包围该面的回路中的边数)称为为该面的**度**，记为 $D(r)$。

例如，在平面图 7－29(a)中，$D(r_1)=6, D(r_2)=3, D(r_3)=5, D(r_4)=8$。

注意：边(v_5,v_8)、(v_2,v_9)、(v_1,v_7)均要算两次，因该边的两侧均是相应面的边界。

同理，在平面图7-29(b)中，$D(r_1)=1$，$D(r_2)=6$，$D(r_3)=3$，$D(r_4)=3$，$D(r_5)=11$。注意：节点v_1上的环对面r_1来说，只算一次。但该环对r_5也算其边界。另外，边(v_1,v_2)、(v_2,v_4)、(v_6,v_9)也都要计算两次。

与前面的握手定理类似，就平面图中的面和边的关系问题也有相似的定理来描述。

定理7-5　在一个平面图中，所有面的度的总和等于该图边数的2倍。

例如，在平面图7-29(a)中，所有面的度的和为$6+3+5+8=22$，而该平面图共有11条边，可见定理成立。

又如，在平面图7-29(b)中，所有面的度的和为$1+6+3+3+11=24$，而该平面图共有12条边，可见定理成立。

另外，1750年，数学家欧拉还发现了平面图中的节点、边和面之间如下关系：

定理7-6　设$G=\langle V,E\rangle$是连通平面图，如果其端点数为n，边数为m，面数为r，则$n-m+r=2$。

为纪念欧拉的贡献，该定理也称欧拉定理。鉴于篇幅和侧重点之不同，该定理的证明从略。

例如，在平面图7-29(a)中，$n=9$，$m=11$，$r=4$；而在平面图7-29(b)中，$n=9$，$m=12$，$r=5$。不难验证，该定理均成立。

实质上，从该定理出发，还可以导出一系列有趣的推论。

推论7-1　设G是连通平面图，如果其端点数为$n\geqslant3$，边数为m，则$m\leqslant3n-6$。

推论7-2　端点数$n\geqslant4$的简单连通平面图G，至少有一个端点的度数不大于5。

7.4.2 对偶图

对偶图的研究是以平面图为基础衍生出来的。就任意给定的平面图G，构造其对偶图的步骤可描述如下：

(1) 在G的每一个面(包括无限面)上任意设置一个端点，记为v'_i，$i=1,2,\cdots,r$。

(2) 从某端点v'_i出发，将该端点与那些和该端点对应的面相邻的面对应的端点v'_j，通过每一个临接边连一条线。

(3) 重复步骤(2)，直到所有的端点v'_i均连线完成为止。

(4) 不重复连线。

图7-30描述了从给定平面图出发，构造其对偶图的全过程。

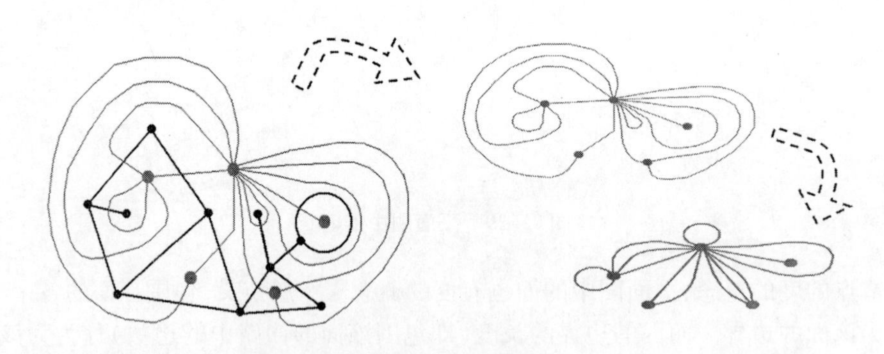

图7-30　对偶图的构造全过程示意图

对于任意给定的平面图 G 的对偶图 G' 而言，一般具有如下性质：

（1）G' 与 G 互为对偶图。

（2）G' 也是平面图。

（3）G' 是连通图。

（4）G' 多数情况下是多重图。

（5）同构图的对偶图未必同构。

（6）G 的面数等于 G' 的端点数，G 的边数等于 G' 的边数，G 的点数等于 G' 的面数。

值得格外注意的是，对偶图是基于平面图而言的，所以，对应任意给定的无向图而言，因其平面化的方法不同（如果它能被平面化），则平面化的结果也不同，于是，这便得到不同的平面图，进而其对应的对偶图也会有所不同。换言之，对于任意给定的无向图，其对偶图（如果存在的话）也未必总是唯一的。

思考：何时其对偶图是唯一的？

如 7－31 所示，这是同一个无向图，因其平面化策略不同，使得其平面化结果亦不同，进而其对偶图也不同，图 7－31(a) 的对偶图中有 5 度节点，而图(b) 的对偶图中节点度数最大为 4，显然两个对偶图之间有本质上的区别。

如果 G 与其对偶图 G' 同构，则称 G 是**自对偶图**。如图 7－32 所示，无需证明即可发现，该图是一个自对偶图。

其实，自对偶图还具有以下特征：

（1）自对偶图的节点数与面数相等，即 $n=r$。

（2）自对偶图的节点数与边数，有 $m=2(n-1)$。

（3）自对偶图如有环和悬垂边，则它们的数目相等。

（4）自对偶图如有平行边和串联边，则它们一一对应。

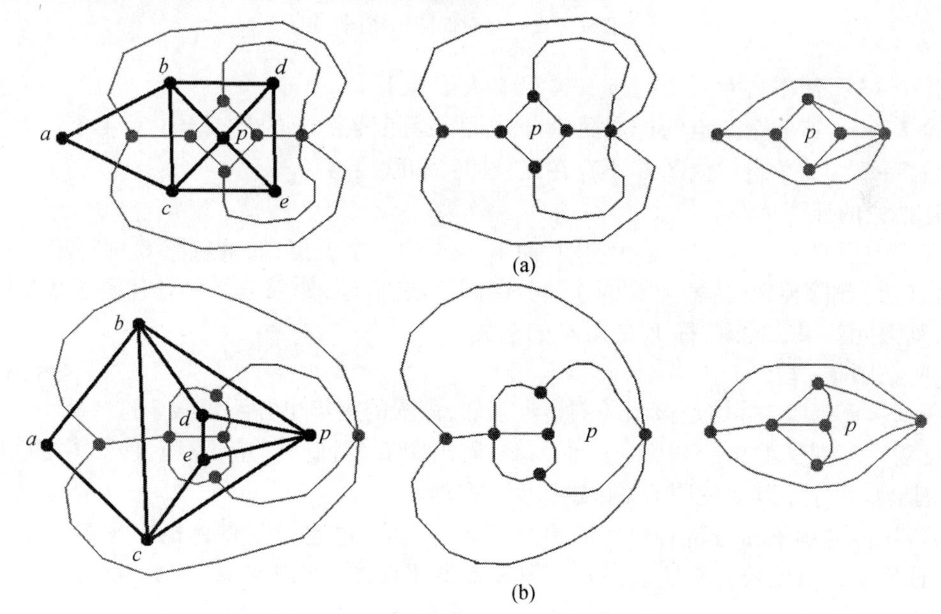

图 7－31　因平面化策略不同，进而其对偶图亦不同

定理 7－7　在自对偶图中，必存在度数小于 4 的节点，和度数小于 4 的面。

证明：（反正法）

假设图 G 中任意一节点的度数都大于等于 4，由上面的特征 2 可知，节点的度数总和等于边数的 2 倍，有

$$\sum \deg(v_i) = 2m \geqslant 4n, \quad i = 1,2,3,\cdots,n$$

即

$$m \geqslant 2n$$

这显然与上述特征(2)相矛盾。

同理，假设图 G 中任意一个面的度数都大于等于 4，则由平面图的握手定理可知

$$\sum \deg(R_i) = 2m \geqslant 4r, \quad i = 1,2,3,\cdots,r$$

即

$$m \geqslant 2r$$

因为自对偶图中，存在 $n = r$，故 $m \geqslant 2r$ 与上述特征(2)相矛盾。

于是，定理得证。

一般地，将不包含环和平行边的自对偶图称为**简单自对偶图**。

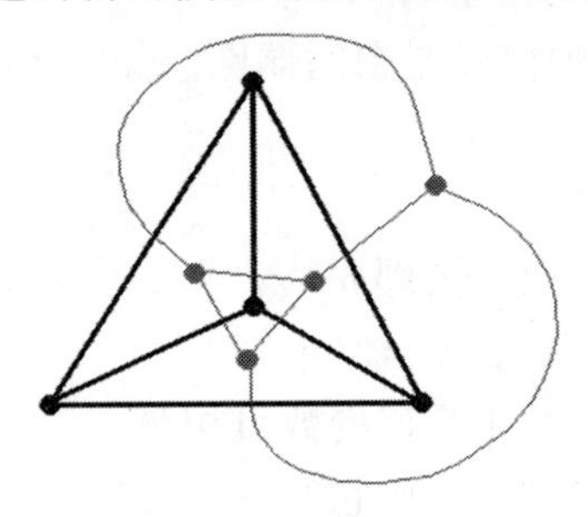

图 7－32　自对偶图示意图

推论 7－3　简单自对偶图的节点数 n，必大于等于 4。

推论 7－4　有 n 个节点的连通简单自对偶图，其度数为 3 的节点至少有 4 个。

推论 7－5　简单自对偶图 G 不存在欧拉回路和欧拉路径。

上述推论的证明从略。

定义　假设 $G = \langle V,E \rangle$ 是无向图，而 V_1 是 V 的一个子集，如果从图 G 中将集合 V_1 中的素有元素(边)删除掉，则将增加 G 的连通分图的个数，但是，如果把 V_1 的任何真子集从图 G 中删除掉，则无此效果。此刻，称 V_1 是图 G 的**割集**。

例如，在图 7－29(b)中，$\{\langle v_1,v_2 \rangle\}$、$\{\langle v_2,v_3 \rangle, \langle v_2,v_5 \rangle\}$、$\{\langle v_5,v_6 \rangle, \langle v_3,v_6 \rangle, \langle v_3,v_7 \rangle\}$、$\{\langle v_6,v_9 \rangle\}$等均是该图的割集。当然，该图的割集也并不仅限于这些。

仔细观察对偶图的构造和生成过程，容易看出图 G 的回路对应于其对偶图 G' 的割集，而图 G 的割集则对应于其对偶图 G' 的回路，反之亦然。

而且，对应的割集和回路所包含的边数相同。其实，这也是对偶图的一中极其重要的性质，应用该性质可以比较容易地证明 $K_{3,3}$ 和 K_5 是非平面图。陷于篇幅，在此从略。

7.5　二部图与匹配

对于任意给定的简单无向图 $G = \langle V,E \rangle$，假设有 V_1，V_2 是 V 的一个划分，如果 V_1 和 V_2 的

生成子图均是零图，则称 G 是**二部图**，也称**偶图**，并记为 $G = <V_1, E, V_2>$。

在有些资料上，也将二部图的定义描述为：若简单无向图 $G = <V, E>$ 的节点集合 V 可划分成两个子集 V_1 和 V_2，使得图 G 的每一条边的一个端点在 V_1，而另一端点在 V_2，则称图 G 为二部图。一般地，把 V_1 和 V_2 称为**互补节点子集**。

由二部图的定义不难看出，二部图不可能存在环（亦称自回路）。而且，如果某简单图 G 为二部图，当且仅当 G 中的所有回路的长度为偶数。

在二部图 $G = <V_1, E, V_2>$ 中，假设 $|V_1| = m$，$|V_2| = n$，且对任意给定的 $u \in V_1, v \in V_2$ 均有边 $(u, v) \in E$，则称 G 为**完全二部图**，记为 $K_{m,n}$。就是说，在完全二部图中，其 V_1 中的每一个节点均与其 V_2 中的每一个节点相邻接。图 7-33 即为 $K_{4,2}$ 和 $K_{5,5}$ 的示意图。而最典型也是最著名的完全二部图，就是在 7.4 节中提到的 $K_{3,3}$。

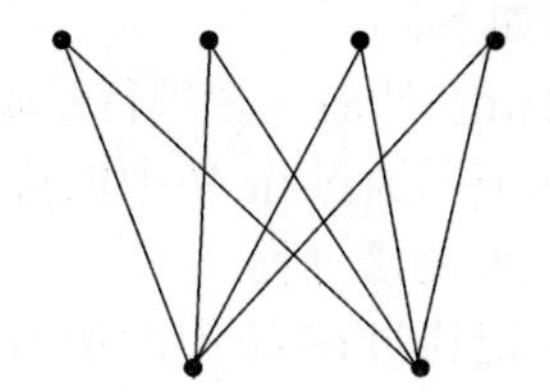
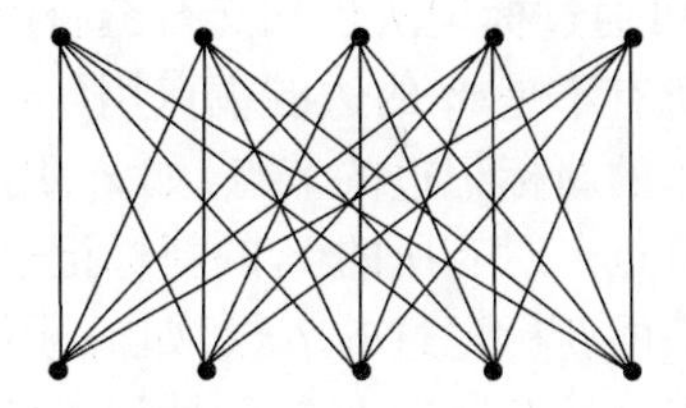

图 7-33　$K_{4,2}$、$K_{5,5}$ 示意图

二部图最成功的应用是在求解最大匹配问题方面。一般地，对于任意给定的二部图 $G = <V_1, E, V_2>$，假设 M 是 E 的一个子集，如果 M 中任意两条边都不邻接，则称子集 M 为 G 的一个**匹配**（或**对集**），并且，把 M 中的边所关联的两个节点称为**在 M 下是匹配的**。

如果 M 是 G 的一个匹配，假设节点 v 与 M 中的边关联，则称 v 是 M **饱和的**；否则，称 v 是 M **不饱和的**。如果 G 中的每个节点都是 M 饱和的，则称 M **完全匹配**。如果 G 中再没有匹配 M_1，使得 $|M_1| > |M|$，则称 M **最大匹配**。其实，G 的**最大匹配**就是含有最大边数的匹配。所以，每个完全匹配均是最大匹配，但反之则一般不真。

看得出，匹配 M 中的边不存在公共端点，有些资料或教材上也据此来定义匹配的概念。

如图 7-34 所示，边集 $\{<x_1, y_4>, <x_2, y_6>, <x_3, y_3>, <x_4, y_1>\}$ 就是一个匹配，而且还是该图的最大匹配。一般地，最大匹配并不唯一，例如，在图 7-34 中，边集 $\{<x_1, y_1>, <x_2, y_2>, <x_3, y_3>, <x_4, y_5>\}$ 也是一个最大匹配，因为它们均包含着最大的边数。

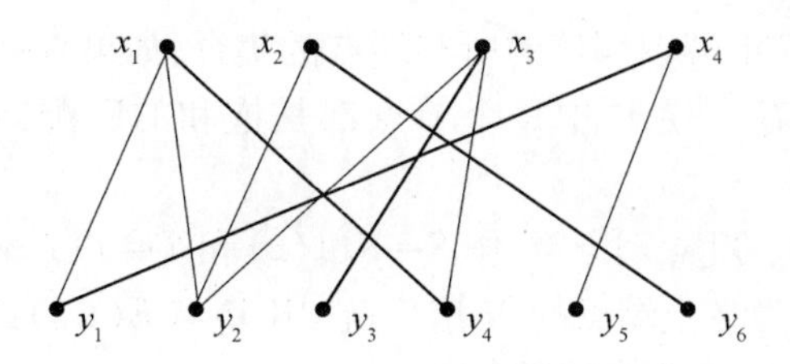

图 7-34　匹配示意图

匹配理论的应用场合十分广泛，在工作安排、战备值班、任务分配、火力分配、物质选择等诸多方面，均可发挥其独到的优势和作用。在匹配理论的应用过程中，人们最关心还是最大匹配。如何求解某给定二部图的最大匹配问题，需要用到另外一个概念，即交替链。Berge 在 1957 年还给出了判定图中某匹配为最大匹配的充要条件。实用中，人们总希望在二部图 $G =$

$<V_1,E,V_2>$中找出一个匹配 M,使得 V_1 中每个节点都是 M 饱和的。1935 年,Hall 又首先给出存在这样匹配的充分必要条件。

令 M 是二部图 $G=<V,E>$ 中的一个匹配。若存在一个链,它是分别由 $E-M$ 和 M 中的边交替构成,则称该链是 G 中的 M **交替链**;若 M 交错链的始节点和终节点都是 M 不饱和的,则称该链为 M **增广链**。就是说,M 交替链是由属于 M 的边和不属于 M 的边交替组成的,而且,该链的两个端点又是不属于 M 的边的端点。

例如,在图 7-34 所示的二部图中,$\{<x_4,y_5>,<x_4,y_1>,<x_1,y_1>,<x_1,y_4>,<x_3,y_4>\}$就是一个 M 交替链。

从概念上讲,最小也就是最短的 M 交替链是由一条边组成的,该边的两个端点还不是 M 中的边的端点。换言之,任何一条不属于 M 的边均可看成是一条交替链。

在二部图中,可通过标记法求到交替链,标记过程如下:

(1) 把 V_1 中所有不是 M 的边的端点用(*)加以标记,然后交替进行步骤(2)和(3)。

(2) 选一个 V_1 的新标记过的节点,如 x_i,用(x_i)标记不通过在 M 中的边与 x_i 邻接且未标记过的 V_2 的所有节点。对有所的 V_1 的新标记过的节点重复该过程。

(3) 选一个 V_2 的新标记过的节点,如 y_i,用(y_i)标记通过在 M 中的边与 y_i 邻接且未标记过的 V_1 的所有节点。对有所的 V_2 的新标记过的节点重复该过程。

直到标记到一个 V_2 的,不与 M 中任何边相邻接的节点,或者已不可能标记更多节点时为止。此刻,说明已找到了一条交替链。当然,如果逆着标记次序,返回到标记有(*)的节点,所经历的路径也是所求的交替链。逆标记时,说明 G 中已不存在关于 M 的交替链。

在二部图中,如果能找到一条关于匹配 M 的交替链,则把该链中属于 M 的边从 M 中删除掉,而不该链中不属于 M 的边添加到 M 中,得到一个新的集合 M',此 M' 也是 G 的匹配。这是因为添入的边自身不相交,又不与 M 中不属于该链的边相交。但是,M' 比 M 多一条边。因此,反复实施该过程,直到找不到关于 M 的交替链为止,就可求出 G 的最大匹配。

该过程也可用 Hungarian 算法实现。

设 M 是 $G=<V_1,E,V_2>$ 中任意一个匹配,经 Hungarian 算法可使匹配 M 逐渐增加,并使 V_1 中每个节点是 M 饱和的。

Hungarian 算法描述如下:

(1) 若 V_1 中每个节点是 M 饱和的,停止。否则,令 v 是 V_1 中 M 不饱和节点,作 $S=(v)$ 和 $T=\Phi$。

(2) 设 $N(S)$ 表示与 S 中端点邻接的所有端点的集合,如果 $N(S)=T$,因为 $|T|=|S|-1$,则 $|N(S)|<|S|$,所以,不存在使 V_1 中每个节点都是饱和的匹配,停止; 否则,令 $y\in N(S)-T$。

(3) 若 y 是 M 饱和的,令$[y,z]\in M$,作 $S\leftarrow S\cup(z)$ 和 $T\leftarrow T\cup\{y\}$,并转步骤(2);否则,令 C_M 是以 y 为起始端点和 y 为终止端点的 M 增广链,用 M 与 $E(C_M)$ 的对称差替换 M,之后转步骤 (1)。其中 $E(C_M)$ 表示 C_M 中所有边的集合。

另外,虽然二部图是基于无向图考虑的,但如果一个有向图的底图是二部图,则上述结论和方法通常仍然可移植使用。

7.6 网 络 规 划 *

网络规划即**统筹法**,在国外一般称为**关键路线法**(CPM)或**计划评审(协调)技术**(PERT)

等，是基于赋值有向图发展起来的，用来管理工程并起组织、安排、协调和控制等作用的技术。在该理论中，对赋值有向图做了某些限定，例如，入度为0的节点唯一，出度为0的节点唯一，节点和边均赋予了详细的物理含义等。

关键路线法(Critical Path Method，CPM)是美国杜邦公司于1956年提出的，1958年，美国海军武器局制订研制“北极星”导弹计划时，便采用了CPM技术，并做了改进，进而命名为计划评审技术(Programm Evaluation and Review Technigue，PERT)。

国内的桥梁专家茅以升曾将其应用在钱塘江大桥修建等工程中经济效益显著。20世纪60年代，华罗庚先生深入实际大力推广该方法，并重新命名为统筹法，从而使普及化。该方法所限定的赋值有向图属定规类范畴，为叙述方便，本节统一称为**规划图**(亦称统筹图)，图7-35就是一个典型的示意规划图(在本节中，若不加特别说明，则均以该图为例)。

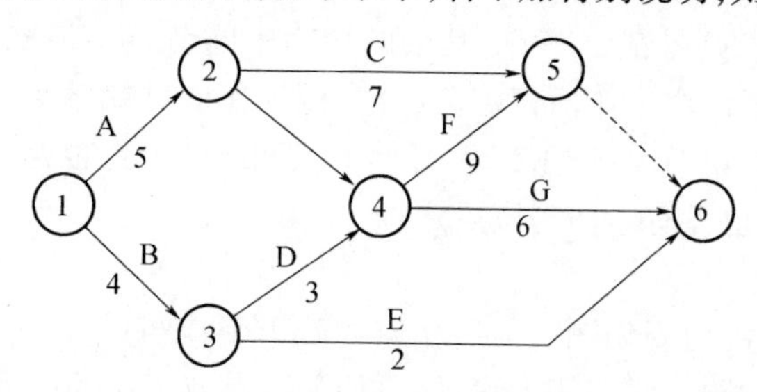

图7-35　规划图示意图(统筹图)

7.6.1　规划图

规划图又称**统筹图**，是用圆圈和箭线等图形和符号绘制成的，用于组织、管理和控制工程实施过程的网络状图形。在一项工程的组织安排中，将整个任务分解为若干相对独立的工作，找出各工作之间的先后承接关系及每个工作的大约完成时间，以此为基础上建立工作明细表(称为**工作清单**)，根据该明细表，用图论方法，按工作的先后承接关系及完成时间绘制出相应的有向图，最后再对所有端点顺序编号，就形成了该工程的规划图。

1. 工作

工作也称工序或任务，对应图论中的有向边，是整个工程中相对独立和相互关联的任务或过程。工作有具体的内容，而且要经过一定时间才能完成。在规划图中用箭线表示，在书面语言中一般用代号(如A，B等)或起、止节点的序号来描述，如工作(3，4)等。

工作的属性一般包括时间、资金和人员等，但最典型也是最普遍的还是时间，时间属性是绝对的，而其他属性则在一定程度上通过时间属性来弥补。工作的时间属性称为**持续时间**，记为$T(i,j)$。

相对整个工程(即规划图)而言，工作可分为**最初工作**、**最终工作**和**中间工作**。例如，A、B就是最初工作；G、E是最终工作；而其余的则均为中间工作。不难看出，最初工作、最终工作和中间工作是绝对的。

相对某一个端点而言，工作可分为该端点的**引入工作**、**引出工作**。显然，引入和引出工作是相对的，某工作即可能是某节点的引出工作，也可能是另一节点的引入工作。

根据工作的基本属性，工作又可分为**实工作**和**虚工作**两种。虚工作不对应工程中的任何一个实际的相对独立的过程，在工作清单中也不存在，只是在绘制规划图时根据逻辑关系的需要而加进来的虚设的工作。所以，虚工作没有时间等相关属性上的消耗，虚工作的持续时间为

0。在规划图中一般用虚箭线表示,并且也没有具体的代号,如图中的工作(2,4)等。

相对某一个工作而言,工作还可继续划分为该工作的**紧前工作**、**紧后工作**。例如,工作 B 是工作 D、E 的紧前工作。因虚工作的存在,A 也是 F、G 的紧前工作。这一点要尤其注意。

2. 节点

节点即图论中的节点,也即端点,它对应工程中的始点、终点,以及两个或多个工作的交点。节点没有属性概念,对应的是工程实施过程中的状态,反映的是某一工作的开始或完成状态,是时刻值,又称为事件。在规划图中用圆圈“○”表示,在文字描述中用(n)表示。节点的编号一般取自然数,从小到大编排,如果需要也可不连续,但必须保证任一工作必须从小编号指向大编号。

相对整个工程而言,节点可分为**最初节点**、**最终节点**和**中间节点**。如图7-35的节点(1)就是最初节点,而节点(6)则是最终节点,其余的均为中间节点。最初节点、最终节点和中间节点也是绝对的。相对某一个工作而言,节点分为该工作的**开始节点**、**结束节点**。例如,工作 F 的开始节点是(4),而结束节点则是(5)。开始节点和结束节点也是相对的。

节点没有**虚实**之分,也没有紧前与紧后之别。

3. 线路

线路即图论中的路径,由规划图中前后相连的若干工作组成。一般仅考虑起始于最初节点或终止于最终节点的线路。线路用 L 表示,再加上节点或工作的序列等。

例如,在示意图中有线路 $L_1=(1,2,4,5,6)=(B,D,F)$ 等。

要完成整个工程,必须完成规划图中的所有工作,即必须完成其所有线路。不同的线路因其组成的工作不同,完成所需要的时间也不同。将线路上所有工作的持续时间加起来即得到该线路的持续时间,记为 $T(L)$。

其中,时间最长的线路称为**关键线路**。关键线路持续时间显然就是完成整个工程所需要的时间,称为**工期**。工期一般又分**指令工期**和**计划工期**(记为 T_{KW})。前者是上级要求的时间工期,而后者则是按工程的实际情况,运用网络技术得出的结果,如果计划工期小于指令工期则工程即可展开实施,否则一般要做适当优化,以满足上级的要求。

关键线路一般不唯一,除关键线路之外的线路称为**非关键线路**。相对关键线路而言,处在关键线路上的节点(工作)称为**关键节点**(工作),除关键节点(工作)之外的节点(工作)称为**非关键节点**(工作)。当然,处在非关键线路上的节点(工作)未必就是非关键节点(工作)。

相对某一个节点 i 而言,线路又可分为**先行线路**和**后续线路**。

先行线路是从最初节点开始到指定节点 i 结束的路径,用 $W_1(i)$ 表示节点(i)的所有先行线路中持续时间最长的一条的持续时间。后续线路是从指定节点 i 开始到最终节点结束的路径,一般用 $W_2(i)$ 表示节点(i)的所有后续线路中持续时间最长的一条的持续时间。

容易理解,$W_1(1)=0, W_1(n)=T_{KW}, W_2(1)=T_{KW}, W_2(n)=0$。

在规划图中,工作、节点和线路是三大要素,也是计算规划图派生参数和以及优化协调的基础,是衡量统筹图效率的根本依据。

7.6.2 结构与优化

规划图的基本结构大致上分**顺序结构**、**平行结构**和**交叉结构**三种。理论上讲,通过这三种机构的相互交叉和组合,可以解决任意的现实问题。

顺序结构是按照时间顺序依次展开的工作结构关系,如图7-36所示。而平行结构则指由多个工程实施单位,同步进行,但彼此之间须相互协调,以保证各工作之间的承接关系的完整性。交叉结构一般相对复杂,它是基于分工和分段两方面的因素来考虑的,是各段和各工种尽量同时施工,以最大限度地提高效率、缩短工期的规划思路。

现在仍以图7-36为基础,设想掘壕(A)、筑堤(B)和伪装(C)分别由三个专业小组实施,工程标地仍然分成两段。按照三个小组的施工顺序要求,其工程流程描述如图7-37所示。

图7-36 顺序结构　　图7-37 两段交叉结构

如果设想将工程分成三段,结果将如图7-38所示。

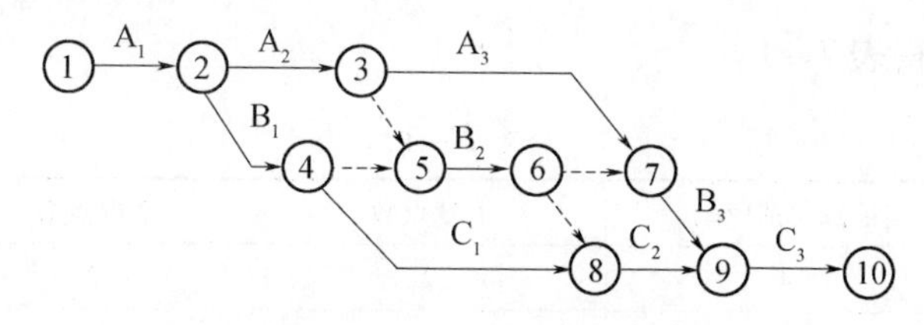

图7-38 三段交叉结构示意图

由此不难理解,将顺序结构转换成交叉结构确实有助于缩短总工期,但转换过程势必要将原工作划分成若干小工作,于是,交叉结构中分出的许许多多小工作间的衔接问题就格外突出,管理任务的难度和时间增加也不言而喻,这同样会增加总工期。那么,如何解决这一对矛盾呢?

设三个步骤的时间消耗均为t,且三个步骤的相对顺序不改变。设将任务划分成n小段,则可按交叉结构组织各小段任务对应之工作。各小段的对应任务可分别表示为:挖壕(A_1、A_2、…、A_n);筑堤(B_1、B_2、…、B_n);伪装(C_1、C_2、…、C_n);其时间消耗均可设为t/n。

当$n=1$时,即对应顺序结构,不考虑管理时间消耗的任务总工期称为"**工序时耗**"(下同),并记为$T_1(n)$,因$n=1$,$T_1(1)=t+t+t=3t$。

容易导推出,当$n=2$时,有$T_1(2)=t/2+t+t/2=2t$。

当$n=3$时,有$T_1(3)=t/3+t+t/3=5t/3$。

当$n=4$时,有$T_1(4)=t/4+t+t/4=6t/4$,如图7-39所示。

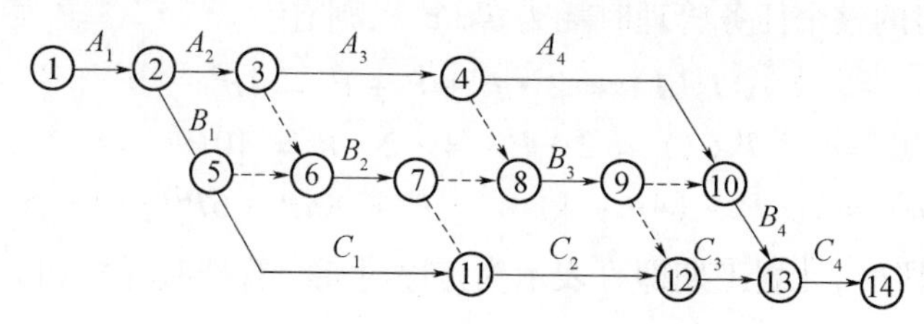

图7-39 分44段时的交叉结构示意图

进而可归纳出

$$T_1(n)=t/n+t+t/n=(n+2)t/n=(1+2/n)t$$

当 $n \to \infty$ 时，$T_1(n) \to t$ 。

就是说，即使划分成无穷多段，其总工期也不可能缩短成0，最短不过是 t。但是，段数增多管理必然复杂，所以，因分段而节省下来的时间消耗势必又花费在管理上，而且，这种消耗却没有极限。换言之，段越多则工期将越长并趋向∞ 。那么如何折中呢?

因规划图复杂度的高低，在一定程度上与规划图中工作的衔接次数成比例。而每次衔接均出现在节点上，所以，为解决上述矛盾，并确定出最佳的分段数目，有必要分析分 n 段时，在成交叉结构的规划图中的节点分布情况。

设划分成 n 段成交叉结构的规划图中的节点数为 a_n。通过分析上述各图不难看出：

$n=1$ 时，$a_1=4$，其中2个1度点，2个2度点；

$n=2$ 时，$a_2=6$，其中2个1度点，4个3度点；

$n \geqslant 3$ 时，$a_n=a_{n-1}+4=a_{n-2}+8=a_{n-3}+12=\cdots=4n-2$，其中2个1度点，其余均为3度点。

汇总上述分析可得表7－1。

表7－1

段数(n)	节点总数(a_n)	1度点数	2度点数	3度点数
1	4	2	2	0
2	6	2	0	4
3	10	2	0	8
4	14	2	0	12
…	…	…	…	…
n	$4n-2$	2	0	$4n-4$

节点越多，则任务中工作间的衔接越频繁且复杂，所以，不妨设任意两个前后衔接的工作之衔接时间消耗为一个定值，记为 P，简称“**管理时耗**”（下同）。并设具有不同度数的节点的管理时耗有如下规律：

一个2度点对应一个管理时耗 P（1入1出，一种情况，一对工作间的衔接时间消耗）；

一个3度点，对应两个管理时耗，即 $2P$（1入2出或2入1出，两种情况，两对工作间的衔接时间消耗）；

最初节点和最终节点对应的管理时耗可规定均为 P（设想最初节点前有一虚拟工作与 A_1 衔接，最终节点后有一虚拟工作与 C_n 衔接，故规定其管理时耗均为 P 也是合理的）。

记划分成 n 段时的整个任务管理时耗为 $T_2(n)$，则有

$$T_2(1)=2\cdot P+P+P=4P$$

$$T_2(2)=2\cdot P+4\cdot 2\cdot P=10P$$

$$T_2(n)=2\cdot P+(4n-4)\cdot 2\cdot P=8nP-6P \qquad (n \geqslant 3)$$

于是，划分成 n 段时，计划工期即可表示为工序时耗与管理时耗之和为

$$T_{KW}=T_1(n)+T_2(n)=(1+2/n)t+8Pn-6P \quad (n \geqslant 3)$$

因 t、P 可视为常数，所以，上式便是一个关于 n 的函数，取 $f(n)=T_{KW}$，有

$$f(n)=(1+2/n)\cdot t+8\cdot n\cdot P-6\cdot P = 8P\cdot n+2t\cdot 1/n+t-6\cdot P$$

对 n 求导，得

$$f'(n) = 8 \cdot P - 2t \cdot 1/n^2$$

令 $f(n)=0$,解得

$$n = (t/4P)^{1/2}$$

即在 t、P 给定时,按上式计算出的段数 n 进行分段,将任务由顺序结构转换成交叉结构,可使总的工期达到真正的最优。这里面既考虑了工序时间的消耗因素,也考虑了管理时间的消耗因素。

例如,当 $t=100$(h),$P=1$(h)时,将其代入上式,得 $n=5$(段),进而计算得 $T_{KW}=174$(h)。也可用曲线来描述表 7-1 中的数据变化趋势,如图 7-40 所示。

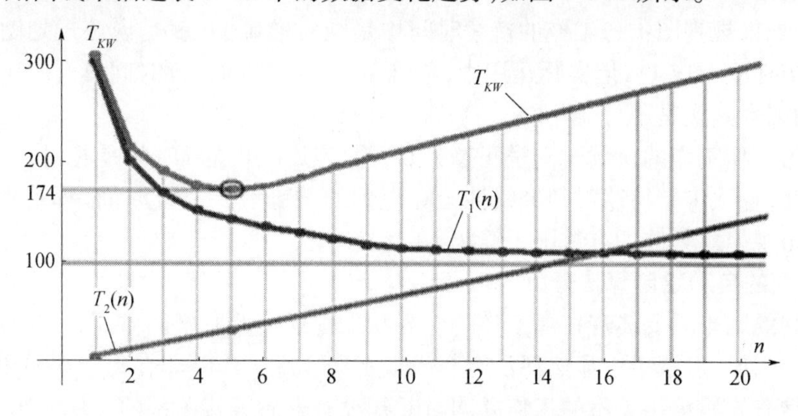

图 7-40 分段数目与总工期的对应关系

当然,如果 A、B、C 的时间消耗彼此不等,则关系要复杂得多;如果任意两个前后衔接的工作之衔接时间消耗不是一个定值,则问题便相当麻烦,尽管在实际情况中,时间消耗往往确实不同,但近似看成常数还是可行的。

如果不考虑均匀分段,则各小段之时间的消耗更不能简单地表示成 t/n;以 n 段为例,若再允许各小段不依其物理顺序来处理,则上述问题便构成了 $3 \times n$ 的排序模型。

7.6.3 规划图的绘制

1. 规划图绘制原则

规划图的绘制原则旨在强调规划图与图论中的普通有向图之间的区别。就是说,从有向图出发,以工作、节点和线路等概念为基础,明确定规类赋值有向图的特点和内涵。

绘制要求:最初节点和最终节点必须唯一;工作与箭线必须一一对应;任意两个节点间最多只能直接相连一件工作,否则加入虚工作;任意一项工作的起始节点编号必须小于其结束节点的编号;不能存在多余的虚工作。

2. 规划图的绘制

规划图的绘制一般可分 4 步完成。

(1)准备阶段。主要涉及抽象工作并确定其间的承接关系、确定工作的持续时间、拟制相应的工作清单等几部分内容。

(2)绘制草图并适当调整。草图拟制完成后,存在各种不妥是正常的,所以调整工作便应运而生了。绘制时,一般要尽量避免工作交叉,可通过挪动节点,把箭线弯折等手段来实现,但和工作的左右流向相比,其注重程度相对弱一些;可充分发挥暗桥与母线的作用,母线主要用于某节点的引出或引入工作较多的场合;要保证规划图的节点编号不漏不重。

(3) 计算参数。如果规划图非常简单则直接观察即可确定关键线路,太简单就失去了运用网络规划的意义。只有规划图中的节号和工作数目达到一定的规模时,才能充分显示出统筹法理论的作用。此刻确定关键线路往往需要计算各节点和工作的相关参数,这也是参数计算的目的所在。确定关键线路的传统方法不外乎线路比较和破圈法等。前者实质上是一种穷举法,规模较大时不太实用;而后者有一定的局限性,并非所有的规划图均可用之。现在,一般均使用参数计算的思路来确定关键线路,具体方法见7.9.4小节。

(4) 可能性分析。规划图绘制完成,且计划工期也符合指令工期的要求,是否就可以开工实施呢? 显然未必,还须进一步分析该规划方案实现的可能性。

一般地,如果规划图中各工作的持续时间均是绝对准确的,就是说该规划图是肯定型的,则实现的可能性应看成1。但实际运用中,总难免部分工作的持续时间具有一定的不确定性,所以,随机的因素其实是不可避免的。

一般认为每项工作的持续时间呈正态分布,因各项工作持续时间是相对独立的,所以,根据概率论可知,各项工作持续时间经线性运算得到的关键线路持续时间(即计划工期 T_{KW})也符合正态分布规律。具体的方法限于篇幅,在此从略。

3. 规划图的自动绘制算法分析

手工绘制的困难只要体现在虚工作的介入和工程规模的剧增两方面。在绘制草图时虽然工作清单已经列出,但清单中显然还没有介入虚工作。虚工作并非在每个规划图中都需要,但其用以连接具有先后承接关系的工作并同时断开没有先后承接关系的工作的作用的确非常重要。规划图中介入虚工作后而造成的困难并不在于虚工作本身,而在于虚工作的存在于否、虚工作的位置、数量和方向等。

对于任意一项给定的工作 X,设 $B(X)$ 表示 X 的紧前工作集合,$A(X)$ 表示 X 的紧后工作集合,而用 $S(X)$ 表示 X 开始节点的引入工作集合,用 $E(X)$ 表示 X 结束节点的引出工作集合。

于是,若 X、Y 是工作清单中两项彼此不同的工作,则当 $B(X)=B(Y)$ 且 $A(X)=A(Y)$ 时,在 X 与 Y 的开始节点之间或在 X 与 Y 的结束节点之间,至少存在一项虚工作。

同理,如果有关系 $B(X)\subset B(Y)$ 成立,则从 X 的开始节点指向 Y 的开始节点的虚工作存在,反之亦然。进而,当关系 $A(X)\subset A(Y)$ 成立时,则从 Y 的结束节点指向 X 的结束节点的虚工作存在,反之亦然。

实质上,通过上述关系之间的研究,得到的虚工作一般会有重复,所以,最后还应省去多余的虚工作。将虚工作纳入工作清单之后,要重新求出该虚工作开始节点的引入工作之紧前集合、结束节点的引出工作的紧后工作集合,以及其他节点的相关变化等。现在,工作清单已发生了若干变化,大致涉及序号,代号 X、$B(X)$、$A(X)$、$S(X)$、$E(X)$,持续时间、备注或说明信息等,称为“容虚清单”。

因规划图是有向图,所以任一工作均有起止节点,于是,规划图中的节点数量 N 和工作(含虚工作)数量 M 之间必有关系 $N\leqslant 2M$ 成立。

当 $M=1$ 时,$N=2$;当 $M\geqslant 2$ 时,$N<2M$。很明显这和握手定理是一致的。

考虑规划图中两项工作引出于同一节点的情形,如果 $S(X)=S(Y)$,则工作 X 和 Y 引出于同一个节点,即每存在一个这样的工作对(X,Y),就应省略一个节点。

换句话说,若在某容虚清单中存在 K 个彼此不同的工作对,使得对于其中任何一个工作对(X,Y),均有 $S(X)=S(Y)$ 成立,那么,该规划图的节点数量 N 和工作数量 M 之间必有关系 $N\leqslant 2M-K$ 成立。

同理,也可考虑两项工作引入到同一个节点的情形,据此也能得出类似的结论。实质上,将二元工作对推广到 R 元组,对应 R 项工作同时引出于某一节点或同时引入到一节点的情形,也同样是成立的。

就是说,假设在某容虚清单中存在 K 个彼此不同的 R 元工作组,使得对于其中任一 R 元组 $(X_1, X_2, \cdots, X_r)$,均有 $S(X_1) = S(X_2) = \cdots = S(X_r)$ 成立,那么,该规划图的节点数量 N 和工作数量 M 之间必有关系 $N \leqslant 2M - K(R-1)$ 成立。

当然,若有 $E(X_1) = E(X_2) = \cdots = E(X_r)$ 成立,则规划图的节点数量 N 和工作数量 M 之间也有关系 $N \leqslant 2M - K(R-1)$ 成立。

不失一般性,就 R 作推广不难得如下定理。

定理 7-8 若某容虚清单中存在有 $K_i(i=2,3,\cdots,M-1)$ 个 i 元工作组,使得该 K_i 个 i 元工作组中的各项工作间有关系 $S(X_1) = S(X_2) = \cdots = S(X_i)$ 成立;同时,容虚清单中还存在有 $L_i(i=2,3,\cdots,M-1)$ 个 i 元工作组,使得,该 L_i 个 i 元工作组中的各项工作间有关系 $E(X_1) = E(X_2) = \cdots = E(X_i)$ 成立;那么,该规划图的节点数量 N 和工作数量 M 之间有关系 $N \leqslant 2M - \sum(K_i \times (i-1)) - \sum(L_i \times (i-1))$ 成立,其中,$i=2,3,\cdots,M-1$。

其实,上式仅考虑了若干项工作引出于(或引入到)同一个节点时的情形,仍不能得出精确的节点数,还需考虑工作间的前后承接关系。鉴于此可得以下推论。

推论 7-6 如果 T 表示某容虚清单,W 表示 T 中所有工作(含虚工作)组成的集合,$U = \{S(X)/X \in W\}$,$V = \{E(X)/X \in W\}$;U、V 中均无重复。那么,该规划图的节点数量 N 和工作数量 M 之间必有如下关系:

$$N \leqslant 2M - (|U| - 1)$$
$$N \leqslant 2M - (|V| - 1)$$
$$|U| = |V|$$

仔细分析上面的推论不难得出,除去这 $|V| - 1$ 个节点重合于 $|U| - 1$ 个节点之外,剩下的也就只有开始节点和结束节点了,因此,必有 $N = |V| - 1 + 2$。

定理 7-9 假设 $U = \{S(X)/X \in W\}$,$V = \{E(X)/X \in W\}$,U、V 中均无重复,那么,该规划图的节点数量 N 可以表示为 $N = |V| + 1 = |U| + 1$。

图 7-41 描述了确定节点数的全过程。

基于上面的分析可进一步讨论工作与节点的匹配关系,并定义出相应的节点编号算法,仍然是鉴于篇幅和侧重点之不同,这里也从略。

另外,有兴趣的读者可参考后面的参考文献。当然,该文献中给出的算法并未将节点编码的方案全部列出,但对于绘制该规划图的需要而言已足够了。为考虑在计算机上自动绘制规划图的需要,文献还定义了:主线路、规划图的长度、规划图的直系生成树、规划图的宽度、节点的先行基数、节点的后续基数、节点的承接基数等概念,旨在描述规划图在屏幕上的大致宽度和高度,各节点的绘制顺序和整个规划图的美学效果等属性。

7.6.4 规划图参数

规划图的参数是对整个任务或工程,及其各项工作实施控制和组织协调的数量基础和指标。规划图的参数一般针对时间来阐述。通过参数的分析和计算,不仅可用来确定规划图的关键线路、明确其关键工作,还能了解各项工作的最早可能开始时间、最迟必须完成的时间、前后灵活的时间区间等内容。所有这些,对整个工程或任务的组织、协调和控制作用无疑是非常

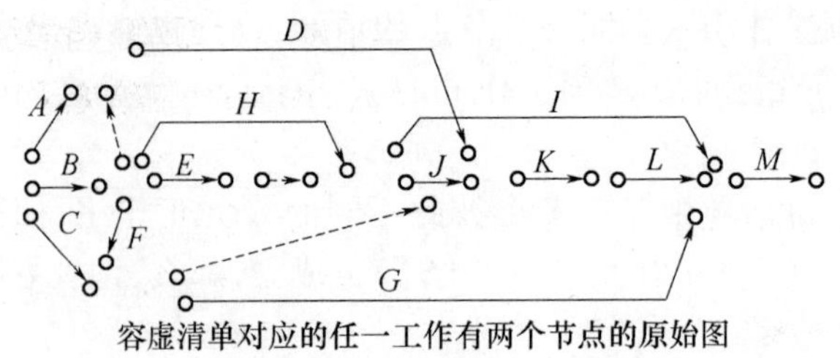

容虚清单对应的任一工作有两个节点的原始图

将 $S(x)$ 相同的工作的开始节点合并后的情形

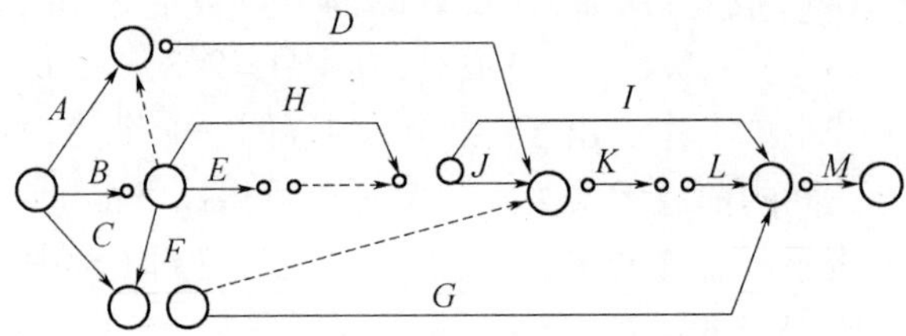

将 $E(x)$ 相同的工作的结束节点合并后的情形

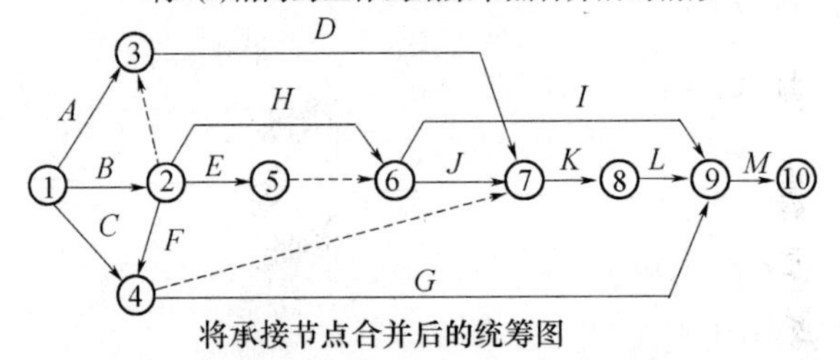

将承接节点合并后的统筹图

图 7-41 节点数求解过程示意图

重要的。

一般地，按参数的生成方式来划分，参数可分原始参数和生成参数。如果按参数的隶属关系来划分，则参数又有节点参数、工作参数和线路参数三大类。

1. 节点最早可能实现时间

节点表示的是状态、描述任务的进展程度，所以用“实现”来定义。考虑不同线路上任务的先后区别，在时间上总有一定的灵活，故有最早和最迟之说。该参数简称为“**节早**”，记为 $T_E(i)$。节点实现意味着该节点所有先行线路上的所有工作均告完成，即只要该节点所有先行线路中时间最长的那条一完则该节点自然也就实现了。

所以，有

$$T_E(i) = W_1(i)$$

假设节点 (i) 共有 k 项引入工作，分别记为 h_1、h_2、…、h_k。于是，节点 (i) 的所有先行线路即可分成 k 类：第 1 类从 h_1 引向 i，第 2 类从 h_2 引向 i，…，第 k 类从 h_k 引向 i 等。

只要找出每一类中的最长者，再从这些最长者中找出真正的最长者，即可达到目的。而从 h_k 引向 i 的第 k 类中的最长者必然等于工作 (h_k,i) 的持续时间，即 $T(h_k,i)$，加上节点 (h_k) 的最长的先行线路时间,即 $W_1(h_k)$。

就是说第 k 类中的最长线路时间为 $T(h_k,i)+W_1(h_k)$

显然,有

$$
\begin{aligned}
T_E(i) &= \max\{T(h_1,i)+W_1(h_1),\\
&\qquad T(h_2,i)+W_1(h_2),\\
&\qquad \cdots\\
&\qquad T(h_k,i)+W_1(h_k)\}\\
&= \max\{T(h_j,i)+W_1(h_j)\},j=1,2,\cdots,k\\
&= \max\{T(h_j,i)+T_E(h_j)\},j=1,2,\cdots,k。
\end{aligned}
$$

因为 $T_E(1)=0$, 所以有

$$T_E(1)=0,\ T_E(i)=\max\{T(h,i)+T_E(h)\}$$

从该递推公式可知,计算 i 的节早必须以节点 i 引入工作的开始节点的节早为基础,所以,必须从最初节点入手,因其节早为0,采取"顺推累加,舍小留大"的原则。同时,也容易理解,任意统筹图的最初节点的节早均为0,而最终节点的节早均为 T_{KW}。

2. 工作的最早可能开始时间

工作反映的是一个阶段、一个过程,所以要用"开始"和"完成"定义。再考虑一定的灵活或机动,必然要涉及最早和最迟的区别,组合起来就可得4个工作概念:最早开始、最早结束、最迟开始、最迟结束。工作的最早可能开始时间,简称"**早开**",记为 $T_{ES}(i,j)$。

一个节点的实现,就意味着该节点的引出工作的开始。

所以,早开即可定义为

$$T_{ES}(i,j)=T_E(i)=W_1(i)$$

3. 工作的最早可能完成时间

工作的最早可能完成时间简称为"**早结**",记为 $T_{EF}(i,j)$。

早结显然是由早开决定的,所以,在早开的基础上再加上该工作的持续时间,就是该工作的早结,即

$$T_{EF}(i,j)=T_{ES}(i,j)+T(i,j)=T_E(i)+T(i,j)=W_1(i)+T(i,j)$$

4. 节点最迟必须实现时间

与节早相似,该参数简称为"**节迟**",记为 $T_L(i)$。

节早考虑的是该节点前面的工作,即节点先行线路上的工作何时有可能完成。而节迟则说的是该节点后面的事,即节点最迟必须在何时实现,否则会将影响其后面工作的完成情况。所以,研究节迟就要分析该节点后续线路上的工作情况。这样,只要该节点所有后续线路中时间最长的那条上的所有工作都能来的及完成就行,再晚即耽误这些工作,此刻就是该节点的最迟实现时间。从整个任务的计划工期中减去该节点后续线路中时间最长的那段时间即可。

所以,有

$$T_L(i)=T_{KW}-W_1(i)$$

从定义出发直接计算节迟一样不现实,也有必要分析更简便的计算方法。

假设节点(i)共有 k 项引出工作,分别记为 h_1、h_2、…、h_k。这样,节点(i)的所有后续线路同样可分 k 类:第1类从 i 引向 h_1,第2类从 i 引向 h_2,……,第 k 类从 i 引向 h_k等。

只须找出每一类中的最长者，再从这些最长者中找出真正的最长者即可基本达到目的。而从 i 引向 h_k 的第 k 类中的最长者等于工作 (i,h_k) 的持续时间，即 $T(i,h_k)$，加上节点 (h_k) 的最长的后续线路时间，即 $W_2(h_k)$。也就是说，第 k 类中的最长线路时间即

$$T(i,h_k) + W_2(h_k)$$

显然，有

$$\begin{aligned}
T_L(i) &= T_{KW} - \max\{T(i,h_1) + W_2(h_1), \\
&\qquad T(i,h_2) + W_2(h_2), \\
&\qquad \cdots \\
&\qquad T(i,h_k) + W_2(h_k)\} \\
&= T_{KW} - \max\{T(i,h_j) + W_2(h_j)\} \\
&= \min\{T_{KW} - T(i,h_j) - W_2(h_j)\} \\
&= \min\{T_{KW} - W_2(h_j) - T(i,h_j)\} \\
&= \min\{[T_{KW} - W_2(h_j)] - T(i,h_j)\} \\
&= \min\{T_L(h_j) - T(i,h_j)\},\quad j = 1、2、\cdots、k。
\end{aligned}$$

所以，有

$$T_L(n) = T_{KW}$$
$$T_L(i) = \min\{T_L(h) - T(i,h)\}$$

同理，从该递推公式可知，计算 i 的节迟必须以节点 i 引出工作的结束节点的节迟为基础，必须从最终节点入手，因其节迟为 T_{KW}，应采取“逆推累减，舍大留小”的原则。

5. 工作最迟必须完成时间

工作最迟必须完成时间，简称为“**迟结**”，记为 $T_{LF}(i,j)$。

既然节迟是考虑该节点后面工作的展开情况，那么，一旦某节点 (i) 的节迟 $T_L(i)$ 确定，那就以为着以该节点为结束节点的工作也必须在 $T_L(i)$ 时刻完成，否则影像节点 (i) 实现也就进而影响了其后面工作的展开和完成。所以，工作的迟结应该由该工作结束节点的节迟决定。于是，迟结被定义为

$$T_{LF}(i,j) = T_L(j) = T_{KW} - W_2(j)$$

6. 工作最迟必须开始时间

工作最迟必须开始时间，简称“**迟开**”，记为 $T_{LS}(i,j)$。

既然迟结已经确定，则只要在迟结基础上减去工作持续时间即可得到迟开，所以，迟开被定义为

$$T_{LS}(i,j) = T_{LF}(i,j) - T(i,j) = T_L(j) - T(i,j) = T_{KW} - W_2(j) - T(i,j)$$

7. 节点机动时间

节点的机动时间简称“节机”，记为 $R(i)$。节点的机动时间反映的是节点实现的相对灵活程度，故有

$$R(i) = T_L(i) - T_E(i)$$

考虑前面对节早和节迟的定义，得

$$R(i) = T_{KW} - W_2(i) - W_1(i) = T_{KW} - [W_1(i) + W_2(i)]$$

显然，节点机动时间等于计划工期减去通过该节点的最长线路时间。

一般地，节点机动时间等于0的节点均出现在关键线路上；关键线路上的节点其节点机动时间均等于0。

8. 工作机动时间

工作的总机动时间也是站在该工作起止两个节点上，但同时考虑了他们先行线路和后续线路上的工作完成情况。工作的总机动时间简称“总机”，记为$R(i,j)$，即

$$
\begin{aligned}
R(i,j) &= T_L(j) - T_E(i) - T(i,j) = T_{LS}(i,j) - T_{ES}(i,j) \\
&= T_{LF}(i,j) - T_{EF}(i,j) = T_{KW} - [W_1(i) + T(i,j) + W_2(j)]
\end{aligned}
$$

显然，工作的总机动时间等于该工作的迟开减早开，也等于该工作的迟结减早结，也等于计划工期减经过该工作的最长线路时间。很明显，如果该工作是关键工作，则其总机动时间为0。一般地，总机等于0的工作出现在关键线路上；关键线路上的工作其总机等于0。

9. 线路机动时间

线路的机动时间定义为

$$
R(L) = T_{KW} - T(L)
$$

当然，对于节点(i)而言，$W_1(i)$和$W_2(i)$也是其相当重要的参数。将其归入线路参数也在情理之中。不难证明：任意线路上所有工作的同类机动时间的和相等，且均等于该线路的机动时间。

7.6.5 规划图的优化分析

经过前面的准备、绘制、调整和参数计算等步骤，最后得到的规划图一般都未必能完全满足工程要求，所以，优化处理就显得非常必要而自然。优化处理主要集中在时间、资源、流程等方面。

1. 时间优化

时间优化的出发点一般均集中在计划工期与指令工期的矛盾上，即T_{KW}太长而不能满足工程的指令要求。一般地，优化的焦点也就定位在如何缩短关键线路的持续时间上。大致可归纳成以下几种方法：

(1) 检查关键线路上的各项工作的持续时间能否压缩。如果关键线路上的某项工作的持续时间能被压缩，则计划工期的缩短也就非常自然了。但压缩处理一般要留有余地，否则，整个任务的执行将十分危险。其实，压缩工作的选择也有研究的必要。一般地，可优先考虑统筹图中出现较早的工作、持续时间较长的工作、压缩时费比高的工作、瓶颈工作等。

(2) 以上这些方面之间的综合应用的本身，也是一个典型的优化问题。例如：哪些方面相对要看重些，哪些可适当看轻些；当若干工作的某一方面大致接近时，如何考虑优化的顺序问题；如果某工作之若干方面彼此矛盾又将如何处理；等等。

(3) 查看能否挖掘非关键线路上的工作资源，以支援关键工作。既然关键线路上的各项工作已经没有潜力可挖，则适当考虑非关键线路上的工作潜力，拿来支援关键工作就成了很自然的选择。该措施往往也相当奏效，后面的实例就是该方法的典型运用。对于军事任务而言，该方法多表现在友邻部队间的密切协同上，通过提高作战效率来体现。

(4) 考虑改变作业间的结构关系，选择平行、交叉等结构。还有，仔细优化各项工作间的逻辑上的先后承接关系。该方法的使用一般不太普遍，然而，一旦存在一定的逻辑关系问题，

则最后的优化效果往往十分明显，所以，仍需要引起足够的重视。

（5）增加资源以缩短某些工作的持续时间。增加的资源有两种来源：①外部资源，这也是没办法的办法。增加外部资源一般地确实能体现优化效果，但该方法并非对所有的工作均有效，有些工作的持续时间与资源无关，如休息、等待等。②内部资源，即适当调整任务的其他工作的资源，充实所关注的需要缩短持续时间的工作需求。

2. 资源优化

虽然时间对任何一个规划图来说都是最重要的属性，但其他资源往往也一样举足轻重，甚至起到绝对的制约作用。例如，某部在演习前的战备物资储备运输任务规划分析中，初看似乎没有问题，但具体实施中便可发现，整个任务中每天的车辆需求极不均衡，或许后勤保障部门在某天根本无法满足需求，这就需要适当协调各任务的展开时机和方式等。这便是资源优化涉及到的内容。

一般地，在资源优化处理中，可考虑适当推迟非关键工作的开始时间；也可适当延缓非关键工作的持续时间，某些时段少分资源，后面利用机动时间补齐；甚至根据优化的需要可适当中断非关键工作的实施，即不保证其连续性等。

资源优化过程中一般应考虑如下原则：任何时候资源需求均不能超过保障能力；绝对保证关键工作的资源需求；优先保证工作强度大的工作的资源需求；优先保证机动时间小的工作的资源需求；优先保证资源需求总量大的工作的资源需求；优先保证不能中断的工作的资源需求；优化处理一般从前向后进行。

实质上，在现实的军事或经济当中，任何一个大型的任务，其资源种类往往非常繁多，且相互牵制。资源之间也形成了一种彼此制约，可对立、可交融的逻辑或协调关系，所以，这也成了目前网络规划理论较热门的研究课题之一。

3. 流程优化

流程优化也称排序问题，是运筹学领域中非常热门的研究课题之一。流程优化问题模型的一般可描述为：共有 N 件产品在 M 道工序上加工，每件产品在每道工序上的加工时间不同，每道工序的加工过程均具有排他性，即当某件产品在某道工序上加工时，该工序便无法同时加工其他产品，各道工序之间的加工顺序固定。问题：如何安排各件产品的加工顺序，可使所有 N 件产品的总加工时间最短？因工序道数 M 之不同，排序模型的处理方法也不一样。

1）$1 \times N$ 模型

当仅有一道工序时，总加工时间与加工顺序无关，所以，$M=1$ 时一般不研究总加工时间问题，而是换了一个角度。例如，追求若干团队渡河时的平均等待时间最少、对不同地域实施搜索时追求如何制定搜索计划才能尽快发现目标等。一般情况下，多关注的仅仅是一个时间因素，但在实用中可能有若干因素需同时兼顾，这就需要仔细分析各因素之间的内部关系，实施巧妙地融合和归一等处理。

2）$2 \times N$ 模型

$2 \times N$ 排序模型现有非常理想的最优解求解算法，即约翰逊定理。其具体的求解步骤为：

（1）找出模型中第一道工序加工时间小于（或等于）第二道工序加工时间的产品，按照第一道工序加工时间递增的顺序排在前面。

（2）将剩余产品（即第一道工序加工时间大于第二道工序加工时间的产品），按照第二道工序加工时间递减的顺序排在后面。

按照这样的产品顺序实施加工，可保证所有产品的总加工时间最短。

3）$M \times N$ 模型

$M \times N$ 排序模型（$M \geqslant 3$），目前尚没有最优解求解算法，而常见的算法大多只能得到近优解。例如下面即将介绍的组算法、分界算法等。

（1）分界算法。分界算法一般适宜某产品在各道工序上的加工时间总和，相对于其他产品而言比较突出的情况。其求解步骤如下：

① 计算各产品在每道工序上的加工时间之总和，找出其总和突出者，作为分界点。

② 取第一道和最后一道两道工序的加工时间，组成 $2 \times N$ 排序模型。

③ 将该 $2 \times N$ 排序模型中应排在前面的产品，按序排在分界点的前面。

④ 将该 $2 \times N$ 排序模型中剩余的产品，按序排在分界点的后面。

⑤ 按照上面得到的加工顺序，绘制该 $M \times N$ 排序模型的时标流程图并计算其总加工时间。

在该算法中，第二道至倒数第二道工序之各产品的加工时间仅仅是在确定分界点时候发挥了一些作用，所以，一般情况下该算法不可能得到模型的最优解。

（2）分组算法。相对分界算法来说，如果排序模型中没有太突出的产品存在，则一般可使用分组算法。

分组算法的思想很简单：按照一定的规律，尽可能地让更多的工序加工时间发挥作用，组成一个个 $2 \times N$ 的排序模型，再对这些 $2 \times N$ 的排序模型按照约翰逊定理处理并得到其相应的总加工时间，从这些总加工时间中确定一个最小者，它所对应的加工顺序就是最好的加工顺序。

常见的分组的规律不外乎以下几种：

① 奇偶分组。奇数道（1，3，5 道）工序相加，偶数道（2，4 道）工序相加，由这两道工序组成 $2 \times N$ 模型，再对该模型按约翰逊定理处理得总加工时间 T_1。

② 前三后二。前三道（1，2，3 道）工序相加，后两道（4，5 道）工序相加，由这两道工序组成 $2 \times N$ 模型，再对该模型按约翰逊定理处理得总加工时间 T_2。

③ 前四后四。前四道（1，2，3，4 道）工序相加，后四道（2，3，4，5 道）工序相加，由这两道工序组成 $2 \times N$ 模型，再对该模型按约翰逊定理处理得总加工时间 T_3。

……

可以继续这种分组的设计，直到觉得所有的工序均已经充分发挥了它的作用为止。然后，再从 T_1、T_2、T_3、…、T_k 中找出一个最小的总加工时间，它所对应的加工顺序就是最后的近优解。

（3）约翰逊定理的近似推广。对于任意的 $M \times N$ 排序模型，人们最容易想到的就是将约翰逊定理推广到 $M \geqslant 3$，尽管目前尚没有完全成功的理想结果，但一些效果相当不错的近优解还是值得一说。

假设称加工时间总和最大的列（产品）为最大列，通过最大列所有工作的线路称为最大列线路，称加工时间总和最大的行（工序）为最大行；通过最大行所有工作的线路称为最大行线路；最大列线路与最大行线路中，较长的线路称为**主线路**。

显然，主线路是所有线路中的较长者或最长者。换言之，主线路即便不是关键线路，也是比较接近关键线路的较长的线路。即关键线路总是大于或等于主线路，主线路是关键的长度下限制。因此，如果能适当缩短主线路的长度，则间接达到了缩短关键线路的目的。

也就是说，如果通过调整，将主线路的长度缩到最短，则即找到了关键线路长度下限。而此时关键线路也与主线路重合，则获得该结果的排序就是最优排序。若此时关键线路与主线路不重合,则最低限度可使关键线路接近最短。能使主线路达到最短的排序也就是最优或近优的排序。于是,求解最优排序问题即转变为寻找主线路最短所对应的排序问题。

观察时标流程图的结构不难理解,一条典型的主线路是由最初线路段、中部线路段和最终线路段三部分所组成。其中,中部线路段是指由最大列或最大行所有工作组成的线路段;最初线路段是指中部线路段以前的部分;最终线路段即中部线路段以后的部分。

显然,中部线路段的长度是常数。所以,要使主线路最短就是要使最初线路段与最终线路段长度之和极小化,应将列(行)的第一件工作小于最后一件工作的列(行)移动到最大列(行)的左面(上面);若两者相等,则可任意安排。当然,这样做只能使主线路达到最短,而关键线路也未必与主线路重合。因此,为尽可能缩短关键线路的长度,还应将最大列(行)左面(上面)的各列(行)按第一件工作时间的递增顺序从左到右排列;将最大列(行)右面(下面)的各列(行)按最后一件工作时间的递减顺序从左到右排列。因为靠近规划图两端的工作被关键线路通过的概率较大。

当然,调整过程中,还要随时注意主线路的转移问题,一旦发生转移则还要始终关注于主线路的调整,直到主线路不能缩短为止。

该思路虽然得到的是近优解,但在很多场合,效果还是比较明显的。实例从略。

(4) $M \times N$ 排序模型总加工时间的表上递推算法。不管是分组算法还是分界算法,当产品的加工顺序确定之后,其对应的总加工时间一般总是通过绘制时标流程图来计算出来的。当 M 和 N 的数值较大(即排序模型的规模较大时),绘制时标流程图往往非常繁琐甚至不太现实。下面介绍一种基于加工顺序确定的 $M \times N$ 排序模型的总加工时间递推算法。

为叙述方便,设 $M \times N$ 排序模型中,第 i 道工序的第 j 个产品加工时间表示为 T_{ij}。

比较模型对应之时标流线图,可以看出,如果第 2 道工序在图中没有间隔时间,则总工期等于首的第一道工序加工时间与第二道工序的各产品加工时间的总和。如果存在间隔时间,还需加上这些间隔等待时间。那么,如何确定这些间隔时间呢?

分析两道工序的间隔时间形成机理可知:第一道工序永远不可能出现间隔时间;第一个产品的任一道工序前面不存在间隔时间。

在前两道工序中,如果将第二道工序的所有间隔时间与各间隔之后的工序加工时间依次做合并调整,称其形成的新工序为**容间工序**(无间隔的可视其间隔时间为 0),并记为 T'_{2j},其中,$j = 2、3、\cdots、N$;再将第二道工序看成第一道工序,第三道工序看成第二道,重复前面间隔时间的分析和合并处理过程,即可形成第三道工序的容间工序 T'_{3j},其中,$j = 2、3、\cdots、N$;将这一过程继续下去,直到最后一道工序为止,便可得到 $T'_{mj}, j = 2、3、\cdots、N$。

设 θ_k 为某工序之伸缩因子(即间隔),可取

$$\theta_{k_1} = \sum_{j=1}^{k_1} (T_{ij} - T_{i-1\,j+1})$$

其中,$k_1 = n - 1$,或直到 $\theta_{k_1} \leqslant 0$ 为止。

若得 $\theta_{k_1} \leqslant 0$,则用下式从 $k_1 + 1$ 开始重复上面的计算过程:$\theta_{k_2} = \sum_{k_1+1}^{k_2} (T_{ij} - T_{i-1\,j+1})$

其中,$k_2 = n - 1$,或直到 $\theta_{k_2} \leqslant 0$ 为止。

如此继续下去,设共有 P 个 $\theta \leqslant 0$ 出现,即

$$\theta_{k_p} \leqslant 0,\ p = 1,2,\cdots,P$$

其中的 θ_{k_p} 即第 i 道工序中的间隔时间，所以，下面需调整第 i 道工序的加工时间。因为存在未经过调整的工序 T_{ij}，其中，$j \geqslant 2$ 且 $j \neq k_p$。

为叙述方便，可一律认为其对应的 $\theta_j = 0$；所以，容间工序即为 T'_{ij}，$j = 2,3,\cdots,N$。

再以第二道工序为基础，处理第三道工序的合成问题，如此循环下去，直到最后一道工序完成。

基于 $M \times N$ 排序模型而言，该式的时间复杂度为 $O(m\ n)$，即 $O(n^2)$，属多项式级别，效果已相当理想。该递推算法的可操作性极强，在给定的表上可直接处理，基本上不受 m 和 n 的限制，时间复杂度也很理想。但只能在各产品的加工顺序确定之后方可使用，所以，结合分组法和分界法处理效果将更佳，使分组法真正走入实用。当然，结合穷举 N 件产品的各种排序可能，对于任意的在线排序模型来说，这也不失为求最优解的一种可行的算法。

7.7 最短路径模型

在 7.6 节的网络规划理论，是针对有向图而发展起来的相对独立的离散数学分支，现在已被运筹学和系统工程等学科收入囊中。其实，针对无向图也有许多独到的运用，如最小支撑树问题、最短路径问题、中国邮路问题等。其中，支撑树问题将在第 8 章介绍，本节将重点介绍最短路径问题。

最短路问题的基础是无向赋权图，在交通网络、行军线路选择等方面均有广泛运用。该问题可描绘为：在某无向赋权图中，设出发点和终止点分别为 a、z，如何寻找一条从 $a \sim z$ 的路径，使该路径上各边的权值之总和最小。

目前，该问题有许多算法，但最经典的还属 E. W. Dijkstra（迪克斯特拉）算法。该算法不仅提出时间较早，而且简单易行，效率也相对较高。该算法的基本思路：先求出 a 到某一点的路径，然后利用该结果再去确定 a 到另一点的路径，如此继续下去，直到找到 $a \sim z$ 的最短路径为止。下面以图 7－42 为基础，介绍该算法的求解方法和步骤。

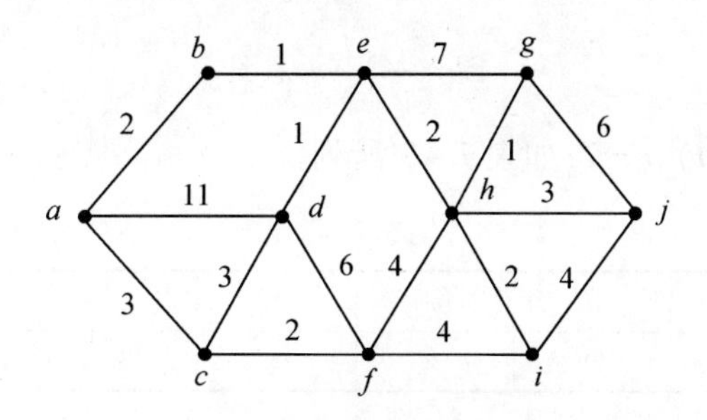

图 7－42　最短路径示意图

假设，V 是给定的赋权无向图的点集。如果 T 是 V 的子集，且 T 包含 z 但不包含 a，则称 T 为**目标集合**。在目标集合 T 中任意选取一点 t，在由 a 到 t（不通过 T 中的任何其他点）的所有路径中，长度最短者称为点 t 关于 T **的指标**，简记为 $D(t)$。

例如，在图 1－46 中，取 $T = \{b,c,d,e,f,g,h,i,j\}$，显然只有 b,c,d 三点存在有 a 到该点的这样的路径，其他点必须经过 T 中的点才能间接到达，所以有 $D(b) = 2, D(c) = 3, D(d) = 11$。

对于其他点，暂时取值为 ∞，于是有

$$D(e) = D(f) = D(h) = D(g) = D(i) = D(j) = \infty$$

显然,$D(d)$、$D(e)$等未必就是将来的最短路径,因为,可能存在从 T 中其他点饶过来的更短的路径。尽管如此,但当目标集合 T 中所有点的指标均已确定时,可以证明 T 中指标最小的点,其指标就是 a 到该点的最短路径的长度。因此,求最短路径问题的关键,就成了如何求取目标集合中各点的指标问题。而目标集合则随着求取过程的进行,一直在动态变化着,一般在开始时选取除起始点之外的所有点组成的集合为 T。

下面在图 1-46 的基础上,详细说明其各点指标的求取过程。

第 1 步:取 $C=\{a\}$,其中的点的指标,已计算完成。

第 2 步:取 $T=\{b,c,d,e,f,g,h,i,j\}$;计算 $D(i)$,$i\in T$;如表 7-2 所列。

表 7-2

i	b	c	d	e	f	g	h	i	j
$D(i)$	2	3	11	∞	∞	∞	∞	∞	∞

第 3 步:取 $D(i)$ 中的最小者 b,将 b 从 T 中移入 C 中,得

$$C = \{a,b\},\ T = \{c,d,e,f,g,h,i,j\}$$

并在 b 点上标出其最短路径及其长度如图 7-43 所示。

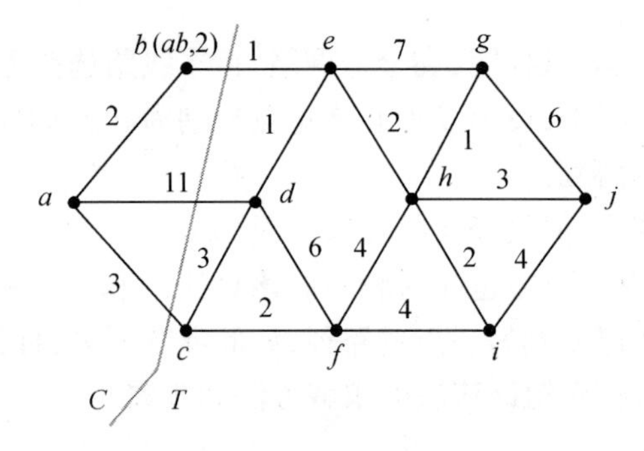

图 7-43 示意图

第 4 步:接着计算 $D(i)$,$i\in T$;如表 7-3 所列。

表 7-3

I		c	d	e	f	g	h	i	j
$D(i)$		3	11	3	∞	∞	∞	∞	∞

第 5 步:取 $D(i)$中的最小者 c 或 e,任选其一,不妨取 c,并将其从 T 中移入 C 中,得

$$C = \{a,b,c\},\ T = \{d,e,f,g,h,i,j\}$$

在 c 点上标出其最短路径及其长度,如图 7-44 所示。

第 6 步:再计算 $D(i)$,$i\in T$;如表 7-4 所列。

表 7-4

i			d	e	f	g	h	i	j
$D(i)$			6	3	5	∞	∞	∞	∞

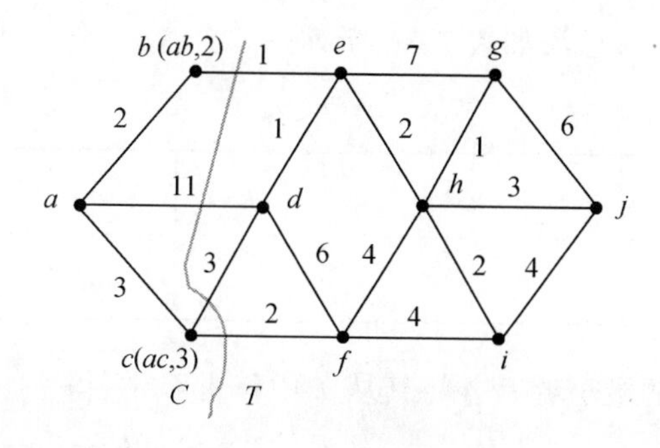

图 7-44　示意图

第 7 步：取 $D(i)$ 中的最小者 e，并将其从 T 中移入 C 中，得

$$C = \{a,b,c,e\}, \ T = \{d,f,g,h,i,j\}$$

在 e 点上标出其最短路径及其长度，如图 7-45 所示。

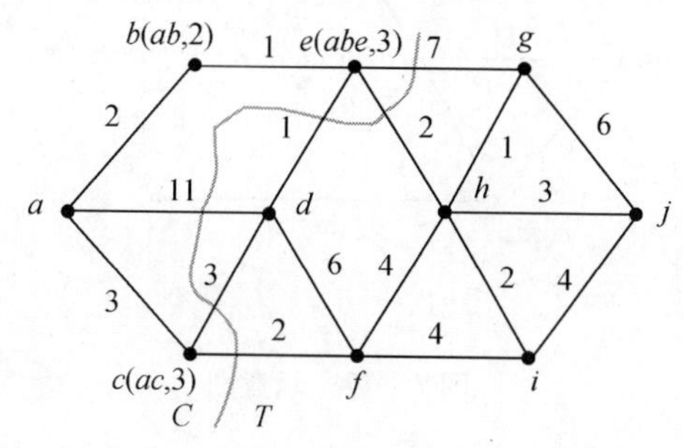

图 7-45　示意图

第 8 步：还计算 $D(i)$，$i \in T$；如表 7-5 所列。

表 7-5

i			d		f	g	h	i	j
$D(i)$			4		5	10	5	∞	∞

第 9 步：取 $D(i)$ 中的最小者 d，并将其从 T 中移入 C 中，得

$$C = \{a,b,c,e,d\}, \ T = \{f,g,h,i,j\}$$

在 d 点上标出其最短路径及其长度，如图 7-46 所示。

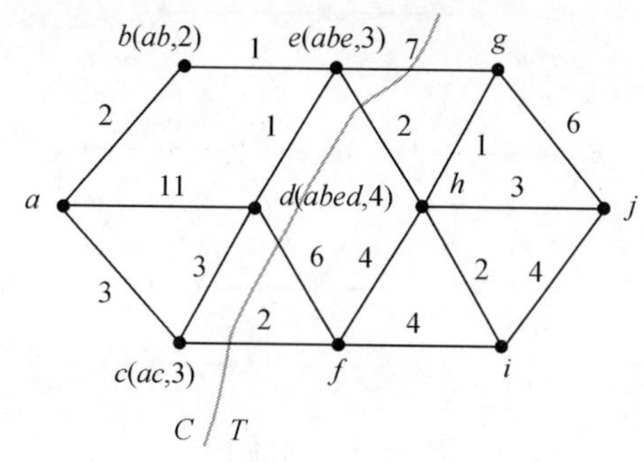

图 7-46　示意图

第 10 步：还计算 $D(i),i\in T$；如表 7-6 所列。

表 7-6

I					f	g	h	i	j
$D(i)$					5	10	5	∞	∞

第 11 步：取 $D(i)$ 中的最小者 f，并将其从 T 中移入 C 中，得

$$C=\{a,b,c,e,d,f\},\ T=\{g,h,i,j\}$$

在 f 点上标出其最短路径及其长度，如图 7-47 所示。

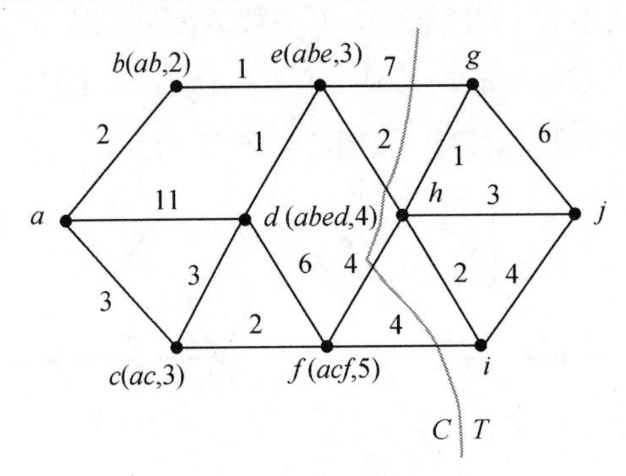

图 7-47 示意图

第 12 步：计算 $D(i),i\in T$；如表 7-7 所列。

表 7-7

I						g	h	i	j
$D(i)$						10	5	9	∞

第 13 步：取 $D(i)$ 中的最小者 h，并将其从 T 中移入 C 中，得

$$C=\{a,b,c,e,d,f,h\},\ T=\{g,i,j\}$$

在 h 点上标出其最短路径及其长度，如图 7-48 所示。

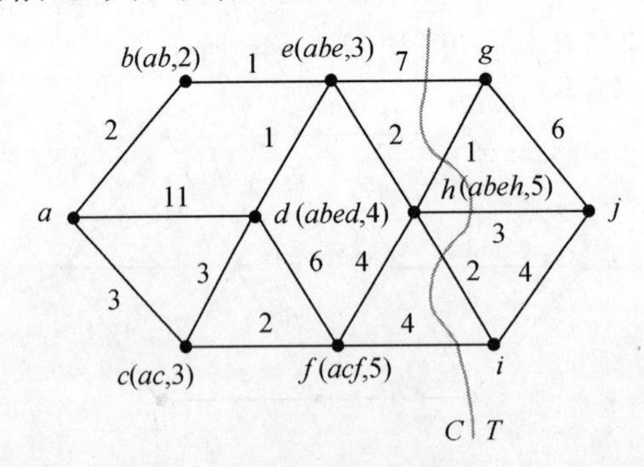

图 7-48 示意图

第 14 步：计算 $D(i),i\in T$；如表 7-8 所列。

表 7-8

I						g		i	j
$D(i)$						6		7	8

第 15 步：取 $D(i)$ 中的最小者：g，并将其从 T 中移入 C 中，得

$$C = \{a,b,c,e,d,f,h,g\},\ T = \{i,j\}$$

在 g 点上标出其最短路径及其长度，如图 7-49 所示。

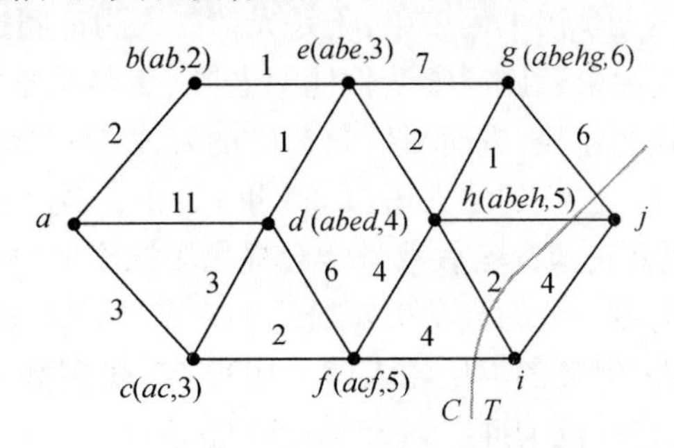

图 7-49　示意图

第 16 步：计算 $D(i)$，得 $D(i)=7$，$D(j)=8$；取 $D(i)$ 中的最小者 i，并将其从 T 中移入 C 中，得

$$C = \{a,b,c,e,d,f,h,g,i\};\ T = \{j\}$$

在 i 点上标出其最短路径及长度；最后，在 j 点上标出最短路径及其长度，如图 7-50 所示。

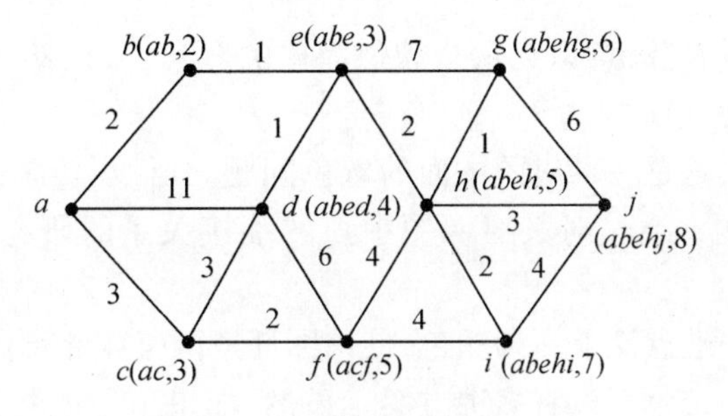

图 7-50　示意图

归纳以上过程，不难理解该算法的具体步骤可描述如下：

(1) 取 $C=\{a\}$，$T=\{b,c,d,e,f,g,h,i,j\}$。

(2) 计算 $D(i)$，$i \in T$。

(3) 将 $D(i)$ 中的最小者 x 从 T 中移入 C 中。

(4) 在 x 点上标出其最短路径及其长度。

(5) 转步骤(2)，直到 T 为空。

该算法不仅计算出了起始点到终止点的最短路径及其长度，而且，也同时计算出了起始点到其他所有的最短路径及其长度。不过，如果赋权图的权值中有负值存在（这种情况比较少见），则该算法将受到挑战，所以，该算法一般适用于赋权图的权值大于等于零的情况。

7.8 图的着色*

关于图的着色问题,最著名的不外乎"四色定理"了,它也被誉为近代世界级的三大数学难题之一。据称,1852 年,弗南西斯·格思里(Francis Guthrie)在一家科研单位搞地图着色工作(他曾毕业于英国的伦敦大学)时,发现每幅地图都最多可用 4 种颜色着色,即可使有共同边界的国家着上不同的颜色。敏感的格思里不禁思考能不能从数学上严加证明该结论。他把这种现象和想法告诉了尚在大学读书的弟弟,于是兄弟二人为证明这个问题而绞尽脑汁,但研究进展甚微。同年 10 月,他弟弟就该问题请教他的老师、著名数学家德·摩尔根。但摩尔根也没有能找到解决这个问题的途径,进而写信向自己的好友、著名数学家哈密尔顿爵士请教。哈密尔顿接信后,便展开论证,但直到他去逝(1865 年)为止,问题仍未能解决。

1872 年,英国数学家凯利正式向伦敦数学学会提出了这个问题,从此,"四色猜想"在全世界数学界引起关注。许多世界一流的数学大家纷纷加入了四色猜想会战。后来,数学家肯普、泰勒和赫伍德等都有所进展,但又都不尽如人意。1939 年,美国数学家富兰克林证明了在 22 国以内猜想成立,后来多人将该范围推广到 35 国、50 国等。

直到 1976 年,美国数学家阿佩尔(Kenneth Appel)与哈肯(Wolfgang Haken)在美国伊利诺斯大学的两台不同的电子计算机上,费时 1200h,作了 100 亿次判断,终于完成了"四色定理"的证明。四色猜想的计算机证明,轰动了世界,当时中国科学家也在研究这个原理。它不仅解决了一个历时 100 多年的难题,而且有可能成为数学史上一系列新思维的起点。

四色定理也成了第一个主要由计算机证明的定理,但这一证明并不被所有的数学家接受,因为它不能由人工直接验证。有人评论说:"一个好的数学证明应当像一首诗——而这种证明纯粹就是一本电话簿!"

随着时间的推移,人们逐渐意识到这个貌似简单的题目,其实却一是个可与"费马猜想"等问题相媲美的世界级大难题。

著名的四色定理其实就是一种对图中面的着色问题。所以,传统的证明思路便一直是将其转换成对点的着色问题。通过对其对偶图中点的临接关系的研究,进而解决对面的着色问题。

设想对无环图的每个端点涂上一种颜色,使该图任意两个相邻端点的颜色均不同,这个过程称为着色。对一个图的着色可以有多种方案。显然,如果不考虑着色过程中使用颜色的数量,则实现着色将非常容易。

一般地,如果某次着色使用了 k 种颜色,则称该次着色为 k **着色**。如果一个图的所有着色方案中,使用颜色最少的着色用了 k 种颜色,则称该图为 k **色图**。

除了考虑对图的端点着色之外,还研究对平面图的面的着色问题。但对平面图的面的着色问题,经过对偶转换之后,即为一般图的点的着色问题。所以,对点着色和对面着色在本质上是一致的。当然,也可以考虑对边的着色。

7.9 自补图*

如前所述,如果无向图 G 与其补图 G' 同构,则称 G 为**自补图**。自补图数量相对较少。但目前,自补图研究已逐步发展成一个相对独立的分支,在学术界非常活跃,引起了人们的广泛关注。

设图 $G = <V,E>$ 是自补图,则由自补图的定义不难理解,如下关系成立:

$$|V| = |V'|, \quad |E| = |E'|, \quad E \cap E' = \varnothing, \quad |E| = n(n-1)/4$$

其中,$|V| = n$。

也就是说,如果某图 G 是自补图,则其节点数 n 必能被4 整除,因此,自补图的最小节点数就是4。对应的图 G 如图 7-51 所示。

当 $n=5$ 时,共有两个自补图,如图 7-52 所示。

当 $n=6$ 或 7 时,不存在自补图。

不过,当 $n=8,9,10,\cdots,\infty$ 时,无法轻易给出其所有的自补图,或是轻易证明它不存在自补图。

图 7-51　四阶自补图　　　　图 7-52　五阶自补图

有些资料上,首先定义了一个原图 G 与其补图 G' 之间的同构映射,称为**自补置换**,然后证明凡是自补图,则 G 至少有两个自补置换存在,再构造图 G 的所有自补置换组成的集合,接着,分析这个自补置换组成的集合中各元素之间的关系,进而给出定理,认为对于图 G 的节点集合中任意两个节点,如果由这两个节点关联的边属于图 G 的边集,当且仅当这两个节点经过某自补置换映射后对应之节点相关联的边仍然属于图 G 的边集,则称该图 G 是自补图。

其实,这只是用了另外一套符号,重新描述了一番自补图的定义而已,没有任何新意,也没给出实质性的自补图求解思路来。

因置换本身是映射(即关系),关系就可以复合,也可以被复合。就是说,若干个关系的复合还是关系,某关系也可以表示成若干关系的复合。于是,某自补置换就可以表示成若干不相交的关系的积。一般可称这些不相交的关系为**轮转**。

于是,从理论上讲,图 G 在任意一个轮转的映射下,都会对应一个图,该图与原图 G 同构。换言之,该图即自补图。

问题是,自补置换本身的存在就是个设定的前提,再说,轮转的计算甚至比自补置换本身还困难,所以,这种自补图的判定或求解定理,仍然没有多大的现实意义。

1979 年,Kotzig 在纪念图论专家 Tutte 诞生 60 周年时,就自补图研究归纳出了 6 个公开化的问题,并引起学术界的关注。特别值得注意是其中的第 5 个问题,即对每一个满足 $4n+1 = x^2 + y^2$(x,y 是整数)的自然数 n,存在着 $4n+1$ 个节点的强正则自补图。

问题是,至少存在两个非同构的强正则自补图的节点数是什么? 如何确定?

目前,该问题进展甚微,但前面的 4 个公开问题均已告解决,第 6 个尚无头绪。可见,自补图问题确实正逐渐衍化为图论界的又一个世界级难题。

假设 $\pi = (d_1, d_2, d_3, \cdots, d_p)$ 是一个非负的整数序列,而且,$d_1 \leqslant d_2 \leqslant \cdots \leqslant d_p$,或 $d_1 \geqslant d_2 \geqslant \cdots \geqslant d_p$ 成立,如果存在一个有 p 个节点的自补图 G,使得 G 中各节点的度数正好是 π 序列,则称 π 是一个**可自补度序列**,并称 G 是它的一个**实现**。

1976 年，Clafham 和 Kleitman 首先对可自补度序列问题做了探索性研究，并给出了两种不同条件下一个非负整数序列是可自补度序列的充分必要条件。于是，可自补度序列便成了自补图问题的又一个研究方向。

一般地，在有 n 个节点的图 G 中，如果节点 v 和 u 的度之和等于 $n-1$，即 $deg(v)+deg(u)=n-1$ 成立，则称节点 v 和 u 是一对**相配节点**，或称它们是**相配的**。

定理 7-9 一个单调递减的图度序列 $\pi=(d_1,d_2,d_3,\cdots,d_p)$ 是可自补度序列，其充分必要条件是 π 是相配的。

即当 $p=4n$ 时，满足

$d_i+d_{4n+1-i}=4n-1,\quad i=1,2,3,\cdots,2n$

$d_{2j}=d_{2j-1},\quad j=1,2,3,\cdots,n$

即当 $p=4n+1$ 时，满足

$d_i+d_{4n+2-i}=4n,\quad i=1,2,3,\cdots,2n+1$

$d_{2j}=d_{2j-1},\quad j=1,2,3,\cdots,n$

如果给定一个满足上述条件的图序列 $\pi=(d_1,d_2,d_3,\cdots,d_p)$，下面介绍如何构造一个与之相对应的自补图 G。

首先描述在节点 v_1,v_2,v_{p-1} 和 v_p 之间会存在什么样的边，以及这 4 个节点与 G 的其余节点之间存在什么样的边。如果删除掉这 4 个节点以及与它们相关联的边，则所留下的节点的度的序列也是图的、单调递增的、满足相配性的。于是，由归纳递推，这种构造便给出了一个满足要求的、有 p 个节点的自补图。

下面就节点 v_1,v_2,v_{p-1} 和 v_p 给出一个初始的连接集合，并且在连接之后给出剩余节点的需要进一步构造的度数。写出节点 $v_1,v_2,\cdots,v_p$ 以及与它们相对应的所要求的度数 $d_1,d_2,\cdots,d_p$ 的表：

$$\begin{Bmatrix} v_1,v_2,\cdots,v_p \\ d_1,d_2,\cdots,d_p \end{Bmatrix}$$

(1) 在该表中连接 v_1 与 $v_2,v_2,\cdots,v_{p-1}$ 和 v_p，然后通过删除 v_1 来构造一张新的节点与对应的度的数表。把与 v_1 相连的每一个节点的度数减去 1，转入步骤(5)，再转入步骤(2)。

(2) 在所得的表中，连接 v_p 与最前面的 v_d 个节点，然后删除 v_p，并且对刚与 v_1 相连的每一个节点的度数减去 1，转入步骤(5)，再转入步骤(3)。

(3) v_2 已经与 v_p 和 v_1 相连，如果必要，则重新安排这个表的前一半，使其满足：若在第 k 个位置上的节点是 v_θ，则在第 $p-k$ 位置上的节点是 $v_{p+1-\theta}$。除了在原来度数为 $(p+2)/2$ 或 $p/2$ 的节点之外，这种重新安排是没有必要的。在所得表中，连接 v_2 与最前面的 d_2-2 个节点（不含 v_2 自身）。删去 v_2，并减去与 v_2 相连的节点的度数，转入步骤(5)，再转入步骤(4)。

(4) 在所得表中，连接 v_{p-1} 与最前面适当数目的节点，然后删去 v_{p-1} 并减去与 v_{p-1} 相连的节点的度数。

(5) 如果刚被连接的节点在连接之前，与部分而不是全部度数为 d 的节点相连，在连接之前颠倒整个具有度数为 d 的节点序列的次序。例外的是 v_1,v_2,v_{p-1} 和 v_p 不但不包含在重新安排之列，而且保留它们在表中的位置。

除了度序列之外，Clafham 还对自补图中包含的三角形的数量、结构，以及数量的上下界等做了拓展性的研究。他还给出了如下定理。

定理 7-10 具有 n 个节点的自补图中三角形的数目至少是

$n(n-2)(n-4)/48$, n 能被 4 整除

$n(n-1)(n-5)/48$, n 不能被 4 整除

假设 u,v 是图 G 的两个节点,若 u 与 v 之间有路径存在,则把从 u 到 v 之间的最短路的长度称为 u 与 v 的**距离**,并且记为 $d_G(u,v)$ 或简记为 $d(u,v)$。如果 u 与 v 之间没有路径存在,则定义 u 与 v 之间的距离为 ∞,即 $d_G(u,v)=\infty$。

于是,**图 G 的直径**记为 diam(G),定义

$$\text{diam}(G) = \max\{d(u,v) \mid u,v \in V\}$$

定理 7-11 若 G 是自补图,则有 $2 \leqslant \text{diam}(G) \leqslant 3$ 成立。

看得出,精确刻画自补图的直径在 2~3 之间这一特征,还是一件相当有意义的事。

定理 7-12 若 G 是正则自补图,则 $\text{diam}(G)=2$。

当然,所有直径是 2 的自补图是什么样子,而所有直径是 3 的自补图又是什么样子,目前尚没有一个明确的结论。

图的构造一直是整个图论研究的重点内容之一,如果能将感兴趣的或是现实需要的图都一一构造出来,那么对图论的研究便已达到一个相当的程度。正基于此,自补图的构造问题便伴随着自补图的产生而产生,并一直吸引着众多的优秀图论研究人员深入其中。虽然在 1963 年 Read 便已解决了自补图的计数问题,但如何把 $n \equiv 0,1 \pmod 4$ 个节点的全部自补图构造出来,却是近些年才开始的工作。可喜的是,目前已经解决了其中的大部分工作。例如,图 7-53便是 $4n(n=2)$ 个节点的基于算法而构造出来的所有自补图示意例。

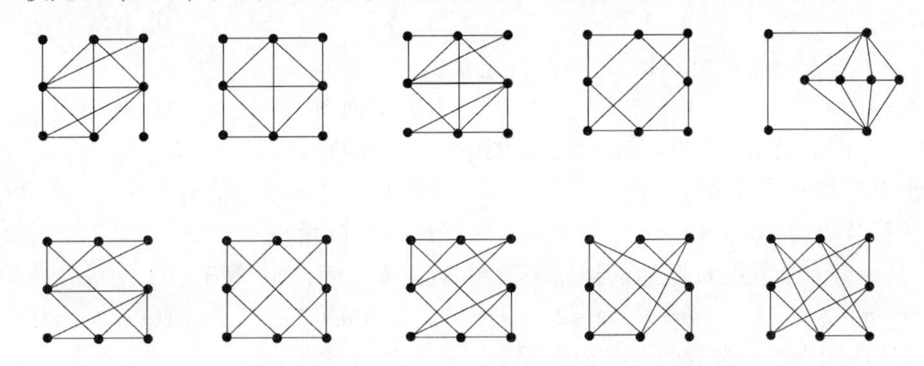

图 7-53 有 8 个节点的所有自补图(10 个)

其实,目前自补图的研究已有了许多重要成果,限于篇幅,本书不再赘述。

小 结

图论是个非常有意思的研究领域,许多现实生活中的问题,都可以通过巧妙地构思和抽象,转化为各种各样的图,进而利用图论中的相关理论和算法予以解决。当然,在图论的许多细节方面扔有不少难题存在(甚至是世界级的难题,如四色定理的证明、自补图系列问题、任意阶汉密尔顿图判定、$M \times N$ 排序模型的求解等),需要广大图论专家和爱好者进一步研究、思考并突破。

本章不仅比较详细地介绍了图的基本概念、图的存储,以及连通和回路等问题,甚至还阐

述了平面图和对偶图、二部图与匹配等，还对基于赋值有向图发展起来的网络规划理论和最短线路模型，以及图的着色等做了详细介绍，最后将落脚点放在自补图理论上，将图的研究和探索引向了深入。

习　题

1. 选择题。

(1) 连通图 G 是一棵树当且仅当 G 中(　　)。

A. 有些边是割边　　B. 每条边都是割边

C. 所有边都不是割边　　D. 图中存在一条欧拉路径

(2) 在有 n 个顶点的连通图中，其边数(　　)。

A. 最多有 $n-1$ 条　　B. 至少有 $n-1$ 条

C. 最多有 n 条　　D. 至少有 n 条

(3) 在有 6 个顶点、12 条边的连通简单平面图中，每个面都是由(　　)条边围成？

A. 2　　B. 4　　C. 3　　D. 5

(4) 设某图 $G=\langle V,E\rangle$，其中 $V=\{a,b,c,d,e\}$，$E=\{\langle a,b\rangle,\langle a,c\rangle,\langle b,c\rangle,\langle c,d\rangle,\langle d,e\rangle\}$，则 G 是(　　)图？

A. 有向图　　B. 无向答　　C. 简单图　　D. 平面图

(5) 设某无向图 G 有 16 条边，且每个顶点的度数都是 2，则图 G 有(　　)个顶点。

A. 10　　B. 4　　C. 8　　D. 16

(6) 如果 G 是一个哈密尔顿图，则 G 一定是(　　)。

A. 欧拉图　　B. 树　　C. 平面图　　D. 连通图

(7) 一个图的哈密尔顿路，是一条通过图中(　　)的路。

A. 所有节点一次且恰好一次　　B. 所有边一次且恰好一次

C. 所有节点的　　D. 所有边的

(8) G 是有 n 个节点 m 条边的连通平面图，且有 k 个面，则 k 等于(　　)。

A. $m-n+2$　　B. $n-m-2$　　C. $n+m-2$　　D. $m+n+2$

2. 试证明图中度为奇数的点必为偶数个。

3. 如果只有一只装满 8 斤酒的瓶子和两只分别装 5 斤和 3 斤酒的空瓶子，问：怎样才能尽快将 8 斤酒二等分。

4. 试用狄克斯拉算法求图 7-54 中 a 点到其他点的最短距离。

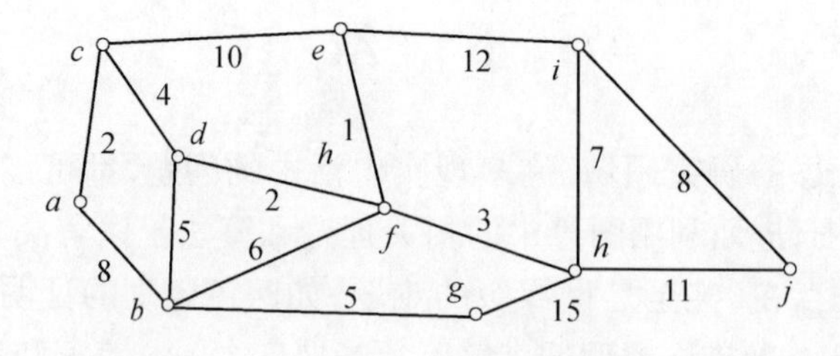

图 7-54

5. 试用狄克斯拉算法求图 7-55 中 a 点到其他点的最短距离。

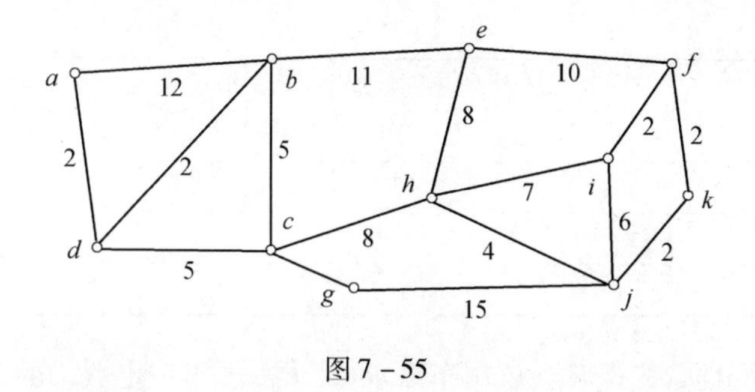

图 7－55

6. 据图 7－56 回答问题。

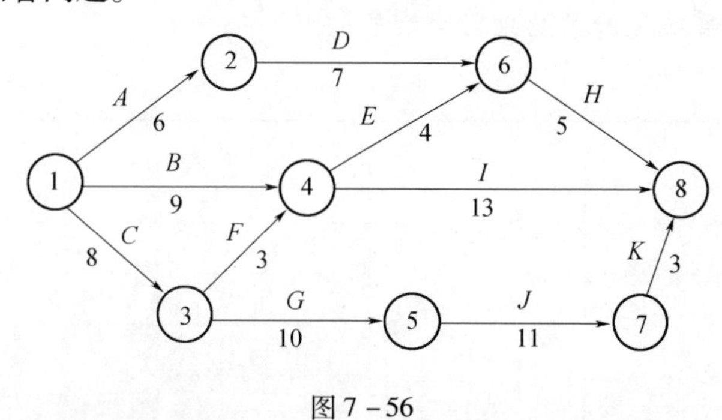

图 7－56

（1）该规划图中共有几项工作？几个节点？

（2）工作 *E*、*F* 的紧前工作和紧后工作都有哪些？

（3）节点(4)的引入工作和引出工作都有哪些？

（4）该规划图共有几条线路？哪些是关键线路？总工期是多少？

7. 试根据如表 7－9 所列工作清单绘制对应的网络规划图。

表 7－9

序号	工作代号	紧后工作
1	*A*	–
2	*B*	–
3	*C*	*A*、*B*
4	*D*	*A*、*B*
5	*E*	*B*
6	*F*	*C*
7	*G*	*C*
8	*H*	*D*、*F*、*F*

8. 试根据如表 7－10 所列工作清单绘制对应的网络规划图。

表 7－10

序号	工作代号	紧前工作
1	*A*	–
2	*B*	–
3	*C*	*A*

（续）

序号	工作代号	紧前工作
4	D	A
5	E	B
6	F	B
7	G	-

9. 公司下辖 3 个分队，为保障会议用车需求，某天需派出一定数量的汽车到 4 个分会场，其供需要求和各分队到各分会场之间的距离如表 7－11 所列。试计划该天的调度安排，使得既能满足会议要求，又要使全公司空驶总里程数最少。

表 7－11

距离　分会场 分队	A	B	C	D	供应车数
1	7	11	3	2	6
2	1	6	70	41	1
3	9	15	8	5	10
需要车数	2	3	5	7	

10. 给出如图 7－57 所示无向图的邻接矩阵、邻接编目法与十字链表表示。

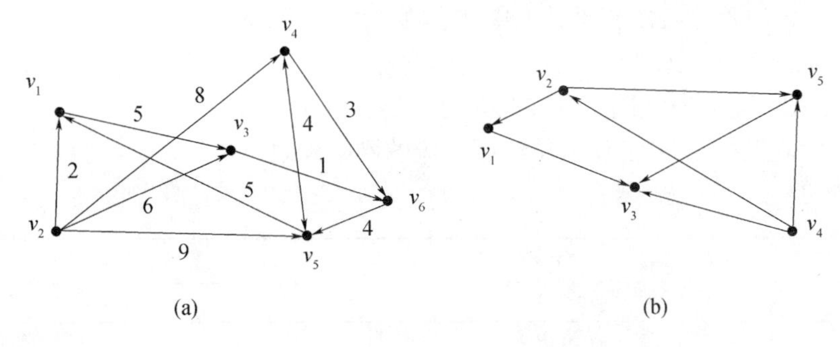

图 7－57

11. 用邻接矩阵表示图时，若图中有 1000 个顶点，1000 条边，则形成的邻接矩阵有多少矩阵元素？有多少非零元素？是否稀疏矩阵？

12. 已知某无向图各节点之度的序列为 1、2、2、4、5，试绘制该无向图(3～5 个)。

13. 已知某无向图各节点之度的序列为 1、1、2、2、3、5，试绘制该无向图(3～5 个)。

14. 已知某无向图各节点之度的序列为 1、2、3、4、6，试绘制该无向图(3～5 个)。

15. 试平面化如图 7－58 所示各图。

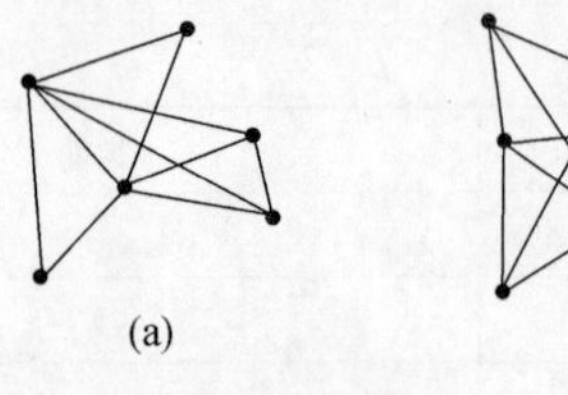

(a)

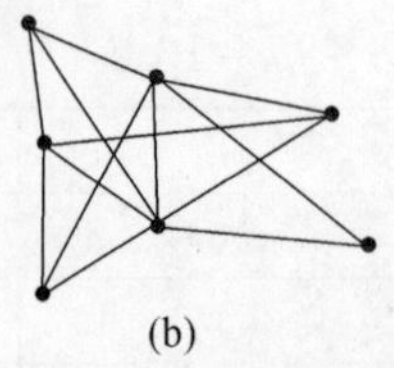

(b)

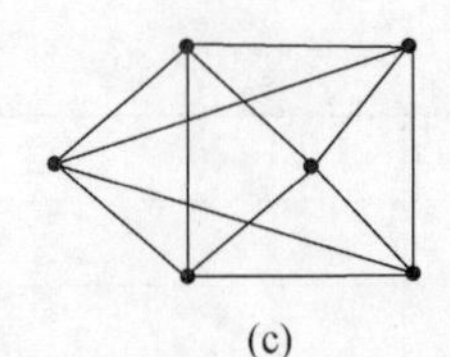

(c)

图 7－58

16. 试构造第 15 题中能平面化的图的对偶图。

17. 设无向图 G 有 18 条边且每个顶点的度数都是 3,则图 G 有多少个顶点？为什么？

18. 在任一有向图中,为什么度数为奇数的节点只能是偶数个？

19. 画出 1 个顶点、2 个顶点、3 个顶点、4 个顶点和 5 个顶点的无向完全图。试证明在 n 个顶点的无向完全图中,边的条数为 $n(n-1)/2$。

20. 试证明:对于一个无向图 $G=(V,E)$,若 G 中各顶点的度均大于或等于 2,则 G 中必有回路。

21. 试判断如图 7-59 所示各图能否一笔画。

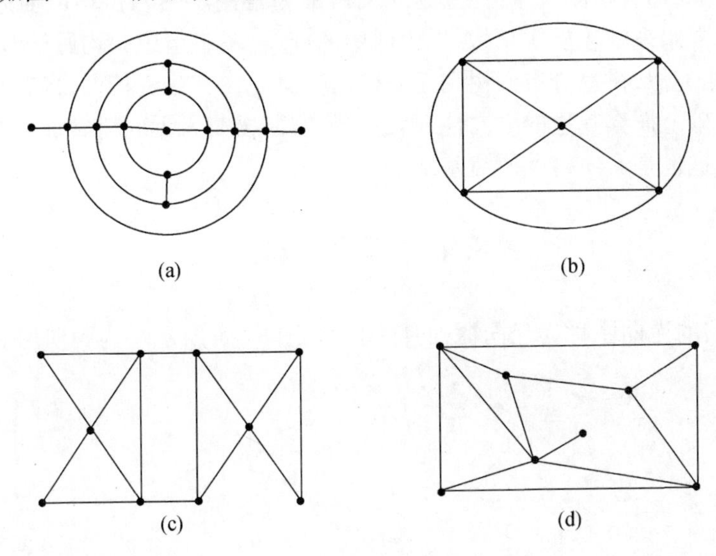

图 7-59

22. 有 11 个学生计划近几天都在同一张圆形餐桌上就餐,他们希望每次就餐时每人身边所坐的人都不同,试问:这 11 名同学最多能就餐多少次？

23. 试指出如图 7-60 所示各图各有几个面,并写出每个面的边界及次数。

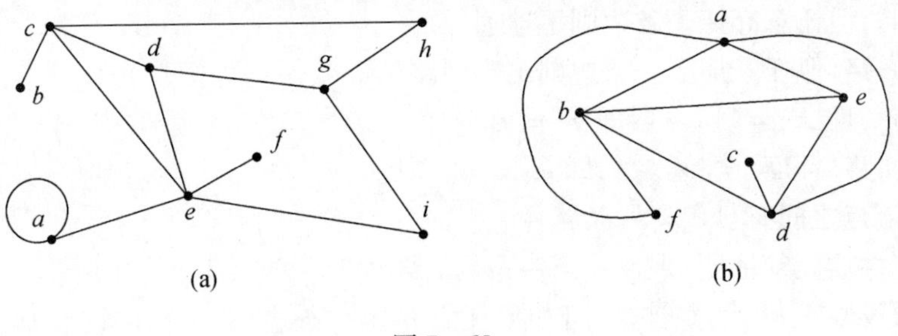

图 7-60

24. 试证明:在简单平面图中,至少有一个度数小于等于 5 的节点存在。

第8章　树

树是一种特殊的图,树的运用非常广泛,不论是编译程序,还是数据库模型理论,甚至各种组织结构等无处不渗透着树的影子,尤其是二叉树最为常用。图和树均可描述复杂的非线性数据结构,但树却常用来描述层次结构,如生活中的族谱、军事组织等均属于树形机构。

与图的划分相类似,树也分有向树和无向树两大类。在有些资料上,将有向树做具体的绘制规定,并在此基础上摒弃其边的方向性,则也可将有向树归入无向树做统一的研究。故本书首先介绍无向树,这也是有向树的研究基础。

8.1　无 向 树

连通而无回路的无向图称为**无向树**,简称**树**。如图 8－1 所示均为无向树。

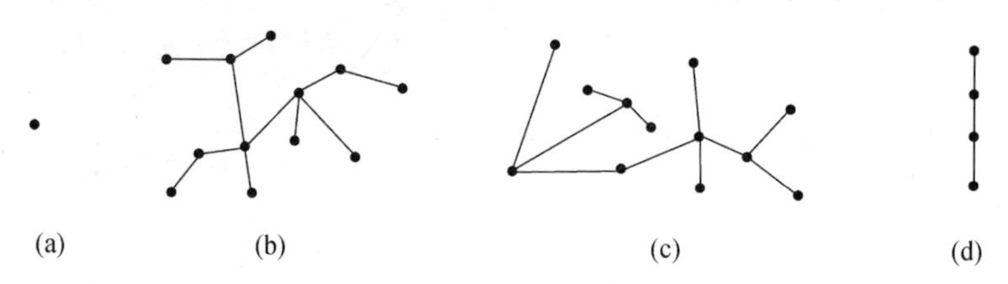

图 8－1　无向图示意图

树的定义相对较多,但其内涵则是相互等价的。

假设图 $G = <V,E>$,则下面列出的几种既可作为无向树的定义来用,也可作为无向树的性质来看待:

(1) G 连通,但任意弃掉一条边则不连通。

(2) G 无回路,但任意加上一条边则出现回路(当然,不增加端点)。

(3) G 连同,且 $|E| = |V| - 1$;即 $m = n - 1$。

(4) G 无回路,且 $|E| = |V| - 1$;即 $m = n - 1$。

任意两个端点之间有且仅有一条路径。

其实,这些性质无须证明,现仅就第一条做简要说明。

必要性:假设 G 是树,因 G 连通,且如果任意弃掉一条边 (v_i, v_j) 还连通,那说明图 G 中的节点 v_i 和 v_j 之间必然还存在着另外一条通路,于是,这条通路便与边 (v_i, v_j) 形成回路,显然,这与本性质的前提,即与图 G 是树是相矛盾的。

充分性:假设本性质成立,则图 G 连通,如果去掉任意一条边图将不连通,这说明图无回路,于是,这正好与树的定义相符,所以,本性质得证。

一般地,为更形象地描述树的特质,常用符号 T 来表示树。

如果将第 7 章中的割集概念与现在的树联系在一起,则容易得如下定理。

定理 8－1　当且仅当连通无向图的每一条边均为割集时,该图才是一颗树。

证明:必要性。假设图 T 是一颗树,e 是 T 的一条边,因为树不含回路,所以 e 不在回路中,于是得 e 是割集。

充分性。假设 T 的任意一条边均为割集,则去掉任意一条变图将不再连通,显然 T 是树。

在连通无向图 G 中,如果去掉一个节点 v 和与 v 相关联的边,图将不再连通,则称节点 v 为图 G 的割点,亦即**关键点**。

一般地,称树 T 中度为 1 的端点为**树叶**,或**叶子**。度大于 1 的端点称为**内点**,或**分枝点**。实质上,任意一颗树 T,如果 T 不少于两个端点的话,它至少有两片叶子。

定理 8-2 无向树 T 的所有分枝点均为割点。

证明:略。

如果其每个连通分图均是树,则该图称为**森林**,即森林的每一个连通分图均是一棵树。换言之,森林就是由不相连的树组成的图。

8.2 生成树

设 G 是一个连通无向图,如果 G 的某一生成子图 T 是一棵树,则称 T 是 G 的**生成树**,或**支撑树**。显然,生成树 T 的端点数与 G 的端点数相等,仅仅是相对图 G 少了若干边(弧)而已。容易理解,图 G 的生成树也不是唯一的。生成树有许多特殊的性质,而且运用相当广泛。

定理 8-3 任意给定的连通无向图 G,至少有一颗生成树。

该定理的成立是直观的,所以证明从略。其实,该定理也是构造生成树的算法基础。

一般地,对于任意给定的连通无向图 G 而言,其生成树 T 中的边为该生成树的**树枝**,而不在生成树 T 中的那些边则称为生成树 T 的**弦**,弦的集合就是生成树 T 相对与原图 G 的补。

假设连通图 G 有 n 个节点,m 条边,则 G 的任意一个生成树均有 $n-1$ 条树枝,$m-n+1$ 条弦。既然有 $m-n+1$ 条弦,而由树的定义可知,随便再增加 1 条边,则会出现回路,所以,一般地,连通图 G 至少有 $m-n+1$ 个回路,也就是每一条弦均可与生成树 T 形成一个回路。于是,这 $m-n+1$ 个回路也称为生成树 T 的**基本回路系统**。

进而,从 T 中任意删除一条树枝,均可使生成树 T 不再连通,也就是说,可以把 T 分成两颗树,G 的节点集合便被划分成两个子集,连接这两个子集的边集就是对应于这条树枝的割(集),成为对应于这条边的**基本割集**。显然,基本割集中,总是仅有一条边是树枝。因为生成树 T 共有 $n-1$ 条边,所以,一般地可以得 $n-1$ 个基本割集,称为**图 G 的关于生成树 T 的基本割集系统**。

不难理解,对于任意给定的连通无向图 G 而言,不同的生成树(虽然该树的权重是相同的,但其具体结构毕竟不同),则对应不同的基本割集系统。

通过以上分析,可以看出生成树具有以下基本特性:

(1) 一条回路和任意生成树的补至少有一条共同边。

(2) 一个割集和任意生成树至少有一条共同边。

(3) 任意一个回路和任意一个割集均有偶数(包括 0)条共同边。

(4) 假设 $D=\{e_1,e_2,\cdots,e_k\}$ 是一个基本割集,其中 e_1 是树枝,而 $e_2,\cdots,e_k$ 是该生成树的弦,则 e_1 包含在对应于 $e_2,\cdots,e_k$ 的基本回路中,而不包含在任何其他弦的基本回路中。

(5) 对于给定的一颗生成树,设 $C=\{e_1,e_2,\cdots,e_k\}$ 是一条基本回路,其中 e_1 是弦,而 e_2,$\cdots,e_k$ 是该生成树的树枝,则 e_1 包含在对应于 $e_2,\cdots,e_k$ 的每一个基本割集中中,而且,e_1 不包含在任何其他树枝的基本割集中。

显然，性质(5)是性质(4)的对偶形式。这些特性相对直观，故其证明这里从略。

对于赋值无向图 G，其生成树 T 的所有边(弧)的权值的总和记为 $T_{KW}(T)$，当 $T_{KW}(T)$ 最小(或最大时)往往有特殊的用途，称为图 G 的**最小(最大)生成树**。

设图 G 有 n 个端点，m 条边，先将 G 之所有的边按其权值从小到大排序，如下所示：

$$W(e_1) \leqslant W(e_2) \leqslant W(e_3) \leqslant \cdots\cdots \leqslant W(e_{m-1}) \leqslant W(e_m)$$

求取图 G 的最小生成树的算法，即克鲁斯克尔(Kruskal)算法如下：

(1) $k \leftarrow 1, A \leftarrow \Phi$。

(2) 若 $A \cup \{W(e_k)\}$ 导出的子图中不包含回路，则 $A \leftarrow A \cup \{e_k\}$。

(3) 若 $|A| = n-1$，即 A 中已有 $n-1$ 条边，则算法结束；否则，$k \leftarrow 1+k$，转步骤(2)。

通俗地讲，该算法即**补充法**。其基本思路为：将图中的所有边，按照权值从小到大的顺序排序排列。预先假设图中的所有边均不存在，然后从排列好的边之队列中依次将边填充到图中，如果出现回路则将该边抛弃，直到所有的边均处理完(或补足 $n-1$ 条边)为止。

现以图 8-2 为例，利用克鲁斯克尔算法求解结果如图 8-3 所示。

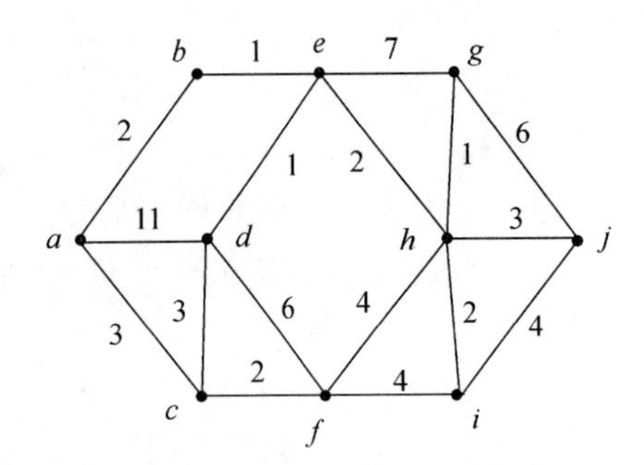

图 8-2　生成树求解算法示意图

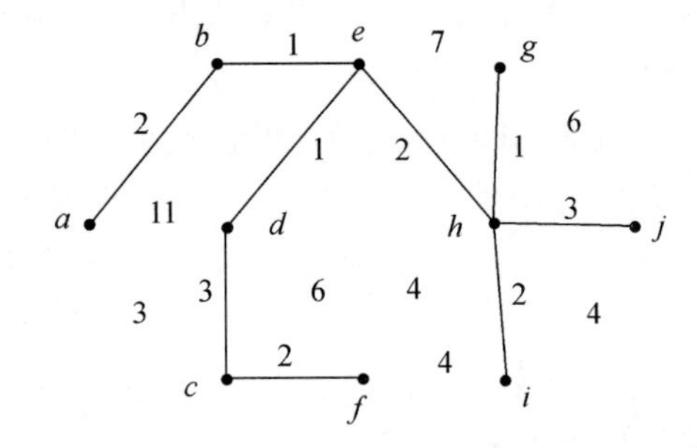

图 8-3　Kruskal 算法示意图(补充法)

其实，该算法亦可反过来使用，具体步骤如下：

(1) 从 G 中确定任意回路 L，将 L 中的最长一条边删除。

(2) 如果 G 已经是一个树，则算法结束；否则，转步骤(1)。

通俗描述，即**破圈法**，其基本思路为：观察图中的每一个回路，将其中最长的边删除掉，直到再删除便不连通时为止。

同样以图 8-2 为例，利用破圈法，其相应的求解结果如图 8-4 所示。

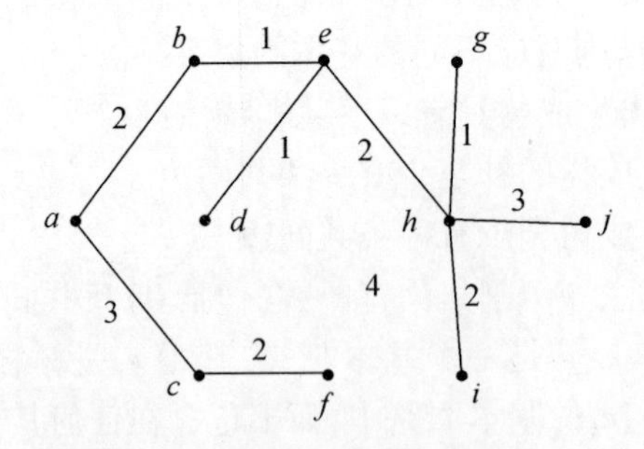

图 8-4　基于破圈法的生成树求解

不难看出，上述两种算法的求解结果是有区别的。但可以证明，两个算法的求解结果实质上等价，即利用两个算法求解生成的支撑子树的 $T_{KW}(G) = 56$，树的权重一致。

当然，也并非对所有的图而言，两种方法的结果均可能有差别，尤其在图中的边没有重复权值时，是不会出现这种差别的。最短路径问题一般适合于铁路交通网络的铺设、计算机网络的配置、若干观察站点的设立等方面，特别在军事后勤、炮兵侦察配系的研究等诸多领域都有广泛运用。

8.3 有向树

如果在某有向图 G 中，入度为 0 的节点存在且唯一（称为**根或树根**）、其他端点的入度均为 1、任意一非根节点均有一条从树根到该节点的有向路径，则称该有向图为有向树，简称**根树**，简记为 T。

因为在根树中，除树根外均有相同的入度（即 1），所以，根树中各节点之度的概念常常不考虑入度而仅关注其出度。于是，在根树中所有的节点可分为三大类，即：度为 0 的节点（即**叶子**）；度为 1 的节点（就是仅有一个孩子的节点）；度为 2 的节点。

为了描述方便，一般总将根树的根画在上面，并使树向下扩展，因此可将其各边的方向去掉，图 8－5 就是个典型的根树示意图。

为描述根树中各节点之间的相互关系，一般按生活中家族名称来称呼根树中的相关节点，例如，在图 8－5 所示的有向树 T 中，称端点 b 为端点 d 和 e 的**父亲**。相反也称端点 d 和 e 为端点 b 的**儿子**。

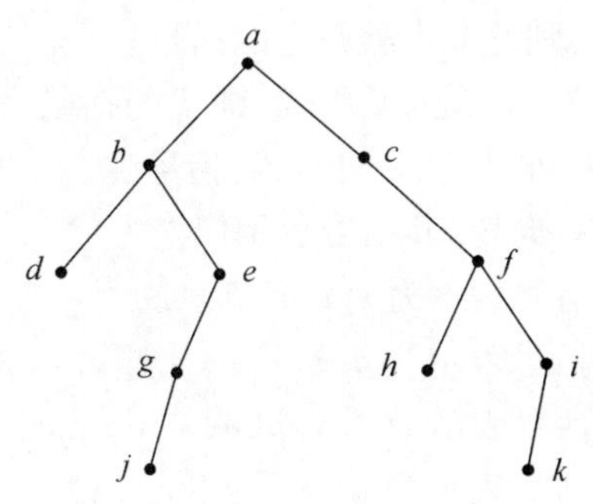

图 8－5　根树 T 的示意图

如果，在 T 中有一条从端点 x 到端点 y 的有向路径，则称端点 x 是端点 y 的**祖先**，而端点 y 是端点 x 的**后裔**。显然，祖先和后裔，父亲和儿子都是相对的。例如，在图 8－5 中，端点 f 是端点 h、i 和 k 的祖先；同时，它也是端点 a（即树根）和 c 的后裔。同样，在根树中也有叶子、内点、分枝点等概念，其内涵和定义与无向树类似，在此不再赘述。

一般地，将根树 T 中的节点 x 和它的所有后裔导出的子有向图称为根数 T 的**子树**，而节点 x 称为该子树的根。如果 x 不是根树 T 的根，那么该子树便是根树 T 的**真子树**。从树根到节点 x 的路径长度称为 x 的**路径长度**。例如，在图 8－5 所示的根树 T 中，节点 b 的路径长度为 1，节点 h 的路径长度为 3。

在根树中，规定树根为第 1 层节点，树根的儿子为第 2 层节点，依此类推，如果从树根到端点 x 的路径长度为 l，则称 x 为 $l+1$ 层节点。例如，在图 8－5 所示的根树 T 中，节点 e 是第 3

层的节点，节点 c 是第 2 层的节点，而节点 j 和 k 均是第 5 层的节点。

根树 T 的最大层数为该根树的**高度**。例如，在图 8-5 所示的根树 T 中，T 的高度为 5，因为节点 j 和 k 的层数最大，均在第 5 层。

定理 8-4 对于任意给定的根树 T 而言，根树的高度总比其节点的最大路径长度多 1。

注意：在有些资料上，也直接定义根树中最大路径长度值为高度。

基于有向树的相关阐述，也不难看出，有向树中的每一个有向路径均是基本路经。而且，有向树中也没有任何长度非零的回路。

当然，在有向树中，$m=n-1$ 同样成立。其中，m 是边数，n 是节点数。

定理 8-5 有向树的任意一颗子树是有向树。

证明：设 S 是有向树 T 的子树，根据子树的定义，S 至少含有根节点，设为 a。

首先，树中不存在回路，所以，a 的真后裔不可能是 a 的真祖先。这样，S 中没有 a 的真祖先存在，因为在 S 中 a 的入度为 0。

其次，S 中 a 以外的节点都是 a 的后裔，所以，对有向图 T 来说，从 a 到其余节点都有一条有向路径存在，显然，该路经所经过的节点都是 a 的后裔，全部在 S 中，因而该路经也在 S 中。所以，对子树 S 而言，从 a 到 S 中其余节点也都有一条有向路经。

再次，因为对子树 S 而言，从 a 到 S 中其余节点都有一条有向路径，所以，其余节点的引入次数不少于 1，但 S 是 T 的子图，入度不可能大于 1，于是，其余节点的入度便都是 1。

由以上几种情况综合之，即可得出 T 的子树均是有向树。[证毕]

其实，有向树的定义显然是递归定义，其实，在有向树中，许多算法也都是应用递归思想来实现的。下面就给出有向树 T 的括号表示递归描述：

(1) 如果 T 只有一个节点，则此节点就是它的括号表示。

(2) 如果 T 由根 r 和子树 $T_1,T_2,\cdots,T_n$ 组成，则 T 的括号表示即：根 r，左括号，$T_1,T_2,\cdots,T_n$ 的括号表示（任意两个子树之间用逗号分开），右括号。

例如，图 8-6 所示的四颗有向树，其括号表示依次为：

图 8-6(a)所示有向树的括号表示为 $v[t,m[k]]$。

图 8-6(b)所示有向树的括号表示为 $a[b[d,e[g,j]],c]$。

图 8-6(c)所示有向树的括号表示为 $x[y[p[q]],s[u[w]]]$。

图 8-6(d)所示有向树的括号表示为 $h[z,f[o,i[r]]]$。

如果根树 T 的各个端点的儿子数最大为 n，则称 T 为 ***n* 叉树**，或 ***n* 元树**。如果根树 T 的各个端点要么没有儿子，要么有 m 个儿子，则称 T 为完全 ***m* 叉树**，或完全 ***m* 元树**。

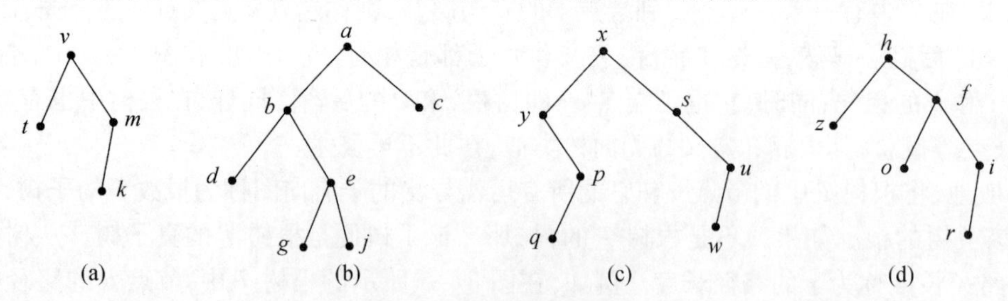

图 8-6 有向树的递归定义

定理 8-6 设 T 为完全 m 元树，其叶子数为 t，分枝节点数为 i，则有 $(m-1)i = t-1$。

证明：设树 T 的节点数为 n，边数为 k，则 $k = n-1$，即 $n = t + i$。

因 T 为完全 m 元树,除了树叶之外,每一个节点都引出了 m 条边,所以,边的总数为 $k = m \times i = n - 1 = i + t - 1$,即$(m - 1)i = t - 1$。

许多应用中,从每一个节点引出的边都必须给定一个顺序,或者等价地给节点的每个儿子编序,这就要用到有序树。如果为根树 T 的左右端点的儿子均从左到右编上顺序,则称 T 为**有序树**。图 8 - 7 就是两棵不同的有序树。一般地,顺序总是从左向右排列的,按照生活中的习惯,也有左兄右弟之别。

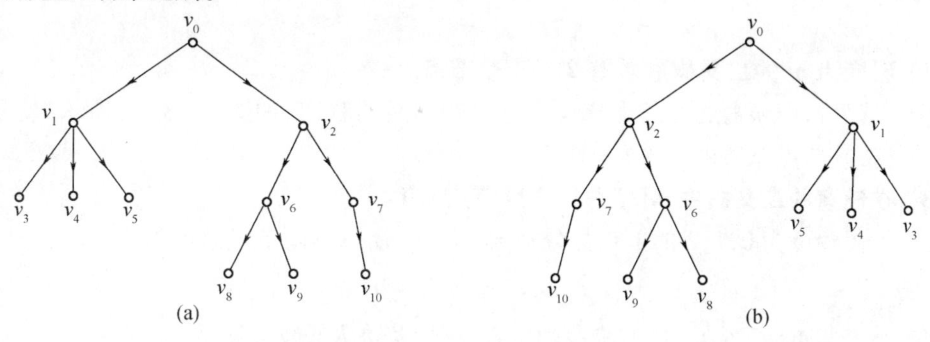

图 8 - 7 有序树示意图

如果树中的每一个节点的儿子不仅给出了顺序,而且还明确其位置,那么,这种树就称为**位置树**。

一个有向图,如果它的每个连通分图是有向树,则称该有向图为(**有向**)**森林**。在森林中,如果所有树都是有序树且给树指定了次序,则称此森林是**有序森林**。

8.4 二 叉 树

如前所述,根树通过位置而强化了各元素间的前后件关系,故省略了关系的箭头而改用直线表示。在根树的研究中,有几种特殊的树已经得到广泛的应用,二叉树便是其中之一。实用中,二元位置树中每一个节点的儿子,都被指明是它父亲的**左儿子**和**右儿子**。**二元树**因其应用广泛,也常称为**二叉树**。二叉树是一种特殊的最常见、最简单的树。如图 8 - 8 所示就是两个非常经典的二叉树。

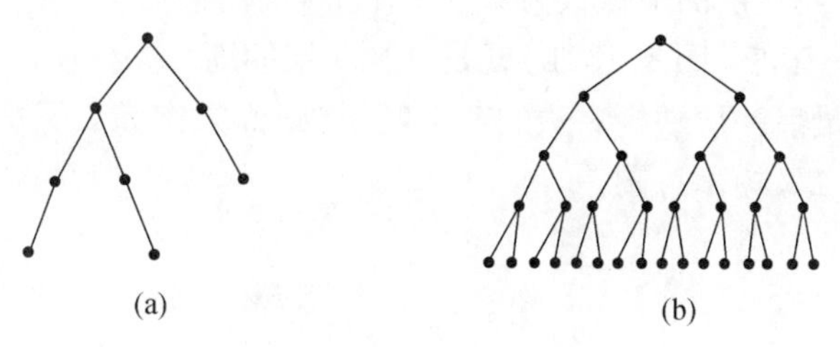

图 8 - 8 二叉树示意图

例如,在图 8 - 6 所示的 4 颗有向树中:

图 8 - 6(a)是二叉树,但不是二叉完全树,因为它各个节点的儿子数分别是 2、0、1、0。

图 8 - 6(b)才是完全二叉树,它的每个节点的儿子数依次为 2、2、0、0、2、0、0,符合完全树之或有 2 个儿子或没有儿子的定义要求。

图 8 - 6(c)是普通的二叉树,也不是完全树。

图 8-6(d)因节点 i 只有 1 个儿子,所以,它也是普通的二叉树,但不是完全二叉树。

二叉树的每个节点最多有两个子节点,也称子树。基于有序树的思想,分别称为**左子树**和**右子树**。就是说,二叉树的所有子树均为二叉树,其每个节点的度最大为 2。因二叉树相对特殊,故二叉树有许多独特的性质。

(1) 二叉树的第 k 层最多有 2^{k-1} 个节点。

该性质不需要做更多解释,从图 8-8 所示的一个 4 层二叉树和一个 5 层二叉树就能轻易理解。

(2) 深度为 m 的二叉树最多有 2^m-1 个节点。

其实,就是这个 m 层的二叉树节点数达到饱和时的状态,如图 8-8(b)所示,就是一个 5 层的二叉树,其节点总数即 $2^5-1=31$ 个。

(3) 在任意的二叉树中,叶子总比 2 度节点多 1。

设二叉树中度为 0,1,2 的节点数分别 n_0,n_1,n_2,所以树的节点总数为

$$n = n_0 + n_1 + n_2 \tag{8-1}$$

因为每个节点(根除外)均有唯一的引入,所以若进入分支总数为 m,则

$$n = m + 1 \tag{8-2}$$

又因为每个进入均由非叶子节点射出,故射出的总数即 m,所以有

$$m = n_1 + 2n_2$$

代之入式(8-2),得

$$n = n_1 + 2n_2 + 1 \tag{8-3}$$

综合式(8-1)和式(8-3),得

$$n_0 + n_1 + n_2 = n_1 + 2n_2 + 1$$

即

$$n_0 = n_2 + 1$$

(4) 有 n 个节点的二叉树,深度至少为 $[\log_2 n]+1$。

如果,除最后一层外,每一层上的所有节点都有两个儿子(子节点)。也就是说,每层的节点数都达到最大值,即第 k 层的节点数为 2^k-1 个节点,而最后一层则全是叶子,这种特殊的二叉树称为**满二叉树**。其实,图 8-8(b)就是一颗 5 层的满二叉树。

如果满二叉树的最后一层缺少右边的若干叶子,则称为**完满二叉树**。如图 8-9 所示,便是几个不同层的完满二叉树示意图。

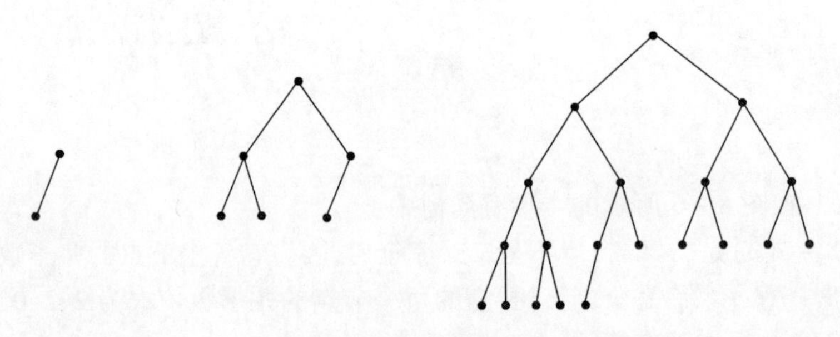

图 8-9 几个不同层次的完满二叉树示意图

显然,满二叉树是完满二叉树的特殊情况。因为,在完满二叉树的最后一层叶子中,完全缺失就成了少一层的满二叉树,而一片也不缺失的就是相同层次数的满二叉树。

另外,完满二叉树也是完全二叉树的特殊情况,完全二叉树中要么节点没有儿子,那便是叶子,要么节点有两个儿子,那便是分枝点,但分枝点和叶子的位置是没有规律的,它可以出现在该二叉树的任何位置上。当所有的也叶子均集中在最后一层,且呈现左侧整齐排列,但右侧或多或少地确实若干叶子时,便成了完满二叉树,也即

| 二叉树集合 | > | 完全二叉树集合 | > | 完满二叉树集合 | > | 满二叉树集合 |

如图 8-10 所示。

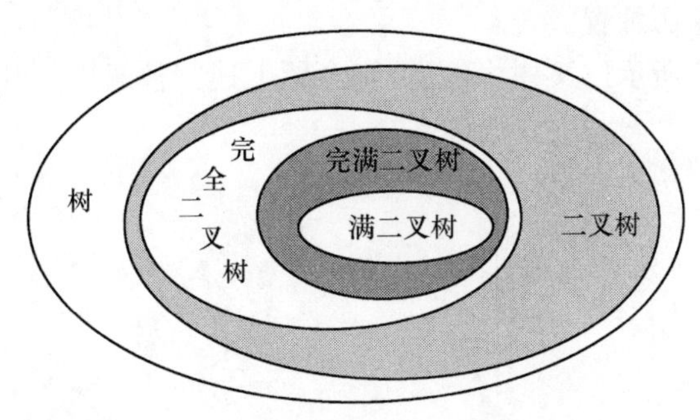

图 8-10　二叉树概念结构示意图

(5) 有 n 个节点的完满二叉树,其深度等于 $[\log_2 n]+1$。

原理同性质(4),故说明从略。

(6) 对有 n 个节点的完满二叉树来说,从根开始,按层次顺序从左到右编号,则有如下结论:

① 若编号 $k=1$,即根节点。

② 若编号 $k>1$,则其父节点编号为 INT($k/2$)。

③ 若 $2k \leqslant n$,则节点 K 的左子节点为 $2k$,否则无左子节点。

④ 若 $2k+1 \leqslant n$,则节点 K 的右子节点为 $2k+1$,否则无右子节点。

如此编号后,各节点的位置关系将极容易确定,这也是在数据结构课程中,堆排序的理论基础。

例 8-1　有 2010 个节点的完满二叉树,总共有多少片叶子?

解:依照完满二叉树的性质可知,完全二叉树的各层节点数依次为

$$1、2、4、8、16、32、64、128、256、512、\cdots$$

不难看出,前 10 层的节点总数为 1023,所以,第 11 层共有叶子

$$2010 - 1023 = 987 \text{(片)}$$

这 987 片叶子是从第 10 层的 INT(987/2) + 1 = 494 个父亲那里射出来的,也就是说,第 10 层尚有 512 - 494 = 18 个节点没有儿子,所以,这 18 个没有儿子的节点也是叶子,于是,这颗完满二叉树的叶子总数应该是 987 + 18 = 1005。

8.5　二叉树的遍历

二叉树的运用很多,遍历无疑是最经典的案例之一。二叉树的遍历就是不重复地访问二

叉树中的所有节点,它是二叉树各种操作的基础,因为许多场合需要在遍历过程中对二叉树的某些节点实施各种操作。例如,对于一颗已知树求某节点的父亲、求某节点的儿子、判断某节点所在的层次、修改某节点的某些域值等。当然,也可在遍历过程中,生成某节点,并将其插入二叉树中,或是建立二叉树的存储结构等。实质上,二叉树的遍历就是将非线性的数据结构按一定要求进行线性化处理的过程。

二叉树的遍历总是按照"先左后右"的原则进行,即先访问左子树, 再访问右子树。

根据二叉树的树根在遍历过程中的访问顺序不同,可将二叉树的遍历可分三种方式,即前序遍历(*DLR*)、中序遍历(*LDR*)、后序遍历(*LRD*)。其中,*D* 指根的遍历位置,*L* 指左子树的遍历位置,*R* 指右子树的遍历位置。

下面以图 8-11(a)所示二叉树为例,分别介绍上述三种遍历的基本思路和步骤。

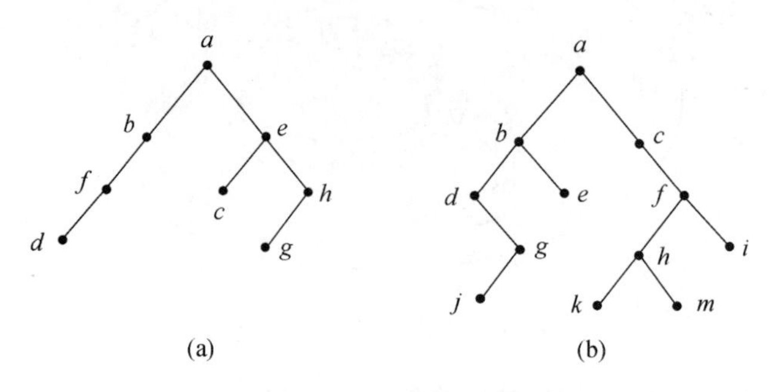

图 8-11 二叉树遍历示意图

1. 前序遍历

按照递归原则,依次访问二叉树的"树根、左子树、右子树"的各节点。

首先访问根,对图 8-11(a)所示二叉树而言,a 节点便是最先被访问到的点,其次才是 a 的左子树和右子树。a 的左子树即以 b 为根的子树,仍然是首先访问根,所以,接着要访问的是 b 节点;b 的左子树就是以 f 为根的子树,当然要先访问根 f,其次是 f 的左子树 d;因 f 无右子树,故返回,又因 b 也无右子树,再次返回,接着需访问 a 的右子树。至此,已经访问过的节点序列为"a、b、f、d"。

a 的右子树即以 e 为根的子树,故同样要先访问节点 e;接着是 e 的左子树 c,因 c 无儿子,故返回到 e 的右子树,即以 h 为根的子树;同样是先访问 h,再是其左子树 g。h 再无右子树,所以,遍历全部结束,最后形成的全部遍历顺序为"a、b、f、d、e、c、h、g"。

2. 中序遍历

中序遍历同样是按照递归原则实施访问,不过访问顺序是"左子树、根、右子树"。同样以图 8-11(a)所示二叉树为例。

首先是左子树,即以 b 为根的子树,同样以中序遍历,继续访问以 f 为根的子树。此时,因节点 d 是叶子,它没有自己的左右儿子,所以,d 将是最先被访问的,其次才是它的父亲,即 f;以 f 为根的子树没有右子树,故以 f 为根的子树遍历结束,进而访问以 b 为根的子树之根,所以,b 被访问。至此,已被访问的节点依次为 d、f、b。

该根树的左子树被遍历完成,开始访问该根树的根,即 a 节点。至此,已被访问的节点依次为 d、f、b、a。

接下来,开始遍历该根树的右子树。该根树的右子树的根是以 e 节点为根的二叉树。首先遍历其左子树，即叶子 c，再遍历其根 e。此时，已被访问的节点依次为 d、f、b、a、c、e。

容易理解，接着开始遍历以 e 为根的子树之右子树，顺序为 g、h。

于是，该根树最后的总中序遍历结果为 d、f、b、a、c、e、g、h。

3. 后序遍历

后序遍历就是把对树根的访问放在两颗子树的后面进行，同样必须按照递归原则进行，二叉树的遍历顺序为“左子树、右子树、根”。

以图 8－11(a)所示二叉树为例，按照后序遍历，其遍历结果为“d、f、b、c、g、h、e、a”。

具体的遍历分析过程从略，读者可自行验证。

对图 8－11(b)所示二叉树而言，读者可自行验证，其三种不同的遍历结果分别如下：

前序遍历：a、b、d、g、j、e、c、f、h、k、m、i。

中序遍历：d、j、g、b、e、a、c、k、h、m、f、i。

后序遍历：j、g、d、e、b、k、m、h、i、f、c、a。

其实，对图的遍历同样可以仿照对二叉树的遍历思想。

8.6 代数表达式的波兰表示 *

一般地，一颗 m 叉树可以转化为一颗二叉树，其具体的操作步骤如下：

(1) 对每一个节点只保留它的左分枝，其余分枝都去掉。

(2) 在同一层次上，原来是兄弟的节点，从左到右用有向边连接起来(只从有引入边的节点连向无引入边的节点)。

(3) 对任意一个节点按下法选定它的左儿子和右儿子，即在节点下面的节点是它的左儿子，在其右边连接的节点则是它的右儿子。

(4) 将节点的儿子画在下面的层，左儿子在左方，右儿子在右方，即将其调整并重新绘制成规范的二叉树形式。

如图 8－12 所示就是将一颗四叉树转化为一颗二叉树的具体过程。

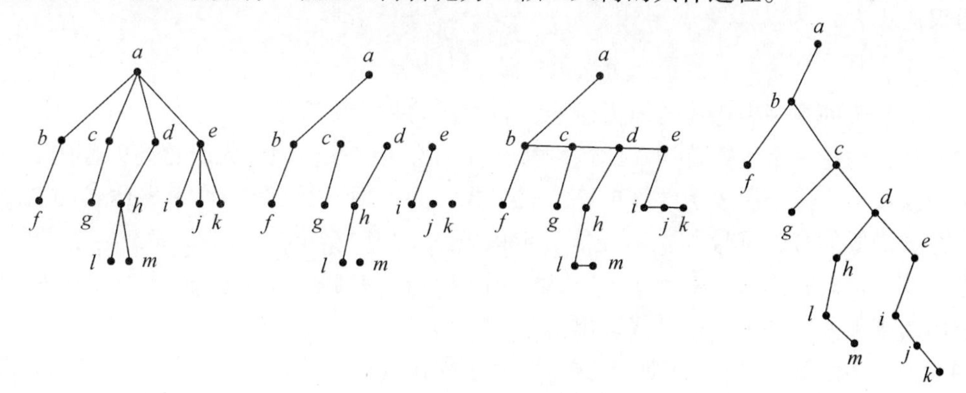

图 8－12　四叉树转化为二叉树示意图

类似地，也可将一个森林转化为一颗二叉树。假设该森林由根树 $T_1, T_2, \cdots, T_k$组成，容易理解，欲将该森林转化为一颗二叉树，首先须将该森林中的每一颗树 T_i，按上面的步骤(1)处理，再将该森林中的所有根树 $T_1, T_2, \cdots, T_k$的树根看成是兄弟节点，从 T_1到 T_2并一直再到 T_k连接起来，再后面可按照上面的步骤(3)、(4)处理即可。具体示例从略。

另外，在对源程序实施编译处理的过程中，表达式的编译和分析就要用到对二叉树的遍历技术，称为**表达式的线性化**。按从左到右的顺序，将树的所有子节点排上次序之后而形成的有序树，可依照如下原则转化成一颗二叉树：

(1) 有序树 T 的节点与二叉树 BT 中的节点一一对应。

(2) T 的某节点 N 的第 1 个子节点 N_1（最左边的）对应 BT 中 N 的左节点。

(3) T 的某节点 N 的第 1 个子节点以后的其他子节点，在 BT 中被依次链接成一串起始于 N_1 的右子节点。

不难看出，上述过程与将一颗 m 元树转化为一颗二元树的过程是基本一致的。

数学表达式中的双目运算符（如 +、-、×、÷ 等）总是置于与之相关的两个操作数之间，这种表示法一般称为**中缀表示**。在中缀表达式中，计值运算总是根据算符间的优先关系来确定运算次序，并不总是按运算符出现的自然顺序来执行各运算，除非两个运算符的优先级别相同，当然，还得考虑括号等辅助性规则。所以，要从中缀表达式直接产生目标代码一般比较麻烦，这便是编译原理中经常要遇到的难题。

波兰的逻辑学家 J. Lukasiewicz 于 1929 年提出了另外一种表示表达式的方法。他将每个运算符都置于其运算对象之后，故称为**后缀表示**。这种表示法的一个特点是，表达式中各个运算是按运算符出现的顺序进行的，故无须使用括号指示（或调整）运算顺序，因而又称为**无括号式**。

例如，对于普通的中缀表示式 $X+B$、$X+Y\times C$、$((X+Y)\times(C+D)$ 等而言，其对应的后缀表示即可表示为 $X\ Y\ +$、$X\ Y\ C\times +$、$X\ Y\ +\ C\ D\ +\ \times$。

其实，Lukasiewicz 当初提出的是前缀表示，为了区分前缀和后缀表示，通常将后缀表示称为**逆波兰表示**。因前缀表示并不常用，所以，有时也将后缀表示就称为**波兰表示**。逆波兰式（Reverse Polish notation，RPN）也称**逆波兰记法、后缀表达式**。

例如

$$(a+b)\times c-(a+b)\div e$$

其后缀表达式为

$$a\ b+c\times a\ b+e\div -$$

将一个普通的中序表达式转换为逆波兰表达式的一般算法是：

(1) 首先构造一个运算符栈。此运算符在栈内遵循越往栈顶优先级越高的原则。

(2) 读入一个用中缀表示的简单算术表达式。为方便，设该简单算术表达式的右端多加上了优先级最低的特殊符号“#”，以便能确定该表达式何时结束。

(3) 从左至右扫描该算术表达式，从第一个字符开始判断，如果该字符是数字，则分析到该数字串的结束并将该数字串直接输出，转步骤(5)。

(4) 如果不是数字，该字符则是运算符，此刻须比较优先关系。将该运算符与运算符栈顶的运算符的优先关系做比较；如果，该字符优先关系高于此运算符栈顶的运算符，则将该运算符入栈。否则，将栈顶的运算符从栈中弹出，直到栈顶运算符的优先级低于当前运算符，将该字符压入堆栈。

(5) 重复上述操作直至扫描完整个简单算术表达式，确定所有字符都得到正确处理之后，便可以将中缀式表示的简单算术表达式转化为逆波兰表示的简单算术表达式。

容易看出，实现逆波兰式算法的难度并不大。其实，之所以要将看似简单的中序表达式转换为复杂的逆波兰式,就在于这个简单是相对人类的思维结构而言的,因计算机普遍采用的内存结构是堆栈,它执行先进后出的顺序。所以,对计算机来说中序表达式是非常复杂的,但逆波兰式却相对简单。

当然,利用二叉树亦可实现逆波兰表达式。将最终进行的预算符记为根节点,将两边的表达式分别记为左右子树,依次进行,直到所有的运算符与数字(或字母)标在一棵二叉树上。然后对二叉树进行后序遍历,其遍历结果就是逆波兰表达式。

在表达式的线性化过程中,需要将表达式转化为后缀表示形式,即波兰表示,再用栈技术实施处理。其实转换的方法较多,但利用二叉树实施转化却是最常用的方法。

如果树的节点编号是某字母表上的一个字符,那么按给定遍历算法的次序写下各节点的编号,就得到该字母表上的一个字,不妨用 w 表示这个字。一般来说,仅给出字 w 和遍历算法是不可能重新构造出对应的那颗树的,但在特殊情况下是可以的。如果树代表的是一个代数表达式,其中每一个内部节点标记着一个运算符,如 +、-、*、/等,而每片叶子则标记着一个变量或是常数,字便是前序或后序遍历得出的结果,那么,根据这个字即可重新构造出原代数表达式。这就意味着,字是代数表达式的另外一种表示而已,这个字就是代数表达式的波兰表示。

波兰表达式求取步骤如下:

(1) 将代数表达式用有序树表示,即构造其**表达式树**。

(2) 将该表达式树(按上述二叉树转化原则)转化为二叉树。

(3) 对该二叉树做中序遍历,其遍历结果即波兰表示。

值得注意的是,对于仅由二目运算符构成的表达式树,其本身就是一颗二叉树,为了处理上的一致性,这时同样要再次转成二叉树,之后再做中序遍历处理。

实质上,对于仅有二目运算符的代数表达式,可以直接实施前序或后序遍历,得到的结果均可返回来重新构造该表达式树,但用中序遍历却无法重构并得到唯一的表达式树,所以,这才特别强调也要转化成二叉树再行中序遍历。

例 8-2 试求表达式 $(a-b)/(d+e-g)*f(x, y, z)$ 的波兰表示。

解:首先构造题述表达式对应的表达式树如图 8-13 所示。

再将其转化成二叉树,如图 8-14 所示,最后对该二叉树实施中序遍历,得其相应的波兰表示为

$$a\ b\ -\ d\ e\ +\ g\ -\ /\ x\ y\ z\ f^{*}$$

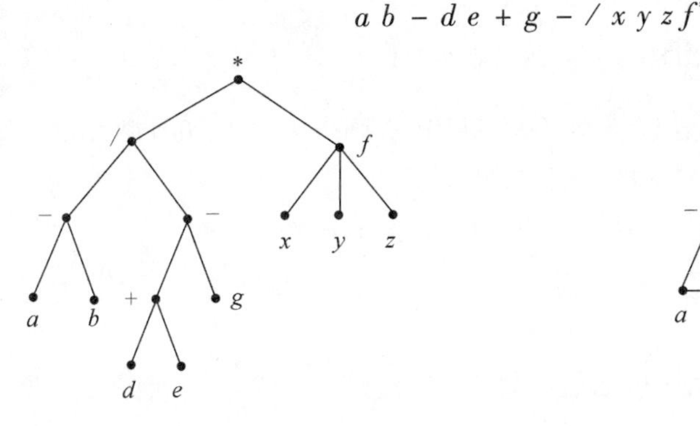

图 8-13 题述表达式的表达式树

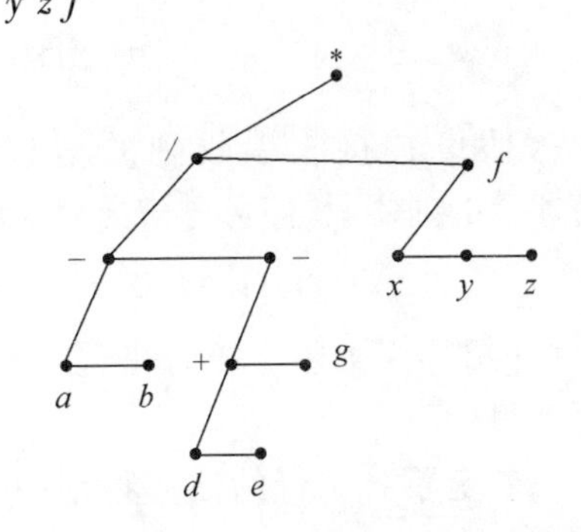

图 8-14 对应的二叉树

8.7　前缀码与哈夫曼树

除了代数表达式的波兰表示之外，二叉树在通信编码理论中还有独到的应用。

通信中，因为26个英文字母至少需要5位01序列来编码，于是在通信编码中常用5位01序列表示一个英文字母，所以，接收端每收到5位01序列就可确定一个字母。不过，各字母被使用的频繁程度是不同的，甚至相差悬殊，如字母 e、t 就用得相当频繁，而 q、z 则很稀少。因此，编码设计时人们不免希望用较短的码长表示那些使用频繁的字母，而用稍长的编码表示那些使用稀少的字母，如此，可在通信中大大缩短电文的总编码长度。

设想很好，但因编码长度不统一，则接收端如何将一长串的0和1序列明确无误地分割成字母对应的具体编码呢？例如，用00表示 e，用01表示 t，用0001表示 q，那么，当接收端收到信息串0001时，显然无法区分具体内容应该是 et 还是 q。1952年，哈夫曼却很好地解决了这个问题。

基于一颗完全二叉树，把每一个节点引出的左分枝上标记上0，而右分枝上标记上1。于是，从树根到每一片树叶所经历的边的标记串作为这片叶子的标记，称基于这颗完全二叉树的所有可能的标记的集合为**前缀码**。

图8-15对应的{000,001,010,011,10,11}就是前缀码。不难看出，在这个集合中，没有一个序列是另一个序列的前缀。另外，一个前缀码(即这个集合)与这颗完满二叉树是一一对应的。

使用前缀码可以分辨出长短不一的序列。因为，当收到信息串时，可利用该前缀码对应的那颗完全二叉树进行检测。检测的方法其实非常简单：总是从根开始，当接收到的信息是0时，则沿着左子树走；当接收到的信息是1时，就沿着右子树走。这样，一直向二叉树的树叶方向走，直到一片叶子为止，一个前缀码中的对应01序列就被检测出来了。再回到树根重复上述的动作，即可检测出下一个序列。该过程可保证将接收到的信息串分割成前缀码中的各有效序列。

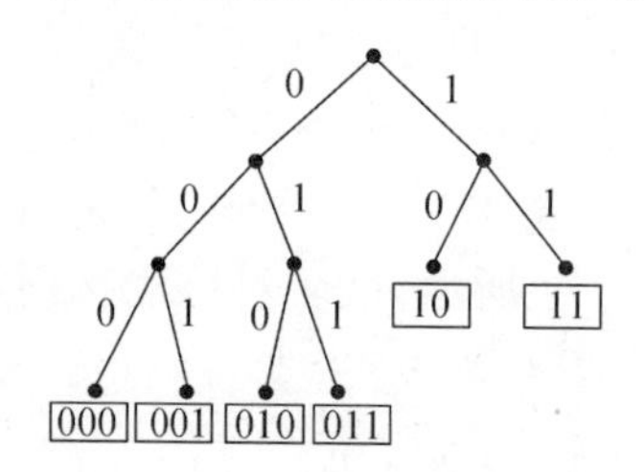

图8-15　前缀码编码模式

例如，假设在接收端收到的信息串为0001111010101010111111000110010 01，则基于图8-15所示的前缀码，即可分辨出对应的编码序列应该是

000,11,11,010,10,10,10,11,11,11,000,11,001,001

下面介绍如何构造这样的完全二叉树，使26个英文字母的编码最佳。这便是**哈夫曼算法**，其基本思想如下：

假设，给定了各字母的使用频率(可通过统计电文信息得到)为 $p_1,p_2,\cdots,p_{26}$，所谓的最佳，其实就是构造一颗有26片叶子，其权分别为 $p_1,p_2,\cdots,p_{26}$ 的完全二叉树，使得下面的码的长度的数学期望值达到最小：

$$L = p_1l_1 + p_2l_2 + p_3l_3 + \cdots + p_{26}l_{26}$$

其中，l_i为第 i 个字母的码长；p_i为第 i 个字母的使用频率。

很明显，这就对应在二叉树中构造一颗给定权为 $p_1,p_2,\cdots,p_{26}$的最优树问题。哈夫曼算法的基本思想能保证从带权($p_1,p_2,p_3,\cdots,p_{26}$)的最优树得到带权($p_1,p_2,p_3,\cdots,p_{26}$)的最优树。鉴于篇幅，证明从略。

下面用具体的举例说明哈夫曼树的构造方法。

例 8-3　设有权值:1、3、5、7、8、10、12，试构造哈夫曼树。

解：从上述给定的权值序列中找到最小的两个权 1 和 3，构造一个二层的小型二叉树，如图 8-16(a)所示。

从题目给定的权值序列中舍掉 1、3，代之以 4，得新权值序列 4、5、7、8、10、12。继续从新权值序列中找最小的两个权值 4、5，再构造二叉树，如图 8-16(b)所示。

同样思路，舍掉 4 和 5，而代之以 9，排序后得权值序列 7、8、9、10、12，仍然以其中最小的两个权值，构造二叉树，如图 8-16(c)所示。

再次从序列中舍掉 7 和 8，代之以 15，重新将权值序列排序后得 9、10、12、15。仍然用其中最小的两个权值 9 和 10，可构造出如图 8-16(d)所示的二叉树。

依然舍掉 9 和 10，代之以 19，排序后的新序列为 12、15、19。这次取最小的两个权是 12 和 15，可构造二叉树如图 8-16(e)。

这次舍掉 12 和 15，代之以 27，得新权值序列 19、27，以这最后的两个权值构造二叉树如图 8-16(f)。

这就是最后的结果，即哈夫曼树。

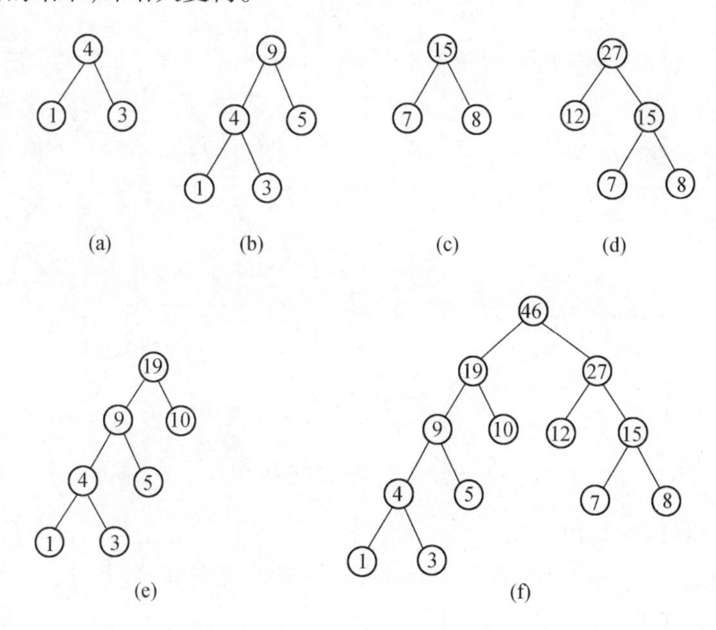

图 8-16　哈夫曼树构造过程示意图

8.8　决 策 树 *

一般决策的前提总是要尽量弄明白待决策的问题本身，而最常见的也是最直观的工具就是**决策树**(Decision Tree)。一个决策树代表的是一个决策问题的基本模型(或是抽象)，当然，决策树并不是决策本身，也不是解决问题的答案，但决策分析者可以通过决策树向决策者解释或说明决策的科学依据和过程，让决策者更容易作出决策。也就是说，决策树为群体管理者或军事指挥员作出决策提供了讨论的基础，并引导大家作出更有效的群体决策。

决策树是由一些简单的图形或符号组成的树形结构图，如图8－17所示。其中，矩形方框表示是一个决策点，决策者必须在该位置作出决策选择。在图8－17(a)中，决策者在所示决策点上必须在a、b两个方案中选择其一，而在图8－17(b)中，则要求决策者必须在四个备选方案a、b、c、d中作出决策选择。一般地，不论是两个选择方案，还是四个方案，它们之间没有一定的先后顺序，就是说，a没有比b或c、d等更优先被选择的机会。在绘制决策树时，可以根据实际情况，灵活使用直线或斜线(甚至曲线)。

其中，圆圈用来表示不确定的点或事件(Event)，称为方案节点，在这一点没有选择方而是表示有若干种结果之一可能发生，但无法控制是哪种结果会实际运营中确实发生。例如，在抛硬币的行为中，结果有两种，要么是正面，要么是反面，但无法确定某一次试验中究竟会出现正面还是反面，因此，关于抛硬币实验的决策树即可表示为如图8－17(c)所示。

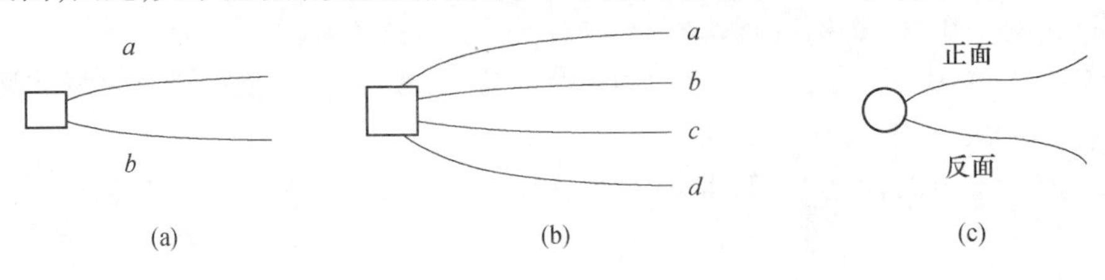

图8－17　决策树示意图

在绘制决策树时，一般总是用横轴表示时间。如图8－18所示，就表示在决策点A有两个备选方案(a、b)供决策者选择，当决策者选择了a方案之后，在B点可能有两种事件(c、d)发生，当然事件(c、d)的发生概率不同，而在事件d发生时，便走到选择点D，这时面临着三种选择(e、f、g)，如此等等。

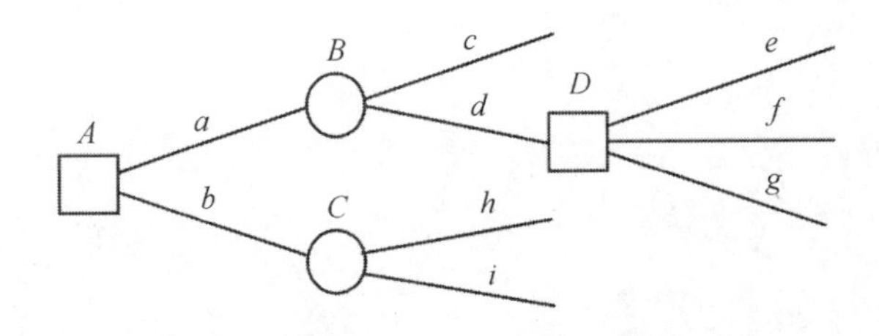

图8－18　决策树示意图

理论和经验均已证明，用组成决策树的基本图形和符号，完全可以把非常复杂的决策问题清楚地表示在图上。这样处理可明显提高对决策问题的直观理解，并且，对于提高决策者的管理决策水平通常是非常有用的好方法，值得一用。

8.8.1　决策树实例分析

在如今的体育比赛中，对运动员做药检是一件再正常不过的事，用来判定其是否服用了违禁药物。当然，是否该实施违禁药物检查的问题很复杂，因此，许多管理学的资料中经常用决策树描述对违禁药物的检查过程。

当然，最初的备选方案有两个，这是很明确的，即检查和不检查，可用决策树表示，如

图8－19(a)所示。在对运动员实施药检时,结果也很明确,要么呈阳性,要么呈阴性,对这两种情况(即事件)无法提前预测,但也有一定的概率分布规律可循,可以通过统计和分析过去的实际数据得到其分布规律。将这两个事件的出现情况也可反映在决策树中,如图8－19(b)所示。

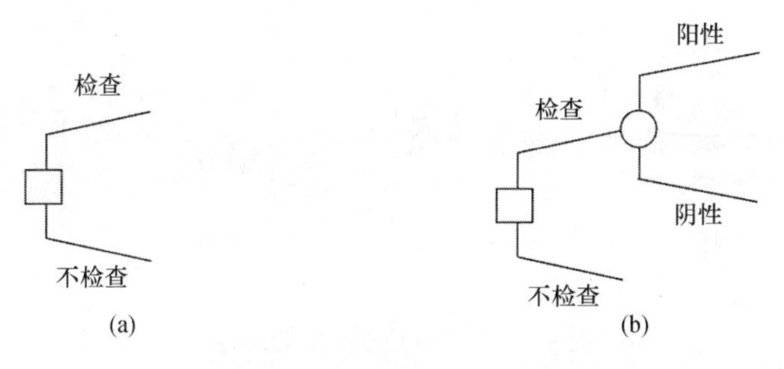

图8－19　药物检查的决策树表示

药检之后,就需要根据药检的结果对运动员作出具体的处置。当"阴性"事件出现时,处置的方案很明确,说明该运动员是清白的,也就是说,此刻的备选方案是唯一的。将其补充在决策树中,如图8－20(a)所示。

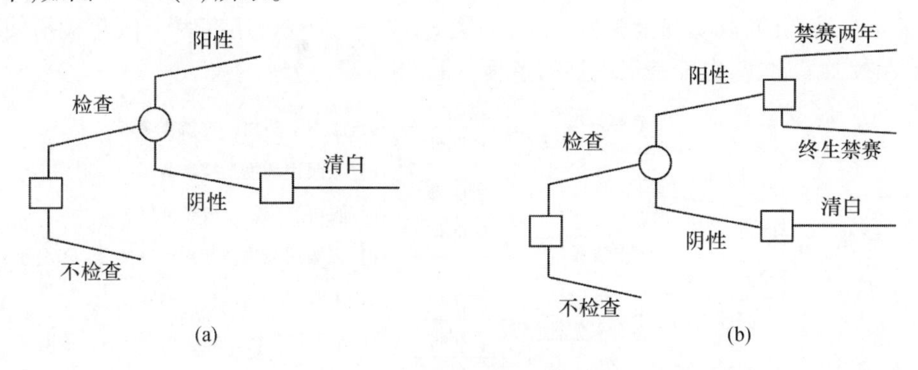

图8－20　药物检查的决策树表示

但是,如果药检的结果呈阳性,则问题便相对复杂多了。为使说明相对简明一些,不妨仅考虑国际体育比赛中比较常见的制裁措施,即"禁赛两年"和"终身禁赛"。当然,究竟采取哪种制裁措施,则要根据违禁的情节是否严重、过去是否有过类似的违禁历史记录等诸多因素做综合考虑,鉴于篇幅,这里不再赘述,仅将这两种制裁方案添加在决策树中,如图8－20(b)所示。

当然,如果不做药检,则意味着不管运动员是否服用药物,他都能顺利地参加比赛。这显然对那些诚实的、靠自身素质来竞争的运动员是不公平的,不过,作为比赛的组织者将无法区分参赛运动员所获得成绩的真实性。如果将这些情况也添加在决策树中,即如图8－21(a)所示。

是不是实施药检就能彻底解决问题呢?显然不是,因为药检也有不可靠的时候,这便出现了"假阳性"和"假阴性"的问题。当然,该问题在不做药检时是不会出现的,它仅出现在药检之后。不管是"禁赛两年"(或"终生禁赛")的处罚,还是认为其"清白",都有可能是不确定的。考虑所有这些可能的情况之后,决策数就演变成如图8－21(b)所示的模样。

仔细观察该决策树就会发现,不论是做药检还是不做药检,其结果都有可能很糟糕。为了

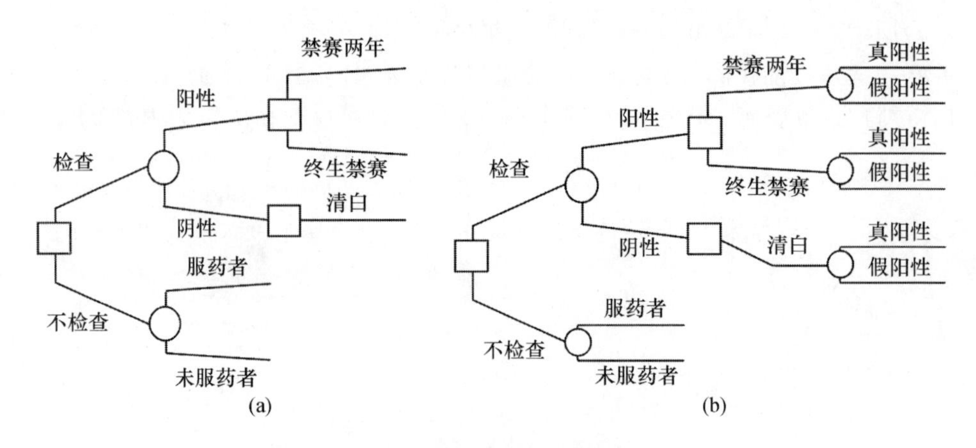

图8-21　药物检查的决策树表示

进一步说明问题,不妨对所有的8种情况做编号,并分别考虑其对应的处理意见,如图8-22所示。

很明显,对那些服用了药物的运动员,最后被禁赛是应该的,如图8-22中(a)、(c)所示;而对那些因药检不准确而被禁赛了的运动员,就非常不公平,如图8-22中(b)、(d)所示;还有,药检显示是清白的,其实却是漏网之鱼,如图8-22(f)所示;还有因未做药检指使真正的药物服用者参加了比赛,也都是很糟糕的事情,如图8-22(g)所示。

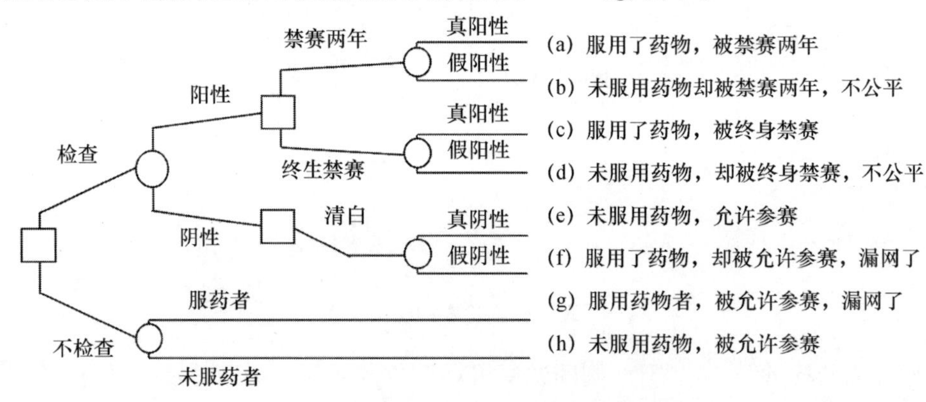

图8-22　添加了处理结果的药检决策树

对于药检问题,通过决策树描述组织者的决策和管理过程和细节非常直观。

8.8.2　不确定事件的决策分析

在军事、社会和经济生活中,不确定性事件随处可见,而且无法避免,因为决策往往决定的是将来的发展和趋势。既然完全摈弃不确定性是不现实的,那就只能采取某些措施解决这些不确定性,常见的方法就是概率论。

虽然无法确定在决策树中的不确定事件发生点上,究竟哪个事件会真正发生,但根据以往的数据可以分析这些事件发生的概率,其实,这在一定程度上便决定了事件发生的可能性,在大量的决策活动中,结果还是相当有效的。

根据概率论知识,有些概率是客观的,可以通过大量的试验实测,如投硬币问题。但许多场合的概率是无法用试验测得的,例如,某天某区域天气晴朗的概率、某指挥员在某时刻情绪高涨的概率、敌方舰队在年前偷袭我某沿海城市的概率等,都属于主观概率(Subjective probalities)。这些主观概率一般都是由有经验的专家和小组综合多方因素给出的一个参考值。当然,使用主观概率来标定不确定性,需要这些专家或小组对相关事件非常熟悉,有独到的把握和见解。

概率期望是基于概率处理不确定性的最重要的标的,它反映的是“方案”的平均值。以图 8-23(a) 所示的随机决策树为例,三个事件彼此独立,且构成了完备的事件集合,其总的数学期望值为

$$E = \sum (P_i \times X_i) = 0.6 \times 0 + 0.3 \times 1000 + 0.1 \times 1000000 = 100300(\text{元})$$

因不同事件的发生概率不同,其对应的收益往往也迥异。一般发生概率小的事件,如图 8-23(a)中的 0.1, 其收益居然高达 100 万。而发生概率较高的事件,其收益也经常较低,如图 8-23(a)中的 0.6,其收益竟然是 0。因此,这种决策问题对大多数人来说都不是简单的事。

当然,有些备选方案的其他特征量也同样很重要,如风险性(Riskiness)等。管理决策往往会涉及到在期望值和风险性之间的权衡问题,而且,这种取舍或选择总是很纠结的。

再如图 8-23(b)所示的随机决策树,备选方案一虽然是确定型的,但其收益并不高,仅有 1000(元)。而备选方案二的收益期望值虽然较高,可达 1600(元)。于是,总收益期望值便如下式所示:

$$E = \sum (P_i \times X_i) = 0.9 \times 2000 + 0.1 \times (-2000) = 1600(\text{元})$$

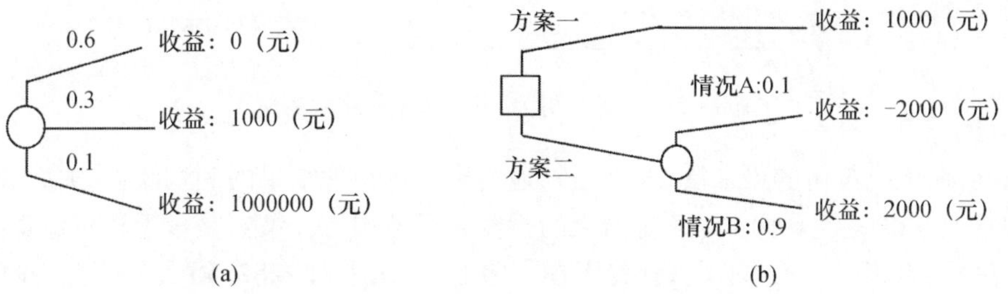

0.6 收益: 0 (元)
0.3 收益: 1000 (元)
0.1 收益: 1000000 (元)
(a)

方案一 收益: 1000 (元)
情况A:0.1 收益: -2000 (元)
方案二
情况B: 0.9 收益: 2000 (元)
(b)

图 8-23 随机决策树示例

但其中存在着风险,弄不好可能会损失 2000(元),虽然发生损失的可能性并不高,其概率仅为 0.1,而大多数情况下(其概率为 0.9)则将收益 2000(元)。显然,该问题没有确定的答案,也没有相对理想的最优解,不同的决策者将采取不同的方案。其实,这也是决策树充满了魅力的原因。

一般地,期望值仅仅是实施决策时的一个平均指标,在需要做大量的、多次决策管理的情况下,管理机构努力追求各决策的期望值的最大化,就总的平均效果而言结果将是最理想的,应该说,期望值的作用在此刻真正发挥作用了。通常情况下,理智的管理机构不会为追求个体决策效益的最大化,而置整个企业或公司于非常危险的境地,否则,一旦灾难性的、哪怕是极小的概率事件真正发生时,对整个公司的打击将会是毁灭性的。

8.8.3 逆推技术

公安部队的广大官兵在各种警务行动中出现伤亡等情况相对普遍,为了更好地保证官兵及其家庭的切身利益,某部曾募集到大笔资金(设为 1000 万人民币),并创建了“见义勇为”基

金。平时,这是一笔相对闲置的款项,为使该基金保值,基金管理机构准备将该基金做短期(初定为48h)投资经营。方案一是直接存储在银行两天,通过赚取利息来保值,假设年利率为7%,于是,48h 内的利率即为 $0.07 \times 2/365$,经简单计算可知获利息 3835.62 元。方案二是由经纪人投资于保险市场,当然要付给经纪人一定的酬劳,假设需 100 元,初定年利率是 8%,经计算可知获利 4383.56 元,其中包含雇佣经纪人的费用 100 元。

经考察获悉,该经纪人的操作成功率约为 90%,如果其操作失败,则会因耽误时间而无法投资于短期市场,资金将被闲置 1 天(24h)。当然,第 2 天还是有机会重新选择的,就是说,可以以 7% 的利率投资于短期市场 24h,此刻可获利息 1917.81 元。或者付给经纪人另外的 100 元酬金,投资于保险市场 24h,利率仍然是 8%,但此刻的利息将是 2191.78 元。

汇总上述投资说明和相关细节,可将其对应的决策树描述为如图 8-24 所示。

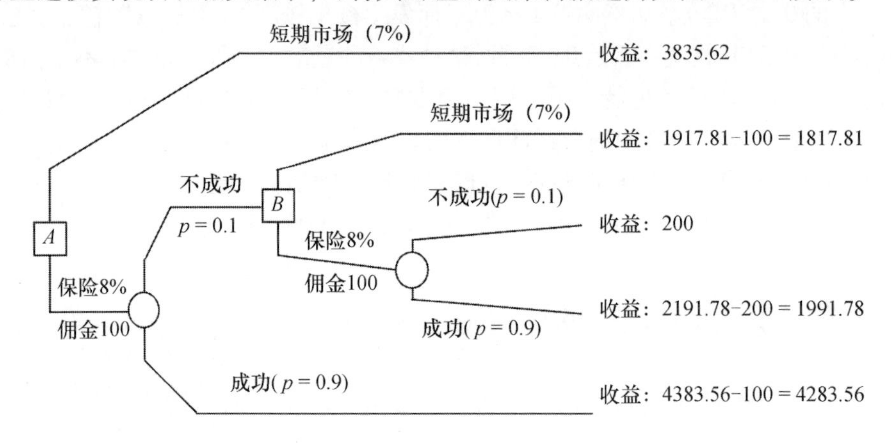

图 8-24 "见义勇为"基金短期投资决策树

很明显,在该决策树的最末端,非常清晰地给出了每一种结果的确切收益,据此,决策树的简明性和直观性也展露无遗。问题是当天的投资究竟该如何决策? 是考虑相对稳定的短期市场投资,以得到 3835.62 元的收益;还是考虑保险业务,来争取 4282.56 元? 当然,投资保险业务是有较大风险的。其实,该问题的关键不是最初的决策点 A,而是要首先分析后面的决策点 B,弄明白当经纪人在 48h 的保险业务投资中失败时该如何应对。

换言之,就是要在决策树中,首先从后往前倒推着分析,先观察后面的决策选择,因为后面的选择相对比较直接,也容易得到结果,然后在逐渐往回逆推。一般称这个分析过程为逆推技术(Roll back)。

在该问题中,逆推开始时,首先计算决策点 B 时的概率和收益期望情况,即首先考虑当基金做保险市场投资失败时,处在仅剩下 1 天时间(即 24h)时的 B 点,应该做何选择?

在 B 决策点时面对两个备选方案,如果此时做短期投资,可保证 7% 的利润收益,即稳赚 1817.81 元;若考虑保险业务,则有可能以 90% 的概率成功获利 1991.78 元,但也可能以 10% 的概率失败,还得支付 200 元的佣金。综合起来看,方案二的收益期望即为 $0.9 \times 1991.78 + 0.1 \times (-200) = 1772.60$ 元。很明显,方案二存在风险,收益期望值不过是 1772.60 元,而方案一不存在风险,还可得稳定收益 1817.81 元,没有理由不在决策 B 点选择期望值较高且风险较小的 24h 短期市场投资,如图 8-25 所示。

既然已经明确了 B 决策时的最优决策选择,则 B 决策点后面的细节内容便可在进一步的逆推分析过程中从略,而仅仅标示以 B 决策点时的最优决策期望值即可,如图 8-26 所示。

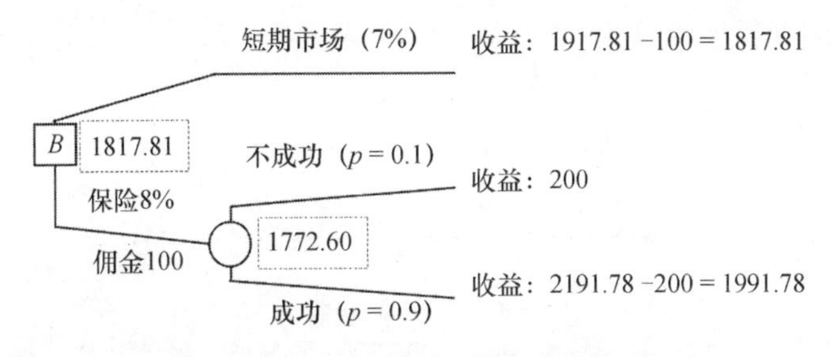

图 8－25　处于 B 决策点时的最优决策选择

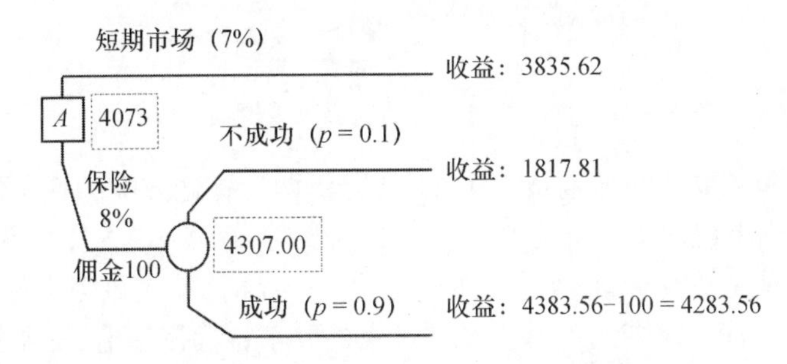

图 8－26　"见义勇为"基金投资决策树逆推

按照相类似的方法分析 A 决策点，此时也是两个备选方案。方案一是 2 天的短期市场投资，稳定获利 3835.62 元。方案二是则面临着与 B 决策点选择保险时类似的风险，以 90% 的概率成功获利 4383.56－100 ＝ 4283.56，仅获利 1817.81 元。综合方案二的收益期望，即为

$$0.9 \times 4283.56 + 0.1 \times 1817.81 = 4037.00(\text{元})$$

基于收益最大化的追求，应该考虑方案二。于是，该基金的投资方案完整描述应该为：首先尝试 48h 的保险市场投资，如果投资失败，24h 内不考虑其他操作，在第 2 天转投 24h 的短期市场。

8.8.4　临界值分析

临界值分析类似线性规划中的灵敏度分析，一般描述的是在决策选择过程中，某参量在某阈值上下的决策变化情况，在实际应用中意义重大。

在经过活动中诉讼行为很常见，有时需要在诉讼费用和赔偿损失之间做出权衡，决策树便派上了用处。例如，某部在营区建设外包招标活动中，因为临时的军事任务而无法继续随行建设任务，被中标的建筑单位告上法庭，要求赔偿建筑公司的前期资金投入 50 万元。该单位通过咨询了解到，聘请律师可能挽回经济损失，但律师要求 2 万元的诉讼费用，该部领导将如何抉择呢？

该问题的关键是诉讼的赢得概率有多大，以 2 万元的诉讼费投入换取 50 万元的赔偿，显然是合算的。不过，如果输掉官司，则不仅要面临 50 万元的赔偿，还得多掏 2 万元的诉讼费用。看得出，决策树能在这里发挥很好的作用。

不妨设律师的赢得概率为 p，于是，败诉的概率就是 $1-p$。

通过前年介绍的逆推技术，不难理解该部面临着两个备选方案，即起诉（走法律程序，争取不赔偿）和不起诉（干脆认输，直接赔偿建筑公司 50 万元）。

对于起诉方案而言，期望值为

$$E_{\text{起诉}} = (50-2) \times p + (-2) \times (1-p) = 50 \times p - 2$$

而不起诉方案的期望值为

$$E_{不起诉} = 0$$

用决策树表示，如图 8－27 所示。

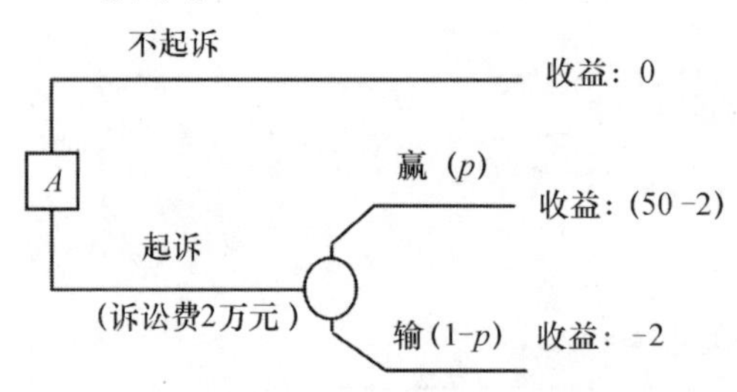

图 8－27　营区外包官司的起诉决策树临界分析图

一般地，作为决策者是否决定起诉对方，就要分析两个备选方案的期望值大小，也就说，当 $E_{起诉} > E_{不起诉}$ 时就应该考虑起诉。即当 $50 \times p - 2 > 0$ 时，解该不等式，可得 $p > 0.04$。

因此，依据期望值最大化原理，当主观概率 $p > 0.04$ 时，就应该考虑起诉，一般无需进一步分析 p 的具体值。至此，决策的关键已经从过去的要求精确概率值，发展到确定概率值的范围即可，显然决策的难度降低了许多，这也是临界值分析最精彩的地方。

8.9　树的存储

树是特殊的图，所以，对图的存储方法均适用于树。但是，树毕竟是特殊的图，所以，树的存储还是有必要做适当强调，何况其中的二叉树应用非常广泛，基于相对合理的二叉树数据存储结构，对提高其相应的操作处理算法的效率意义重大。

一般地，研究树的存储离不开链表，这也是实现非线性结构数据存储、组织与管理的最重要的手段之一。考虑树中各节点往往会有多个儿子，所以，使用多重链表便成了最直接的选择，如图 8－28 所示便是最常见的多叉树中节点的存储机构。

data	child1	child2	…	childn

图 8－28　多元树结点存储结构示意图

在多叉树中，因各节点的儿子数通常情况下并不相等，所以，节点的存储结构便长短不一，运算起来便相对复杂，还得对每个节点的长度做判断，效率可想而知。但是，如果为追求运算上的简单，以提高效率，将各节点设置成定长，则会出现大量的节点指针为空的情况，由浪费了存储空间。看得出，对于多叉树的处理而言，在效率和存储空间上有相当大的矛盾。

但是在二叉树中，因所有节点的儿子数不超过 2，所以，利用上述链表结构来管理二叉树，在空间的浪费上尚处于可以容忍的程度，因此，二叉树中的链表结构使用便相对广泛。

二叉树的存储使用非常规则的多重链表方式，而且每个链节点仅需三个域即可：值域、左指针域、右指针域。另外，一般还要用一个特定的指针 BT 指向二叉树的根节点。图 8－29 就是一个二叉树的存储结构示意图。

不难看出，在二叉树的多重链表存储结构中，仍然有一些空间上的浪费，所以，在对二叉树的搜索（或遍历）中，为了避免因回溯而造成的时间浪费，经常把某些节点之间的搜索（或遍历）前后件顺序等信息存储在这些域空闲的存储空间中，如此即可极大地提高对树的搜索速

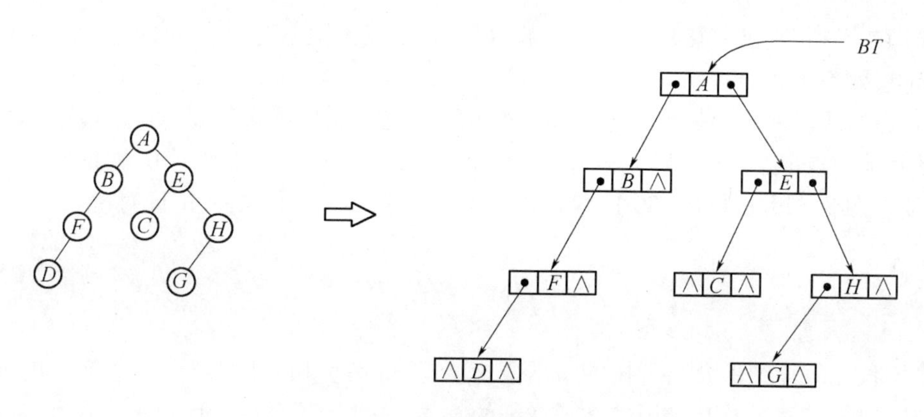

图 8－29　二叉树的存储结构示意图

度。这就是**线索树**的概念，鉴于篇幅，这里不再详述。

在二叉树中，虽然所有的节点均可统一用两个指针，浪费相对较小，但问题依然存在。为了归避基于链表的存储结构的弊端，充分利用 8.4 节提到的二叉树性质(6)的特点，可以考虑用两个一维数组 LCHILD、RCHILD 存储一颗二叉树的所有信息。

在二叉树的性质(6)中，考虑的仅仅是完满二叉树，可以将其做适当推广，对于任意二叉树而言，规定二叉树可以为空，二叉树的子树有左右之分(即左儿子和右儿子)，用有序树表示二叉树。于是，即可得到如下结论：

(1) 第 i 层次的节点数最多为 2^{i-1}，其中，$i \geqslant 1$。

(2) 高度为 h 的二叉树，其节点总数最多为 $2^{k+1}-1$。

(3) 对于任意一颗二叉树而言，如果树叶的数目为 n_0，而出度为 2 的节点数为 n_1，则必有 $n_0 = n_1 + 1$。

(4) 对于有 n 个节点的完全二叉树来说，当按上面的规定对节点实施编号之后，则对任一节点 i，均有 $1 \leqslant i \leqslant n$。如果 $i \neq 1$，则其父亲为 $i/2$；如果 $i=1$，则 i 是树根，无父亲。如果 $2i \leqslant n$，则 i 的左儿子是 $2i$，如果 $2i > n$，则 i 无左儿子；如果 $2i+1 \leqslant n$，则 i 的右儿子是 $(2i+1)$，如果 $2i+1 > n$，则 i 无右儿子。

于是，可设二叉树的所有节点已按 $1 \sim n$ 的顺序完成编号。当且仅当 j 是 i 的左儿子时，LCHILD[i] $=j$。如果 i 没有左儿子，则 LCHILD[i] $=0$。同理，可以定义 RCHILD[i]的含义。

如图 8－30(a)和(b)所示给出了一颗二叉树和它所对应的数组表示。

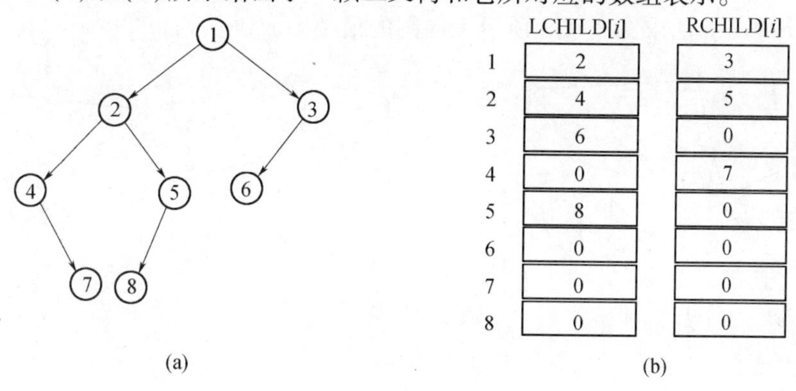

图 8－30　二叉树及其基于数组表示法的存储结构示意

对于满二叉树，则可直接用一个一维数组存储，不仅不浪费存储空间，而且还可很快地定位相关节点，效率也相对较高。

当然，数组表示法不可避免地滋生了一般顺序存储结构的诸多缺点，如插入或删除节点时需要移动其他节点(以空出位置)，这将在很大程度上削弱这种存储方法的优越性。为此，在实用中，要在图 8－29 和图 8－30 这两种存储管理思路上做适当取舍，辩证对待。

小　结

本章不仅比较详细地介绍了树的基本概念、分类等诸多相关内容，而且还就无向树、有向树、生成树，以及二叉树及其遍历也做了详细的阐述。之后，还介绍了代数表达式和波兰表示，以及前缀码和哈夫曼树等内容。8.9 节对十分常见的基于树的决策分析技术——决策树——也做了进一步的探讨，不仅囊括了树的内涵与外延，还充分展示了基于树的非常广泛的应用前景，效果十分明显。

其实，树的应用还很多，树从图中分化出来，便衍生出许许多多的精彩应用案例，这与在第 7 章介绍的网络规划有异曲同工之妙，均是在普通图的基础上做适当限制才衍生出来的，几乎是全新的应用领域，这也为图论的后续研究奠定了基础。

习　题

1. 试列出如图 8－31 所示二叉树的叶子节点、分枝节点以及每个节点的层次。

2. 利用 Kruskal 算法求图 8－32 所示的最小生成树。

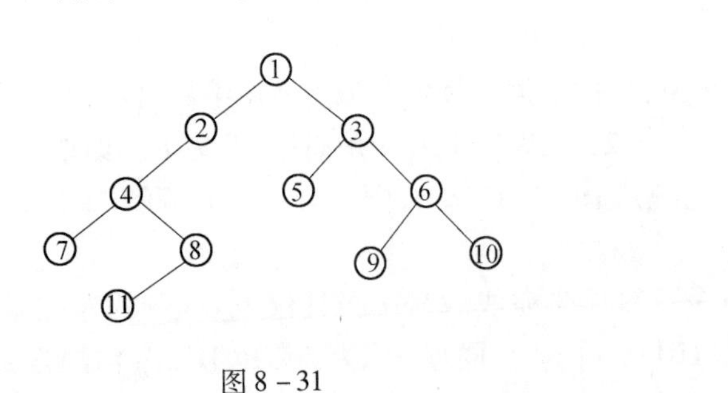

图 8－31

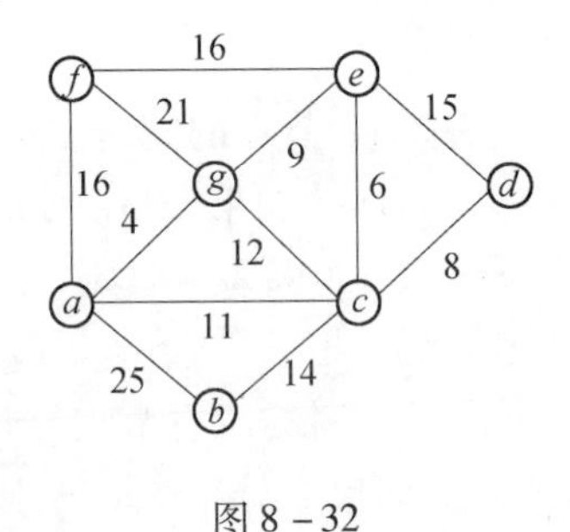

图 8－32

3. 试用 Kruskal 算法求图 8－33 所示无向图的最小生成树。

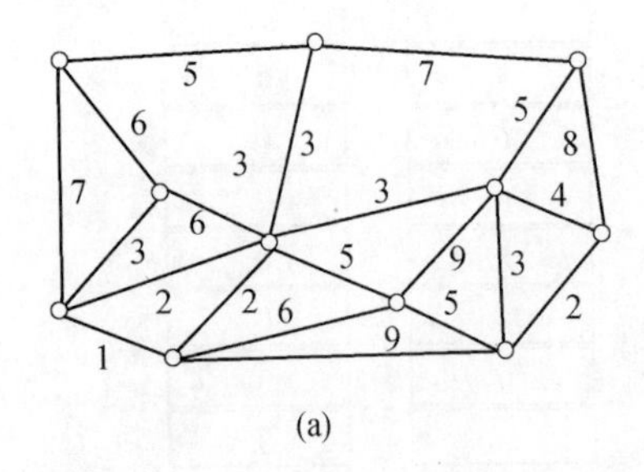

(a)

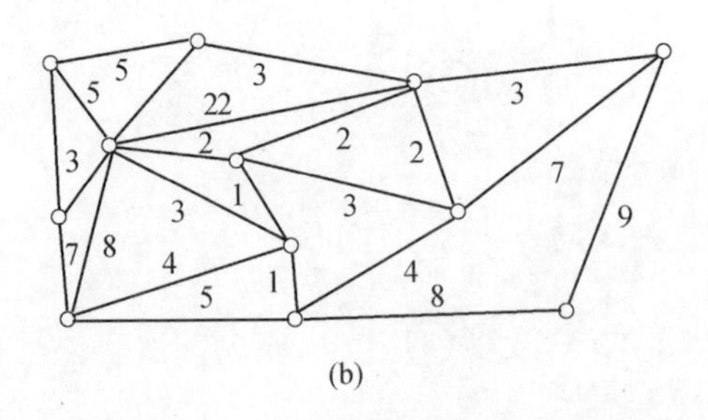

(b)

图 8－33

4. 试分别用破圈法和增补法，求解如图 8－34 所示无向图的最小生成树。

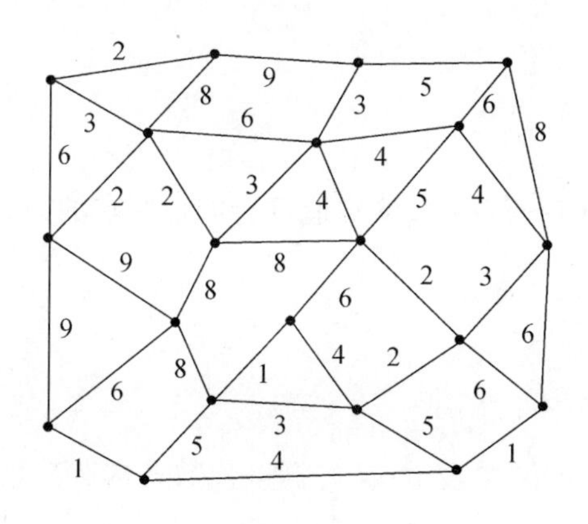

图 8－34

5. 试写出如图 8－35 所示根树对应的括号表示。

6. 试分别画出具有 3 个节点的树和 3 个节点的二叉树的所有不同形态。

7. 在节点个数为 n ($n>1$)的所有可能的树中，高度最小的树的高度是多少？它有多少个叶节点？有多少个分支节点？为什么？

8. 在节点个数为 n ($n>1$)的所有可能的树中，高度最大的树的高度是多少？它有多少个叶节点？有多少个分支节点？为什么？

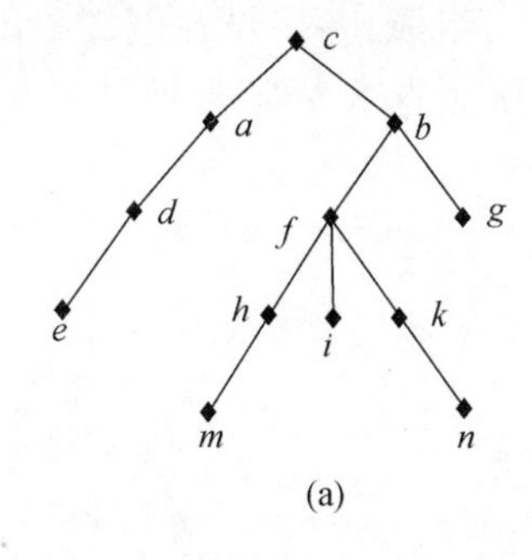

(a)

(b)

图 8－35

9. 如果一棵树有 n_1 个度为 1 的节点，有 n_2 个度为 2 的节点，……，有 n_m 个度为 m 的节点，试问：有多少个度为 0 的节点？为什么？试推导之。

10. 一棵高度为 h 的满 k 叉树。如果按层次自顶向下，同一层自左向右，顺序从 1 开始对全部节点进行编号。试问：

（1）各层的节点个数是多少？

（2）编号为 i 的节点的父节点(若存在)的编号是多少？

（3）编号为 i 的节点的第 m 个孩子节点(若存在)的编号是多少？

（4）编号为 i 的节点有右兄弟的条件是什么？其右兄弟节点的编号是多少？

（5）若节点个数为 n，则高度 h 是 n 的什么函数关系？

11. 某完满二叉树有 2014 个节点，试问：该树总共有多少片叶子？

12. 某完满二叉树有 971 片叶子，试问：该树总共几层？共有多少个节点？

13. 已知某二叉树有 1000 个节点，试构造符合如下要求的完满二叉树，并阐述构造原理。

（1）使其叶子数最少。

(2) 使其叶子数最多。

(3) 使其层数最少。

(4) 使其层数最多。

14. 已知某二叉树有 2014 个节点,试构造符合如下要求的完满三叉树,并阐述构造原理。

(1) 使其叶子数最少。

(2) 使其叶子数最多。

(3) 使其层数最少。

(4) 使其层数最多。

15. 试写出下列代数式的波兰表示式(先据该代数式构造其相应的多元树,再转换成二叉树,然后遍历该树即可)。

(1) $(x+7)*(y-z)/g(f(6),32+9*a,b-c)+16$。

(2) $7/(x+4)*f(316,32,b-3*a)-7$。

(3) $(x-1)*(y+z)*g(32,9*a,f(6),c)$。

(4) $x+7*y-z/f(f(y+9),3*x,b-z)+g(y+91)$。

16. 试画出如图 8-36 所示多元树所转换成的二叉树。

17. 给定权值集合 $A=\{15,03,14,02,06,09,16,17\}$,试构造相应的哈夫曼树,并计算该树的树高和树的总权重。

18. 假定用于通信的电文仅由 8 个字母 c_1、c_2、…、c_8组成,各字母在电文中出现的频率分别为 0.05,0.25,0.03,0.06,0.1,0.11,0.36,0.04。试为这 8 个字母设计不等长的哈夫曼编码。

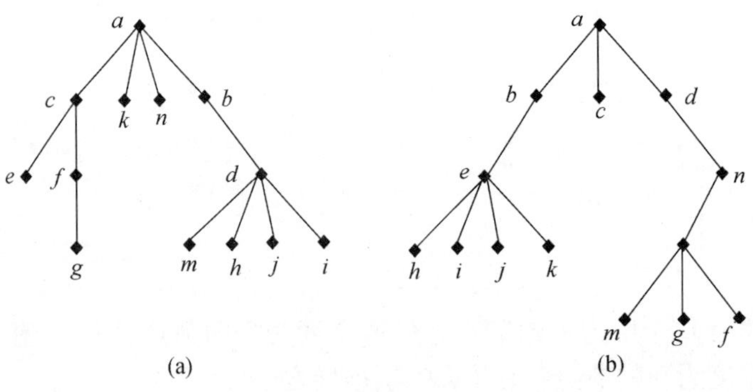

图 8-36

19. 有 3600 个节点的完满二叉树,共有多少片叶子?树高是多少?为什么?

20. 试列出度数列为 1、1、1、1、2、2、4 的所有非同构的无向树。

21. 试画出如图 8-37 所示无向图的所有非同构的生成树。

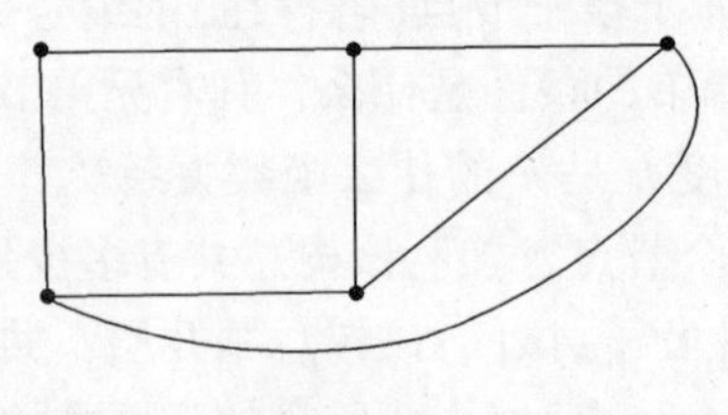

图 8-37

22. 写出图 8－38 所示三棵树的前序遍历、中序遍历和后序遍历结果。

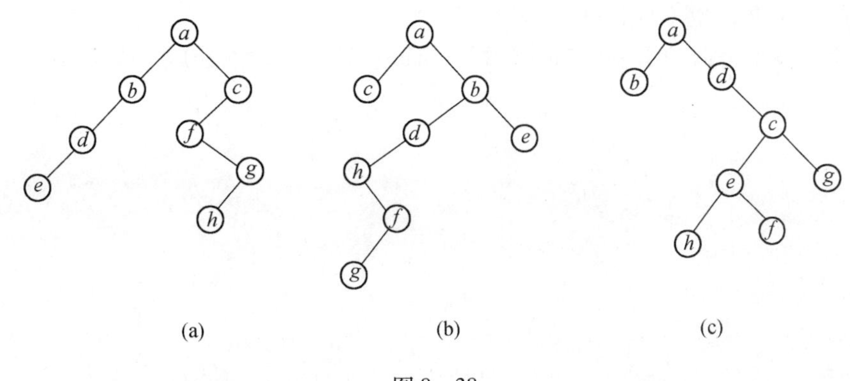

图 8－38

23. 试分别找出满足以下条件的所有二叉树：

（1）二叉树的前序遍历序列与中序遍历序列相同。

（2）二叉树的中序遍历序列与后序遍历序列相同。

（3）二叉树的前序遍历序列与后序遍历序列相同。

24. 某二叉树的先序遍历、中序遍历、后序遍历结果分别如下所示：

先序遍历：_B_F_ICEH_G

中序遍历：D_KFIA_EJC

后序遍历：_K_FBHJ_G_A

试求出空格处的内容，并画出这颗二叉树。

25. 贾洋有 1 万元欲做理财投资，在今后 3 年，每一年的年初将有机会把这笔资金做 A、B 两种模式投资。按 A 模式，在一年内丧失全部资金的概率是 0.4，但收回 2 万元的概率是 0.6，此时可赢得 1 万元。如果按照模式 B 投资，则年末正好收回本金（不亏）的可能性是 0.9，而收回 2 万元的概率仅为是 0.1。假设每年只有年初一次投资选择机会，而且每次只能投入 1 万元。试做如下分析：

（1）试用决策树技术求解使其 3 年后至少有 2 万元的可能性最大的投资方案，并求出按照这种投资策略 3 年后至少有 2 万元的概率。

（2）使用决策树技术求出 3 年后所拥有的期望金额达到最大的投资方案。

26. 蓝碧彤机械有限公司为开发一种市场需要的新产品考虑筹建一个分厂。经过前期的调查研究已取得一系列的相关资料：

（1）新筹建分厂的使用期限可暂时考虑 10 年。

（2）如果建造大型分厂须投资经费 300 万元，而筹建小型分厂则仅需投资 120 万元。

（3）新产品在前 3 年销路好的概率约为 0.7，当然，效率差的概率即为 0.3。

（4）3 年后销路好的概率较大，约为 0.9，而效率差的概率仅约为 0.1。

（5）如果筹建大型分厂，如销路好，则每年可获利 100 万元；如果销路差，则每年要损失约 20 万元。

（6）如果筹建大型分厂，但销路却很差，以后便再无其他机会。

（7）如果筹建小型分厂，如销路好，则每年可获利 40 万元；如销路差，则每年仍然可获利 30 万元。

(8) 如果先筹建小型分厂,当销路好时,3 年后在行扩展,此刻需要扩建资金约 200 万元,如扩建后销路好,则在此后的 7 年中,每年可获利 95 万元。当然,扩建后一旦销路差,每年就会损失 20 万元(销路差也不再扩建)。

试用决策树技术为蓝碧彤机械有限公司分析并设计最优化的分厂筹建策略。

第9章 代数结构

虽然代数系统是一个很特殊的研究范畴，但其应用却非常广泛。本章关注四则运算、集合运算、命题逻辑运算等运算之间的共性，并抛开具体的四则运算、集合运算等特殊数学理论，从中抽象出它们共有的运算对象的集合、该集合之上的若干运算操作，及其这些操作所遵循的规律和相互之间的复杂联系，并取名为代数结构，或称代数系统。

正因为代数系统虽来源于过去所学的四则运算、集合运算和逻辑运算等理论体系，但却是基于它们的高度抽象的结果，所以，代数系统在理解上会稍显困难。不过，正因为代数系统抛开了具体的体系，才使其在计算机科学的诸多领域拥有了相当广泛的应用，如程序理论、语义学研究、数据结构、编译技术、逻辑电路设计、编码理论、密码学等。

9.1 代数运算

9.1.1 代数运算的基本概念

考虑整数集合 I 上的普通加法运算"+"，容易理解，对于 I 中任意给定的两个元素 a、b，根据加法运算"+"的运算规则可知，必能在集合 I 中找到唯一的元素 c，使得元素 c 对应元素 a 和 b 基于加法运算"+"的结果，可记为 $c = a+b$。

同理，考虑由所有的 $n\times n$ 实数矩阵组成的集合 $M_n(\boldsymbol{R})$ 上的普通矩阵乘法运算，也容易理解对于任意给定的两个 $n\times n$ 实数矩阵 $\boldsymbol{A}$ 和 $\boldsymbol{B}$，显然有 $\boldsymbol{A}\in M_n(\boldsymbol{R})$ 且 $B\in M_n(\boldsymbol{R})$ 成立，根据实数矩阵的乘法运算规则可知，在 $M_n(\boldsymbol{R})$ 中必有一个元素 $\boldsymbol{C}$，使得 $\boldsymbol{C} = \boldsymbol{AB}$。

上面两个示例中，虽然是针对不同集合上的不同运算，但有一个特征是共同具备的，即它们都是某个特定的运算法则，对于某个特定的集合 A（例如，上面的集合 $M_n(\boldsymbol{R})$、集合 I 等）中的任意一对有序取出的元素，按照那个特定的法则，便可在该集合 A 中找到唯一的一个元素与之相对应。为使问题更容易理解，下面再举几个例子。

例 9-1 设集合 $A=\{1,2,3,4\}$，A 上的二元运算 $*$ 定义为 $a*b = \max(a,b)$，试写出 A 中任意两个元素的运算结果。

解：根据明确的定义说明，容易写出 A 中任意两个元素之间的二元运算 $*$ 结果如下：

$1*1=1$； $1*2=2$； $1*3=3$； $1*4=4$； $2*1=2$； $2*2=2$； $2*3=3$； $2*4=4$；

$3*1=3$； $3*2=3$； $3*3=3$； $3*4=4$； $4*1=4$； $4*2=4$； $4*3=4$； $4*4=4$

例 9-2 设集合 $A=\{0,1,2,3,4,5\}$，A 上的二元运算 $*$ 定义如下：

$$a*b = \begin{cases} a+b, & a+b<5 \\ a+b-5, & a+b\geqslant 5 \end{cases}$$

试写出 A 中任意两个元素的运算结果。

解:根据明确的定义说明,容易写出 A 中任意两个元素之间的二元运算 $*$ 结果如下:

$0*0=1$;　$0*1=1$;　$0*2=2$;　$0*3=3$;　$0*4=4$;　$0*5=0$;

$1*0=1$;　$1*1=2$;　$1*2=3$;　$1*3=4$;　$1*4=0$;　$1*5=1$;

$2*0=2$;　$2*1=3$;　$2*2=4$;　$2*3=0$;　$2*4=1$;　$2*5=2$;

$3*0=3$;　$3*1=4$;　$3*2=0$;　$3*3=1$;　$3*4=2$;　$3*5=3$;

$4*0=4$;　$4*1=0$;　$4*2=1$;　$4*3=2$;　$4*4=3$;　$4*5=4$;

$5*0=0$;　$5*1=1$;　$5*2=2$;　$5*3=3$;　$5*4=4$;　$5*5=0$

该例也常被称为“模 5 加法”,常用$\oplus_5$来表示,进而常记 $N_4=\{0,1,2,3\}$,一般地,记 $N_k=\{0,1,2,\cdots,k-1\}$;并将模 k 的加法$\oplus_k$定义为

$$a\oplus_k b=\begin{cases}a+b, & a+b<k\\ a+b-k, & a+b\geqslant k\end{cases}$$

于是,容易理解,有 $N_9=\{0,1,2,3,4,5,6,7,8\}$,且知

$4\oplus_9 3=7$;　$2\oplus_9 8=1$;　$7\oplus_9 6=4$;　$1\oplus_9 8=0$;　$5\oplus_9 7=3$

又有 $N_{10}=\{0,1,2,3,4,5,6,7,8,9\}$,且知

$3\oplus_{10}5=8$;　$5\oplus_{10}6=1$;　$9\oplus_{10}5=4$;　$8\oplus_{10}5=3$;　$7\oplus_{10}2=9$

需要说明的是,这些默认的常用集合和运算记法一般不宜随意混用,如不加说明地随意求解,$3\oplus_3 5$、$8\oplus_7 13$ 等是没有实际意义的。因为就$\oplus_3$和$\oplus_7$字面定义而言,确有 $3\oplus_3 5=2$、$8\oplus_7 13=14$,但显然这已不是取“模”的含义,因为上面$\oplus_3$和$\oplus_7$的定义是限制必须在 N_3 和 N_7 上使用,这一点值得注意。换言之,运算必须明确是基于哪个集合上的运算。

定义 9-1　设 A 是非空集合,$A^2=A\times A$ 到 A 的一个映射(函数)f,称为 A 上的一个二元代数运算(Binary Algebraic Operation),简称**二元运算**。类似地,从 A 到 A 的映射实质上就是集合 A 上的一元代数运算(Unary Algebraic Operation),简称**一元运算**。

当然,可以进一步将这种定义推广到 n 元运算,则有如下定义。

定义 9-2　设 A 是非空集合,$A^n=A\times A\times\cdots\times A$ 到 A 的一个映射(函数)f,称为 A 上的一个 n 元代数运算(n-ary Algebraic Operation),简称 n **元运算**。其中,n 称为该运算的阶,f 称为运算符(Operation Symbol)。

另外,假设 A 是非空集合,而 f 是从 A^n 到 B 的一个映射(函数),如果有 $B\subseteq A$ 成立,则映射 f 关于集合 A 是**封闭的**(Closed),亦称 A 对 f 是**封闭的**。

显然,一元运算、二元运算以及 n 元运算等均是封闭的,这也是 n 元运算最重要的一个基本特性。所以,如果 f 是集合 A 上的 n 元运算,则意味着 f 在 A 上是封闭的;反之,如果 f 在 A 上是封闭的,则同样意味着 f 是 A 上的 n 元运算。这也是前面特别说明运算$\oplus_k$必须限制在 N_k 上的原因所在。

定理 9-1　假设◎是定义在集合 A 上的二元运算,又有 A_1、$A_2\subseteq A$,如果 A_1 和 A_2 均对◎封闭,则 $A_1\cap A_2$ 对◎也封闭。

证明:对于任意的 x_1、$x_2\in A_1\cap A_2$ 来说,因为 A_1 和 A_2 均对◎封闭,所以必有 $x_1◎x_2\in A_1$,$x_1◎x_2\in A_2$ 成立,这便意味着 $x_1◎x_2\in A_1\cap A_2$ 成立,故 $A_1\cap A_2$ 对◎封闭。

n 元运算的这种封闭性也可说明,在集合 A 中任意取 n 个元素,映射的像是否仍在集合 A 中,是验证该运算是否封闭(即是否是运算)的最一般也是最常用的方法。例如:

(1) 算术加法运算基于自然数集合是封闭的,因而算术加法运算是自然数集合上的二元

运算。

(2) 算术减法运算基于自然数集合不封闭，因为任意两个自然数实施减法运算，可能结果是负数，这显然已经超出了自然数集合的范畴，所以，算术减法在自然数集合上不是二元运算(但它在整数集合上是封闭的)。

(3) 算术乘法和除法运算在非零的实数集合上是二元运算。

(4) 算术加法和减法运算在非零的实数集合上不是二元运算，因为两个非零的实数之和或差可能结果为零，超出了非零的实数集合的范畴。

(5) 集合的交、并、补和对称差运算，都是幂集合上的二元运算；但集合的补运算则是弥幂集合上的一元运算。

(6) 合取、析取、蕴涵、等价运算，是命题公式集合上的二元运算，但否定运算则是命题公式集合上的一元运算。

(7) 求任意两个实数 x、y 的最大数 $\max(x,y)$ 和最小数 $\min(x,y)$，都是实数集合上的二元运算。

(8) 假设 A 是集合，A^A 为 A 上所有的函数，则函数的合成运算是 A^A 上的二元运算。假设 B 是集合 A 上所有双射函数的集合，则函数的逆运算是 B 上的一元运算。

为了和一般意义上的数学运算符号相区别，在代数系统等相关理论中，会常用到：∩、∪、*、●、⊙、◎、△、○等，以代表具有不同的临时内涵定义的运算符号。

仿照模 k 加法，可进一步定义模 k 乘法。基于 $N_k = \{0,1,2,\cdots,k-1\}$，模 k 乘法的具体含义为

$$a \otimes_k b = \begin{cases} a \times b, & a \times b < k \\ a \times b \text{ 之积再被 } k \text{ 除后的余数}, & a \times b \geqslant k \end{cases}$$

模 k 乘法和模 k 加法都是代数系统理论中非常重要的二元运算，值得读者格外关注。

9.1.2 代数运算的表示

从本质意义上讲，代数运算与前面介绍的函数是类同的。前面介绍的函数是序偶的集合，反映的是集合中任意两个元素之间的关系，而这里的代数运算则反映的是集合上任意两个元素与第三个元素之间的关系。因此，从元素的数量上来看，代数运算相较函数要复杂许多，算是一种发展。

不过，既然都是关系，则关系常借用集合理论来表示，则代数运算其实也可借用集合理论表示。例如，在前面已例举过的，集合 $A=\{1,2,3,4\}$ 上的二元运算 $*$：$a*b=\max(a,b)$，即可通过将集合 A 中所有可能的元素之间的运算结果一一列举出来，以集合的形式表示：

$$\{ \ll 1,1>,1>, \ll 1,2>,2>, \ll 1,3>,3>, \ll 1,4>,4>,$$
$$\ll 2,1>,2>; \ll 2,2>,2>, \ll 2,3>,3>, \ll 2,4>,4>,$$
$$\ll 3,1>,3>, \ll 3,2>,3>, \ll 3,3>,3>, \ll 3,4>,4>,$$
$$\ll 4,1>,4>, \ll 4,2>,4>, \ll 4,3>,4>, \ll 4,4>,4> \}$$

显然，此刻的二元运算已经变成序偶的集合，不过，其中的每一个元素也相对特殊，均是由另外一个简单的序偶和一个简单的元素组成的相对复杂的序偶。

不过，鉴于二元运算所基于的集合的普遍适应性，也鉴于 n 元运算所基于的集合的普遍适应性等特点，上述这种基于集合理论的运算表示方法并不常用，经常讨论的运算表示还常常是基于二元的。假设二元运算所基于的集合 A 是有限的，则一般常用表格法表示。

例如，集合 $A=\{1,2,3,4\}$ 上的二元运算 $*$: $a*b=\max(a,b)$。用表格法表示，如表 9-1 所列。

表 9-1 二元运算 * 的表格法表示

二元运算 *	1	2	3	4
1	1	2	3	4
2	2	2	3	4
3	3	3	3	4
4	4	4	4	4

又如，集合 $N_7=\{0,1,2,3,4,5,6\}$ 上的模 7 运算 $\oplus_7$，用表格法表示，如表 9-2 所列。

表 9-2 二元运算 $\oplus_7$ 的表格法表示

二元运算 $\oplus_7$	0	1	2	3	4	5	6
0	0	1	2	3	4	5	6
1	1	2	3	4	5	6	0
2	2	3	4	5	6	0	1
3	3	4	5	6	0	1	2
4	4	5	6	0	1	2	3
5	5	6	0	1	2	3	4
6	6	0	1	2	3	4	5

其实，这种表格法表示还特别适应于不方便用公式来描述的运算形式，此刻，只需借助表格将集合 A 中的任意两个元素之间的运算结果直接标识在表格的相应位置上，即可清晰而明确地反映出该运算的本质内涵，确实十分方便。

再如，集合 $A=\{a,b,c,d,e\}$ 上的二元运算◎，用表格法表示，如表 9-3 所列。

表 9-3 二元运算◎的表格法表示

二元运算◎	a	b	c	d	e
a	a	c	c	e	e
b	d	a	d	e	a
c	c	a	e	d	b
d	d	b	a	b	b
e	c	b	b	a	a

为了叙述方便，一般也常将这种表格称为**运算表**。但是，这种表格表示当集合 A 的元素个数较多时相对困难，不太方便。

9.1.3 代数运算的性质

假设，$\odot$是集合 A 上的二元运算，如果对于任意的 x_1、x_2、$x_3\in A$，均有 $x_1\odot(x_2\odot x_3)=(x_1\odot x_2)\odot x_3$ 成立，即有

$$(\forall x_1)(\forall x_2)(\forall x_3)((x_1、x_2、x_3\in A)\rightarrow(x_1\odot(x_2\odot x_3)=(x_1\odot x_2)\odot x_3))$$

则称⊙运算满足**结合律**。

同理,假设⊙是集合 A 上的二元运算,如果对于任意的 x_1、$x_2 \in A$,均有 $x_1 \odot x_2 = x_2 \odot x_1$ 成立,即有

$$(\forall x_1)(\forall x_2)((x_1、x_2 \in A) \to (x_1 \odot x_2 = x2 \odot x_1))$$

则称⊙运算满足**交换律**。

还有,假设⊙、◎是集合 A 上的二元运算,如果对于任意的 x_1、x_2、$x_3 \in A$,均有 $x_1 \odot (x_2 \circledcirc x_3) = (x_1 \odot x_2) \circledcirc (x_1 \odot x_3)$ 成立,即有

$$(\forall x_1)(\forall x_2)(\forall x_3)((x_1、x_2、x_3 \in A) \to (x_1 \odot (x_2 \circledcirc x_3) = (x_1 \odot x_2) \circledcirc (x_1 \odot x_3)))$$

则称⊙运算对◎运算满足**分配律**。

加法和乘法运算在自然数集合上是二元运算,它们均满足结合律、交换律,而且,乘法对加法、乘法对减法均还满足分配律。不过,减法并不满足这些规律,其实,减法都谈不上是自然数集合上的二元运算,因为它在自然数集合上不封闭。

例 9-3 试证模 k 加法 $\oplus_k$ 满足结合律。

证明:由模 k 加法的定义可知

$$a \oplus_k b = \begin{cases} a + b, & a + b < k \\ a + b - k, & a + b \geqslant k \end{cases}$$

为使证明过程简单化,先将模 k 加法 $\oplus_k$ 的“分段”表示做统一化处理,即

$$a \oplus_k b = a + b - k[(a + b)/k]$$

其中的方括号表示取整运算,即对于任何实数 x 来说,$[x]$ 表示 x 的整数部分。

于是,当 $a, b \in N_k$ 时:

如果 $a + b < k$,则 $[(a + b)/k] = 0$,所以 $a \oplus_k b = a + b$;

如果 $a + b \geqslant k$,则 $[(a + b)/k] = 1$,进而 $a \oplus_k b = a + b - k$。

换言之,即有

$$\begin{aligned}(a \oplus_k b) \oplus_k c &= (a + b - k[(a + b)/k]) \oplus_k c \\ &= (a + b - k[(a + b)/k]) + c - \\ &\quad k[(((a + b - k[(a + b)/k])) + 1))/k] \\ &= a + b + c - k[(a + b)/k] - k[(a + b + c)/k - [(a + b)/k]]\end{aligned}$$

因为 $[(a + b)/k]$ 永远是非负整数,所以,有

$$\begin{aligned}(a \oplus_k b) \oplus_k c &= a + b + c - k[(a + b)/k] + k[(a + b)/k] - k[(a + b + c)/k] \\ &= a + b + c - k[(a + b + c)/k]\end{aligned}$$

同理,不难验证

$$a \oplus_k (b \oplus_k c) = a + b + c - k[(a + b + c)/k]$$

所以,有

$$(a \oplus_k b) \oplus_k c = a \oplus_k (b \oplus_k c)$$

于是,命题得证。

其实,如果对模 k 乘法做类似的验证,同样不难验证模 k 乘法亦满足结合律。因篇幅所限,这里不再赘述,有兴趣的读者可自行验证。

9.2 代数系统

9.2.1 代数系统的基本概念和表示

9.1 节介绍了非空集合上的 n 元代数运算，不论 n 取多少，如果将所讨论的非空集合，以及其上的 n 元代数运算合在一起，再考虑这些运算所遵循的若干规律等，便可构成一个相对规范的系统，常称为**代数系统**（Algebraic system）。容易看出，代数系统实质上是一种结构，故在有些资料上也称为**代数结构**。

仔细分析上述描述可知，代数系统实质上涉及三个层面的内容：

(1) 整个系统是建立在一个明确的非空集合之上的，故这个非空集合 A 便是代数系统的基础，也称为代数系统的**载体**。

(2) 在载体上定义的若干运算，可以仅仅是一个运算，当然也可以有多个；可以是一元代数运算，当然也可以是 n 元代数运算。

(3) 用于刻画这些代数运算所遵循的规律、性质或公理等。当然，这一点是隐含在代数运算当中的，即使不采用这种明确形式描述，它也同样存在。

如果非空集合 A 是有限集合，则称该代数系统为**有限代数系统**，否则，称其为**无限代数系统**。

代数系统常用一个多元组表示，即 $<A, \bigcirc_1, \bigcirc_2, \cdots, \bigcirc_n>$。

其中，非空集合 A 即载体，而 $\bigcirc_1, \bigcirc_2, \cdots, \bigcirc_n$ 则是定义在载体 A 上的那些代数运算，根据代数系统的不同，n 的取值亦不同。当然，$\bigcirc_1, \bigcirc_2, \cdots, \bigcirc_n$ 的具体含义亦（彼此）不同。

另外，在某些资料中（或是某种特殊场合，或是基于某种特殊的原因），也会将代数系统中具有某些特殊性质或地位的特殊元素列在这个多元组的最后面。

例如，以自然数集合 N 为载体，与 N 上的加法运算“+”，即可组成一个相对简单的代数系统，即 $<N, +>$。

又如，算术乘法“*”和除法运算“/”在非零的实数集合 $\mathbf{R}$ 上是二元运算，故有代数系统 $<\mathbf{R}, *, />$。

还有，以非空集合 A 的幂集 $P(A)$ 为载体的交、并、补和对称差等集合运算，都是幂集合 $P(A)$ 上的二元运算，而以 A 的幂集 $P(A)$ 为载体的补运算则是 $P(A)$ 上的一元运算，故有代数系统 $<P(A), \cap、\cup, \oplus, \neg>$。

以实数集合 $\mathbf{R}$ 为载体的，求任意两个实数 x、y 的最大数 $\max(x,y)$ 和最小数 $\min(x,y)$，都是 $\mathbf{R}$ 上的二元运算，故有代数系统 $<\mathbf{R}, \max、\min>$。

当然，上述这些代数系统所遵循的各种运算规则和定理并未一一列出，仅仅是给出了该代数系统最基本的结构组成，这在代数系统理论的研究中也是常见的处理方法。

9.2.2 代数系统中的特殊元素

既然代数系统是以非空集合为载体的，那就意味着载体中的诸多元素或许会有所不同，处于某种特殊的地位，具备某些特殊的性质，这便是本小节所要介绍的内容。一般地，后面将要介绍的群、环和格等，便是具备某些特殊元素的代数系统。

1. 等幂元

假设，$<A, *>$ 是以 A 为载体的代数系统，如果存在元素 $a \in A$，使得 $a * a = a$，则称元素

a 为代数系统 $<A, *>$ 的**等幂元**。

例如，在以实数集合 **R** 为载体的代数系统 $<\mathbf{R}, +>$ 中，元素 0 是仅有的等幂元，因为，在该代数系统中，确实存在 $0+0 = 0$。

而在以实数集合 **R** 为载体的代数系统 $<\mathbf{R}, *>$ 中，元素 0 和 1 都是等幂元，因为，在该代数系统中，确实存在 $0*0 = 0$，$1*1 = 1$。

还有，在以 N_k 为载体的代数系统 $<N_k, \oplus_k>$ 中，元素 0 也是仅有的等幂元，此刻确有 $0 \oplus_k 0 = 0$ 存在。而在以 N_k 为载体的代数系统 $<N_k, \otimes_k>$ 中，等幂元的数量可能较多，如在 $<N_6, \otimes_6>$ 中，元素 0、1、3、4 等则均为等幂元。

因为

$$0 \otimes_6 0 = 0; 1 \otimes_6 1 = 1*1 = 1; 3 \otimes_6 3 = (3*3) \bmod 6 = 9 \bmod 6 = 3$$

还有

$$4 \otimes_6 4 = (4*4) \bmod 6 = 16 \bmod 6 = 4$$

思考：受代数系统 $<N_6, \otimes_6>$ 的启发，试确定 $<N_4, \otimes_4>$、$<N_5, \otimes_5>$、$<N_7, \otimes_7>$、$<N_8, \otimes_8>$，甚至 $<N_k, \otimes_k>$ 等各代数系统中的等幂元情况，并进一步分析思考这些代数系统中的等幂元与 n 之间有何关系？有没有一定的解析表达式描述它？

再如，在以 $A = \{1,2,3,4\}$ 为载体，以求任意两个元素 x、y 之最大数 $\max(x, y)$ 为二元运算的代数系统 $<\mathbf{R}, \max>$ 中，可以轻松地验证 A 中的每一个元素其实都是等幂元。同理，在以 $A = \{1,2,3,4\}$ 为载体，以求任意两个元素 x、y 之最小数 $\min(x, y)$ 为二元运算的代数系统 $<\mathbf{R}, \min>$ 中，也可轻松验证 A 中的每一个元素也均是等幂元。因此，等幂元的数目并不固定，也算常见。

定理 9-2　设 $<A, *>$ 是以 A 为载体的代数系统，以 a 为该代数系统载体 A 的等幂元，如果二元运算 $*$ 满足结合律，则对于任意的正整数 n，均有 $a^n = a$ 成立。。

证明：因为 a 是等幂元，所以有 $a * a = a$。在该等式两边同时以 a 运算，即

$$(a * a) * a = a * a = a$$

显然，这便是 $a^3 = a$。

同样，再次重复上述的"两边同时以 a 运算"的操作，则有

$$((a * a) * a) * a = a * a = a$$

此即 $a^4 = a$。

将该操作持续下去，自然可得 $a^n = a$。

2. 幺元

设 $<A, *>$ 是以 A 为载体的代数系统，如果存在元素 $e_l \in A$，使得对于 A 中的任意元素 a 来说，均有 $e_l * a = a$ 成立，则称元素 e_l 为代数系统 $<A, *>$ 的**左幺元**。如果存在元素 $e_r \in A$，使得对于 A 中的任意元素 a 来说，均有 $a * e_r = a$ 成立，则称元素 e_r 为代数系统 $<A, *>$ 的**右幺元**。如果存在元素 $e \in A$，它既是左幺元，又是右幺元，则称元素 e 为代数系统 $<A, *>$ 的**幺元**。

显然，如果 e 是代数系统 $<A, *>$ 的幺元，则必有 $a * e = e * a = a$。

例如，在代数系统 $<\mathbf{R}, +>$ 中，0 不仅是左幺元，还是右幺元，所以，0 是幺元。但在代数系统 $<\mathbf{R}, *>$ 中，1 才是幺元，因为此刻，1 不仅是左幺元，还是右幺元。

同理，在以 N_k 为载体的代数系统 $<N_k, \oplus_k>$ 中，0 也是幺元。而在以 N_k 为载体的代数系统 $<N_k, \otimes_k>$ 中，则 0 才是幺元。

当然,在以 $A=\{1,2,3,4\}$ 为载体的代数系统 $<A,*>$ 中,如果将运算 * 定义为 $a*b=a$,则载体 A 中的每一个元素便均是右幺元,而且在 A 中还没有左幺元存在。

进而,如果将运算 * 定义为 $a*b=b$,则载体 A 中的每一个元素便均是左幺元,而且在 A 中还没有右幺元存在。

通过该例可以说明,幺元并非在每个代数系统中均存在,幺元还是相对稀少的。其实,就是左幺元和右幺元也并非总存在,它们的存在与否要视所处代数系统的具体特征而定。

例 9-4 以 $A=\{a,b,c,d\}$ 为载体的代数系统 $<A,*>$ 中,假设其中的二元运算 * 被定义为表 9-4,试写出该代数系统的左幺元和右幺元。

表 9-4 二元运算 * 的定义的表格法表示

二元运算 *	a	b	c	d
a	a	a	b	c
b	**a**	**b**	**c**	**d**
c	b	b	c	c
d	c	d	a	b

解:由表 9-4 所列的 * 运算定义可知,b 是该代数系统之左幺元,但不存在右幺元。

例 9-5 在以 $A=\{1,2,3,4\}$ 为载体的代数系统 $<A,*>$ 中,假设其中的二元运算 * 被定义为表 9-5,试写出该代数系统的左幺元和右幺元。

表 9-5 二元运算 * 的定义的表格法表示

二元运算 *	1	2	**3**	4
1	2	1	**1**	4
2	1	2	**2**	2
3	**1**	**2**	**3**	**4**
4	4	1	**4**	3

解:由表 9-5 所列的 * 运算定义可知,3 是该代数系统之左幺元,同时它也是其右幺元,所以,3 是该代数系统的幺元。

观察上述两道例题容易看出,左幺元意味着某一行的所有运算结果与最上面的列标题行完全相同,例如表 9-4 中的阴影并字体加粗的水平 b 行、表 9-5 中的阴影并字体加粗的水平 3 行;右幺元意味中某一列的所有运算结果与最左侧的行标题列完全相同,例如表 9-5 中的阴影并字体加粗的竖向 3 列。

定理 9-3 设 $<A,*>$ 是以 A 为载体的代数系统,如果在非空集合 A 中存在左幺元 e_l,也存在右幺元 e_r,则必有 $e_l=e_r=e$ 成立,且 e 便是该代数系统的幺元。

其实,任何含有关于 * 运算幺元的代数系统 $<A,*>$,其所含幺元都是唯一的。

3. 逆元

假设在以 A 为载体的代数系统 $<A,*>$ 中,存在着幺元 e。如果对于 A 中的某个元素 $a\in A$,存在着元素 $b\in A$,使得 $b*a=e$,则称元素 b 为元素 a 的**左逆元**。如果对于 A 中的某个元素 $a\in A$,存在着元素 $b\in A$,使得 $a*b=e$,则称元素 b 为元素 a 的**右逆元**。如果元素 b 即是元素 a 的左逆元,又是元素 a 的右逆元,则称元素 b 为元素 a 的逆元,记为 $b=a^{-1}$。

容易理解,如果元素 b 为元素 a 的逆元,则元素 a 同样便是元素 b 的逆元,就是说逆元是相互的,也称互逆。如果代数系统存在幺元,则幺元的逆元便是其自身。

当然,一个元素可以只有左逆元,而没有右逆元。反过来,一个元素也可以只有右逆元,而没有左逆元。甚至,即使某元素同时存在左逆元和右逆元,它左逆元和右逆元也可能并不相等。所以,逆元相对来说,还是比较复杂的。因逆元是针对每一个元素而言的,可以理解不同的元素,其逆元自然也不同,所以,逆元在整个代数系统中的地位不像幺元那么特殊。

例如,假设在以从 A 到 A 的所有函数组成的集合 A^A 为载体的代数系统 $<A^A, \circ>$ 中,o 定义为函数的合成运算,则恒等函数 I_A 其实就是幺元。从而也不难理解,A 中所有双射函数都有逆元,所有的单射函数都有左逆元,所有的满射函数都有右逆元。

又如,在以整数集合 I 为载体的代数系统 $<I, +, *>$ 中,I 中的每个元素 x 均有关于加法(+)的逆元, 即 $-x$,但 1 除外的所有元素都没有关于乘法(*)的逆元。

该例说明,逆元不仅与所针对的元素有关,还与所关注的运算有关。当其所处的代数系统中包含着多个运算时,对同一个元素来说,关于不同的运算,其所对应的逆元(或左逆元、或右逆元)如果存在,也未必就一定不同,这要视具体的代数系统而定。

定理 9-4 假设代数系统 $<A, *>$ 中的幺元是 e,如果运算 $*$ 满足结合律,且 A 中每一个元素均存在左逆元,则 A 中元素的左逆元就是其逆元,且逆元唯一。

证明:在 A 中任取一元素 $a \in A$,因 A 中的每一个元素均有左逆元存在,不妨设元素 a 的左逆元为 b,故有 $b * a = e$,进而

$$(b * a) * b = e * b = b$$

又因为 b 也存在其对应的逆元,不妨设 b 的逆元为 c,因此有 $c * b = e$, 即

$$c * ((b * a) * b) = e$$

由于运算 $*$ 满足结合律,因此有

$$(c * b) * (a * b) = e$$

即

$$e * (a * b) = e$$

进而得

$$a * b = e$$

由此可得 b 也是 a 的右逆元,所以 b 是 a 的逆元。

下面接着证明逆元的唯一性。

如果 a 有两个逆元,不妨设为 b、c,则有

$$\begin{aligned} b &= b * e \\ &= b * (a * c) \\ &= (b * a) * c \\ &= e * c \\ &= c \end{aligned}$$

由此可见,a 的逆元是唯一的。

定理 9-5 假设代数系统 $<A, *>$ 中的幺元是 e,如果运算 $*$ 满足结合律,且 A 中每一

个元素均存在右逆元，则 A 中元素的右逆元就是其逆元，且逆元唯一。

证明与定理 9－4 类似，故从略。

例 9－6 试写出代数系统 $<N_6, \oplus_6>$ 和 $<N_k, \otimes_k>$ 中，各元素的逆元(如果存在)。

解：因为在代数系统 $<N_6, \oplus_6>$ 中，0 是幺元，所以，0 的逆元是 0。

又因为

$$3 \oplus_6 3 = 0, 2 \oplus_6 4 = 0, 1 \oplus_6 5 = 0$$

所以，1、2、3、4、5 的逆元便分别为 5、4、3、2、1。

就是说，元素 2 与 4 互逆，而元素 1 和 5 互逆。

另外，在代数系统 $<N_k, \otimes_k>$ 中，1 是幺元，1 的逆元是 1，5 的逆元是 5，但其他元素均不存在逆元。

例 9－7 在代数系统 $<N_7, \otimes_7>$ 中，如果某个元素存在逆元，试写出其逆元。

解：因为在代数系统 $<N_7, \otimes_7>$ 中，因为 1 是幺元，1 的逆元是 1。而 0 没有逆元。

又因为

$$2 \otimes_7 4 = 1, 3 \otimes_7 5 = 1, 6 \otimes_7 6 = 1$$

所以，2 与 4 互为逆元，3 与 5 互为逆元，而 6 的逆元是 6。

4. 零元

假设在以 A 为载体的代数系统 $<A, *>$ 中，如果对于 A 中的某个元素 $\theta \in A$，使得对于 A 中任意元素 a，均有 $a * \theta = \theta * a = e$，则称 θ 为该代数系统的零元。

与幺元相类似，如果存在元素 $\theta_l \in A$，使得对于 A 中的任意元素 a 来说，均有 $\theta_l * a = \theta_l$ 成立，则称元素 θ_l 为代数系统 $<A, *>$ 的左零元。如果存在元素 $\theta_r \in A$，使得对于 A 中的任意元素 a 来说，均有 $a * \theta_r = \theta_r$ 成立，则称元素 θ_r 为代数系统 $<A, *>$ 的右零元。

不难看出，零元也是针对整个代数系统而言的，从这个意义上讲，它与幺有类似的重要地位，显然，它与针对每一个元素而言的逆元有本质上的区别。

例如，在以 N_k 为载体的代数系统 $<N_k, \otimes_k>$ 中，0 是零元；在代数系统 $<\mathbf{R}, *>$ 中，0 也是零元。

但是，在以 N_k 为载体的代数系统 $<N_k, \oplus_k>$ 中，不存在零元；而且，在代数系统 $<\mathbf{R}, +>$ 中，也没有零元存在。

同样，在以自然数集合 $\mathbf{N}$ 为载体的代数系统 $<\mathbf{N}, *>$ 中，自然数 0 是零元。

在代数系统 $<P(A), \cup>$ 中，集合 A 是零元；在代数系统 $<P(A), \cap>$ 中，空集合 $\varnothing$ 是零元。

定理 9－6 代数系统 $<A, *>$ 中存在关于运算 $*$ 的零元，当且仅当它同时存在关于运算 $*$ 的左零元和右零元。

同理，任何含有关于 $*$ 运算零元的代数系统 $<A, *>$ 中，其所含的零元也总是唯一的。

汇总上述几种代数系统中的特殊元素，以下几点值得特别关注。

(1) 不论是等幂元、幺元、逆元还是零元，都是针对该代数系统中的某种运算而言的，除非该代数系统仅包含一种运算，则这些特殊元素所针对的运算才可不必特别说明和强调。所以，如果某代数系统中包含有多种运算时，如果某元素 a 是等幂元(或幺元、逆元、零元)，但针对另一种运算时，则元素 a 完全可能不是等幂元(或幺元、逆元、零元)。

(2) 左(右)幺元、幺元、左(右)零元、零都是代数系统的常元，地位特殊，但逆元不是。

(3) 左(右)幺元、幺元、左(右)零元、零都是针对代数系统的，但逆元则是针对载体中的某个元素的。

（4）当某代数系统中包含有多种运算时，常常是其中的一种的性质接近数加（+），而另一种接近数乘（*），甚至还会有其他的运算接近数除（/）等，此刻也习惯上将接近数加的运算简称为“加法运算”，而将接近数乘的运算简称为“乘法运算”。当容易引起不必要的误会或二义性时除外。

（5）在不同的代数系统的相关理论研究资料中，还可能会介绍具有其他性质的特殊元素，限于篇幅，本书从略。

9.3 同　构

代数系统所研究的内容是一种概念上的抽象，虽然许多举例是具体的，但代数系统的载体以及载体上的诸多运算等，都是一种概念意义上的抽象和思考。所以，载体中各元素的名称或含义，甚至定义在其上的诸多运算细节等都已不重要。将某代数系统的载体及其各运算换一个名字，不会改变该代数系统的本质。

例如，假设以 $A=\{a,b,c,d\}$ 为载体的代数系统 $<A,*>$ 中，其中二元运算 $*$ 被定义为表 9-6。如果将集合 A 换成集合 $B=\{\alpha,\beta,\gamma,\delta\}$，而将 $*$ 运算改成 $\circledast$ 运算，其具体的运算细节如表 9-7 所列。不难看出，新的代数系统 $<B,\circledast>$ 与原来的代数系统 $<A,*>$ 本质上是相同的。称这两个代数系统**同构**。

表 9-6　*运算定义的表格法表示

二元运算 *	a	b	c	d
a	a	c	b	c
b	a	b	c	d
c	b	b	b	d
d	a	d	a	c

表 9-7　⊛运算定义的表格法表示

二元运算⊛	α	β	γ	δ
α	α	γ	β	γ
β	α	β	γ	δ
γ	β	β	β	δ
δ	α	δ	α	γ

本章所阐述的同构概念，比第 7 章中介绍的同构图的概念具有更强的普适性。

两个同构的代数系统的载体之间必然存在着一种一一对应的双射函数关系，如果将载体也想象成图中的点集，而将定义在载体上的运算想象成点集中各点之间的某种关系，当代数系统中所包含的运算多于一种时，即意味着描述点集中各点之间的关系时所侧重的角度或标准会有多种不同，但同构要求两各代数系统之间的一一对应的双射函数必须保持这种点集中各点之间的基于不同侧重或标准之下的相互关系的不变性。

假设从载体 A 到载体 B 的这个双射函数为 f，则意味着有以下对应关系：

$$f(a)=\alpha,\ f(b)=\beta,\ f(c)=\gamma,\ f(d)=\delta$$

如图 9-1 所示。

为了保持这种一一对应的双射关系，还必须满足如下要求：

$a*a\to\alpha\circledast\alpha,\quad a*b\to\alpha\circledast\beta,\quad a*c\to\alpha\circledast\gamma,\quad a*d\to\alpha\circledast\delta,$

$b*a\to\beta\circledast\alpha,\quad b*b\to\beta\circledast\beta,\quad b*c\to\beta\circledast\gamma,\quad b*d\to\beta\circledast\delta,\cdots$

换一种形式，即可描述为

$f(a*b)=\alpha\circledast\beta,\quad f(b*c)=\beta\circledast\gamma,\quad f(c*d)=\gamma\circledast\delta,\quad f(d*a)=\delta\circledast\alpha,\cdots$

或可表示为

$$f(a * b) = f(a) \circledast f(b)$$
$$f(b * c) = f(b) \circledast f(c)$$
$$f(c * d) = f(c) \circledast f(d)$$
$$f(d * a) = f(d) \circledast f(a)$$
$$\cdots$$

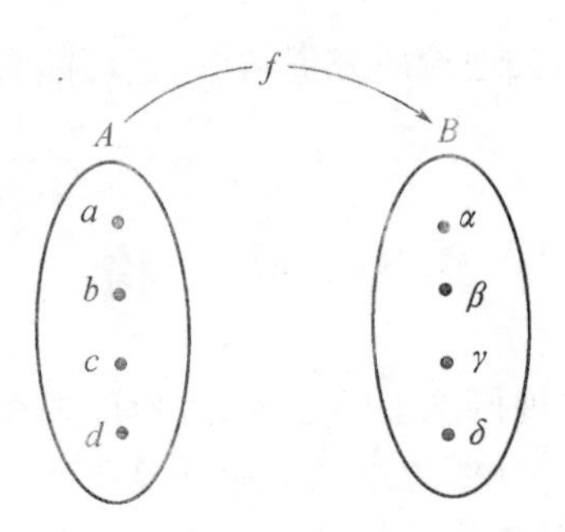

图 9-1　从载体 A 到载体 B 的双射函数示意图

例 9-8　设 E_+ 是由所有正偶数组成的集合，I_+ 是由所有正整数组成的集合。试证明代数系统 $< E_+, + >$ 与代数系统 $< I_+, + >$ 同构。

证明：令 f 是从 E_+ 到 I_+ 的函数，且定义 $f(n) = 2n$。容易理解，f 是从 E_+ 到 I_+ 的双射函数。

因为

$$f(n + m) = 2(n + m) = 2n + 2m = f(m) + f(n)$$

所以，f 是从代数系统 $< I_+, + >$ 与代数系统 $< E_+, + >$ 同构映射，也就是说，代数系统 $< E_+, + >$ 与代数系统 $< I_+, + >$ 同构。

例 9-9　设 $< A, * >$ 和 $< B, \circledast >$ 是两个代数系统，其中，$A = \{a, b, c\}$，$A = \{x, y, z\}$，而运算 $*$ 和 $\circledast$ 的定义如表 9-8 和表 9-9 所列，试证明代数系统 $< A, * >$ 与 $< B, \circledast >$ 同构。

表 9-8　$*$ 运算定义的表格法表示

二元运算 $*$	a	b	c
α	a	b	c
β	b	c	c
γ	a	a	b

表 9-9　$\circledast$ 运算定义的表格法表示

二元运算 $\circledast$	x	y	z
x	x	y	z
y	x	z	x
z	z	y	y

解：为便于观察，可将代数系统 $< B, \circledast >$ 的表格表示的最上方和最左侧元素的顺序做适当调整，即将现在的 x、y、z 调整为 x、z、y，于是可得新的 $\circledast$ 运算表格表示，如表 9-10 所列。

表 9-10　调整后的 $\circledast$ 运算定义的表格法表示

二元运算 $\circledast$	x	z	y
x	x	z	y
z	z	y	y
y	x	x	z

仔细观察并比较表 9-8 和表 9-10 不难看出，只要把表 9-10 中的 x、z、y 依次换成 a、b、

c,并将⊛运算符换成$*$,便得到了表 9-8,因此,令

$$f(a) = x, \quad f(b) = z, \quad f(c) = y$$

则f便是代数系统$< A, * >$到$< B, \circledast >$的同构映射,所以,$< A, * >$和$< B, \circledast >$同构。

小　结

本章仅给出了一个通用性的代数结构体系,第 10 章将通过适当增加限制条件的方法,引出一些特殊的具体的代数系统,如群、环、域等。从这个意义上讲,本章仅仅是第 10 章的基础或铺垫。

习　题

1. 设非空集合$A = \{1,2,3,4,5\}$,$*$是A上的二元运算,当$*$运算被定义为如下情况时,试分别写出该运算所对应的表格表示(即运算表)。

(1) $*$运算被定义为$a * b = a \cdot b - b$。

(2) $*$运算被定义为$a * b = a + b \cdot b$。

(3) $*$运算被定义为$a * b = b - a \cdot b$。

(4) $*$运算被定义为$a * b = \max(a+b, a-b)$。

(5) $*$运算被定义为$a * b = \min(a,b)$。

(6) $*$运算被定义为$a * b = a - b$。

2. 如果$*$运算满足结合律,其运算表(即$*$运算的表格表示)有何特点?

3. 如果$*$运算对于非空集合A封闭,试说明$*$运算对应表格表示有何特点。

4. 如果$< N_k, \oplus_k, \otimes_k >$是代数系统,试证明$\otimes_k$对$\oplus_k$是可分配的。

5. 试分别构造符合下列条件的代数系统,若无法构造试说明原因。

(1) 除了幺元之外,每个元素都没有逆元。

(2) 除了零元之外,每个元素都有逆元。

(3) 不存在等幂元,但每个元素有逆元。

(4) 所有元素均有左零元,而没有右零元。

(5) 所有元素均有右零元,而没有左零元。

(6) 所有元素均有左幺元,而没有右幺元。

(7) 所有元素均有右幺元,而没有左幺元。

(8) 所有的元素均没有逆元。

6. 当k等于多少时,$< N_k, \otimes_k >$中,除了 0 以外,每个元素都有逆元?

7. 试写出$< N_4, \otimes_4 >$中的所有等幂元。

8. 试写出$< N_5, \oplus_5 >$中的幺元和各元素的逆元。

9. 试写出$< N_6, \otimes_6 >$中,各元素的右逆元。

10. 集合$A = \ = \{a,b,c\}$,运算$*$的定义如表 9-11 所列,试证明代数系统$< A, * >$与$< N_3, \oplus_3 >$同构。

表 9 – 11

二元运算 *	α	b	c
a	α	b	c
b	b	c	a
c	c	α	b

11. 代数系统 < N_4, * > 的 * 运算定义如表 9 – 12 所列，又知 $B = \{a,b\}$，试证明与 < N_4, * > 与代数系统 < $P(B)$, ∪ > 同构。

表 9 – 12

二元运算 *	0	1	2	3
0	0	1	2	3
1	1	1	3	3
2	2	3	2	3
3	3	3	3	3

12. 如果把同构的代数系统看成是相同的，那么，当 n 取如下各值时，具有 n 个元素的载体的代数系统（其运算当然是封闭的）可以有多少种？

(1) $n = 2$。

(2) $n = 3$。

(3) $n = n$。

13. 假设集合 $A = \{a,b,c,e\}$，运算 * 和⊛的定义如表 9 – 13 和表 9 – 14 所列，试证明代数系统 < A, * > 与 < A, ⊛ > 同构。

表 9 – 13

运算 *	e	a	b	c
e	e	a	b	c
a	a	b	c	e
b	b	c	e	a
c	c	e	a	b

表 9 – 14

运算⊛	e	a	b	c
e	e	a	b	c
a	a	c	e	b
b	b	e	c	a
c	c	b	a	e

14. 假设以集合 $A = \{a,b,c,d,e\}$ 为载体的代数系统 < A, * > 的 * 运算定义的运算表（即运算规律的表格表示）如表 9 – 15 所列。又知 < A, * > 与以集合 $B = \{1,2,3,4,5\}$ 为载体的代数系统 < B, ⊛> 同构，试写出⊛运算对应的表格表示。

表 9 – 15

运算 *	a	b	c	d	e
a	b	c	e	a	a
b	a	b	c	e	d
c	b	c	b	c	e
d	b	c	e	a	c
e	b	c	b	c	e

第10章　群与环*

群论是抽象代数的一个重要分支，是代数系统的具体化，并已得到了充分的发展，在数学、物理、通信和计算机等诸多领域都有着极其广泛的应用。例如，在自动机理论、编码理论、快速加法器的设计等方面，群的应用已日趋完善。群论最初是由代数方程求解引出的，它还有一段艰难而曲折的萌发过程。

一元二次方程的求根公式精妙绝伦，这难免引起人们解决一元 n 次方程的强烈兴趣。而对于一元 n 次方程的求解，虽然数学家高斯曾给出了“n 次代数方程有且仅有 n 个根”的经典判定，但却并未给出求解根的具体方法和步骤，因此，它于代数方程的理论求解和现实意义贡献并不大。

1535 年，意大利数学家塔塔利亚发现了一元三次方程的解法，后来卡当给出了具体的求解公式（即卡当公式）。从最初古巴比伦人探索二次方程的求解公式，到卡当完成三次方程，居然用了几千年。

后来，卡当的学生费拉里又提出了四次方程的求解方法。他的求解思想很有趣，先将四次方程化成两个二次方程（不妨记为 $f(x)$、$g(x)$）的平方差模式，即将一元四次方程

$$ax^4 + bx^3 + cx^2 + dx + e = 0$$

化为

$$(f(x,t))^2 - (g(x,t))^2 = 0$$

其中，$f(x,t)$ 和 $g(x,t)$ 是两个彼此不同的一元二次方程，t 是待定系数。

通过配方技巧，借助一个中间结果（三次方程）首先求出系数 t 的值，再将上述平方差转化为如下两个方程即可得到最后的结果。

$$f(x,t) + g(x,t) = 0$$
$$f(x,t) - g(x,t) = 0$$

费拉里对四次方程的求解让人们欣喜若狂，因为以此类推或许便可以彻底解决任意的 n 次方程问题。又因为，n 次可以通过 $n-1$ 次、$n-2$ 次、……间接地表示出来。但这种努力还是又过了 200 年才有了新的进展。18 世纪中后期，大数学家拉格朗日才意识到，试图用递归思想来求解的想法或许根本就不现实。他仔细分析了二次、三次和四次方程的解法，发现了潜藏在其中的同一个原理，那就是置换群，也正因此才为高次方程的求解铺平了道路。

重大突破是由挪威数学家阿贝尔完成的。他于 1824 年发表了“五次方程代数解法不存在”的学术论文。千里马未必总能遇到伯乐，就连数学大师高斯也没能理解他的思想，在贫寒中又煎熬了 5 年，阿贝尔终因结核病离世，享年 27 岁。

之后，年轻的法国数学家伽罗华于 17 岁时提出“关于五次方程代数解问题”的研究论文，并递交法兰西科学院，却因辈份太轻，竟连书稿都被弄丢了两次。1831 年，他再次递交论文，却被院士波松以“完全不能理解”而驳回。后伽罗华卷入政事，先后两次入狱，终因决斗受伤而不治身亡，年仅 21 岁。万幸的是，决斗前他把自己对五次方程的求解研究用长信的方式保

留下来，14 年后，法国数学家刘维尔发现该论文，并整理、发表出来，人们才终于认识到这项近代数学史上的重要成就，同时也叹息伽罗华的英年早逝。

伽罗华去世 38 年后，法国数学家乔丹在其专著《论置换与代数方程》中详尽地阐述了伽罗华的思想，也正因此，一门现代数学的分支，一门对物理和化学都有重大影响的科学——群论，终于诞生了。

10.1 群

群论是代数系统的进一步发展，现已形成完善的理论体系，它在时序点电路、形式语言和自动机理论等方面都有广泛运用。

10.1.1 半群

定义 10-1 如果代数系统 $<A, *>$ 同时满足以下条件，则称该代数系统为半群（Semigroup）。

（1）载体集合 A 为非空集合。

（2）$*$ 运算是二元运算，且在载体 A 上封闭。

（3）$*$ 运算满足结合律。

其实，既然 $<A, *>$ 是代数系统，则 $*$ 运算在载体 A 上封闭是必然的，否则也称不上代数系统。另外，载体 A 为非空集合也是自然的，这也是代数系统的基本条件，因为定义在一个空集上的运算也没有实际意义，所以，半群的定义看起来似乎条件要求较多，但实质上只有对结合律的要求是最本质的。也就是说，子群就是满足结合律的最简单的代数系统。所谓最简单即指代数系统仅包含唯一的一个二元运算。

例如，在以 N_k 为载体的代数系统 $<N_k, \oplus_k>$ 和 $<N_k, \otimes_k>$ 中，因 $\oplus_k$ 和 $\otimes_k$ 在 N_k 上都封闭，且满足结合律，所以，它们都是半群。

又如，在以集合 $A=\{1,2,3,4,5,6\}$ 为载体，与定义为 $a * b = \max(a,b)$ 的二元 $*$ 运算组成的代数系统 $<A_k, *>$，显然也是半群。因为，此刻的二元 $*$ 运算满足结合律是显而易见的。

当然，同样容易验证，对于普通加法和乘法而言，$<I, +>$、$<I, \times>$、$<\mathbf{R}, +>$、$<\mathbf{R}, \times>$ 等也都是典型的半群。

例 10-1 在以整数集合 I 为载体的代数系统 $<I, *>$ 中，$*$ 运算被定义为 $a*b = a+b-a\,b$，试证明该代数系统是半群。

证明：欲证明某代数系统是半群，只需证明该代数系统满足半群定义之三个基本条件即可。

首先，载体整数集合 I 非空，满足定义 10-1 条件(1)。

其次，$*$ 运算显然是二元运算，而且，由 a、b 均为整数可知，$a * b = a + b - a\,b$ 也必为整数，所以，$*$ 运算在整数集合 I 上是封闭的，即满足条件(2)。

最后，对于集合 I 中任意给定的整数 a、b、c，显然有

$$\begin{aligned}(a*b)*c &= (a*b)+c-(a*b)c \\ &= (a+b-a\,b)+c-(a+b-a\,b)c \\ &= a+b-a\,b+c-a\,c-b\,c+a\,b\,c\end{aligned}$$

$$= abc - ab - ac - bc + a + b + c$$

又知

$$\begin{aligned} a*(b*c) &= a + (b*c) - a(b*c) \\ &= a + (b + c - bc) - a(b + c - bc) \\ &= a + b + c - bc - ab - ac + abc \\ &= abc - bc - ab - ac + a + b + c \end{aligned}$$

显然，$*$ 运算满足结合律，于是，可知代数系统 $<I, *>$ 是半群。

例 10－2 假设 $<A, *>$ 是半群，如果对于 A 中任意两个不同的元素 a、b，都有 $a * b \neq b * a$，则 A 中的每一个元素均是等幂元。

证明：既然当 $a \neq b$ 时，必有 $a * b \neq b * a$，那就是说，当 $a * b = b * a$ 时，必有 $a = b$。于是，可从 A 中任取元素 a，因为 $<A, *>$ 是半群，所以，$*$ 运算必满足结合律，有

$$(a * a) * a = a * (a * a)$$

由此可知，必有

$$a * a = a$$

所以，a 必是等幂元。

定义 10－2 设 $<A, *>$ 是半群，如果 $*$ 运算满足交换律，则称 $<A, *>$ 为**可交换半群**(Commutative semigroup)。

定义 10－3 设 $<A, *>$ 是半群，如果在集合 A 中存在关于 $*$ 运算的幺元 e，则称此半群 $<A, *>$ 为**独异点**(Monoid)，或**含幺半群**、**单元半群**。有时为了叙述方便，也常常将独异点记为 $<A, *, e>$。

定义 10－4 如果独异点 $<A, *, e>$ 中的二元 $*$ 运算，同时满足交换律，则称 $<A, *, e>$ 为**可交换的独异点**(Commutative monoid)，或**可交换含幺半群**。

如果上述定义中所涉及到的载体 A 是有限集，则称半群(或独异点)为**有限半群**(或**有限独异点**)，否则，称半群(或独异点)为**无限半群**(或**无限独异点**)

由以上定义可知，欲证明代数系统 $<A, *>$ 是独异点，首先须证明其是半群，再在此基础上，证明它拥有幺元即可。

例如，假设 $M_n(\mathbf{R})$ 表示由所有 $n \times n$ 实数矩阵组成的集合，而 $\cdot$ 和 $+$ 是矩阵的乘法和加法，则代数系统 $< M_n(\mathbf{R}), +>$ 就是可交换的独异点，幺元即零矩阵。

不过，代数系统 $< M_n(\mathbf{R}), \cdot>$ 就仅仅是个独异点，幺元当就是单位矩阵，不过，它不可交换，因为矩阵的乘法不满足交换律。

另外，在由所有正实数组成的集合 $\mathbf{R}^+$ 中，如果定义两个运算 $*$ 和 $\circ$ 分别为

$$a * b = a^b,\ a \circ b = 2^{a+b}$$

其中，a 和 b 是 $\mathbf{R}^+$ 中的任意元素。

则代数系统 $<\mathbf{R}^+, *>$，$<\mathbf{R}^+, \circ>$ 显然都不是半群。

因为对于 $2,3,4 \in \mathbf{R}^+$，有

$$(2*3)*4 = (2^3)*4 = (2^3)^4 = 2^{12}$$

而

$$2*(3*4) = 2*(3^4) = 2^{81}$$

同理

$$(2 \circ 3) \circ 4 = (2^{3+5}) \circ 4 = (2^{8}) \circ 4 = 32 \circ 4 = 2^{36}$$

而

$$2 \circ (3 \circ 4) = 2 \circ (2^{3+4}) = 2 \circ 2^{3+4} = 2 \circ 128 = 2^{130}$$

显然都不满足结合律,故都不是半群。

又如,对于任意的非空集合 A 而言,不难验证代数系统 $<P(A), \cap>$ 和 $<P(A), \cup>$,都是可交换的独异点,幺元分别是集合 A 与空集 $\varnothing$。其中,$\cap$、$\cup$ 对结合律与交换律的满足是不言而喻的。

例 10－3　假设 A 是有英文字母组成的非空集合,即 $A = \{a, b, c, d, e, f, \cdots, z\}$,如果由 A 中有限个字母组成的序列称为 A 中的字符串,不包含任何字符的字符串为空串,不妨用 ε 表示,并令 $A^{*} = \{x \mid x 是 A 中的字符串\}$,且约定 $A^{+} = A^{*} \cup \{\varepsilon\}$。而定义○运算为两个字符串的连接,即对任意两个字符串 s_1、s_2 实施○运算 $s_1 \circ s_2$,即将字符串 s_1 写在字符串 s_2 的左边之后得到的新字符串。试说明代数系统的 $< A^{*}, \circ >$ 是否为半群或独异点。

解:○运算是二元运算,且在 A^{*} 上是封闭的。

另外,容易理解,○运算显然满足结合律。不过,它不满足交换律。

对于任意的 $a \in A^{*}$ 来说,有

$$a \circ \varepsilon = \varepsilon \circ a = a$$

所以,ε 是 A^{*} 中的幺元。

因此,$< A^{+}, \circ >$ 是独异点。但是,$< A^{*}, \circ >$ 只是半群,因其不存在幺元。

10.1.2　群

定义 10－5　如果代数系统 $<A, *>$ 同时满足以下条件,则称该代数系统为**群**(Group)。

(1) 载体(集合 A)为非空集合。

(2) $*$ 运算是二元运算,且在载体 A 上封闭。

(3) $*$ 运算满足结合律。

(4) 载体(集合 A)中含有幺元。

(5) 载体(集合 A)中的每一个元素均存在逆元。

相对于独异点而言,群仅仅多了一个条件,那就是载体 A 中的每个元素都存在逆元。所以,要证明一个代数系统是群,只须在证明其为独异点的基础上,再证明其载体 A 中的每个元素都有逆元存在即可。

例 10－4　由所有实数组成的集合 **R**,+表示普通的加法运算。试说明代数系统 $<\mathbf{R}, +>$ 是群。

解:其中,**R** 当然是非空集合。

普通的加法运算 + 是二元运算,而且在 **R** 上封闭。因为 **R** 中的任意两个实数之和当然也是实数,依然属于 **R**。

加法运算 + 对结合律的满足是明显的,而且,0 就是 R 中对于运算 + 的幺元。同时,R 中的每个元素 x 都有一个相反的数 $-x$ 与之对应,这便是 x 的逆元。

综上所述,显然 $<\mathbf{R}, +>$ 就是一个群。

还有,在以 N_k 为载体的代数系统 $< N_k, \oplus_k >$ 中,结合律的满足、二元运算 $\oplus_k$ 的封闭性等都是明显的。另外,元素 0 就是幺元。而且,对于每一个 N_k 中不等于 0 的元素 i 来说,其逆元

即 $k-i$。因此，代数系统 $< N_k, \oplus_k >$ 是群。

不过以 N_k 为载体的代数系统 $< N_k, \otimes_k >$ 却不是群，因为 0 不存在逆元。即便将 N_k 去掉元素 0 之后，仍然无效，即 $< N_k - \{0\}, \otimes_k >$ 也不是群。

注意：有兴趣的读者可自行验证，这里从略。

定义 10－6 设 $<A, *>$ 是群，如果载体 A 是有限集合，则称该群为**有限群**，否则，称该群为**无限群**。对有限群而言，其载体集合 A 中的元素个数为该有限群的阶数。例如，$<\mathbf{R}, +>$ 是无限群，而 $< N_4, \oplus_4 >$ 是四阶群，$< N_5, \oplus_5 >$ 是五阶群，$< N_k, \oplus_k >$ 是 k 阶群。

定义 10－7 假设 $<A, *>$ 是群，如果 $*$ 运算满足交换律，则称 $<A, *>$ 为**可交换群**(Commutative group)。也称**阿贝尔群**。

其实，$<\mathbf{R}, +>$、$< N_k, \oplus_k >$ 等，都是阿贝尔群。另外，$<\mathbf{R}-\{0\}, \times>$、$< N_p - \{0\}, \otimes_p >$ 等，也是阿贝尔群(p 是质数)。

定理 10－1 任意群中的幺元都是唯一的等幂元。

证明：假设 $<A, *>$ 是群，元素 $a \in A$，且 a 是等幂元，即有 $a * a = a$。

因为 $<A, *>$ 是群，所以，A 中的每一个元素都有逆元，故 a 亦有逆，不妨记为 a^{-1}，显然有 $a^{-1} * a * a = a^{-1} * a$

即 $e * a = e$，故 $a = e$。

可见，群中的等幂元必定是幺元，由幺元的唯一性可知，群的等幂元也唯一的。

在群中，等幂元是唯一的，但在独异点中的等幂元却可能有多个。例如，在独异点 $< N_6, \otimes_6 >$ 中，除了幺元 1 是等幂元之外，还有 0、3 和 4 等也是等幂元，这也从侧面说明了 $< N_6, \otimes_6 >$ 不是群。

定理 10－2 设 $<A, *>$ 是群，若存在元素 $a \in A$，使得对 A 中的每一个元素 b，均有 $a * b = b$，则 a 即 A 的幺元。

定理 10－3 设 $<A, *>$ 是群，若存在元素 $a \in A$，使得对 A 中的每一个元素 b，均有 $b * a = b$，则 a 即 A 的幺元。

这两个定理的原理是明显的，故证明在这里从略。

定理 10－4 设 $<A, *>$ 是群，若对于任意元素 a、b、$c \in A$，如果 $a * b = a * c$，则必有 $b = c$。

证明：对群而言，每个元素均存在逆元，故可在 $a * b = a * c$ 两边同时以 a 的逆左运算，得

$$a^{-1} * a * b = a^{-1} * a * c$$

即 $e * b = e * c$，故 $b = c$。

其实，该定理还同时有另外一种表述，见定理 10－5。

定理 10－5 设 $<A, *>$ 是群，若对于任意元素 a、b、$c \in A$，如果 $b * a = c * a$，则有 $b = c$。

证明方法同定理 10－4，不再赘述。

很多教材和资料将该定理归入与结合律、分配律和交换律同等的范畴，称为**消去律**。

很明显，在上述证明中用到了两边同时消去某些部分的方法，不过，在一般的代数系统中未必都能满足这种消去的规律，虽然在所有的群中是满足的，这一点值得读者注意。

一般地，如果 $<A, *>$ 是群，则对于任意的 a、$b \in A$ 而言，还具有以下基本特征：

1. $(a * b)^{-1} = b^{-1} * a^{-1}$

其实道理也很简单，因为

$$
\begin{aligned}
(a * b) * (b^{-1} * a^{-1}) &= a * (b * b^{-1}) * a^{-1} \\
&= a * (e) * a^{-1} = a * a^{-1} \\
&= e
\end{aligned}
$$

也就是说，$b^{-1} * a^{-1}$是$(a * b)$的逆，所以$(a * b)^{-1} = b^{-1} * a^{-1}$成立。

2. $(a^{-1})^n = (a^n)^{-1}$

该性质实质上是上条性质的推论，一般地，也常常将$(a^{-1})^n$或$(a^n)^{-1}$记为a^{-n}。

3. 群中的每个元素都是可消去的，即满足消去律

参见前面的定理，这里不再赘述。

4. 有限群的运算表(即 * 运算的表格表示)中，任意两行都不相同

既然集合 A 有限，不妨考虑 $A = \{a_1, a_2, a_3, \cdots, a_n\}$，可关注运算表中的某一行，如所第 i 行，即如下元素：

$$a_i * a_1, a_i * a_2, a_i * a_3, \cdots, a_i * a_n$$

如果有某两行相等，不妨设第 p 行和第 q 行相等，则意味着

$$a_i * a_p = a_i * a_q$$

同样基于群的两边可同时消去的思想，得

$$a_p = a_q$$

显然，这与运算表中不同的行表示不同的元素是相矛盾的，所以，性质得证。

基于群的这种特点，根据群的运算表之不同，容易得出，在同构意义下的二阶群和三阶群，实质上各只能有一种，如图 10－1 所示。而四阶群则共有 2 种，如图 10－2 所示。

*	e	a
e	e	a
a	a	e

*	e	a	b
e	e	a	b
a	a	b	e
b	b	e	a

图 10－1　二阶群和三阶群的运算表

*	e	a	b	c
e	e	a	b	c
a	a	b	c	e
b	b	c	e	a
c	c	e	a	b

(a)

*	e	a	b	c
e	a	e	c	b
a	a	e	c	b
b	b	c	e	a
c	c	b	a	c

(b)

图 10－2　四阶群的运算表

5. 有限群的运算表(即 * 运算的表格表示)中，任意两列都不相同

证明从略，与任意两行不相同相类似。

6. 阶数大于 1 的群中，不可能存在零元

假设 $<A, *>$是群，且其阶数大于 1，并有零元 0 存在。那么，根据零元的定义可知 $0 \neq e$，因此，对于任意的 $x \in A$，均有

$$x * 0 = x * 0 = 0 \neq e$$

这表明零元0不存在逆,显然,这与群的定义相矛盾,故原性质成立。

10.1.3 子群

定义10-8 假设$<A, *>$是群,而S是载体A的非空子集,如果$<S, *>$也构成群,则称$<S, *>$是$<A, *>$的**子群**。

由于$\{e\}$和A当然是A的子集,所以,$<\{e\}, *>$和$<A, *>$也都是$<A, *>$的子群,而且,一般还称这两个子群为$<A, *>$的**平凡子群**。从概念上说,这和集合的平凡子集相一致。

例如,对$N_6=\{0,1,2,3,4,5\}$来说,其上的模6加法运算$\oplus_6$即可构成一个群,即六阶群$<N_6, \oplus_6>$。取其子集$B=\{0,2,4\}$,容易验证$\oplus_6$在B上是封闭的。运算的结合规律当然会"继承",而B中也存在幺元0,且元素2和4互逆,因此,$<B, \oplus_6>$构成一个群,也就是说,$<B, \oplus_6>$还是$<A, \oplus_6>$的子群。

根据子群的定义,容易理解,如果S是A的子集,要考察$<S, *>$是否构成$<A, *>$的子群,一般须从以下几方面入手:

(1) 运算在S中是否封闭。

(2) $<A, *>$的幺元是否也同样属于S。

(3) S中的任意元素a,其逆元是否也同样属于S。

例10-5 试求$<N_{12}, \oplus_{12}>$的所有非平凡子群。

解:已知

$$N_{12}=\{0,1,2,3,4,5,6,7,8,9,10,11\}$$

不妨取其子集$S_1=\{0,6\}$,容易验证运算$\oplus_{12}$在S_1上封闭。

所以,$<S_1, \oplus_{12}>$是$<N_{12}, \oplus_{12}>$的二阶子群。

同样取N_{12}的子集

$$S_2=\{0,4,8\}, S_3=\{0,3,6,9\}, S_4=\{0,2,4,6,8,10\}$$

容易验证,运算$\oplus_{12}$在S_2、S_3、S_4上均是封闭的。

所以,$<S_2, \oplus_2>$、$<S_3, \oplus_3>$、$<S_4, \oplus_4>$分别是群$<N_{12}, \oplus_{12}>$的三阶、四阶和六阶子群。

思考:它还有其他的子群吗?另外,对$<N_k, \oplus_k>$而言,其子群与k有何关系?分布规律如何?

例10-6 试求$<N_7-\{0\}, \otimes_7>$的所有非平凡子群。

解:已知

$$N_7-\{0\}=\{1,2,3,4,5,6\}$$

取其子集

$$S_1=\{1,6\}, S_2=\{1,2,4\}$$

容易验证,运算$\otimes_7$在S_1和S_2上都是封闭的。

所以,$<S_1, \otimes_7>$和$<S_2, \otimes_7>$分别是$<N_7-\{0\}, \otimes_7>$的二阶、三阶子群。

有兴趣的读者可自行验证,上述两道例题中,除了已经找出来的这些子群之外,不存在其他子群。

定理10-6 假设$<A, *>$是群,而S是载体A的非空子集,对于S中的任意元素a,b来说,如果均有$a * b \in S$,则$<S, *>$是$<A, *>$的子群。

定理 10－7　假设$<A, *>$是群，而S是载体A的有限子集，如果运算$*$在S上是封闭的，则$<S, *>$是$<A, *>$的子群。

这也是两个相对普遍的子群求解方法，原理相对简单且直观，故证明从略。

10.1.4　元素的阶数

群载体中的元素也有阶的概念。而且，元素的阶和群的阶之间还有很微妙的数量关系。

定义 10－9　设$<A, *>$是群，a是A中的元素，即$a \in A$，如果存在正整数n，使得$a^n = e$，则称元素a为**有限阶元素**，且满足上述条件的最小正整数n即称为元素a的阶数。当然，如果不存在这样的正整数n，则称a为**无限阶元素**。

最简单也是明显的就是幺元e，它的阶数为1。

又如，在群$< N_6, \oplus_6 >$中，0是幺元，对于元素2来说，因为$2^3 = 0, 2^6 = 0, 2^9 = 0, \cdots$，所以，元素2的阶数就是3。当然，对于元素3而言，因为$3^2 = 0, 3^4 = 0, 3^6 = 0, \cdots$，所以，元素3的阶数就是2。

思考：群$< N_k, \oplus_k >$中各元素的阶的分布规律如何？

另外，在群$<\mathbf{R}, +>$中，除了幺元0是一阶的元素之外，其他元素都是无限阶的元素。

例 10－7　试求群$< N_5 - \{0\}, \otimes_5 >$中各元素的阶数。

解：$N_5 - \{0\} = \{1,2,3,4\}$

容易验证，其中元素1是幺元，所以，元素1的阶数是1。

对于元素2来说，因为$2^1 = 2, 2^2 = 4, 2^3 = 3, 2^4 = 1$，所以，元素2的阶数是4。

对于元素3来说，因为$3^1 = 3, 3^2 = 4, 3^3 = 2, 3^4 = 1$，所以，元素3的阶数是4。

对于元素4来说，因为$4^1 = 4, 4^2 = 1$，所以，元素4的阶数是2。

例 10－8　设$A = \{000, 001, 010, 011, 100, 101, 110, 111\}$，并定义$\oplus$运算为按位加，即不考虑进位的二进制加法。例如，$101 \oplus 111 = 010$，$001 \oplus 101 = 100$，$100 \oplus 011 = 111$等。容易验证，$<A, \oplus>$是群，试求$A$中各元素的阶数。

解：容易验证，在集合A中，元素000是幺元，所以，它的阶数是1。

因为集合A中的其他元素a均有$a \oplus a = 000$的特点，故集合A中的其他所有元素的阶数均为2。

定理 10－8　设$<A, *>$是n阶群，a是A中的元素，其阶数为k，则有$k \leqslant n$成立。

证明：首先考虑以下$n+1$个元素

$$a^1, a^2, a^3, \cdots, a^n, a^{n+1}$$

既然$<A, *>$是n阶群，所以，必有，$|A| = n$

由鸽巢原理可知，上面这$n+1$个元素至少有两个是相同的，不妨设之为：$a^i = a^{i+k}$

也即：$a^i = a^i * a^k$

于是，由前面的定理（群中若有a，使得对A中的每一个元素b，均有$b * a = b$，则a即A的幺元）可知，$a^k = e$，（其中，$1 \leqslant k \leqslant n$）。

又由元素阶数的定义可知，a的阶段$k \leqslant n$。

定理 10－9　假设$<A, *>$之载体A中的元素a的阶数为n，则必有$a^{kn} = e$，其中k是整数。

其实，我们通过上面的两个举例中也容易理解该定理的正确性，故这里证明从略。

该定理还可换一种表述，那就是：**有限群中的每个元素的阶数都有限，且不大于群的阶。**

据此,我们甚至还可以得出如下推论。

推论 10-1 群 $<A, *>$ 之载体 A 中的任意元素 a 的阶数,总与其逆 a^{-1} 的阶数相同。

例 10-9 如果群 $<A, *>$ 之载体 A 中除幺元之外,其他元素的阶数均为 2,则该群为**阿贝尔群**。

证明:首先,因 A 中任意元素 a,均有 $a^2 = e$,所以,可知 $a^{-1} = a$。

对于 A 中任意的两个元素 a,b,有 $a * b \in A$ 和 $(a * b)^2 = e$,所以,有

$$a * b = (a * b)^{-1} = b^{-1} * a^{-1} = b * a$$

所以,该群是阿贝尔群。

10.1.5 若干特殊群

1. Klein 四元群

假设,集合 $K = \{e,a,b,c\}$,而集合 K 中的二元运算◎的定义如表 10-1 所列,不难验证◎运算满足结合律,其中 e 为幺元,每个元素的逆元分别为 $e^{-1} = e, a^{-1} = a, b^{-1} = b, c^{-1} = c$。所以,$<K, *>$ 是群,则称该群为 **Klein 四元群**。其实,它也是一个阿贝尔群。

表 10-1 Klein 四元群的运算定义表

◎	e	a	b	c
e	e	a	b	c
a	a	e	c	b
b	b	c	e	a
c	c	b	a	e

该运算定义表,就是图 10-2(b)的四阶群之一。

2. 循环群

定义 10-10 假设 $<A, *>$ 是有限群,如果在该群的载体 A 中存在元素 a,使得对 A 中的任意元素 g,都能表示为 a 的幂形式,即有 $g = a^k$(其中 k 是整数)。则称元素 a 为该群的**生成元**,具有生成元的群为**循环群**。

其实,循环群是一种相对简单也十分常见的群。

例 10-10 试证明 $< N_6, \oplus_6 >$ 是循环群。

证明:先考察 N_6 中的元素 1,因为有

$1^1 = 1$

$1^2 = 1 \oplus_6 1 = 2$

$1^3 = 1 \oplus_6 1 \oplus_6 1 = 2 \oplus_6 1 = 3$

$1^4 = 1 \oplus_6 1 \oplus_6 1 \oplus_6 1 = 2 \oplus_6 1 \oplus_6 1 = 3 \oplus_6 1 = 4$

$1^5 = 1 \oplus_6 1 \oplus_6 1 \oplus_6 1 \oplus_6 1 = 2 \oplus_6 1 \oplus_6 1 \oplus_6 1 = 3 \oplus_6 1 \oplus_6 1 = 4 \oplus_6 1 = 5$

$1^6 = 1 \oplus_6 1 \oplus_6 1 \oplus_6 1 \oplus_6 1 \oplus_6 1 = 2 \oplus_6 1 \oplus_6 1 \oplus_6 1 \oplus_6 1 = 3 \oplus_6 1 \oplus_6 1 \oplus_6 1 = 4 \oplus_6 1 \oplus_6 1 = 5 \oplus_6 1 = 6$

由此可见,元素 1 便是群 $< N_6, \oplus_6 >$ 的生成元,所以,$< N_6, \oplus_6 >$ 是循环群。

例 10-11 试证明 $< N_7 - \{0\}, \otimes_7 >$ 是循环群。

解:按照类似的原理,考察其中的元素 3,因为有

$3^1 = 3$

$3^2 = 3 \otimes_7 3 = 2$

$3^3 = 3 \otimes_7 3 \otimes_7 3 = 2 \otimes_7 3 = 6$

$3^4 = 3 \otimes_7 3 \otimes_7 3 \otimes_7 3 = 2 \otimes_7 3 \otimes_7 3 = 6 \oplus_6 3 = 4$

$3^5 = 3 \otimes_7 3 \otimes_7 3 \otimes_7 3 \otimes_7 3 = 2 \otimes_7 3 \otimes_7 3 \otimes_7 3 = 6 \otimes_7 3 \otimes_7 3 = 4 \otimes_7 3 = 5$

$3^6 = 3 \otimes_7 3 \otimes_7 3 \otimes_7 3 \otimes_7 3 \otimes_7 3 = 2 \otimes_7 3 \otimes_7 3 \otimes_7 3 \otimes_7 3 = 6 \otimes_7 3 \otimes_7 3 \otimes_7 3 = 4 \otimes_7 3 \otimes_7 3 = 5 \otimes_7 3 = 6$

有兴趣的读者可自行验证，其实元素 5 也是该群的生成元，因此，生成元有时也不唯一。

通过以上两例也能看出，欲验证循环群，只需观察每个元素的不同次幂的结果即可。也正因如此，当载体的基数较大时，这种验证过程将十分繁琐，计算量很大，效率很低。而对于无限群来说，就更不现实了。

定理 10－10　设 $<A, *>$ 是 n 阶循环群，a 是生成元，则生成元的阶数是 n。

该定理采用反正法即可轻松证明，另外，还可证明当某元素的阶数与群的阶数相同时，此元素就是生成元。

定理 10－11　设 $<A, *>$ 是 n 阶循环群，a 是生成元，则 $A = \{a^1, a^2, a^3, \cdots, a^n\}$。

因为 $|A| = n$，由 $*$ 运算在 A 上的封闭性可知，只需证明 $a^1, a^2, a^3, \cdots, a^n$ 彼此不同即可。为此，可考虑采用反正法，不妨设有两个元素相同，再证明其中之一是生成元，并与定理 10－10 矛盾，从而该定理得证。有兴趣的读者可自行证明。

定理 10－12　k 阶的循环群同构于 $< N_k, \oplus_k >$。

该定理说明，欲研究循环群，只须研究 $< N_k, \oplus_k >$ 即可。

定理 10－13　循环群必是阿贝尔群。

有兴趣的读者可自行证明，$< N_{13} - \{0\}, \otimes_{13} >$ 同构于 $< N_{12}, \oplus_{12} >$。

定义 10－11　设 $<A, *>$ 是无限群，如果在载体 A 中存在元素 a，使得对 A 中的任意元素 g 都能表示为 a 的幂形式，即 $g = a^k$，其中 k 是整数，则称元素 a 为该无限群的**生成元**，具有生成元的无限群为**无限循环群**。

3. 置换群

置换群的应用非常广泛，在组合数学和编码理论中，它都发挥着极其重要的作用。其实，置换就是在有限集合上双射函数的一种描述形式。

例如，设 $A = \{a, b, c\}$，若 f 是 A 上的双射函数，且有 $f(a) = a, f(b) = c, f(c) = b$，对应的关系图如图 10－3 所示。

为了更直观地反映这种双射效果，亦可将函数 f 所确定的对应关系记为

$$f = \begin{pmatrix} a & b & c \\ a & c & b \end{pmatrix}$$

这种表示形式一般称为载体 A 上的**置换**。

容易理解，拥有 3 个元素的集合 A 上的所有可能的置换一共有 6 个。进而，在有 n 个元素的集合上共有 $n!$ 个彼此不同的置换。

其实，置换也可以合成，而且置换的合成完全是从函数的合成引入的。

假设在上述的集合 A 上有如下两个置换，即

$$f_1 = \begin{pmatrix} a & b & c \\ b & a & c \end{pmatrix}, \quad f_2 = \begin{pmatrix} a & b & c \\ c & a & b \end{pmatrix}$$

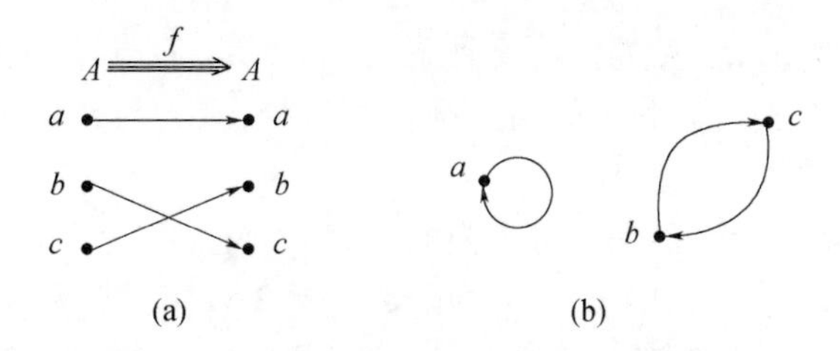

图 10-3　集合 A 上的双射函数关系示意图

如果考察复合函数 $f_1\circ f_2$，易知

$$f_1\circ f_2(a) = f_1(c) = c$$
$$f_1\circ f_2(b) = f_1(a) = b$$
$$f_1\circ f_2(c) = f_1(b) = a$$

就是说，$f_1\circ f_2$ 合成的结果为

$$f_1\circ f_{2(右)} = \begin{pmatrix} a & b & c \\ c & b & a \end{pmatrix}$$

于是，用置换的概念理解，即

$$\begin{pmatrix} a & b & c \\ b & a & c \end{pmatrix}\circ\begin{pmatrix} a & b & c \\ c & a & b \end{pmatrix} = \begin{pmatrix} a & b & c \\ c & b & a \end{pmatrix}$$

在这种运算中，显然是先考虑右侧的置换，然后再观察左侧的置换，这便是左置换的合成机理。下面这两个置换合成便都是**置换右合成**的示例，即

$$\begin{pmatrix} a & b & c \\ a & c & b \end{pmatrix}\circ\begin{pmatrix} a & b & c \\ c & b & a \end{pmatrix} = \begin{pmatrix} a & b & c \\ b & c & a \end{pmatrix}$$

$$\begin{pmatrix} a & b & c \\ a & c & b \end{pmatrix}\circ\begin{pmatrix} a & b & c \\ a & c & b \end{pmatrix} = \begin{pmatrix} a & b & c \\ c & b & a \end{pmatrix}$$

同样也可定义置换左合成运算，仍然以上面的示例，则有

$$f_1\circ f_{2(左)} = \begin{pmatrix} a & b & c \\ a & c & b \end{pmatrix}$$

也即

$$\begin{pmatrix} a & b & c \\ b & a & c \end{pmatrix}\circ\begin{pmatrix} a & b & c \\ c & a & b \end{pmatrix} = \begin{pmatrix} a & b & c \\ a & c & b \end{pmatrix}$$

为论述方便，如果不加特别说明，在后续章节中的置换合成统称为**左合成**。这与函数的合成相一致。

同时也容易验证，具有 n 个元素的有限集合上所有的置换构成的集合 $\boldsymbol{S}_n$，以及其上的二元合成运算$\circ$，所构成的代数系统 $<\boldsymbol{S}_n,\circ>$ 也是一个群。

例如，继续以上面由 a、b、c 三个元素组成的集合 $\boldsymbol{A}$，其上的 6 个不同置换可记为

$$f_1 = \begin{pmatrix} a & b & c \\ a & b & c \end{pmatrix}\qquad f_2 = \begin{pmatrix} a & b & c \\ a & c & b \end{pmatrix}$$

$$f_3 = \begin{pmatrix} a & b & c \\ b & a & c \end{pmatrix}\qquad f_4 = \begin{pmatrix} a & b & c \\ b & c & a \end{pmatrix}$$

$$f_5 = \begin{pmatrix} a & b & c \\ c & a & b \end{pmatrix}\qquad f_6 = \begin{pmatrix} a & b & c \\ c & b & a \end{pmatrix}$$

于是,有 $S_3=\{f_1,f_2,f_3,f_4,f_5,f_6\}$,容易理解,合成运算$\circ$在$S_3$上是封闭的,且满足结合律;其中,$f_1$就是幺元;另外,$f_1$、$f_2$、$f_3$和$f_6$的逆元都是其自身,又$f_4$与$f_5$互逆;所以,$<S_3,\circ>$是一个群。

继续分析下去还会发现,该群是不可交换的,因为$f_3\circ f_4\neq f_4\circ f_3$。

该群中的幺元f_1的阶数为1,而f_2、f_3、f_6的阶数均是2,f_4、f_5的阶数均是3。

其实,在同构意义下,六阶循环群只有两个,其一是$<S_6,\oplus_6>$,而另一个就是上面刚介绍的群$<S_3,\circ>$。

下面给出置换群的一般定义。

定义10-12 具有n个元素的有限集合A上所有不同的置换构成的集合记为S_n,合成运算$\circ$是S_n上的二元合成运算,则代数系统$<S_n,\circ>$构成一个群。并称$<S_n,\circ>$为***n*次对称群**,而$<S_n,\circ>$的子群一般称为***n*次置换群**。

例如,$<S_3,\circ>$就是3次对称群,而$<\{f_1,f_2\},\circ>$就是3次置换群。

定理10-14 每一个n阶有限群均同构于一个n次置换群。

例如,群$<N_4,\oplus_4>$的运算表如表10-2所列。

表10-2 $\oplus_4$运算表

$\oplus_4$	0	1	2	3
0	0	1	2	3
1	1	2	3	0
2	2	3	0	1
3	3	0	1	2

现在取$A=\{0,1,2,3\}$,再将表10-2所示中各列元素构成A上的4个置换,即

$$a_0=\begin{pmatrix}0&1&2&3\\0&1&2&3\end{pmatrix}\quad a_1=\begin{pmatrix}0&1&2&3\\1&2&3&0\end{pmatrix}$$

$$a_2=\begin{pmatrix}0&1&2&3\\2&3&0&1\end{pmatrix}\quad a_3=\begin{pmatrix}0&1&2&3\\3&0&1&2\end{pmatrix}$$

如果设$S=\{a_0,a_1,a_2,a_3\}$,则容易验证群$<N_4,\oplus_4>$与$<S,\circ>$同构。

其实,置换的实际应用很多。

例如,设$X=\{1,2,3,4,\cdots,n\}$为正n边形的顶点之集合,若它们按逆时针方向排列,如图10-4所示。将正n边形绕中心O点沿着逆时针旋转$2\pi/n$角度,则顶点i必旋转到原顶点$i+1$的位置上,类似地,其他顶点也发生了变化,故这个旋转是X上的一个变化,记为ρ_1,则ρ_1即可表示为

$$\rho_1=\begin{pmatrix}1,2,3,4,5,6,\cdots,n\\2,3,4,5,6,\cdots,n,1\end{pmatrix}$$

人们借助群论中的置换理论,研究了现实中的许多实际问题。

例10-12 试求正方体的旋转群。

解:设正方体的顶点集合为$A=\{1,2,3,4,5,6,7,8\}$,如图10-5所示。

一般地,正方体共有三类性质彼此不同的对称旋转轴:

第一类是通过对面中心的轴。例如,通过上下对面中心的旋转轴L_1。

第二类是通过对角顶点的轴。例如,通过对角顶点 1 和 7 的旋转轴 P_1。

第三类是通过对边中点的轴。例如,通过 34 边中点和 56 边中点的旋转轴 Q_1。

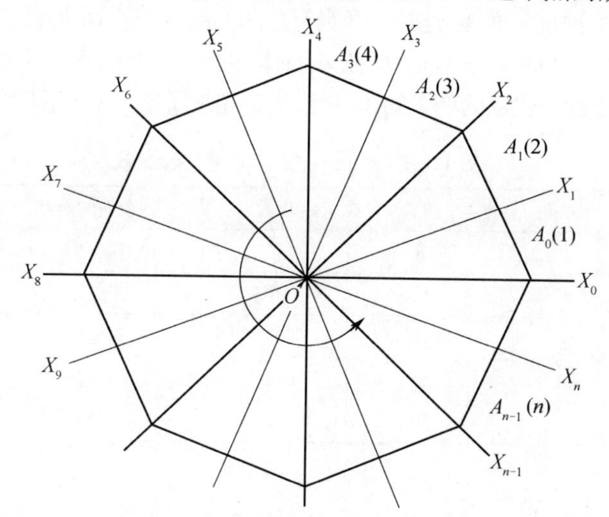

图 10-4　旋转正 n 边形示意图

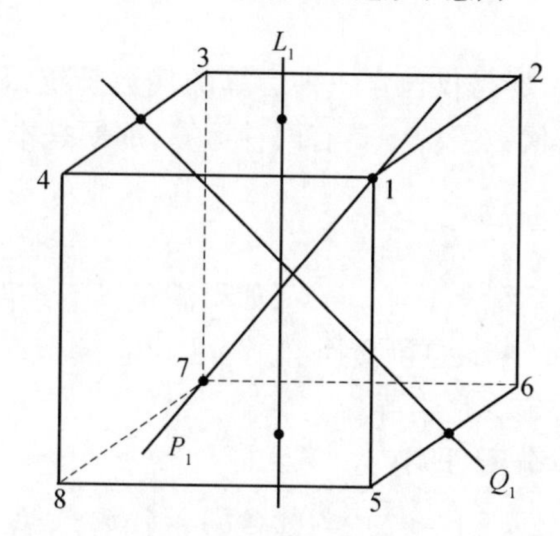

图 10-5　正方体的旋转群

按照这三类旋转轴分别给出对应的旋转变换如下。

绕第一类旋转轴的旋转为

(1 2 3 4)(5 6 7 8),(1 3)(2 4),(5 7)(6 8),(1 4 3 2)(5 8 7 6),

(1 2 6 5)(4 3 7 8),(1 6)(2 5),(4 7)(3 8),(1 5 6 2)(4 7 8 3),

(1 5 8 4)(2 6 7 3),(1 8)(5 4),(2 7)(6 3),(1 4 8 5)(2 3 6 7)。

绕第二类旋转轴的旋转为

(2 4 5)(3 8 6),(2 5 4),(3 6 8),

(1 3 6)(4 7 5),(1 6 3),(4 5 7),

(2 4 7)(1 8 6),(2 7 4),(1 6 8),

(1 3 8)(2 7 5),(1 8 3),(2 5 7)。

绕第三类旋转轴的旋转为

(1 2)(7 8)(3 5)(4 6),(1 4)(6 7)(3 5)(2 8),

(1 5)(3 7)(2 8)(4 6),(2 3)(5 8)(1 7)(4 6),

(2 6)(4 8)(1 7)(3 5),(3 4)(5 6)(1 7)(2 8)。

可见,这个旋转群共有 14 个元素。显然,正多面体的旋转群都是三维旋转群的子群。

三维空间中有多少种正多面体,这是一个很有趣的问题。与平面上的正多边形不同,空间中的正多面体只有 5 种,即正四面体、正六面体、正八面体、正十二面体、正二十面体,如表 10-3 所列。但证明这个结论则需要近世代数的相关知识,这已远远超出了本书的范围,因此不再赘述。

表 10-3 正多面体的相关参数

正多面体	顶点数	边数	面数	每个面的形状	与顶点相关的边数
正四面体	4	6	4	三角形	3
立方体	8	12	6	正方形	3
正八面体	6	12	8	三角形	4
正十二面体	20	30	12	正五边形	3
正二十面体	12	30	20	三角形	5

10.2 环和域

在 10.1 节介绍的群论中,群是仅包含一种运算的代数系统,显然这也是代数系统中最简单、最基础的表现形式。如果代数系统中具有两种运算,那便是本节将要介绍的环和域。

10.2.1 环

定义 10-13 设有代数系统 $<A, *, \circledast>$,如果满足以下条件则称其为环:

(1) 对运算 $*$ 而言,$<A, *>$是可交换群。

(2) 对运算$\circledast$而言,$<A, \circledast>$是半群。

(3) 运算$\circledast$对 $*$ 运算可分配,即有

$$a \circledast (b * c) = (a \circledast b) * (a \circledast c)$$
$$(a * b) \circledast c = (a \circledast c) * (b \circledast c)$$

相对于群而言,环要复杂得多,这也是将代数系统引向深入的开始。如果再包含几个运算,代数系统中的相互关系将变得更为复杂。

例 10-13 试证明,以 N_k 为载体的代数系统 $< N_k, \oplus_k, \otimes_k >$是环。

证明:前面已经证明过,代数系统 $< N_k, \oplus_k >$是可交换群,而 $< N_k, \otimes_k >$是半群,所以,这里只要证明$\otimes_k$对$\oplus_k$满足分配律即可。

不妨从 N_k 中任意取三个元素 a、b、c,则有

$$a \oplus_k b = a + b - k[(a + b)/k]$$
$$a \otimes_k b = a \times b - k[(a \times b)/k]$$

于是

$$\begin{aligned}
& a \otimes_k (b \oplus_k c) \\
&= a \otimes_k (b + c - k[(b + c)/k]) \\
&= a \times (b + c - k[(b + c)/k]) - k[(a \times (b + c - k[(b + c)/k]))/k] \\
&= ab + ac - ak[(b + c)/k]) - a \times (b + c - k[(b + c)/k])
\end{aligned}$$

$= ab + ac - k[a(b+c)/k])$

于是

$(a \otimes_k b) \oplus_k (a \otimes_k c)$

$= (a \times b - k[(a \times b)/k]) \oplus_k (a \times b - k[(a \times b)/k])$

$= (ab - k[(ab)/k]) \oplus_k (ab - k[(ab)/k])$

$= (ab - k[(ab)/k]) + (ab - k[(ab)/k]) -$

$k[((ab - k[(ab)/k]) + (ab - k[(ab)/k]))/k]$

$= ab + ac - k[a(b+c)/k])$

由此可得

$$a \otimes_k (b \oplus_k c) = (a \otimes_k b) \oplus_k (a \otimes kc)$$

也即,$\otimes_k$对$\oplus_k$满足分配律。

所以,代数系统$< N_k, \oplus_k, \otimes_k >$是环。

另外,以实数集合 **R** 为载体的代数系统<**R**, +, × >也是环。前面已经证明,<**R**, + >是可交换群,<**R**, × >是半群,由四则运算法又知,普通乘法×对普通加法+可分配,所以,代数系统<**R**, +, × >的确是环。

另外,代数系统<**R**, +, × >是一个极其特殊的环,十分经典,它有以下特点:

(1) <**R**, + >中的幺元是<**R**, × >中的零元。

(2) $a \in$ **R**,对于<**R**, + >而言,a 的逆元是 a^{-1}。

(3) $a^{-1} \times b = a \times b^{-1} = (a \times b)^{-1}$。

(4) $a^{-1} \times b^{-1} = a \times b$。

一般情况下,凡是具有两种运算的代数系统,只要其两种运算分别类似<**R**, +, × >中的+和×,则这种代数系统基本上都是环,也往往具备上述性质。

假设<A, +, × >是环,如果半群<**R**, × >中的运算可交换,则称<A, +, × >是**可交换环**。

假设<A, +, × >是环,如果<**R**, × >是含幺元的半群,则称<A, +, × >是**含幺元环**。

假设<A, +, × >是环,如果半群<**R**, × >中,对 A 的任意的非零元素 a,b,均有 $a \times b \neq 0$,则称<A, +, × >为**无零因子环**。

假设<A, +, × >是环,如果它是含幺元环、可交换、无零因子环,则该环称为**整环**。

定理 10-15 设<A, +, × >是整环,则乘法运算满足消去律。

10.2.2 域

定义 10-14 设<A, +, × >是代数系统,如果它满足以下条件:

(1) 对运算 + 而言,<A, + >是可交换群。

(2) <A - {0}, × >也是可交换群。

(3) 运算 × 对 + 可分配,即有

$$a \times (b + c) = (a \times b) + (a \times c)$$
$$(a + b) \times c = (a \times c) + (b \times c)$$

则称代数系统<A, +, × >为**域**。

相比较环的定义可知,在<A, + >是可交换群、第一运算对第二运算可分配这两个条件上是一致的，区别仅在第二点上。即环要求 <A, × >为半群，而域则要求 <$A-\{0\}$, × >是可交换群。从该意义上讲，环和域具有相类似的典型意义，不过二者侧重的角度不同罢了。

定理 10－16 域一定是整环。

因为群无零因子，所以，域必定是整环（有兴趣的读者可自行思考其原因）。事实上，域也可定义为每个非零元素都有乘法逆元的整环。

定理 10－17 有限整环必是域。

定理 10－18 设 <A, +, × >是域，那么 A 中的非零元素在 <A, + >中有相同的阶数。

其实，当 k 为素数时，< N_k, $\oplus_k$, $\otimes_k$ >是整环，且 N_k 是有限集，所以，< N_k, $\oplus_k$, $\otimes_k$ >是域。有些资料上，也会将该规律以定理的形式出现。该规律换一个角度，则意味着此刻域的元素个数与元素的阶数是相同的，且均为质数。那么，是否还有元素个数不是质数的有限域呢？回答是肯定的。

例如，设 $A=\{0,e,a,a^2\}$，其中，$a^2\neq a, a^3=e$。因此，<A, × >构成循环群，因而它也是阿贝尔群。同样容易验证，<A, + >也是一个阿贝尔群。其中，+ 运算的表格定义如表 10－4 所列。并验证乘法对加法是可分配的，于是，<A, +, × >为只有四个元素的域。

表 10－4 四元素域的 + 运算定义表

+	0	e	a	a^2
0	0	e	a	a^2
e	e	0	a^2	a
a	a	a^2	0	e
a^2	a^2	a	e	0

小　结

因为本章是以第 9 章代数系统为基础，并承接其概念内涵和外延来展开讨论的，鉴于涉及到的概念相对较多，可用一张图来描述它们之间的相互关系，如图 10－6 所示。

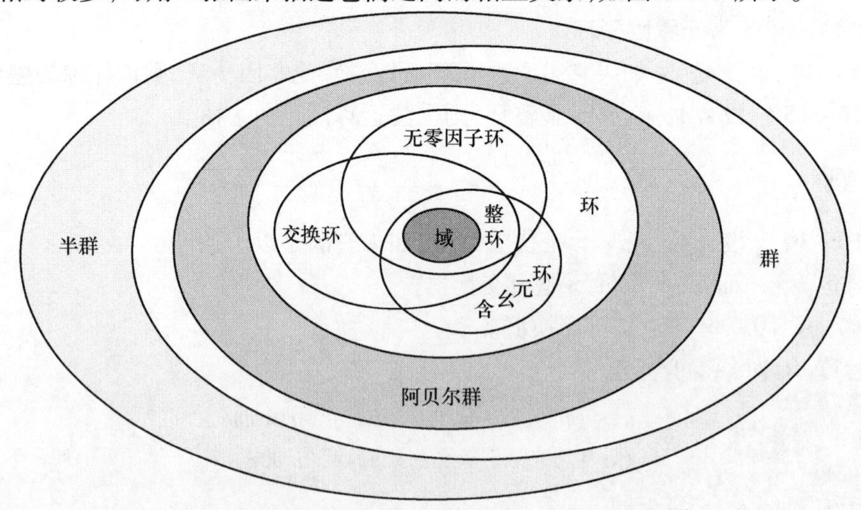

图 10－6 不同代数系统间的相互关系示意图

通过该图即可对代数系统，及群论中各概念之间的相互关系有一个清晰而全面的了解，进而为学习格与布尔代数打下坚实基础。

习 题

1. 已知 I 是由所有整数组成的集合，对于下列 $*$ 运算，哪些代数系统 $<A, *>$ 是半群。

(1) $a * b = a^b$。

(2) $a * b = a$。

(3) $a * b = a + ab$。

(4) $a * b = \max(a,b)$。

2. 按要求完成任务。

(1) 试写出 $<N_8, \oplus_8>$ 的所有子半群。

(2) 试写出 $<N_{10}, \otimes_{10}>$ 的所有等幂元。

3. 假设集合 $A = \{1,2,3,4\}$，对于下列 $*$ 运算，试说明哪些代数系统 $<A, *>$ 是群。

(1) $a * b = a^b$。

(2) $*$ 是模 5 乘法。

(3) $a * b = a + b$。

4. 证明题。

(1) I 是整数集合，运算 $*$ 定义为 $a * b = a + b + ab$，试证明 $<I, *>$ 是独异点。

(2) 假设 $<A, *>$ 是半群，如果对于 A 中任意两个不同元素 a、b，都有 $a * b \neq b * a$ 成立，试证明 $a * b * a = a$。

(3) 假设 $<A, *>$ 是半群，其中，$A = \{a,b\}$，且 $a * a = b$，试证明 $*$ 可交换。

(4) 假设 $<A, *>$ 是半群，其中，$A = \{a,b\}$，且 $a * a = b$，试证明 $b * b = b$。

(5) 试证明 $<I, +>$ 是群，其中，I 是整数集合。

(6) 群中不存在零元。

(7) $<N_4, \oplus_4>$ 与 $<N_5 - \{0\}, \otimes_5>$ 同构。

(8) $<A, *>$ 是三阶群，$A = \{e,a,b\}$，其中 e 为幺元，试证明 $a^3 = b^3 = e$。

(9) 试证明三阶群必是循环群。

(10) 求 $<N_{11} - \{0\}, \otimes_{11}>$ 的阶和五阶子群。

5. 设 $<A, *>$ 是群，如果对于 A 中任意元素 a,b，均有如下事实成立，试证明 $<A, *>$ 是阿贝尔群。

(1) $(a * b)^{-1} = a^{-1} * b^{-1}$。

(2) $(a * b)^2 = a^2 * b^2$。

(3) $(a * b)^3 = a^3 * b^3$ 且 $(a * b)^5 = a^5 * b^5$。

(4) e 是幺元，$a * a = e$。

6. 下列集合 A 是 N_{12} 的子集，对于运算 $\oplus_{12}$，哪些代数系统 $<A, \oplus_{12}>$ 是群 $<N_{12}, \oplus_{12}>$ 的子群?

(1) $A = \{0,b\}$。

(2) $A = \{0,3,6,9\}$。

(3) $A = \{0,4,6,8\}$。

(4) $A = \{0,2,4,8\}$。

7. 试求< $N_{11}-\{0\}$,$\otimes_{11}$ >的二阶子群。

8. 假设 E 是所有偶数组成的集合,试证明< E, * >是< I, * >的子群。

9. 假设 $G=\{000,001,100,101\}$,运算⊕是按位加,求群< A,⊕ >中各元素的阶数。

10. 试求群< N_7,$\oplus_7$ >中各元素的阶数。

11. 假设< A, * >是有限群,且 a,b 是 A 中任意两元素,试证明:a 与 a 的逆有相同的阶数。

12. 假设< A, * >是有限群,且 a,b 是 A 中任意两元素,试证明:$a*b$ 与 $b*a$ 有相同的阶数。

13. 假设< A, * >是有限群,且 a,b 是 A 中任意两元素,试证明:证明该群中阶数大于2的元素个数是偶数。

14. 假设< A, * >是 n 阶群,且对于 A 中的任意元素 a,都有 $a*a=e$,当 $n>4$ 时,该群必有四阶子群。

15. 写出循环群< N_7,$\oplus_7$ >的所有生成元。

16. 假设< A, * >是群,其中 $A=\{e,a,b,c\}$,*运算的定义如表10-5所列,试问:该群是否是循环群?若是,请求出其生成元。

表 10-5

*	e	a	b	c
e	e	a	b	c
a	a	c	e	b
b	b	e	c	a
c	c	b	a	e

17. 假设 $A=\{1,2,3,4\}$,A 上的4个置换分别为

$$f_1=\begin{pmatrix}1&2&3&4\\1&2&3&4\end{pmatrix},\qquad f_2=\begin{pmatrix}1&2&3&4\\2&3&4&1\end{pmatrix}$$

$$f_3=\begin{pmatrix}1&2&3&4\\3&4&1&2\end{pmatrix},\qquad f_4=\begin{pmatrix}1&2&3&4\\4&1&2&3\end{pmatrix}$$

请写出这4个置换关于置换的合成运算*的运算表。

18. 试构造一个5次置换群,使其与< N_5,$\oplus_5$ >同构。

19. 假设< A, +, × >是代数系统,其中,+和×是普通的加法和乘法,集合 A 如下:

(1) A 是所有偶数组成的集合。

(2) A 是所有奇数组成的集合。

(3) A 是正整数集合。

(4) A 是非负整数集合。

试问:< A, +, × >是环吗?

20. 设< A, +, × >是环,并且对于 A 中任意元素 a,都有 $a\times a=a$,试证明 $a+a=0$。

21. 设 A 是所有 n 阶实数方阵组成的集合,对于矩阵的加法+和乘法×,试证明< A, +, × >是环。

22. 试写出有3个元素的域。

23. 试举两个是独异点但不是群的例子。

24. 设< $\{a,b\}$, * >是半群,且 $a*a=b$,试证明 $b*b=b$。

第 11 章　格与布尔代数

格与布尔代数也是两个极其重要的代数系统。相较于前面介绍的群、环和域等，格更强调载体中元素之间的次序关系。正基于此，在一般的离散数学教材中，总是先通过偏序集引入格的"偏序格"定义，然后再类似群、环和域，从代数系统的角度给出格的"代数格"定义，进而展开对格（代数格）的详细讨论，最后通过对格（代数格）的进一步限制，引出布尔代数，从而说明布尔代数是格（代数格）的特殊情况。

格与布尔代数在计算机科学中具有非常重要的作用，如保密学、数据安全、开关理论、逻辑设计等学科和工程领域中，均拥有大量的格与布尔代数应用范例。

最初布尔代数是作为对逻辑思维法则的研究出现在人们视野中的，英国的大哲学家布尔（George Boole）在 1847 年曾撰写论文《逻辑的数学分析》，后来，他又发表了《思维法则的研究》。他在这两篇论文中利用数学方法研究集合与集合之间的关系法则，从而奠定了一个全新的数学分支，即布尔代数。此后，香农（C. E. Shannon）在 1938 年发表论文《继电器与开关电路的符号分析》，为布尔代数在工艺技术设计中的应用开辟了道路，这种基于开关代数的二值布尔运算理论，也是逻辑代数的基本内容。

11.1　格*

通过对关系和函数的学习可知，一个偏序集的子集如果存在上确界（*LUB*），则这个上确界是唯一的。同理，如果它存在下确界（*GLB*），则该下确界也是唯一的。一个偏序集如果拥有最小元素，则它也是唯一的；如果它拥有最大元素，则这个最大元素同样是唯一的。在回忆这些知识之后，再来观察格的概念及其相关特性。

如果偏序集 $<L, \leqslant>$ 中，每一对元素 $a, b \in L$，都有最大下界和最小上界，则此偏序集称为**格**。

一般情况下，可用 $a * b$ 表示子集 $\{a, b\} \subseteq L$ 的最大下界 $GLB\{a, b\}$；用 $a \oplus b$ 表示子集 $\{a, b\} \subseteq L$ 的最小上界 $LUB\{a, b\}$，并将它们分别称为 a, b 的**保交**和**保联**。

因为最大下界和最小上界均属于 L，且唯一，所以，保交 $*$ 和保联 $\oplus$ 便都可看作是 L 中的二元运算。

当然，保交和保联有时也用 $\wedge$、$\vee$ 或者 $\cap$、$\cup$ 等符号表示。

据以上定义不难理解，并非所有的偏序集都是格。可用哈斯图来表示偏序集，如图 11－1 所示，就是几个是格的偏序集，但图 11－2 则是几个不是格的偏序集。

例如，假设 R 是正整数集合 I_+ 中的整除关系，则对于任意的 $a, b \in I_+$ 而言，当且仅当 a 整除 b，才有 aRb 成立。显然，$<I_+, R>$ 是一个格。其中，a 和 b 的保联 $a \oplus b$ 是 a 和 b 的最小公倍数，而 a 和 b 的保交 $a * b$ 是 a 和 b 的最大公约数。

又如，假设 n 是个正整数，用 S_n 表示由 n 的所有因子组成的集合。例如：

$S_6 = \{1, 2, 3, 6\}$

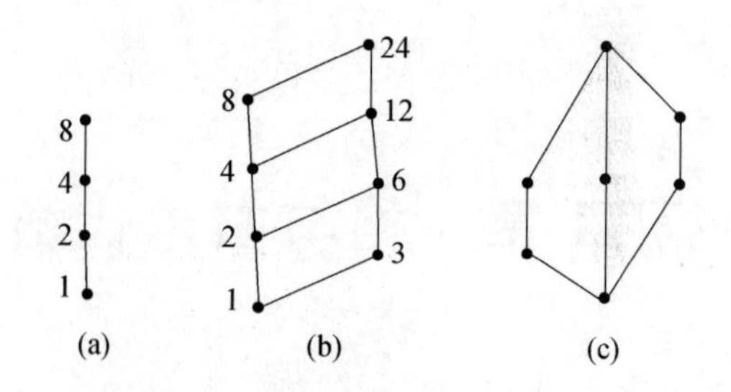

图 11－1　构成格的偏序结合的哈斯图

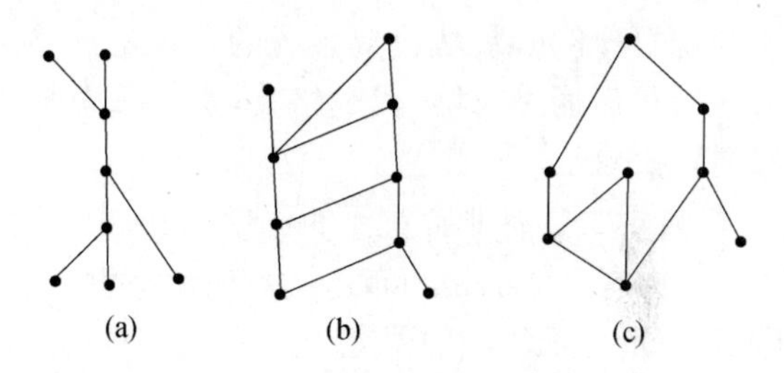

图 11－2　不构成格的偏序结合的哈斯图

$S_8 = \{1,2,4,8\}$

$S_{12} = \{1,2,3,4,6,12\}$

$S_{15} = \{1,3,5,15\}$

$S_{24} = \{1,2,3,4,6,8,12,24\}$

$S_{30} = \{1,2,3,5,6,10,15,30\}$

同样设 R 是整除关系，则不难绘制出，$<S_8,R>$ 和 $<S_{24},R>$ 的哈斯图与图 11－1(a)、(b)相同，而 $<S_6,R>$ 和 $<S_{30},R>$ 的哈斯图如图 11－3(a)、(b)所示。

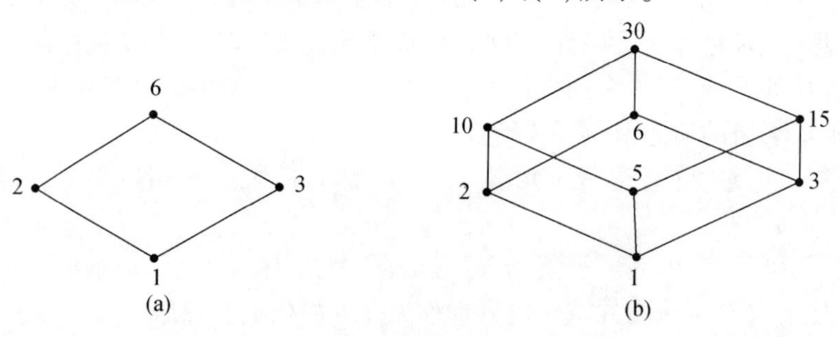

图 11－3　$<S_6,R>$ 和 $<S_{30},R>$ 对应的哈斯图

上述示例说明，不同的格可对应相同的哈斯图，区别仅在于它们的标识不同，这与图论中的同构概念在本质上是一致的。换言之，不同的偏序集，只要次序同构，就可以用同样的图表示这些偏序集合。

其实，因为 $<S,\leqslant>$ 与 $<S,\geqslant>$ 互为对偶，显然，对应于前者的最小上界等同于后者的最大下界。用格论描述，就是 $<S,\leqslant>$ 的保交、保联运算可分别转化为 $<S,\geqslant>$ 的保联、保交运算。就是说，如果 $<L,\leqslant>$ 是一个格，则 $<L,\geqslant>$ 也必定是一个格。这就是格的**对偶性原理**。

定理 11－1　假设 $<S,\leqslant>$ 是一个格，则 $<S,\geqslant>$ 也是一个格。$<S,\leqslant>$ 与 $<S,\geqslant>$ 互为对偶。

其实,站在关系理论来看,如果 $<S, \leqslant>$ 是偏序集,则 $<S, \geqslant>$ 也是一个偏序集,也是互为对偶的。即它们都具有自反性、反对称性和传递性。

下面给出基于代数系统的格定义。

定义 11-1 假设 $<L, *, \oplus>$ 是一个代数系统,如果 L 中的二元代数运算 $*$ 和 $\oplus$ 均可交换、可结合,且满足幂等律和吸收律,则 $<L, *, \oplus>$ 就是一个格。

当然,有些教材中也会将定义中的幂等律剔除掉,因为吸收律蕴涵着幂等律。也就是说,对于任意的 $a \in L$ 来说,由吸收律可知

$$a * a = a * (a \oplus (a * a)) = a$$

其实,用类似的方法,或是根据对偶性原理,亦同样可证明

$$a \oplus a = a$$

从字面来看,该定义并未设定 L 中元素之间的任何偏序关系,但事实上完全可由 L 中的二元代数运算 $*$ 和 $\oplus$ 的性质,间接推出 L 中各元素之间所蕴涵着的偏序关系。

定理 11-2 设 $<L, *, \oplus>$ 是一个代数系统个格,于是 L 中存在着偏序关系,在此偏序关系的作用下,对于 L 中的任意元素 $a, b, c \in L$,均有

$$a \oplus b = LUB\{a, b\}$$

$$a * b = GLB\{a, b\}$$

证明: 可在 L 中定于关系 R:对任意元素 $a, b \in L$,有

$$aRb \Leftrightarrow a * b = a$$

因此,只要能证明关系 R 是个 L 中的偏序关系即可。

对任意的元素 $a \in L$,由幂等律可知 $a * a = a$,所以有 aRa,即关系 R 具有自反性。

对任意的元素 $a, b \in L$,如果有 aRb,bRb 成立,则必有 $a * b = a$ 和 $b * a = b$。

而 $a * b = b * a$,即 $a = b$,所以,这说明关系 R 具有反对称性。

还有,对任意的元素 $a, b, c \in L$,如果有 aRb,bRc 成立,则必有 $a * b = a$ 和 $b * c = b$。

于是,有

$$a * c = (a * b) * c = a * (b * c) = a * b = a$$

也就是说,关系 R 具有传递性。

同时,也容易证明

$$a * b = a \Leftrightarrow a \oplus b = b$$

总之,能够从给定的代数系统 $<L, *, \oplus>$ 出发,直接求得一个偏序集 $<L, R>$。

有兴趣的读者可以反推,即在此偏序关系 R 的作用下,对于每一对元素 $a, b \in L$ 而言,都有 $a * b = GLB\{a, b\}$ 和 $a \oplus b = LUB\{a, b\}$。

于是,定理得证。

通过该定理可知,基于偏序集的格定义,和基于代数系统的格定义,在本质上是一致的。因此,在许多教材上,可以根据需要不加区分地使用两种不同的格定义表示方法。

之所以在本章引入格的定义,并与前面的关系理论相联系,是考虑在许多时候可以把代数系统的相关知识和规律应用在关系理论的格论当中。于是,便有了对子格、同态和同构等概念的进一步引伸和发展。

其实,格也可根据其所具有的性质做进一步区分,如分配格、模格等,限于篇幅,本章不再

赘述。

11.2 布 尔 函 数*

实质上,布尔代数就是将格的载体 L 限定于集合$\{0,1\}$之后的结果,正是基于二值特征,使得它在研究电子和光学等方面有广泛的应用。

11.2.1 布尔函数运算

在布尔代数中,涉及最多的运算有三个,即补、布尔和与布尔积。

元素的补常用在元素上划线来标记,并定义 0 的补等于 1,而 1 的补等于 0,分别记为

$$\overline{0}=1,\quad \overline{1}=0$$

布尔和运算常用 + 或 OR 来表示,其运算规律如下:

$$1+1=1,\quad 1+0=1,\quad 0+1=1,\quad 0+0=0$$

布尔积运算常用 · 或 AND 来表示,其运算规律如下:

$$1\cdot 1=1,\quad 1\cdot 0=1,\quad 0\cdot 1=0,\quad 0\cdot 0=0$$

正常情况下,三个运算符的优先顺序依次为补、布尔积、布尔和。不过,根据需要可通过使用括号调整其运算顺序。

例 11-1 试计算下面布尔表达式的值。

$$\begin{aligned}&\overline{1}\cdot 0+1+\overline{(0+1)}\\&=0\cdot 0+1+\overline{(1)}\\&=0+1+0\\&=1\end{aligned}$$

其实,这里的补、布尔积、布尔和,同前面命题逻辑中介绍的取非、逻辑或、逻辑与有相似的处理机制,这里的元素 0 相当与命题逻辑中的真值“逻辑假”,而元素 1 相当与命题逻辑中的真值“逻辑真”,甚至有关布尔代数的结果亦可直接翻译成命题的结果。相反地,关于命题的结果,同样也可直接翻译成关于布尔代数中的公式(或函数)。

11.2.2 布尔表达式

假设 $B=\{0,1\}$,如果变元 x 仅从集合 B 中取值,则称该变元为**布尔变元**。

从 B^n到 B 的函数称为 ***n* 度布尔函数**。其中,$B^n=\{<x_1,x_2,x_3,\cdots,x_n>\mid x_n\in B,\ 1\leqslant i\leqslant n\}$。

布尔函数的值通常用表来表示。例如,对于布尔函数 $F(x,y)$来说,当 $x=1$ 且 $y=0$ 时,函数值为 1;当 $x=0$ 且 $y=1$ 时,函数值为 1;其他情况下函数值均为 0,则布尔函数 $F(x,y)$即可表示如表 11-1 所列。

布尔函数可用变元和布尔运算符构成的表达式表示,通常情况下关于变元 $x_1,x_2,\cdots,x_n$的布尔表达式可以通过递归形式来定义,即

(1) 0、1 和 x_1、x_2、x_3、⋯、x_n是布尔表达式。

(2) 如果 E_1和 E_2是布尔表达式,则 E_1的补、E_2的补、以及 E_1和 E_2的布尔和、E_1和 E_2的布

尔积均是布尔表达式。

每一个布尔表达式都表示一个布尔函数,此布尔函数的值就是通过在表达式中用0和1替换变元得到的。

例 11-2 试计算由 $F(x,y,z) = x \cdot y + \bar{z}$ 表示的布尔函数的值。

解:该布尔函数的值如表 11-2 所列。

表 11-1 $F(x,y)$ 函数取值表

x	y	$F(x,y)$
1	1	0
1	0	1
0	1	1
0	0	0

表 11-2 $F(x,y,z)$ 布尔函数表

x	y	z	$x \cdot y$	$\bar{z}$	$x \cdot y+\bar{z}$
1	1	1	1	0	1
1	1	0	1	1	1
1	0	1	0	0	0
1	0	0	0	1	1
0	1	1	0	0	0
0	1	0	0	1	1
0	0	1	0	0	0
0	0	0	0	1	1

布尔函数 F 和 G 如果相等,当且仅当 $F(x_1、x_2、x_3、\cdots、x_n) = G(x_1、x_2、x_3、\cdots、x_n)$ 对 $B = \{0,1\}$ 中的任意 $x_1、x_2、x_3、\cdots、x_n$ 均成立。

表示同一个函数的不同布尔表达式称为**等价**。例如,布尔表达式 $x \cdot y, x \cdot y + 0, x \cdot y \cdot 1$,都是等价的布尔表达式。

布尔函数 F 和 G 的布尔和 $F+G$,即定义为

$$(F + G)(x_1、x_2、x_3、\cdots、x_n) = F(x_1、x_2、x_3、\cdots、x_n) + G(x_1、x_2、x_3、\cdots、x_n)$$

布尔函数 F 和 G 的布尔积 $F \cdot G$,则定义为

$$(F \cdot G)(x_1、x_2、x_3、\cdots、x_n) = F(x_1、x_2、x_3、\cdots、x_n) \cdot G(x_1、x_2、x_3、\cdots、x_n)$$

容易理解,2 度布尔函数共有 16 个,如表 11-3 所列。其中列出了 16 个不同的 2 度布尔函数的取值情况,不妨将这 16 个不同的布尔函数分别记为 $F_1、F_2、F_3、\cdots、F_{16}$。

表 11-3 16 个 2 度布尔函数列表

x	y	F_1	F_2	F_3	F_4	F_5	F_6	F_7	F_8	F_9	F_{10}	F_{11}	F_{12}	F_{13}	F_{14}	F_{15}	F_{16}
1	1	1	1	1	1	1	1	1	1	0	0	0	0	0	0	0	0
1	0	1	1	1	1	0	0	0	0	1	1	1	1	0	0	0	0
0	1	1	1	0	0	1	1	0	0	1	1	0	0	1	1	0	0
0	0	1	0	1	0	1	0	1	0	1	0	1	0	1	0	1	0

进而可计算出,n 度布尔函数不同形式的总数。由乘法法则可知,共有 2^n 个由 0 和 1 构成的不同的 n 元组。因为布尔函数就是对这些 2^n 个 n 元组中的每一个进行赋值,因此,乘积法则即表明有 2^{2^n} 个不同的 n 度布尔函数。

11.2.3 布尔代数中的恒等式

既然布尔代数也讲恒等,那么,在布尔代数的运算和推导中便同样会涉及到类似于定理的等式,如表 11-4 所列,这和在前面命题逻辑中涉及到的内容一致。有兴趣的读者可自行将这些恒等式与前面逻辑学中的相关内容做比较。

表 11－4　布尔恒等式

恒等式	名称
$\bar{\bar{x}} = x$	双重否定
$x \cdot x = x,\quad x + x = x$	幂等律
$x \cdot 1 = x,\quad x + 0 = x$	同一律
$x \cdot 0 = 0,\quad x + 1 = 1$	支配律
$x \cdot y = y \cdot x,\quad x + y = y + x$	交换律
$x \cdot (y \cdot z) = (x \cdot y) \cdot z$ $x + (y + z) = (x + y) + x$	结合律
$x + (y \cdot z) = (x + y) \cdot (x \cdot z)$ $x \cdot (y + z) = (x \cdot y) + (x \cdot z)$	分配律
$\overline{(x \cdot y)} = \bar{x} + \bar{y}$ $\overline{(x + y)} = \overline{x \cdot y}$	德摩根律

例 11－3　试证明 $x \cdot (y + z) = (x \cdot y) + (x \cdot z)$。

证明:分别列出等式两边的所有变元取值情况,并观察两边布尔表达式的结果,如表 11－5 所列。因为最后两列完全相同,所以,可知恒等式成立。

表 11－5　用来证明恒等式成立的布尔函数表

x	y	z	$y+z$	$x \cdot y$	$x \cdot z$	$x \cdot (y + z)$	$(x \cdot y) + (x \cdot z)$
1	1	1	1	1	1	1	1
1	1	0	1	1	0	1	1
1	0	1	1	0	1	1	1
1	0	0	0	0	0	0	0
0	1	1	1	0	0	0	0
0	1	0	1	0	0	0	0
0	0	1	1	0	0	0	0
0	0	0	0	0	0	0	0

例 11－4　试证明 $x \cdot (x + y) = x$。

证明方法一:假设 $y = 0$,则左边的布尔表达式为

$$x \cdot (x + y) = x \cdot (x + 0) = x \cdot (x) = x \cdot x = x$$

假设 $y = 1$,则左边的布尔表达式为

$$x \cdot (x + y) = x \cdot (x + 1) = x \cdot (1) = x \cdot 1 = x$$

总之,等式成立。

证明方法二:左边的布尔表达式为

$$\begin{aligned} x \cdot (x + y) &= (x + 0) \cdot (x + y) && \text{(同一律,反用)} \\ &= x + (0 \cdot y) && \text{(分配律,反用)} \\ &= x + 0 && \text{(支配律)} \\ &= x && \text{(同一律)} \end{aligned}$$

于是,等式成立。

11.2.4 对偶性

在布尔代数中同样也有对偶律,即将一个布尔表达式中的布尔和与布尔积分别交换为布尔积与布尔和,再将其中的0和1分别交换成1和0,得到的依然是布尔表达式,称为原布尔表达式的对偶式。针对布尔表达式的对偶式,有以下对偶性原理。

对偶性原理:布尔表达式所表示的布尔函数 F 的对偶是由这个表达式的对偶所表示的函数,这个对偶函数记为 FD,它不依赖于表示 F 的那个特定的布尔表达式。对于由布尔表达式所表示的函数的恒等式,当取恒等式两边函数的对偶式时,等式仍然成立。

对偶性原理与主范式的原理、对偶定理、德·摩根律等均有异曲同工之妙,值得特别关注。对偶性原理也有利于从已有的恒等式中得到更多的新的恒等式,意义不言而喻。

11.2.5 布尔代数的研究意义

布尔代数的研究意义重大,因其得到的结果均可以翻译成关于命题的结果或是关于集合的结果,因此,抽象地定义布尔代数便非常有用。一旦一个特定的结构被证明是布尔代数,则所有关于布尔代数的一般结果便都可应用于这个特定的结构上。其实,布尔代数的定义方法很多,最常用的方法还是指明运算所必须满足的性质,以及它具备的规则。

定义示例:一个布尔代数是一个集合 $B=\{0,1\}$,另有两个二元运算($\wedge$、$\vee$)和一个一元运算($^{-}$),且对于 B 中的所有元素 x,y 和 z,同一律、支配律、结合律、交换律、分配律、等幂律等规则均成立。

看得出,布尔代数与代数系统、群、环和域等,均隶属于同一大范畴,不过,它更为特殊。群的载体之元素可以很多(当然亦可很少),但运算只能有一个;而环和域在载体与群基本类似,但运算是两个(尽管这两个侧重和规则都不同)。不过,布尔代数的载体(如果按代数系统的术语来称呼的)却是固定的,只有两个元素,即$\{0,1\}$,但它的运算却必须是三个,即两个二元运算和一个一元运算,甚至它对这三个运算的规则以及遵循的定律都有非常明确的限制。也正因此,在许多教材中也常将布尔代数与格放在一起讨论,并都纳入代数系统的理论范畴。因为格虽然也只有两个运算,但它的运算与布尔代数极其类似。

11.3 布尔函数的表示和构造*

对于一个任意给定的布尔函数,如何确定它所对应的布尔表达式呢?理论上已经证明,任意一个布尔函数都可以由变元(及其补)的布尔和(或布尔积)的适当组合来表示。另外,还可以对确定后的布尔表达式做适当处理,使其更简单、更规范。这便涉及到如何用尽可能少的算子描述所有可能的布尔表达式的问题,此即布尔算子集合的完备性问题。从该意义上讲,与前面命题逻辑部分介绍的联结词的完备性相类似。

11.3.1 积之和展开式

下面通过一个示例说明寻找表示布尔函数的布尔表达式的重要方法。

例11-5 已知函数 $F_1(x,y,z)$、$F_2(x,y,z)$ 和 $F_3(x,y,z)$ 的所有可能的取值结果如表11-6所列,试求这三个函数的布尔表达式。

解：观察表 11－6 不难看出，$F_1(x,y,z)$ 函数仅在 $x = 1, y = 0, z = 1$ 时其值为 1，故可考虑用 x 和 y 的补，及 z 的布尔积来表示。因为，当 $x \cdot \bar{y} \cdot z$ 的值为 1 时，当且仅当 $x = 1$、$y = 0$、$z = 1$。故可取，$F_1(x,y,z) = x \cdot \bar{y} \cdot z$。

再观察表 11－6 中的 $F_2(x,y,z)$ 函数可知，仅当 $x = 1, y = 0, z = 0$ 时，或是当 $x = 0$，$y = 1$，$z = 0$ 时，F_2 函数其值为 1。因此，可考虑用 x 和 y 的补，及 z 的补的布尔积，用 x 的补，和 y 及 z 的补之布尔积，最后将两个布尔积做布尔和。即取

$$F_2(x,y,z) = x \cdot \bar{y} \cdot \bar{z} + \bar{x} \cdot y \cdot \bar{z}$$

同理可知

$$F_3(x,y,z) = x \cdot y \cdot z + x \cdot y \cdot \bar{z} + \bar{x} \cdot \bar{y} \cdot z$$

表 11－6　函数 $F_1(x,y,z)$、$F_2(x,y,z)$ 和 $F_3(x,y,z)$ 的所有取值表

x	y	z	$F_1(x,y,z)$	$F_2(x,y,z)$	$F_3(x,y,z)$
1	1	1	0	0	1
1	1	0	0	0	1
1	0	1	1	0	0
1	0	0	0	1	0
0	1	1	0	0	0
0	1	0	0	1	0
0	0	1	0	0	1
0	0	0	0	0	0

该例实质上给出了一个构造布尔函数的方法，给出了一种通过构造布尔表达式来表示具有给定值的函数的思路和方法。在构造过程中，如果某变元的一个组合使得函数的值为 1，则此组合即确定了变元或其补的一个布尔积。

布尔变元及其补统称为文字。布尔变元（或其补）x_1、x_2、…、x_n 的布尔积 $y_1 \cdot y_2 \cdot \cdots \cdot y_n$ 称之为小项，就是说，小项中的最小单位是布尔变元 x_i 或是它的补 $\bar{x}_i$。换言之，小项就是文字的布尔积，而且，每个文字都对应一个具体的变元，缺一不可。

一个小项当且仅当一个变元值的组合取值 1，更确切地讲，小项 $y_1 \cdot y_2 \cdot \cdots \cdot y_n = 1$，当且仅当该小项中的每一个文字 $y_i = 1$，当且仅当 $y_i = x_i$ 时，$x_i = 1$；$y_i = x_i$ 时，$x_i = 0$。

通过取不同小项的布尔和，就能构造出布尔表达式，使其具有给定的值的集合。

特别地，小项的布尔和的值为 1，只有当和中的某个小项具有值为 1 时才成立；对于变元值的其他组合，它的值为 0。因此，给定一个布尔函数，就可以构造小项的布尔和，使得当此布尔函数具有值 1 时它的值为 1，当此布尔函数具有值 0 时它的值为 0。此布尔和中的小项与使得此函数为 1 的值的组合相对应。表示布尔函数的小项目的和称为此函数的**积之和展开式**（或**析取范式**）。（至此，布尔函数与前面命题逻辑中的范式从本质上相一致之事实，展露无遗！）

11.3.2　函数的完备性

既然每个布尔函数都可以表示为小项的布尔和，而每个小项都是布尔变元或其补的布尔积，这说明每个布尔函数都可以用布尔运算（即 +、· 和补）来表示。既然，每个布尔函数都可

以由布尔运算表示，所以，布尔运算的集合{补，+，·}就是函数完备的。这也和命题逻辑部分中的联结词完备性相一致。

同样可以证明，该集合并非最小的完备集合，通过德·摩根定律容易证明，布尔和可以转换为其补的布尔积之补，布尔积可以转换为其补的布尔和之布尔积。也就是说，布尔和与布尔积二者具一即可，所以，{补，+}、{补，·}都是完备的，即{补，+}、{补，·}才是最小的布尔运算完备集。

其实，如果适当调整布尔运算的定义规则，不妨考虑“↓”(表 11－7)或“↑”(表 11－8)，容易证明{↓}和{↑}都是完备的。

表 11－7 “↓”运算定义规则表

x	y	↓(NOR)
1	1	0
1	0	0
0	1	1
0	0	1

表 11－8 “↑”运算定义规则表

x	y	↑(NAND)
1	1	0
1	0	1
0	1	1
0	0	1

11.4 逻辑门电路设计

布尔代数最经典的应用就是用作设计电子装置的电路模型，这种装置的输入和输出都可以是集合为{0,1}中的元素(即对应于逻辑电路中的低电平和高电平)。在计算机或其他电子装置中，就有许许多多这种逻辑电路。

逻辑电路的基本元件是门，而每种不同类型的门便实现一种布尔运算，以完成对某种现实生活或生产中的物理需要。需要说明的是，这里所讨论的**逻辑电路**，输出都只与输入有直接的对应关系，而与电路的当前状态无关。换言之，这里不考虑电路的存储功能，只考虑输入电平高低的不同便直接得到最后的结果(即 0 或 1)，这种电路也称**组合电路**或**选通电路**。

在基于布尔代数的电路模型设计中，一般总是针对三种布尔运算所对应的三种基本元件来构造组合电路的。

其一是针对补运算的反相器，如图 11－4(a)所示，其左侧是输入，而右侧是输出。

其二是或门，对应于布尔和，如图 11－4(b)所示，其左侧是两个或两个以上的输入，而右侧是最后的输出。

其三是与门，对应于布尔积，如图 11－4(c)所示，它同样是左侧绘制两个或两个以上的输入，而右侧是最后的输出。

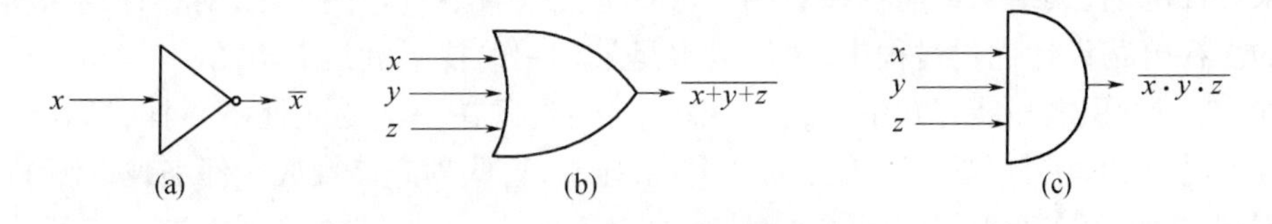

图 11－4 基本门类型

使用这些基本类型的门电路，相互之间经过组合和交叉，便可设计出复杂的实用电路。如果某些门电路之间具有相同的某个输入，可给每个门电路各自绘制独立的输入，亦可将该输入连接到不同的门电路上。当然,一个门电路的输出,亦可能是另外一个(或几个)门电路的输入,这便是门电路之间的承接关系,这也是门电路设计的基本技巧。

例 11-6 试构造能产生如下输出的逻辑电路。

(1) $(\bar{x} + y) \cdot \bar{z}$。

(2) $\bar{x} \cdot \overline{(y+\bar{z})}$。

(3) $(x + \bar{y} + z) \cdot \bar{x} \cdot \bar{y} \cdot \bar{z}$。

解:能产生题目要求之输出的电路如图 11-5 所示。

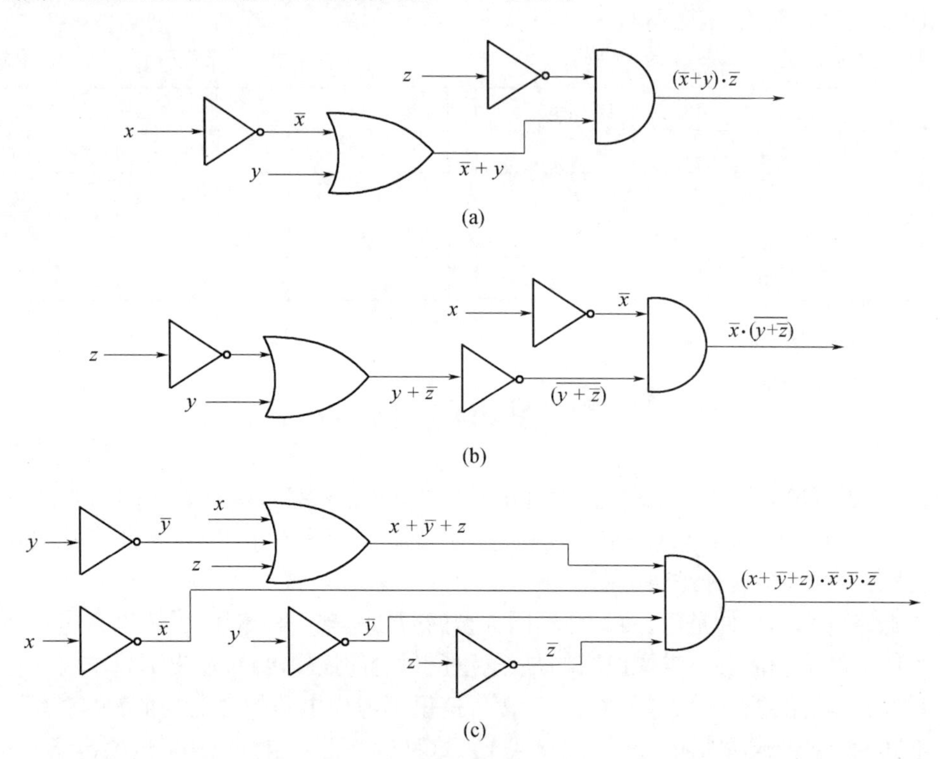

图 11-5 指定输出结果的电路设计图

11.5 卡诺图

对于任何给定的电路功能之要求,总可以用一个积之和展开式找到一组逻辑功能门,从而实现该电路。但是,积之和展开式可能包含的许多不必要的项,也就是说,仅仅基于前面的基本原理来设计电话,其结果可能存在着相当可观的冗余或浪费。换言之,对设计结果实施优化是必须的。在电路设计优化过程中,最经典也是最常用的技术就是卡诺图。

例如,在一个积之和展开式中心,若其中的一些项只在一个变元处不一样,即在某项中此变元本身出现,而在另外一项中此变元的补出现,显然,这些项应该合成。仔细观察图 11-5(c)不难发现,其中就存在着类似的问题,它具有两个 x 输入,可见该电路可以进一步优化。现代的电路常常相比上例的电路要复杂得多,因此这种优化的意义重大,尽管仅仅靠下面介绍的优化技术还远远不够,但本书将要介绍的技术无疑是最基本、最常用的。

11.5.1 卡诺图概述

为减少表示电路的布尔表达式中的小项数量,合并重复项是最直接的选择。当布尔函数所包含的变元个数相对较少时,常见的合并小项技术就是**卡诺图**。卡诺图是由美国的计算机与通信专家摩里斯 · 卡诺在 1953 年发现并提出的。卡诺图技术以维奇(E. W. Ceitch)的思想(仅在变元个数小于等于6 时有效)为基础, 并做了进一步的拓展,给出了一种化简积之和展开式的可视化方法。但该方法不太适合将化简过程机械化,故应用受到一定的限制。

在具有两个变元 x,y 的布尔函数的积之和展开式中,有四种可能的小项。具有这两个变元的布尔函数的卡诺图便可用四个方格组成,如果一个小项在此展开式中出现,则表示这个小项的方格便被置 1。如果一些方格所表示的小项只在一个变元处不一样,则称这些方格是相邻的。

例如,表示 $\bar{x}\cdot y$ 的方格与表示 $x\cdot y$ 的方格及表示 $\bar{x}\cdot\bar{y}$ 的方格都相邻。四个方格及其表示的小项如图 11 –6 所示。

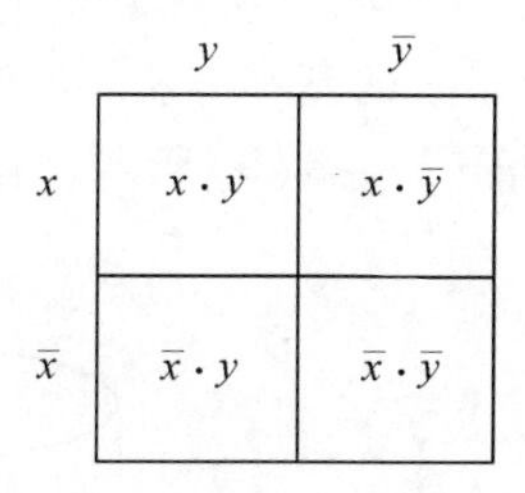

图 11 –6 具有两个变元的卡诺图

例 11 –7 试找出下列各式的卡诺图。

(1) $x\cdot y+\bar{x}\cdot y$。

(2) $x\cdot\bar{y}+\bar{x}\cdot y$。

(3) $x\cdot\bar{y}+\bar{x}\cdot y+\bar{x}\cdot\bar{y}$。

解:当一个方格所表示的小项在积之和展开式中出现时,在这个方格中放置一个 1。于是,题设要求的三个布尔表达式所对应的卡诺图分别如图 11 –7 所示。

	y	$\bar{y}$
x	1	
$\bar{x}$	1	

	y	$\bar{y}$
x		1
$\bar{x}$	1	

	y	$\bar{y}$
x		1
$\bar{x}$	1	1

图 11 –7 题设要求的三个布尔表达式所对应的卡诺图

可以从卡诺图中识别出能够合并的小项。在卡诺图中,一旦发现有两个方格是相邻的,则由这两个方格所表示的小项就可被合并成一个积,且此积只涉及其中的一个变元。

例如,$x\cdot\bar{y}$ 和 $\bar{x}\cdot\bar{y}$ 是由两个相邻的方格表示的,它们即可合并成 $\bar{y}$。因为,$x\cdot\bar{y}+\bar{x}\cdot\bar{y}=(x+\bar{x})\cdot\bar{y}=\bar{y}$。而且,如果所有四个方格都是 1,则四个小项可以合并成一个项,即布尔表达式“1”,它不涉及任何变元,显然它是永真的。

在卡诺图中,如果一些小项能够合并,则将表示这些小项的方格所组成的块用圆圈圈起来,然后找出对应的积之和。其目的是找出尽可能最大的块,并以最少的块来覆盖所有的 1。

在此过程中，首先使用最大的块，并总是使用可能最大的块。

基于上述论说的方法，通过对题设中展开式的卡诺图对各小项做分组处理，如图 11－8 所示。不难得出，三个题设布尔表达式的简化结果分别为 y，$x\cdot\bar{y}+\bar{x}\cdot y$，$\bar{x}+\bar{y}$。

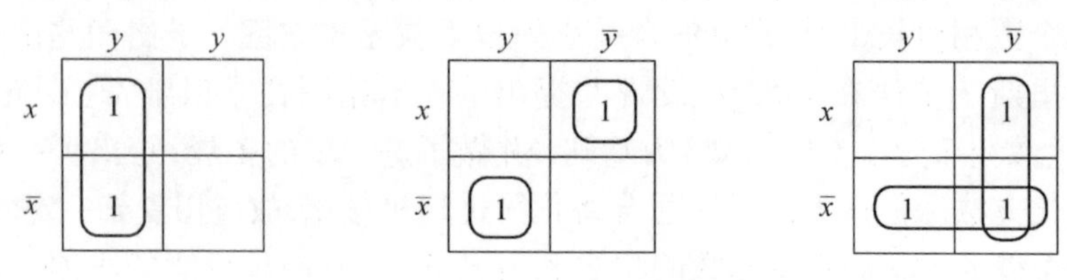

图 11－8　卡诺图合并处理技术

11.5.2　三变元卡诺图

至于三变元可诺图，则是被分成 8 个方格的扁平状矩形，这些方格代表由 3 个变元组成的 8 个可能的小项。如果两个方格表示的小项只在一个文字处不一样，则它们被称为是**相邻的**。图 11－9(a)则描述了绘制三变元卡诺图的基本方法。判断两个方格是否相邻时，可以想象该卡诺图是被贴在圆柱体的表面上，如图 11－9(b)所示。在该圆柱体的表面上，如果两个方格有公共边，则它们相邻，反之亦然。

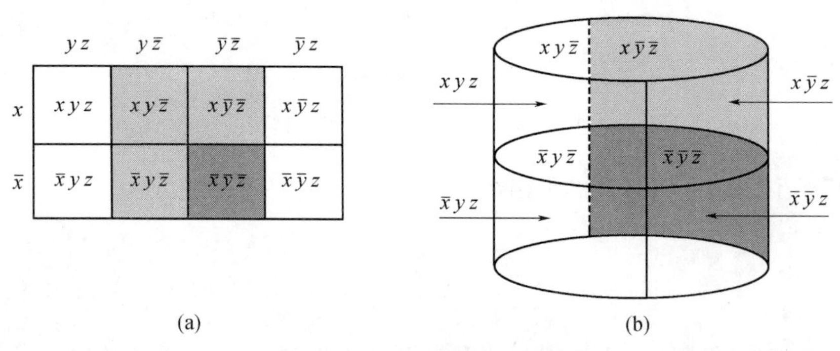

图 11－9　三变元可诺图

其实，为了尽可能地化简 3 个变元的积之和展开式，可使用卡诺图来识别由可以合并的小项组成的块。两个相邻方格组成的块代表了一对小项，它们可以合并成两个文字的积。例如，2×2 和 4×1 方格组成的块代表可以合并成一个文字的小项，全部 8 个方格组成的块代表函数 1，它不是任何文字的积。容易理解，1×2，2×1，2×2，4×1，4×2 块及其代表的积可用图 11－10表示。

例 11－8　试用卡诺图化简下列各积之和展开式。

(1) $x\cdot y\cdot\bar{z}+x\cdot\bar{y}\cdot\bar{z}+\bar{x}\cdot y\cdot z+\bar{x}\cdot\bar{y}\cdot\bar{z}$。

(2) $x\cdot\bar{y}\cdot z+x\cdot\bar{y}\cdot\bar{z}+\bar{x}\cdot y\cdot z+\bar{x}\cdot\bar{y}\cdot z+\bar{x}\cdot\bar{y}\cdot\bar{z}$。

(3) $x\cdot y\cdot z+x\cdot y\cdot\bar{z}+x\cdot\bar{y}\cdot z+x\cdot\bar{y}\cdot\bar{z}+\bar{x}\cdot y\cdot z+\bar{x}\cdot\bar{y}\cdot z+\bar{x}\cdot\bar{y}\cdot\bar{z}$。

解：这些都是拥有 3 个变元的积之和展开式，故可采用类似图 11－9 所示卡诺图结构，结果如图 11－11 所示。通过块分组不难看出，项数最少的布尔积之和展开式分别为

$x\cdot\bar{z}+\bar{y}\cdot\bar{z}+\bar{x}\cdot y\cdot z$

$\bar{y}+\bar{x}\cdot z$

$x+\bar{y}+z$

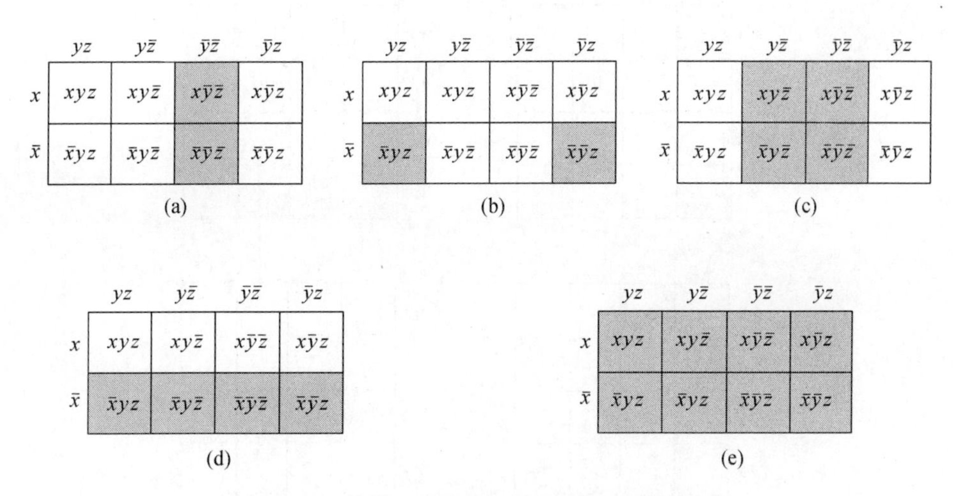

图 11－10　几种不同相邻形状方格的卡诺图表示

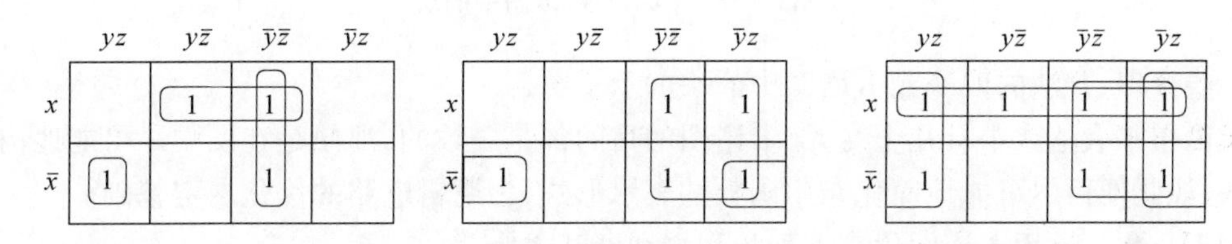

图 11－11　3 个变元的积之和展开式对应小项分组合并卡诺图

11.5.3　四变元卡诺图

有 4 个变元的卡诺图被分解成 16 个方格，拼成一个 4×4 的正方形，这些方格代表由 4 个变元组成的 16 个可能的小项，如图 11－12 所示。

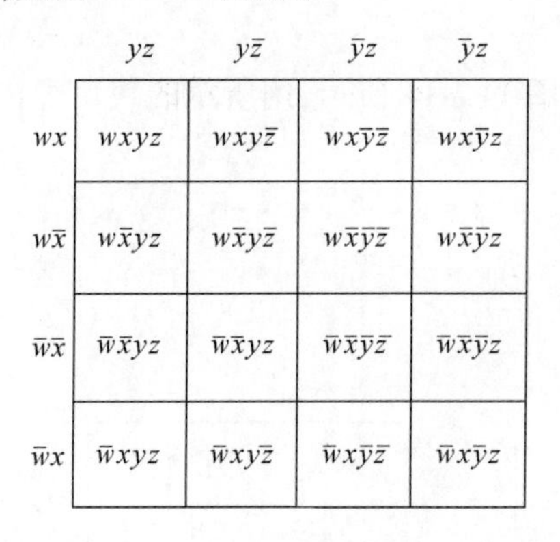

图 11－12　有 4 个变元的可诺图结构示意

同理，在四变元的卡诺图中，两个方格相邻，则表示它们对应之小项只在一个文字处不一样。因此，每个方格都和另外 4 个方格相邻。四变元的积之和展开式的卡诺图可以被想象成是贴在圆环上，因而相邻的方格具有公共边界。四变元的积之和展开式的化简也是通过识别一些块来实现的，这些块可能是由 2、4、8、16 个方格组成的，它们代表的小项可以合并。且每个表示小项的方格都必须被用来产生更少数量的文字的积，或者包含在展开式中。图 11－13

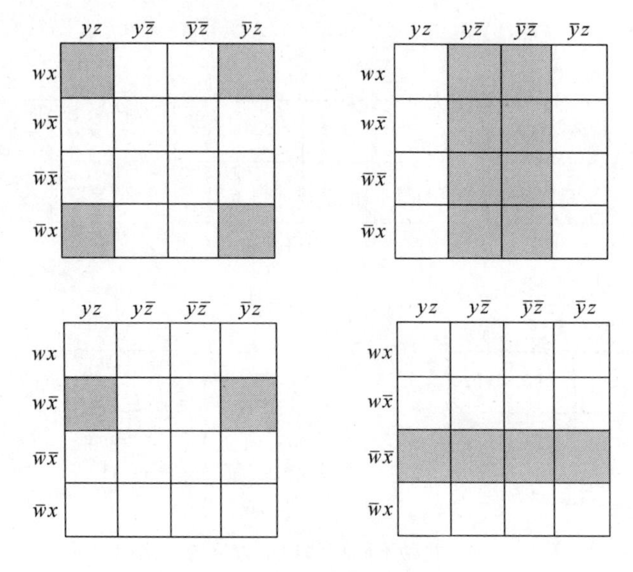

图 11－13　四变元可诺图中的块

就是一些合理、合法的四变元卡诺图中的块的示意图。

无论布尔表达式中有几个变元，卡诺图的目的都是一致的，那便是在图中尽可能地构成最大的块，如此便可尽可能地简化布尔函数的表示形式，为逻辑电路的优化奠定基础。

例 11－9　试用卡诺图化简下列各积之和展开式。

(1) $w\cdot x\cdot y\cdot z + w\cdot x\cdot y\cdot \bar{z} + w\cdot x\cdot \bar{y}\cdot \bar{z} + w\cdot \bar{x}\cdot y\cdot z + w\cdot \bar{x}\cdot \bar{y}\cdot z + w\cdot \bar{x}\cdot \bar{y}\cdot \bar{z} + \bar{w}\cdot x\cdot \bar{y}\cdot z + \bar{w}\cdot \bar{x}\cdot y\cdot z + \bar{w}\cdot \bar{x}\cdot y\cdot \bar{z}$。

(2) $w\cdot x\cdot \bar{y}\cdot \bar{z} + w\cdot \bar{x}\cdot y\cdot z + w\cdot \bar{x}\cdot y\cdot \bar{z} + w\cdot \bar{x}\cdot \bar{y}\cdot \bar{z} + \bar{w}\cdot x\cdot \bar{y}\cdot \bar{z} + \bar{w}\cdot \bar{x}\cdot \bar{y}\cdot \bar{z}$。

(3) $w\cdot x\cdot y\cdot \bar{z} + w\cdot x\cdot \bar{y}\cdot \bar{z} + w\cdot \bar{x}\cdot y\cdot z + w\cdot \bar{x}\cdot y\cdot \bar{z} + w\cdot \bar{x}\cdot \bar{y}\cdot \bar{z} + \bar{w}\cdot x\cdot y\cdot z + \bar{w}\cdot x\cdot y\cdot \bar{z} + \bar{w}\cdot x\cdot \bar{y}\cdot \bar{z} + \bar{w}\cdot x\cdot \bar{y}\cdot z + \bar{w}\cdot \bar{x}\cdot y\cdot \bar{z} + \bar{w}\cdot \bar{x}\cdot \bar{y}\cdot \bar{z}$。

解：该题各式的卡诺图如图 11－14 所示，用所示的块可导出其最简化的积之和展开式分别如下：

(1) $w\cdot y\cdot z + w\cdot x\cdot \bar{z} + w\cdot \bar{x}\cdot \bar{y} + \bar{w}\cdot \bar{x}\cdot y + \bar{w}\cdot x\cdot \bar{y}\cdot z$ 。

(2) $\bar{y}\cdot \bar{z} + w\cdot \bar{x}\cdot y + \bar{x}\cdot y\cdot \bar{z}$。

(3) $\bar{z} + \bar{w}\cdot x + w\cdot \bar{x}\cdot y$ 。

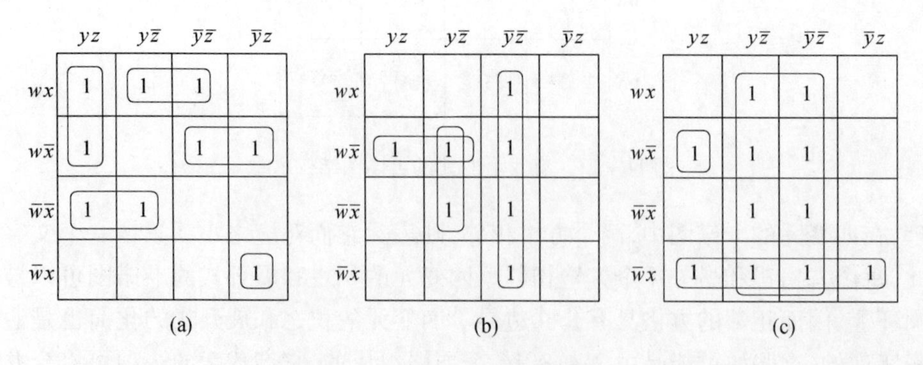

图 11－14　四变元可诺图合并块

其实在某些电路中,因为输入值的某些组合永远不可能出现,所以在设计时便可以只关心另外一些输入组合所产生的输出。这便使得在设计和生产所需的输出之电路时有了相当大的自由,因为对于那些不可能出现的输入组合,其输出可以随意选择,反正它也不可能出现。一般地,函数对于这种组合的值称为**无需在意的条件**。

在卡诺图中,对于那些其函数值可以随意选择的变元值的组合,用一个特定的符号表示,如 d。于是,在简化过程中,如果输入值的组合在卡诺图中导致最大的块,则可以将值赋 1。

11.5.4 奎因·莫可拉斯基方法

当布尔函数所涉及的变元超过 4 个时,使用卡诺图技术便相对困难。因为,卡诺图需要目视观察,以决定小项的分组和组块等。

鉴于此,当变元数量较大时就需要可机械化的过程来化简积之和展开式。此刻,最常用的技术便是奎因·莫可拉斯基方法。该方法可用于任意多个变元的布尔函数,是 W. V. 奎因和 E. J. 莫可拉斯基于于 20 世纪 50 年代提出的。

该方法由两部分组成,第一部分是寻找能包含在形如布尔积之和的极小展开式中的候选项,第二部分才确定哪些项将真正使用。下面通过示例说明该方法的基本原理和使用过程。

例 11－10 试利用奎因·莫可拉斯基方法寻找等价于如下和之积展开式的极小展开式。

$$x\cdot y\cdot z+x\cdot\bar{y}\cdot z+\bar{x}\cdot y\cdot z+\bar{x}\cdot\bar{y}\cdot z+\bar{x}\cdot\bar{y}\cdot\bar{z}$$

解:首先,用一串二进制数位来表示此展开式中的小项。规则如下:

如果 x 出现,则第一位用 1 表示,如果 $\bar{x}$ 出现,则第一位用 0 表示;

如果 y 出现,则第二位用 1 表示,如果 $\bar{y}$ 出现,则第二位用 0 表示;

如果 z 出现,则第三位用 1 表示,如果 $\bar{z}$ 出现,则第三位用 0 表示。

然后,根据对应数位串中 1 的个数来对这些项进行分组。这些信息如表 11－9 所列。

表 11－9　有 3 个变元的二进制数位编码规则表

序号	小项	数位串	数位串中 1 的个数
1	$x\cdot y\cdot z$	111	3
2	$x\cdot\bar{y}\cdot z$	101	2
	$\bar{x}\cdot y\cdot z$	011	2
3	$\bar{x}\cdot\bar{y}\cdot z$	001	1
4	$\bar{x}\cdot\bar{y}\cdot\bar{z}$	000	0

可以合并的小项只在一个文字处不同,所以,对于两个可以合并的小项,在表示它们的数位串中,1 的个数仅相差 1。当两个小项被合并成一个积时,这个积只含有两个文字。两个文字的积可以如下表示:以星号“*”来记不出现的变元。

例如,数位串 101 和 001 所表示的小项分别为 $x\cdot\bar{y}\cdot z$、$\bar{x}\cdot\bar{y}\cdot z$,可以合并成 $\bar{y}\cdot z$。而 $\bar{y}\cdot z$ 可以用串“01”表示。表 11－10 列出了所有可以合并的成对小项以及它们所产生的积。

表 11－10　可以合并的成对小项以及它们所产生的积

序	小项	数位串	步骤 1			步骤 2		
				项	串		项	串
1	$x \cdot y \cdot z$	111	(1,2)	$x \cdot z$	1＊1	(1,2,3,4)	3	＊＊1
2	$x \cdot \bar{y} \cdot z$	101	(1,3)	$y \cdot z$	＊11		2	
	$\bar{x} \cdot y \cdot z$	011	(2,4)	$\bar{y} \cdot z$	＊01		2	
3	$\bar{x} \cdot \bar{y} \cdot z$	001	(3,4)	$\bar{x} \cdot z$	0＊1		1	
4	$\bar{x} \cdot \bar{y} \cdot \bar{z}$	000	(4,5)	$\bar{x} \cdot \bar{y}$	00＊		0	

接着，对于由两个文字构成的积，如果两个这样的积能够合并，则将之合并成一个文字。判断两个这样的积能够合并的条件也很简单，它们所包含的文字是两个相同变元的文字，并且只有其中一个变元的文字不一致。就表示这些积的串而言，它们必须在相同的位置有一个星号“＊”，而且，在其余的两个位置中必须恰好有一个位置的内容不相同。可以将串“＊11”和“＊01”所表示的积 $y \cdot z$ 和 $\bar{y} \cdot z$ 合并成 z，而 z 用串“＊＊1”表示。

所有能够以这种方式合并的项如表 11－10 所列。表 11－10 中还指出了哪些项可以用来形成更少文字的积，这些项不一定在极小展开式中。下一步是找出积的一个极小集合，使之可以用来表示此布尔函数。可以从那些还没有被用来形成具有更少文字的积着手。

接下来构造表 11－11，合并原来项所形成的每一个候选积构成此表的行，原来的项构成列。如果，积之和展开式中原来的项被用来形成这个候选积，则在相应的位置打上×，此时，称此候选项覆盖了原来的小项。至少需要一个积，它覆盖原来的每一个小项。因为，一旦此表的某一列只有一个×，则此×所在的行所对应的积必定被使用。

从表 11－11 可以看出，z 和 $\bar{x} \cdot \bar{y}$ 都是必须的。所以，最后的答案是“$z + \bar{x} \cdot \bar{y}$”。

表 11－11

	$x \cdot y \cdot z$	$x \cdot \bar{y} \cdot z$	$\bar{x} \cdot y \cdot z$	$\bar{x} \cdot \bar{y} \cdot z$	$\bar{x} \cdot \bar{y} \cdot \bar{z}$
z	×	×	×	×	
$\bar{x} \cdot \bar{y}$				×	×

汇总上述描述，奎因·莫可拉斯基方法的具体使用和操作步骤可归纳如下：

（1）将由 n 个变元构成的每一个小项表示成一个长度为 n 的二进制数位串，如果 x_i 出现则此串的第 i 个位置上取 1，如果 x_i 的补出现，则此串的第 i 个位置上取 0。

（2）根据串中 1 的个数将串分组。

（3）确定所有这样 $n-1$ 个变元的积，它们可以取为此展开式中小项的布尔和。将能够合并的小项表示成二进制数串，且这些数串只在一个位置上不相同。将这些有 $n-1$ 个变元的积用如下的串表示：如果 x_i 出现在此积中，则此串的第 i 个位置为 1；如果 x_i 的补出现在此积中，则此串的第 i 个位置为 0；如果此积中没有涉及 x_i 的文字，则此位置为“＊”。

（4）确定所有这样的 $n-1$ 个变元的积，它们可以取在前一个步骤形成的 $n-1$ 个变元的积的布尔和。将能够合并的 $n-1$ 个变元的积表示成如下的串：在同一位置有一个“＊”，且只在一个位置不相同。

（5）只要可能，继续将布尔积合并成更少变元的积。

（6）找到所有这样的布尔积：它们虽然出现，但还没有被用来形成少一个文字的布尔积。

(7) 找到这些布尔积的最小集合,使得这些积的和表示此布尔函数。这可以用如下方法来完成:构造一个表,列出哪些积覆盖了哪些小项。每一个小项必定被至少一个积覆盖。

其实,这也是此过程中最困难的部分,一般可用回朔机制处理,此处不再赘述。

小　结

本章的格与布尔代数,以及卡诺图技术等,都是代数系统的延续和发展,是有别于群和环的另外一大类特殊的代数系统。值得特别关注的是,格将前面的关系理论的偏序集与代数系统联系在一起,证明了两个理论之间的联系和统一。

而卡诺图技术就是抽象与实用的辩证统一。通过学习本章的相关概念和知识,会对离散数学有更深刻的感悟和理解。

习　题

1. 试求下列表达式的值。

(1) $1 \cdot 0$。

(2) $\bar{1}+1$。

(3) $\bar{0} \cdot 1$。

(4) $\overline{(0+1)}$。

(5) $\overline{(1 \cdot 0)}+1+\bar{0}$。

2. 试求能满足下列方程的布尔变元 x 的值。

(1) $x \cdot 0 = 1$。

(2) $x + x = 0$。

(3) $x \cdot 1 = x$。

(4) $\bar{x} \cdot x = 1$。

3. 试写出下列个布尔表达式的对偶式。

(1) $x + y + \bar{x} \cdot \bar{y}$。

(2) $x \cdot y \cdot z + \bar{x} \cdot \bar{y} \cdot \bar{z} + x \cdot \bar{y} \cdot z$。

(3) $x \cdot \bar{z} + \bar{x} \cdot 0 + \bar{x} \cdot 1$。

4. 试简要回答下列各问题。

(1) 共有多少个 7 度的布尔函数?

(2) 五变元布尔函数的卡诺图中,有多少个方格?

(3) 五变元布尔函数的卡诺图中,对于任意给定的一个方格,共有多少个方格与之相邻?

(4) 试画出二变元卡诺图,并在 $\bar{x} \cdot y$ 对应方格中置 1。

(5) 试画出三变元卡诺图,并在 $\bar{x} \cdot y \cdot \bar{z}$ 对应方格中置 1。

(6) 试画出四变元卡诺图,并在 $\bar{w} \cdot x \cdot y \cdot \bar{z}$ 对应方格中置 1。

(7) 什么是布尔函数的对偶?

(8) 什么是无需在意条件?

5. 试求下列布尔函数的积之和展开式。

(1) $F(x,y) = \bar{x} + y$。

(2) $F(x,y) = x \cdot \bar{y}$。

(3) $F(x,y) = \bar{y}$。

(4) $F(x,y,z) = (x + z) \cdot \bar{y}$。

(5) $F(x,y,z) = 1$,当且仅当 $x = 0$。

(6) $F(x,y,z) = 1$,当且仅当 $x \cdot y = 0$。

(7) $F(x,y,z) = 1$,当且仅当 $x + y = 0$。

(8) $F(x,y,z) = 1$,当且仅当 $x \cdot y \cdot z = 0$。

6. 试求下列布尔函数的积之和展开式。

(1) $F(x,y,z) = x + y + z$。

(2) $F(x,y,z) = 1$,当且仅当 $x = y = 1$,且 $z = 0$。

(3) $F(x,y,z) = 1$,当且仅当 $x = y = z = 0$。

(4) $F(x,y,z,w) = 1$,当且仅当 w,x,y,z 中有值为1的变元有奇数个。

(5) $F(x,y,z,w) = 1$,当且仅当 w,x,y,z 中有值为1的变元有偶数个。

(6) $F(x_1,x_2,x_3,x_4,x_5) = 1$,当且仅当 $x_i(1 \leqslant i \leqslant 5)$ 中至少有3个变元的值为1。

7. 试用与门、或门和反相器构造一个电路,实现下列功能。

(1) 两个开关控制一个灯。

(2) 当十进制数字大于等于6时输出1;当这个数字小于6时输出0。

(3) 由四个开关控制的电灯混合控制器,使得当电灯打开时,按动任意一个开关都可以关闭它;或者当电灯关闭时,按动任意一个开关都可以打开它。

(4) 五个人的多数表决器。

8. 寻找图11-15所示卡诺图所表示的积之和展开式。

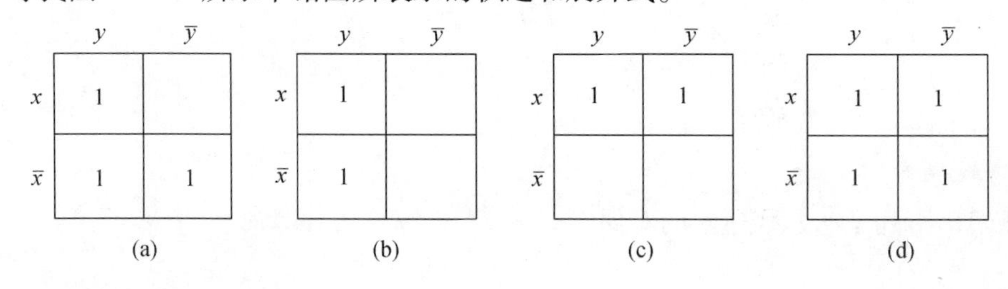

图11-15

9. 绘制下列有两个变元的积之和展开式的卡诺图。

(1) $\bar{x} \cdot y + x \cdot \bar{y}$。

(2) $x \cdot y + x \cdot \bar{y}$。

(3) $x \cdot y + \bar{x} \cdot \bar{y}$。

(4) $x \cdot y + \bar{x} \cdot y + x \cdot \bar{y} + \bar{x} \cdot \bar{y}$。

10. 绘制下列有三个变元的积之和展开式的卡诺图。

(1) $\bar{x} \cdot y \cdot \bar{z} + x \cdot \bar{y} \cdot z + x \cdot y \cdot z$。

(2) $x \cdot y \cdot z + \bar{x} \cdot \bar{y} \cdot z + \bar{x} \cdot \bar{y} \cdot \bar{z} + \bar{x} \cdot y \cdot z$。

(3) $x \cdot y \cdot \bar{z} + \bar{x} \cdot y \cdot \bar{z} + x \cdot \bar{y} \cdot \bar{z} + \bar{x} \cdot \bar{y} \cdot \bar{z} + x \cdot y \cdot z + \bar{x} \cdot y \cdot \bar{z}$。

(4) $\bar{x} \cdot \bar{y} \cdot z + x \cdot y \cdot \bar{z} + x \cdot y \cdot \bar{z} + \bar{x} \cdot \bar{y} \cdot \bar{z} + x \cdot \bar{y} \cdot z + x \cdot \bar{y} \cdot \bar{z}$。

11. 用卡诺图技术简化图 11 - 16 所示电路。

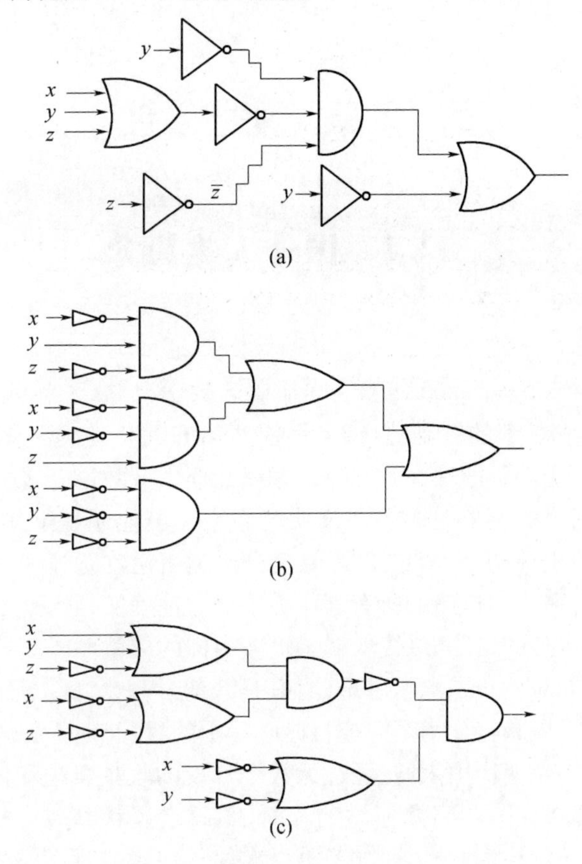

图 11 - 16

12. 根据图 11 - 17 给定的卡诺图,试找出它们的极小积之和展开式。

	yz	$y\bar{z}$	$\bar{y}\bar{z}$	$\bar{y}z$
wx	1			1
$w\bar{x}$		1		
$\bar{w}\bar{x}$			1	1
$\bar{w}x$	1		1	1

(a)

	yz	$y\bar{z}$	$\bar{y}\bar{z}$	$\bar{y}z$
wx		1		
$w\bar{x}$	1		1	1
$\bar{w}\bar{x}$	1		1	1
$\bar{w}x$		1		1

(b)

图 11 - 17

第12章 附 注*

12.1 国外人物简介

12.1.1 欧几里得

欧几里得(公元前325—前265年),古希腊著名数学家,被称为“几何之父”。他最著名的著作《几何原本》是欧洲数学的基础,总结了平面几何五大公设,被公认为人类史上最成功的教科书。此外,他还广泛涉猎透视、圆锥曲线、球面几何学及数论等诸多领域。

他生于古雅典,当时的雅典是古希腊文明的中心。当他还是十几岁的少年时,就想进入“柏拉图学园”学习,在有幸进入学园之后,便全身心地沉潜在数学王国里。他以继承柏拉图的学术为奋斗目标,研究了柏拉图的所有著作和手稿。他确实领悟到了柏拉图思想的要旨,并开始沿着柏拉图当年走过的道路,最终取得了世人敬仰的成就。

欧几里得通过早期对柏拉图数学思想(尤其是几何学理论)系统而周详的研究,敏锐地察觉到了几何学理论的发展趋势。为了完成自己心目中的目标,他不辞辛苦,从爱琴海边的雅典古城到尼罗河流域的埃及亚历山大城,经过无数个日夜的收集整理和撰写,他的宏篇巨著《几何原本》终于面世。该书一改当时几何学的片断、零碎之现状,以及公理之间联系的缺失,甚至连严格的逻辑证明和论述都没有等弊端,第一次使几何学实现了系统化、条理化,并因此孕育出了全新的研究领域,那就是欧几里得几何学,简称欧氏几何。

《几何原本》是一部集前人思想于一体的不朽巨作。全书共分13卷。书中包含了5条“公理”、5条“公设”、23个定义和467个命题。在每一卷内容当中,欧几里得都采用了与前人完全不同的叙述方式,即先提出公理、公设和定义,然后再由简到繁地证明它们。这使得全书的论述更加紧凑和明快。而在整部书的内容安排上,也同样贯彻了他的这种独具匠心的安排。它由浅到深,从简至繁,先后论述了直边形、圆、比例论、相似形、数、立体几何以及穷举法等内容。其中有关穷举法的讨论,成为近代微积分思想的来源。这部书囊括了几何学从公元前7世纪的古埃及,一直到公元前4世纪,前后400多年的数学发展史。其中,颇有代表性的便是欧几里得对直边形和圆的论述,他总结和发挥了前人的思维成果,巧妙地论证了毕达哥拉斯定理,即“勾股定理”,从此确定了勾股定理的正确性并延续至今,已逾2000多年。

此外,欧几里得在《几何原本》中还对完全数做了探究,他通过$2^{n-1}\cdot 2^{n-1}$的表达式发现前四个完全数,即6、28、496和8128。另外,截至目前,对于两个整数(a,b)的最大公约数的经典解法依然是欧几里德算法(即辗转相除法)。

欧几里得是卡农的老师,而卡农则是著名的古希腊学者阿基米德的老师。他在著书育人的过程中,承袭柏拉图学派的严谨、求实之学风。他对待学生既和蔼又严格,自己却从来不宣扬有什么贡献。对于那些有志于穷尽数学奥秘的学生,他总是循循善诱地予以启发和教育,而对于那些急功近利、在学习上不肯刻苦钻研的人,则毫不客气地予以批评。他曾对当时的亚里山大国王托勒密一世说“抱歉,陛下!学习数学和学习一切科学一样,是没有什么捷径可走的。学习数学,人人都得独立思考,就像种庄稼一样,不耕耘是不会有收获的。在这一方面,国王和普通老百姓是一样的。"从此,"在几何学里,没有专为国王铺设的大道。"这句话成为千古传诵的学习箴言。那时,人们对刚建造的金字塔很着迷,却没人能准确量出其高度。有人说:"要想测量金字塔的高度,比登天还难!"这话传到欧几里得耳朵里。他笑着说:"这有什么难的呢?当你的影子跟你的身体一样长的时候,你去量一下金字塔的影子有多长,那长度便等于金字塔的高度!"

此外,他还有多部著作传世。其中的《已知数》指出若干几何难题图形中的已知元素,内容与《几何原本》的前四卷密切关系;《圆形的分割》现存拉丁文本,论述用直线将已知图形分为相等(或成比例)的部分;《反射光学》论述反射光的数学理论,以及在平面及凹镜上的成像问题等;《现象》是一本关于球面天文学的论文,现存希腊文本;《光学》是早期几何光学的经典著作之一,现存希腊文本,该书主要研究透视问题,叙述光的入射角等于反射角等。

(整理自百度网)

12.1.2 斐波那契

昂纳多·斐波那契(Leonardo Fibonacci,1175—1250),意大利比萨数学家,是西方第一个研究斐波那契数的人,并将现代乘数的位值表示法系统引入欧洲。其父威廉在北非一带从商,斐波那契从小便跟随父亲,并在协助父亲的过程中学会了阿拉伯数字。曾前往地中海一带向当时的阿拉伯数学家学习,27 岁时,他将其所学写成《Liber Abaci》。这本书通过在记账、重量计算、利息、汇率等应用,显示了新的数字系统的实用价值,该书影响了欧洲人的思想。因其酷爱数学,还是罗马帝国腓特烈二世的坐上客。

作为欧洲文艺复兴的前哨意大利,因其特殊的地理位置与贸易联系而成为东西方文化的熔炉。意大利学者早在 12—13 世纪就开始翻译、介绍希腊与阿拉伯的数学文献。斐波那契便是欧洲黑暗时代以后的第一位有影响的数学家。他先后用拉丁文撰写了名著《算经》《几何实践》等,《算经》又称《算盘书》,其最大的功绩是系统介绍印度记数法,影响并改变了欧洲数学的面貌。现传《算经》是 1228 年的修订版,其中还引进了著名的"斐波那契数列"。《几何实践》则着重叙述希腊几何与三角术。后来,他还出版了《平方数》《花朵》等,前者专论二次丢番图方程,后者内容多为菲德里克二世宫廷数学竞赛问题,其中包含三次方程求解等。

斐波那契在《算盘书》中提出了一个有趣的兔子问题:一般兔子在出生两个月后就有了繁殖能力,一对兔子每个月能生出一对小兔子。如果所有兔都不死,那么一年以后可以繁殖多少对兔子?

斐波那契不仅在其名著《算盘书》中提出了该问题,并完整提解决了该问题,他依其规律列出所经各月份时的兔子总数(0,1,1,2,3,5,8,13,21,34,…),这便是著名的斐波那契序列。他还给出了该序列任意三个相邻项之间的关系,还给出并证明了通项公式。在该通项公式中,虽然所有的 a_n 都是正整数,但它们却是由一些无理数表示出来的。而且,在越发靠后的序列项,两个连续的"斐波纳契数"的序列项相互分割将越接近黄金比例(1.618:1 或 1:0.618)。另外,他还在该书中给出了一系列有关斐波那契数列的有趣的性质,给后人留下了深刻的印象。

(整理自百度网)

12.1.3 笛卡儿

勒奈·笛卡儿(René Descartes,1596—1650),生于法国土伦省莱耳市,逝于瑞典斯德哥尔摩,法国哲学家、数学家、物理学家。他对现代数学的发展做出了重要的贡献,因将几何坐标体系公式化而被誉为“解析几何之父”。他还是西方现代哲学思想的奠基人,他的哲学思想深深影响了之后的几代欧洲人,创立了“欧陆理性主义”哲学。

笛卡儿的父亲是地方议员,相当于现在的法官。他1岁时母亲去世,母亲留下的遗产为他日后从事自己喜爱的工作提供了经济保障。8岁时他进入教会学校,接受了8年的传统文化教育,涉及古典文学、历史、神学、哲学、法学、医学、数学及其他自然科学,但唯一给他安慰的是数学。结业时他暗下决心,不再死钻书本,而要向世界这本大书讨教,于是在1628年,他从巴黎移居荷兰,开始了长达20年的潜心研究和写作生涯,先后发表了《论世界》《行而上学的沉思》《哲学原理》等许多在数学和哲学上有重大影响的论著。笛卡儿不仅在哲学领域里开辟了一条新的道路,还在物理学、生理学等领域都有独到的创见。特别是在数学上他创立了解析几何,从而打开了近代数学的大门,在科学史上具有划时代的意义。

当时,希腊人统治着的几何学依赖于图形,束缚了人的想象力,尚未成为一门科学。笛卡儿把几何学的问题归结成代数形式,用代数学的方法进行计算、证明和思考,从而达到最终解决几何问题的目的。依照这种思想,他创立了现在的“解析几何学”。1637年,笛卡儿发表《几何学》,创立了直角坐标系。解析几何的出现,改变了自古希腊以来代数和几何分离的趋向,他把相互对立着的“数”与“形”统一起来,使几何曲线与代数方程相结合。笛卡儿的这一天才创见,更为微积分的创立奠定了基础,从而开拓了变量数学的广阔领域。最为可贵的是,笛卡儿还用运动的观点,把曲线看成点的运动轨迹,不仅建立了点与实数的对应关系,还把“形”(包括点、线、面)和“数”两个对立的对象统一起来,建立了曲线和方程的对应关系。这种对应关系的建立,不仅标志着函数概念的萌芽,而且标明变数进入了数学,使数学在思想方法上发生了伟大的转折,由常量数学进入变量数学的时期。恩格斯对此曾给予了高度的评价。笛卡儿的这些成就,为后来牛顿、莱布尼兹发现微积分,以及一大批数学家的新发现,开辟了道路。

笛卡儿在其他领域的成就同样硕果累累。他在其著作《论人》和《哲学原理》中,完整的阐发了光的本性。从理论上推导了折射定律,解释了视力失常的原因,设计了矫正视力的透镜等。在力学方面,他创造了动量守恒定律,为能量守恒定律奠定了基础。是他首次提出,物体若不受外力作用,将沿直线匀速运动。他还发展了宇宙演化论,创立了“漩涡说”,这也是现代银河及星系的基本结构。笛卡儿堪称17世纪及其后的欧洲哲学界和科学界最有影响的巨匠之一,被誉为“近代科学的始祖”。

(整理自百度网)

12.1.4 费马

皮耶·德·费马(Pierre de Fermat,1601—1665)于1601年8月生于法国部图的博蒙·德·洛马涅,又名“费尔玛”。

他的父是当地一家皮革商,拥有相当的产业,因其经营有道,受人尊敬,因此成为当地的事务顾问和地区第二执政官。费马的母亲出身贵族家庭,故费马从小便受到了良好的启蒙教育,培养了广泛的兴趣和爱好。他14岁进入博蒙·德·洛马涅公学,毕业后先后在奥尔良大学和图卢兹大学学习法律,这在当时的法国是非常时髦的职业。法国的“买官”现象,使许多中产阶级从中受惠，费马也不例外。费马尚没有大学毕业，便在博蒙·德·洛马涅买好了“律师”和“参议员”的职位。等到费马毕业返回家乡以后，便很容易地当上了图卢兹议会的议员。虽然费马仕途顺利，但据记载，他并没有什么政绩，且官场能力普通，领导才能有限。但他从不利用职权索贿受贿，且为人敦厚，公正廉明，颇受人们的信任和称赞。

费马生有三女二男，长子克莱曼特·萨摩尔，不仅继承了费马的公职，还在1665年当上了律师，而且整理了费马的数学论著，正是这些著作论述了闻名古今的费马定理。如果不是费马长子积极出版费马的数学论著，很难说费马能对数学产生如此重大的影响，因为大部分论文都是在费马死后，由其长子负责发表的。从这个意义上说，其长子萨摩尔也称得上是费马事业上的继承人。

费马一生身体健康，只是在1652年的瘟疫中险些丧命。1665年元旦之后，费马始感身体有变，1月10日停职，第三天去世。后被安葬在卡斯特雷斯公墓，再改葬于家族墓地。

费马独立于笛卡儿发现了解析几何的基本原理。费马于1630年用拉丁文撰写了仅有8页的论文《平面与立体轨迹引论》。他在文中指出：“两个未知量决定的一个方程式，对应着一条直线或曲线。”他的发现实质上比笛卡儿还要早7年。笛卡儿从一个轨迹来寻找其方程，而费马则从方程出发研究轨迹，这正是解析几何基本原则的两个相对的方面。费马在书中还对一般直线和圆的方程以及双曲线、椭圆、抛物线进行了讨论。

众所共知，牛顿和莱布尼茨是微积分的缔造者，并且在其之前，至少有数十位科学家为微积分的发明做了奠基性的工作。但在诸多先驱者当中，费马仍然不得不提。曲线的切线问题和函数的极值问题是微积分的起源之一。费马建立了求切线、求极值以及定积分的方法，对微积分做出了重大贡献。

17世纪，法国的帕斯卡和费马为研究意大利帕乔里的著作《摘要》而建立了通信联系，从而建立了概率学的基础。他们在通信及著作中建立了概率论的基本原则——数学期望的概念。一般概率空间的概念，是人们对于概念的直观想法的彻底公理化。从纯数学观点看，有限概率空间似乎显得平淡无奇，可一旦引入了随机变量和数学期望时，它们就成为神奇的世界了。费马的贡献正在于此。

费马在数论领域中的成果是巨大的，源于他在1621年在巴黎买到古希腊数学家丢番图所写的《算术》一书，他不满足于其中不定方程的研究仅限于整数范围内，从而开创了数论分支。其中，最著名的当属费马大定理，（即 $n>2$ 是整数，则方程 $x^n+y^n=z^n$ 没有满足 x、y、$z\neq0$ 的整数解）和费马小定理。另外还有：

（1）全部大于2的素数可分为 $4n+1$ 和 $4n+3$ 两种形式。

（2）形如 $4n+1$ 的素数能够，而且只能够以一种方式表为两个平方数之和。

（3）没有一个形如 $4n+3$ 的素数，能表示为两个平方数之和。

（4）形如 $4n+1$ 的素数能够且只能够作为一个直角边为整数的直角三角形的斜边；$4n+1$ 的平方是且只能是两个这种直角三角形的斜边；类似地，$4n+1$ 的 m 次方是且只能是 m 个这种直角三角形的斜边。

（5）边长为有理数的直角三角形的面积不可能是一个平方数。

（6）$4n+1$ 形的素数与它的平方都只能以一种方式表达为两个平方数之和；它的3次方和4次方都只能以两种表达为两个平方数之和；5次方和6次方都只能以3种方式表达为两个平方数之和，以此类推，直至无穷。

（7）发现了第二对亲和数：17296和18416。

费马对亲和数（如果两个数 a 和 b，a 的所有除本身以外的因数之和等于 b，b 的所有除本身以外的因数之和等于 a，则称 a，b 是一对**亲和数**）的研究同样是划时代的。虽然第一对亲和数诞生于公元前9世纪，但一直到16世纪，人们还认为亲和数是唯一的，即220和284。有人甚至为其蒙上了许多神秘色彩。但1636年费马找到了第二对亲和数17296和18416，2年之后，笛卡儿于1638年3月31日宣布找到了第三对亲和数（9437506、9363584）。不过，一直到1747年，才由年仅39岁的瑞士数学家欧拉找到30对，后来又扩展到60对，不仅列出了亲和数的数表，还公布了全部运算过程。现在，人们已经找到1096对，其中最大的一对竟然有152位。亲和数的探索依然在继续当中。

费马一生从未受过专门的数学教育，数学研究也不过是他的业余爱好。然而，在17世纪的法国，找不到哪位数学家可以与之匹敌：他是解析几何的发明者之一，他对于微积分诞生的贡献仅次于牛顿和莱布尼茨，他是概率论的主要创始人，他独撑17世纪的数论江湖。费马堪称是17世纪法国最伟大的数学家之一，是一代数学天才。

（整理自百度网）

12.1.5 欧拉

欧拉（莱昂哈德·欧拉，Leonhard Euler，1707—1783），生于瑞士。18世纪最优秀的数学家，也是历史上最伟大的数学家之一。欧拉小时特别喜欢数学，不满10岁就自学连他的几位老师都没读过的代数学，还津津有味，遇到不懂的地方作记号，事后向别人请教。13岁就进巴塞尔大学读书，小欧拉是这所大学，也是当时整个瑞士大学校园里年龄最小的学生。在大学里得到当时最有名的数学权威约翰·伯努利的精心指导，并逐渐与其建立了深厚的师生情。2年后的夏天，欧拉获得巴塞尔大学的学士学位，次年，欧拉又获得巴塞尔大学的哲学硕士学位。1725年，欧拉开始了他的数学生涯。

1725年，经约翰·伯努利的儿子丹尼尔·伯努利向俄国沙皇推荐，来到彼得堡，年仅26岁的欧拉担任了彼得堡科学院数学教授。1735年，欧拉解决了一个天文学的难题（彗星轨道计算），这个问题经几个著名数学家几个月的努力才得到解决，而欧拉却用自己发明的方法，三天便完成了。过度工作使他得了眼病，并在28岁那年导致右眼失明。1741年，欧拉应普鲁士彼德烈大帝的邀请，到柏林担任科学院物理数学所所长，直到1766年，才在沙皇喀德林二世的诚恳敦聘下重回彼得堡。不料其左眼视力也很快衰退，最后竟完全失明。祸不单行，1771年彼得堡的大火灾殃及欧拉住宅，带病而失明的64岁的欧拉被围困在大火中，虽然他被别人从火海中救出，但他的书房和大量研究成果化为灰烬。沉重的打击，仍然没有使欧拉倒下，他发誓要把损失夺回来。欧拉完全失明以后，虽然生活在黑暗中，但仍然以惊人的毅力与黑暗搏斗，凭着记忆和心算进行研究，直到逝世，竟达17年之久。1783年9月18日，刚计算完气球上升定律的欧拉在兴奋中停止呼吸，享年76岁。欧拉生活、工作过的三个国家——瑞士、俄国、德国，都把欧拉作为自己的数学家，为有他而感到骄傲。

欧拉的记忆力和心算能力是罕见的，他能够复述年青时代笔记的内容，心算并不局限于简单的运算，高等数学里的计算一样可以用心算完成。欧拉在失明的17年中还解决了使牛顿头痛的月离问题和很多复杂的分析问题。

欧拉的风格是很高的。拉格朗日是稍晚于欧拉的大数学家，从19岁起就和欧拉通信，讨论等周问题的一般解法，这引起变分法的诞生。等周问题是欧拉多年来苦心考虑的问题，拉格朗日的解法博得欧拉的热烈赞扬，欧拉在1759年10月2日的回信中盛称拉格朗日的成就，并谦虚地压下自己在这方面较不成熟的作品暂不发表,使年青的拉格朗日的工作得以发表和流传,并赢得巨大的声誉。他晚年的时候,欧洲的数学家们都把他当作老师,著名数学家拉普拉斯(Laplace)曾说过:"读读欧拉,他是我们大家的老师!"

欧拉渊博的知识,无穷无尽的创作精力和空前丰富的著作,达到了令人惊叹不已的程度!他从19岁开始发表论文,直到76岁,半个多世纪写下了浩如烟海的书籍和论文。可以说欧拉是科学史上最多产的一位杰出的数学家。他不倦的一生中,共写下了886本书籍和论文(七十余卷,牛顿全集八卷,高斯全集十二卷),其中分析、代数、数论占40%,几何占18%,物理和力学占28%,天文学占11%,弹道学、航海学、建筑学等占3%,彼得堡科学院为了整理他的著作,足足忙碌了47年。π、i、e、sin、cos、tan、Δx、Σ、$f(x)$等,都是他创立并推广的。就连歌德巴赫猜想也是在他与歌德巴赫的通信中提出来的。欧拉的结果分散在数学的各个领域里,几乎在数学每个领域都可以看见欧拉的名字,以欧拉命名的定理、公式、函数等不计其数,如欧拉公式、欧拉常数、欧拉函数、欧拉定理、欧拉图等。

欧拉著作的惊人多产并不是偶然的,他可以在任何不良的环境中工作,他常常抱着孩子在膝上完成论文,也不顾孩子在旁边喧哗。他那顽强的毅力和孜孜不倦的治学精神,使他在双目失明以后,也没有停止对数学的研究,在失明后的17年间,他还口述了几本书和400多篇论文。

欧拉一生能取得伟大的成就原因在于:惊人的记忆力;聚精会神,从不受嘈杂和喧闹的干扰;镇静自若,孜孜不倦。作为这样一位科学巨人,在生活中也不是一个呆板的人。他性情温和,性格开朗,也喜欢交际。欧拉结过两次婚,有13个孩子。他热爱家庭的生活,常常和孩子们一起做科学游戏,讲故事。

历史上,能跟欧拉相比的人的确不多,也有的历史学家把欧拉和阿基米德、艾萨克·牛顿、卡尔·弗里德里希·高斯列为有史以来贡献最伟大的四位数学家,依据是他们都有一个共同点,就是在创建纯粹理论的同时,还应用这些数学工具去解决大量天文、物理和力学等方面的实际问题。他们的工作是跨学科的,他们不断地从实践中吸取丰富的营养,但又不满足于具体问题的解决,而是把宇宙看作是一个有机的整体,力图揭示它的奥秘和内在规律。

(整理自百度网)

12.1.6 高斯

卡尔·弗里德里希·高斯(Johann Carl Friedrich Gauss,1777—1855),是德国著名数学家、物理学家、天文学家、大地测量学家,素有"数学王子""数学家之王"等美誉,被认为是人类有史以来最伟大的数学四大家之一(另三位是阿基米德、牛顿和欧拉),是近代数学奠基者之一。

高斯的家境非常普通,其父曾做过园丁、工头、商人助手、保险评估等。父亲对他要求极严,这使他秉承了父亲诚实而谨慎的性格。其实,也正因如此才使其许多成果后来被别人重新发现,实质上间接地延缓了世界数学史的发展进程。其母虽近似文盲,只是一个女佣,但天资聪明。

高斯从小就对一切现象和事物充满好奇。他3岁时便能纠正父亲的账目。高斯幼年得益于他的舅舅,正是舅舅发现了他的数学天分,才格外下力对他进行早期培养。

他7岁上学,10岁进入数学班,便自行发现了从1~100的等差数列求和问题的运算规律,因此,老师布特纳对他刮目相看。高斯与布特纳也保持了真诚的师生情谊,高斯由此开始了真正的数学研究。他11岁进入文科学校,所有的功课都极好,古文和数学尤其突出。

后经人引荐,14岁的高斯被卡尔·威廉·斐迪南公爵召见并赢得公爵的同情,进而得到公爵的慷慨资助,先是于15岁进入卡罗琳学院,18岁进入德国著名的哥丁根大学,正是这一年他发现了质数分布定理和最小二乘法。22岁时,高斯完成了其博士论文。博士毕业后,其不善教学而无法吸引学生,面临生计困难,公爵又送给他公寓,还出资为其出版专著《算术研究》,并负担了高斯的所有生活费用。所有这一切,令高斯十分感动。

29岁(1806年)时,公爵在耶拿战役阵亡(抗拿破仑统帅的法军),不仅使高斯深受打击,还因此陷入了经济迥境,但生性刚强的高斯从不对外人言,默默忍受并坚持着。然而此刻的高斯已因其在天文和数学方面的杰出成就而名声远播,甚至,彼得堡科学院都虚位高薪以待。公爵在世时曾力劝其赴俄,现公爵离世,高又身陷经济困境,为使国家留住这位伟大的天才,德国著名学者洪堡(B. A. Von Humboldt)联合其他学者和政界人物,为高斯争取到了享有特权的哥丁根大学数学和天文学教授,以及哥丁根天文台台长的职位。第2年,30岁的高斯举家迁居于哥丁根就任哥丁根大学教授,并兼哥丁根天文台台长,直至他在1855年2月23日凌晨1点去世。洪堡等人的努力,不仅使得高斯得以人尽其才,也为哥丁根数学学派的创立、德国成为世界科学中心和数学中心创造了条件。

高斯的一生硕果累累,他通过对大量实测数据的处理,使其将目光专注在曲面与曲线的计算上,并成功得到高斯钟形曲线(即正态分布曲线),该曲线在概率学中被大量使用。他发表的《曲面的一般研究》,涵盖大部分"微分几何"的内容。他任天文台长期间,建造了世界上第一个电报机。他利用天文学家提供的观测资料,算出了一颗小行星的轨迹。很快,这颗最早发现迄今仍是最大的小行星准时出现在高斯指定的位置上。自那以后,行星、海王星等接二连三地被发现了。他的三坐标定位算法至今都是天文学的经典观察理论。正是因其在天文学上的重要贡献,后来才有月球上以他来命名的坑洞,才有名为"高斯星"的小行星1001。

高斯还与洛巴切夫斯基、波尔约彼此独立地发展出了非欧几何,进而成了非欧几何的的开山祖师(三人)。受其影响,才有了他的学生黎曼的黎曼几何,进而为爱因斯坦的相对论诞生打下了理论基础。

他于1840年发表的有关引力和磁学方面的实分析论文,成了现代位势理论的出发点。后来,人们为纪念他的杰出成就,特用高斯来命名磁场的CGS制计量单位。

他常说"少些,但要成熟些""不留下进一步要做的事"。从他逝世后出版的著作中可以看出,他有许多重要的也是牵涉甚广的论文从未发表,因为按他的意见,它们都不符合这些原则。难怪美国的著名数学家贝尔在其撰写的《数学工作者》一书里曾批评高斯:在高斯逝世后,人们才知道他早就预见了许多19世纪的数学,而且在1800年之前已经期待它们的出现。如果他能把他所知道的一些东西发表出来,很可能比当今数学还要先进半个世纪或更多的时间。阿贝尔和雅可比可以从高斯所停留的地方开始工作,而不是把他们最好的努力花在发现高斯早在他们出生时就知道的东西。而那些非欧几何学的创造者们,也可以把他们的天才用到其他方面去。

高斯早年就推翻了18世纪数学的理论和方法,而以他自己革新的数论开辟了通往19世纪中叶分析严密化的道路。他不仅对纯数学做出了意义深远的贡献,而且对20世纪的天文学、大地测量学和电磁学的实际应用也做出了重要的贡献。人们称赞高斯是"人类的骄傲"。高斯开辟了许多新的数学领域,从最抽象的代数数论到内蕴几何学,都留下了他的足迹。不论从研究风格、方法乃至所取得的具体成就方面,他都是18—19世纪之交的中坚和代表。如果把18世纪的数学家想象为一系列的高山峻岭,那么最后一个令人肃然起敬的巅峰就是高斯;如果把19世纪的数学家想象为一条条江河,那么其源头就是高斯。

在他逝世后不久,他的头像就被铸在纪念他的钱币上,他的肖像和他独创的正态分布曲线一起被放入德国10马克的钞票中,他出现在德国发行的三种用以表彰高斯的邮票里,他还出现在小说《Die Vermessung der Welt》中,甚至在2007年,他的半身像还被引进瓦尔哈拉神殿。

(整理自百度网)

12.1.7 巴贝奇

查尔斯·巴贝奇(Charles Babbage,1792—1871),出生在英格兰西南部的托特纳斯,是一位富有的银行家的儿子,后来继承了相当丰厚的遗产,但他把金钱都用于科学研究。童年时代的巴贝奇显示出极高的数学天赋,考入剑桥大学后,他发现自己掌握的代数知识甚至超过了教师。

巴贝奇就读于剑桥大学三一学院,毕业留校,20岁时他协助建立了分析学会,旨在是向英国介绍欧洲大陆在数学方面的成就,该学会推动了数学在英国的复兴;22岁时获得文学学士学位;23岁开始在伦敦从事科学活动;24岁时就被选为英国皇家学会会员,受聘担任剑桥大学的数学教授,这是一个很少有人能够获得的殊荣,牛顿的老师巴罗是第一名,牛顿是第二名;25岁时获得文学硕士学位;35岁时在欧洲大陆考察工厂2年之久;36岁时在剑桥大学参与创建了英国天文学会和统计学会;获得过天文学会金质奖章;他还是巴黎伦理科学院、爱尔兰皇家学会和美国科学学院的成员。

假若巴贝奇继续在数学理论领域耕耘,他本来是可以走上鲜花铺就的坦途,然而,这位旷世奇才却选择了一条无人敢于攀登的崎岖险路。他宽阔的额、锐利的目光,显得有些愤世嫉俗,坚定但绝非缺乏幽默的外貌,给人以一种极富深邃思想的学者形象。

巴贝奇从小就养成对任何事情都要寻根究底的习惯,拿到玩具也会拆开来看看里面的构造。以后他又受了数学和其他科学的训练并考察了许多工厂。这使得他在管理方面提出了许多创见和新的措施。他还利用计数机来计算工人的工作数量、原材料的利用程度等,他把这些叫做"管理的机械原则"。他制定了一种"观察制造业的方法",这种方法同后来由别人提出的"作业研究的、科学的、系统的方法"非常相似。他进一步发展了亚当·斯密关于劳动分工的思想,分析了分工能提高劳动生产率的原因。他在科学管理方面的探索和突出成就,使其被誉为科学管理先驱。

18世纪末,法兰西发起了一项宏大的计算工程——人工编制《数学用表》,这在没有先进计算工具的当时,是一件极其艰巨的工作。法国数学界调集大批精兵强将,组成了人工手算的流水线,搞了个天昏地暗,才完成了17卷的大部头书稿。即便如此,算出的数学用表仍错误百出。

据说有一天,巴贝奇与著名的天文学家赫舍尔凑在一起,对两大部头的天文数表评头论足,翻一页就有一个错,翻两页就有好几个错。面对错误百出的数学表,巴贝奇目瞪口呆,他甚至喊出声来:"天哪,但愿上帝知道,这些计算错误已经充斥弥漫了整个宇宙!"这件事也许就是巴贝奇萌生研制计算机构想的起因。

巴贝奇在他的自传《一个哲学家的生命历程》里,写到了大约发生在1812年的一件事:"有一天晚上,我坐在剑桥大学的分析学会办公室里,神情恍惚地低头看着面前打开的一张对数表。一位会员走进屋来,瞧见我的样子,忙喊道:'喂!你梦见什么啦?'我指着对数表回答说：‘我正在考虑这些表也许能用机器来计算！’”

巴贝奇的第一个目标是制作一台“差分机”，那年他刚满20岁。他从法国人杰卡德发明的提花织布机上获得了灵感，差分机设计闪烁出了程序控制的灵光——它能够按照设计者的旨意，自动处理不同函数的计算过程。1822年，巴贝奇小试锋芒，初战告捷，第一台差分机问世。但是，这一“小试”也耗去了整整10年。因为当时的工业技术水平极差，从设计绘图到零件加工，都得他自己亲自动手。好在巴贝奇自小就酷爱并熟悉机械加工，车、钳、刨、铣、磨，样样精通。在他孤军奋战下造出的这台机器，运算精度竟达到了6位小数，当即就演算出好几种函数表。以后实际运用证明，这种机器非常适合于编制航海和天文方面的数学用表。

成功的喜悦激励着巴贝奇，他连夜奋笔上书皇家学会，要求政府资助他建造第二台运算精度为20位的大型差分机。英国政府看到巴贝奇的研究有利可图，破天荒地与科学家签订了第一个合同，财政部慷慨地为这台大型差分机提供出1.7万英镑的资助。巴贝奇自己也贴进去1.3万英镑巨款，用以弥补研制经费的不足。在当年，这笔款项的数额无异于天文数字，要知道，1831年约翰·布尔制造一台蒸汽机车的费用才784英磅。然而，英国政府和巴贝奇都失算了，第二台差分机在剑桥的“阴沟”里面翻了船！第二台差分机约有25000个零件，主要零件的误差不得超过每英寸0.001，即使用现在的加工设备和技术，要想造出这种高精度的机械也绝非易事。巴贝奇把差分机交给了英国最著名的机械工程师约瑟夫·克莱门特所属的工厂制造，但工程进度十分缓慢。设计师心急火燎，从剑桥到工厂，从工厂到剑桥，一天几个来回。他把图纸改了又改，让工人把零件重做一遍又一遍。年复一年，日复一日，直到又一个10年过去后，巴贝奇依然望着那些不能运转的机器发愁，全部零件亦只完成了不足一半。参加试验的同事们再也坚持不下去，纷纷离他而去。

巴贝奇独自苦撑了10年，终于感到自己再也无力回天。那天清晨，巴贝奇蹒跚走进车间，偌大的作业场空无一人，只剩下满地的滑车和齿轮，一片狼藉。他呆立在尚未完工的机器旁，深深地叹了口气，终于“怆然而涕下”。在痛苦的煎熬中，他无计可施，只得把全部设计图纸和已完成的部分零件送进伦敦皇家学院博物馆供人观赏。

1842年，在巴贝奇的一生中是极不平常的一年。那年冬天，伦敦的气候格外寒冷，巴贝奇的身心全都冷得发颤。英国政府宣布断绝对他的一切资助，连科学界的友人们都用一种怪异的目光看着他。英国首相讥讽道：“这部机器的唯一用途，就是花掉大笔金钱！”同行们讥笑他是“愚笨的巴贝奇”。皇家学院的权威人士，包括著名的天文学家艾瑞等人，都公开宣称他的差分机“毫无价值”。

就在这痛苦艰难的时刻，一缕春风悄然吹开巴贝奇苦闷的心扉。他意外地收到一封来信，写信人不仅对他表示理解，而且还希望与他共同工作。字体娟秀的签名，表明了她不凡的身份——伯爵夫人。

接到信函后不久，巴贝奇实验室门口走进来一位年轻的女士。她面带微笑，向巴贝奇弯腰行礼。巴贝奇一时愣在那里，他与这位女士似曾相识，却又想不起曾在何处邂逅。女士落落大方地作了自我介绍，来访者正是那位伯爵夫人。“您还记得我吗？”女士低声问道，“十几年前，您还给我讲过差分机原理。”看到巴贝奇迷惑的眼神，她又笑着补充说：“您说我像野人见到了望远镜。”巴贝奇恍然大悟，想起已经十分遥远的往事。面前这位俏丽的女士和那个小女孩之间，依稀还有几分相似。

原来，夫人本名叫阿达·奥古斯塔，是英国大名鼎鼎的诗人拜伦的独生女。她比巴贝奇的年龄要小20多岁，1815年才出生。阿达自小命运多舛，来到人世的第二年，父亲拜伦因性格不合与她的母亲离异,从此别离英国。可能是从未得到过父爱的缘由,小阿达没有继承到父亲诗一般的浪漫热情,却继承了母亲的数学才能和毅力。阿达的少女时代,母亲的一位朋友领着她们去参观巴贝奇的差分机。其他女孩子围着差分机叽叽喳喳乱发议论,摸不着头脑,只有阿达看得非常仔细,她十分理解并且深知巴贝奇这项发明的重大意义。或许正是这个小女孩独特的气质,在巴贝奇的记忆里打下了较深的印记。他欣然同意与这位小有名气的数学才女共同研制新的计算机器。就这样,在阿达 27 岁时,成为巴贝奇科学研究上的合作伙伴,迷上这项常人不可理喻的“怪诞”研究。其时,她已经成了家,丈夫是洛甫雷斯伯爵。按照英国的习俗,在许多资料里都把她称为“洛甫雷斯伯爵夫人”。

30 年的困难和挫折并没有使巴贝奇折服,阿达的友情援助更坚定了他的决心。还在大型差分机进军受挫的 1834 年,巴贝奇就已经提出了一项新的更大胆的设计,他最后冲刺的目标,不是仅仅能够制表的差分机,而是一种通用的数学计算机。巴贝奇把这种新的设计叫做“分析机”,它能够自动解算有 100 个变量的复杂算题,每个数可达 25 位,速度可达每秒运算一次。今天再回首看看巴贝奇的设计,分析机的思想仍然闪烁着天才的光芒。

巴贝奇首先为分析机构思了一种齿轮式的“存储库”,每一组齿轮可储存 10 个数,总共能够储存 1000 个 50 位数。分析机的第二个部件是所谓“运算室”,其基本原理与帕斯卡的转轮相似,但他改进了进位装置,使得 50 位数加 50 位数的运算可完成于一次转轮之中。此外,巴贝奇也构思了送入和取出数据的机构、以及在“存储库”和“运算室”之间运输数据的部件。他甚至还考虑到如何使这台机器处理依条件转移的动作。

一个多世纪过去后,现代计算机的结构几乎就是巴贝奇分析机的翻版,只不过它的主要部件被换成了大规模集成电路而已。仅此一说,巴贝奇就当之无愧于计算机系统设计的“开山鼻祖”。

阿达非常准确地评价道:“分析机‘编织’的代数模式同杰卡德织布机编织的花叶完全一样”。于是,为分析机编制一批函数计算程序的重担,落到了数学才女那柔弱的肩头。阿达开天辟地第一次为计算机编出了程序,其中包括计算三角函数的程序、级数相乘程序、伯努利函数程序等。阿达编制的这些程序,即使到了今天,计算机软件界的后辈仍然不敢轻易改动一条指令。人们公认她是世界上第一位软件工程师,港台地区的书刊,还把她请上了软件界“开山祖师奶”的赫赫宝座。据说美国国防部花了 250 亿美元和 10 年的光阴,把他们所需要软件的全部功能混合在一种计算机语言中,希望它能成为军方几千种计算机的标准。1981 年,这种语言被正式命名为 ADA 语言,使阿达的英名流传至今。

不过,以上讲的都是后话,殊不知巴贝奇和阿达当年处在怎样痛苦的水深火热之中!由于得不到任何资助,巴贝奇为把分析机的图纸变成现实,耗尽了自己全部财产,搞得一贫如洗。他只好暂时放下手头的活,和阿达商量设法赚一些钱,如制作国际象棋玩具、赛马游戏机等。为筹措科研经费,他们不得不“下海”搞起了“创收”。

最后,两人陷入了惶惶不可终日的窘境,阿达忍痛两次把丈夫家中祖传的珍宝送进当铺,以维持日常开销,而这些财宝又两次被她母亲出资赎了回来。

贫困交加,无休无止的脑力劳动,阿达的健康状况急剧恶化。1852 年,怀着对分析机成功的美好梦想和无言的悲怆,巾帼软件奇才魂归黄泉,香消魄散,死时年仅 36 岁。

阿达去世后,巴贝奇又默默地独自坚持了近 20 年。晚年的他已经不能准确地发音,甚至不能有条理地表达自己的意思,但是他仍然百折不挠地坚持工作。上帝对巴贝奇和阿达太不公平!分析机终于没能造出来,他们失败了。

巴贝奇和阿达的失败是因为他们看得太远,分析机的设想超出了他们所处时代至少一个世纪!然而,他们留给了计算机界后辈们一份极其珍贵的精神遗产,包括30种不同的设计方案,近2100张组装图和50000张零件图……,更包括那种在逆境中自强不息,为追求理想奋不顾身拼搏的精神!

1871年,为计算机事业而贡献了终生的先驱者巴贝奇终于闭上了眼睛。当时就有人把他的大脑用盐渍着保存起来,想经过若干年后,有更先进技术来研究他大脑特别的机制。现在的人们,当然更不会以成败来论英雄!

(整理自百度网)

12.1.8 汉密顿

汉密顿(W. R. Hamilton,1805—1965)生于爱尔兰都柏林。他的父亲是律师,哈密顿自幼聪明,被大家称为神童,他3岁能读会算,5岁就能翻译拉丁语、希腊语和希伯来语等,还能背诵荷马史诗,9岁熟悉波斯语、阿拉伯语和印地语等,14岁因在都柏林欢迎波斯大使宴会上用波斯语与大使交谈而出尽风头。

汉密顿自幼喜欢算术,计算很快,1818年因遇到美国的“计算神童”科耳本,对数学产生了更深厚的兴趣。他对天文学有强烈的爱好,常用自己的望远镜观测天体,后对曲线(面)的性质进行了系列研究,并用于几何光学方面。1823年7月,汉密顿以入学考试第一名的成绩进入著名的剑桥大学三一学院,得到正规的大学训练,后因成绩优异而多次获得学院的古典文学和科学的最高荣誉奖。他在1823—1824年间完成了多篇有关几何学和光学的论文,因送交爱尔兰皇家科学院会议的有关焦散曲线(Caustics)的论文,引起科学界的重视。1827年,年仅22岁的汉密顿被任命为敦辛克天文台的皇家天文研究员和三一学院的天文学教授。1832年,汉密顿成为爱尔兰皇家科学院院士。之后他非常活跃,与学术界人士广泛交流,包括诗人和哲学家。

由于汉密顿的学术成就和声望,1835年在都柏林召开的不列颠科学进步协会上被选为主席,同年被授予爵士头衔。1836年,皇家学会因他在光学上的成就而授予他皇家奖章。1837年,汉密顿被任命为爱尔兰皇家科学院院长,直到1845年。1863年,新成立的美国科学院任命汉密顿为外籍院士。

汉密顿的家庭生活并不幸福。早在1823年,他爱上了一位同学的姐姐,遭到拒绝后他终身无法忘情,在随后的一系列恋爱失败后,于1833年同海伦·贝利草草结婚,虽生有二子一女,终因感情不合而长期分居。他经常不能正规用餐,而是边吃边工作,去世后,人们在他的论文手稿中还找到不少肉骨头和吃剩的三明治等残物。

汉密顿工作勤奋,思想活跃。他发表的论文一般都很简洁,别人不易读懂,但手稿却很详细,因而很多成果都是由后人整理而得。仅在三一学院图书馆中的汉密顿手稿,就有250本笔记及大量学术通信和未发表的论文,爱尔兰国家图书馆还有一部分手稿。他的研究工作涉及许多领域,成果最大的是光学、力学和四元数。虽主要是数学家,但他在科学史中影响最大的却是对力学的贡献,现代物理中最重要的汉密顿量就意味着一切。

(整理自百度网)

12.1.9 黎曼

波恩哈德·黎曼(Georg Friedrich Bernhard Riemann,1826—1866),在1826年9月生于汉

诺威布列斯伦茨小镇,其父是当地教会的牧师。

1840年,到汉诺威和祖母生活,并进入中学,1842年祖母去世后,他搬到约翰纽姆。1846年,他尊父命入哥丁根大学读神学与哲学,在此期间因接触到数学知识,如高斯关于最小二乘法的讲座等,随引发了对数学的浓厚兴趣,后在父亲的允许下转学数学。1847年春,又转到柏林大学,投入雅戈比、狄利克雷等大师门下。两年后他回到哥丁根,并于1851年获博士学位,同年成为哥丁根大学的讲师。

1851年他论证了复变函数可导的必要充分条件(即柯西—黎曼方程),后来借助狄利克雷原理阐述了黎曼映射定理,成为函数的几何理论的基础。1853年,他定义了黎曼积分并研究了三角级数的收敛准则。

1854年,他推广了高斯关于曲面的微分几何研究,提出用流形的概念来理解空间的实质,用微分弧长度的平方所确定的正定二次型来理解度量。同年,他初次登台作了题为"论作为几何基础的假设"的演讲,从而开创了黎曼几何,并为爱因斯坦的广义相对论提供了数学基础,把欧几里德几何、非欧几何纳入了他的理论体系之中。

1857年,他发表的关于阿贝尔函数的研究论文引出黎曼曲面的概念,将阿贝尔积分与阿贝尔函数的理论带到新的转折点并做系统的研究。其中对黎曼曲面从拓扑、分析、代数几何等角度作了深入研究,创造了一系列对代数拓扑发展影响深远的概念,阐明了后来为G.罗赫所补足的黎曼—罗赫定理。同年,他升为哥丁根大学的编外教授。

他于1858年发表的关于素数分布的论文中,研究了黎曼ζ函数,给出了ζ函数的积分表示与它满足的函数方程。由他首次提出的黎曼猜想至今仍未解决。另外,他对偏微分方程及其在物理学中的应用有重大贡献,甚至对物理学本身,如热学、电磁非超距作用和激波理论等也做出了贡献。

1859年,他接替狄利克雷成为正教授。1862年,他与爱丽丝·科赫(Elise Koch)结婚。1866年,他在第三次去意大利途中因肺结核在塞拉斯卡(Selasca)去世,享年40岁。

黎曼的工作直接影响了19世纪后半期的数学发展,许多杰出的数学家重新论证黎曼断言过的定理,在黎曼思想的影响下许多数学分支取得了辉煌成就。黎曼的一生对数学分析、微分几何和微分方程做出了巨大贡献。他引入三角级数理论,从而指出积分论的方向,并奠定了近代解析数论的基础。黎曼首先提出用复变函数论特别是用ζ函数研究数论的新思想和新方法,开创了解析数论的新时期。尽管欧几里得的几何学在差不多2000年间,被奉为严格思维的典范,但实际上它并非那么完美。人们发现,一些被欧几里得作为不证自明的公理,却难以自明,越来越遭到怀疑。如"第五平行公设",欧几里得在《几何原本》一书中断言:"通过已知直线外一点,能作且仅能作一条直线与已知直线平行。"这个结果在普通平面当中尚能够得到经验的印证,那么在无处不在的闭合球面之中(地球就是个大曲面),这个平行公理却不成立。正基于此,俄国人罗伯切夫斯基和德国人黎曼后来才创立了非欧几何学。以他的名字命名的名词、术语和定理极多,如黎曼ζ函数、黎曼积分、黎曼引理、黎曼流形、黎曼空间、黎曼映照定理、黎曼—希尔伯特问题、柯西—黎曼方程、黎曼思路回环矩阵等,足见其在数学界的标志性地位。

(整理自百度网)

12.1.10 康托尔

格奥尔格·康托尔(GeorgCantor,1845—1918),德国数学家,集合论的创立者,1845年生于圣彼得堡(今苏联列宁格勒),1918 年病逝于哈雷。其父为迁居俄国的丹麦商人。康托尔 11 岁时移居德国读中学。17 岁入瑞士苏黎世大学,翌年转入柏林大学数学系,师从 E. 库默尔和 L. 克罗内克,1867 年在库默尔指导下获博士学位。1869 年在哈雷大学任讲师,3 年后任副教授,后晋升教授。

大学期间康托尔主修数论,但受导师影响对数学推导的严格性和数学分析颇感兴趣。他于 1872 年提出了以基本序列(即柯西序列)定义无理数的实数理论,并初步提出以高阶导出集的性质作为对无穷集合的分类准则。函数论研究引起他进一步探索无穷集和超穷序数的兴趣和要求。

1872 年,康托尔在瑞士结识了 J. W. R. 戴德金,此后时常往来并通信讨论。1873 年他估计,虽然全体正有理数可以和正整数建立一一对应,但全体正实数似乎不能。他在 1874 年的论文《关于一切实代数数的一个性质》中证明了他的估计,并且指出一切实代数和正整数可以建立一一对应,这就证明了超越数是存在的而且有无穷多。在这篇论文中,他用一一对应关系作为对无穷集合分类的准则。

在整数和实数两个不同的无穷集合之外,是否还有更大的无穷?从 1874 年初起,康托尔开始考虑面上的点集和线上的点集有无一一对应,并在经过 3 年多的探索后,于 1878 年发表论文,却引起很大怀疑,克罗内克就不赞成,而戴德金早在 1877 年 7 月就看到,不同维数空间的点可以建立不连续的一一对应关系,而不能有连续的一一对应。此问题直到 1910 年才由 L. E. J. 布劳威尔给出证明。

康托尔在 1878 年这篇论文里已明确提出“势”的概念(基数)并且用“与自身的真子集有一一对应”作为无穷集的特征。康托尔认为,建立集合论重要的是把数的概念从有穷数扩充到无穷数。他在 1879—1884 年发表的题为《关于无穷线性点集》论文 6 篇,其中 5 篇的内容大部分为点集论,在其中他论述了序关系,提出了良序集、序数及数类等概念。他定义了一个比一个大的超穷序数和超穷基数的无穷序列,并对无穷问题作了许多哲学层面的讨论。在此文中他还提出了良序定理(每一集合都能被良序),但未给出证明。

他在 1891 年发表的《集合论的一个根本问题》里,证明了一集合的幂集的基数较原集合的基数大,由此可知,没有包含一切集合的集合。他在 1878 年论文中曾将连续统假设作为一个估计提出,其后在 1883 年论文里说即将有一严格证明,但他始终未能给出。

19 世纪 70 年代,许多数学家仅承认有穷事物的发展过程是无穷尽的,无穷只是潜在的,他们不承认已经完成的、客观存在着的无穷整体,如集合论里的各种超穷集合等。康托尔集合论肯定了作为完成整体的实无穷,从而遭到了一些数学家和哲学家的批评与攻击,特别是克罗内克。康托尔曾在 1883 年的论文和以后的哲学论文里对于无穷问题作了详尽的讨论。另一方面,康托尔创建集合论的工作开始时就得到戴德金和 D. 希尔伯特的鼓励和赞扬。20 世纪以来,集合论不断发展,已成为数学的基础理论。

他的著作有《G. 康托尔全集》1 卷及《康托尔 - 戴德金通信集》等。集合论是现代数学的基础,康托尔在研究函数论时产生了探索无穷集和超穷数的兴趣,康托尔肯定了无穷数的存在,并对无穷问题进行了哲学的讨论,最终建立了较完善的集合理论,为现代数学的发展打下了坚实的基础。

(整理自百度网)

12.1.11 希尔伯特

戴维·希尔伯特(D. Hilbert. David,1862—1943)德国数学家。希尔伯特生于东普鲁士哥尼斯堡(苏联加里宁格勒),中学时代他就是一名勤奋好学的学生,对数学兴趣浓厚,善于灵活和深刻地掌握并应用老师的讲课内容。他与17岁就拿下数学大奖的著名数学家闵可夫斯基(爱因斯坦的老师)结为好友,同时进入哥尼斯堡大学,并最终超越了他。1880年,他不顾父亲反对进入哥尼斯堡大学攻读数学,1884年获博士学位后留校任教,很快升任副教授、教授。1895年转入哥丁根大学任教授,此后他一直在哥丁根生活和工作,1930年退休。在此期间,他成为柏林科学院通讯院士,并获得施泰纳等多个奖项,1942年成为柏林科学院荣誉院士。

第一次世界大战前夕,希尔伯特拒绝在德国政府为进行欺骗宣传而发表的《告文明世界书》上签字。战争期间,他敢于公开发表文章悼念"敌人的数学家"达布。希特勒上台后,他抵制并上书反对纳粹政府排斥和迫害犹太科学家的政策。由于纳粹政府的反动政策日益加剧,许多科学家被迫移居外国,其中多数流亡于美国,曾经盛极一时的哥丁根学派衰落了。希尔伯特于1943年在孤独中逝世。但由于大量数学家的聚集,美国成了当时的数学中心。

希尔伯特是对20世纪数学有深刻影响的数学家之一。他领导了著名的哥丁根学派,使哥丁根大学成为当时世界数学研究的中心,并培养了一大批对现代数学发展做出重大贡献的杰出数学家。希尔伯特的数学工作可以划分为几个不同的时期,每个时期他几乎都集中精力研究一类问题。涉及不变量理论、代数理论、几何基础、积分方程,甚至还有狄利克雷原理和变分法、华林问题、特征值问题等。在这些领域中,他都做出了重大的或开创性的贡献。希尔伯特认为"只要一门科学分支能提出大量的问题,它就充满着生命力,而问题缺乏则预示着独立发展的衰亡和终止。"

在1900年巴黎国际数学家代表大会上,希尔伯特发表了题为《数学问题》的著名讲演。他根据过去特别是19世纪数学研究的成果和发展趋势,提出了23个最重要的数学问题(著名的哥德巴赫猜想也是问题之一,以陈景润为代表的中国数学家获得了重大突破,但还没有彻底解决)。这23个问题通称希尔伯特问题(见12.3节),被认为是20世纪数学的制高点,后来成为许多数学家力图攻克的难关,对现代数学的研究和发展产生了深刻的影响,并起了积极的推动作用,希尔伯特问题中有些现已得到圆满解决,有些至今仍未解决。他在讲演中所阐发的相信每个数学问题都可以解决的信念,对于数学工作者是一种巨大的鼓舞。希尔伯特领导的数学学派是19世纪末20世纪初数学界的一面旗帜,希尔伯特被誉为"数学界的无冕之王"。

希尔伯特于1899发表的《几何基础》是公理化思想的代表作。他的著作有《希尔伯特全集》(共三卷),合著的有《数学物理方法》《理论逻辑基础》《直观几何学》《数学基础》等。

(整理自百度网)

12.1.12 罗素

伯特兰·罗素(Bertrand . Russel,1872—1970)是著名的英国数学家。由他于1900年前后提出的"罗素悖论",与"康托尔悖论""布拉利—福尔蒂悖论"并称集合论中的三大悖论,在当时的数学界与逻辑界内引起了极大震动,并触发了第三次数学危机。

罗素悖论是这样定义的:把所有集合分为两类,第一类集合以其自身为元素,第二类集合不以自身为元素,假令第一类集合所组成的集合为P,第二类所组成的集合为Q,于是有

$$P=\{A \mid A\text{属于}A\},Q=\{A \mid A\text{不属于}A)\}$$

问题:$Q \in P$ 还是 $Q \in Q$?

若 Q 属于 P,那么根据第一类集合的定义,必有 Q 属于 Q,但是 Q 中任何集合都有 A 不属于 A 的性质,因为 Q 属于 Q,所以 Q 不属于 Q,引出矛盾。若 Q 属于 Q,根据第一类集合的定义,必有 Q 属于 P,而显然 $P \cap Q = \Phi$,所以 Q 不属于 Q,还是矛盾。这就是著名的"罗素悖论"。

悖论(Paradox)来自希腊语,意思是"多想一想"。这个词的意义比较丰富,它包括一切与人的直觉和日常经验相矛盾的数学结论。悖论是自相矛盾的命题。即如果承认这个命题成立,就可推出它的否定命题成立;反之,如果承认这个命题的否定命题成立,又可推出这个命题成立。如果承认它是真的,经过一系列正确的推理,却又得出它是假的;如果承认它是假的,经过一系列正确的推理,却又得出它是真的。古今中外有不少著名的悖论,它们震撼了逻辑和数学的基础,激发了人们求知和精密的思考,吸引了古往今来许多思想家和爱好者的注意力。解决悖论难题需要创造性的思考,悖论的解决又往往可以给人带来全新的观念。

其实,罗素悖论还有许多通俗的实例,著名的"理发师问题"就是其中之一,其实,理发师悖论与罗素悖论是等价的。罗素悖论让人们看到集合论的漏洞,数学大夏终于迎来了它的第三次危机。继罗素悖论之后,又发现一系列悖论,如理查德悖论、培里悖论、格瑞林和纳尔逊悖论等。值得庆幸的是,1908 年,策梅罗(Ernst Zermelo)提出了第一个公理化集合论体系,后被称为 ZF,这一公理化集合系统很大程度上弥补了康托尔朴素集合论的缺陷。公理化集合系统的建立,成功排除了集合论中出现的悖论,从而比较圆满地解决了第三次数学危机。

(整理自百度网)

12.1.13 图灵

阿兰·麦席森·图灵(Alan Mathison Turing,1912—1954),英国数学家、逻辑学家,被称为计算机科学之父、人工智能之父。1931 年他进入剑桥大学国王学院,毕业后到美国普林斯顿大学攻读博士学位,第二次世界大战爆发后回到剑桥,后曾协助盟军破解著名的德国 Enigma 密码系统。阿兰·图灵生于英国伦敦,死于英国的曼彻斯特,在 42 年的人生历程中,他的创造力是丰富多彩的,他是天才的数学家和计算机理论专家。24 岁提出图灵机理论;31 岁参与 COLOSSUS 的研制;33 岁设想仿真系统;35 岁提出自动程序设计概念;38 岁设计"图灵测验"。这一朵朵灵感浪花无不闪耀着他在计算机发展史上的预见性。在他短暂的生涯中,图灵在量子力学、数理逻辑、生物学、化学方面都有深入的研究,在晚年还开创了一门新学科——非线性力学。

他是计算机逻辑的奠基者,许多人工智能的重要方法也源自于这位伟大的科学家。他对计算机的重要贡献在于他提出的有限状态自动机(图灵机)的概念,对于人工智能,它提出了重要的衡量标准"图灵测试",如果有机器能够通过图灵测试,那他就是一个完全意义上的智能机,和人没有区别了。他杰出的贡献使他成为计算机界的第一人,现在,人们为了纪念这位伟大的科学家将计算机界的最高奖定名为"图灵奖"。这项一年一度的"图灵奖",颁发给最优秀的计算机科学家。这枚奖章就像"诺贝尔奖"一样,为计算机界的获奖者带来至高无上的荣誉。他的惊世才华和盛年夭折,也给他的个人生活涂上了谜一样的传奇色彩。

(整理自百度网)

12.1.14 迪卡斯特拉

艾兹格·迪科斯特拉(Edsger. Wybe. Dijkstra,1930—2002)生于 Rotterdam,他父亲是一位

化学家,其母却是一位数学家,这种充满科学气息的家庭背景对于他的职业生涯乃至他的整个人生都有着深刻的影响。1948 年,他考入了 Leyden 大学,仅用 3 年就取得学士学位。兴奋之余,其父同意他去英国参加一个由剑桥大学开设的电子计算装置程序设计的课程,讲师就是著名的 M. V. Wilkes。作为当时还是一名学生的迪科斯特拉,Wilkes 所授的知识成了他日后职业生涯的基础。

迪科斯特拉程序设计生涯开始于为 MC 第一台计算机 ARRA I 开发程序,也正因此,他之后才得以参与 IBM7030、IBM 360 系统开发; 1967 年,迪科斯特拉开始编写结构化编程笔记;1973 年,迪科斯特拉成了 Burroughs 的研究员;1984 年,他担任美国计算机科学学院的全职教授,从此,他和妻子长住美国,开始了他长达 15 年的教学生活,并编写、讨论程序设计技术。1999 年,69 岁的迪科斯特拉结束了教授生涯。2002 年 8 月 6 日,迪科斯特拉因患癌症在家中去世。

回顾 47 年的艰苦工作,正如他自己说的,是为了一个更好、更简单、更准确的编程方法而不停地努力奋斗。

他一生的代表性成就主要有:提出"goto 有害论""信号量",设计"PV 操作",解决"哲学家聚餐"问题、ALGOL60 程序设计语言的设计者和实现者、THE 操作系统的设计者和开发者,首创程序设计的框架结构理论。但他最具代表性、也是最让人津津乐道的贡献是离散数学中的最短路径算法,正是该算法彻底解决了有向图中任意两个顶点之间的最短路径问题。

他曾在 1972 年获得素有计算机科学界的诺贝尔奖之称的图灵奖,1974 年获得 AFIPS Harry Goode Memorial Award,1989 年获得 ACM SIGCSE 计算机科学教育教学杰出贡献奖,2002 年获得 ACM PODC 最具影响力论文奖。他无愧于计算机先驱,无愧于我们这个时代最伟大的计算机科学家的人之一(与 D. E. Knuth 并列)。

(整理自百度网)

12.1.15 Ike Nassi

Ike Nassi 曾任苹果公司的高级副总裁,还担任过 InfoGear 技术公司总监,后又到 Cisco 任职,是从事无线网络研发的 Firetide 公司创始人,现供职于此。他曾在波士顿大学任教,还是斯坦福大学和加利福尼亚大学的访问学者,麻省理工学院的研究会员等,同时,他在联邦政府还供职于多个职位。

(整理自百度网)

12.1.16 哈夫曼

哈夫曼(David Huffman)因其哈夫曼编码而闻名,特别是计算机类专业的学生,哈夫曼的名字如雷贯耳。该编码是哈夫曼于 1950 年,在 MIT 的信息理论与编码研究生班读书期间,因 Robert 教授让学生们自己决定,是参加期未考试还是做一个大型作业,哈夫曼则选择了后者,原因是他认为这样比期未考试更容易通过。正是在这个大型作业中,他提出了著名的哈夫曼编码及其算法。之后,该算法便被广泛地应用于传真机、图像压缩和计算机安全等诸多领域。

哈夫曼编码可使数据传输量减少到最小(一般认为至少可以减少 20%),该算法精巧绝妙,引人入胜。但哈夫曼却从未因此算法申请过专利,甚至都从未得到过其他收益,如经济利益或物质奖励等。不过,哈夫曼也必将随着他的哈夫曼编码而长存于世。

在他离开 MIT 后,哈夫曼就来到加利福尼亚大学的计算机系任教,从此以后,他也从未延续对该算法的进一步发展和深入,而是将其全部精力放在教学上。他一生都专注于有限状态自动机、开关电路、异步过程和信号设计等方面的研究,并做出过许多杰出的贡献。哈夫曼于1999年10月7日去世。

(整理自百度网)

12.1.17 刘维尔

约瑟夫·刘维尔(Joseph Liouville,1809—1889),法国数学家,于1809年3月24日出生在法国加莱海峡省圣奥梅尔。刘维尔一生勤于学术工作,生活淡泊宁静,育有三女一子,每年都要回故乡旧居休假,1882年9月8日在法国巴黎去世。

刘维尔的父亲是一位陆军上尉,刘维尔是其次子,幼时先后就学于科梅西和土尔。1825年就读于巴黎综合工科学校,1827年转入桥梁与公路学校,1831年获学士学位。毕业后不久,他为了专心从事学术研究,期望得到一份教职,便辞去了在伊泽尔省的工程师职务。

1831年11月,他到综合工科学校任分析与力学课助教,由此开始了近50年的科研生涯。期间,曾在成立不久的中央高等工艺制造学校讲授数学和力学。1836年取得博士学位,主攻函数,涉及傅里叶级数及其应用等。

1836年,他创办了《纯粹与应用数学杂志》,并亲自主持了前39卷的编辑出版工作,被后人称为"刘维尔杂志"。最值得一提的当属他编辑发表E.伽罗瓦的文章。1832年5月,伽罗瓦在决斗中被杀,刘维尔整理了他的部分遗稿并刊登在1846年的《纯粹与应用数学杂志》上,使其在代数方面的独创性工作得以为世人所知。为了发表伽罗瓦的著作,刘维尔用3年时间对其手稿进行了彻底的研究。在他为伽罗瓦的著作发表所写的导言中,他对伽罗瓦的工作给予了高度评价。他还邀请一些知名数学家,参加关于伽罗瓦工作的系列演讲,因此,刘维尔实质上间接地推动了近世代数学和群论的发展。

1838年,刘维尔接替马蒂厄成为综合工科学校的分析与力学课教授,一直工作到1851年他转入法兰西学院任数学教授为止。1839年6月和1840年,他又先后被推举为巴黎科学院天文学部委员和标准计量局成员,定期参与这两方面的活动。

刘维尔的学术活动在法国革命期间稍有中断。1848年4月23日,他入选立宪会议,是默尔特行政区的代表之一,次年5月竞选议员失败,他的政治活动遂告结束。

1851年来到法兰西学院后,刘维尔的教学工作相当自由,有更多的时间展开自己的研究工作,广泛与他人探讨,他在此职位上一直工作到1879年。不过,他从1874年退出《纯粹与应用数学杂志》的编辑工作后,便不再发表著作,也很少参与法国学术界的活动。

刘维尔继承了莱布尼茨、伯努利及欧拉的思想,在其早期工作中就建立起任意阶的导数理论。1832年12月,刘维尔先后向巴黎科学院提交论文,对代数函数和超越函数进行了分类,以此整理阿贝尔和拉普拉斯等人关于椭圆积分的表示和有理函数理论,在此基础上,后来给出了初等函数的分类体系。

刘维尔涉足科学领域之际,由阿贝尔和C.雅可比(Jacobi)所建立的椭圆函数理论正处于蓬勃发展时期。1844年12月,刘维尔在给巴黎科学院的一封信中说明了如何从雅可比的定理出发,建立双周期椭圆函数的一套完整理论体系,这是对椭圆函数论的一个重要贡献,围绕双周期性,刘维尔还展示了椭圆函数的实质性质,并提出了一系列定理。

刘维尔除了在20世纪30年代钻研过确定带边界条件的常微分方程的特征值与特征函数等问题之外,还因费马大定理对数论问题产生过浓厚的兴趣。1840年,他将费马问题作了巧妙的转化处理,后来他几乎放弃了在其他方面的数学研究,而把精力投入到数论领域。10年间，他在《纯粹与应用数学杂志》上发表了18篇系列注记和近200篇短篇注记，前者未加证明地给出了许多一般公式，为解析数论的形成奠定了基础，后者则个别地讨论了素数性质和整数表示为二次型的方法等特殊问题。

1836年，刘维尔与斯图姆共同给出了关于代数方程虚根数目的柯西定理证明；次年，他又用不同于阿贝尔的方法，解决了二元代数方程组的消元问题。这些成果被收入由他编写的《高等代数教程》，得以在法国的学校中广泛流传。刘维尔研究了后来所谓的"刘维尔数"，并证明了其超越性，他是第一个证实超越数存在的人。另外，刘维尔就几何学中的曲线和曲面的度量性质等问题也有不少论述，出版过专著。不仅如此，他甚至还有少量文章涉及热理论、电学、天体力学和理论力学领域。

（整理自百度网）

12.1.18 香农

克劳德·艾尔伍德·香农（Claude Elwood Shannon ，1916—2001），出生于美国密西根州，在一个拥有几千居民的小镇长大，父亲是该镇的法官，母亲是镇里的中学校长，家教环境很好。其祖父是一位农场主，却酷爱发明，曾发明过洗衣机和许多农业机械，这对香农的影响据说比父亲还直接、深远。香农的家庭与大发明家爱迪生还有远亲。

1936年香农在密西根大学获得数学与电气工程学士学位，然后进入MIT（麻省理工学院）念研究生。1938年，香农在MIT获得电气工程硕士学位，硕士论文题目是《继电器与开关电路的符号分析》。此刻，他已注意到电话交换电路与布尔代数之间的内在关系，他把布尔代数的真假值和电路系统的"开"与"关"联系起来（用1和0表示）。从此，他用布尔代数分析并优化开关电路，奠定了数字电路的理论基础。1940年，香农在MIT获得数学博士学位，而他的博士论文却是《理论遗传学的代数学》，这也从侧面反映出香农的广泛的知识面和浓厚的科学兴趣，对其后来他能在不同的学科领域发表论述颇有影响。1941年进入贝尔实验室工作，整整工作了31年。1956年他当了MIT的访问教授，1958年成为正式教授，1978年退休。香农的大部分时间是在贝尔实验室和麻省理工学院度过的。成名之他与贝尔实验室的同事玛丽于1949年结婚，共育三子一女。2001年在马萨诸塞州辞世，享年85岁。

贝尔实验室和MIT发表的讣告都尊崇香农为信息论及数字通信时代的奠基人。

其实，在读书期间，他还做过微分分析器的研究，并详细论述了分析器的数学理论。他曾思考信息论与有效通信系统的问题。于1948年在《贝尔系统技术杂志》连载发表了划时代的论文《通讯的数学原理》。1949年，香农又在该杂志上发表了论文《噪声下的通信》。在这两篇论文中，香农阐明了通信的基本问题，给出了通信系统的模型，提出了信息量的数学表达式，并解决了信道容量、信源统计特性、信源编码、信道编码等一系列基本技术问题。也正是这两篇论文造就了信息论的奠基性著作。

香农理论的重要特征是熵（Entropy）的概念，他证明熵与信息内容的不确定程度有等价关系。熵曾经是波尔兹曼的热力学概念，最初由由鲁道夫·克劳修斯提出，反映的是分子运动的混乱度。目前，在控制论、概率论、数论、天体物理、生命科学等领域都有重要应用，在不同的学科中也有引申出的更为具体的定义，是各领域十分重要的参量。但却是香农第一次将熵的概念引入到信息论，因此，信息熵也有类似意义。汉字的静态平均信息熵是9.65，英文则是4.03。这表明中文的复杂程度高于英文，反映了中文词义丰富、行文简练，但处理难度也大。信息熵大，意味着不确定性也大。因此应该深入研究，以寻求中文信息处理的深层突破。不能盲目认为汉字是世界上最优美的文字,从而引申出"汉字最容易处理"的错误结论。虽然香农的信息概念比以往的认识有了巨大的进步,但仍存在局限性,他没有涉及信息的内容和价值,只考虑了随机型的不定性,并没有从根本上回答"信息是什么"的问题。

在第二次世界大战时,香农博士也是一位著名的密码破译者(这使人联想到比他大 4 岁的图灵博士)。他在 Bell Lab 的破译团队主要是追踪德国飞机和火箭,尤其是在德国火箭对英国进行闪电战时起了很大作用。1949 年香农发表了论文 *Communication Theory of Secrecy Systems*(保密系统的通信理论),正是基于这种工作实践,才使保密通信由艺术变成科学。

香农因建立信息论、建立符号逻辑与开关理论这两大贡献而享誉世界。他一生荣誉无数:他是美国科学院院士、美国工程院院士、英国皇家学会会员、美国哲学学会会员;1949 年获 Morris 奖;1955 年获 Ballantine 奖;1962 年获 Kelly 奖,1966 年获国家科学奖章和 IEEE 的荣誉奖章;1978 年获 Jaquard 奖;1983 年获 Fritz 奖;1985 年获基础科学京都奖;等等。他强烈的好奇心、重实践、求完美、永不满足的科学精神,是他成功的基础。

(整理自百度网)

12.1.19 泊松

泊松(Simeon - Denis Poisson,1781—1840),1781 年6 月21 日生于法国卢瓦雷省的皮蒂维耶。父亲是退役军人,村长。最初泊松奉父命学医,不久便转向数学。

1798 年,泊松进入巴黎综合工科学校,师从拉格朗日、拉普拉斯等数学大家。当他以第一名的成绩进入巴黎综合理工学院时,立刻受到教授们的注意,他们让泊松自由按自己爱好进行学习。在 1800 年,入学不到 2 年,他已经发表了两本备忘录:一本关于消去法,另一本涉及有限差分方程的积分个数。后一本备忘录经推荐发表于《陌生学者集》,这对于 18 岁的青年来说是无上的荣誉。这次成功使泊松获得了进入科学圈子的机会。他在理工学院上过拉格朗日函数理论的课,拉格朗日很早认识到他的才华,并与他成为朋友;泊松追随拉普拉斯的足迹,后者将他几乎当成儿子看待。终其职业生涯,直至于巴黎郊外去世,泊松几乎一直在写作和发表数量巨大的著作,并承担了后来所担任的各种教职。

毕业时因学业优异,泊松又得到拉普拉斯的推荐,随留校任教,被聘为复讲员,当有学生在困难的课程后求助于他,要求重复并解释该堂课。他在 1802 年成为代课教授,并于 1806 年成为正教授,接替傅里叶。

1808 年,他成为子午线局的天文学家;1809 年,科学教员团体建立时,他被聘为理论力学教授。他于 1812 年成为学院的会员,于 1815 年成为圣西尔军事专科学校的检查员,于 1816 年离开理工学院的检查员职位,于 1820 年成为大学的顾问,并于 1827 年继拉普拉斯之后成为子午线局的几何学家。1840 年 4 月 25 日,泊松卒于法国索镇。

泊松于 1817 年与南茜・德巴迪结婚。泊松无心政治,专心于数学研究。虽然于 1821 年被授予男爵,却从未拿出证书或使用头衔。

泊松一生发表作品 300 余篇,有些是完整的论述,很多是处理纯数学、应用数学、数学物理、和理论力学的最艰深的问题的备忘录。泊松的科学生涯开始于研究微分方程及其在摆的运动和声学理论中的应用。他工作的特色是应用数学方法研究各类物理问题,并由此得到数学上的发现。他对积分理论、行星运动理论、热物理、弹性理论、电磁理论、位势理论和概率论都有重要贡献。

泊松在数学方面贡献很多,但最突出的当属泊松分布。这是 1837 年他在《关于判断的概率的研究》一文中提出用以描述随机现象的一种常用分布,在概率论中现在被称为泊松分布。该分布应用非常广泛,几乎涉及所有与随机现象有关的领域。他甚至还研究过定积分、傅里叶级数、等。除泊松分布之外,还有许多数学名词和术语是以他的名字来命名的,如泊松积分、泊松求和公式、泊松方程、泊松定理、泊松级数、泊松变换、泊松代数、泊松比、泊松流、泊松核、泊松括号、泊松稳定性、泊松积分表示等。

据称,他曾说:“人生只有两样美好的事情:发现数学和教数学。”

(整理自百度网)

12.1.20 阿贝尔

尼尔斯·亨利克·阿贝尔(Niels Henrik Abel,1802—1829),挪威数学家。阿贝尔的父亲是牧师,生活拮据。他的数学才华在他13年那年进入了一所天主教学校读书时显露出来。在此期间,受老师霍姆彪的引导,阿贝尔学习了当时许多数学大师的著作,如牛顿、欧拉、拉格朗日和高斯等。他甚至还在其中发现了许多漏洞。不久他父亲去世,养家糊口的重任从此便落在年仅18岁的阿贝尔头上。虽然如此,但他在霍姆彪老师的资助下,还是于1821年进入奥斯陆的克里斯蒂安尼亚大学半工半读,一年后获得学位,期间他还花了大量时间作数学研究。

1823年,阿贝尔的第一篇论文发表,他的朋友力请挪威政府资助他到德国及法国进修。等待政府回覆时,次年他又发表了《一元五次方程没有代数一般解》的论文。他把论文寄了给高斯,可惜被高斯错过了。

1825年冬,他远赴柏林时结识了酷爱数学的土木工程师克列尔,在阿贝尔的鼓励下,克列尔创立了一份纯数学和应用数学杂志,创刊号上便刊登了阿贝尔在五次方程上的工作成果,涉及方程理论、泛函方程及理论力学等内容。

1826年,他完成了超越函数的有关研究,使代数函数理论基本成型,即现在的阿贝尔定理,也是后来阿贝尔积分及阿贝尔函数的理论基础。他曾经把他的研究成果寄去法国科学院,却未受到重视。他在离开巴黎前染顽疾肺结核,辗转回到挪威后,却欠债不少。虽然贫穷和疾病缠身,但他对数学的研究依然兴趣高昂,在此期间他写了大量的论文,涉及方程理论、椭圆函数、阿贝尔群等理论。此时,阿贝尔已声名远播,许多人都希望他能找到一个合适的教授席位,以便他能做出更多的成就,但始终未能如愿。

1828年冬,阿贝尔病情恶化。圣诞节,他去芬罗兰(Froland)探未婚妻克莱利,次年春去世,享年27岁。

1828年,四名法国科学院院士上书挪威国王,请他为阿贝尔提供合适的科研位置。后来,克列尔写信说为阿贝尔成功争取到柏林大学的数学教授,可惜均已太迟。阿贝尔去世后,荣誉和褒奖接踵而来,1830年他和雅可比共同获得法国科学院大奖。

阿贝尔在数学方面的成就是多方面的。除了五次方程之外,他还研究了更广的一类代数方程,后人发现这便是具有交换性的伽罗瓦群的方程。为了纪念他,后人称交换群为阿贝尔群。阿贝尔还研究过无穷级数,得到了一些判别准则以及关于幂级数求和的定理。这些工作使他成为分析学严格化的推动者。阿贝尔和雅可比是公认的椭圆函数论的奠基者。阿贝尔发现了椭圆函数的加法定理、双周期性、并引进了椭圆积分的反演。他的工作为椭圆函数论的研究开拓了道路,并深刻地影响着其他数学分支。

埃尔米特曾说:阿贝尔留下的思想可供数学家们工作150年。

(整理自百度网)

12.1.21 拉格朗日

约瑟夫·路易斯·拉格朗日(Joseph - Louis Lagrange,1736—1813),法国著名数学家、物理学家,1736年1月25日生于意大利都灵,1813年4月10日卒于巴黎。其曾祖是法国骑兵上校,祖父是会计,父亲也在同一单位就职,后因经商破产,家道中落。因拉格朗日是其长子,其父试图让他成为律师,但他显然对法律毫无兴趣。

因受数学家雷维里的影响,少年时曾喜爱过几何。17岁那年,因拜读英国天文学家哈雷介绍牛顿微积分成就的短文《论分析方法的优点》而迷上了数学分析,从此开始了他专攻数学分析的征程。18岁时,拉格朗日用意大利语写了第一篇论文,是用牛顿二项式定理处理两函数乘积的高阶微商,他又将论文用拉丁语写出寄给了当时在柏林科学院任职的数学家欧拉。不久后,他获知这一成果早在半个世纪前就被莱布尼兹取得了。这个并不幸运的开端并未使拉格朗日灰心,相反,更坚定了他投身数学分析领域的信心。第2年,在探讨数学难题"等周问题"的过程中,他以欧拉的思路和结果为依据,用纯分析的方法求变分极值。他的这篇论文《极大和极小方法研究》,发展了欧拉所开创的变分思想,奠定了变分法的理论基础,因此拉格朗日在都灵声名大振。同年,他就当上了都灵皇家炮兵学校的教授,成为当时欧洲公认的第一流数学家。

拉格朗日的学术生涯大致可分为三个时期。

在都灵时期(1766年以前),初任数学教授之后,他积极进行研究。1756年给欧拉的信中,开始把变分法用于力学,还把欧拉关于有心力的一个定理推广到一般动力学问题。欧拉把信送交上级P·莫培督。莫培督看到拉格朗日是他的最小作用原理的支持者,建议拉格朗日来普鲁士任讲座教授,条件比都灵优越,但被拉格朗日谢绝。同年8月,他被任命为普鲁士科学院通信院士,9月2日选为副院士。

1757年,以拉格朗日为首的一批都灵青年科学家,成立了一个科学协会,即都灵皇家科学院的前身,并从1759年开始,用拉丁语和法语出版学术刊物《都灵科学论丛》。拉格朗日几乎全部在都灵时期的论文就刊登在这份刊物上。其中,有关变分法、分析力学、声音传播、常微分方程解法、月球天平动、木卫运动等方面的成果都是当时最出色的,为后来他在这些领域内做出更大贡献打下了基础。

1763年11月,他随都灵王朝的代表去伦敦赴任时路过巴黎,他受到巴黎科学院的热烈欢迎,并初见J·R·达朗贝尔。在巴黎停留6周后病倒,不能去伦敦。康复后遵照达朗贝尔意见,回国途中在日内瓦拜访了当时著名数学家D·伯努利和文学家F·伏尔泰,他们的看法对拉格朗日以后的工作有启发。回到都灵后,拉格朗日的声望更高。

1765年秋,达朗贝尔写信给普鲁士国王腓特烈二世,热情赞扬拉格朗日,并建议在柏林给拉格朗日一个职位。国王同意后通知拉格朗日。但他回信表示不愿与欧拉争职位。第2年3月,达朗贝尔来信说欧拉决定离开柏林,并请他担任留下的职位,拉格朗日决定接受。5月,他离开柏林去彼得堡,正式接受普鲁士邀请离开都灵。

在柏林时期(1766—1787),他曾途经巴黎与达朗贝尔合作数周,到达柏林后被任命他为普鲁士科学院数学部主任。期间与伯努利等相处密切,其任务是每月宣读一篇论文,内容一般在《科学院文献》以及《柏林科学院新文献》上发表。他还接受达朗贝尔的建议,经常参加巴黎科学院竞赛课题研究,并多次获得年度奖金。拉格朗日在柏林期间完成了大量重大研究成果,为一生研究中的鼎盛时期,多数论文在上述两刊物中发表,少量仍寄回都灵。其中有关月球运动(三体问题)、行星运动、轨道计算、两个不动中心问题、流体力学、数论、方程论、微分方程、函数论等方面的成果,成为这些领域的开创性或奠基性研究。此外,还在概率论、循环级数以及一些力学和几何学课题方面有重要贡献。他还翻译了欧拉和 A·棣莫弗的著作。

1767 年 9 月,拉格朗日同孔蒂结婚。但她体弱多病,未生小孩,久病后于 1783 年去世。1792 年,丧偶 9 年的拉格朗日同天文学家勒莫尼埃的女儿何蕾·弗朗索瓦·阿德莱德结婚,虽未生儿女,但家庭幸福。

在巴黎时期(1787—1813),缘于他在 1787 年 7 月 29 日正式到巴黎科学院工作。因其从 1772 年起就是该院副院士,这次到巴黎工作受到了更热情的欢迎,可惜达朗贝尔已在 1783 年去世。

1789 年爆发资产阶级革命,他只是一个旁观者。虽险被牵连,好在众朋友帮助,倒也一直在各种科学类委员会中任职,如法国科学院建立的"度量衡委员会"、法兰西研究院的的数理委员会等。在此期间,他的《分析力学论述》出版,第二版更名为《分析力学》,分两卷,上卷于 1811 年出版,下卷直到 1816 年才印出,此时,拉格朗日已去世 3 年。他在师范学校的教材《师范学校数学基础教程》于 1796 年出版,后来收进《拉格朗日文集》(下面简称《文集》),第七卷的内容他在 1812 年做过大量充实。1798 年出版的《论任意阶数值方程的解法》总结了早年在方程式论方面的成果,并加以系统化,充实后于 1808 年再版。关于函数论方面他出版了两本历史性著作。一本是《解析函数论》,含有微分学的主要定理,还涉及极限与留数等概念;另一本是《函数计算教程》,1801 年出版,由师范学校讲义改编。

1799 年雾月政变后,拿破仑提名拉格朗日等著名科学家为上议院议员及新设的勋级会荣誉军团成员,封为伯爵;1813 年 4 月 3 日授予他帝国大十字勋章,但重病在身的拉格朗日,终于在 4 月 11 日晨逝世。

拉格朗日在数学、力学和天文学三个学科中都有重大历史性贡献,但他主要是数学家,研究力学和天文学的目的是表明数学分析的威力。全部著作、论文、学术报告记录、学术通信超过 500 篇。在他去世后,法兰西研究院集中了他留在学院内的全部著作,编辑出版了十四卷《拉格朗日文集》,前后历时 25 年。

拉格朗日的学术生涯主要在 18 世纪后半期,当时的数学、物理学和天文学是自然科学主体。数学的主流是由微积分发展起来的数学分析,以欧洲大陆为中心;物理学的主流是力学;天文学的主流是天体力学。数学分析的发展使力学和天体力学深化,而力学和天体力学的课题又成为数学分析发展的动力。当时的自然科学代表人物都在此三个学科做出了历史性重大贡献。

牛顿和莱布尼兹以后的欧洲数学分裂为两派。英国仍坚持牛顿在《自然哲学中的数学原理》中的几何方法,进展缓慢;欧洲大陆则按莱布尼兹创立的分析方法,进展很快,当时叫分析学。拉格朗日是仅次于欧拉的最大开拓者,在 18 世纪创立的主要分支中都有开拓性贡献。

变分法是拉格朗日最早研究的领域,以欧拉的思路和结果为依据,但从纯分析方法出发,得到更完善的结果。他的第一篇论文"极大和极小的方法研究"是他研究变分法的序幕;1760 年发表的"关于确定不定积分式的极大极小的一种新方法"是用分析方法建立变分法的代表作。发表前写信给欧拉时,称此文中的方法为"变分方法"。欧拉肯定了,并在他自己的论文中正式将此方法命名为"变分法"。变分法这个分支才真正建立起来。

早在都灵时期,拉格朗日就对变系数常微分方程研究做出重大成果。他在降阶过程中提出了以后所称的伴随方程，并证明了非齐次线性变系数方程的伴随方程的伴随方程，就是原方程的齐次方程。他还把欧拉关于常系数齐次方程的结果推广到变系数情况，证明了变系数齐次方程的通解可用一些独立特解乘上任意常数相加而成。

在柏林时期，他对常微分方程的奇解和特解做出历史性贡献，在他的"关于微分方程特解的研究"论文中系统地研究了奇解和通解的关系，明确提出由通解及其对积分常数的偏导数消去常数求出奇解的方法，还指出奇解为原方程积分曲线族的包络线。

常微分方程组的研究在当时是结合天体力学中的课题进行的。拉格朗日在 1772 年完成的"论三体问题"中，找出了三体运动的常微分方程组的五个特解：三个是三体共线情况；两个是三体保持等边三角形。这在天体力学中被称为拉格朗日平动解。他同拉普拉斯一起完善的任意常数变异法，促进了摄动理论的建立。

拉格朗日是一阶偏微分方程理论的建立者，他在 1772 年完成的《关于一阶偏微分方程的积分》和 1785 年完成的《一阶线性偏微分方程的一般积分方法》中，系统地完成了一阶偏微分方程的理论和解法。他首先提出了一阶非线性偏微分方程的解分类为完全解、奇解、通积分等，并给出它们之间的关系。他还对提出将某些非线性方程，化为解线性方程，后来又进一步证明了解线性方程的等价性问题。现代多称此方法为拉格朗日方法，或柯西的特征方法。因拉格朗日只讨论两个自变量情况，在推广到 n 个自变量时遇到困难，而后来由柯西在 1819 年克服。

18 世纪的代数学从属于分析，方程论是其中的活跃领域。拉格朗日在柏林的前 10 年，大量时间花在代数方程和超越方程的解法上，他在代数方程解法中取得了历史性贡献。他在其长篇论文《关于方程的代数解法的思考》中，把前人解三四次代数方程的各种解法，总结为一套标准方法，而且还分析出一般三四次方程能用代数方法解出的原因。拉格朗日的想法已蕴含着置换群概念，因而拉格朗日是实质上的群论先驱。他的思想为后来的 N·H·阿贝尔和 E·伽罗瓦采用并发展，终于解决了高于四次的一般方程为何不能用代数方法求解的问题。拉格朗日到柏林初期就开始研究数论，其论文《二阶不定问题的解》和《一个算术问题的解》，讨论了欧拉多年从事的费马方程，而《不定问题解的新方法》则得到了更一般的费马方程的解。拉格朗日在 1772 年的《一个算术定理的证明》中，解决了欧拉 40 多年没有解决的费马另一猜想《一个正整数能表示为最多四个平方数的和》。

同 18 世纪的其他数学家一样，拉格朗日也认为函数可以展开为无穷级数，而无穷级数则是多项式的推广。他在其《解析函数论》中，第一次得到微分中值定理，后面用它推导出泰勒级数，并给出著名的拉格朗日余项式。他着重指出，泰勒级数必须考虑余项，显然，他已注意到收敛问题。他在《师范学校数学基础教程》中，提出了著名的拉格朗日内插公式，直到现在计算机计算大量中点内插时仍在使用。

拉格朗日在使力学分析化方面表现出色，他在 1788 年出版的《分析力学》一书，就是分析力学这门学科建立的代表作。他一生的全部力学论文以及同时代人的力学贡献，都归纳到这部著作中。他的研究目的是使力学成为数学分析的分支。拉格朗日在这方面的最大贡献是把变分原理和最小作用原理具体化，而且用纯分析方法进行推理，成为拉格朗日方法。他首先引入广义坐标概念，故广义坐标又称为拉格朗日坐标。拉格朗日创立分析力学力学推广了牛顿第二运动定律，使得在任意坐标系下都有统一形式的运动方程，至今仍为动力学中最重要的理论。

天体力学是在牛顿发表万有引力定律（1687 年）时诞生的，很快成为天文学的主流。它的学科内容和基本理论是在18世纪后期建立的。主要奠基者为欧拉,克莱罗、达朗贝尔、拉格朗日和拉普拉斯。最后由拉普拉斯集大成而正式建立经典天体力学。拉格朗日一生的研究工作中,约有一半同天体力学有关,但他主要是数学家,他要把力学作为数学分析的一个分支,而又把天体力学作为力学的一个分支对待。虽然如此,他在天体力学的奠基过程中,仍有重大历史性贡献。

首先,他基于分析力学原理,建立起各类天体的运动方程,如拉格朗日行星运动方程等。在天体运动方程解法中,拉格朗日的重大历史性贡献是发现三体问题运动方程的五个特解,即拉格朗日平动解。他的这个理论结果在100多年后得到证实。1907年2月22日,德国海德堡天文台发现了一颗小行星(后命名为希腊神话中的大力士阿基里斯,编号588),它的位置与拉格朗日的理论完全吻合。之后,人们又陆续发现了20多颗小行星,无一例外地验证了他的理论。

其次,拉格朗日在一阶摄动理论中解释了太阳系的稳定性问题。他的月球运动理论较好地解释了月球自转和公转的角速度差异。他的论文《关于月球运动的长期差》首次讨论了地球形状和所有大行星对月球的摄动,以及行星轨道交点和倾角的长期变化对彗星运动的影响等。

另外,他还得到了一种力学模型——两个不动中心问题的解,如今这些模型仍在应用,并作为人造卫星运动的近似力学模型。

总之,拉格朗日在天体力学的五个奠基者中,所做的历史性贡献仅次于拉普拉斯。他创立的“分析力学”对以后天体力学的发展有深远的影响。他不愧为18世纪的伟大科学家,在数学、力学和天文学三个学科中都有历史性的重大贡献。但他主要是数学家,拿破仑曾称赞他是“一座高耸在数学界的金字塔”,他最突出的贡献是在把数学分析的基础脱离几何与力学方面起了决定性的作用。使数学的独立性更为清楚,而不仅是其他学科的工具。近百余年来,数学领域的许多新成就都可以直接或间接地溯源于拉格朗日的工作。所以他在数学史上被认为是对分析数学的发展产生全面影响的数学家之一。

(整理自百度网)

12.1.22 伽罗华

埃瓦里斯特·伽罗华(Eacute variste Galois,1811—1832),出生于法国。父母都是知识分子,其父是市长。他12岁进入路易皇家中学就读,成绩很好,16岁才随老师Vernier学习数学,从此,他对数学的热情爆发。在此期间,学校给他的评语是“奇特、怪异、有原创力又封闭”。同年,他投考综合工科学校,未果。

18岁那年,他把自己求解代数方程的研究结果呈交给法国科学院,结果论文却被柯西弄丢了(可悲的是,19世纪的两个短命数学天才阿贝尔与伽罗华都不约而同地都“栽”在柯西手中)。福无双至,祸不单行,正当伽罗华第二次准备报考综合工科大学时,他的父亲却因忍受不了在选举时被人恶意中伤而自杀。父亲的冤死,给他的考试造成了致命的打击,考试失败进而导致他的政治观与人生观更加偏激。

不得已,伽罗华考进高等师范学院就读。第2年,他再次将求解方程式的研究结果,写成三篇论文,试图争取当年的科学院数学大奖,但是文章在送到约瑟夫·傅里叶手中后,却因傅里叶过世又遭蒙尘,伽罗华只能眼睁睁看着大奖落入阿贝尔与卡尔·雅各比的手中。

他19岁那年,七月革命发生,保皇势力出亡,高等师范学校的校长将学生们锁在高墙内,引起伽罗华强烈不满，他在校报上抨击校长被学校勒令退学。因其强烈支持共和，伽罗华两度下狱，也曾企图自杀。

他在狱中结识一个医生的女儿并陷入狂恋，为这段感情他与人决斗，自知必死的伽罗华在决斗前夜将他的所有数学成果纪录下来，并时不时在一旁写下“我没有时间了”。第二天，即1832年5月31日，他果然在决斗中身亡，享年21岁。

他的朋友遵照伽罗华的遗愿，将他的数学论文寄给高斯与雅各比，但都石沉大海。直到1843年，才由刘维尔发现并肯定了伽罗华的研究成果，称其独创而深邃，并在1846年将它发表。

伽罗华使用群论的想法去讨论方程式的可解性，现在被称为“伽罗华理论”，是当代代数与数论的基本支柱之一，系统化地阐释了为何五次以上的方程式没有公式解，而四次以下的方程有公式解。他非常漂亮地证明了高斯的尺规作图论断，还解决了古代三大作图难题中的两个，即“不能任意三等分角”“倍立方不可能”。

（整理自百度网）

12.1.23 卡诺

摩里斯·卡诺，1924年生于美国纽约市，他于纽约的城市大学获得学士学位，并从耶鲁大学获得硕士和博士学位。1952—1966年，他担任贝尔实验室的技术员，在1966—1970年期间主管AT&T公司联邦系统分部的研究与开发部门。1970年，他成为IBM的研究人员。卡诺为计算与远程通信的数字技术应用领域做出了贡献。他的研究兴趣包括计算机中基于知识的系统和启发式探索方法等。他最著名的成就是在1953年发现并提出用于优化逻辑电路设计的图形工具，即卡诺图技术。

（整理自百度网）

12.2 国内人物简介

12.2.1 华罗庚

华罗庚(1910—1985)，汉族，江苏省丹阳人。1910年11月12日出生于江苏省常州市金坛县。其父华瑞栋，以开小杂货铺为生，母亲是家庭妇女。华父40得子，取名华罗庚。“罗”即“箩”也，象征“家有余粮”，又合金坛俗话“箩里坐笆斗”，取“笃定”之意；“庚”与“根”谐音，有“同庚百岁”的味道，意即“华家从此有根了”。幼时爱动脑筋，因思考问题过于专注常被同伴们戏称为“呆子”。1922年，12岁的华庚进入金坛县立初中，老师王维克发现其数学才能，并尽力培养。1925年，初中毕业后，他入上海中华职业学校，后因学费不济而退学，帮父亲料理杂货铺，故一生只有初中文凭。此后，他用5年时间自学完了高中和大学低年级的全部数学课程。1927年，他受雇为金坛中学庶务员。

1930年因其在上海《科学》杂志上发表《苏家驹之代数的五次方程式解法不能成立之理由》而轰动数学界。同年，清华大学数学系主任熊庆来，了解到华罗庚的自学经历和数学才华后，破常规，让华罗庚进入清华大学图书馆担任馆员。1931年，华罗庚到清华大学数学系任助理，他自学了英、法、德、日等语言，并在国外杂志上发表论文3篇，1933年被破格升为助教，次年升讲师。

1935年，数学家维纳访问中国，他注意到华罗庚的潜质，向当时英国著名数学家哈代极力推荐。1936年，华罗庚前往英国剑桥大学留学，期间他在华林问题上取得了很多结果，十余篇学术论文在剑桥发表。其中，关于高斯的论文给他在世界上赢得了声誉。

抗战爆发后，他依然回国，到清华大学任教授，后至昆明的西南联大任职，直至抗战胜利。期间，他完成论文20多篇，还有他的首部专著《堆垒素数论》。

1946年，他应邀赴苏联做访问学者。随后，他的专著《堆垒素数论》俄文版在苏联出版，并先后在各国被翻译出版了德、英、日、匈牙利和中文版。1948年，他被美国伊利诺依大学聘为正教授。新中国成立后不久，华罗庚毅然决定放弃在美国的优厚待遇，携全家奔向祖国的怀抱，任清华大学数学系主任。

1952年7月，他受中国科学院院长郭沫若的邀请，成立了数学研究所，并任所长。1953年，他参加中国科学家代表团赴苏联访问。并出席了在匈牙利召开的第二次世界大战后首次世界数学家代表大会，以及亚太和平会议、世界和平理事会。

1955年，他被选聘为中国科学院学部委员（院士）。1956年，他着手筹建中科院计算数学研究所，同年，他的论文《典型域上的多元复变函数论》于1956年获国家自然科学一等奖，并先后出版了中、俄、英文版专著。

1958年，他担任中国科技大学副校长兼数学系主任，同年加入中国共产党。

在继续从事数学理论研究的同时，他努力尝试寻找一条数学和工农业实践相结合的道路。经过一段实践，他发现数学中的统筹法和优选法是在工农业生产中可普遍应用的方法，能提高工作效率。于是，他一面在科大讲课，一面带领学生到工农业基层实践中去推广优选法、统筹法。文革开始后，他不顾个人得失，边接受批斗，边凭个人声誉，到各地借调了人员组建“推广优选法、统筹法小分队”，并亲自带领小分队到全国各地去推广“双法”，取得了很大的经济效益和社会效益。1969年，他的论著《优选学》手稿成了献给国庆20周年礼物。1970年，周总理指示，国务院七部委负责人听取华罗庚讲的优选法和统筹法报告。之后，他多次在推广“双法”时因心疾而昏迷。

1977年，他被任命为中国科学院副院长，他多年的学术论文著相继出版。1983年，应邀赴美讲学，在美期间，被推选为第三世界科学院院士。1984年，被美国科学院授予他外籍院士，成为第一位获此殊荣的中国人。1985年，被选为第六届全国政协副主席。同年6月12日下午4时，在东京大学讲演厅向日本数学界作主题为《理论数学及其应用》的演讲，突发急性心梗，当晚逝世，享年75岁。

夫人吴筱元18岁嫁给华罗庚，婚后不久，华罗庚染上瘟疫，经悉心照料虽性命得救，却落下左腿残疾。华罗庚执教清华时，吴筱元留家乡照料公婆，此后，她不仅操持家务，还帮华抄写论文和书信，待客。几十年间，吴在华罗庚的生活和事业上，发挥了重要作用。他们育有三子三女。

华罗庚一生留下了十几部著作，如《堆垒素数论》《指数和的估价及其在数论中的应用》《多复变函数论中的典型域的调和分析》《数论导引》《典型群》（合作）《从单位圆谈起》《数论在近似分析中的应用》（合作）、《二阶两个自变数两个未知函数的常系数线性偏微分方程组》（合作）、《优选学》《计划经济范围最优化的数学理论》，其中8部为国外翻译出版，已列入20世纪数学的经典著作之列。此外，还有学术论文150余篇，科普作品《优选法评话及其补充》、《统筹法评话及补充》等，辑为《华罗庚科普著作选集》。他从教几十年，培育出了一大批青年数学家，如王元、陈景润、万哲先、陆启铿、龚升等。

1953 年,科学院组织出国考察团,由著名科学家钱三强任团长。团员有华罗庚、张钰哲、赵九章等人。途中闲暇无事,华罗庚题出上联一则:“三强韩、赵、魏”求对下联。这里的“三强”既指战国时韩、赵、魏三国,却又隐语团长钱三强的名字。隔了一会儿,华罗庚见大家还无下联,便将自己的下联揭出:“九章勾、股、弦”《九章》是我国古代著名的数学著作。在此却又指代表团另一位成员、大气物理学家赵九章的名字。华罗庚的妙对令满座倾倒。

华罗庚先生作为当代自学成长的科学巨匠和誉满中外的著名数学家,一生致力于数学研究和发展,并以科学家的博大胸怀提携后进和培养人才,以高度的历史责任感投身科普和应用数学推广,为数学科学事业的发展作出了卓越贡献,为祖国现代化建设付出了毕生精力。他不仅是世界著名数学家,中国科学院院士,美国国家科学院外籍院士,第三世界科学院院士,联邦德国巴伐利亚科学院院士;还是中国解析数论、矩阵几何学、典型群、自守函数论与多元复变函数论等多方面研究的创始人和开拓者;也是中国在世界上最有影响力的数学家之一,被列为芝加哥科学技术博物馆中当今世界 88 位数学伟人之一。国际上以华氏命名的数学科研成果有“华氏定理”“华氏不等式”“华—王方法”等。华罗庚被誉为“中国现代数学之父。”

美国著名数学史家贝特曼称:“华罗庚是中国的爱因斯坦,足够成为全世界所有著名科学院的院士。”

哈贝斯坦:“华罗庚是他这个时代的国际数学领袖之一。”

丘成桐:“先生起江南,读书清华。浮四海,从哈代,访俄师,游美国。创新求变,会意相得。堆垒素数,复变多元。雅篇艳什,迭互秀出。匹夫挽狂澜于即倒,成一家之言,卓尔出群,斯何人也,其先生乎。”

吴耀祖:“华先生天赋丰厚,多才好学,学通中外,史汇古今,见识渊博,论著充栋。他的生平工作和贡献,比比显示于他经历步过的广泛数学领域中,皆于可深入处即深入探隽,可浅出的即浅明清澈,能推广的即面面推广,能抽象的即悠然抽象。”

(整理自百度网)

12.2.2 闵嗣鹤

闵嗣鹤(1913—1973),字彦群,祖籍江西奉新县,1913 年 3 月 25 日生于北京。其祖父闵少窗是前清进士,曾任大名府知府,父亲闵持正曾在北京公安局任职。祖父对他极其钟爱,亲自教他认字读书,学习古文,希望他长大后学文。他从小十分好学,并自学了全部小学课程。1925 年考入北京师范大学附中,逐渐对数学产生兴趣。1929 年,考入北师大的理科预科,1931 年升入该校数学系。在校期间发表学术论文 4 篇,并积极参加学术活动,负责该校的《数学季刊》。1935 年以优异成绩毕业,到北平师范大学附中任教。

教学之余,他发愤钻研数学,发表论文《相合式解数之渐近公式及应用此理以讨论奇异级数》,获得了当时为纪念高君韦女士有奖征文第一名。清华大学杨武之教授发现他才华出众,于 1937 年 6 月聘请他去清华大学数学系当助教。他尚未到任,芦沟桥事变爆发。清华大学南迁至长沙,后在昆明并入西南联大。闵嗣鹤在安葬了祖父母及父亲的灵柩后,偕母亲和三个妹妹离开了北平,随清华大学先至长沙后到昆明。

他在西南联合大学工作 8 年,他曾为陈省身教授讲的黎曼几何课任辅教,两人结下了深厚的友谊;他参加了华罗庚教授的数论讨论班,并先后与华合作论文多篇。华罗庚对其评价很高,从此,闵嗣鹤将数论作为主攻方向。

1945 年,他考取了公费留学,10 月到英国牛津大学,师从著名数学家 E · Ch · 蒂奇马什研究解析数论。因其在著名的黎曼 Zeta 函数的阶估计上得到了优异成果,1947 年获得博士学位。随后,他赴美国普林斯顿高等研究院工作,并参加了数学大师 H·外尔的讨论班。期间他取得了丰富的研究成果。之后,他谢绝了外尔的挽留和蒂奇马什的邀请,毅然回国。

1948 年秋,他再次在清华大学数学系执教,任副教授,1950 年晋升教授。1952 年院系调整,任北京大学数学力学系教授。他曾任中国科学院数学研究所筹备处筹备委员,北京数学会理事等职。他的全部论著约 60 余篇,许多论著至今都是经典。

闵嗣鹤有很好的古典文学修养,喜爱书法与绘画,精通多门外语。他还是一位虔诚的基督教信徒。1950 年他与朱敬一女士结婚,育有两子三女。

闵嗣鹤在清华和北大的弟子众多,如今他所培养学生已成为我国数学界的一支重要力量。特别值得一提的是被数学界传为佳话的他对陈景润的支持与指导。1966 年《科学通报》上发表了陈景润的著名论文《大偶数表为一个素数及一个不超过二个素数乘积之和》的简报,陈景润一拿到这期通报,首先想到的是他的闵老师,在杂志封面上端端正正地写上了:“非常感谢您对生的长期指导,特别是对本文的详细指导。”并恭恭敬敬地亲手送给最关心最支持他的闵老师。

起初,陈景润的哥氏猜想证明颇受争议,且极其复杂,为增强说服力,他几经简化和改进,终于在 6 年之后把自己心血的结晶——厚厚的一叠原稿——送请他最信任的闵老师审阅。此刻,闵嗣鹤的身体已很糟,心脏病经常发作,本想好好休息,但他知道陈的这一成果是对解析数论的一个历史性的重大贡献,是中国数学界的光荣。因此,他放弃了休息,不顾劳累与疾病,细心审阅,最后判定陈景润的证明是完全正确的。陈景润的著名论文终于在 1973 年第二期的《中国科学》上全文发表了,并立即在国际数论界引起了轰动。然而,闵嗣鹤又冷静地指出:要最终解决哥德巴赫猜想还要走很长的一段路。由于在研究哥德巴赫猜想上取得的杰出成就,陈景润、王元及潘承洞集体获得了国家自然科学奖一等奖。显然,该荣誉的取得与闵嗣鹤的指导、培养密不可分。

在解放后的历次政治运动中,闵嗣鹤先生作为“白专”典型屡受冲击。但他矢志不渝,依然投身于建设和工作当中。1969 年他参加国家级项目“海洋重力仪”设计和制造工作,这是北京大学数学力学系与北京地质仪器厂的合作科研项目。因其提出“契贝谢夫权系数的数字滤波方法”,从理论上解决了设计中的关键问题。从 1971 年 10 月起,闵嗣鹤参加了石油部的数字地震勘探工作,期间出版专著《地震勘探数字技术》。

1973 年 10 月 10 日,闵嗣鹤终因劳累过度心脏病猝发而去世,终年仅 60 岁。

(整理自百度网)

12.2.3 柯召

柯召(1910—2002),字惠棠,数学家,数学教育家。

1910 年 4 月柯召出生与浙江省温岭市一个平民家里。父亲在当地一家布铺当店员,母亲是家庭妇女,家境贫寒。柯召 5 岁时,随父亲认字,训教甚严。因其读过私塾,有良好的古汉文基础,1922 年,入杭州安定中学读书,1926 年毕业并于同年考入厦门大学预科,1928 年升入厦门大学数学系。学满 2 年后,因希望转学到师资力量更强的清华大学,为筹学费,他去一所中学任教 1 年。1931 年,柯君经考试转入清华大学数学系。当时,在系里任教的有熊庆来、孙光远、杨武之、胡坤升等,和柯召一起听课的有陈省身、华罗庚、许宝騄、吴大任等。华罗庚是系里的职员,陈省身和吴大任是研究生,柯召和许宝騄是本科生。后来,这五人都成了著名的数学家。1933 年,柯召以优异成绩毕业。当时的清华大学淘汰率极高,他们那一届毕业时仅剩他和许宝騄二人,都是在三年级转学来的。

杨武之是美国芝加哥大学博士,中国早期从事现代数论研究的学者,柯召和华罗庚都受他指导,师生情谊很深。课余时间,柯召常去老师家中下围棋。杨武之的儿子杨振宁当时还年幼,常站在一旁观棋。

1933 年,柯召应姜立夫的聘请,去天津南开大学数学系当助教。当时南开大学数学系只有他一个助教,任务很重,他工作孜孜不倦,做得十分出色。1935 年,他考上了中英庚款的公费留学生,去英国曼彻斯特大学深造,在导师 L·J·莫德尔(Mordell)的指导下研究二次型,在表二次型为线性平方和的问题上,取得优异成绩,并应邀在伦敦数学会作报告,受到当代著名数学家 G·H·哈代(Hardy)的好评。这是中国人首次登上伦敦数学会的讲台。1937 年,由哈代和莫德尔主考,柯召获得博士学位。接着,他在曼彻斯特大学数学系工作,为他毕生从事数学的教学和研究打下了坚实的基础。到 1938 年为止,柯召便在《数论学报》《牛津数学季刊》《伦敦数学会杂志》《伦敦数学会会报》等国际一流杂志上发表了十几篇极为出色的论文。

1938 年夏,柯召不顾老师莫德尔的再三挽留,满怀报国之心,毅然回到祖国,受聘为四川大学教授。翌年,他任川大数学系主任。他主持数学系之后,很注意科研工作和学生能力的培养,除课堂教学外,定期举办全系的学术讨论会,造就了一批在数学上锐进不已的人材。

1946 年 8 月,柯召携家人从宜宾出发,乘船前往重庆。他打算到重庆稍事停留后便去杭州,到浙江大学任教。到了重庆朝天门码头后,时任重庆大学校长的老朋友张洪沅前来看望,力邀柯召留下来,帮助建设重庆大学数学系。但他是很讲信用的人,既然已接了浙江大学的聘书,那怎么能反悔呢?他只得谢绝了张洪沅的美意。张洪沅干脆把柯召的行李扣下来,继续劝他留下。柯召当然明白老朋友的一片苦心,重庆大学的确更需要人,他不忍再推辞了,便答应了去重庆大学。他们商定,柯召留下来干几年,把重庆大学数学系搞好后再走。

重庆大学数学系历经魏时珍(嗣銮)、何鲁等老一辈数学家的努力于 1932 年创建,后经段调元、潘璞、胡坤升(他在清华大学时的老师)等几代系主任的辛勤建设,等柯召到重庆大学时,数学教授有何鲁、段调元、郭坚白、谢昌璃等教授,之后原中央大学教授周雪鸥留美归国来到重庆大学,形成了重庆大学数学系巅峰时期(数学家李平渊和陈庭槐等教授就是柯召的研究生,陈重穆在柯召指导下完成了数论方面的毕业论文,从此他致力与代数方面的研究,成为现今研究有限群的知名专家)。

建国初期,他兼任行政岗位,之后的诸多运动中倒并未受到多大冲击。从 20 世纪 50 年代开始,他致力于俄文著作的翻译工作,成果颇丰。例如,库洛什的《高等代数教程》、马尔采夫的《线性代数学》以及甘特马赫尔的《矩阵论》等都是他当时主持翻译的。80 年代初,他与人合作编写出版了《组合论》和《数论讲义》等,这些教材的出版,受到广大读者和国内外同行的好评。

1953 年,全国高校进行了大规模的院系调整,重庆大学理学院并入四川大学,柯召等数学系和物理系的大部分师生迁入四川大学。在 40 余年间,他以满腔的热情投入教学和科研工作,为国家培养了许多优秀数学人材,在科研上硕果累累。此后,他还先后担任了四川大学教务长、副校长、校长、数学研究所所长等职。

1955 年被聘为中国科学院学部委员(数理化学部)。1954 年起连续当选为第一至第七届全国人大代表,曾任四川省第四、第五届政协副主席,九三学社中央副主席,中国数学会副理事长、名誉理事长,四川省数学会理事长。2002 年 11 月 8 日,柯召院士在北京病逝,享年 93 岁。

柯召于1938年彻底解决了表平方和问题,这也是他在二次型方面的关键工作之一。美国数学家N·J·A·斯托勒请人向柯召致意:"我拜读了您1938年关于二次型的论文,棒极了。"

1958年,柯召证明了不存在13元不可分解型,据此奠基了他在不可分问题研究领域的地位。

柯召从20世纪30年代起就潜心研究不定方程,对这个领域的贡献十分突出。爱尔特希对柯召就他于1938年提出的"爱尔特希不定方程猜想",用极其精湛的初等方法给出的证明结果,在50多年后仍然赞叹不已。爱尔特希说:"柯给出的无穷多组解使我十分惊奇,也许这就是方程的全部解。"

维尔纳猜想(不存在三个有理数,其和为1,其积也为1。即不定方程 $x+y+z=xyz=1$ 无有理数解)曾在很长时间内使数学家们束手无策。1960年,柯召以其扎实的代数数论功底,证明了这一猜想。该不定方程求解理论已被推广到各种代数数域,引出一系列的深刻影响。

1842年,法国数学家E·C·卡塔朗(Catalan)提出一个猜想:8和9是仅有的两个大于1的连续整数,它们都是正整数的乘幂。是否有三个连续整数,它们都是正整数的乘幂。这一著名的猜想,在很长一段时间内让数学界一筹莫展。1962年,柯召以极其精湛的方法解决了这两个难度很大的问题。他证明了不存在三个连续数都是正整数的乘幂。这是研究卡塔朗猜想的重大突破。

莫德尔在其专著《不定方程》中把柯召的这一成果称为柯氏定理。1977年,G·特尔加尼亚(Terjanian)对偶指数费马大定理第一情形的证明,以及1983年,A·罗特基维奇在不定方程中所取得的一系列重要结果,都用到柯召的方法和思想。

由他起到关键作用并发表于1961年的文献中的著名的爱尔特希—柯—拉多定理,30多年来,已被上百篇文章引用,极大地推动了极值集合论的发展。P·弗兰克尔(Frankl)和R·L·格雷厄姆(Graham)曾指出:"爱尔特希—柯—拉多定理是组合数学中一个主要结果,这个定理开辟了极值集论迅速发展的道路。"

(整理自百度网)

12.2.4 王元

王元于1930年4月30日,出生在浙江兰溪一个知识分子的家庭。4岁上学,因贪玩而连续留级两年。中学成绩亦一般。但其兴趣广泛,求知欲极强,肯下功夫钻研。看小说、拉二胡、画画和游泳等都是他的所爱。他的小学、初中时代,是在战乱与艰难中度过的。

1948年,他考入浙江国立英士大学数学系,建国后该校被撤,其专业分流到复旦和浙大,从此他师从陈建功、苏步青等数学大家。大学四年级时他在读书讨论班上便报告了A·E·英哈姆的《素数分布论》。1952年,王元从浙江大学毕业,因成绩名列前茅,被推荐到中国科学院数学研究所,一年后又被分配到该所数论组师从华罗庚先生,从此,他与华先生结下了不解之缘。

20世纪五六十年代,王元首先将解析数论中的筛法用于哥德巴赫猜想的研究,并证明了命题3+4。1957年,仅27岁的他又证明了2+3。他成为首次在该领域跃居世界领先的中国学者,其成果为国内外相关文献频繁引用。其后,他与华罗庚合作致力于数论在近似分析中的应用,1973年给出了"华-王方法"。20世纪80年代在他丢番图分析方面,将施密特定理推广到任何代数数域。

他还是华罗庚数学奖得主,他曾任研究室主任、所长、所学术委员会主任、中国数学会理事长、《数学学报》主编,联邦德国《分析》杂志编辑,新加坡世界科学出版社顾问等。1980 年,王元当选为中国科学院院士(当时称学部委员)。

王元一生著述甚多,如《华罗庚的数学生涯》等。《王元文集》则是王元先生将自己长期科学研究的重要文献收集成册,成为系统地论述数学科学和展示数学成就的专著。而《王元论哥德巴赫猜想》则是他多年来在国内外各种刊物上发表的部分论述性文章(不包括专门的学术论著)的汇集。本书也是一本大众深刻理解“哥德巴赫猜想”的最完整的著作。

(整理自百度网)

12.2.5 陈景润

陈景润(1933—1996),中国著名数学家,汉族,福州人,厦门大学数学系毕业。1966 年发表《表达偶数为一个素数及一个不超过两个素数的乘积之和》(简称“1 +2”),成为哥德巴赫猜想研究上的里程碑。而他所发表的成果也被称为陈氏定理,这项工作还使他与王元、潘承洞在 1978 年共同获得中国自然科学奖一等奖。

陈景润出生在福建省福州市仓山区城门镇胪雷村。1948 年 2 月考入福建师范大学附属中学,1950 年上高三时提前考入厦门大学数系,1953 年毕业,时年 20 岁。1953—1954 年,他曾在北京四中任教,因其口齿不清,学校拒绝其上讲台授课,只可批改作业,后被“停职回乡养病”,调回厦门大学任资料员,同时开始研究数论、组合数学等。

1955 年 2 月,经当时厦门大学的校长王亚南先生推荐,陈景润回母校厦门大学数学系任助教。1956 年,发表《塔内问题》,改进了华罗庚先生在《堆垒素数论》中的结果。1957 年 9 月,由于华罗庚教授的重视,调入中国科学院数学研究所任研究实习员,时年 24 岁。

1960—1962 年,他转入中科院大连化学物理所工作;1962 年任助理研究员;1965 年称自己已经证明(1 +2),由师兄王元审查后于 1966 年 6 月在科学通报上发表。

1974 年,他被重病在身的周总理亲自推荐为四届人大代表,并被选为人大常委;1975 年 1 月,当选为第四届全国人大代表,后任五、六届全国人大代表;1977 年破格晋升为研究员。

1979 年,他完成论文《算术级数中的最小素数》,应美国普林斯顿高等研究院之邀前往讲学,受到外国同行的广泛关注。

1980 年,他当选中科院物理学数学部委员(院士),次年当选为中国科学院学部委员(院士)。

1984 年 4 月,陈景润从家中骑车到魏公村的新华书店买书,被自行车撞倒,后脑着地昏迷,在治疗中被诊断患上了帕金森氏综合症。事隔几个月,陈景润乘公共汽车到友谊宾馆开会,车到站时被拥挤的人群从车上挤下摔昏。从此,生活一直需要人护理。

1992 年,陈景润任《数学学报》主编,荣获首届华罗庚数学奖。

1996 年 3 月 19 日,陈景润因呼吸衰竭,经抢救无效而逝世,享年 63 岁。

他研究哥德巴赫猜想等数论问题的成就,至今仍然在世界上遥遥领先,被誉为“哥德巴赫猜想第一人”。他一生发表研究论文 25 篇,著有《数学趣味谈》《组合数学》等。陈景润在解析数论的研究领域取得多项重大成果,曾获国家自然科学奖一等奖、何梁何利基金奖、华罗庚数学奖等多项奖励。2009 年被评为 100 位新中国成立以来感动中国人物之一。

陈景润在厦门大学期间屈居于 $6m^2$ 的小屋,借一盏昏暗的煤油灯,伏在床板上,用一支笔,耗去了 6 麻袋的草稿纸,才攻克了世界著名数学难题“哥德巴赫猜想”中的“1 +2”,创造了距摘取这颗数论皇冠上的明珠“1 + 1”只有一步之遥的辉煌。英国数学家哈伯斯坦和德国数学家黎希特把陈景润的论文写进数学书中,称为“陈氏定理”,他的研究成果,至今仍然在世界上遥遥领先。曾两次受到国际数学家大会作45min报告的邀请,在国内外都享有很高的声誉。

(整理自百度网)

12.2.6 潘承洞

潘承洞(1934—1997),数学家、数学教育家,生于江苏省苏州市一个旧式大家庭中,少年时便聪明过人,酷爱棋、牌、台球等益智类运动项目。高中期间,因发现《范氏大代数》一书中一道有关循环排列题的解答错误,并作了改正,受到教了20多年书却忽略了这一点的老师祝忠俊先生的欣赏,并赞赏其不迷信书本,善于发现问题,能进行独立思考的才能。

1952年,他考入北京大学数学力学系,1956年毕业工作半年后考取本系著名数学家闵嗣鹤教授的研究生。学习期间,他还有幸参加了华罗庚教授在中国科学院数学研究所主持的哥德巴赫猜想讨论班,并与陈景润、王元等一起讨论,互相学习和启发。

1961年,他毕业后被分配到山东大学数学系任教。刚到山东大学的最初几年里,潘承洞对于解析数论研究的执著就得到了淋漓尽致的表现,先后证明了“1 + 5”和“1 + 4”并公开发表其研究成果,这些成果使中国在哥德巴赫猜想的研究中处于世界领先地位,因其攻克了哥德巴赫猜想奇数部分而被国际数学界公认为实现了哥德巴赫猜想研究的关键性突破。之后,到陈景润取得哥德巴赫猜想偶数部分的“1 + 2”成果之后,潘承洞转而研究与哥德巴赫猜想有密切关系的均值问题,将自己所建立的均值估计应用于哥德巴赫猜想研究,又取得一系列突破性的进展。他与王元等人合作,首先给出了“陈(景润)氏定理“1 + 2”的简化证明(据称是国际上5个简化证明中最好的一个)。他还与陈景润合作发表论文《哥德巴赫数的例外集合》。

他曾在不到一年的时间里,就自己的研究心得与中国科学院数学研究所的王元通信60多次(而同一时期他与未婚妻李淑英仅通了两封信),往往因为一个问题,双方在信上你来我往几个回合(王元语)。在学术上的争论更加深了他们之间的友谊,这种真挚的友谊一直延续下来,成为数论界的一段佳话。

此后,他历任助教、讲师、教授,数学系主任,数学研究所所长,山东大学副校长,1986年起任校长。他学术造诣深厚,专长于解析数论的研究,尤以对哥德巴赫猜想的卓越研究成就为中外数学家所赞誉,与当代著名数学家华罗庚、王元、陈景润一起被国际数学界誉为中国数论学派的代表。

他一生在国内外重要学术刊物发表论文50多篇,出版专著6部。其中多部获国家级大奖。1981年与其胞弟潘承彪合作编著了世界上第一本全面、系统地论述哥德巴赫猜想研究工作的专著《哥德巴赫猜想》,该书受到了著名数学家彼得·肖的高度评价。在随后的岁月里,兄弟两人互相切磋,完成了多部论著,双双成为一代大师。

1982年他与王元、陈景润共同以哥德巴赫猜想的研究成果获国家自然科学一等奖。是第5~8届全国人大代表,1991年当选为中国科学院学部委员(院士),1995年获香港何梁何利基金科学与技术进步奖。他生前还担任中国数学学会副理事长、国务院学位委员会数学学科评议组召集人、国家自然科学基金委员会数学学科评审组组长。

1997年12月27日,潘承洞在济南因肠癌转移病逝,享年仅63岁。

在当年悼念潘承洞的灵堂前,悬挂着一幅震撼人心的挽联,精准地概括了他长光辉的一生:

绝顶天慧翔游数论王国推出科学猜想惊寰宇

超常决断优化教育园林造就轶世英才遍五洲

潘承洞讲课风趣幽默、引人入胜,常常把一个原本枯燥的内容描绘得趣味盎然。他善于粗线条地讲授教学内容,从不在细枝末节上纠缠,因此,他的课堂上蕴含着丰富的数学思想,蕴涵着对理论体系的发展、方法、结果的深入分析和提炼,高屋建瓴,独辟蹊径。潘承洞对于教学工作非常热爱,即使是在他担任山东大学校长期间,工作非常繁忙,身体也不好,他也坚持抽出时间,担任一定的本科生教学任务。在培养研究生方面,潘承洞更是硕果累累,桃李满天下。他的研究生于秀源现任杭州师范学院的副院长、博士生导师;展涛后任吉林大学校长、博士生导师;刘建亚后任山东大学数学与系统科学学院副院长,教育部跨世纪人才。他的另外十几个学生,如王炜、张文鹏、李红泽、李大兴、郑志勇等,都在各自的岗位上取得了出色的成绩,也均为博士生导师。

(整理自百度网)

12.2.7 管梅谷

管梅谷(1934—),教授,上海人。1957 年毕业于华东师范大学数学系,历任山东师范大学讲师、副教授、教授、校长。1990—1995 年任复旦大学运筹学系主任;1995 年至今任澳大利亚皇家墨尔本理工大学交通研究中心高级研究员,国际项目办公室高级顾问及复旦大学管理学院兼职教授。他还担任着中国运筹学会第一、二届常务理事,山东省数学学会第四届副理事长,山东省运筹学会第一届副理事长等学术团体职务。

他一直从事运筹学中的组合优化与图论方面的研究工作,是国内外知名度很高的学者。早在 1960 年在国际上最先提出邮递员问题,现在被国际图论界命名为"中国邮路问题"而载入史册。

1981 年由国务院授予我国首批"运筹学与控制论"专业博士生导师。后来,管教授又致力于城市交通规划的研究,在我国最早引进加拿大的交通规划 EMMEⅡ软件,取得一系列重要研究成果。

(整理自百度网)

12.3 名词解释

12.3.1 图灵机

1936 年,图灵向伦敦权威的数学杂志投了一篇论文,题为"论数字计算在决断难题中的应用"。在这篇开创性的论文中,图灵给"可计算性"下了一个严格的数学定义,并提出著名的"图灵机"(Turing Machine)的设想。"图灵机"不是一种具体的机器,而是一种思想模型,可制造一种十分简单但运算能力极强的计算装置,用来计算所有能想象得到的可计算函数。"图灵机"与"冯·诺伊曼机"齐名,被永远载入计算机的发展史中。

(整理自百度网)

12.3.2 图灵试验

1950 年 10 月,图灵又发表了另一篇题为"机器能思考吗"的论文,成为划时代之作。也正是这篇文章,为图灵赢得了“人工智能之父”的桂冠。

图灵试验由计算机、被测试的人和主持试验人组成。计算机和被测试的人分别在两个不同的房间里。测试过程由主持人提问,由计算机和被测试的人分别做出回答。观测者能通过电子打字机与机器和人联系(避免要求机器模拟人的外貌和声音)。被测人在回答问题时尽可能表明他是一个“真正的”人,而计算机也将尽可能逼真的模仿人的思维方式和思维过程。如果试验主持人听取他们各自的答案后,分辨不清哪个是人回答的,哪个是机器回答的,则可以认为该计算机具有了智能。这个试验可能会得到大部分人的认可,但是却不能使所有的哲学家感到满意。图灵试验虽然形象描绘了计算机智能和人类智能的模拟关系,但是图灵试验还是片面性的试验。通过试验的机器当然可以认为具有智能,但是没有通过试验的机器因为对人类了解的不充分而不能模拟人类,仍然可以认为具有智能。

图灵试验还有几个值得推敲的地方,如试验主持人提出问题的标准,在试验中没有明确给出;被测人本身所具有的智力水平,图灵试验也疏忽了;而且图灵试验仅强调试验结果,而没有反映智能所具有的思维过程。所以,图灵试验还是不能完全解决机器智能的问题。

其实,要求计算机这样接近地模仿人类,以使得不能和一个人区分开实在是太过分了。一些专家认为,不该以计算机能否思维为目标,而是以能多大程度地模仿人类思维为目标;然后,让设计者再朝着这个目标努力。尽管如此,但图灵测试在人工智能研究史上的地位已不容改变。

(整理自百度网)

12.3.3 图灵奖

图灵奖是美国计算机协会(Association for Computer Machinery,ACM)于1966年设立的,专门奖励那些对计算机科学研究与推动计算机技术发展有卓越贡献的杰出科学家。设立的初衷是因为计算机技术的飞速发展,尤其到20世纪60年代,其已成为一个独立的有影响的学科,信息产业亦逐步形成,但在这一产业中却一直没有一项类似“诺贝尔”“普利策”等的奖项来促进该学科的进一步发展,为了弥补这一缺陷,于是“图灵”奖便应运而生。

图灵奖是计算机界最负盛名的奖项,有“计算机界诺贝尔奖”之称。图灵奖对获奖者的要求极高,评奖程序也极严,一般每年只奖励一名计算机科学家,只有极少数年度有两名以上在同一方向上做出贡献的科学家同时获奖。目前图灵奖由英特尔公司赞助,奖金为100000美元。每年,美国计算机协会将要求提名人推荐本年度的图灵奖候选人,并附加一份200~500字的文章,说明被提名者为什么应获此奖。任何人都可成为提名人。美国计算机协会将组成评选委员会对被提名者进行严格的评审,并最终确定当年的获奖者。

截至2005年,获此殊荣的华人仅有一位,他是2000年图灵奖得主姚期智。

(整理自百度网)

12.3.4 希尔伯特的23个问题

希尔伯特的23个问题分属四大部分:第1~6题是数学基础问题;第7~12题是数论问题;第13~18题属于代数和几何问题;第19~23题属于数学分析。

1. 康托尔的连续统基数问题

1874年,康托尔猜测在可数集基数和实数集基数之间没有别的基数,即著名的连续统假设。1938年,侨居美国的奥地利数理逻辑学家哥德尔证明连续统假设与ZF集合论公理系统的无矛盾性。

1963 年,美国数学家科思(P. Choen)证明连续统假设与 ZF 公理彼此独立。因而,连续统假设不能用 ZF 公理加以证明。在这个意义下,问题已获解决。

数学家孙嘉林一直致力于基础数学的研究,首创了世界全新命题逻辑零分析数学体系,1992 年《零分析》的中、英文版出版。“零分析”数学体系一举攻克了举世公认的希尔伯特第一、第二问题,即连续统假设问题和算术公理的相容性问题。

2. 算术公理系统的无矛盾性

欧几里得几何的无矛盾性可以归结为算术公理的无矛盾性。希尔伯特曾提出用形式主义计划的证明论方法加以证明,哥德尔 1931 年发表不完备性定理作出否定。根茨(G. Gentaen, 1909—1945)1936 年使用超限归纳法证明了算术公理系统的无矛盾性。

3. 只根据合同公理证明等底等高的两个四面体有相等之体积是不可能的

问题的意思是:存在两个等高等底的四面体,它们不可能分解为有限个小四面体,使这两组四面体彼此全等。德思(M. Dehn)在 1900 年已解决。

4. 两点间以直线为距离最短线问题

此问题提的一般。满足此性质的几何很多,因而需要加以某些限制条件。1973 年,苏联数学家波格列洛夫(Pogleov)宣布,在对称距离情况下,问题获解决。

5. 拓扑学成为李群的条件(拓扑群)

这个问题简称连续群的解析性,即是否每一个局部欧氏群都一定是李群。1952 年,由格里森(Gleason)、蒙哥马利(Montgomery)、齐宾(Zippin)共同解决。1953 年,日本的山迈英彦已得到完全肯定的结果。

6. 对数学起重要作用的物理学的公理化

1933 年,苏联数学家柯尔莫哥洛夫将概率论公理化。后来,在量子力学、量子场论方面取得成功。但对物理学各个分支能否全盘公理化,很多人有怀疑。

7. 某些数的超越性证明

需证:如果 α 是代数数,β 是无理数的代数数,那么 $\alpha\beta$ 一定是超越数或至少是无理数。苏联的盖尔封特(Gelfond)1929 年,德国的施奈德(Schneider)及西格尔(Siegel)1935 年分别独立地证明了其正确性。但超越数理论还远未完成。目前,确定所给的数是否超越数,尚无统一的方法。

8. 素数分布问题,尤其对黎曼猜想、哥德巴赫猜想和孪生素问题

素数是一个很古老的研究领域。希尔伯特在此提到黎曼(Riemann)猜想、哥德巴赫(Goldbach)猜想以及孪生素数问题。黎曼猜想至今未解决。哥德巴赫猜想和孪生素数问题目前也未最终解决,其最佳结果均属中国数学家陈景润。

9. 一般互反律在任意数域中的证明

1921 年由日本的高木贞治,1927 年由德国的阿廷(E. Artin),各自给以基本解决。而类域理论至今还在发展之中。

10. 能否通过有限步骤来判定不定方程是否存在有理整数解

求出一个整数系数方程的整数根,称为丢番图(210 - 290,古希腊数学家)方程可解。1950 年前后,美国数学家戴维斯(Davis)、普特南(Putnan)、罗宾逊(Robinson)等取得关键性突破。1970 年,巴克尔(Baker)、费罗斯(Philos)对含两个未知数的方程取得肯定结论。1970 年,苏联数学家马蒂塞维奇最终证明:在一般情况答案是否定的。尽管得出了否定的结果,却产生了一系列很有价值的副产品,其中不少和计算机科学有密切联系。

11. 一般代数数域内的二次型论

德国数学家哈塞(Hasse)和西格尔(Siegel)在20年代获重要结果。20世纪60年代,法国数学家魏依(A. Weil)取得了新进展。

12. 类域的构成问题

即将阿贝尔域上的克罗内克定理推广到任意的代数有理域上去。此问题仅有一些零星结果,离彻底解决还很远。

13. 一般七次代数方程以二变量连续函数之组合求解的不可能性

七次方程 $x^7+ax^3+bx^2+cx+1=0$ 的根依赖于3个参数a、b、c;$x=x(a,b,c)$。这一函数能否用两变量函数表示出来?此问题已接近解决。1957年,苏联数学家阿诺尔德(Arnold)证明了任一在〔0,1〕上连续的实函数 $f(x_1,x_2,x_3)$ 的转换形式。柯尔莫哥洛夫又将其二推进一步,1964年维土斯金将其推广到连续可微情形,但对解析函数情形则未解决。

14. 某些完备函数系的有限的证明

即域 K 上的以 $x_1,x_2,\cdots,x_n$ 为自变量的多项式 $f_i(i=1,\cdots,m)$,R为 $K[X_1,\cdots,X_m]$ 上的有理函数 $F(X_1,\cdots,X_m)$ 构成的环,并且 $F(f_1,\cdots,f_m)\in K[x_1,\cdots,x_m]$,试问R是否可由有限个元素 $F_1,\cdots,F_n$ 的多项式生成?这个与代数不变量问题有关的问题,日本数学家永田雅宜于1959年用漂亮的反例给出了否定的解决。

15. 建立代数几何学的基础

荷兰数学家范德瓦尔登1938—1940年,魏依1950年分别解决。

16. 代数曲线和曲面的拓扑研究

此问题涉及代数曲线含有闭的分枝曲线的最大数目。中国数学家秦元勋、蒲富金史松龄等因解决了二次微分方程的解的结构问题,为研究希尔伯特第16题提供了新的途径。

17. 半正定形式的平方和表示

实系数有理函数 $f(x_1,\cdots,x_n)$ 对任意数组 $(x_1,\cdots,x_n)$ 都恒大于或等于0,确定 f 是否都能写成有理函数的平方和?1927年阿廷已肯定地解决。

18. 用全等多面体构造空间

德国数学家比贝尔巴赫于1910年,莱因哈特(Reinhart)于1928年均部分解决。

19. 正则变分问题的解是否总是解析函数

德国数学家伯恩斯坦(Bernrtein,1929)和苏联数学家彼德罗夫斯基(1939)已解决。

20. 研究一般边值问题

此问题进展迅速,已成为一个很大的数学分支。日前还在继读发展。

21. 具有给定奇点和单值群的Fuchs类的线性微分方程解的存在性证明

此问题属线性常微分方程的大范围理论。希尔伯特本人于1905年、勒尔(H. Rohrl)于1957年分别得出重要结果。1970年,法国数学家德利涅(Deligne)做出了出色的贡献。

22. 用自守函数将解析函数单值化

此问题涉及艰深的黎曼曲面理论,1907年克伯(P. Koebe)对一个变量情形已解决而使问题的研究获重要突破。其他方面尚未解决。

23. 发展变分学方法的研究

这不是一个明确的数学问题。20世纪变分法有了很大发展。

(整理自百度网)

12.3.5 哈斯图

哈斯图(Hasse)是用来表示有限偏序集的一种数学图形,属数学分支序理论,是一种基于图的偏序集元素之间的传递简约描述。对于偏序集 $<A, \leqslant>$ 而言,把 A 的每个元素表示为平面上的顶点(带有标注),只要 A 中的元素 y 覆盖 A 的中的元素 x,就绘制一条从 x 到 y 的向上的线段(弧线),这些弧线可交叉但不能触及任何其他端点。该图便唯一确定集合 A 中的偏序关系。

哈斯图得名于 Helmut · Hasse(1898 年—1979 年),据说,之所以称为哈斯图,是因为 Hasse 曾十分有效的利用了它们。目前,据说已有现成的软件可自动生成。

(整理自百度网)

参考文献

[1] 保罗·贝纳塞拉夫. 数学哲学. 朱水林,等译. 北京:商务印书馆,2003.

[2] 科学美国人编辑部. 从惊讶到思考——数学悖论奇景. 李思一,等译. 北京:科学技术文献出版社, 1984.

[3] 欧几里得. 几何原本. 燕晓东,译. 北京:人民日报出版社,2005.

[4] E·T·贝尔. 数学精英. 徐源,译. 北京:商务印书馆, 1994.

[5] Richard Johnsonbaugh. 大学算法教程. 方存正,等译. 北京:清华大学出版社,2007.

[6] 曹迎槐. 军事运筹学. 北京:国防工业出版社,2013.

[7] 王士同. 人工智能教程. 北京. 电子工业出版社,2001.

[8] 曹迎槐. 关系度优化分析与探究. 电脑知识与技术,2010.

[9] 曹迎槐. 基于 GA 的排序模型算法求解分析与仿真实现. 公安海警学院学报,2014,3.

[10] 曹迎槐. GA 种群的动态仿真算法. 第七届中国运筹与学者大会,2005,10.

[11] 曹迎槐. 基于变长编码机制 GA 的运输问题求解分析. 第七届中国运筹与学者大会,2005,10.

[12] 曹迎槐. ILP 之 0-1 问题 RA 算法分析. 第六届中国运筹与学者大会,2004,9.

[13] 曹迎槐. M×N 排序模型算法求解分析. 电脑知识与技术,2011,7.

[14] 曹迎槐等. 定规类赋值有向图自动绘制算法. 计算机应用研究,2010,7.

[15] 曹迎槐. 统筹模拟理论的建立——虚工作存在之判定. 炮学杂志,1996,6.

[16] 曹迎槐. 统筹模拟理论的建立——节点数目之确定. 炮学杂志,1997,2.

[17] 曹迎槐. 统筹模拟理论的建立——工作与节点之匹配关系. 炮学杂志,1998,1.

[18] 曹迎槐. 关于网络规划自动模拟的可行性分析. 计算机模拟与仿真,2002,12.

[19] 曹迎槐. 关于统筹法中机动时间的剖析. 教学参考,1995,4.

[20] 曹迎槐. 网络规划中顺序结构转交叉结构之极限优化分析. 第五届中国运筹与学者大会,2003,8.

[21] 曹迎槐. 排序模型之 TKW 递推算法研究. 全国科学与系统科学大会,2003,8.

[22] 曹迎槐. 参数规划几何含义之分析. 第十一届军事系统工程年会,2001,10.

[23] 曹迎槐. 线性规划之几何逼近算法. 第四届中国运筹与学者大会,2001,10.

[24] 曹迎槐. LP 可行域拓扑结构动态演变分析. 第四届中国运筹与学者大会,2001,10.

[25] 莫绍揆. 递归论. 北京:高等教育出版社, 1996.

[26] 邵学才,叶秀明. 离散数学. 北京:机械工业出版社,2001.

[27] 蔡英. 离散数学. 西安:西安电子科技大学出版社,2003.

[28] 耿素云,屈婉玲,张立昂. 离散数学. 北京:清华大学出版社,1999.

[29] 周以铨. 离散数学讲义. 北京: 航空工业出版社, 1987.

[30] 傅言,顾小丰. 离散数学及其应用. 北京:电子工业出版社,1997.

[31] 方世昌. 离散数学.2 版. 西安:西安电子科技大学出版社,1985.

[32] 王元元. 离散数学导论. 北京:科学出版社,2002.

[33] 谭浩强. C 程序设计. 北京:清华大学出版社,1991.

[34] H. Eves. 数学史上的里程碑. 欧阳绛,赵卫江,等译. 北京: 科学技术出版社,1990.

[35] 周·道本. 康托的无穷的数学和哲学. 郑毓信,等译. 南京:江苏教育出版社,1989.

[36] 谢尔曼·克·斯坦因. 数字的力量:生活中数学的乐趣和威力. 严子谦,等译. 吉林:吉林人民出版社,2000.

[37] 伊莱·马奥尔. 无穷之旅:关于无穷大的文化史. 王前,武学民,等译. 上海:上海教育出版社,2000.

[38] 胡作玄. 引起纷争的金苹果. 福州:福建教育出版社, 1993.

[39] 许进. 自补图理论及其应用. 西安:西安电子科技大学出版社,1999.

[40] 严蔚敏. 数据结构.2 版. 北京:清华大学出版社, 1992.

[41] 严蔚敏. 数据结构(C 语言版). 北京:清华大学出版社,1997.

[42] 李乔祥. 数据结构与算法. 北京:冶金工业出版社,2004.
[43] 徐士良. 计算机软件技术基础. 2 版. 北京:清华大学出版社, 2007.
[44] 沈被娜. 计算机软件技术基础. 3 版. 北京:清华大学出版社,2000.
[45] Terrence W. pratt, Marvin V. Zelkowitz. 程序设计语言(设计与实现). 4 版. 傅育熙,等译. 北京:电子工业出版社,2001.
[46] D·E·克努特. 计算机程序设计技巧(第一卷 基本算法). 管纪文,苏运霖,译. 北京: 国防工业出版社, 1980.
[47] D·E·克努特. 计算机程序设计技巧(第二卷 半数值算法). 管纪文,苏运霖,译. 北京:国防工业出版社,1992.
[48] D·E·克努特. 计算机程序设计技巧(第三卷 排序与查找). 管纪文,苏运霖,译. 北京: 国防工业出版社,1984.
[49] 曹迎槐. 管理信息系统教程. 吉林:吉林电子出版社,2009.
[50] 何华灿. 人工智能导论. 西安:西北工业大学出版社,1988.
[51] 曹迎槐. 计算机软件技术基础. 吉林:吉林电子出版社, 2010.
[52] 徐洁磐. 离散数学及其在计算机中的应用. 北京:人民邮电出版社,2001.
[53] 左孝凌,李为鑑,刘永才,等. 离散数学. 上海:上海科学技术文献出版社,1982.
[54] 屈婉玲,耿素云,张立昂,等. 离散数学. 北京:高等教育出版社,2008.
[55] 刘爱民. 离散数学. 北京:北京邮电大学出版社,2004.
[56] 陈敏,等. 离散数学. 北京: 清华大学出版社,2009.
[57] 周以铨,等. 离散数学讲义. 北京:航空工业出版社, 1987.
[58] 傅彦,顾小丰. 离散数学及其应用. 北京:电子工业出版社, 1997.
[59] 方世昌. 离散数学. 西北电讯工程学院, 1985.
[60] Lance Fortnow. 可能与不可能的边界. 杨帆,译. 北京:人民邮电出版社, 2014.
[61] 曹迎槐. 关于分配问题的一种新解法. 计算机与现代化,2009,3.